［逆引き］
Excel関数
パワーテクニック
600

［2016/2013/2010/2007 対応］

不二桜［著］

技術評論社

【注意】ご購入・ご利用の前に必ずお読みください

本書で紹介のテクニックをご利用になるには、Microsoft Excelが必要です（対応バージョンは2016/2013/2010/2007）。

本書に記載された内容は、情報の提供のみを目的としています。したがって、本書を用いた運用は、必ずお客様自身の責任と判断によっておこなってください。これらの情報の運用の結果について、技術評論社および著者はいかなる責任も負いません。

本書記載の情報は、2016年3月現在のものを掲載していますので、ご利用時には、変更されている場合もあります。また、ソフトウェアに関する記述は、特に断わりのないかぎり、2016年3月現在での最新バージョンをもとにしています。ソフトウェアはバージョンアップされる場合があり、本書での説明とは機能内容や画面図などが異なってしまうこともありえます。

以上の注意事項をご承諾いただいた上で、本書をご利用願います。これらの注意事項をお読みいただかずに、お問い合わせいただいても、技術評論社および著者は対処しかねます。あらかじめ、ご承知おきください。

本文中に記載されている製品名、会社名は、すべて関係各社の商標または登録商標です。なお、本文中に™マーク、®マークは明記しておりません。

はじめに

　「[逆引き]Excel 関数 パワーテクニック 600［2016/2013/2010/2007対応］」は、基本テクから業務に役立つ活用テクまでを1冊にまとめた関数のテクニック本です。

　もはや業務で必須のExcelですが、ピボットテーブル/テーブル/集計機能では作成した表のこの列にこんな集計値がほしいのに算出できない……、オートフィルタ/フィルタオプションの設定では、このセルにこんな抽出したいのにできない……、そんなできない攻撃でなかなか作業をスムーズに進められないのが現状です。

　関数はそんな現状を手助けしてしてくれる最強ツールと言えましょう。

　しかし、いざ関数を使う時になると……

　関数辞典等で使い方を読む限り、ここまでしかできないからこれは求められない、無理！

　関数の中にはこんな機能を持つ関数が見当たらないからできない、無理！
と今度は関数での無理無理攻撃に襲われ、データとにらめっこが始まってしまいます。

　これでは折角の最強ツールも宝の持ち腐れですね。

　そこで本書は、そんなできない！　無理！　と思った時にすぐ、解決となる数式が作成できるよう、あらゆるテクニックを15の章に分けてTipsとしてまとめました。

　どうすれば意図した結果が求められるのか、悩んだ時にはぜひ、本書の目次からテクニックを探してみて下さい。

　そのテクニックが基本となり、どんなデータでも対処できるようになりますよう心から願いを込めて、ここに上梓します。

　最後になりましたが、本書の出版にあたり、ご尽力いただいた技術評論社書籍編集部の神山真紀様に、この場をお借りして心より厚くお礼申し上げます。

2016年桜吹雪く頃に　　不二 桜

本書の読み方

●本書の紙面構成

❶ 目的、用途
Excel関数を使って実現したい内容 (Tips) を示しています。

❷ サブカテゴリ
目的、用途は15の章に分類していますが、章によってはサブカテゴリを設けて整理しています。

❸ 使用関数
目的の内容を実現するために使用するExcel関数です。

❹ 数式
目的の内容を実現するために記述する数式です。数式は、解説に利用しているサンプルを例にしています。ご自身で作成したExcel表に利用する際は、参照するセルの番地などを適切に書き換えてください。

❺ 方針
目的の内容を実現するために、どの関数をどのように使用するかなど、Tipsの基本的な方針を示しています。

❻ 操作解説
サンプルを例に、目的の内容を実現するための具体的な操作手順を、画面図とともに解説しています。

❼ 数式解説
Tipsで使用した関数や数式の意味について解説しています。

❽ プラスアルファ
Tipsで使用した関数などの補足、関連情報です。

❾ サンプルファイル
Tipsで使用しているサンプルファイル名を示しています。

❿ 対応バージョン
非対応のバージョンは、表示をオフにしています。

⓫ Chapter
Chapter (章) を示しています。

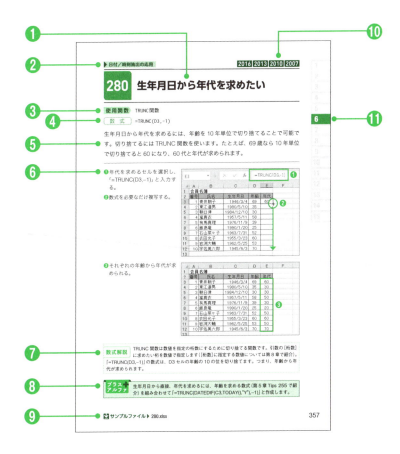

●サンプルファイルについて

本書掲載の多くのテクニックは、サンプルファイルを用意しています。以下の技術評論社Webサイトからダウンロードしてください。

URL http://gihyo.jp/book/2016/978-4-7741-8125-7/support

Contents

Chapter 1
数式と関数の基礎　　25

- 001　数式を入力したい　26
- 002　入力した数式を削除せずに一部を修正したい　27
- 003　複数セルの値それぞれに同じ数値を四則演算した結果を入力し直したい　28
- 004　よく計算に使用する数式は手早く入力したい　29
- 005　数式をセル番地ではなく表の列見出しで入力したい　30
- 006　数式を連続したセルに同時に入力したい　31
- 007　数式を離れたセルに同時に入力したい　32
- 008　入力した数式を連続したセルに手早くコピーしたい　33
- 009　入力した数式を離れた複数のセルに手早くコピーしたい　34
- 010　入力したら自動で上のセルの数式をコピーしたい　35
- 011　書式は省いて数式だけをコピーしたい　36
- 012　数式が入力されていても値だけをコピーしたい　37
- 013　数式コピーで参照元セルがずれないようにしたい　方法①　38
- 014　数式コピーで参照元セルがずれないようにしたい　方法②　39
- 015　数式コピーで参照元セルの行／列番号がずれないようにしたい　40
- 016　別のセルに数式で求められた値をリンクしたい　41
- 017　図形に数式で求められた値をリンクしたい　42
- 018　数式セルは残して入力済みデータだけ削除したい　43
- 019　数式が変更できないように数式のセルを保護したい　44
- 020　数式のセルを目立たせたい　46
- 021　関数が必要な理由を知りたい　47
- 022　関数を入力したい／関数のダイアログを使う　方法①　48
- 023　関数を入力したい／関数のダイアログを使う　方法②　50
- 024　関数を入力したい／関数オートコンプリートを使う　52
- 025　最近使用した関数を使いたい　53
- 026　使いたい関数名がわからないとき検索して探したい　54
- 027　入力した関数を修正したい　55
- 028　関数の引数に別の関数を入れたい／関数オートコンプリートを使う　56
- 029　関数の引数に別の関数を入れたい／関数のダイアログを使う　57
- 030　複数のデータの集まりを関数に使いたい　58
- 031　関数を入力しなくても計算結果を知りたい　59
- 032　複数行の数式でも数式バーにすべての数式を表示したい　60
- 033　複数行の数式を指定の位置で改行して見やすくしたい　61

034 計算結果がエラー値で出たらその原因を探りたい … 62

Chapter 2
基本を完全マスター！ 集計／統計ワザ　　　63

035 よく使う合計／平均／数値の件数／最大値／最小値を手軽に求めたい … 64
036 自動で関数を入力して集計結果を求めたい　方法① … 67
037 自動で関数を入力して集計結果を求めたい　方法② … 68
038 離れたセルや複数の表のセルを集計したい … 70
039 クイック分析ツールがなくても、
　　　複数行列の最終行や最終列に集計結果を一度に求めたい … 71
040 空白を除いたセルを数えたい … 73
041 空白セルを数えたい … 74
042 数値を除く文字だけのセルを数えたい … 75
043 トップから指定の順位にある数値を求めたい … 76
044 ワーストから指定の順位にある数値を求めたい … 77
045 それぞれの順位にある数値を一度に求めたい … 78
046 最頻値を求めたい … 79
047 最頻値が複数ある場合にすべてを縦方向に求めたい … 80
048 最頻値が複数ある場合にすべて横方向に求めたい … 81
049 最頻の文字列を求めたい … 82
050 全体の○％にあたる値を求めたい … 83
051 文字の数を数えたい … 84
052 指定の文字の数を数えたい … 85
053 複数セルにある文字の数を数えたい … 86
054 複数セルにある指定の文字の数を数えたい … 87
055 「、」など区切り文字で区切った文字の数を数えたい … 88
056 全角文字だけ数えたい … 89
057 半角文字だけ数えたい … 90
058 小計と総計を求めたい … 91
059 大量の小計を一発で求めたい … 92
060 小計だけの合計を求めたい … 94
061 小計を除いて小計とは違う場所に合計を求めたい … 95
062 小計を除いて平均を求めたい … 97
063 小計を除いて一発で小計ごとの平均を最下行にまとめたい … 98
064 小計を除いて最大値を求めたい … 99

065	小計を除いて一発で小計ごとの最大値を最下行にまとめたい	100
066	小計を除いた最小値を求めたい	101
067	小計を除いて一発で小計ごとの最小値を最下行にまとめたい	102
068	小計を除いてトップから指定の順位にある数値を求めたい	103
069	小計を除いてワーストから指定の順位にある数値を求めたい	105
070	小計を除いて全体の○%の位置にある値を求めたい	106
071	非表示の行を除いて集計したい	107
072	非表示の行を除いてトップから指定の順位にある数値を求めたい	108
073	非表示の行を除いてトップから指定の順位にある数値を求めたい（Excel 2007）	110
074	非表示の行を除いてワーストから指定の順位にある数値を求めたい	112
075	非表示の行を除いてワーストから指定の順位にある数値を求めたい（Excel 2007）	114
076	非表示の行を除いて最頻値を求めたい	116
077	非表示の行を除いて最頻値を求めたい（Excel 2007）	117
078	非表示の行を除いて全体の○%の位置にある値を求めたい	119
079	非表示の行を除いて全体の○%の位置にある値を求めたい（Excel 2007）	121
080	非表示の列を除いて集計したい	123
081	ほかのセルと共有したセルだけ集計したい	124
082	数式で空白にしたセルに乗算してもエラーにならないようにしたい	125
083	乗算結果のセルがない表にそれぞれの乗算結果の合計を求めたい	126
084	合計セルがない複数列の表で列ごとに単価を乗算して合算したい	127
085	行ごとに違う列にある値の引き算結果をオートフィルで求めたい	128
086	集計セルの前に行を挿入しても自動で集計範囲に含めたい	129
087	集計セルの前に列を挿入しても自動で集計範囲に含めたい	130
088	行を削除しても累計が崩れないようにしたい	131
089	行を削除しても残高計算が崩れないようにしたい	132
090	指定の行ごとに累計を求めたい	133
091	指定の列ごとに累計を求めたい	134
092	○行おきや○列おきなど一定おきに集計したい	135
093	1つ目のセルには1～2列目、2つ目のセルには3列～4列目のように○列ごとに集計したい	136
094	○行（列）目から○行（列）目までなど一定の間隔を集計したい	137
095	それぞれの数値を四捨五入してから集計したい	138
096	「(29)」のような「( )」付きの数値を集計したい	139
097	「5250(10)」のような「( )」付きの数値をそれぞれに集計したい	140

098	合計を位ごとの枠に分けて求めたい	142
099	別のシートにある集計範囲を手早く関数の引数で使いたい	144
100	複数の表で表ごとの数式に同じ列見出しを使いたい	145
101	複数の表／シートや離れた範囲の指定の順位にある数値を求めたい	147
102	別ブックの表の数値を集計したい	148
103	複数シートの同じ位置にある数値を1つの表に集計したい	149
104	離れたシートの同じ位置にある数値を1つの表に集計したい	150
105	1つのセルに複数シートの表の数値を集計したい	152

Chapter 3
どんな条件でもこれでOK！　条件集計ワザ　　153

106	条件を満たす数値を合計したい	154
107	条件を満たすセルの件数を求めたい	155
108	条件を満たす数値を平均したい	156
109	条件を満たす数値の最大値を求めたい	157
110	条件を満たす数値の最大値を求めたい（Excel 2007）	158
111	条件を満たす数値のトップから〇位を求めたい	159
112	条件を満たす数値のトップから〇位を求めたい（Excel 2007）	160
113	条件を満たす数値の最小値を求めたい	161
114	条件を満たす数値のワースト〇位を求めたい	162
115	条件集計関数や配列数式を使わずに条件集計したい	163
116	条件集計関数や、データベース関数がない場合に条件集計したい	164
117	条件別集計をオートフィルで作成したい	165
118	条件範囲や集計範囲を表の列見出しで作成したい　方法①	166
119	条件範囲や集計範囲を表の列見出しで作成したい　方法②	167
120	セルに入力した条件に演算子を付けて集計したい	169
121	別の関数式に演算子を付けた条件で集計したい	170
122	指定の文字数を条件に集計したい	171
123	一部の文字を条件にして集計したい	172
124	日付から月や年を条件にして集計したい	173
125	セルに入力した一部の文字を条件にして集計したい	174
126	AND条件とOR条件など複雑な条件で集計したい	175
127	AND条件で数値を合計したい	176
128	AND条件で数値を平均したい	177
129	AND条件で数値を数えたい	178

130	AND条件でその他の集計をしたい	179
131	OR条件で数値を合計したい	180
132	OR条件で数値を平均したい	181
133	OR条件で数値を平均したい　方法②	182
134	OR条件で数値を数えたい	183
135	OR条件でその他の集計をしたい	184
136	ピボットなしで手早くクロス集計したい	185
137	ピボットなしでクロス集計したい（件数編）	187
138	ピボットなしでクロス集計したい（合計編）	188
139	ピボットなしでクロス集計したい（平均編）	189
140	ピボットなしでクロス集計したい（その他の集計編）	190
141	ピボットなしで階層見出しのあるクロス集計をしたい	192
142	完全一致ではない行列見出しでクロス集計したい	194
143	年別に集計したい	195
144	4月〜翌年3月を1年として年度別に集計したい	196
145	複数行列の日付を年別に集計したい	197
146	月別に集計したい	198
147	複数行列の日付を月別に集計したい	199
148	第1四半期は4月〜6月として四半期別に集計したい	200
149	第1四半期は1月〜3月として四半期別に集計したい	201
150	上半期は4月〜9月として上半期／下半期別に集計したい	202
151	複数年のデータを「2015/1」など年月で集計したい	203
152	表の日付表示と違う表示形式で年月集計を求めたい	204
153	年と月が別セルに入力された表で年月を繰り上げて合計したい	205
154	さまざまな年月日から月日を条件に集計したい	206
155	日付を日別に集計したい	207
156	複数行列にある日付を日別に集計したい	208
157	奇数日／偶数日で集計したい	209
158	複数行列にある日付を偶数日／奇数日で集計したい	210
159	締め日で集計したい	211
160	○日〜○日など期間で集計したい	212
161	○日ごとに集計したい	213
162	曜日別に集計したい	214
163	平日だけ／土日だけを集計したい	215
164	土日祝だけを集計したい	216
165	指定の曜日は○％割引にして1ヶ月の合計を求めたい	217

166	週別に集計したい	218
167	表に年ごとの小計を挿入したい	219
168	表に月ごとの小計を挿入したい	221
169	表に年月ごとの小計を挿入したい	223
170	表に週ごとの小計を挿入したい	225
171	表に指定の曜日までの小計を挿入したい	227
172	表に日ごとの小計を挿入したい	229
173	表に○日ごとの小計を挿入したい	231
174	表に締め日ごとの小計を挿入したい	233
175	年ごと／月ごとの小計列を作成したい	235
176	データが追加されても自動で条件範囲や集計範囲を変更したい	236
177	データが追加されても自動で条件範囲や集計範囲を変更したい（列並びの場合）	237
178	項目別集計を結合セルの項目をもとに求めたい	238
179	項目別集計を複数の連続した集計範囲をもとに求めたい	240
180	項目別集計を複数の離れた条件／集計範囲をもとに求めたい（同じ並びにある場合）	241
181	項目別集計を複数の離れた条件／集計範囲をもとに求めたい（違う並びにある場合）	242
182	項目別累計を求めたい	243
183	エラー値を除外して集計したい	244
184	エラー値を除外して集計したい（Excel 2007）	245
185	エラー値を除外して集計したい（条件関数がないまたはExcel 2007の場合）	246
186	集計方法を変更しても手早くエラー値を除外して集計したい	247
187	集計方法を変更しても手早くエラー値を除外して集計したい（Excel 2007）	248
188	太字や表示形式を条件に集計したい	249
189	セルの色を条件に表の最下行に集計したい	251
190	セルの色を条件に表から離れたセルに集計したい	253
191	上位／下位から指定の順位までにある値を集計したい	255
192	0より大きい最小値を求めたい	256
193	上限を決めて最大値を求めたい	257
194	下限を決めて最小値を求めたい	258
195	上限と下限を決めて計算結果を求めたい	259
196	同じ数値を含む表でも大きいほうから指定の順位の数値を正しく求めたい	260
197	同じ数値を含む表でも小さいほうから指定の順位の数値を正しく求めたい	261
198	開始と終了をもとに区間ごとに数えた件数表を作成したい	262
199	「〜以下」の区間ごとに数えた件数表を作成したい	263

200	年代別など「～以上」の区間ごとに数えた件数表を作成したい	264
201	区間ごとの件数表を横方向に作成したい	265
202	区間ごとの合計表を作成したい	266
203	区間ごとの平均表を作成したい	267
204	項目ごとの複数の集計方法の小計行を手早く挿入したい	268
205	表にない項目ごとの集計行を手早く挿入したい	270
206	項目ごとの合計／平均／件数の列を作成したい	272
207	項目ごとの最大値の列を作成したい	273
208	項目ごとの最大値の列を作成したい（Excel 2007）	274
209	項目ごとの最小値の列を作成したい	275
210	重複を除く値を数えたい	276
211	複数条件で重複を除いた値を数えたい	277
212	複数行列の重複を除いた値を数えたい	278
213	重複した値を数えたい	279
214	複数条件で重複した値を数えたい	280
215	別の表と重複した値／重複を除いた値を数えたい	281
216	名前が「、」で区切られたセルで「内田」と「上内田」は区別して数えたい	282
217	検索値に該当する複数列の値を抽出して合計したい	283
218	％を条件に集計したい	284
219	番号や文字で表した金額を合計したい	285
220	「0」や空白以外の直近の値との差を求めたい	286
221	チェックを入れたセルを集計したい	287
222	並びが違う表と比較して同じ項目の比率を求めたい	289
223	別表に同じ項目がある数値だけ合算したい	290
224	1つの表に複数シート（表）の数値を条件別に合計したい	291
225	1つの表に複数シート（表）の数値を条件別に数えたい	292
226	1つの表に複数シート（表）の数値を条件別に平均したい	293
227	1つの表にシート名で条件別に集計したい	294
228	1つの表に複数シートの数値を区間ごとに合計したい	296
229	1つの表に複数シートの数値を区間ごとに数えたい	297
230	1つの表に複数シートの数値を区間ごとに平均したい	298
231	別ブックに条件を満たす数値を合計したい	300
232	別ブックに条件を満たす値を数えたい	301
233	別ブックに条件を満たす数値を平均したい	302

Chapter 4
もうランキングで困らない！　順位付けワザ　303

- 234　順位を付けたい　304
- 235　同じ数値は順位の平均で付けたい　305
- 236　指定の値を基準にしてランクを付けたい　306
- 237　同じ数値でも順位を飛ばさずに付けたい　307
- 238　順位を%で付けたい　308
- 239　順位を指定の文字で付けたい　309
- 240　条件別の順位を付けたい　310
- 241　複数の特定条件だけに条件別に順位を付けたい　311
- 242　特定の条件だけに順位を付けたい　312
- 243　複数の特定条件だけに通しで順位を付けたい　313
- 244　フィルターや行の非表示で表示された値だけに順位を付けたい　314
- 245　別の表や離れた複数のセル範囲にある値に順位を付けたい　315
- 246　同じ数値は別の項目の数値が大きいほうを上の順位にしたい　317
- 247　同じ数値は別の項目の数値が小さいほうを上の順位にしたい　318
- 248　同じ位置にある複数シートの表に全シートでの順位を付けたい　319
- 249　違う位置や違う行数の複数シートの表に全シートでの順位を付けたい　321

Chapter 5
日付の期間を数える！　期間計算ワザ　323

- 250　指定期間の日数を求めたい　324
- 251　指定期間の月数や年数を求めたい　325
- 252　10ヶ月を1年とするなど指定した月数を1年と決めて年数を求めたい　326
- 253　指定期間を○年○ヶ月で求めたい　327
- 254　求めた期間が0年や0ヶ月なら非表示にして○年○ヶ月を求めたい　328
- 255　生年月日から年齢を求めたい　329
- 256　1946・3・4とセルごとに入力された生年月日から年齢を求めたい　330
- 257　S・21・3・4とセルごとに入力された生年月日から年齢を求めたい　331
- 258　昭和・21・3・4とセルごとに入力された生年月日から年齢を求めたい　332
- 259　指定期間の土日祝以外の日数を求めたい　333
- 260　指定期間の土日祝の日数を求めたい　334
- 261　指定期間の祝日の日数を求めたい　335
- 262　指定期間から指定の曜日以外の日数を求めたい　336
- 263　指定期間から複数の指定の曜日以外の日数を求めたい　337

- **264** 指定期間から指定の曜日の日数を求めたい ... 338
- **265** 指定期間の複数の指定の曜日の日数を求めたい ... 339

Chapter 6
日付／時刻から弾き出す！　指定日の抽出ワザ　341

- **266** 現在の日付や時刻を求めたい ... 342
- **267** 年月日から年だけを取り出したい ... 343
- **268** 年月日から月だけを取り出したい ... 344
- **269** 年月日から日だけを取り出したい ... 345
- **270** 日付から曜日を数値で取り出したい ... 346
- **271** 日付から曜日を曜日表示で取り出したい ... 348
- **272** 日付から今年に入って何週目かを取り出したい ... 349
- **273** 時刻から時だけを取り出したい ... 350
- **274** 時刻から分だけを取り出したい ... 351
- **275** 日付から締め日をもとに月を取り出したい ... 352
- **276** 日付から年月だけを一緒に取り出したい ... 353
- **277** 日付の年度を4月〜翌年3月を1年として取り出したい ... 354
- **278** 日付から曜日を取り出して指定の名前で表示したい ... 355
- **279** 生年月日から干支を求めたい ... 356
- **280** 生年月日から年代を求めたい ... 357
- **281** 指定日の日付を土日祝なら翌営業日になるようにして求めたい ... 358
- **282** ○日後の日付を土日祝を除いて求めたい ... 360
- **283** ○日後の日付を指定の曜日を除いて求めたい ... 362
- **284** ○日後の日付を複数の曜日を除いて求めたい ... 364
- **285** ○日後以降の最初の指定曜日を求めたい ... 365
- **286** ○ヶ月後（前）の日付を求めたい ... 367
- **287** ○ヶ月後の○日を求めたい ... 368
- **288** ○ヶ月後の○日を土日祝を除いて求めたい ... 369
- **289** ○ヶ月後（前）の月末日を求めたい ... 371
- **290** ○ヶ月後の日付を土日祝を除いて求めたい ... 372
- **291** ○ヶ月後の日付を複数の曜日を除いて求めたい ... 373
- **292** ○ヶ月後の最初の指定曜日の日付を求めたい ... 375
- **293** ○年後の日付を求めたい ... 376
- **294** ○年後の月末日を求めたい ... 377
- **295** 指定した月の第○番目の○曜日の日付を求めたい ... 378

| 296 | 締め日と支払日を指定して日付を求めたい | 380 |
| 297 | 締め日と支払日を指定して土日祝を除く日付を求めたい | 381 |

Chapter 7
時間計算表でもう悩まない！　時間計算ワザ　　383

298	所要時間の合計を○時間○分で表示したい	384
299	時給に勤務時間数を乗算して給与金額を求めたい	385
300	所要時間から1分あたりの処理件数を求めたい	386
301	24時間以上の勤務時間数から時と分を別々に取り出したい	387
302	一定時間数を超えると○分ごとに単価が増える支払金額を求めたい	389
303	休憩時間が30分など別のセルに入力されている場合の勤務時間を求めたい	391
304	終了時間が休憩前や後なら休憩を引かずに勤務時間を求めたい	392
305	終了時間によって決められている休憩時間を求めたい	393
306	休憩時間の形態ごとに終了時間による休憩時間を計算したい	394
307	深夜時刻のままでも勤務時間を求めたい	395
308	表示形式で時刻表示にしている数値の時刻から勤務時間を求めたい	396
309	小数点表示の時刻から勤務時間を求めたい	397
310	時分が別々のセルに入力された勤務表で勤務時間の合計を求めたい	398
311	出社／退社時間を指定して残業時間を除く勤務時間を求めたい	399
312	深夜残業を除く残業時間を求めたい	400
313	残業時間から深夜残業時間を求めたい	401
314	時間内と時間外の勤務時間を求めたい	402
315	○分単位で切り上げまたは切り捨てして勤務時間を求めたい	403
316	15分単位の半分未満は切り捨て、半分以上は切り上げで勤務時間を求めたい	404
317	0分〜20分未満は切り捨て、20分〜40分未満は30分、40分〜60分は60分で勤務時間を求めたい	405
318	平日の指定の時間帯と休日を除く総時間数を求めたい	406

Chapter 8
バラバラデータをきれいに揃える！　桁数／表示揃えワザ　　409

319	計算結果または数値を四捨五入で希望の桁数に揃えたい	410
320	計算結果または数値を切り捨てで希望の桁数に揃えたい	411
321	計算結果または数値を切り上げで希望の桁数に揃えたい	412
322	金額を千単位／万単位に揃えて表示上計算を合わせたい	413
323	計算結果または数値を切り上げで希望の単位に揃えたい	414

324	計算結果または数値を切り捨てで希望の単位に揃えたい	415
325	文字前後の余分なスペースや文字間の連続スペースを削除して揃えたい	416
326	文字を全角文字に揃えたい	417
327	文字を半角文字に揃えたい	418
328	「-」で繋いだ数値に0を付けて指定の桁数で揃えたい	419
329	英字＋数値のIDに0を付けて桁数を揃えたい	421
330	英字＋数値のIDに0を付けて桁数を揃えたい（Excel 2010／2007）	422
331	数値の後に0を付けて桁数の違う数値を揃えたい	424

Chapter 9
文字列を望む表示に！ 文字列の結合／変更ワザ　　425

332	ピリオドで区切られた和暦文字列を西暦日付に変えたい	426
333	西暦日付を和暦日付に変えたい	427
334	日付を序数付きの英語表記に変えたい	428
335	1列目の文字を2列目以降の文字にそれぞれ結合したい	429
336	表示形式を付けたまま結合して1セルに変えたい	430
337	複数セルの記号を手早く結合して1セルに変えたい	431
338	複数セルのあらゆる文字列を手早く結合して1セルに変えたい	432
339	文字と文字をスペースや記号で結合して1セルに変えたい	433
340	結合する値がなければ飛ばして「-」で結合して1セルに変えたい	434
341	文字を「""」で囲んで結合して1セルに変えたい	435
342	英字の先頭文字を大文字にして結合して1セルに変えたい	436
343	複数セルの文字を区切り文字で結合して1セルに変えたい	437
344	複数セルの文字を改行で結合して1セルに変えたい	438
345	空白セルを結合して1セルに変えた数値を計算で使えるようにしたい	439
346	西暦「年」「月」「日」が別々に入力されたセルを結合して日付に変えたい	441
347	和暦「年」「月」「日」が別々に入力されたセルを結合して日付に変えたい	442
348	和暦「元号」「年」「月」「日」が別々に入力されたセルを結合して日付に変えたい	443
349	「時」「分」「秒」が別々に入力されたセルを結合して時刻に変えたい	444
350	指定の文字を違う文字に変えたい	445
351	指定の文字が複数ある場合に〇番目だけ違う文字に変えたい	446
352	複数の文字をそれぞれ違う文字に変えたい	447

353	指定の文字数だけ違う文字に変えたい	448
354	1000を★1つに換算するなど数値の大きさ分だけ記号に変えたい	449
355	スペースを改行に変えたい	450
356	スペースをなくした文字に変えたい	451
357	指定の位置に指定の文字を挿入したい	452
358	指定の位置に「−」がない文字列だけ「−」を挿入したい	453
359	指定の位置にスペースがない文字列だけスペースを挿入したい	454
360	指定の文字がある位置に違う文字を挿入したい	455
361	複数の指定の文字がある位置にそれぞれ違う文字を挿入したい	456

Chapter 10
セル内からピックアップ！　文字列や数値の分割／抽出ワザ　　457

362	数値を1桁ずつセルに分割したい	458
363	数値を3桁ずつセルに分割したい	459
364	文字や数値を1文字ずつセルに分割したい	460
365	区切り位置指定ウィザードを使わずに文字列を分割したい	461
366	文字列の左端から指定の文字数だけ取り出したい	462
367	文字列の左端から基準の文字までを取り出したい	463
368	文字列を取り出す基準の文字がないセルでは左端からすべて取り出したい	464
369	文字列を左端から取り出したら残りの文字は手早く取り出したい	465
370	文字列の右端から指定の文字数だけ取り出したい	466
371	文字列の右端から基準の文字までを取り出したい	467
372	文字列の右端から基準の文字までを取り出したい（基準の文字が複数ある場合）	468
373	文字列を取り出す基準の文字がないセルでは右端からすべて取り出したい	469
374	文字列を指定の位置から指定の文字数だけ取り出したい	470
375	文字列を基準の文字から指定の文字数だけ取り出したい	471
376	フラッシュフィルで取り出せない数値を取り出したい	472
377	全角／半角混在の文字列から全角文字だけ取り出したい	473
378	全角／半角混在の文字列から半角文字だけ取り出したい	474
379	住所をもとに都道府県を取り出したい	475
380	住所をもとに市区町村番地を取り出したい	476
381	住所をもとに市区町村を取り出したい	477
382	住所をもとに番地を取り出したい（2-5-3のような番地の場合）	478
383	住所をもとに番地を取り出したい（2-5-3のような番地で全角／半角混在の場合）	479
384	住所をもとに番地を取り出したい（2丁目5番3号のような番地の場合）	480

| 385 | 郵便番号入力で住所変換するときに郵便番号も別のセルに取り出したい … 481
| 386 | ふりがなを取り出したい … 482
| 387 | 関数で抽出した名前からふりがなを取り出したい … 483
| 388 | ふりがなを取り出すとき、姓と名が別々のセルでも1つのセルにまとめたい … 484
| 389 | 社名からふりがなを法人格なしで取り出したい … 485
| 390 | セル内の数式を別のセルに取り出したい … 486
| 391 | セル内の数式を別のセルに取り出したい（Excel 2010／2007）…… 487

Chapter 11
表からピックアップ！　検索・抽出ワザ　　489

| 392 | 入力値を検索して別表からそれぞれに対応する値を抽出したい …… 490
| 393 | 入力値がなければ対応する値を空白にして別表からそれぞれ抽出したい… 491
| 394 | 名前を検索値にして対応する値を抽出したい … 492
| 395 | 値を検索して対応するURLをハイパーリンク付きで抽出したい …… 493
| 396 | 値を検索して対応するメールアドレスをハイパーリンク付きで抽出したい… 494
| 397 | 値Aを検索して検索値がない別の表から対応する値Bを抽出したい … 495
| 398 | 検索する表を作成せずに数式に入れ込んで対応する値を抽出したい … 496
| 399 | 入力値に対応する値を昇順並びの「～以上」の表から検索して抽出したい… 497
| 400 | 入力値に対応する値を昇順並びの「～まで」の表から検索して抽出したい… 498
| 401 | 検索値に対応する値を降順並びの「～以上」の表から検索して抽出したい… 499
| 402 | 入力値を検索して期間別の表から値を抽出したい …… 500
| 403 | クロス表から行列見出しを指定して交差する値を抽出したい … 501
| 404 | 行列見出しが一致していないクロス表から交差する値を抽出したい … 502
| 405 | 値Aを検索して対応する連続列の値B以下を手早く抽出したい … 503
| 406 | 値Aを検索して対応する連続列の値B以下を行方向に手早く抽出したい … 504
| 407 | 値Aを検索して対応する複数の離れた列の値B以下を手早く抽出したい … 505
| 408 | 検索値に対応する値を○列おきに抽出したい …… 506
| 409 | 検索値に対応する値を○列おきに行方向に抽出したい … 508
| 410 | 検索する値Aの左側の列から対応する値Bを抽出したい …… 509
| 411 | 一部の値Aで検索して対応する値Bを抽出したい … 510
| 412 | 入力値で部分一致検索して対応する値を抽出したい … 511
| 413 | 検索する値Aの一部だけを含む表から対応する値Bを抽出したい … 512
| 414 | 複数条件の検索値で対応する値を抽出したい … 513
| 415 | 表の2列を検索して別のクロス表に抽出したい … 514
| 416 | 単価表から商品ごとの単価を「¥1,000～¥3,000」のように抽出したい… 515

417	検索値が表の複数行にある場合に対応する値をすべて抽出したい	516
418	検索値が表の複数行に部分一致する場合に対応する値をすべて抽出したい	518
419	複数条件の検索で複数行に一致する場合に対応する値をすべて抽出したい	520
420	入力値を検索して別ブックの表から対応する値を抽出したい	522
421	値Aを検索して複数の表／シートから対応する値Bを抽出したい	523
422	値Aを検索して別ブックの複数の表／シートから値Bを抽出したい	524
423	検索するシート名を指定して対応する値を抽出したい	526
424	値を検索して複数のシートから対応する値を抽出したい（シート自動追加対応）	527
425	複数のクロス表から行列見出しを指定して交差する値を抽出したい	529
426	複数シート／ブックのクロス表から行列見出しを指定して交差する値を抽出したい	530
427	1つの表の値を項目別シートに分割抽出したい	531
428	1つの表の値を部分一致する項目名で別シートに分割抽出したい	533
429	1つの表の値を年別シートに分割抽出したい	535
430	1つの表の値を月別シートに分割抽出したい	537
431	1つの表の値を四半期別シートに分割抽出したい	539
432	1つの表の値を週別シートに分割抽出したい	541
433	データの追加で行がずれても小計を別シートにリンクしたい	543
434	複数シートの同じ位置にあるセルの値を1列にオートフィルでリンクしたい	544
435	別表／シートの1行ずつの値を結合セルにオートフィルでリンクしたい	545
436	前シートの同じ位置にあるセルの値を常にリンクしたい	546
437	前シートの同じ位置にあるセルの値を常にリンクしたい（Excel 2010／2007）	548
438	入力したファイル名と保存先のファイルをリンクしたい	550
439	シート名のリストを手早く作成したい	551
440	すべてのシート名をそれぞれの表のタイトルに一度にリンクさせたい	553
441	クリックするとそのシートが開くシート名のリストを作成したい	554
442	等間隔にあるデータを抽出したい	556
443	等間隔にあるデータを結合セルに抽出したい	558
444	等間隔にある行のデータを列方向に、列のデータを行方向に抽出したい	559
445	入力値が表の何番目にあるか求めたい	561
446	入力値に部分一致する値が表の何番目にあるか求めたい	562
447	それぞれの値を行見出しに変えたい	563
448	それぞれの値を列見出しに変えたい	564
449	それぞれの値を列見出しに変えたい（同じ行に値が1個のみの場合）	565
450	それぞれの値を行見出しに変えたい（同じ列に値が1個のみの場合）	566

451	一番右端のあらゆる文字の見出しを抽出したい	567
452	一番右端のあらゆる数値の見出しを抽出したい	568
453	一番左端のあらゆる文字の見出しを抽出したい	569
454	一番左端のあらゆる数値の見出しを抽出したい	570
455	別表から入力値がある行見出しを抽出したい	571
456	別表から入力値がある列見出しを抽出したい	572
457	最大値に対応する見出しを抽出したい	573
458	最小値に対応する見出しを抽出したい	574
459	トップから指定の順位にある数値の見出しを抽出したい	575
460	ワーストから指定の順位にある数値の見出しを抽出したい	576
461	重複した値を抽出したい	577
462	重複を除く値を抽出したい	578
463	重複した値を別の表に抽出したい	580
464	重複を除く値を別の表に抽出したい	581
465	複数条件で重複した値／重複以外の値を抽出したい	582
466	複数条件で重複した値を別の表に抽出したい	583
467	複数条件で重複を除く値を別の表に抽出したい	584
468	別表や別シートで重複した値を抽出したい	586
469	別表や別シートで重複した値を抽出したい（データの追加に対応）	588
470	別表や別シートにはない値を抽出したい	590
471	複数の表／シートで重複を除いて1つの表にまとめたい	592
472	同じ項目の直近データを抽出したい	594
473	値が追加されても常に最後のセルの値を抽出したい	595
474	更新するたび表からランダムに値を抽出したい	596
475	ABC評価のランキングで最高値を抽出したい	598

Chapter 12
条件で処理を分ける！　分岐ワザ　　　599

476	条件を満たすか満たさないかでセルに求める値を変えたい	600
477	条件を満たす場合に注意書きを指定の位置で改行して入れたい	601
478	3つ以上の処理分けをしたい	602
479	簡単な数式で複数の処理分けをしたい	603
480	複数のすべての条件を満たす／どれかを満たさないで値を変えたい	604
481	複数のどれかの条件を満たす／どれも満たさないで値を変えたい	605
482	複数列を対象に同じ条件を満たす処理分岐式を短く作成したい	606

483	AND＋OR条件を満たす／満たさないで値を変えたい	607
484	条件に日付や時刻を指定して値を変えたい	608
485	指定の値に部分一致する／しないで求める値を変えたい	609
486	カンマ区切りで入力された値のどれかを含む／含まないで求める値を変えたい	610
487	カンマ区切りの値について「内田」と「上内田」を区別して求める値を変えたい	611
488	値の部分一致が複数条件のときすべてを満たすかどうかで処理を分けたい	612
489	値の部分一致が複数条件のときどれかを満たすかどうかで処理を分けたい	613
490	数値かどうかで求める値を変えたい	614
491	全角か半角かで求める値を変えたい	615
492	日付が奇数日か偶数日かで求める値を変えたい	616
493	件数によって求める値を変えたい	617
494	エラーの場合だけ注意書きや印を入れたい	618
495	重複している値に注意書きや印を入れたい	619
496	複数条件で重複している値に注意書きや印を入れたい	620
497	重複している値だけカウントを入力したい	621
498	重複している値は2つ目からカウントを入力したい	622
499	項目別の最大値に注意書きや印を入れたい	623
500	行削除／行挿入しても常に○行おきに印を付けたい	624
501	値並びが同じ2つの表を比較して変更があるかどうか注意書きを入れたい	625
502	並びが違う2つの表を比較して変更があるかどうか注意書きを入れたい	626
503	並びが違う2つの表を比較して変更された数を注意書きで入れたい	628
504	別表の値の部分一致が複数条件のときどれかを満たすかどうかで処理を分けたい	630
505	別表の値と重複している値に注意書きや印を入れたい	631
506	別ブックの値と重複している値に注意書きや印を入れたい	632
507	複数ブックの値と重複している値に注意書きや印を入れたい	633
508	各シートの同じ位置にある表の入力内容を条件に印を付けたい	635
509	クロス表で別表の2列の値と一致する交差セルに印を付けたい	636

Chapter 13
指定条件で色を着ける！　書式変更ワザ　637

| 510 | 条件を満たす値がある行すべてに色を着けたい | 638 |
| 511 | 別の列の条件を満たす項目に色を着けたい | 639 |

512	指定の文字と部分一致する値がある行すべてに色を着けたい	640
513	AND条件で色を着けたい	641
514	同じ項目が複数行続く表で項目ごとに行数が違っても交互に色を着けたい	642
515	並べ替え／行削除／行挿入が実行されても○行おきに色を着けたい	644
516	さまざまな行数の結合セルに対応して○行おきに色を着けたい	645
517	フィルターや行の非表示が実行されても○行おきに色を着けたい	646
518	最大値がある行すべてに色を着けたい	648
519	最小値がある行すべてに色を着けたい	649
520	フィルターや行の非表示が実行されても最大値に色を着けたい	650
521	フィルターや行の非表示が実行されても最小値に色を着けたい	652
522	上位から指定の順位までの値がある行すべてに色を着けたい	654
523	下位から指定の順位までの値がある行すべてに色を着けたい	655
524	フィルターや行の非表示が実行されても上位からの順位に色を着けたい	656
525	フィルターや行の非表示が実行されても下位からの順位に色を着けたい	658
526	数式で日付や時刻を条件に指定して行に色を着けたい	660
527	現在の日付がある行すべてに色を着けたい	661
528	指定の期間や時間帯に色を着けたい	662
529	指定の週に色を着けたい	663
530	特定の曜日に色を着けたい	664
531	特定の曜日と祝日に色を着けたい	665
532	日付の土日祝に色を着けたい	667
533	指定の誕生日の会員に色を着けたい	668
534	重複の値がある行すべてに色を着けたい	669
535	別表や別シートと重複している値に色を着けたい	670
536	別シートと重複している値に色を着けたい（Excel 2007の場合）	671
537	複数のシートで重複している値に色を着けたい	673
538	複数条件で重複する値または重複がある行すべてに色を着けたい	675
539	関数式を条件に指定して自動で取り消し線を引きたい	676
540	同じ行内すべてのセルに入力したら自動で罫線が引かれるようにしたい	677
541	クロス表の行見出しが別表の2列の値と一致したら交差するセルに色を着けたい	678
542	セルを選択したらその行全体に色を着けたい	679
543	セルを選択したらその列全体に色を着けたい	681

Chapter 14
ルールを作って入力ミスを防ぐ！　入力規制／リストワザ　　683

544	土日は入力できないように規制したい	684
545	土日祝は入力できないように規制したい	685
546	指定の曜日は入力できないように規制したい	686
547	毎月○日しか入力できないように規制したい	687
548	○日単位でしか入力できないように規制したい	688
549	7:30を7.5のようにしか入力できないように規制したい	689
550	○分単位での切り上げしか入力できないように規制したい	690
551	○分単位での切り捨てしか入力できないように規制したい	691
552	「900」の入力で「9:00」と表示するとき「:」や時刻と違う数値を入力不可にしたい	692
553	金額が税込でしか入力できないように規制したい	694
554	小数点以下第○位までしか入力できないように規制したい	695
555	○個単位でしか入力できないように規制したい	696
556	値が重複していたら入力できないように規制したい	697
557	別表や別シートで重複する値は入力できないように規制したい	698
558	別シートで重複する値は入力できないように規制したい（Excel 2007の場合）	699
559	複数のシートで重複する値は入力できないように規制したい	701
560	値が複数条件で重複していたら入力できないように規制したい	703
561	スペースが入力できないように規制したい	704
562	入力禁止のリストを作り、リスト項目は入力できないように規制したい	705
563	セル内で改行したら入力できないように規制したい	707
564	半角は入力できないように規制したい	708
565	全角は入力できないように規制したい	709
566	リストから選んだ項目で値が入れ替わるリストを作成したい	710
567	各項目が複数の値を行方向に持つ場合に値が入れ替わるリストを作成したい	712
568	リストから選んだ項目で値が入れ替わるリストを2段階にしたい	714
569	複数の結合セルの値を手早くリスト化したい	716
570	リストは2列表示にして選ぶと1列目だけが表示されるリストを作成したい	718
571	空白を表示させずに追加対応できるリストを作成したい	719
572	重複を除く値を追加対応できるようにリスト化したい	721
573	指定の曜日を除く○年○月の日付リストを作成したい	723
574	土日祝を除く○年○月の日付リストを作成したい	725
575	先頭1文字の読みでリストを入れ替えたい	727

Chapter 15
覚えておくと超便利！　プラスワザ　　729

- 576 入力した値に対応する文字の上に○が付くようにしたい ……… 730
- 577 値によって記号を変えたい ……… 732
- 578 値によって画像を変えたい ……… 733
- 579 自動でチェックを付けたい ……… 735
- 580 あらゆる集計を手早く求めたい ……… 737
- 581 シートが何枚あるか手早く知りたい ……… 738
- 582 指定のシートAからシートBの間に含まれるシート数を手早く知りたい … 739
- 583 セルに入力した名前のシートが何枚目にあるか手早く知りたい ……… 740
- 584 年月の変更で日付・曜日が変わる万年カレンダーを作成したい（末日対応）… 741
- 585 常に指定の日から始まる万年カレンダーを作成したい ……… 743
- 586 土日祝を除く万年カレンダーを作成したい ……… 744
- 587 指定曜日を除く万年カレンダーを作成したい ……… 745
- 588 複数の指定曜日を除く万年カレンダーを作成したい ……… 746
- 589 月曜始まりか日曜始まりが選べるボックス型カレンダーを作成したい … 747
- 590 日付ごとの連番になるように「日付＋連番」を作成したい ……… 749
- 591 1、1、2、2…のように同じ数だけ連番を作成したい ……… 750
- 592 連続日付や連続時刻を同じ数だけ作成したい ……… 751
- 593 項目ごとの連番を作成したい ……… 752
- 594 項目ごとの連番＋枝番を作成したい ……… 753
- 595 値がある行だけに連番を作成したい ……… 755
- 596 途中の見出しを飛ばして一度に連番を作成したい ……… 756
- 597 同じ値が複数行ある場合に1行目だけに連番を作成したい ……… 757
- 598 それぞれ行数が違う結合セルに連番を作成したい ……… 758
- 599 並べ替え／行削除／行挿入が実行されても崩れない連番を作成したい … 759
- 600 オートフィルターや行の非表示が実行されても崩れない連番を作成したい … 760

索引 ……… 761

Chapter 1

数式と関数の基礎

Chapter 1 数式と関数の基礎

▶数式の基礎

|2016|2013|2010|2007|

001 数式を入力したい

使用関数 なし

数　式 なし

数式は「＝」とセルに入力してから作成します。加算は「＋」、減算は「－」、乗算は「＊」、除算は「/」の演算子を使います。数式で使う値は、値を入力したセル番地を指定すると、値が変更されても自動で再計算されます。

❶ 達成率を求めるE3セルを選択し、「＝」と入力する。

❷ 達成率の数式は「売上数/目標数」なので、続けて「C3/B3」と入力して Enter キーで数式を確定する。

	A	B	C	D	E	F
1	年間売上表					
2	店名	目標数	売上数	売上高	達成率	
3	中野本店	50,000	76,450	38,225,000	=C3/B3	
4	築地店	30,000	25,412	12,706,000		
5	南青山店	30,000	42,467	21,233,500		
6	茂原店	10,000	6,879	3,439,500		
7	横浜店	15,000	14,268	7,134,000		

(B3 セル参照バー：=C3/B3)

❸ E3セルに達成率が求められる。

	A	B	C	D	E	F
1	年間売上表					
2	店名	目標数	売上数	売上高	達成率	
3	中野本店	50,000	76,450	38,225,000	1.529	
4	築地店	30,000	25,412	12,706,000		
5	南青山店	30,000	42,467	21,233,500		
6	茂原店	10,000	6,879	3,439,500		
7	横浜店	15,000	14,268	7,134,000		

プラスアルファ 数式には、比較演算子「＝」「＞」「＜」「＞＝」「＜＝」「＜＞」、文字列演算子「＆」、参照演算子「：」「，」、半角スペースなども使えます。

サンプルファイル ▶ 001.xlsx

▶ 数式の基礎

2016 | 2013 | 2010 | 2007

002 入力した数式を削除せずに一部を修正したい

使用関数 なし

数　式 なし

入力した数式の一部を修正する場合、すべて削除しなくても数式を編集状態にすることで修正が可能です。Deleteキーや Back spaceキーを使い、修正する数式を削除して正しい数式を入力し直します。

---

❶ 数式のセルをダブルクリック、または F2 キーを押すと、数式がセル内に表示され、カーソルが数式内に挿入される。

❷ 数式内の修正するセル番地を範囲選択する。もしくは、DeleteキーやBack spaceキーで削除する。

❸ 変更するセル番地を選択するか、変更する内容を入力し直す。
Enterキーで数式を確定すると、数式が修正される。

> **プラスアルファ** セル内の数式を編集状態にすると、数式で使用しているセル範囲が色枠で囲まれます。この色枠を「カラーリファレンス」といいます。カラーリファレンスをドラッグすることでも数式の修正が行えます。

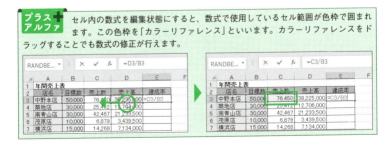

📥 サンプルファイル ▶ 002.xlsx

Chapter 1 数式と関数の基礎

▶数式の基礎

2016 | 2013 | 2010 | 2007

003 複数セルの値それぞれに同じ数値を四則演算した結果を入力し直したい

使用関数 なし
数式 なし

数式を入力する場所がない複数行列の表で、それぞれのセルに同じ数値を四則演算したい場合は、「形式を選択して貼り付け」機能を使います。四則演算したい数値をコピーして表のセルに貼り付けるだけです。

---

❶乗算する値「1.08」を入力する。

❷[ホーム]タブの[クリップボード]グループの[コピー]ボタンをクリックする。

❸乗算したいF3セル〜F7セルを範囲選択する。

❹[ホーム]タブの[クリップボード]グループの[貼り付け]ボタンの[▼]をクリック、[形式を選択して貼り付け(S)]を選択する。

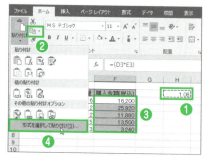

❺表示された[形式を選択して貼り付け]ダイアログボックスで、[貼り付け]グループの[数式]、[演算]グループの[乗算]を選択する。

❻[OK]ボタンをクリックする。

❼購入金額が「1.08」が乗算された値に変更される。

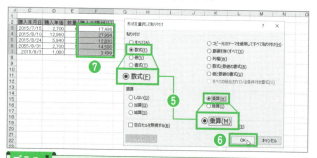

> **プラスアルファ** 乗算する数値に書式を付けていない場合は、書式なしで貼り付けられます。貼り付けるセルの書式を残したい場合は、手順❺のように[数式]もオンにして貼り付ける必要があります。

📥サンプルファイル ▶ 003.xlsx

▶ 数式の基礎

004 よく計算に使用する数式は手早く入力したい

使用関数 なし
数　式 なし

面倒な数式や、よく使う数式は、名前に登録しておくと便利です。名前の入力だけで、数式をスピーディに作成できます。

❶ [数式] タブの [定義された名前] グループの [名前の定義] ボタンをクリックする。

❷ 表示された [新しい名前] ダイアログボックスで、[名前] に数式で使う名前「会員」を入力する。

❸ [参照範囲] に毎回、計算に使う数式「=1-0.15」を入力する。

❹ [OK] ボタンをクリックする。

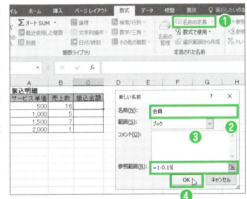

❺ C3セルに、作成した名前を使い、「=A3*B3*会員」と入力して、Enterキーで数式を確定する。

❻ 「=A3*B3*(1-0.15)」の数式結果が求められる。

プラスアルファ 作成した名前は、[数式] タブの [定義された名前] グループの [数式で使用] ボタンから選択して、数式内に挿入できます。

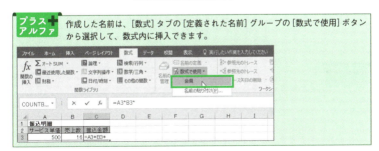

サンプルファイル ▶ 004.xlsx

005 数式をセル番地ではなく表の列見出しで入力したい

使用関数 なし
数　式 なし

表をテーブルに変換しておくと、入力した数式は列見出しで作成されます。どんな計算方法で求められた値なのか、数式を見ただけでわかるようになります。

1. タイトルと表を入力したら、表内のセルを選択し、[挿入]タブの[テーブル]グループの[テーブル]ボタンをクリックする。
2. 表示された[テーブルの作成]ダイアログボックスで、表のタイトルを含めた範囲をテーブルに変換するデータ範囲として選択する。
3. [先頭行をテーブルの見出しとして使用する]にチェックを入れる。
4. [OK]ボタンをクリックすると、表がテーブルに変換される。
5. 達成率を求めるセルを選択し、「=」と入力する。
6. 数式で使うセルを選択すると、セル番地ではなく、列見出しが入力され、Enter キーで確定すると、列見出しを使った数式が作成される。

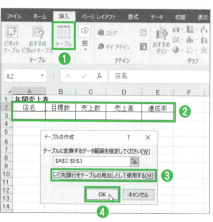

プラスアルファ テーブルに変換した表が複数行の場合、表内のセル番地を選択し、数式を入力すると、「=[@売上数]/[@目標数]」のように「@」の記号が付けられて数式が作成されます。

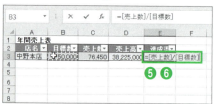

サンプルファイル ▶ 005.xlsx

▶数式の基礎

006 数式を連続したセルに同時に入力したい

使用関数 なし

数　式 なし

複数行または、複数列に数式を一度に入力するには、あらかじめ入力したいセル範囲を選択してから、1つ目の数式を入力します。数式の確定時には [Ctrl] キーと [Enter] キーを使います。

---

❶達成率を求めるセルをすべて選択する。

❷1行目のセル番地を使い数式を入力して、[Ctrl]+[Enter] キーで数式を確定する。

❸すべての達成率が求められる。

❹それぞれのセルには、それぞれの行のセル番地を使った数式が入力される。

📥 サンプルファイル ▶ 006.xlsx

007 数式を離れたセルに同時に入力したい

使用関数 なし
数 式 なし

複数の離れたセルに数式を一度に入力するには、Ctrlキーを押しながら、それぞれのセルを選択し、最後に選択したセルで数式を入力します。数式の確定時にはCtrlキーとEnterキーを使います。

❶達成率を求めたいセルをCtrlキーを押しながら選択する。

❷最後のセルに同じ行にあるセル番地を使い、数式を入力する。`=C14/B14`

❸ Ctrl + Enter キーで数式を確定すると、選択したすべてのセルに達成率が求められる。

サンプルファイル ▶ 007.xlsx

▶ 数式の基礎

008 入力した数式を連続したセルに手早くコピーしたい

使用関数 なし

数　式 なし

数式を入力後、連続したセルにも入力するには、オートフィル機能を使います。コピーしたい方向へ、ドラッグ、またはダブルクリックするだけで、手早く数式がコピーできます。

❶数式を入力したら、セルの右下隅にあるフィルハンドル［■］にカーソルを合わせる。カーソルが十字の形状に変わったら、下方向へドラッグ、またはダブルクリックする。

❷数式の参照先のセル番地がそれぞれの行にあるセル番地に変更され、それぞれの計算結果が求められる。

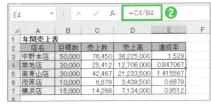

プラスアルファ データを入力したセルをドラッグするだけで、データを自動で入力できる機能をオートフィル機能といいます。手順❶でドラッグしても、オートフィル機能が使えない場合は、［ファイル］タブ→［オプション］（Excel 2007では［Office］ボタン→［Excelのオプション］ボタン）から［詳細設定］で［フィルハンドルおよびセルのドラッグアンドドロップを使用する］のチェックがオンになっているか確認しましょう。

サンプルファイル ▶ 008.xlsx

▶ 数式の基礎

2016 | 2013 | 2010 | 2007

009 入力した数式を離れた複数のセルに手早くコピーしたい

使用関数 なし

数 式 なし

入力した数式を離れた複数のセルにコピーするには、数式をコピーしたら、Ctrl キーを押しながら、入力したいセルを選択して貼り付けます。

❶ 数式のセルを選択し、[ホーム] タブの [クリップボード] グループの [コピー] ボタンをクリックする。

❷ 数式を貼り付けたいセルを Ctrl キーを押しながら選択する。

❸ [ホーム] タブの [クリップボード] グループの [貼り付け] ボタンをクリックすると、数式が選択したセルにコピーされる。

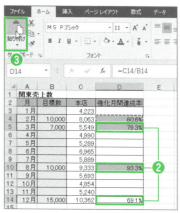

> **プラスアルファ** セルの書式を省いて、数式と表示形式だけを貼り付けたいときは、手順❸で [貼り付け] ボタンの [▼] をクリックして表示されるメニューから [数式と数値の書式] をクリックします。
>
>

34 ▼サンプルファイル ▶ 009.xlsx

▶ 数式の基礎

2016 2013 2010 2007

010 入力したら自動で上のセルの数式をコピーしたい

使用関数 なし

数 式 なし

テーブルに変換した表では、1行目に数式を入力しておくと、次の行にデータを入力するだけで、数式が自動でコピーされます。データを入力するたびに、数式をコピーする手間が省けます。

---

❶ [挿入] タブの [テーブル] グループの [テーブル] ボタンをクリックして、表をテーブルに変換する。

❷ 1行目に達成率を求める数式を入力する。

❸ 2行目にデータを入力すると、自動で数式が入力されて達成率が求められる。

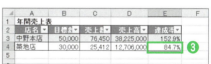

> **プラスアルファ** 表をテーブルに変換しておくと、あとから数式の列を追加し、1行目に数式を入力して Enter キーで数式を確定することで、同時にすべての行に数式が入力されます。

📥 サンプルファイル ▶ 010.xlsx、010コラム.xlsx

011 書式は省いて数式だけをコピーしたい

使用関数 なし
数式 なし

数式のコピーで罫線など書式を省いてコピーするには、オートフィル機能でコピーすると表示される[オートフィルオプション]ボタンから、[書式なしコピー]を選択します。

1. 数式をオートフィルでコピーすると、書式までコピーされてしまう。

2. 数式をオートフィルでコピーしたら、表示された[オートフィルオプション]ボタンをクリックする。
3. 表示されたメニューから[書式なしコピー]を選択する。
4. 書式をそのままにして数式だけがコピーされる。

プラスアルファ 手順❸で[オートフィルオプション]ボタンが表示されない場合は、[ファイル]タブから[オプション](Excel 2007では[Office]ボタン→[Excelのオプション]ボタン)を選択し、[Excelのオプション]ダイアログボックスで、[詳細設定]を選択し、[切り取り、コピー、貼り付け]の[コンテンツを貼り付けるときに、[貼り付けオプション]ボタンを表示する]にチェックを入れます。

サンプルファイル ▶ 011.xlsx

▶ 数式の基礎

2016 | 2013 | 2010 | 2007

012 数式が入力されていても値だけをコピーしたい

使用関数 なし

数　式 なし

セル内に数式が入力されていても、数式結果の値だけをコピーして貼り付けるには、貼り付けるときに要素を指定します。要素は、元の書式が不要なら[値]、必要なら[値と数値の書式]を指定します。

---

❶コピーしたい数式のセルを選択し、[ホーム]タブの[クリップボード]グループの[コピー]ボタンをクリックする。

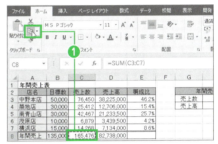

❷貼り付けたいセルを選択し、[ホーム]タブの[クリップボード]グループの[貼り付け]ボタンの[▼]をクリックする。

❸表示されたメニューから[値の貼り付け]グループの[値と数値の書式]をクリックする。

❹数式を省いて書式を付けた値だけがコピーされる。

プラスアルファ 手順❷で[貼り付け]ボタンをクリックすると、セルに表示された[貼り付けのオプション]ボタンから貼り付ける要素を選択できます。

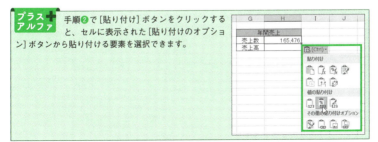

📥 サンプルファイル ▶ 012.xlsx

013 数式コピーで参照元セルがずれないようにしたい 方法①

使用関数 なし
数式 なし

Tips012のように値だけを貼り付けるのではなく、参照元のセル番地がずれないように数式を残したまま別のセルにコピーするには、数式バーを使います。数式バーで数式をコピーして貼り付けます。

❶ コピーしたい数式のセルを選択し、数式バーで数式を範囲選択する。

❷ [ホーム]タブの[クリップボード]グループの[コピー]ボタンをクリックして、Enterキーで数式を確定する。

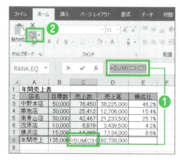

❸ 貼り付けたいセルを選択し、[ホーム]タブの[クリップボード]グループの[貼り付け]ボタンをクリックする。

❹ 数式の参照元のセル範囲をそのままにして貼り付けられる。

> **プラスアルファ** 手順❶で、数式バーを使わずに、数式のセルをダブルクリックして、数式を編集状態にすると、数式を範囲選択してコピーできます。

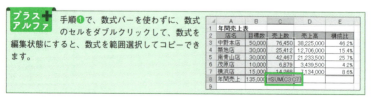

▶数式の基礎 　　　　　　　　　　　　　　　　　2016 | 2013 | 2010 | 2007

014 数式コピーで参照元セルがずれないようにしたい　方法②

使用関数 なし

数　式 =D3/$D$8

数式セルを別のセルにコピーすると、参照元のセル番地がずれてしまいますが、ずれないように固定させることができます。固定させるには、セル番地の行列番号の前に「$」記号を付けます。

---

❶構成比を求めるセルを選択し、「=D3/」と入力する。D8セルを選択したら F4 キーを押すと、D8セルの行列番号の前に「$」記号が付けられる。
Enter キーで数式を確定する。

❷数式をコピーしても、「$」記号を付けたD8セルの年間売上のセルが常に参照されて、各店舗の構成比が求められる。

プラス＋アルファ　「$」記号は、F4 キーを1回押すと行番号、列番号の前に付けられます。4回押すと、「$」記号は削除されます。「$」記号を行列番号の前に付けると、数式をコピーしても常に同じセル番地を参照できます。この参照形式を「絶対参照」といいます。

📥サンプルファイル ▶ 014.xlsx

015 数式コピーで参照元セルの行／列番号がずれないようにしたい

使用関数 なし

数 式 =$A4*(1-B$3)

数式セルを列方向にコピーしたとき、列番号がずれないようにするには、列番号の前に「$」記号、行方向にコピーしたとき、行番号がずれないようにするには、行番号の前に「$」記号を付けます。

❶ 単価を求めるセルを選択し、「=$A4*(1-B$3)」と入力して、Enterキーで数式を確定する。

❷ 数式を列方向や行方向へコピーしても、常にA列の単価、3行目の手数料を参照した数式が作成され、支払単価が求められる。

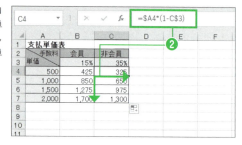

> **プラスアルファ**　「$」記号は、F4キーを2回押すと、行番号の前だけに、3回押すと、列番号の前だけに付けられます。「$」記号を行番号の前に付けると、数式をコピーしても常にその行番号が参照され、列番号の前に付けると常にその列番号が参照されます。このように行列番号のどちらかを参照する参照形式を「複合参照」といいます。

サンプルファイル ▶ 015.xlsx

▶ 数式の基礎

2016 | 2013 | 2010 | 2007

016 別のセルに数式で求められた値をリンクしたい

使用関数 なし

数 式 =B9

セルにリンクを設定しておくと、数式で求められた値を同時に別のセルにも表示させておくことができます。リンクしておくと、数式セルの内容が常に反映されるため、あとから数式を変更しても、自動で反映させることができます。

---

❶売れ筋商品を求めるセルを選択し、「=」と入力して、リンクするB9セルを選択したら、Enter キーで数式を確定する。

❷B9セルの商品名がリンクされる。

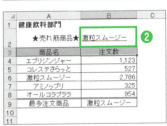

プラスアルファ 複数のセルにある数式を一度にリンクさせるには、数式のセル範囲をコピーして、リンクするセルを選択し、[貼り付け]ボタンの[▼]ボタンから[リンク貼り付け]ボタンをクリックします。

📥 サンプルファイル ▶ 016.xlsx

017 図形に数式で求められた値をリンクしたい

▶ 数式の基礎 | 2016 | 2013 | 2010 | 2007

使用関数 なし

数 式 =$B$9

図形に数式で求められた値をリンクさせるには、図形に数式のセルをリンクさせます。リンクさせるには、数式バーを使います。図形に直接、「=」と入力してもリンクできないので注意が必要です。

---

❶ 図形を選択する。
❷ 数式バーに「=」と入力する。

❸ リンクする数式が入力されたB8セルを選択し、Enterキーで数式を確定する。

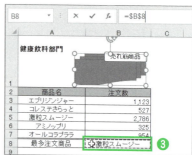

❹ B8セルの数式結果の商品名がリンクされる。

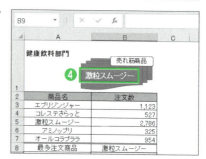

サンプルファイル ▶ 017.xlsx

▶ 数式の基礎

2016 | 2013 | 2010 | 2007

018 数式セルは残して入力済みデータだけ削除したい

使用関数 なし

数　式 なし

数式を含む表では、データの削除時に、うっかり数式まで削除してしまわないように、数式以外のセルだけを一気に選択してから削除しましょう。数式以外のセルはジャンプ機能で選択できます。

---

❶データを入力したセルを範囲選択し、[ホーム]タブの[編集]グループの[検索と選択]ボタンをクリック、表示されたメニューから[定数]を選択する。

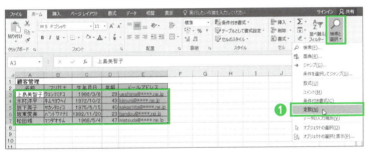

❷数式を入力していないセルが選択される。

❸ Delete キーでデータを削除すると、入力済みデータはすべて削除され、数式のセルだけ残される。

📥 サンプルファイル ▶ 018.xlsx

019 数式が変更できないように数式のセルを保護したい

使用関数 なし
数 式 なし

数式を含む表で、データの入力時に間違って、数式が上書きできないようにするには、数式セルを選択できないようにします。選択できないようにするには、シートを保護して、数式セルをロックします。

① 表内のセルを範囲選択し、[ホーム]タブの[編集]グループの[検索と選択]ボタンをクリック、表示されたメニューから[条件を選択してジャンプ]を選択する。
② 表示された[選択オプション]ダイアログボックスで、[空白セル]を選び、[OK]ボタンをクリックする。

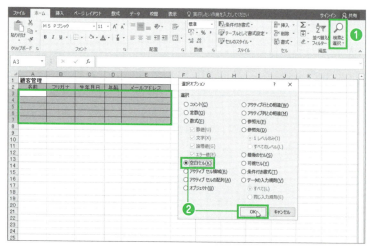

❸数式セルを除く空白セルだけが選択される。

❹[ホーム]タブの[セル]グループの[書式]ボタンをクリック、表示されたメニューから[セルのロック]を選択する。

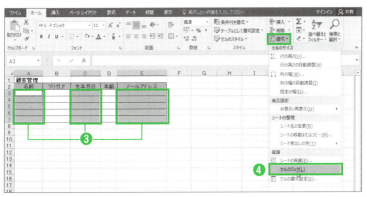

❺[校閲]タブの[変更]グループの[シートの保護]ボタンをクリックする。

❻表示された[シートの保護]ダイアログボックスで[ロックされたセル範囲の選択]のチェックを外して[OK]ボタンをクリックする。

❼数式が入力されたセルは選択できなくなる。

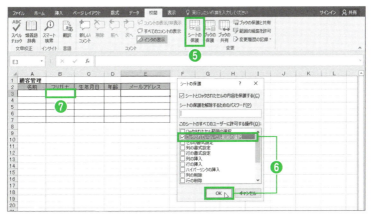

> **プラスアルファ** 表内にデータがある場合は、手順❶で[検索と選択]ボタンから[定数]を選択します。

Chapter 1 数式と関数の基礎

▶ 数式の基礎

2016 | 2013 | 2010 | 2007

020 数式のセルを目立たせたい

使用関数 なし
数 式 なし

数式セルを目立たせておけば、データの入力時に間違って上書きしてしまうミスを防ぐことができます。数式セルは、ジャンプ機能で選択して色を着けておくことで、目立たせることができます。

❶ [ホーム]タブの[編集]グループの[検索と選択]ボタンをクリック、表示されたメニューから[数式]を選択する。

❷ 数式のセルだけが選択される。

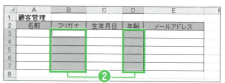

❸ [ホーム]タブの[フォント]グループの[塗りつぶしの色]ボタンの[▼]ボタンをクリックし、数式セルに着ける色を選択する。

❹ 数式セルだけに色が着けられる。

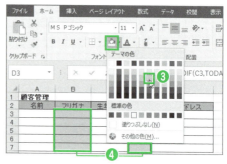

サンプルファイル ▶ 020.xlsx

▶ 関数の基礎

2016 | 2013 | 2010 | 2007

021 関数が必要な理由を知りたい

使用関数 なし
数 式 なし

セルに計算結果がほしいとき、通常の数式では、演算子を複数使った数式が必要です。しかし、関数を使えば、セルを選択するだけで集計結果が求められ、大きな表でも一瞬で目的のデータを抽出できます。

■集計結果を簡単に求められる

❶年間売上目標数を求めるためには、全店舗の目標数のセルを使い、「=B3+B4+B5+B6+B7」と数式を入力しなければならない。

❷関数を使えば、全店舗の目標数のセルを範囲選択するだけで、年間売上目標数が求められる。

■データを簡単に抽出できる

❶大きな表や複数シートにある表から目的のデータが探しにくいが、関数を使えば、一発で抽出してセルに表示することができる。

サンプルファイル▶ 021.xlsx

▶ 関数の基礎

022 関数を入力したい／関数のダイアログを使う 方法①

使用関数 VLOOKUP関数

数 式 =VLOOKUP(A3,A8:C12,3,0)

関数の入力でダイアログボックスを使って入力するには、関数ライブラリを使います。使う関数の分類ボタンから関数を選択します。表示された[関数の引数]ダイアログボックスの引数ボックスに必要な値を入力します。

❶求めるセルを選択し、[数式]タブの[関数ライブラリ]グループから使いたい関数の分類ボタンをクリックする。ここでは[検索／行列]ボタンをクリックする。

❷表示された関数の一覧リストから使いたい関数名を選択する。ここでは[VLOOKUP]を選択する。

❸VLOOKUP関数の[関数の引数]ダイアログボックスが表示される。

❹引数ボックスにカーソルを挿入し、必要なセルを選択、または必要な内容を入力する。

❺[OK]ボタンをクリックする。

❻それぞれの引数ボックスに入力した内容が「,」で区切られて、VLOOKUP関数の数式が作成され、結果が求められる。

サンプルファイル▶ 022.xlsx

プラスアルファ [関数ライブラリ] グループにない分類名は [その他の関数] ボタンにありますが、頻繁に使う分類名はボタンとして追加できます。

リボンの上で右クリックして、[リボンのユーザー設定] を選択し、[Excel のオプション] ダイアログボックスで、❶追加する場所で [新しいグループ] ボタンをクリックします。❷[すべてのコマンド] から❸追加したい分類名のボタンを選択し、❹[追加] ボタンで❺作成したグループに追加すると、❻リボンに追加した分類名のボタンが表示されます。

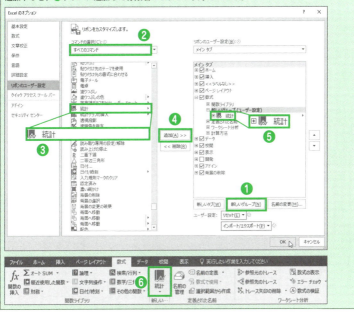

023 関数を入力したい／関数のダイアログを使う　方法②

使用関数 VLOOKUP関数

数　式 =VLOOKUP(A3,A8:C12,3,0)

関数のダイアログボックスは、[関数の挿入] ボタンからでも表示できます。[関数の挿入] ボタンをクリックして、表示された [関数の挿入] ダイアログボックスから、使いたい関数の分類名と関数名を選択します。

---

❶ 求めるセルを選択し、[数式] タブの [関数ライブラリ] グループの [関数の挿入] ボタンをクリックする。

❷ [関数の挿入] ダイアログボックスが表示される。

❸ [関数の分類] から使いたい関数の分類を選択する。ここでは [検索/行列] を選択する。

❹ [関数名] から使いたい関数名を選択する。ここでは [VLOOKUP] を選択する。

❺ [OK] ボタンをクリックする。

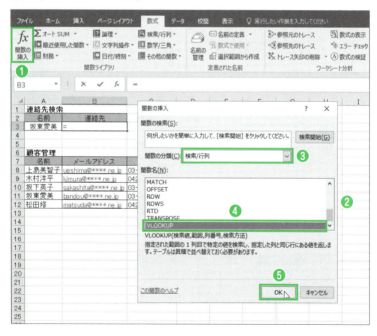

❻VLOOKUP関数の[関数の引数]ダイアログボックスが表示される。

❼引数ボックスにカーソルを挿入し、必要なセルを選択、または必要な内容を入力する。

❽[OK]ボタンをクリックする。

❾それぞれの引数ボックスに入力した内容が「,」で区切られて、VLOOKUP関数の数式が作成され、結果が求められる。

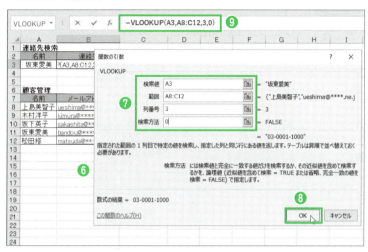

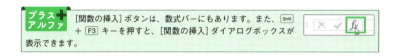

[関数の挿入]ボタンは、数式バーにもあります。また、Shift + F3 キーを押すと、[関数の挿入]ダイアログボックスが表示できます。

024 関数を入力したい／関数オートコンプリートを使う

▶関数の基礎　　2016 | 2013 | 2010 | 2007

使用関数 VLOOKUP関数

数 式 =VLOOKUP(A3,A8:C12,3,0)

関数は、書式に従って入力する必要がありますが、関数オートコンプリート機能を使うと、関数名はリストから選択するだけで入力でき、書式はポップヒントを見ながら入力できます。

❶ 求めるセルを選択し、「=」と入力して関数の頭文字を入力する。

❷ 入力した頭文字から始まる関数のリストが表示されるので、必要な関数名をダブルクリックする。

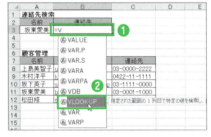

❸ セルに選択した関数と「(」が入力される。

❹ ポップヒントで表示された引数の内容に従い、入力する。

❺ 引数に指定方法が複数ある場合は、「,」を入力すると、その指定方法がリストで表される。すべて入力したら、「)」を入力して、Enterキーで数式を確定すると結果が求められる。

> **プラスアルファ** 関数は、「= 関数名 (引数 1, 引数 2,…)」の書式に従って入力します。引数には、計算に使う値やセル番地を入力します。

▶サンプルファイル ▶ 024.xlsx

▶ 関数の基礎

025 最近使用した関数を使いたい

使用関数 なし
数 式 なし

最近使用した関数を使いたい場合は、[最近使用した関数]ボタンを使うと便利です。最近使用した関数が10個までリストとして表示されるため、関数の分類から関数を探す手間が省けます。また、[関数の挿入]ダイアログボックスからも挿入できます。

■ [最近使用した関数] ボタンを利用する

1. 求めるセルを選択し、[数式]タブの[関数ライブラリ]グループの[最近使用した関数]ボタンをクリックする。
2. 最近使用した関数が10個表示されるので、使用したい関数を選択する。
3. 選択した関数の[関数の引数]ダイアログボックスが表示される。

■ [関数の挿入] ダイアログを利用する

1. [関数の分類]から[最近使った関数]を選択する。
2. [関数名]に最近使用した関数が10個表示される。

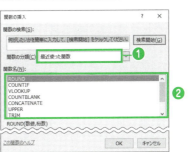

▶ 関数の基礎

2016 | 2013 | 2010 | 2007

026 使いたい関数名がわからないとき検索して探したい

使用関数 なし

数 式 なし

どの関数を使えばいいのか迷ったときは、ヒントの入力で、関連する関数のリストを表示させます。ヒントの入力は、[関数の挿入] ダイアログボックスの [関数の検索] ボックスを使います。

❶ 求めるセルを選択し、[数式] タブの [関数ライブラリ] グループの [関数の挿入] ボタンをクリックして、[関数の挿入] ダイアログボックスを表示する。

❷ [関数の検索] に検索したいキーワードを入力する。

❸ [検索開始] ボタンをクリックする。

❹ [関数名] に該当する関数名が表示される。

プラスアルファ

関数を選択すると、その関数の引数と一緒に、関数の説明が表示されます。どんな用途で使える関数なのかを知りたいときは、関数を選択してみましょう。

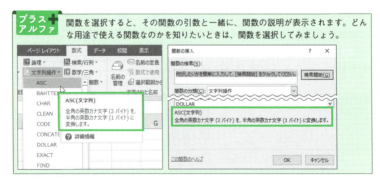

▶ 関数の基礎

027 入力した関数を修正したい

使用関数 ROUND関数

数式 =ROUND(C3/B3,3)

作成した関数は数式を編集できる状態にすると修正できます。関数のダイアログボックスを使って修正するには、関数を入力したセルを選択して[関数の挿入]ボタンをクリックします。

■ セル内で修正する場合

❶ 関数を入力したセルをダブルクリックして、数式が編集できる状態にする。
修正したい内容に変更して、Enterキーで数式を確定する。

❷ 数式が修正されて、正しい計算結果が求められる。

■ 関数のダイアログボックスを使って修正する場合

❶ 関数を入力したセルを選択し、[関数の挿入]ボタンをクリックする。

❷ 入力した関数の[関数の引数]ダイアログボックスが表示されるので、引数ボックスで修正したら[OK]ボタンをクリックする。

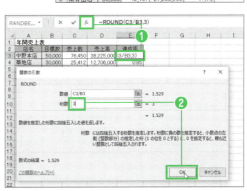

プラスアルファ 複数の関数を使った数式を関数のダイアログボックスを使って修正する場合は、❶修正する関数の中にカーソルを挿入してから、❷[関数の挿入]ボタンをクリックします。

 サンプルファイル ▶ 027.xlsx

028 関数の引数に別の関数を入れたい／関数オートコンプリートを使う

使用関数 ROUND／AVERAGE 関数

数 式 =ROUND(AVERAGE(B4:C5,B10:C10,B14:C14),0)

関数の引数に別の関数を入れて数式を作成するには、関数を入れたい位置にカーソルを挿入し、入れたい関数名の頭文字を入力します。表示された関数のリストから入れたい関数名を選択します。

❶求めるセルを選択し、「=ROUND(」と入力したら、入れたい関数名の頭文字「A」を入力する。

❷「A」からはじまる関数の一覧が表示されるので、一覧から使用したい関数をダブルクリックする。

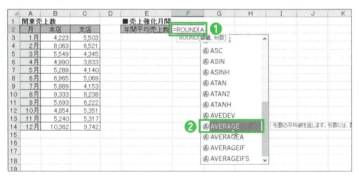

❸選択した関数が入力されるので、必要な引数を入力していく。

> **プラスアルファ** 関数の中に関数を入れることを「ネスト」といいます。関数のネストは 64 階層まで可能です。なお、Excel 2003 までは 7 階層までしかネストできません。

▶関数の基礎　　　　　　　　　　　　　　　　　　　2016 2013 2010 2007

029 関数の引数に別の関数を入れたい／関数のダイアログを使う

使用関数 ROUND／AVERAGE関数

数　式　=ROUND(AVERAGE(B4:C5,B10:C10,B14:C14),0)

[関数の引数]ダイアログボックスで別の関数を入れるには、関数ボックスを使います。関数ボックスから入れたい関数名を選択します。もとの関数に戻るには、数式バーで戻る関数名の中にカーソルを挿入します。

---

❶[関数の引数]ダイアログボックスで、別の関数を入れたい引数ボックス内にカーソルを挿入し、[関数ボックス]の[▼]をクリックする。

❷関数の一覧が表示されるので、一覧から使用したい関数をクリックする。使用したい関数がない場合は、[その他の関数]を選択して、[関数の挿入]ダイアログボックスから使用したい関数を選択する。

❸選択した[関数の引数]ダイアログボックスが表示されるので、必要な引数を入力する。

❹別の関数に戻る場合は、まず数式バーの戻る関数の中にカーソルを挿入する。

❺次に、[関数の挿入]ボタンをクリックする。

❻戻りたい関数の[関数の引数]ダイアログボックスが表示されるので、必要な引数を入力して[OK]ボタンをクリックする。

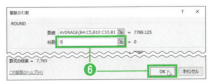

📥サンプルファイル▶ 029.xlsx

030 複数のデータの集まりを関数に使いたい

使用関数 AVERAGE関数

数 式 {=AVERAGE(C3:C7/B3:B7)}

複数の行や列で構成された複数のデータの集まりを、1つの数式にあてはめて、複数の結果や1つの結果として返す数式を配列数式といいます。配列数式を使えば行ごとの除算の平均を1つのセルに求めたりすることができます。

❶ 求めるセルを選択し、「=AVERAGE(」と入力したら、達成率を求める数式「売上数/目標数」をすべてのセル番地を使って数式を入力する。

❷ Ctrl + Shift + Enter キーで数式を確定すると、数式の前後に中括弧が作成されて、平均売上達成率が求められる。

> **プラスアルファ** 配列数式を使うには、すべてのセル範囲を数式で指定して、数式の確定時に、Ctrl + Shift + Enter キーを押します。

▶ 関数の基礎

2016 2013 2010 2007

031 関数を入力しなくても計算結果を知りたい

使用関数 なし

数　式 なし

セルに関数を入力せずに、すぐに計算結果を知りたい、そんなときはオートカルク機能を使いましょう。オートカルク機能は、選択したセルの集計結果をステータスバーに表示する機能です。

❶計算結果を求めたいセルを範囲選択、または Ctrl キーを押しながら選択する。

❷ステータスバーに、選択したセルの平均、データの個数、合計が表示される。

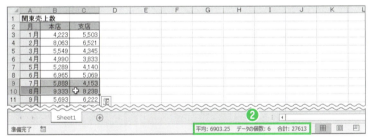

❸その他の計算方法で結果を知るには、ステータスバーを右クリックして表示されるメニューから、計算方法を選択する。

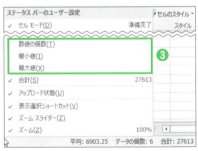

📥 サンプルファイル ▶ 031.xlsx

032 複数行の数式でも数式バーにすべての数式を表示したい

使用関数 なし
数式 なし

数式バーの幅は、数式の行数に合わせて自在に調整できます。複数行の数式を表示させたいときは展開し、不要なときは折りたたむことができます。必要な行数だけ表示することもできます。

■ すべての数式を表示する

❶ 数式バー右端の[数式バーの展開]ボタンをクリックする。

```
fx  =IF($A$3="関西",IF($B$3="2013年度",SUMPRODUCT((($A$8:$A$31=$C$3)*($C$7:$J$7=$D$3)*($B$8:
```

❷ すべての数式がある行まで数式バーが展開される。

```
fx  =IF($A$3="関西",IF($B$3="2013年度",SUMPRODUCT((($A$8:$A$31=$C$3)*($C$7:$J$7=$D$3)*($B$8:
    $B$31=E2))*$C$8:$J$31),SUMPRODUCT((($A$8:$A$31=$C$3)*($L$7:$S$$7=$D$3)*($B$8:$B$31=E2))*
    $L$8:$S$31)),IF($B$3="2013年度",SUMPRODUCT((($A$8:$A$31=$C$3)*($C$38:$J$38=$D$3)*($B$8:
```

■ 必要な行数だけ表示する

❶ 数式バーの下端にカーソルを合わせ、上下に矢印が付いた形状になったら、表示させたい行数だけ下方向へドラッグする。

> **プラスアルファ** [数式バーの展開]ボタンは、クリックして数式バーが展開されると、[数式バーの折りたたみ]ボタンに変更されます。クリックすると、1行の数式バーに戻すことができます。

▶関数の基礎

033 複数行の数式を指定の位置で改行して見やすくしたい

使用関数 なし

数 式 なし

数式はデータと同じように、Alt + Enter キーで改行できます。複数行で作成された長い数式は、途中で改行して、どんな数式なのかわかりやすいように表示しておきましょう。

❶数式内で改行したい位置にカーソルを挿入する。

❷ Alt + Enter キーを押すと、カーソルを挿入した位置で改行される。

❸次に改行したい位置にカーソルを挿入して、Alt + Enter キーを押す。

❹ Alt + Enter キーを押した位置で常に数式は改行される。

📥 サンプルファイル ▶ 033.xlsx

034 計算結果がエラー値で出たら その原因を探りたい

使用関数 VLOOKUP関数

数 式 `=VLOOKUP(A3,A8:C12,3,0)`

数式の結果がエラー値になったなら、その原因は、[数式の検証]ダイアログボックスを使って追求できます。追求した原因を参考にして、正しい数式に修正しておきましょう。

---

❶計算結果がエラー値になると、[エラーチェックオプション]ボタンが表示される。

❷クリックして[計算の過程を表示]を選択する。

❸[数式の検証]ダイアログボックスが表示される。エラーの原因となる、数式に下線が引かれ、[検証]ボタンをクリックすると、エラー値「#N/A」が表示され、値が見つからない場合のエラーであることがわかる。そのとき表示されたダイアログボックスの[再び検証]ボタンをクリックする。

❹次のダイアログボックスでエラーの原因となった数式のセル番地に下線が引かれる。A3セルの値が表内に見つからなかったことが原因でエラーになったことが確認できる。

❺[検証]ボタンをクリックすると、エラーの原因をさらに検証することができる。

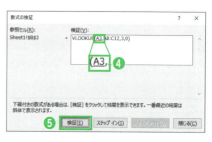

プラスアルファ
エラー値は7種類あります。それぞれのエラーの原因を知り、エラー値が表示されたときに対処して正しい値に修正しましょう。

エラー値	意味	エラー値	意味
#N/A	対象のデータが見つからない	#DIV/0!	0または空のセルで割り算を行った
#NAME?	名前や関数名が正しくない	#REF!	無効なセルを参照している
#NUM!	数値の指定が不適切である	#VALUE!	引数の形式が間違っている
#NULL!	2つのセル範囲に共通部分がない		

サンプルファイル ▶ 034.xlsx

Chapter 2

基本を完全マスター！
集計／統計ワザ

035 よく使う合計／平均／数値の件数／最大値／最小値を手軽に求めたい

使用関数 SUM、AVERAGE、MAX、MIN、COUNT関数

数 式 =SUM(C4:C8)、=AVERAGE(C4:C8)、=MAX(C4:C8)、=MIN(C4:C8)、=COUNT(A4:A8)

合計／平均／数値の件数／最大値／最小値を手軽に求めるには、[合計]ボタンを使うと便利です。セルに自動で関数を入力して、上／左に隣接する数値を自動で範囲選択してくれます。

■ 合計を求める

① C9セルを選択し、[数式]タブの[関数ライブラリ]グループの[合計]ボタンをクリックする。

② 自動で上または左に隣接する数値が入力されたセル範囲、ここではC4セル～C8セルが範囲選択される。

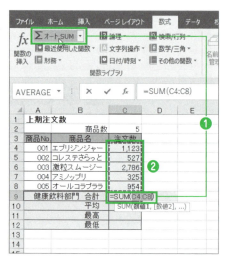

③ Enterキーで数式を確定すると、C9セルには「=SUM(C4:C8)」のSUM関数を使った数式が入力される。

④ C4セル～C8セルの合計が求められる。

■平均を求める

❶C10セルを選択し、[数式] タブの [関数ライブラリ] グループの [合計] ボタンから [平均] を選択する。

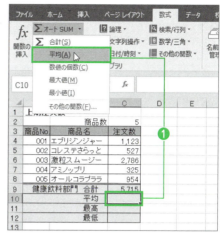

❷合計のセルまで範囲選択されてしまうので、平均に必要なC4セル〜C8セルを範囲選択し直して Enter キーで数式を確定する。

❸C10セルには「=AVERAGE(C4:C8)」のAVERAGE関数を使った数式が入力され、C4セル〜C8セルの平均が求められる。

■最大値を求める

❶C11セルを選択し、[数式] タブの [関数ライブラリ] グループの [合計] ボタンから [最大値] を選択する。

❷合計と平均のセルまで範囲選択されてしまうので、最大値に必要なC4セル〜C8セルを範囲選択し直して Enter キーで数式を確定する。

❸C11セルには「=MAX(C4:C8)」のMAX関数を使った数式が入力され、C4セル〜C8セルの最大値が求められる。

■ 最小値を求める

① C12セルを選択し、[数式]タブの[関数ライブラリ]グループの[合計]ボタンから[最小値]を選択する。

② 合計、平均、最大値のセルまで範囲選択されてしまうので、最小値に必要なC4セル～C8セルを範囲選択して Enter キーで数式を確定する。

③ C12セルには「=MIN(C4:C8)」のMIN関数を使った数式が入力され、C4セル～C8セルの最小値が求められる。

■ 件数を求める

① C2セルを選択し、[数式]タブの[関数ライブラリ]グループの[合計]ボタンから[数値の個数]を選択する。

② 商品数を求めるA4セル～A8セルを範囲選択して Enter キーで数式を確定する。

③ C2セルには「=COUNT(A4:A8)」のCOUNT関数を使った数式が入力され、A4セル～A8セルの商品数が求められる。

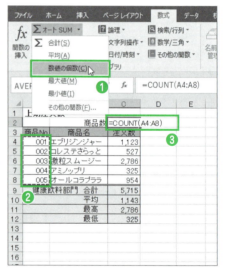

> **数式解説** SUM関数は数値の合計、COUNT関数は数値の個数、AVERAGE関数は数値の平均、MAX関数は数値の最大値、MIN関数は数値の最小値を求める関数です。
> [関数ライブラリ]や[関数の挿入]ダイアログボックスを使っても、関数を利用できますが、[合計]ボタンを使えば、自動で左または上に隣接する数値のセル範囲を選択してくれるので手軽に数式が作成できます。

▶基本集計

2016 2013

036 自動で関数を入力して集計結果を求めたい 方法①

使用関数 SUM関数

数 式 なし

クイック分析ツールを使うと、セルに自動で関数を入力して結果を求めてくれます。数値を範囲選択するだけで、合計／平均／データの個数／合計の比率／累計が求められます。

---

❶集計するセル範囲を選択すると［クイック分析］ボタンが表示される。

❷［クイック分析］ボタンをクリックすると、「クイック分析ツール」が表示されるので［合計］を選択し、表示されたメニューから［合計］をクリックする。

❸自動で選択したセル範囲の下のセルにSUM関数が入力されて合計が求められる。

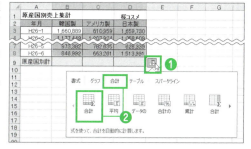

❹メニューには、表の右端列に集計結果を求めるボタンも用意されている。

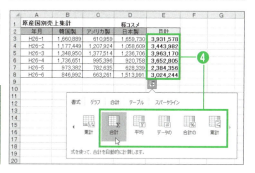

> **プラスアルファ** クイック分析ツールは Excel 2013 から追加された機能です。入力された数式は、Excel 2010／2007でファイルを開いても利用できます。

📥 サンプルファイル ▶ 036.xlsx

▶ 基本集計　　　　　　　　　　　　　　　　　　2016 | 2013 | 2010 | 2007

037 自動で関数を入力して集計結果を求めたい　方法②

使用関数　SUBTOTAL関数

数　式　=SUBTOTAL(109,[韓国製])

集計したい表をテーブルに変換しておけば、関数を入力しなくても、集計行を追加するだけで集計値が求められます。集計行で集計したい列のセルに表示されたフィルターボタンから集計方法を選ぶだけです。

❶表内のセルを選択し、[挿入]タブから[テーブル]グループの[テーブル]ボタンをクリックする。

❷表示された[テーブルの作成]ダイアログボックスで、表のタイトルを含めた範囲をテーブルに変換するデータ範囲として選択する。

❸[先頭行をテーブルの見出しとして使用する]にチェックを入れる。

❹[OK]ボタンをクリックすると、表がテーブルに変換される。

❺ [デザイン] タブの [集計行] にチェックを入れると、テーブルの最終行に集計行が挿入される。

❻ 集計したいセルのフィルターボタン [▼] をクリックし、表示されたメニューから集計方法を選ぶと、その集計方法で求められる関数が自動で挿入され集計値が求められる。

数式解説 集計行のフィルターボタン [▼] をクリックすると、8種類の集計方法のリストが表示されます。リストから選んだ集計方法が SUBTOTAL 関数の引数の [集計方法] に指定され、数式が作成されて集計結果が求められます。

SUBTOTAL 関数は指定の集計方法でその集計値を求める関数です (Tips 061 で紹介)。列見出し「韓国製」のリストから「合計」を選ぶと「=SUBTOTAL(109, [韓国製])」の数式が自動で作成され、表の列見出し「韓国製」の売上高の合計が求められます。

なお、数式内では、選んだ集計方法が以下のようにそれぞれの数値に変更されます。

集計方法	数値	集計方法	数値	集計方法	数値
平均	101	最大値	104	標本標準偏差	107
データの個数	103	最小値	105	標本分散	110
数値の個数	102	合計	109		

▶ 基本集計 | 2016 | 2013 | 2010 | 2007

038 離れたセルや複数の表のセルを集計したい

使用関数 SUM関数

数　式 =SUM(B4:B5,B10,B14,F4:F5,F10,F14)

集計したいセルが複数の表、または同じ表でも離れた位置にあるときは、Ctrl キーを使います。1つの集計範囲を選択したら、次の集計範囲は Ctrl キーを押してから選択します。

❶ J2セルを選択し、ここでは合計を求めるので[合計]ボタンをクリックする。

❷ Ctrl キーを押しながら合計するセルをすべて選択したら、Enter キーで数式を確定する。

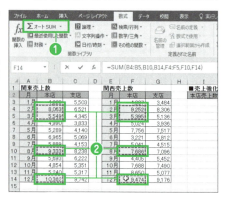

❸ 2つの売上表の本店の2月～3月、8月、12月の売上合計が求められる。

	A	B	C	D	E	F	G	H	I	J	K	L	M
1	関東売上数				関西売上数				■売上強化月間				
2	月	本店	支店		月	本店	支店		本店売上数	65,114	❸		
3	1月	4,223	5,503		1月	4,337	3,484						
4	2月	8,063	6,521		2月	9,252	8,306						
5	3月	5,549	4,345		3月	5,395	5,136						
6	4月	4,990	3,833		4月	5,024	3,936						

数式解説 SUM関数は数値の合計を求める関数です（Tips 035 で紹介）。「=SUM(B4:B5,B10,B14,F4:F5,F10,F14)」の数式は、B4～B5セル、B10セル、B14セル、F4～F5セル、F10セル、F14セルの売上数を合計します。Ctrl キーを押すと入力される「,」は、複数のセル範囲を1つのセル範囲に結合してくれます。

プラスアルファ 数式途中で Ctrl キーが使えるのは同じシート内のセルのみです。別シートの表に集計したい表があるときは直接、「,」を入力します。なお、この操作は、複数のセル範囲を集計範囲にできる関数のみ有効です。

📁 サンプルファイル ▶ 038.xlsx

▶ 基本集計

039 クイック分析ツールがなくても、複数行列の最終行や最終列に集計結果を一度に求めたい

使用関数 MAX関数

数　式 =MAX(B3:B8)、=MAX(B3:D3)

クイック分析ツールを使うと複数行列の表の最終行や列に一度に集計値が求められますが(Tips 036 参照)、ツールが使えない Excel 2007 ／ 2010 や最大値／最小値の計算は、[合計]ボタンでも選択するセルの範囲次第で数式コピーなしで一度に可能です。

■表の最終行に最大値を求める

❶ 最大値を求めるセルをすべて範囲選択する。

❷ [数式]タブの[関数ライブラリ]グループの[合計]ボタンの[▼]から[最大値]を選択する。

■表の最終列に最大値を求める

❶ 最大値を求めるセルをすべて範囲選択する。

❷ [数式]タブの[関数ライブラリ]グループの[合計]ボタンの[▼]から[最大値]を選択する。

💾 サンプルファイル ▶ 039.xlsx

■ 表の最終行と列に一度に最大値を求める

❶ 最大値を計算するセルと求めるセルをすべて範囲選択する。

❷ [数式]タブの[関数ライブラリ]グループの[合計]ボタンの[▼]から[最大値]を選択する。

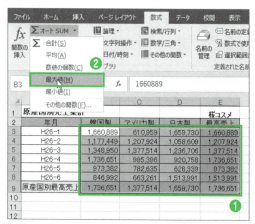

> **プラスアルファ** 表の最終行だけ、最終列だけに求める場合、最終行と列を同時に求める場合と同様に、計算するセルと求めるセルをすべて範囲選択する方法でもできます。

▶ 基本集計　　　　　　　　　　　　　　　　　　　2016 | 2013 | 2010 | 2007

040 空白を除いたセルを数えたい

使用関数 COUNTA関数

数　式 =COUNTA(D3:D7)

COUNTA関数を使うと何も入力されていないセルを省いて数えられます。数式やエラー値も数えられるので、入力されているセルの数を数えたいときに利用すると、範囲選択するだけで手早く求められます。

❶ Web会員数を求めるセルを選択し、「=COUNTA(D3:D7)」と入力する。

	A	B	C	D	E
1	顧客管理				
2	名前	年齢	メールアドレス	Web会員	
3	上島美智子	29	ueshima@****.ne.jp		
4	木村洋平	42	kimura@****.ne.jp	●	
5	坂下英子	39	sakashita@****.ne.jp	●	
6	坂東愛美	22	bandou@****.ne.jp		
7	松田修	47	matsuda@****.ne.jp	●	
8					
9					
10			顧客数	5	
11			Web会員数	=COUNTA(D3:D7)	
12					
13					

❷「●」が付いたWeb会員数が求められる。

	A	B	C	D	E
1	顧客管理				
2	名前	年齢	メールアドレス	Web会員	
3	上島美智子	29	ueshima@****.ne.jp		
4	木村洋平	42	kimura@****.ne.jp	●	
5	坂下英子	39	sakashita@****.ne.jp	●	
6	坂東愛美	22	bandou@****.ne.jp		
7	松田修	47	matsuda@****.ne.jp	●	
8					
9					
10			顧客数	5	
11			Web会員数	3	
12					
13					

数式解説 「=COUNTA(D3:D7)」の数式は、D3セル～D7セルの空白以外のセルの数を数えます。

プラスアルファ COUNTA関数は、見た目は空白でも、数式で空白にしたセルやスペースが入力されたセルは空白と認識されずに数えられます。

▼ サンプルファイル ▶ 040.xlsx

▶ 基本集計

041 空白セルを数えたい

使用関数 COUNTBLANK関数

数 式 =COUNTBLANK(D3:D10)

未入力のセルなど、空白のセルの数を数えたいときに、セルが大量にあると手間がかかります。COUNTBLANK関数を使えば、範囲選択するだけで数えられるので、覚えておくと便利です。

❶ 非Web会員数を求めるセルを選択し、「=COUNTBLANK(D3:D10)」と入力する。

	A	B	C	D	E
1	顧客管理				
2	名前	年齢	メールアドレス	Web会員	
3	上島美智子	29	ueshima@****.ne.jp		
4	木村洋平	42	kimura@****.ne.jp	2015/5/12	
5	坂下英子	39	sakashita@****.ne.jp	2014/9/7	
6	坂東愛美	22	bandou@****.ne.jp		
7	内藤淳	55	無し	―	
8	平居亜季	32	hirai@****.ne.jp		
9	前川一哉	25	未記入	不明	
10	松田修	47	matsuda@****.ne.jp	2015/2/23	
11					
12			Web会員数	3	
13			非Web会員数	=COUNTBLANK(D3:D10)	
14			メルアド未登録		
15					

❷ Web会員が空白の数が求められる。

	A	B	C	D	E
1	顧客管理				
2	名前	年齢	メールアドレス	Web会員	
3	上島美智子	29	ueshima@****.ne.jp		
4	木村洋平	42	kimura@****.ne.jp	2015/5/12	
5	坂下英子	39	sakashita@****.ne.jp	2014/9/7	
6	坂東愛美	22	bandou@****.ne.jp		
7	内藤淳	55	無し	―	
8	平居亜季	32	hirai@****.ne.jp		
9	前川一哉	25	未記入	不明	
10	松田修	47	matsuda@****.ne.jp	2015/2/23	
11					
12			Web会員数	3	
13			非Web会員数	3	
14			メルアド未登録		
15					

数式解説 「=COUNTBLANK(D3:D10)」の数式は、D3セル〜D10セルの空白セルを数えます。

プラスアルファ COUNTBLANK関数は、数式で空白にしたセルは空白として数えますが、スペースが入力されたセルは空白として数えられません。

サンプルファイル ▶ 041.xlsx

▶ 基本集計　　　　　　　　　　　　　　　　　　2016 | 2013 | 2010 | 2007

042 数値を除く文字だけのセルを数えたい

使用関数 COUNTIF関数

数　式 =COUNTIF(D3:D10,"*")

数値や空白以外のセルの数を数える関数はありますが、文字だけのセルを数える関数はありません。COUNTIF関数を使えば数えることができます。COUNTIF関数の条件にアスタリスク[*]を指定して数えます。

❶ メールアドレス未登録数を求めるセルを選択し、「=COUNTIF(D3:D10,"*")」と入力する。

❷「ー」と「不明」のメールアドレス未登録数が求められる。

数式解説 COUNTIF関数は条件を満たすセルの数を数える関数です(第3章 Tips 107参照)。「=COUNTIF(D3:D10,"*")」の数式は、D3セル～D10セルの「ー」「不明」の数を数えます。条件の[*]はあらゆる文字列を表し、文字だけのセルを数えます。数値、空白は数えられず、日付もシリアル値という数値のため、D3セル～D10セルの「ー」「不明」だけが数えられます。

プラスアルファ アスタリスク[*]はワイルドカードの1つです。ワイルドカードとは、任意の文字を表す特殊な記号のことです(第3章 Tips 122で紹介)。

📥 サンプルファイル ▶ 042.xlsx

043 トップから指定の順位にある数値を求めたい

使用関数 LARGE 関数

数 式 =LARGE(C4:C8,2)、=LARGE(C4:C8,3)

MAX 関数は1番大きい数値を求めますが、2番目、3番目に大きい数値は LARGE 関数で求められます。希望の順位を指定するだけで、大きいほうからその順位にある数値が求められます。

■2番目に大きい数値を求める

① 2番目に多い注文数を求めるセルを選択し、「=LARGE(C4:C8,2)」と入力する。
② 2番目に多い注文数が求められる。

■3番目に大きい数値を求める

① 3番目に多い注文数を求めるセルを選択し、「=LARGE(C4:C8,3)」と入力する。
② 3番目に多い注文数が求められる。

数式解説 LARGE 関数は大きいほうから指定の順位にある値を求める関数です。
「=LARGE(C4:C8,2)」の数式は、C4 セル～C8 セルの注文数の中で2番目に多い注文数を求め、「=LARGE(C4:C8,3)」の数式は、C4 セル～C8 セルの注文数の中で3番目に多い注文数を求めます。

サンプルファイル ▶ 043.xlsx

▶ 基本集計　　　　　　　　　　　　　　　　　2016 | 2013 | 2010 | 2007

044 ワーストから指定の順位にある数値を求めたい

使用関数 SMALL関数

数　式　= SMALL(C4:C8,2)、= SMALL(C4:C8,3)

MIN関数は1番小さい数値を求めますが、2番目、3番目に小さい数値はSMALL関数で求められます。希望の順位を指定するだけで、小さいほうからその順位にある数値が求められます。

■2番目に小さい数値を求める

❶2番目に少ない注文数を求めるセルを選択し、「=SMALL(C4:C8,2)」と入力する。

❷2番目に少ない注文数が求められる。

■3番目に小さい数値を求める

❶3番目に少ない注文数を求めるセルを選択し、「=SMALL(C4:C8,3)」と入力する。

❷3番目に少ない注文数が求められる。

> **数式解説**　SMALL関数は小さいほうから指定の順位にある値を求める関数です。「=SMALL(C4:C8,2)」の数式は、C4セル〜C8セルの注文数の中で2番目に少ない注文数を求め、「=SMALL(C4:C8,3)」の数式は、C4セル〜C8セルの注文数の中で3番目に少ない注文数を求めます。

📥 サンプルファイル ▶ 044.xlsx

▶ 基本集計

045 それぞれの順位にある数値を一度に求めたい

使用関数 LARGE関数

数　式 =LARGE($C$4:$C$8,F4)

LARGE／SMALL関数では、順位を直接入力せずにセル参照にし、順位を求めるセル範囲に絶対参照を設定すると、それぞれの順位の数値を数式のコピーで求められます。スピーディーにランキング表が作成できます。

❶ 求めるセルを選択し、「=LARGE($C$4:$C$8,F4)」と入力する。
❷ 数式を必要なだけ複写する。

❸ 売れ筋1位～3位の注文数が求められる。

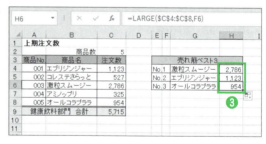

数式解説　「=LARGE($C$4:$C$8,F4)」の数式をコピーすると、次のセルには「=LARGE($C$4:$C$8,F5)」、その次のセルには「=LARGE($C$4:$C$8,F6)」と作成されます。それぞれの引数の[順位]にF番目のセルが指定されて数式が作成されるため、No.1～No.3までの注文数が求められます。

サンプルファイル ▶ 045.xlsx

▶基本集計

046 最頻値を求めたい

使用関数 MODE.SNGL／MODE関数

数式 =MODE.SNGL(D3:D12)／=MODE(D3:D12)

最も多い数値はMODE.SNGL／MODE関数で求められます。複数ある場合は最初に現れる最も多い数値が求められます。

❶注文が最も多い単価を求めるセルを選択し、「=MODE.SNGL(D3:D12)」と入力する。Excel 2007では「=MODE(D3:D12)」と入力する。

❷注文が最も多い単価が求められる。

数式解説 MODE.SNGL／MODE関数は最頻値を求める関数です。
「=MODE.SNGL(D3:D12)」の数式は、D3セル～D12セルの単価の中で最も多い単価を求めます。ない場合はエラー値が求められ、複数ある場合は、最初の行または列にある単価が求められます。

プラスアルファ Excel 2007ではMODE関数を使います。Excel 2016／2013／2010でもMODE関数はありますが「互換性」関数(以前のバージョンのExcelとの下位互換性を保つために用意されている関数)に分類されます。Excel 2007／2003でファイルを利用する可能性がある場合は「互換性」関数を使いましょう。

📥サンプルファイル▶ 046.xlsx

047 最頻値が複数ある場合にすべてを縦方向に求めたい

使用関数 MODE.MULT関数

数式 {=MODE.MULT(E3:E12)}

最頻値が複数ある場合、そのすべての最頻値はMODE.MULT関数で求められます。なお、配列数式で入力する必要があり、縦方向にしか求められません。

❶会員が最も多い年代を求めるセルをすべて範囲選択する。

	A	B	C	D	E	F	G	H	I	J
1	会員名簿									
2	番号	氏名	生年月日	年齢	年代		■会員の最も多い年代			
3	1	青井朝子	1946/3/4	69	60					
4	2	東江道男	1980/5/10	35	30			代		
5	3	朝日律	1984/12/10	31	30			代		
6	4	嵐真衣	1957/5/11	58	50		❶			
7	5	有馬真理	1976/11/9	39	30					
8	6	飯島竜	1990/1/20	26	20					
9	7	石山菜々子	1963/7/31	52	50					
10	8	衣田允子	1955/3/23	60	60					
11	9	岩渕大輔	1962/5/25	53	50					
12	10	宇佐美六郎	1945/6/3	70	70					

❷「=MODE.MULT(E3:E12)」と入力し、Ctrl + Shift + Enter キーで数式を確定する。

❸会員が最も多い年代がすべて求められる。

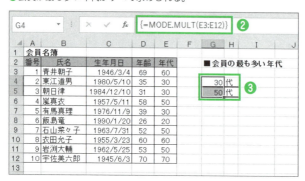

数式解説 MODE.MULT関数(Excel 2016／2013／2010)は最頻値が複数ある場合、そのすべてを求める関数です。
「{=MODE.MULT(E3:E12)}」の数式は、E3セル〜E12セルの年代の中で最も多い年代をすべて求めます。配列を扱うため、配列数式で求めます。

サンプルファイル ▶ 047.xlsx

▶ 基本集計

048 最頻値が複数ある場合にすべて横方向に求めたい

使用関数 TRANSPOSE、MODE.MULT関数

数　式 {=TRANSPOSE(MODE.MULT(E3:E12))}

最頻値が複数ある場合、そのすべての最頻値を横方向に求めるには、MODE.MULT関数で求められるすべての最頻値をTRANSPOSE関数で行列を入れ替えて求めます。

---

❶会員が最も多い年代を求めるセルをすべて範囲選択する。

	A	B	C	D	E	F	G	H	I	J	K
1	会員名簿										
2	番号	氏名	生年月日	年齢	年代		■会員の最も多い年代				
3	1	青井朝子	1946/3/4	69	60						
4	2	東江道男	1980/5/10	35	30				❶		
5	3	朝日律	1984/12/10	31	30						
6	4	嵐真衣	1957/5/11	58	50						
7	5	有馬真理	1976/11/9	39	30						
8	6	飯島竜	1990/1/20	26	20						
9	7	石山菜々子	1963/7/31	52	50						
10	8	衣田允子	1955/3/23	60	60						
11	9	岩渕大輔	1962/5/25	53	50						
12	10	宇佐美六郎	1945/6/3	70	70						

❷「=TRANSPOSE(MODE.MULT(E3:E12))」と入力し、Ctrl + Shift + Enter キーで数式を確定する。

❸会員が最も多い年代がすべて求められる。

数式解説 MODE.MULT関数(Excel 2016／2013／2010)は最頻値が複数ある場合、そのすべてを求める関数(Tips 047で紹介)、TRANSPOSE関数は指定した範囲の行と列位置を入れ替える関数です。
「{=TRANSPOSE(MODE.MULT(E3:E12))}」の数式は、MODE.MULT関数で縦方向に求められた複数の最頻値の行列を入れ替えて求めます。配列を扱うため、配列数式で求めます。

📥 サンプルファイル ▶ 048.xlsx

▶ 基本集計　　　　　　　　　　　　　　　　　　　　2016 | 2013 | 2010 | 2007

049 最頻の文字列を求めたい

使用関数 INDEX、MODE.SNGL、MATCH関数

数　式 =INDEX(E3:E10,MODE.SNGL(MATCH(E3:E10,E3:E10,0)))

最頻の文字列を求める関数はありませんが、同じ値は同じ位置が求められるMATCH関数を使うと可能です。最も多い求められた位置にある文字列をINDEX関数で抽出します。

❶ 会員の最も多い都道府県を求めるセルを選択し、「=INDEX(E3:E10,MODE.SNGL(MATCH(E3:E10,E3:E10,0)))」と入力する。

	A	B	C	D	E	F	G	H	I	J	K
1	会員名簿										
2	番号	氏名	生年月日	年齢	都道府県		■会員の最も多い都道府県				
3	1	青井朝子	1946/3/4	69	千葉県						
4	2	東江道男	1980/5/10	35	東京都		=INDEX(E3:E10,MODE.SNGL(MATCH(E3:E10,E3:E10,0)))				
5	3	朝日律	1984/12/10	31	大阪府						
6	4	嵐真衣	1957/5/11	58	宮崎県						
7	5	有馬真理	1976/11/9	39	滋賀県						
8	6	飯島竜	1990/1/20	26	兵庫県						
9	7	石山菜々子	1963/7/31	52	東京都						
10	8	衣田允子	1955/3/23	60	愛知県						

❷ 会員の最も多い都道府県が求められる。

	A	B	C	D	E	F	G	H	I	J	K
1	会員名簿										
2	番号	氏名	生年月日	年齢	都道府県		■会員の最も多い都道府県				
3	1	青井朝子	1946/3/4	69	千葉県						
4	2	東江道男	1980/5/10	35	東京都		東京都				
5	3	朝日律	1984/12/10	31	大阪府						
6	4	嵐真衣	1957/5/11	58	宮崎県						
7	5	有馬真理	1976/11/9	39	滋賀県						
8	6	飯島竜	1990/1/20	26	兵庫県						
9	7	石山菜々子	1963/7/31	52	東京都						
10	8	衣田允子	1955/3/23	60	愛知県						

数式解説 INDEX関数は指定の行列番号が交差するセル参照、MATCH関数は範囲内にある検査値の相対的な位置を求める関数（第11章 Tips 403、445で紹介）、MODE.SNGL関数は最頻値を求める関数です（Tips 046で紹介）。
「MODE.SNGL(MATCH(E3:E10,E3:E10,0))」の数式は、「MODE.SNGL({1;2;3;4;5;6;2;8})」となり、都道府県の範囲内のそれぞれの位置の中で最頻値「2」を返します。この「2」を、INDEX関数の[行番号]に指定して「=INDEX(E3:E10,MODE.SNGL(MATCH(E3:E10,E3:E10,0)))」の数式を作成することで、2行目にある都道府県が会員が最も多い都道府県として求められます。

▶基本集計　　　　　　　　　　　　　　　　　　　2016 2013 2010 2007

050 全体の○％にあたる値を求めたい

使用関数 PERCENTILE.INC／PERCENTILE関数

数　式 =PERCENTILE.INC(D4:D13,0.9)／=PERCENTILE(D4:D13,0.9)

全体の○％にあたる値を求めて次回の目標値としたいときは、割合を計算しなくても PERCENTILE.INC／PERCENTILE 関数を使えば可能です。％を指定するだけで簡単に求められます。

---

❶来期目標を求めるセルを選択し、「=PERCENTILE.INC(D4:D13,0.9)」と入力する。Excel 2007 では「=PERCENTILE(D4:D13,0.9)」と入力する。

	A	B	C	D
1	■来期目標	=PERCENTILE.INC(D4:D13,0.9)		
2	年間売上表			
3	店名	地区	売上数	売上高
4	茨木店	西	8,447	4,223,500
5	梅田本店	西	46,886	23,443,000
6	三宮店	西	18,456	9,228,000
7	茶屋町店	西	37,125	18,562,500
8	築地店	東	25,412	12,706,000
9	中野本店	東	76,450	38,225,000
10	長堀店	西	10,438	5,219,000
11	南青山店	東	42,467	21,233,500
12	茂原店	東	6,879	3,439,500
13	横浜店	東	14,268	7,134,500
14	年間合計		286,828	143,414,000

❷売上全体の90％の位置にある売上高（つまり、上位10％に入るために必要な売上高）が来期目標売上高として求められる。

	A	B	C	D
1	■来期目標	24,921,200以上		
2	年間売上表			
3	店名	地区	売上数	売上高
4	茨木店	西	8,447	4,223,500
5	梅田本店	西	46,886	23,443,000
6	三宮店	西	18,456	9,228,000
7	茶屋町店	西	37,125	18,562,500
8	築地店	東	25,412	12,706,000
9	中野本店	東	76,450	38,225,000
10	長堀店	西	10,438	5,219,000
11	南青山店	東	42,467	21,233,500
12	茂原店	東	6,879	3,439,500
13	横浜店	東	14,268	7,134,500
14	年間合計		286,828	143,414,000

数式解説 PERCENTILE.INC／PERCENTILE 関数は、値を小さい順に並べたときに指定の％の位置にある値を求める関数です。
「=PERCENTILE.INC(D4:D13,0.9)」の数式は、D4セル～D13セルの売上高の中で90％にあたる売上高を求めます。

プラスアルファ Excel 2007 では PERCENTILE 関数を使います。Excel 2016／2013／2010 でも PERCENTILE 関数はありますが「互換性」関数（以前のバージョンの Excel との下位互換性を保つために用意されている関数）に分類されます。Excel 2007／2003 でファイルを利用する可能性がある場合は「互換性」関数を使いましょう。

📥サンプルファイル ▶ 050.xlsx

▶ 文字集計

2016 | 2013 | 2010 | 2007

051 文字の数を数えたい

使用関数 LEN関数

数　式 =LEN(B3)

セル内の文字数は LEN 関数で求められます。文字だけでなく記号なども数えられるので、評価の数など、セル内の文字以外のものを数えたい場合にも利用できます。

❶評価の数を求めるセルを選択し、「=LEN(B3)」と入力する。

❷数式を必要なだけ複写する。

❸ショップごとの評価数が求められる（セル内の「( )」は表示形式で付けている）。

数式解説 LEN 関数は文字列の文字数を求める関数です。
「=LEN(B3)」の数式は、B3 セルの「●」の数を求めます。

プラスアルファ LEN 関数は文字列だけでなく、スペースの数も数えられます。

サンプルファイル ▶ 051.xlsx

▶ 文字集計

2016 | 2013 | 2010 | 2007

052 指定の文字の数を数えたい

使用関数 LEN、SUBSTITUTE関数

数 式 =LEN(B3)-LEN(SUBSTITUTE(B3,"●",""))

セル内に数種類の記号がある場合は、指定の記号の数を数えたくても関数がありません。数えるには、SUBSTITUTE関数で数えたい記号を一度、空白に置き換えるのがコツです。

---

❶「●」の評価の数を求めるセルを選択し、「=LEN(B3)−LEN(SUBSTITUTE(B3,"●",""))」と入力する。

❷数式を必要なだけ複写する。

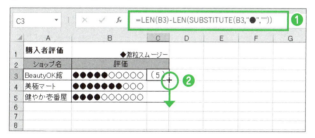

❸ショップごとの「●」の評価数が求められる(セル内の「( )」は表示形式で付けている)。

数式解説 LEN関数はセル内の文字数を求め(Tips 051で紹介)、SUBSTITUTE関数は文字列を指定の文字列に置き換える関数です(第9章 Tips 350で紹介)。
「=LEN(B3)−LEN(SUBSTITUTE(B3,"●",""))」の数式は、B3セルの「●」を空白に置き換え、セル内の文字数から「○」の数を引いて、「●」の文字数を求めます。

💾 サンプルファイル ▶ 052.xlsx

▶ 文字集計 　　　　　　　　　　　　　　　　　　　　2016 | 2013 | 2010 | 2007

053 複数セルにある文字の数を数えたい

使用関数 SUM、LEN関数

数　式　{=SUM(LEN(B3:B5))}

複数セルの文字数はセルごとの文字数を LEN 関数で数えて SUM 関数で合計しなければ求められませんが、配列数式を使えば、1 つの数式で求められます。

❶ 「●」の合計を求めるセルを選択し、「=SUM(LEN(B3:B5))」と入力し、Ctrl + Shift + Enter キーで数式を確定する。

❷ 「●」の合計が求められる。

数式解説 SUM 関数は数値の合計を求める関数 (Tips 035 で紹介)、LEN 関数はセル内の文字数を求める関数です (Tips 051 で紹介)。
「{=SUM(LEN(B3:B5))}」の数式は、B3 セル〜B5 セルのそれぞれにある「●」の数を合計します。配列を扱うため、配列数式で求めます。

プラス➕アルファ 複数セルにある文字の数の平均を求めるには、平均を求める AVERAGE 関数を使い、「{=AVERAGE (LEN(B3:B5))}」と入力します。

▶ 文字集計

2016 | 2013 | 2010 | 2007

054 複数セルにある指定の文字の数を数えたい

使用関数 SUM、LEN、SUBSTITUTE関数

数 式 {=SUM(LEN(B3:B5)-LEN(SUBSTITUTE(B3:B5,"●","")))}

複数のセル内に数種類の記号があり、そのすべての指定の記号の数を数えたいときは、Tips 053の数式に、さらにSUM関数を使って配列数式で求めます。

---

❶「●」の合計を求めるセルを選択し、「=SUM(LEN(B3:B5)−LEN(SUBSTITUTE(B3:B5,"●","")))」と入力し、Ctrl + Shift + Enter キーで数式を確定する。

❷「●」の合計が求められる。

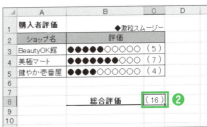

数式解説 SUM関数は数値の合計を求める関数(Tips 035で紹介)、LEN関数はセル内の文字数を求め(Tips 051で紹介)、SUBSTITUTE関数は文字列を指定の文字列に置き換える関数です(第9章 Tips 350で紹介)。
「{=SUM(LEN(B3:B5)−LEN(SUBSTITUTE(B3:B5,"●","")))}」の数式は、SUBSTITUTE関数でB3セル~B5セルの「●」を空白に置き換え、LEN関数で残りの「○」の数をセル内の文字数から引き算して、それぞれの「●」の数を求めています。その数をSUM関数で合計してB3セル~B5セルの「●」を求めています。なお、配列を扱うため、配列数式で求めます。

サンプルファイル ▶ 054.xlsx

▶文字集計　　　　　　　　　　　　　　　　　　2016 | 2013 | 2010 | 2007

055 「、」など区切り文字で区切った文字の数を数えたい

使用関数　LEN、SUBSTITUTE 関数

数　式　=LEN(B3)-LEN(SUBSTITUTE(B3,"、",""))+(B3<>"")

「中島、大木、佐藤」のように、「、」などの区切り文字で区切った文字は、LEN 関数に SUBSTITUTE 関数を使うと数えられます。複数行ある表でも数式のコピーで求められるので覚えておくと便利です。

❶求めるセルを選択し、「=LEN(B3)−LEN(SUBSTITUTE(B3,"、",""))+(B3<>"")」と入力する。

❷数式を必要なだけ複写する。

❸日付別の参加人数が求められる。

数式解説　LEN 関数はセル内の文字数を求め（Tips 051 で紹介）、SUBSTITUTE 関数は文字列を指定の文字列に置き換える関数です（第 9 章 Tips 350 で紹介）。
「=LEN(B3)−LEN(SUBSTITUTE(B3,"、",""))+(B3<>"")」の数式は、SUBSTITUTE 関数で B3 セルの「、」を空白に置き換え、LEN 関数でセル内の文字数から引き算して、名前の数を求めます。

■サンプルファイル ▶ 055.xlsx

▶ 文字集計

2016 | 2013 | 2010 | 2007

056 全角文字だけ数えたい

使用関数 LEN、LENB関数

数 式 =LENB(A3)-LEN(A3)

セル内から全角文字だけ数えたくても、区切り文字がないため、区切り位置指定ウィザードではできません。このような場合は、全角の文字数をバイト数で計算して算出します。

❶名前の文字数を求めるセルを選択し、「=LENB(A3)-LEN(A3)」と入力する。

❷数式を必要なだけ複写する。

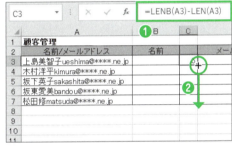

❸それぞれの名前の文字数が求められる。

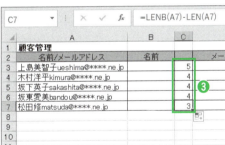

数式解説 LENB関数は半角文字を1バイト、全角文字を2バイトとして、LEN関数は1文字を1として文字数を数えます。
「=LENB(A3)-LEN(A3)」の数式は、A3セルのバイト数から文字数を引いて、全角の文字数を求めます。

📥 サンプルファイル ▶ 056.xlsx

057 半角文字だけ数えたい

使用関数 LEN、LENB関数

数式 =LEN(A3)*2-LENB(A3)

セル内から半角文字だけ数えたくても、区切り文字がないため、全角文字と同じで区切り位置指定ウィザードではできません。このような場合は、半角の文字数をバイト数で計算して算出します。

❶メールアドレスの文字数を求めるセルを選択し、「=LEN(A3)*2−LENB(A3)」と入力する。

❷数式を必要なだけ複写する。

❸それぞれのメールアドレスの文字数が求められる。

数式解説 LENB関数は半角文字を1バイト、全角文字を2バイトとして、LEN関数は1文字を1として文字数を数えます。
「=LEN(A3)*2−LENB(A3)」の数式は、A3セルの文字数を2倍にして、バイト数を引き算することで、半角文字の数を求めます。

▶小計/非表示集計　　　2016 2013 2010 2007

058 小計と総計を求めたい

使用関数 SUM関数

数式 =SUM(B3:B7)、=SUM(B9:B13)、=SUM(B14,B8)

表に複数の小計が必要な場合、小計ごとに SUM 関数を入力するのは面倒です。
一度に小計と総計を求めるには、小計と総計をすべて Ctrl キーで選択してから
[合計]ボタンを使います。

❶小計と総計のセルをすべて Ctrl キーを押しながら選択する。

❷[数式]タブの[合計]ボタンをクリックする。

❸それぞれの小計、総計を求めるためのセル範囲が数式に指定されて求められる。

数式解説 SUM 関数は数値の合計を求める関数です(Tips 035 で紹介)。
Ctrl キーを押しながら[合計]ボタンをクリックすると、一番近い小計のセルまでのセル範囲が自動で集計する範囲に指定されてそれぞれの小計が求められます。総計のセルは、自動で小計のセルだけが選択されて求められます(Tips 060 参照)。

📥 サンプルファイル ▶ 058.xlsx

▶ 小計／非表示集計　　2016 | 2013 | 2010 | 2007

059 大量の小計を一発で求めたい

使用関数 SUM関数

数 式　=SUM(B3:B7)、=SUM(B9:B13)

表に大量の小計が必要な場合、Tips 058の方法では、小計の数だけ Ctrl キーで選択しなければならないため、手間がかかります。手早く小計をすべて選択するには、ジャンプ機能で空白セルを選択します。

❶小計があるセル範囲をすべて選択し、[ホーム]タブの[編集]グループの[検索と選択]ボタンから[条件を選択してジャンプ]を選択する。

❷表示された[選択オプション]ダイアログボックスから[空白セル]を選択する。

❸[OK]ボタンをクリックする。

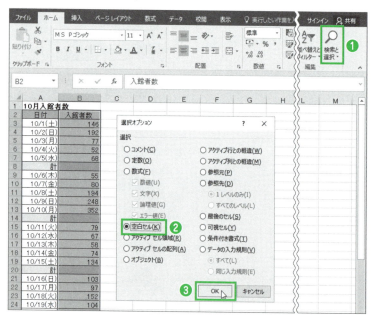

❹すべての小計の空白セルだけ選択される。

❺総計がある場合は、続けて Ctrl キーで選択する。

❻[数式]タブの[関数ライブラリ]グループの[合計]ボタンをクリックする。

❼すべての小計と最終セルの総計が求められる。

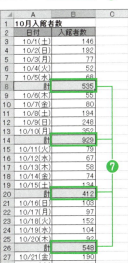

060 小計だけの合計を求めたい

使用関数 SUM関数

数 式 =SUM(B14,B8)

小計と同じ行または列の最終セルに小計だけの合計を求めるには、[合計] ボタンのクリックだけで可能です。自動で小計のセルだけを合計範囲として選択してくれます。

① 年間合計を求めるセルを選択する。
② [数式] タブの [関数ライブラリ] グループの [合計] ボタンをクリックする。

③ 小計のセルだけがSUM関数の引数に指定されて、年間合計が求められる。

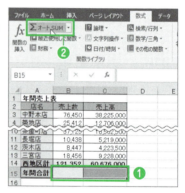

数式解説 SUM 関数は数値の合計を求める関数です (Tips 035 で紹介)。
「=SUM(B14,B8)」の数式は、小計の B8 セルと B14 セルを合計します。小計を含む列で [合計] ボタンを使うと、自動で SUM 関数で合計したセルだけを引数として選択してくれます。

プラスアルファ 上記の操作で小計だけを選択して集計できるのは合計のみです。[合計] ボタンのメニューからその他の集計方法を選んでも小計だけを選択できません。

サンプルファイル ▶ 060.xlsx

▶ 小計／非表示集計　　　　　　　　　　　　2016 | 2013 | 2010 | 2007

061 小計を除いて小計とは違う場所に合計を求めたい

使用関数 SUBTOTAL関数

数　式　=SUBTOTAL(9,C3:C14)

小計と違う行または列のセルに小計を除く合計を求めるには、SUBTOTAL関数を使います。集計する範囲として引数に指定したセル範囲から、小計を除いて合計してくれます。

---

❶ 小計のセルはSUBTOTAL関数で合計しておく。C8セルには「=SUBTOTAL(9,C3:C7)」、C14セルには「=SUBTOTAL(9,C9:C13)」と入力する。

❷ 年間合計を求めるセルを選択し、「=SUBTOTAL(9,C3:C14)」と入力する。

❸ 年間合計が求められる。

数式解説　SUBTOTAL関数は指定の集計方法でその集計値を求める関数です。
引数の[集計方法]には11種類の集計方法を数値で指定します。小計を除いて合計を求めるには「9」を指定します。引数の[参照]に指定したセル範囲にSUBTOTAL関数の数式で求められた値を含むと、その値を除外して計算が行われます。
「=SUBTOTAL(9,C3:C14)」の数式は、C3セル〜C14セルの売上高を、SUBTOTAL関数の数式が入った小計のC8セル、C14セルを除いて合計します。

📥 サンプルファイル ▶ 061.xlsx

> **プラスアルファ** 引数の[集計方法]には、「1」～「11」の数値を指定するとフィルターで非表示になったセルを除外、「101」～「111」までの数値を指定するとフィルターと行の非表示で非表示になったセルを除外して計算が行えます。
>
> | 集計内容 | 求められる関数 | 集計方法で指定する数値 | |
> | --- | --- | --- | --- |
> | | | フィルターのみで非表示のセルを除外 | フィルターと行の非表示で非表示のセルを除外 |
> | 平均 | AVERAGE | 1 | 101 |
> | 数値の個数 | COUNT | 2 | 102 |
> | 空白以外の個数 | COUNTA | 3 | 103 |
> | 最大値 | MAX | 4 | 104 |
> | 最小値 | MIN | 5 | 105 |
> | 積 | PRODUCT | 6 | 106 |
> | 標本に基づく標準偏差 | STDEV | 7 | 107 |
> | 母集団の標準偏差 | STDEVP | 8 | 108 |
> | 合計 | SUM | 9 | 109 |
> | 標本に基づく分散 | VAR | 10 | 110 |
> | 母集団の分散 | VARP | 11 | 111 |

▶ 小計／非表示集計

2016 | 2013 | 2010 | 2007

062 小計を除いて平均を求めたい

使用関数 SUBTOTAL関数

数 式 =SUBTOTAL(1,C3:C14)

小計を除く平均は、合計のように [合計] ボタンにある [平均] を使っても求められません。平均の場合はSUBTOTAL関数を使います。集計する範囲として引数に指定したセル範囲から、小計を除いて平均してくれます。

---

❶ 小計のセルはSUBTOTAL関数で合計しておく。C8セルには「=SUBTOTAL(9,C3:C7)」、C14セルには「=SUBTOTAL(9,C9:C13)」と入力する。

❷ 年間平均を求めるセルを選択し、「=SUBTOTAL(1,C3:C14)」と入力する。

❸ 年間平均が求められる。

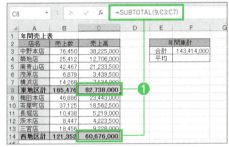

数式解説 SUBTOTAL関数は指定の集計方法でその集計値を求める関数です (Tips 061 で紹介)。引数の [集計方法] には11種類の集計方法を数値で指定します。小計を除いて平均を求めるには「1」を指定します。
「=SUBTOTAL(1,C3:C14)」の数式は、C3セル～C14セルの売上高を、小計のC8セル、C14セルを除いて平均します。

プラスアルファ SUBTOTAL関数の引数の [集計方法] で指定できる集計方法の数値は Tips 061 プラスアルファ参照。

📥 サンプルファイル ▶ 062.xlsx

▶ 小計／非表示集計 2016 2013 2010 2007

063 小計を除いて一発で小計ごとの平均を最下行にまとめたい

使用関数 AVERAGE関数

数　式　=AVERAGE(C3:C7)、=AVERAGE(C9:C13)

表の最下行にそれぞれの範囲ごとの平均を連続した行に求めたい場合は、それぞれの範囲ごとに平均を求める数式が必要です。しかし、[合計]ボタンを使うと一発で可能です。

❶売上平均を求める範囲ごとに Ctrl キーを押しながら範囲選択する。

❷[数式]タブの[関数ライブラリ]グループの[合計]ボタンボタンから[平均]を選択する。

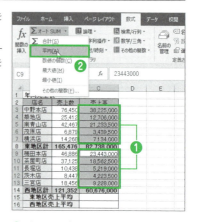

❸1行目の売上平均のセルには「=AVERAGE(C3:C7)」の数式が入力されて東地区の売上平均が求められる。

❹2行目の売上平均のセルには「=AVERAGE(C9:C13)」の数式が入力されて西地区の売上平均が求められる。

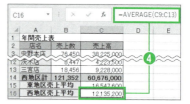

数式解説　AVERAGE関数は数値の平均を求める関数です（Tips 035で紹介）。
「=AVERAGE(C3:C7)」の数式は、C3セル～C7セルの売上高の平均、つまり、東地区の売上平均を求めます。「=AVERAGE(C9:C13)」の数式は、C9セル～C13セルの売上高の平均、つまり、西地区の売上平均を求めます。

▶小計／非表示集計

064 小計を除いて最大値を求めたい

使用関数 SUBTOTAL 関数

数式 =SUBTOTAL(4,C3:C15)

小計を含む表で MAX 関数を使うと、小計が最大値として求められてしまいます。小計を除いて最大値を求めるには、SUBTOTAL 関数を使います。

❶ 小計、合計のセルは SUBTOTAL関数で合計しておく。C8セルには「=SUBTOTAL(9,C3:C7)」、C14セルには「=SUBTOTAL(9,C9:C13)」、C15セルには「=SUBTOTAL(9,C3:C14)」と入力する。

❷売上1位を求めるセルを選択し、「=SUBTOTAL(4,C3:C15)」と入力する。

❸売上1位の売上高が求められる。

数式解説 SUBTOTAL 関数は指定の集計方法でその集計値を求める関数です（Tips 061 で紹介）。引数の[集計方法]には 11 種類の集計方法を数値で指定します。

小計を除いて最大値を求めるには「4」を指定します。「=SUBTOTAL(4,C3:C15)」の数式は、C3 セル〜C15 セルの売上高の 1 位を、小計の C8 セル、C14 セル、合計の C15 セルを除いて求めます。

プラスアルファ SUBTOTAL 関数の引数の[集計方法]で指定できる集計方法の数値は Tips 061 プラスアルファ参照。

サンプルファイル ▶ 064.xlsx

▶ 小計／非表示集計　　　2016 2013 2010 2007

065 小計を除いて一発で小計ごとの最大値を最下行にまとめたい

使用関数 MAX関数

数 式 =MAX(C3:C7)、=MAX(C9:C13)

表の最下行にそれぞれの範囲ごとの最大値を連続した行に求めたい場合は、それぞれの範囲ごとに最大値を求める数式が必要です。しかし、[合計]ボタンを使うと一発で可能です。

❶ 最高売上を求める範囲ごとに Ctrl キーを押しながら範囲選択する。

❷ [数式]タブの[関数ライブラリ]グループの[合計]ボタンボタンから[最大値]を選択する。

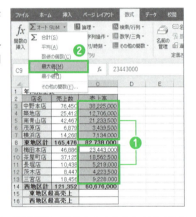

❸ 1行目の最高売上のセルには「=MAX(C3:C7)」の数式が入力されて東地区の最高売上が求められる。

❹ 2行目の最高売上のセルには「=MAX(C9:C13)」の数式が入力されて西地区の最高売上が求められる。

数式解説 MAX関数は数値の最大値を求める関数です（Tips 035 で紹介）。
「=MAX(C3:C7)」の数式は、C3セル～C7セルの売上高の最高値、つまり、東地区の最高売上を求めます。「=MAX(C9:C13)」の数式は、C9セル～C13セルの売上高の最高値、つまり、西地区の最高売上を求めます。

▼ サンプルファイル ▶ 065.xlsx

▶ 小計／非表示集計　　　　　　　　　2016 | 2013 | 2010 | 2007

066 小計を除いた最小値を求めたい

使用関数 SUBTOTAL関数

数 式 =SUBTOTAL(5,C3:C15)

小計を含む表で、小計を除いて最小値を求めるには、SUBTOTAL関数を使います。小計を除くセル範囲だけを選択しなくても、すべてのセル範囲を選択するだけで求められます。

❶ 小計、合計のセルはSUBTOTAL関数で合計しておく。C8セルには「=SUBTOTAL(9,C3:C7)」、C14セルには「=SUBTOTAL(9,C9:C13)」、C15セルには「=SUBTOTAL(9,C3:C14)」と入力する。

❷ 売上ワースト1位を求めるセルを選択し、「=SUBTOTAL(5,C3:C15)」と入力する。

❸ 売上ワースト1位の売上高が求められる。

数式解説 SUBTOTAL関数は指定の集計方法でその集計値を求める関数です（Tips 061で紹介）。引数の[集計方法]には11種類の集計方法を数値で指定します。小計を除いて最小値を求めるには「5」を指定します。
「=SUBTOTAL(5,C3:C15)」の数式は、C3セル～C15セルの売上高のワースト1位を、小計のC8セル、C14セル、合計のC15セルを除いて求めます。

プラスアルファ SUBTOTAL関数の引数の[集計方法]で指定できる集計方法の数値はTips 061プラスアルファ参照。

📥 サンプルファイル ▶ 066.xlsx

▶小計/非表示集計

2016 2013 2010 2007

067 小計を除いて一発で小計ごとの最小値を最下行にまとめたい

使用関数 MIN関数

数 式 =MIN(C3:C7)、=MIN(C9:C13)

表の最下行にそれぞれの範囲ごとの最小値を連続した行に求めたい場合は、それぞれの範囲ごとに最小値を求める数式が必要です。しかし、[合計]ボタンを使うと一発で可能です。

❶最低売上を求める範囲ごとに Ctrl キーを押しながら範囲選択する。

❷[数式]タブの[関数ライブラリ]グループの[合計]ボタンボタンから[最小値]を選択する。

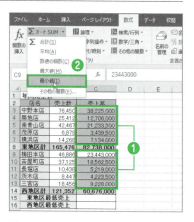

❸1行目の最低売上のセルには「=MIN(C3:C7)」の数式が入力されて東地区の最低売上が求められる。

❹2行目の最低売上のセルには「=MIN(C9:C13)」の数式が入力されて西地区の最低売上が求められる。

数式解説 MIN関数は数値の最小値を求める関数です(Tips 035で紹介)。
「=MIN(C3:C7)」の数式は、C3セル~C7セルの売上高の最低値、つまり、東地区の最低売上を求めます。「=MIN(C9:C13)」の数式は、C9セル~C13セルの売上高の最低値、つまり、西地区の最低売上を求めます。

サンプルファイル ▶ 067.xlsx

▶ 小計／非表示集計

2016 | 2013 | 2010

068 小計を除いてトップから指定の順位にある数値を求めたい

使用関数 AGGREGATE 関数

数 式 =AGGREGATE(14,,C3:C15,F4)

小計を含む表で LARGE 関数を使うと、小計も含めた指定の順位の値が求められてしまいます。小計を除いて大きいほうからの指定順位の値を求めるには、AGGREGATE 関数を使います。

❶ 小計、合計のセルはSUBTOTAL関数で合計しておく。C8セルには「=SUBTOTAL(9,C3:C7)」、C14セルには「=SUBTOTAL(9,C9:C13)」、C15セルには「=SUBTOTAL(9,C3:C14)」と入力する。

❷ 売上2位を求めるセルを選択し、「=AGGREGATE(14,,C3:C15,F4)」と入力する。

❸ 売上2位の売上高が求められる。

数式解説 SUBTOTAL 関数 (Tips 061 で紹介)、AGGREGATE 関数 (Excel 2016 ／ 2013 ／ 2010) は指定の集計方法でその集計値を求める関数です。AGGREGATE 関数はさらに集計を無視する内容を指定できます。

小計を除いて大きいほうから指定の順位にある売上高を求めるには引数の[集計方法]は「14」、[オプション]は省略または「0」を指定します。「=AGGREGATE(14,,C3:C15,F4)」の数式は、C3セル～C15セルの売上高の2位を、小計のC8セル、C14セル、合計のC15セルを除いて求めます。

サンプルファイル ▶ 068.xlsx

> **プラスアルファ** AGGREGATE関数の引数の[集計方法]には集計方法を「1」～「19」の数値、[オプション]には無視する内容を「0」～「7」の数値で以下のように指定します。

集計方法	集計内容	求められる関数
1	平均	AVERAGE
2	数値の個数	COUNT
3	空白以外の個数	COUNTA
4	最大値	MAX
5	最小値	MIN
6	積	PRODUCT
7	標本に基づく標準偏差	STDEV.S
8	母集団の標準偏差	STDEV.P
9	合計	SUM
10	標本に基づく分散	VAR.S
11	母集団の分散	VAR.P
12	中央値	MEDIAN
13	最頻値	MODE.SNGL
14	上位からの順位	LARGE
15	下位からの順位	SMALL
16	百分率での位置	PERCENTILE.INC
17	四分位数での位置	QUARTILE.INC
18	百分率での位置	PERCENTILE.EXC
19	四分位数での位置	QUARTILE.EXC

オプション	無視する内容
0または省略	引数の[参照(配列)]に指定したセル範囲内のAGGREGATE関数、SUBTOTAL関数の数式を含むセル
1	非表示の行、引数の[参照(配列)]に指定したセル範囲内のAGGREGATE関数、SUBTOTAL関数の数式を含むセル
2	非表示の行、引数の[参照(配列)]に指定したセル範囲内のAGGREGATE関数、SUBTOTAL関数の数式を含むセル
3	非表示の行、エラー値、引数の[参照(配列)]に指定したセル範囲内のAGGREGATE関数、SUBTOTAL関数の数式を含むセル
4	何も無視しない
5	非表示の行
6	エラー値
7	非表示の行、エラー値

▶小計／非表示集計

069 小計を除いてワーストから指定の順位にある数値を求めたい

使用関数 AGGREGATE関数

数式 =AGGREGATE(15,,C3:C15,F4)

小計を含む表で、小計を除いて小さいほうからの指定順位の値を求めるには、AGGREGATE関数を使います。小計を除くセル範囲だけを選択しなくても、すべてのセル範囲を選択するだけで求められます。

❶ 小計、合計のセルはSUBTOTAL関数で合計しておく。C8セルには「=SUBTOTAL(9,C3:C7)」、C14セルには「=SUBTOTAL(9,C9:C13)」、C15セルには「=SUBTOTAL(9,C3:C14)」と入力する。

❷ 売上ワースト2位を求めるセルを選択し、「=AGGREGATE(15,,C3:C15,F4)」と入力する。

❸ 売上ワースト2位の売上高が求められる。

数式解説 SUBTOTAL関数（Tips 061で紹介）、AGGREGATE関数（Excel 2016／2013／2010）は指定の集計方法でその集計値を求める関数です（Tips 068で紹介）。AGGREGATE関数はさらに集計を無視する内容を指定できます。小計を除いて小さいほうから指定の順位にある売上高を求めるには引数の[集計方法]は「15」、[オプション]は省略、または「0」を指定します。「=AGGREGATE(15,,C3:C15,F4)」の数式は、C3セル～C15セルの売上高のワースト2位を、小計のC8セル、C14セル、合計のC15セルを除いて求めます。

プラスアルファ AGGREGATE関数の引数の[集計方法]には集計方法を「1」～「19」の数値、[オプション]には無視する内容を「0」～「7」の数値で指定できます（Tips 068 プラスアルファ参照）。

📥 サンプルファイル ▶ 069.xlsx

070 小計を除いて全体の○%の位置にある値を求めたい

使用関数 AGGREGATE関数

数 式 =AGGREGATE(16,,C4:C16,0.9)

小計を含む表でPERCENTILE.INC関数を使うと、小計も含めた全体の○%の位置にある値が求められてしまいます。小計を除いて全体の○%の位置にある値を求めるには、AGGREGATE関数を使います。

① 小計、合計のセルはSUBTOTAL関数で合計しておく。C9セルには「=SUBTOTAL(9,C4:C8)」、C15セルには「=SUBTOTAL(9,C10:C14)」、C16セルには「=SUBTOTAL(9,C4:C15)」と入力する。

② 来期目標売上高を求めるセルを選択し、「=AGGREGATE(16,,C4:C16,0.9)」と入力する。

③ 小計を除く売上全体の90%の位置(つまり上位10%の位置)にある売上高が来期目標売上高として求められる。

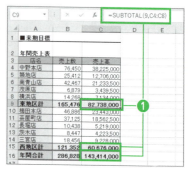

数式解説 SUBTOTAL関数(Tips 061で紹介)、AGGREGATE関数(Excel 2016/2013/2010)は指定の集計方法でその集計値を求める関数です(Tips 068で紹介)。AGGREGATE関数はさらに集計を無視する内容を指定できます。小計を除いて指定の%の位置にある売上高を求めるには、引数の[集計方法]は「16」、[オプション]は省略、または「0」を指定します。「=AGGREGATE(16,,C4:C16,0.9)」の数式は、C4セル~C16セルの90%の位置にある売上高を、小計のC9セル、C15セル、合計のC16セルを除いて求めます。

プラスアルファ AGGREGATE関数の引数の[集計方法]には集計方法を「1」~「19」の数値、[オプション]には無視する内容を「0」~「7」の数値で指定できます(Tips 068 プラスアルファ参照)。

▶ 小計／非表示集計

2016 | 2013 | 2010 | 2007

071 非表示の行を除いて集計したい

使用関数 SUBTOTAL関数

数式 =SUBTOTAL(109,E3:E12)

オートフィルターによる条件抽出や、行の一部非表示を行うと、表示された値のみで自動再計算はされません。SUBTOTAL関数を使えば、表示された値のみを集計できます。

❶注文合計を求めるセルを選択し、「=SUBTOTAL(109,E3:E12)」と入力する。

❷ショップ名のフィルターで「美極マート」を抽出すると、抽出された美極マートの注文数だけが合計される。

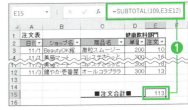

❸ショップ名が「美極マート」以外の行を非表示にしても、表示された美極マートの注文数だけが合計される。

数式解説 SUBTOTAL関数は指定の集計方法でその集計値を求める関数です(Tips 061で紹介)。引数の[集計方法]には11種類の集計方法を数値で指定します。フィルターでの非表示の行を除くには「9」、フィルターと行の非表示の行を除くには「109」を指定します。「=SUBTOTAL(109,E3:E12)」の数式は、フィルターまたは行の非表示で表示された「美極マート」の注文合計を求めます。

プラスアルファ SUBTOTAL関数の引数の[集計方法]で指定できる集計方法の数値は Tips 061 プラスアルファ参照。

📥 サンプルファイル ▶ 071.xlsx

▶ 小計／非表示集計

072 非表示の行を除いてトップから指定の順位にある数値を求めたい

使用関数 AGGREGATE関数

数 式 =AGGREGATE(14,5,D7:D16,2)

オートフィルターや、行の非表示で表示された値を対象にトップから指定の順位にある数値を求めるにはAGGREGATE関数を使います。SUBTOTAL関数の集計方法にLARGE関数はありません。

❶ 売上2位を求めるセルを選択し、「=AGGREGATE(14,5,D7:D16,2)」と入力する。

	A	B	C	D
1		年間集計		
2	売上	1位	38,225,000	
3		2位	23,443,000	
4		3位		
5	年間売上表			
6	店名	地区	売上数	売上高
7	茨木店	西	8,447	4,223,500
8	梅田本店	西	46,886	23,443,000
9	三宮店	西	18,456	9,228,000
10	茶屋町店	西	37,125	18,562,500
11	築地店	東	25,412	12,706,000
12	中野本店	東	76,450	38,225,000
13	長堀店	西	10,438	5,219,000
14	南青山店	東	42,467	21,233,500
15	茂原店	東	6,879	3,439,500
16	横浜店	東	14,268	7,134,000
17	年間合計		286,828	143,414,000

❷ 地区名のフィルターで「東」を抽出すると、抽出された東地区だけの売上2位の売上高が求められる。

	A	B	C	D
1		年間集計		
2	売上	1位	38,225,000	
3		2位	21,233,500	
4		3位		
5	年間売上表			
6	店名	地区	売上数	売上高
11	築地店	東	25,412	12,706,000
12	中野本店	東	76,450	38,225,000
14	南青山店	東	42,467	21,233,500
15	茂原店	東	6,879	3,439,500
16	横浜店	東	14,268	7,134,000
17	年間合計		165,476	82,738,000

サンプルファイル ▶ 072.xlsx

❸ 店名が「本店」を含む行を非表示にしても、表示された本店以外の売上2位の売上高が求められる。

	A	B	C	D
1		年間集計		
2	売上	1位	21,233,500	
3		2位	18,562,500	❸
4		3位		
5	年間売上表			
6	店名	地区	売上数	売上高
7	茨木店	西	8,447	4,223,500
9	三宮店	西	18,456	9,228,000
10	茶屋町店	西	37,125	18,562,500
11	築地店	東	25,412	12,706,000
13	長堀店	西	10,438	5,219,000
14	南青山店	東	42,467	21,233,500
15	茂原店	東	6,879	3,439,500
16	横浜店	東	14,268	7,134,000
17	年間合計		286,828	143,414,000

数式解説 AGGREGATE関数(Excel 2016／2013／2010)は指定の集計方法と無視する内容を指定してその集計値を求める関数です(Tips 068で紹介)。
非表示の行を除いて大きいほうから指定の順位にある売上高を求めるには引数の[集計方法]に「14」、[オプション]に「5」を指定します。「=AGGREGATE(14,5,D7:D16,2)」の数式は、フィルターで表示された「東地区」の売上高2位、行の非表示で表示された本店以外の売上高2位を求めます。

プラスアルファ AGGREGATE関数の引数の[集計方法]には集計方法を「1」〜「19」の数値、[オプション]には無視する内容を「0」〜「7」の数値で指定できます(Tips 068プラスアルファ参照)。

▶小計／非表示集計

073 非表示の行を除いてトップから指定の順位にある数値を求めたい（Excel 2007）

使用関数 IF、SUBTOTAL、LARGE関数

数　式　=IF(SUBTOTAL(103,A7),1,0)、{=LARGE(IF(E7:E16=1,D7:D16,""),2)}

AGGREGATE関数がないExcel 2007で、非表示の行を除いてトップから指定の順位にある数値を求めるには、表示行に「1」が表示されるように数式を作成し、「1」を条件にLARGE+IF関数で集計します。

❶表の右端列のセルを選択し、「=IF(SUBTOTAL(103,A7),1,0)」と入力する。
❷数式を必要なだけ複写する。

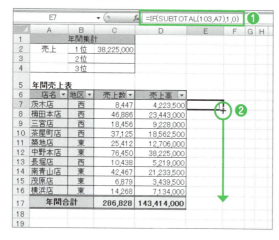

❸売上2位を求めるセルを選択し、「=LARGE(IF(E7:E16=1,D7:D16,""),2)」と入力し、[Ctrl] + [Shift] + [Enter] キーで数式を確定する。

❹地区名のフィルターで「東」を抽出すると、抽出された東地区だけの売上2位の売上高が求められる。

	A	B	C	D	E	F	G	H
1		年間集計						
2	売上	1位	38,225,000					
3		2位	21,233,500	❹				
4		3位						
5	年間売上表							
6	店名	地区	売上数	売上高				
11	築地店	東	25,412	12,706,000	1			
12	中野本店	東	76,450	38,225,000	1			
14	南青山店	東	42,467	21,233,500	1			
15	茂原店	東	6,879	3,439,500	1			
16	横浜店	東	14,268	7,134,000	1			
17	年間合計		165,476	82,738,000				

C3 セル: `{=LARGE(IF(E7:E16=1,D7:D16,""),2)}` ❸

❺店名が「本店」を含む行を非表示にしても、表示された本店以外の売上2位の売上高が求められる。

	A	B	C	D	E	F	G	H
1		年間集計						
2	売上	1位	21,233,500					
3		2位	18,562,500	❺				
4		3位						
5	年間売上表							
6	店名	地区	売上数	売上高				
7	茨木店	西	8,447	4,223,500	1			
9	三宮店	西	18,456	9,228,000	1			
10	茶屋町店	西	37,125	18,562,500	1			
11	築地店	東	25,412	12,706,000	1			
13	長堀店	西	10,438	5,219,000	1			
14	南青山店	東	42,467	21,233,500	1			
15	茂原店	東	6,879	3,439,500	1			
16	横浜店	東	14,268	7,134,000	1			
17	年間合計		286,828	143,414,000				

数式解説 LARGE 関数は大きいほうから指定の順位にある数値を求め (Tips 043 で紹介)、IF 関数は条件を満たすか満たさないかで処理を分岐する関数です (第12章 Tips 476 で紹介)。SUBTOTAL 関数は指定の集計方法でその集計値を求める関数です (Tips 061 で紹介)。引数の [集計方法] には11種類の集計方法を数値で指定します。フィルターでの非表示の行を除いて空白以外の件数を数えるには「3」、フィルターと行の非表示の行を除いて空白以外の件数を数えるには「103」を指定します。
「=IF(SUBTOTAL(103,A7),1,0)」の数式は、A7 セルが表示されている場合は「1」、非表示の場合は「0」を求めます。つまり、非表示以外の行に「1」が求められます。
「{=LARGE(IF(E7:E16=1,D7:D16,""),2)}」の数式は、上記の数式結果が「1」の場合は D7 セル〜D16 セルの2位の売上高を求めます (第3章 Tips 112 で紹介)。結果、非表示を除いた売上高2位が求められます。

▶ 小計／非表示集計　　　　　　　　　　　　2016 | 2013 | 2010 | 2007

074 非表示の行を除いてワーストから指定の順位にある数値を求めたい

使用関数 AGGREGATE 関数

数　式　=AGGREGATE(15,5,D7:D16,2)

オートフィルターや、行の非表示で表示された値のみを対象にワーストから指定の順位にある数値を求めるには AGGREGATE 関数を使います。SUBTOTAL 関数の集計方法に SMALL 関数はありません。

❶売上ワースト2位を求めるセルを選択し、「=AGGREGATE(15,5,D7:D16,2)」と入力する。

	A	B	C	D
1	年間集計			
2	売上ワースト	1位	3,439,500	
3		2位	4,223,500	
4		3位		
5	年間売上表			
6	店名	地区	売上数	売上高
7	茨木店	西	8,447	4,223,500
8	梅田本店	西	46,886	23,443,000
9	三宮店	西	18,456	9,228,000
10	茶屋町店	西	37,125	18,562,500
11	築地店	東	25,412	12,706,000
12	中野本店	東	76,450	38,225,000
13	長堀店	西	10,438	5,219,000
14	南青山店	東	42,467	21,233,500
15	茂原店	東	6,879	3,439,500
16	横浜店	東	14,268	7,134,000
17	年間合計		286,828	143,414,000

❷地区名のフィルターで「東」を抽出すると、抽出された東地区だけの売上ワースト2位の売上高が求められる。

	A	B	C	D
1	年間集計			
2	売上ワースト	1位	3,439,500	
3		2位	7,134,000	
4		3位		
5	年間売上表			
6	店名	地区	売上数	売上高
11	築地店	東	25,412	12,706,000
12	中野本店	東	76,450	38,225,000
14	南青山店	東	42,467	21,233,500
15	茂原店	東	6,879	3,439,500
16	横浜店	東	14,268	7,134,000
17	年間合計		165,476	82,738,000

サンプルファイル ▶ 074.xlsx

❸ 店名が「本店」を含む行を非表示にしても、表示された本店以外の売上ワースト2位の売上高が求められる。

	A	B	C	D
1		年間集計		
2	売上ワースト	1位	3,439,500	
3		2位	4,223,500	❸
4		3位		
5	年間売上表			
6	店名	地区	売上数	売上高
7	茨木店	西	8,447	4,223,500
9	三宮店	西	18,456	9,228,000
10	茶屋町店	西	37,125	18,562,500
11	築地店	東	25,412	12,706,000
13	長堀店	西	10,438	5,219,000
14	南青山店	東	42,467	21,233,500
15	茂原店	東	6,879	3,439,500
16	横浜店	東	14,268	7,134,000
17	年間合計		286,828	143,414,000

数式解説 AGGREGATE関数 (Excel 2016／2013／2010) は指定の集計方法と無視する内容を指定してその集計値を求める関数です (Tips 068 で紹介)。

非表示の行を除いて小さいほうから指定の順位にある売上高を求めるには引数の[集計方法]に「15」、[オプション]に「5」を指定します。「=AGGREGATE(15,5,D7:D16,2)」の数式は、フィルターで表示された「東地区」の売上高ワースト2位、行の非表示で表示された本店以外の売上高ワースト2位を求めます。

プラスアルファ AGGREGATE関数の引数の[集計方法]には集計方法を「1」～「19」の数値、[オプション]には無視する内容を「0」～「7」の数値で指定できます (Tips 068 プラスアルファ参照)。

075 非表示の行を除いてワーストから指定の順位にある数値を求めたい (Excel 2007)

使用関数 IF、SUBTOTAL、SMALL 関数

数式 =IF(SUBTOTAL(103,A7),1,0)、{=SMALL(IF(E7:E16=1,D7:D16,""),2)}

AGGREGATE 関数がない Excel 2007 で、非表示の行を除いてワーストから指定の順位にある数値を求めるには、表示行に「1」が表示されるように数式を作成し、「1」を条件に SMALL+IF 関数で集計します。

❶表の右端列のセルを選択し、「=IF(SUBTOTAL(103,A7),1,0)」と入力する。
❷数式を必要なだけ複写する。

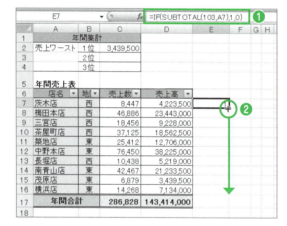

❸ 売上ワースト2位を求めるセルを選択し、「=SMALL(IF(E7:E16=1,D7:D16,""),2)」と入力し、[Ctrl] + [Shift] + [Enter] キーで数式を確定する。

❹ 地区名のフィルターで「東」を抽出すると、抽出された東地区だけの売上2位の売上高が求められる。

	A	B	C	D	E	F	G	H
1		年間集計						
2	売上ワースト	1位	3,439,500					
3		2位	7,134,000	❹				
4		3位						
5	年間売上表							
6	店名	地区	売上数	売上高				
11	築地店	東	25,412	12,706,000	1			
12	中野本店	東	76,450	38,225,000	1			
14	南青山店	東	42,467	21,233,500	1			
15	茂原店	東	6,879	3,439,500	1			
16	横浜店	東	14,268	7,134,000	1			
17	年間合計		165,476	82,738,000				

セルC3: {=SMALL(IF(E7:E16=1,D7:D16,""),2)}

❺ 店名が「本店」を含む行を非表示にしても、表示された本店以外の売上ワースト2位の売上高が求められる。

	A	B	C	D	E	F	G	H
1		年間集計						
2	売上ワースト	1位	3,439,500					
3		2位	4,223,500	❺				
4		3位						
5	年間売上表							
6	店名	地区	売上数	売上高				
7	茨木店	西	8,447	4,223,500	1			
9	三宮店	西	18,456	9,228,000	1			
10	茶屋町店	西	37,125	18,562,500	1			
11	築地店	東	25,412	12,706,000	1			
13	長堀店	西	10,438	5,219,000	1			
14	南青山店	東	42,467	21,233,500	1			
15	茂原店	東	6,879	3,439,500	1			
16	横浜店	東	14,268	7,134,000	1			
17	年間合計		286,828	143,414,000				

数式解説 SMALL関数は小さいほうから指定の順位にある数値を求め(Tips 044で紹介)、IF関数は条件を満たすか満たさないかで処理を分岐する関数です(第12章 Tips 476で紹介)。
SUBTOTAL関数は指定の集計方法でその集計値を求める関数です。
引数の[集計方法]には11種類の集計方法を数値で指定します。フィルターでの非表示の行を除いて空白以外の件数を数えるには「3」、フィルターと行の非表示の行を除いて空白以外の件数を数えるには「103」を指定します。
「=IF(SUBTOTAL(103,A7),1,0)」の数式は、A7セルが表示されている場合は「1」、非表示の場合は「0」を求めます。つまり、非表示以外の行に「1」が求められます。
「{=SMALL(IF(E7:E16=1,D7:D16,""),2)}」の数式は、上記の数式結果が「1」の場合はD7セル〜D16セルのワースト2位の売上高を求めます(第3章 Tips 114で紹介)。結果、非表示を除いた売上高ワースト2位が求められます。

076 非表示の行を除いて最頻値を求めたい

使用関数 AGGREGATE関数

数 式 =AGGREGATE(13,5,D3:D10)

オートフィルターや、行の非表示で表示された値のみを対象に最頻値を求めるには、AGGREGATE関数を使います。AGGREGATE関数を使うと、小計も同時に除いて最頻値が求められます。

❶ 最も多いWeb会員の年代を求めるセルを選択し「=AGGREGATE(13,5,D3:D10)」と入力する。

❷ Web会員のフィルターで「●」を抽出すると、抽出されたWeb会員の最も多い年代が求められる。

❸ Web会員が「●」の行以外を非表示にしても、表示されたWeb会員の最も多い年代が求められる。

数式解説 AGGREGATE関数 (Excel 2016／2013／2010) は指定の集計方法と無視する内容を指定してその集計値を求める関数です (Tips 068で紹介)。
非表示の行を除いて最頻値を求めるには引数の [集計方法] に「13」、[オプション] に「5」を指定します。「=AGGREGATE(13,5,D3:D10)」の数式は、フィルターまたは行の非表示で表示された「●」の最も多い年代を求めます。

プラスアルファ AGGREGATE関数の引数の [集計方法] には集計方法を「1」～「19」の数値、[オプション] には無視する内容を「0」～「7」の数値で指定できます (Tips 068 プラスアルファ参照)。

サンプルファイル ▶ 076.xlsx

▶ 小計/非表示集計

077 非表示の行を除いて最頻値を求めたい (Excel 2007)

使用関数 IF、SUBTOTAL、MODE関数

数式 =IF(SUBTOTAL(103,A3),1,0)、{=MODE(IF(G3:G10=1,D3:D10,""))}

AGGREGATE関数がないExcel 2007で、非表示の行を除いて最頻値を求めるには、表示行に「1」が表示されるように数式を作成し、「1」を条件にMODE+IF関数で集計します。

---

❶表の右端列のセルを選択し、「=IF(SUBTOTAL(103,A3),1,0)」と入力する。

❷数式を必要なだけ複写する。

❸求めるセルを選択し、「=MODE(IF(G3:G10=1,D3:D10,""))」と入力し、Ctrl + Shift + Enter キーで数式を確定する。

❹Web会員のフィルターで「●」を抽出すると、抽出されたWeb会員の最も多い年代が求められる。

💾 サンプルファイル ▶ 077.xlsx

❺ Web会員が「●」の行以外を非表示にしても、表示された Web 会員の最も多い年代が求められる。

	A	B	C	D	E	F	G	H
1	顧客管理							
2	名前	性別	年齢	年代	メールアドレス	Web会員		
4	木村洋平	男	42	40	kimura@****.ne.jp	●	1	
5	坂下英子	女	39	30	sakashita@****.ne.jp	●	1	
10	松田修	男	47	40	matsuda@****.ne.jp	●	1	
11								
12								
13					■最も多いWeb会員の年代	40	❺	
14								
15								

F13: `{=MODE(IF(G3:G10=1,D3:D10,""))}`

数式解説 MODE 関数は最頻値を求め (Tips 046 で紹介)、IF 関数は条件を満たすか満たさないかで処理を分岐する関数です (第 12 章 Tips 476 で紹介)。
SUBTOTAL 関数は指定の集計方法でその集計値を求める関数です (Tips 061 で紹介)。
引数の [集計方法] には 11 種類の集計方法を数値で指定します。フィルターでの非表示の行を除いて空白以外の件数を数えるには「3」、フィルターと行の非表示の行を除いて空白以外の件数を数えるには「103」を指定します。
「=IF(SUBTOTAL(103,A3),1,0)」の数式は、A3 セルが表示されている場合は「1」、非表示の場合は「0」を求めます。つまり、非表示以外の行に「1」が求められます。
「{=MODE(IF(G3:G10=1,D3:D10,""))}」の数式は、上記の数式結果が「1」の場合は D3 セル～D10 セルの年代の最頻値を求めます。結果、非表示を除いた Web 会員の最も多い年代が求められます。

▶ 小計／非表示集計　　　　　　　　　　　　　　2016 | 2013 | 2010 | 2007

078 非表示の行を除いて全体の○％の位置にある値を求めたい

使用関数 AGGREGATE 関数

数　式 =AGGREGATE(16,5,D4:D13,0.9)

オートフィルターや、行の非表示で表示された値のみを対象に全体の○％の位置にある値を求めるには AGGREGATE 関数を使います。AGGREGATE 関数では、小計も同時に除いて全体の○％の位置にある値が求められます。

❶来期目標を求めるセルを選択し、「=AGGREGATE(16,5,D4:D13,0.9)」と入力する。

	A	B	C	D
1	■来期目標	24,921,200以上		
2	年間売上表			
3	店名	地区	売上数	売上高
4	茨木店	西	8,447	4,223,500
5	梅田本店	西	46,886	23,443,000
6	三宮店	西	18,456	9,228,000
7	茶屋町店	西	37,125	18,562,500
8	築地店	東	25,412	12,706,000
9	中野本店	東	76,450	38,225,000
10	長堀店	西	10,438	5,219,000
11	南青山店	東	42,467	21,233,500
12	茂原店	東	6,879	3,439,500
13	横浜店	東	14,268	7,134,000
14	年間合計		286,828	143,414,000

❷地区のフィルターで「東」を抽出すると、抽出された東地区の売上全体の90％の位置（つまり上位の10％の位置）にある売上高が来期目標売上高として求められる。

	A	B	C	D
1	■来期目標	31,428,400以上		
2	年間売上表			
3	店名	地区	売上数	売上高
8	築地店	東	25,412	12,706,000
9	中野本店	東	76,450	38,225,000
11	南青山店	東	42,467	21,233,500
12	茂原店	東	6,879	3,439,500
13	横浜店	東	14,268	7,134,000
14	年間合計		165,476	82,738,000

サンプルファイル ▶ 078.xlsx

❸店名が「本店」を含む行を非表示にしても、表示された本店以外の売上全体の90％の位置にある売上高が来期目標売上高として求められる。

	A	B	C	D
1	■来期目標	19,363,800以上	❸	
2	年間売上表			
3	店名	地区	売上数	売上高
4	茨木店	西	8,447	4,223,500
6	三宮店	西	18,456	9,228,000
7	茶屋町店	西	37,125	18,562,500
8	築地店	東	25,412	12,706,000
10	長堀店	西	10,438	5,219,000
11	南青山店	東	42,467	21,233,500
12	茂原店	東	6,879	3,439,500
13	横浜店	東	14,268	7,134,000
14	年間合計		286,828	143,414,000

数式解説 AGGREGATE関数（Excel 2016／2013／2010）は指定の集計方法と無視する内容を指定してその集計値を求める関数です（Tips 068で紹介）。
非表示の行を除いて指定の％の位置にある値を求めるには引数の［集計方法］に「16」、［オプション］に「5」を指定します。「=AGGREGATE(16,5,D4:D13,0.9)」の数式は、フィルターまたは行の非表示で表示された「東地区」の90％の位置にある売上高を求めます。

プラスアルファ AGGREGATE関数の引数の［集計方法］には集計方法を「1」～「19」の数値、［オプション］には無視する内容を「0」～「7」の数値で指定できます（Tips 068 プラスアルファ参照）。

▶ 小計／非表示集計

079 非表示の行を除いて全体の○％の位置にある値を求めたい（Excel 2007）

使用関数 IF、SUBTOTAL、PERCENTILE 関数

数 式 =IF(SUBTOTAL(103,A4),1,0)、{=PERCENTILE(IF(E4:E13=1,D4:D13,""),0.9)}

AGGREGATE 関数がない Excel 2007 で、非表示の行を除いて全体の○％の位置にある値を求めるには、表示行に「1」が表示されるように数式を作成し、「1」を条件に PERCENTILE+IF 関数で集計します。

❶表の右端列のセルを選択し、「=IF(SUBTOTAL(103,A4),1,0)」と入力する。

❷数式を必要なだけ複写する。

❸求めるセルを選択し、「=PERCENTILE(IF(E4:E13=1,D4:D13,""),0.9)」と入力し、Ctrl + Shift + Enter キーで数式を確定する。

❹地区のフィルターで「東」を抽出すると、抽出された東地区の売上全体の90％の位置（つまり上位10％の位置）にある売上高が来期目標売上高として求められる。

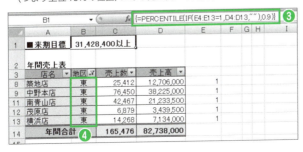

📥 サンプルファイル ▶ 079.xlsx

❺ 店名が「本店」を含む行を非表示にしても、表示された本店以外の売上全体の90%の位置にある売上高が来期目標売上高として求められる。

	A	B	C	D	E
1	■来期目標	19,363,800以上			❺
2	年間売上表				
3	店名	地区	売上数	売上高	
4	茨木店	西	8,447	4,223,500	1
6	三宮店	西	18,456	9,228,000	1
7	茶屋町店	西	37,125	18,562,500	1
8	築地店	東	25,412	12,706,000	1
10	長堀店	西	10,438	5,219,000	1
11	南青山店	東	42,467	21,233,500	1
12	茂原店	東	6,879	3,439,500	1
13	横浜店	東	14,268	7,134,000	1
14	年間合計		286,828	143,414,000	

数式解説 PERCENTILE関数は値を小さい順に並べたときに指定の%の位置にある値を求め（Tips 050で紹介）、IF関数は条件を満たすか満たさないかで処理を分岐する関数です（第12章 Tips 476で紹介）。
SUBTOTAL関数は指定の集計方法でその集計値を求める関数です（Tips 061で紹介）。
引数の[集計方法]には11種類の集計方法を数値で指定します。フィルターでの非表示の行を除いて空白以外の件数を数えるには「3」、フィルターと行の非表示の行を除いて空白以外の件数を数えるには「103」を指定します。
「=IF(SUBTOTAL(103,A4),1,0)」の数式は、A4セルが表示されている場合は「1」、非表示の場合は「0」を求めます。つまり、非表示以外の行に「1」が求められます。
「{=PERCENTILE(IF(E4:E13=1,D4:D13,""),0.9)}」の数式は、上記の数式結果が「1」の場合はD4セル～D13セルの売上高の90%の位置にある売上高を求めます。結果、非表示を除いた来期目標が求められます。

▶ 小計／非表示集計

080 非表示の列を除いて集計したい

使用関数 CELL、SUMIF 関数

数 式 =CELL("width",C1)、=SUMIF(C$7:N$7,">0",C3:N3)

非表示の列を除いて集計する関数はありませんが、列の幅「0」を条件にすることで SUMIF 関数や AVERAGEIF 関数を使って集計できます。

❶ 表の下のセルを選択し、「=CELL("width",C1)」と入力する。

❷ 数式を必要なだけ複写する。

❸ 総売上高を求めるセルを選択し、「=SUMIF(C$7:N$7,">0",C3:N3)」と入力する。

❹ 数式を必要なだけ複写する。

❺ 「2月」「3月」「8月」「12月」以外の月を非表示にし、F9 キーを押すと、「2月」「3月」「8月」「12月」の総売上高が求められる。

数式解説 CELL 関数はセルの情報を得る関数です。
検査の種類に「width」を指定すると小数点以下を切り捨てた整数のセル幅を返し、セル幅に標準フォントで何文字入るかを調べます。
SUMIF 関数は条件を満たす合計を求める関数です（第 3 章 Tips 106 で紹介）。
「=CELL("width",C1)」の数式をすべての列にコピーしておくと、非表示にした列には「0」が求められます。総売上数のセルに「=SUMIF(C$7:N$7,">0",C3:N3)」とすることで、非表示以外の売上数が求められます。なお、F9 キーを押して再計算する必要があります。

プラス＋アルファ 非表示を解除し再表示にして元の表に戻したあと、元の集計値に戻すには、再度 F9 キーを押します。

📥 サンプルファイル ▶ 080.xlsx

▶ 特殊な集計　　　　　　　　　　　　　　　　　　　　2016 | 2013 | 2010 | 2007

081 ほかのセルと共有したセルだけ集計したい

使用関数 SUM関数

数　式 =SUM(木下 渡部 佐々木)

全員担当した日の売場の販売数を求めたいときは、担当の表を見ながら全員担当した日のセルを確認してSUM関数の数式で使うという手順が必要です。しかし、SUM関数の引数に半角スペースを使うと手早く可能です。

❶それぞれの担当者のセルを Ctrl キーを押しながら選択して、[名前ボックス]に担当者の名前を付ける。そのほかの担当者もそれぞれに名前を付けておく。

❷全員担当販売数を求めるセルを選択し、[数式]タブの[関数ライブラリ]グループの[合計]ボタンをクリックして、付けた名前を半角スペースで区切って「=SUM(木下 渡部 佐々木)」と入力する。

❸全員担当販売数が求められる。

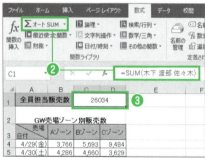

数式解説 SUM関数は数値の合計を求める関数です(Tips 035 で紹介)。
数式中の半角スペースはセルの共通部分を表す参照演算子の1つです。
「=SUM(A1:B2 B1:B4)」と入力すると、A1 セル〜B2 セルと B1 セル〜B4 セルが互いに共通する B1 セル〜B2 セルの範囲が指定されて合計が求められます。
つまり、「=SUM(木下 渡部 佐々木)」の数式は、「木下」「渡部」「佐々木」のセル範囲が共通する D6 セルと D10 セルの販売数の合計を求めます。

📥 サンプルファイル ▶ 081.xlsx

▶ 特殊な集計　　　　　　　　　　　　　　　2016 | 2013 | 2010 | 2007

082 数式で空白にしたセルに乗算してもエラーにならないようにしたい

使用関数 SUM関数

数　式 =5000*SUM(E3)*1.08

数式で空白にしているセルに数値を乗算するとエラー値が求められてしまいます。このような場合は、エラー値を対処する数式を作成しなくても、SUM関数の引数に指定するだけで可能です。

❶ 数式で空白にしたセルに乗算するとエラー値が表示される。

❷ 毎月請求額を求めるセルを選択し、「=5000*SUM(E3)*1.08」と入力する。

❸ 数式を必要なだけ複写する。

❹ 数式で空白にしたセルに乗算してもエラー値が表示されずに「0」が求められる。

数式解説 SUM関数は数値の合計を求める関数です（Tips 035で紹介）。「SUM(E3)」の数式は、E3セルの空白を「0」として返すため、「=5000*SUM(E3)*1.08」の数式では、「5000*0*1.08」となり、結果、空白セルでもエラー値を返さずに「0」として返すことができます。

📂 サンプルファイル ▶ 082.xlsx

特殊な集計

083 乗算結果のセルがない表にそれぞれの乗算結果の合計を求めたい

2016 | 2013 | 2010 | 2007

使用関数 SUMPRODUCT関数

数式 =SUMPRODUCT(D3:D12,E3:E12)

乗算結果がない表で乗算結果の合計が必要なときは、新たに乗算結果の列を作成しなければなりません。しかし、SUMPRODUCT関数を使うと、新たに列を作成しなくても一発で求められます。

❶ 表の右端列に「単価×注文数」の数式を入力し、SUM関数で合計するという2つの数式を作成しなければならない。

❷ 注文合計を求めるセルを選択し、「=SUMPRODUCT(D3:D12,E3:E12)」と入力する。

❸ 注文合計が求められる。

数式解説
SUMPRODUCT関数は要素の積を合計する関数です。
SUMPRODUCT関数の引数の[配列1]と[配列2]にそれぞれセル範囲を指定すると、[配列1]×[配列2]の結果を合計した値が求められます。
「=SUMPRODUCT(D3:D12,E3:E12)」の数式は、D3セル〜D12セルの単価とE3セル〜E12セルの注文数をそれぞれに乗算して合計します。

サンプルファイル ▶ 083.xlsx

▶ 特殊な集計 　　　　　　　　　　　　　　　　2016 | 2013 | 2010 | 2007

084 合計セルがない複数列の表で列ごとに単価を乗算して合算したい

使用関数 SUMPRODUCT関数

数 式 =SUMPRODUCT((A3:C3)*B6:D10)

列ごとに乗算する値が別の表にあり、さらに合計もない表で全体の合計を求めるには、列ごとの長い数式が必要です。SUMPRODUCT関数を使えば範囲選択するだけで手軽に求められます。

---

❶列ごとの合計を追加しなければ求められない。

D13　=A3*B11+B3*C11+C3*D11

	A	B	C	D
1		入館料		
2	小学生	中高生	大人	
3	200	500	1,000	
4				
5	日付	小学生	中高生	大人
6	5/1(日)	11	29	67
7	5/2(月)	15	11	26
8	5/3(火)	37	48	25
9	5/4(水)	47	60	60
10	5/5(木)	46	64	34
11		156	212	212
12				
13		■5月入館料合計		349,200

❷入館料合計を求めるセルを選択し、「=SUMPRODUCT((A3:C3)*B6:D10)」と入力する。

❸入館料合計が求められる。

D13　=SUMPRODUCT((A3:C3)*B6:D10)

	A	B	C	D
1		入館料		
2	小学生	中高生	大人	
3	200	500	1,000	
4				
5	日付	小学生	中高生	大人
6	5/1(日)	11	29	67
7	5/2(月)	15	11	26
8	5/3(火)	37	48	25
9	5/4(水)	47	60	60
10	5/5(木)	46	64	34
11				
12				
13		■5月入館料合計		349,200

数式解説 SUMPRODUCT関数は要素の積を合計する関数です。「=SUMPRODUCT((A3:C3)*B6:D10)」の数式は、A3セル～C3セルの入館料とB6セル～D10セルの入館者数をそれぞれに乗算して合計します。

📥 サンプルファイル ▶ 084.xlsx

085 行ごとに違う列にある値の引き算結果をオートフィルで求めたい

使用関数 OFFSET、COUNT関数

数式 =E3-OFFSET(E3,0,-COUNT(B3:D3),1,1)

引き算で使用する数値が行ごとに違う列にあると、数式がコピーできず、行ごとに数式を作成しなければなりません。数式コピーで求めるには、OFFSET関数にCOUNT関数を使って引き算する値を取得します。

---

❶ 求めるセルを選択し、「=E3-OFFSET(E3,0,-COUNT(B3:D3),1,1)」と入力する。

❷ 数式を必要なだけ複写する。

❸ それぞれの開始からの体重減が求められる。

数式解説 OFFSET関数は基準の「行数」と「列数」だけ移動した位置にある「高さ」と「幅」のセル範囲を参照し、COUNT関数は数値のセルを数える関数です(Tips 035で紹介)。
「E3-OFFSET(E3,0,-COUNT(B3:D3),1,1)」の数式は、B3セル〜D3セルの体重が入力されたセルを数え、その数の列の数分だけE3セルから、0行と高さ1幅1移動した位置にあるセル範囲を参照してE3セルから引き算します。ここではOFFSET関数により、体重が入力されている一番左端のセル参照が求められるので、「=E3-64.7」となり、1行目の体重減が求められます。オートフィルすると、常に体重が入力されている一番左端のセル参照が求められるため、行ごとに違う列に値があっても体重減が求められます。

サンプルファイル ▶ 085.xlsx

▶ 特殊な集計

086 集計セルの前に行を挿入しても自動で集計範囲に含めたい

使用関数 SUM、OFFSET関数

数 式 =SUM(B3:OFFSET(B4,-1,0))

集計セルの上に行を挿入しても、数式の自動拡張機能で集計範囲が自動調整されるのは、3行以上の数値がある場合です。2行目から対応するには、求めるセルの1行上のセル範囲を OFFSET 関数で参照します。

---

❶件数計を求めるセルを選択し、「=SUM(B3:OFFSET(B4,-1,0))」と入力する。

❷数式を必要なだけ複写する。

❸数式行の前に行を挿入する。

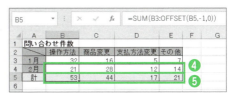

❹データを追加する。

❺データが集計範囲に自動で含まれ、件数計が求められる。

数式解説 SUM 関数は数値の合計を求める関数（Tips 035 で紹介）、OFFSET 関数は基準の「行数」と「列数」だけ移動した位置にある「高さ」と「幅」のセル範囲を参照する関数です。「=SUM(B3:OFFSET(B4,-1,0))」の数式は B3 セルから、OFFSET 関数で合計の B4 セルから 1 行上のセル範囲を参照して SUM 関数で合計します。合計の手前に行を挿入すると、「=SUM(B3:OFFSET(B5,-1,0))」の数式になり、1 行目の B3 セルから合計の 1 行上の B4 セルまでの合計が求められます。つまり、合計の手前に行を挿入するたび、常に 1 行上までのセル範囲が合計する範囲に指定できるようになります。

📁 サンプルファイル ▶ 086.xlsx

▶ 特殊な集計　　　　　　　　　　　　　　　　　2016 | 2013 | 2010 | 2007

087 集計セルの前に列を挿入しても自動で集計範囲に含めたい

使用関数 SUM、OFFSET関数

数 式 =SUM(B3:OFFSET(C3,0,-1))

集計セルの前に列を挿入しても、数式の自動拡張機能で集計範囲が自動調整されるのは、3列以上の数値がある場合です。2列目から対応するには、求めるセルの1列前のセル範囲を OFFSET 関数で参照します。

---

❶件数計を求めるセルを選択し、「=SUM(B3:OFFSET(C3,0,-1))」と入力する。
❷数式を必要なだけ複写する。

❸数式列の前に列を挿入する。

❹データを追加する。
❺データが集計範囲に自動で含まれ、件数計が求められる。

数式解説 SUM 関数は数値の合計を求める関数（Tips 035 で紹介）。OFFSET 関数は基準の「行数」と「列数」だけ移動した位置にある「高さ」と「幅」のセル範囲を参照する関数です。「=SUM(B3:OFFSET(C3,0,-1))」の数式は、OFFSET 関数で合計の C3 セルから1列前のセル範囲を参照して SUM 関数で合計します。合計の手前に列を挿入すると、「=SUM(B3:OFFSET(D3,0,-1))」の数式になり、1列目の B3 セルから合計の1列前の C3 セルまでの合計が求められます。つまり、合計の手間に列を挿入するたび、常に1列前までのセル範囲が合計する範囲に指定できるようになります。

▶ サンプルファイル ▶ 087.xlsx

▶ 特殊な集計　　　　　　　　　　　　　　　　　　2016 | 2013 | 2010 | 2007

088 行を削除しても累計が崩れないようにしたい

使用関数 SUM関数

数 式 =SUM($E$3:E3)

累計は1つ上のセルを常に足し算して求めますが、行の削除を行うと、セルが削除されて計算が崩れてしまいます。行を削除しても崩れない累計を求めるにはSUM関数を使います。

---

❶ 累計注文数を求めるセルを選択し、「=SUM($E$3:E3)」と入力する。
❷ 数式を必要なだけ複写する。

❸ 不要な行を削除する。

❹ 累計注文数が再計算される。

数式解説　SUM関数は数値の合計を求める関数です（Tips 035で紹介）。
「=SUM($E$3:E3)」の数式をコピーすると、次の行には「=SUM($E$3:E4)」、その次の行には「=SUM($E$3:E5)」となります。つまり、SUM関数で合計する範囲が常に1行目からそれぞれの行までのセル範囲に変更されるため、1行目からの累計が求められます。途中の行を削除しても、合計するセル範囲が変更になるだけなので、エラーにならずに累計が再計算されます。

📥 **サンプルファイル** ▶ 088.xlsx

▶ 特殊な集計　　　2016 2013 2010 2007

089 行を削除しても残高計算が崩れないようにしたい

使用関数 SUM関数

数　式 =SUM($G$3,$E$4:E4)-SUM($F$4:F4)

足し算と引き算を使って求める残高計算では、行の削除を行うと、計算が崩れてしまいます。行を削除しても崩れずに残高計算するには、収入と支出それぞれにSUM関数を使って数式を作成します。

❶ 差引残高を求めるセルを選択し、「=SUM($G$3,$E$4:E4)–SUM($F$4:F4)」と入力する。

❷ 数式を必要なだけ複写する。

❸ 不要な行を削除する。

❹ 差引残高が再計算される。

数式解説　SUM関数は数値の合計を求める関数です（Tips 035で紹介）。
「=SUM($G$3,$E$4:E4)−SUM($F$4:F4)」の数式は、「1つ上の残高＋収入−支払」となり、差引残高が求められます。数式をコピーすると、次の行には「=SUM($G$3,$E$4:E5)−SUM($F$4:F5)」、その次の行には「=SUM($G$3,$E$4:E6)−SUM($F$4:F6)」となります。つまり、収入と支払のSUM関数で合計する範囲が常に1行目からそれぞれの行までのセル範囲に変更されるため、途中の行を削除しても、合計するセル範囲が変更になるだけなので、エラーにならずに差引残高が再計算されます。

📥 サンプルファイル ▶ 089.xlsx

▶ 特殊な集計

090 指定の行ごとに累計を求めたい

使用関数 SUM、OFFSET、INT、ROW関数

数 式 =SUM(OFFSET($B$3,INT((ROW()-3)/5)*5,):B3)

1行～5行までの累計、6行～10行までの累計のように指定の行ごとに累計を求めるには、累計を開始するセル範囲を OFFSET、INT、ROW 関数で参照してSUM関数の引数に指定します。

❶5日累計を求めるセルを選択し、「=SUM(OFFSET($B$3,INT((ROW()-3)/5)*5,):B3)」と入力する。

❷数式を必要なだけ複写する。

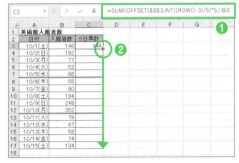

❸5日ごとの累計が求められる。

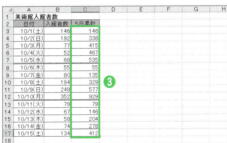

数式解説 SUM関数は数値の合計を求める関数(Tips 035 で紹介)、OFFSET関数は基準の「行数」と「列数」だけ移動した位置にある「高さ」と「幅」のセル範囲を参照する関数です。INT関数は数値の小数点以下を切り捨て、ROW関数はセルの行番号を求める関数です。「=SUM(OFFSET($B$3,INT((ROW()-3)/5)*5,):B3)」の数式は、B3セルから0行移動した位置にあるセル範囲を参照してSUM関数で合計します。数式をコピーすると、OFFSET関数の引数の[行数]には、1行目～5行目は「0」、6行目～10行目は「5」、11行目～15行目は「10」と指定されるため、5行ごとに累計が求められる結果となります。

📥 サンプルファイル ▶ 090.xlsx

091 指定の列ごとに累計を求めたい

使用関数 SUM、OFFSET、INT、COLUMN関数

数式 =SUM(OFFSET($B$3,,INT((COLUMN()-2)/5)*5):B3)

1列～5列までの累計、6列～10列までの累計のように指定の列ごとに累計を求めるには、累計を開始するセル範囲を OFFSET、INT、COLUMN 関数で参照して SUM 関数の引数に指定します。

❶5日累計を求めるセルを選択し、「=SUM(OFFSET($B$3,,INT((COLUMN()-2)/5)*5):B3)」と入力する。

❷数式を必要なだけ複写する。

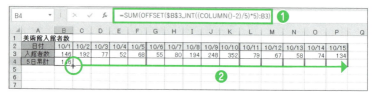

❸5日ごとの累計が求められる。

数式解説　SUM 関数は数値の合計を求める関数 (Tips 035 で紹介)、OFFSET 関数は基準の「行数」と「列数」だけ移動した位置にある「高さ」と「幅」のセル範囲を参照する関数です。INT 関数は数値の小数点以下を切り捨て、COLUMN 関数はセルの列番号を求める関数です。
「OFFSET($B$3,,INT((COLUMN()-2)/5)*5)」の数式は、B3 セルから 0 列移動した位置にあるセル範囲を参照して SUM 関数で合計します。数式をコピーすると、OFFSET 関数の引数の [列数] には、1 列目～5 列目は「0」、6 列目～10 列目は「5」、11 列目～15 列目は「10」と指定されるため、5 列ごとに累計が求められる結果となります。

サンプルファイル ▶ 091.xlsx

▶特殊な集計

092 ○行おきや○列おきなど一定おきに集計したい

使用関数 SUMIF関数

数式 =SUMIF(C3:C17,"●",B3:B17)

2行(列)おきや3行(列)おきに集計するには、集計する行または列に印を付けておけば、複雑な数式を使用しなくてもSUMIF関数など条件集計関数1つで集計できます。印はオートフィルですべての行に簡単に付けられます。

① 集計したい行に「●」を付けておく。1行おきに付けるには、1つ目に「●」を付けて2つ目のセルと一緒にオートフィルでコピーする。

② 奇数日の入館者数を求めるセルを選択し、「=SUMIF(C3:C17,"●",B3:B17)」と入力する。

③ 奇数日の入館者数が求められる。

④ 偶数日の入館者数を求めるセルを選択し、「=SUMIF(C3:C17,"",B3:B17)」と入力する。

⑤ 偶数日の入館者数が求められる。

数式解説 SUMIF関数は条件を満たす合計を求める関数です(第3章 Tips 106で紹介)。
「=SUMIF(C3:C17,"●",B3:B17)」の数式は、C3セル〜C17セルの「●」の付いた行にあるB3セル〜B17セルの入館者数を合計します。「=SUMIF(C3:C17,"",B3:B17)」の数式は、C3セル〜C17セルの空白の行にあるB3セル〜B17セルの入館者数を合計します。

📥 サンプルファイル ▶ 092.xlsx

▶ 特殊な集計

093 1つ目のセルには1～2列目、2つ目のセルには3列～4列目のように○列ごとに集計したい

使用関数 SUMIF、COLUMN関数

数 式 =SUMIF($B$7:$G$7,COLUMN(A1),$B4:$G4)

1つ目のセルには1～2列目、2つ目のセルには3列～4列目のように2列ごとに集計するにはオートフィルで求められないため面倒な数式が必要です。しかし、連続番号を利用すれば条件集計関数だけで可能です。

❶2列ごとに合計するには連続番号を2つずつ列ごとに入力しておく。

❷入園者数を求めるセルを選択し、「=SUMIF($B$7:$G$7,COLUMN(A1),$B4:$G4)」と入力する。

❸数式を必要なだけ複写する。

❹2列ごとの入園者数が求められる。

数式解説 SUMIF関数は条件を満たす数値の合計を求める関数（第3章 Tips 106 で紹介）、COLUMN関数はセルの列番号を求める関数です。

「=SUMIF($B$7:$G$7,COLUMN(A1),$B4:$G4)」の数式は、B7セル～G7セルにある「1」のB4セル～G4セルの入園者数の合計を求めます。

数式をコピーすると、次の列には「=SUMIF($B$7:$G$7,COLUMN(B1),$B4:$G4)」の数式が作成され、B7セル～G7セルにある「2」のB4セル～G4セルの入園者数の合計を求められます。結果、2列ごとの入園者数が求められます。

プラスアルファ 手順❶で作成する連続番号は集計する列数で変更します。たとえば3列ごとに集計するには、「1」「1」「1」「2」「2」「2」と作成します。

サンプルファイル ▶ 093.xlsx

▶ 特殊な集計

2016 | 2013 | 2010 | 2007

094 ○行(列)目から○行(列)目までなど一定の間隔を集計したい

使用関数 SUM、INDEX関数

数 式 =SUM(INDEX(B3:B17,D3):INDEX(B3:B17,F3))

1行(列)目～5行(列)目までなど、指定した行(列)の範囲を集計するには、集計を開始するセル範囲と最終のセル範囲をINDEX関数で参照して、SUM関数やAVERAGE関数の引数に指定します。

---

❶ 1日目～5日目までの入館者数を求めるセルを選択し、「=SUM(INDEX(B3:B17,D3):INDEX(B3:B17,F3))」と入力する。

❷ 1日目～5日目までの入館者数が求められる。

❸ 6日目～10日目に変更すると、6日目～10日目までの入館者数が求められる。

数式解説 SUM関数は数値の合計を求める関数(Tips 035 で紹介)、INDEX関数は指定の行列番号が交差するセル参照を求める関数です(第11章 Tips 403 で紹介)。

「INDEX(B3:B17,D3)」の数式は、B3セル～B17セルの1行目にある入館者数のセル参照を求め、「INDEX(B3:B17,F3)」の数式は、B3セル～B17セルの5行目にある入館者数のセル参照を求めます。求められたセル参照を集計するセル範囲の開始行と最終行に指定して「=SUM(INDEX(B3:B17,D3):INDEX(B3:B17,F3))」と数式を作成すると、常にD3セルに入力した行からF3セルに入力した行までの入館者数の合計が求められます。

プラスアルファ 1列目～5列目など表が列方向に並んでいても数式の考え方は同じです。

📥 サンプルファイル ▶ 094.xlsx

095 それぞれの数値を四捨五入してから集計したい

使用関数 AVERAGE、ROUND関数

数式 =AVERAGE(ROUND(F3:F6,0))

小数点以下の数値を表示形式で整数にすると四捨五入されますが、実際の数値はそのままのため、表示された集計値とは異なります。表示と同じ数値で集計値を求めるには、集計する関数の引数にROUND関数を使います。

❶ 表示形式で整数にすると四捨五入されるが、実際の数値はそのまま。

❷ 平均をしても、表示された体重減の平均と異なってしまう。

❸ 平均体重減を求めるセルを選択し、「=AVERAGE(ROUND(F3:F6,0))」と入力し、Ctrl + Shift + Enter キーで数式を確定する。

❹ 平均体重減が求められる。

数式解説 AVERAGE関数は数値を平均する関数（Tips 035 で紹介）、ROUND関数は数値を指定の桁数にするために四捨五入する関数です（第8章 Tips 319 で紹介）。
「{=AVERAGE(ROUND(F3:F6,0))}」の数式は、F3 セル〜F6 セルまでのそれぞれの体重を整数で四捨五入して、四捨五入した体重を平均します。なお、配列を扱うため、配列数式で求めます。

プラスアルファ それぞれの数値を四捨五入してから合計するには、合計を求める SUM 関数を使って、「{=SUM(ROUND(F3:F6,0))}」と数式を作成します。

▶ 特殊な集計　　　　　　　　　　　　　　　　2016 | 2013 | 2010 | 2007

096　「(29)」のような「( )」付きの数値を集計したい

使用関数　AVERAGE、ABS関数

数 式　{=AVERAGE(ABS(B3:B7))}

「( )」付きの数値は文字列なので計算に使えません。しかし、Excelでは「( )」付きの数値はマイナスの数値として扱われるため、ABS関数で符号を除くと計算に使えるようになります。

❶年齢が「( )」付きになっているため、平均してもエラー値になってしまう。

❷顧客平均年齢を求めるセルを選択し、「=AVERAGE(ABS(B3:B7))」と入力し、Ctrl + Shift + Enter キーで数式を確定する。

❸顧客平均年齢が求められる。

数式解説　AVERAGE関数は数値の平均を求める関数（Tips 035で紹介）、ABS関数は数値の符号「+」「-」を除いた絶対値を求める関数です。

Excelでは、「( )」で囲んだ数値はマイナスの数値として扱われるため、「(1)」と入力すると「-1」と入力されます。つまり、この「-」はABS関数で除いてしまえば、AVERAGE関数で「( )」で囲まれた年齢の平均が求められます。

「{=AVERAGE(ABS(B3:B7))}」の数式は、B3セル～B7セルの「( )」付き年齢から「-」を除いてその数値を平均します。なお、配列を扱うため、配列数式で求めます。

プラスアルファ　「( )」付きの数値を合計するには、合計を求めるSUM関数を使って、「{=SUM(ABS(B3:B7))}」と数式を作成します。

▼ サンプルファイル ▶ 096.xlsx

▶ 特殊な集計

2016 | 2013 | 2010 | 2007

097 「5250(10)」のような「( )」付きの数値をそれぞれに集計したい

使用関数 FIXED、SUM関数

数　式　=FIXED(SUM(D3:D7),0)&"("&FIXED(SUM(E3:E7),0)&")"

数値の後に「( )」付き数値を作成した後、それぞれに集計しなければならなくなったときは、まず、区切り位置ウィザードで分けて表示します。面倒な数式なしで、集計する関数1つで求めることができます。

❶注文金額(注文数)のセルを範囲選択し、[データ]タブ[データツール]グループの[区切り位置]ボタンをクリックする。

❷表示された区切り位置指定ウィザード1／3では[カンマやタブなどの区切り文字によってフィールドごとに区切られたデータ]をオンにし、ウィザード2／3では[その他]にチェックを入れて「(」を入力する。

❸[次へ]ボタンをクリックし、ウィザード3／3では[表示先]にD3セルを選択して[完了]ボタンをクリックする。

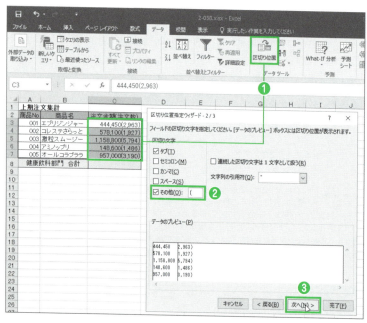

サンプルファイル ▶ 097.xlsx

❹分割された注文数のE3セル〜E7セルを範囲選択し、[ホーム]タブの[編集]グループの[検索と選択]ボタンをクリックする。

❺表示された[検索と置換]ダイアログボックスの[置換]タブで[検索する文字列]に「)」と入力する。

❻[すべて置換]ボタンをクリックする。

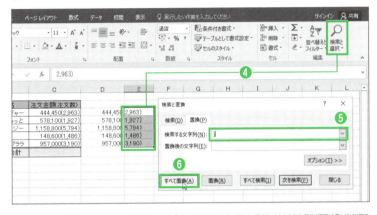

❼健康飲料部門合計のセルを選択し、「=FIXED(SUM(D3:D7),0)&"("&FIXED(SUM(E3:E7),0)&")"」と入力する。

❽健康飲料部門合計が求められる。

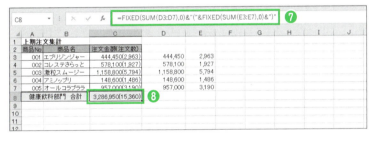

数式解説 FIXED関数は数値に桁区切り記号を付け、SUM関数は数値の合計を求める関数です(Tips 035で紹介)。
「=FIXED(SUM(D3:D7),0)&"("&FIXED(SUM(E3:E7),0)&")"」の数式は、「カンマを付けたD3セル〜D7セルの注文金額の合計(カンマを付けたE3セル〜E7セルの注文数の合計)」という値を作成します。

141

▶ 特殊な集計

2016 | 2013 | 2010 | 2007

098 合計を位ごとの枠に分けて求めたい

使用関数 IF、CONCATENATE、SUM、LEFT、RIGHT、COLUMN関数

数式
=IF(J3="",0,CONCATENATE(E3,F3,G3,H3,I3,J3)*1)、
=SUM(W3:W10)、
=LEFT(RIGHT(" "&$W$11,11-COLUMN()),1)

位ごとの枠に分けた帳票で、合計が必要なとき、SUM関数だけでは繰上計算ができません。あらかじめ1つの値にしてからSUM関数で合計し、LEFT+RIGHT+COLUMN関数で1桁ずつ分割します。

❶帳票の右端列のセルを選択し、「=IF(J3="",0,CONCATENATE(E3,F3,G3,H3,I3,J3)*1)」と入力する。

❷数式を必要なだけ複写する。

❸W11セルを選択し、「=SUM(W3:W10)」と入力する。

❹作成した数値の合計が求められる。

❺収入金額の合計のE11セルを選択し、「=LEFT(RIGHT(" "&$W$11,11-COLUMN()),1)」と入力する。

❻数式を必要なだけ複写すると、位ごとの枠に収入金額の合計が求められる。

	A	B	C	D	E	F	G	H	I	J	K	L	M	N	O	P	Q	R	S	T	U	V	W	X
1	現金出納帳																							
2	月	日	科目	摘要			収入金額						支払金額						差引残高					
3				前月繰越														2	7	5	2	0	0	
4	6	1	旅費交通費	地下鉄 梅田～天王寺						5	4	0						2	6	9	8	0	0	
5			接待交際費	○○食堂						8	5	0	0					1	8	4	8	0	0	
6		2	普通預金	引き出し	1	5	0	0	0	0								1	6	8	4	8	0	150000
7		3	消耗品費	△△文具店 文房具							1	5	0	0				1	6	6	9	8	0	
8		4	旅費交通費	JR 大阪～京橋								3	2	0				1	6	6	6	6	0	
9		8	雑収入	原稿料			3	5	0	0	0							2	0	1	6	6	0	35000
10																								
11				計	1	8	5	0	0	0														185000

数式解説 CONCATENATE関数は文字列を結合し（第9章 Tips 338 で紹介）、SUM関数は数値の合計（Tips 035 で紹介）、COLUMN関数は列番号を求める関数です。LEFT関数は左端から、RIGHT関数は右端から文字列を取り出す関数（第10章 Tips 366、370で紹介）。

「=IF(J3="",0,CONCATENATE(E3,F3,G3,H3,I3,J3)*1)」の数式は、金額が空白のときは「0」、金額があるときは位ごとの金額を結合して数値に変換します。そして、「=SUM(W3:W10)」の数式で、その値を合計します。

「=LEFT(RIGHT(" "&$W$11,11－COLUMN()))」の数式では、求めた合計の位が1つずつ少なくなるようにRIGHT関数で抽出し、それぞれの合計の左端から1文字ずつ抽出します。結果、位ごとの枠に合計が求められます。

099 別のシートにある集計範囲を手早く関数の引数で使いたい

▶ 複数の表/シートの集計

2016 | 2013 | 2010 | 2007

使用関数 SUM関数

数 式 =SUM(入館者数)

集計範囲が別シートにあると、集計するたびにシートを開いてセル範囲を選択しなければならず面倒です。あらかじめ集計範囲に名前を付けておけば、名前の入力だけでセル範囲が指定でき手早く集計できます。

❶集計するシートのセル範囲を選択し、[名前ボックス]に名前を入力する。ここでは「入館者数」と入力する。

❷集計するセルを選択し、作成した名前を使って「=SUM(入館者数)」と入力する。

❸別シートの入館者数の合計が求められる。

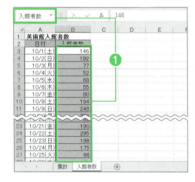

❹「=AVERAGE(入館者数)」と入力すると、別シートの1日平均入館者数が求められる。

❺「=MAX(入館者数)」と入力すると、別シートの1日最高入館者数が求められる。

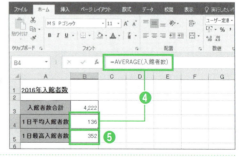

数式解説 SUM関数は数値の合計を求める関数です(Tips 035で紹介)。「=SUM(入館者数)」の数式は、別シートの「入館者数」と名前を付けたB3セル～B33セルの入館者数を合計します。

▶ サンプルファイル ▶ 099.xlsx

▶ 複数の表／シートの集計　　　2016 | 2013 | 2010 | 2007

100 複数の表で表ごとの数式に同じ列見出しを使いたい

使用関数 SUM関数

数 式 =SUM(BeautyOK館[注文金額])

1つのシートで同じ名前は使えません。1つのシートに同じ列見出しの複数の表を作成し、列見出しで数式を作成したいときは、列見出しで名前を作成せずに、表をテーブルに変換します。

---

❶それぞれの表をテーブルに変換（[挿入]タブの[テーブル]グループの[テーブル]ボタンをクリック）し、[デザイン]タブの[プロパティ]グループの[テーブル名]でそれぞれの表にテーブル名を入力しておく。

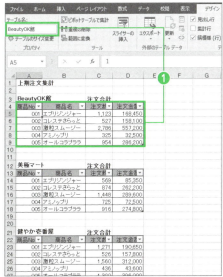

❷1つ目の表の注文合計を求めるセルを選択し、作成したテーブル名を使い「=SUM(BeautyOK館[」と入力する。

❸テーブルの列見出しのリストが表示されるので、集計したい列見出しをダブルクリックする。続けて「]」と入力して Enter キーを押す。

📥 サンプルファイル ▶ 100.xlsx

145

④ 1つ目の表の注文合計が求められる。

⑤ 2つ目の表の注文合計、3つ目の表の注文合計も、テーブル名を使って同様に数式を入力する。

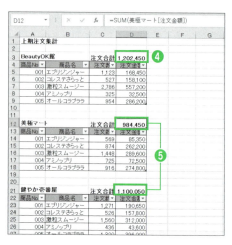

> **数式解説**　表をテーブルに変換し、表にテーブル名を付け、「= 関数名 (」の後に「テーブル名 [」と入力すると列見出しのリストが表示されます。選んだ列見出しにあるセル範囲が引数として指定され結果が求められます。
> 「=SUM(BeautyOK 館 [注文金額])」の数式は、テーブル名「BeautyOK 館」の列見出し「注文金額」の合計、「=SUM(美極マート [注文金額])」の数式は、テーブル名「美極マート」の列見出し「注文金額」の合計、「=SUM(健やか壱番屋 [注文金額])」テーブル名「健やか壱番屋」の列見出し「注文金額」の合計を求めます。

▶ 複数の表／シートの集計　　　　　　　　　　　　　　2016 | 2013 | 2010 | 2007

101 複数の表／シートや離れた範囲の指定の順位にある数値を求めたい

使用関数 LARGE関数

数 式 =LARGE(($C$4:$C$8,$C$12:$C$16),E4)

表を目的別に作成している場合に、すべての表の数値を対象に順位を付けたいときは、LARGE関数1つでできます。引数の[配列]にすべてのセル範囲を「()」で囲んで指定するのがコツです。

---

❶ 年間売上ランキングを求めるセルを選択し、「=LARGE(($C$4:$C$8,$C$12:$C$16),E4)」と入力する。

❷ 数式を必要なだけ複写する。

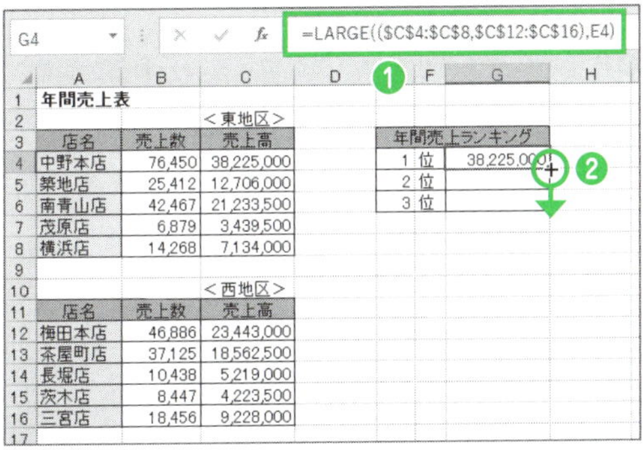

❸ 東地区と西地区の2つの表をもとに年間売上ランキングが求められる。

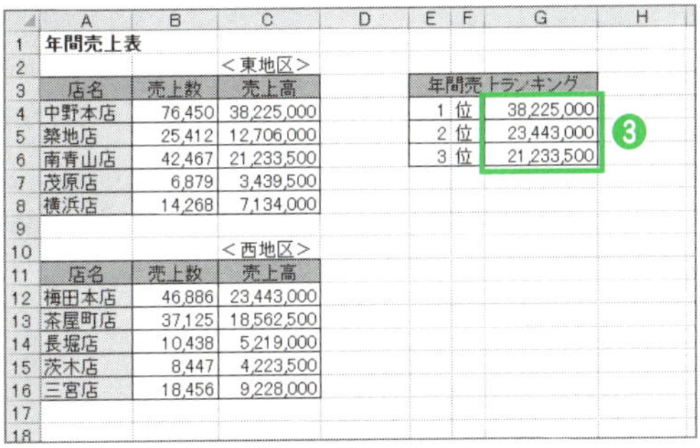

数式解説 LARGE関数は、大きいほうから指定の順位にある数値を求める関数です（Tips 043で紹介）。

「=LARGE(($C$4:$C$8,$C$12:$C$16),E4)」の数式は、東地区のC4セル～C8セルの売上高、西地区のC12セル～C16セルの売上高の中で1位の売上高を求めます。引数の「配列」には、それぞれのセル範囲を Ctrl キーを押しながら選択したら、すべてのセル範囲を「()」で囲んで指定します。

📥 サンプルファイル ▶ 101.xlsx

Chapter 2 基本を完全マスター！ 集計/統計ワザ

▶複数の表/シートの集計　　　　　　　　　　　　2016 | 2013 | 2010 | 2007

102 別ブックの表の数値を集計したい

使用関数 なし
数　式 なし

別ブックの表の数値を使って集計するには、あらかじめそのブックを開いておきます。ウィンドウの切り替え機能でブックを切り替えながら、または、1つのウィンドウの左右に整列させて数式を作成します。

■ウィンドウを切り替えて集計する

❶あらかじめ集計するブックを開いておき、[表示]タブの[ウィンドウ]グループの[ウィンドウの切り替え]ボタンから集計するブック名を選択する。

❷集計するシートを開き、集計するセル範囲を選択して Enter キーを押す。数式を確定せずに再びもとのブックに戻るときは、[表示]タブの[ウィンドウ]グループの[ウィンドウの切り替え]ボタンから、もとのブックを選択して戻る。

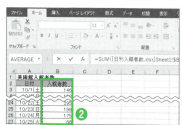

■ウィンドウを1画面に並べて集計する

❶あらかじめ集計するブックを開いておき、タイトルバーをドラッグする。もう1つのブックが表示されるので、2つのブックを並べて数式を作成する。

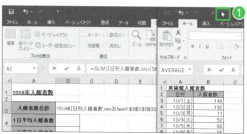

> **プラスアルファ** Excel 2010／2007では、ブックごとにウィンドウが開かないので、[表示]タブの[ウィンドウ]グループの[整列]ボタンをクリックし、ウィンドウを整列させて数式を作成します。

📥 サンプルファイル ▶ 集計.xlsx、日別入館者数.xlsx

▶ 複数の表／シートの集計

103 複数シートの同じ位置にある数値を1つの表に集計したい

使用関数 SUM関数

数　式 =SUM(BeautyOK館:健やか壱番屋!C3)

複数シートの同じ位置に表を作成し、1つの表に集計したい場合は、シートをグループ化して数式を作成します。それぞれのシートの同じセル番地の値が串刺しのように集計されるので、串刺し演算ともよばれます。

---

❶集計するセル範囲を選択する。

❷[数式]タブの[関数ライブラリ]グループの[合計]ボタンをクリックする。

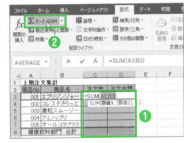

❸集計する最初のシート名「BeautyOK館」をクリックし、Shiftキーを押しながら、集計する最終シート名「健やか壱番屋」をクリックしてグループ化する。

❹集計する最初のシートのセル範囲の左上のセル、ここではC3セルを選択する。

❺[数式]タブの[関数ライブラリ]グループの[合計]ボタンをクリックする。

❻「BeautyOK館」～「健やか壱番屋」シートの表の注文数、注文金額の合計が求められる。

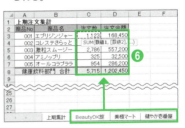

数式解説 SUM関数は数値を合計する関数です（Tips 035で紹介）。
引数にシートをグループ化してセル番地を指定すると、それぞれのシートの同じセル番地が合計されます。「=SUM(BeautyOK館:健やか壱番屋!C3)」の数式は、「BeautyOK館」～「健やか壱番屋」までのシートのC3セルの注文数を合計します。

📁 サンプルファイル ▶ 103.xlsx

▶ 複数の表／シートの集計　　2016 | 2013 | 2010 | 2007

104 離れたシートの同じ位置にある数値を1つの表に集計したい

使用関数 SUM関数

数　式　=SUM(BeautyOK館!C3,美極マート!C3,健やか壱番屋!C3)

連続シートではなく、離れたシートの同じ位置にある表の値を集計するには、Tips 103のようにシートのグループ化が使えません。それぞれのシートの集計範囲を「,」で区切って数式を作成します。

❶集計するセル範囲を選択する。

❷[数式]タブの[関数ライブラリ]グループの[合計]ボタンをクリックする。

❸集計する最初のシート名「BeautyOK館」をクリックする。

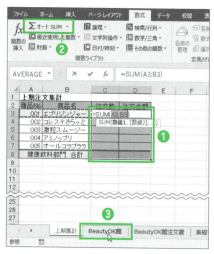

❹集計するセル範囲の左上のセル、ここではC3セルを選択する。

❺数式バーで「,」を入力する。

❻次に集計するシート名「美極マート」を選択して、左上のC3セルを選択し、数式バーで「,」を入力する。

❼次に集計するシート名「健やか壱番屋」をクリックし、左上のC3セルを選択したら、[数式]タブの[関数ライブラリ]グループの[合計]ボタンをクリックする。

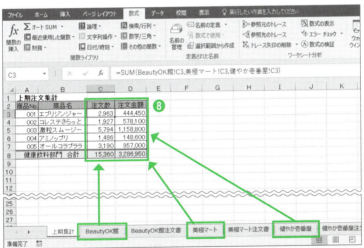

❽とびとびにある「BeautyOK館」、「美極マート」、「健やか壱番屋」シートの表の注文数、注文金額の合計が求められる。

> **数式解説** SUM関数は数値を合計する関数です(Tips 035で紹介)。
> 「=SUM(BeautyOK館!C3,美極マート!C3,健やか壱番屋!C3)」の数式は、「BeautyOK館」シートのC3セル、「美極マート」シートのC3セル、「健やか壱番屋」シートのC3セルの注文数を合計します。数式作成中、1つ目のシートでセルを選択し、次に選択したいセルが別シートにある場合、Ctrl キーは使えないため、「,」を入力してから別シートのセルを選択します。

▶ 複数の表／シートの集計　　　2016 | 2013 | 2010 | 2007

105 1つのセルに複数シートの表の数値を集計したい

使用関数 SUM関数

数　式 =SUM(赤銀プラザ!D3:D7, 甘谷ホール!E3:E9)

SUM関数を使って離れた複数の範囲を合計するにはCtrlキーを使えば可能ですが(Tips 038で紹介)、別のシートに合計する範囲がある場合はCtrlキーが使えません。Ctrlキーの代わりに「,」を数式内で使い別シートのセル範囲を指定します。

❶ 集客数を求めるセルを選択し、[数式]タブの[関数ライブラリ]グループの[合計]ボタンをクリックする。

❷ 合計する1つ目の「赤銀プラザ」シートをクリックする。

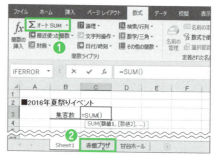

❸ 合計する集客数のセル範囲を選択する。

❹ 数式バーに「,」を入力する。

❺ 合計する2つ目の「甘谷ホール」シートをクリックする。

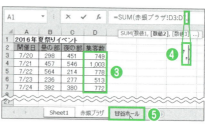

❻ 同様に合計する集客数のセル範囲を選択して、Enterキーで数式を確定すると、「赤銀プラザ」シートと「甘谷ホール」シートの集客数の合計が求められる。

数式解説 SUM関数は数値の合計を求める関数です(Tips 035で紹介)。
「=SUM(赤銀プラザ!D3:D7,甘谷ホール!E3:E9)」の数式は、「赤銀プラザ」シートのD3セル〜D7セルの集客数と、「甘谷ホール」シートのE3セル〜E9セルの集客数を合計します。数式作成中、1つ目のシートでセルを選択し、次に選択したいセルが別シートにある場合、Ctrlキーは使えないため、「,」を入力してから別シートのセルを選択します。

サンプルファイル ▶ 105.xlsx

Chapter
3

どんな条件でもこれでOK！
条件集計ワザ

▶ 条件集計の基礎　　　　　　　　　　　　　　　　　2016 | 2013 | 2010 | 2007

106 条件を満たす数値を合計したい

使用関数　SUMIF 関数

数　式　=SUMIF(B3:B12,G3,E3:E12)

表をもとに条件を満たす合計が必要なときは SUMIF 関数を使います。条件と条件が属する行または列のセル範囲、集計するセル範囲を指定するだけで求められます。なお、指定できる条件は1つです。

❶ BeautyOK館の注文数を求めるセルを選択し、「=SUMIF(B3:B12,G3,E3:E12)」と入力する。

	A	B	C	D	E	F	G	H	I	J
1	注文表			健康飲料部門						
2	日付	ショップ名	商品名	単価	注文数		ショップ名	注文数		
3	11/1	BeautyOK館	激粒スムージー	200	10		BeautyOK館	=SUMIF(B3:B12,G3,E3:E12)		
4	11/1	美楂マート	コレステさらっと	300	16					
5	11/1	美楂マート	激粒スムージー	200	9					
6	11/2	健やか壱番屋	エブリジンジャー	150	5					
7	11/2	BeautyOK館	コレステさらっと	300	8					
8	11/2	BeautyOK館	アミノップリ	100	15					
9	11/2	BeautyOK館	オールコラブララ	300	12					
10	11/3	美楂マート	激粒スムージー	200	7					
11	11/3	美楂マート	コレステさらっと	300	18					
12	11/3	健やか壱番屋	オールコラブララ	300	13					

❷ BeautyOK館の注文数が求められる。

	A	B	C	D	E	F	G	H	I	J
1	注文表			健康飲料部門						
2	日付	ショップ名	商品名	単価	注文数		ショップ名	注文数		
3	11/1	BeautyOK館	激粒スムージー	200	10		BeautyOK館	45		
4	11/1	美楂マート	コレステさらっと	300	16					
5	11/1	美楂マート	激粒スムージー	200	9					
6	11/2	健やか壱番屋	エブリジンジャー	150	5					
7	11/2	BeautyOK館	コレステさらっと	300	8					
8	11/2	BeautyOK館	アミノップリ	100	15					
9	11/2	BeautyOK館	オールコラブララ	300	12					
10	11/3	美楂マート	激粒スムージー	200	7					
11	11/3	美楂マート	コレステさらっと	300	18					
12	11/3	健やか壱番屋	オールコラブララ	300	13					

数式解説　SUMIF 関数は条件を満たす数値の合計を求める関数です。
「=SUMIF(B3:B12,G3,E3:E12)」の数式は、B3セル～B12セルにあるG3セルのショップ名「BeautyOK館」のE3セル～E12セルの注文数の合計を求めます。

プラスアルファ　SUMIF 関数の引数の [検索条件] に、条件を直接入力するときは、「""」で囲む必要があります。

サンプルファイル ▶ 106.xlsx

▶ 条件集計の基礎

2016 | 2013 | 2010 | 2007

107 条件を満たすセルの件数を求めたい

使用関数 COUNTIF関数

数 式 =COUNTIF(C3:C12,">=20000000")

表をもとに条件を満たすセルの数が必要なときはCOUNTIF関数を使います。条件と条件が属する行または列のセル範囲を指定するだけで求められます。なお、指定できる条件は1つです。

❶ 年間目標売上20,000,000円を達成した店舗数を求めるセルを選択し、「=COUNTIF(C3:C12,">=20000000")」と入力する。

	A	B	C	D	E	F	G
1	年間売上表						
2	店名	売上数	売上高		■年間目標売上	20,000,000	
3	中野本店	76,450	38,225,000				
4	築地店	25,412	12,706,000		達成店舗数	=COUNTIF(C3:C12,">=20000000")	❶
5	南青山店	42,467	21,233,500				
6	茂原店	6,879	3,439,500				
7	横浜店	14,268	7,134,000				
8	梅田本店	46,886	23,443,000				
9	茶屋町店	37,125	18,562,500				
10	長堀店	10,438	5,219,000				
11	茨木店	8,447	4,223,500				
12	三宮店	18,456	9,228,000				
13	年間合計	286,828	143,414,000				

❷ 達成した店舗数が求められる。

	A	B	C	D	E	F	G
1	年間売上表						
2	店名	売上数	売上高		■年間目標売上	20,000,000	
3	中野本店	76,450	38,225,000				
4	築地店	25,412	12,706,000		達成店舗数	3	❷
5	南青山店	42,467	21,233,500				
6	茂原店	6,879	3,439,500				
7	横浜店	14,268	7,134,000				
8	梅田本店	46,886	23,443,000				
9	茶屋町店	37,125	18,562,500				
10	長堀店	10,438	5,219,000				
11	茨木店	8,447	4,223,500				
12	三宮店	18,456	9,228,000				
13	年間合計	286,828	143,414,000				

数式解説 COUNTIF関数は条件を満たすセルの数を数える関数です。「=COUNTIF(C3:C12,">=20000000")」の数式は、C3セル～C12セルの売上高で20,000,000以上のセルの数を求めます。

プラスアルファ COUNTIF関数の引数の[検索条件]に、条件を直接入力するときは、「""」で囲む必要があります。

サンプルファイル ▶ 107.xlsx

Chapter 3 どんな条件でもこれでOK！ 条件集計ワザ

▶ 条件集計の基礎

2016 | 2013 | 2010 | 2007

108 条件を満たす数値を平均したい

使用関数 AVERAGEIF 関数

数 式 =AVERAGEIF(B3:B12,G3,E3:E12)

表をもとに条件を満たす数値の平均が必要なときは AVERAGEIF 関数を使います。条件と条件が属する行または列のセル範囲、集計するセル範囲を指定するだけで求められます。なお、指定できる条件は 1 つです。

❶ BeautyOK 館の平均注文数を求めるセルを選択し、「=AVERAGEIF(B3:B12,G3,E3:E12)」と入力する。

	A	B	C	D	E	F	G	H	I	J
1	注文表			健康飲料部門						
2	日付	ショップ名	商品名	単価	注文数		ショップ名	平均注文数		
3	11/1	BeautyOK館	激粒スムージー	200	10		BeautyOK館	=AVERAGEIF(B3:B12,G3,E3:E12)		
4	11/1	美碩マート	コレステさらっと	300	16					
5	11/1	美碩マート	激粒スムージー	200	9					
6	11/2	健やか壱番屋	エブリジンジャー	150	5					
7	11/2	BeautyOK館	コレステさらっと	300	8					
8	11/2	BeautyOK館	アミノッブリ	100	15					
9	11/2	BeautyOK館	オールコラブラ	300	12					
10	11/3	美碩マート	激粒スムージー	200	7					
11	11/3	美碩マート	コレステさらっと	300	18					
12	11/3	健やか壱番屋	オールコラブラ	300	13					

❷ BeautyOK 館の平均注文数が求められる。

	A	B	C	D	E	F	G	H	I	J
1	注文表			健康飲料部門						
2	日付	ショップ名	商品名	単価	注文数		ショップ名	平均注文数		
3	11/1	BeautyOK館	激粒スムージー	200	10		BeautyOK館	11.25		
4	11/1	美碩マート	コレステさらっと	300	16					
5	11/1	美碩マート	激粒スムージー	200	9					
6	11/2	健やか壱番屋	エブリジンジャー	150	5					
7	11/2	BeautyOK館	コレステさらっと	300	8					
8	11/2	BeautyOK館	アミノッブリ	100	15					
9	11/2	BeautyOK館	オールコラブラ	300	12					
10	11/3	美碩マート	激粒スムージー	200	7					
11	11/3	美碩マート	コレステさらっと	300	18					
12	11/3	健やか壱番屋	オールコラブラ	300	13					

数式解説 AVERAGEIF 関数は条件を満たす数値の平均を求める関数です。「=AVERAGEIF(B3:B12,G3,E3:E12)」の数式は、B3 セル～B12 セルにある G3 セルのショップ名「BeautyOK 館」の E3 セル～E12 セルの注文数の平均を求めます。

プラスアルファ AVERAGEIF 関数の引数の [条件] に、条件を直接入力するときは、「""」で囲む必要があります。

サンプルファイル ▶ 108.xlsx

▶ 条件集計の基礎

109 条件を満たす数値の最大値を求めたい

使用関数 AGGREGATE 関数

数 式 =AGGREGATE(14,,($B$3:$B$17=F3)*$C$3:$C$17,1)

条件を満たす数値の最大値は DMAX 関数 (Tips 115 で紹介) で求められますが、セルに条件枠を作成しなければなりません。AGGREGATE 関数を使えば、数式内で条件式を作成して条件を満たす数値の最大値が求められます。

---

❶ 商品名「激粒スムージー」の上期最高注文数を求めるセルを選択し、「=AGGREGATE(14,,($B$3:$B$17=F3)*$C$3:$C$17,1)」と入力する。

❷ 商品名「激粒スムージー」の上期最高注文数が求められる。

数式解説 AGGREGATE 関数 (Excel 2016 / 2013 / 2010) は集計方法と集計を無視する内容を指定してその集計値を求める関数です (第 2 章 Tips 068 で紹介)。
AGGREGATE 関数の引数の [集計方法] には集計方法を「1」〜「19」の数値、[オプション] には無視する内容を「0」〜「7」の数値で指定できます (第 2 章 Tips 068 プラスアルファ参照)。
「($B$3:$B$17=F3)」の数式は、「B3 セル〜B17 セルのそれぞれの商品名が F3 セルの商品名である場合」の条件式を作成します。条件式を満たす場合は「TRUE(1)」、満たさない場合は「FALSE(0)」が返され、返された値を「*$C$3:$C$17」として注文数に乗算すると、条件を満たす注文数が求められます。求められた注文数を AGGREGATE 関数の引数の [配列] に指定し、[集計方法] に「14」、[順位] に「1」を指定すると、F3 セルの「激粒スムージー」を条件に上位から 1 位、つまり、最高注文数が求められます。

📥 サンプルファイル ▶ 109.xlsx

▶条件集計の基礎

110 条件を満たす数値の最大値を求めたい（Excel 2007）

使用関数 MAX関数

数　式 `{=MAX((B3:B17=F3)*C3:C17)}`

AGGREGATE関数がないExcel 2007で条件を満たす数値の最大値を求めるには、MAX関数で条件式を作成して配列数式で求めます。別途、条件枠の作成が必要なDMAX関数を使いたくない場合に覚えておくと便利です。

---

❶商品名「激粒スムージー」の上期最高注文数を求めるセルを選択し、「=MAX((B3:B17=F3)*C3:C17)」と入力し、Ctrl + Shift + Enter キーで数式を確定する。

	A	B	C	D	E	F	G	H	I
1	上期注文集計								
2	ショップ名	商品名	注文数	注文金額		商品名	上期最高注文数		
3	BeautyOK館	エブリジンジャー	1,123	168,450		激粒スムージー	=MAX((B3:B17=F3)*C3:C17)		❶
4	BeautyOK館	コレステさらっと	527	158,100					
5	BeautyOK館	激粒スムージー	2,786	557,200					
6	BeautyOK館	アミノップリ	325	32,500					
7	BeautyOK館	オールコラブラ	954	286,200					
8	美硬マート	エブリジンジャー	569	85,350					
15	健やか壱番屋	激粒スムージー	1,560	312,000					
16	健やか壱番屋	アミノップリ	436	43,600					
17	健やか壱番屋	オールコラブラ	1,320	396,000					
18	健康飲料部門 合計		15,360	3,286,950					
19									

❷商品名「激粒スムージー」の上期最高注文数が求められる。

	A	B	C	D	E	F	G	H	I
1	上期注文集計								
2	ショップ名	商品名	注文数	注文金額		商品名	上期最高注文数		
3	BeautyOK館	エブリジンジャー	1,123	168,450		激粒スムージー	2,786		❷
4	BeautyOK館	コレステさらっと	527	158,100					
5	BeautyOK館	激粒スムージー	2,786	557,200					
6	BeautyOK館	アミノップリ	325	32,500					
7	BeautyOK館	オールコラブラ	954	286,200					
8	美硬マート	エブリジンジャー	569	85,350					
14	健やか壱番屋	コレステさらっと	526	157,800					
15	健やか壱番屋	激粒スムージー	1,560	312,000					
16	健やか壱番屋	アミノップリ	436	43,600					
17	健やか壱番屋	オールコラブラ	1,320	396,000					
18	健康飲料部門 合計		15,360	3,286,950					
19									

数式解説 MAX関数は数値の最大値を求める関数です（第2章 Tips 035で紹介）。「(B3:B17=F3)」の数式は、「B3セル～B17セルのそれぞれの商品名がF3セルの商品名である場合」の条件式を作成します。条件式を満たす場合は「TRUE(1)」、満たさない場合は「FALSE(0)」が返され、返された値を「*C3:C17」として注文数に乗算すると、条件を満たす注文数が返されます。返された注文数をMAX関数の引数に使って数式を作成すると、F3セルの「激粒スムージー」を条件に最高注文数が求められます。なお、配列を扱うため、配列数式で求めます。

サンプルファイル ▶ 110.xlsx

▶条件集計の基礎　　　　　　　　　　　　　　　　　　　　　　2016 | 2013 | 2010

111 条件を満たす数値のトップから○位を求めたい

使用関数 AGGREGATE関数

数式
=AGGREGATE(14,,(B3:B12="東")*D3:D12,2)、
=AGGREGATE(14,,($B$3:$B$12="東")*$D$3:$D$12,G3)

条件を満たす上位から指定の順位にある数値を求める関数はありませんが、AGGREGATE関数を使えば、数式内で条件式を作成することで求められます。配列数式を使いたくない場合に覚えておくと便利です。

■東地区年間売上2位の売上高を求める

❶東地区年間売上2位の売上高を求めるセルを選択し、「=AGGREGATE(14,,(B3:B12="東")*D3:D12,2)」と入力する。

❷東地区年間売上2位の売上高が求められる。

■東地区年間売上1位～3位の売上高を数式のコピーで求める

❶東地区年間売上1位の売上高を求めるセルを選択し、「=AGGREGATE(14,,($B$3:$B$12="東")*$D$3:$D$12,G3)」と入力する。

❷数式を必要なだけ複写すると、東地区年間売上1位～3位の売上高が求められる。

数式解説 AGGREGATE関数（Excel 2016／2013／2010）は集計方法と集計を無視する内容を指定してその集計値を求める関数です（第2章 Tips 068で紹介）。
AGGREGATE関数の引数の［集計方法］には集計方法を「1」～「19」の数値、［オプション］には無視する内容を「0」～「7」の数値で指定できます（第2章 Tips 068プラスアルファ参照）。
「(B3:B12="東")」の数式は、「B3セル～B12セルのそれぞれの地区名が「東」の場合」の条件式を作成します。条件式を満たす場合は「TRUE(1)」、満たさない場合は「FALSE(0)」が返され、その値を売上高に乗算すると東地区の売上高が求められます。この売上高を引数の［配列］に、［集計方法］に「14」、［順位］に「1」を指定すると、東地区の売上1位が求められます。

📥 サンプルファイル ▶ 111.xlsx

112 条件を満たす数値のトップから○位を求めたい(Excel 2007)

使用関数 LARGE、IF関数

数式 {=LARGE(IF(B3:B12="東",D3:D12,""),2)}、
{=LARGE(IF($B$3:$B$12="東",$D$3:$D$12,""),G4)}

AGGREGATE関数がないExcel 2007で条件を満たす上位から指定の順位にある数値を求めるには、IF関数で条件式を作成してLARGE関数で求めます。なお、配列数式で求める必要があります。

■ 東地区年間売上2位の売上高を求める

① 東地区年間売上2位の売上高を求めるセルを選択し、「=LARGE(IF(B3:B12="東",D3:D12,""),2)」と入力し、Ctrl + Shift + Enter キーで数式を確定する。

② 東地区年間売上2位の売上高が求められる。

■ 東地区年間売上1位~3位の売上高を数式のコピーで求める

① 東地区年間売上1位の売上高を求めるセルを選択し、「=LARGE(IF($B$3:$B$12="東",$D$3:$D$12,""),G4)」と入力し、Ctrl + Shift + Enter キーで数式を確定する。

② 数式を必要なだけ複写すると、東地区年間売上1位~3位の売上高が求められる。

数式解説 LARGE関数は大きいほうから指定の順位にある数値を求め(第2章 Tips 043 で紹介)、IF関数は条件を満たすか満たさないかで処理を分岐する関数です(第12章 Tips 476 で紹介)。
「{=LARGE(IF(B3:B12="東",D3:D12,""),2)}」の数式は、B3セル~B12セルの地区が「東」の条件を満たす場合に、D3セル~D12セルの2位の売上高を求めます。なお、配列を扱うため、配列数式で求めます。

サンプルファイル ▶ 112.xlsx

▶ 条件集計の基礎　　　　　　　　　　　　　　　　　　　2016 | 2013 | 2010 | 2007

113 条件を満たす数値の最小値を求めたい

使用関数 MIN、IF 関数

数 式 { =MIN(IF(B3:B17=F3,C3:C17,"")) }

条件を満たす最小値は DMIN 関数で求められますが、別途、セルに条件枠が必要です。数式内で条件式を作成するには、IF 関数で条件式を作成して MIN 関数で求めます。なお、配列数式で求める必要があります。

---

❶商品名「激粒スムージー」の上期最低注文数を求めるセルを選択し、「=MIN(IF(B3:B17=F3,C3:C17,""))」と入力し、Ctrl + Shift + Enter キーで数式を確定する。

	A	B	C	D	E	F	G	H	I
1	上期注文集計								
2	ショップ名	商品名	注文数	注文金額		商品名	上期最低注文数		
3	BeautyOK館	エブリジンジャー	1,123	168,450		激粒スムージー	=MIN(IF(B3:B17=F3,C3:C17,""))		
4	BeautyOK館	コレステさらっと	527	158,100					
5	BeautyOK館	激粒スムージー	2,786	557,200					
6	BeautyOK館	アミノップリ	325	32,500					
7	BeautyOK館	オールコラブラ	954	286,200					
8	美碕マート	エブリジンジャー	569	85,350					
9	美碕マート	コレステさらっと	874	262,200					
10	美碕マート	激粒スムージー	1,448	289,600					
11	美碕マート	アミノップリ	725	72,500					
12	美碕マート	オールコラブラ	916	274,800					
13	健やか壱番屋	エブリジンジャー	1,271	190,650					
14	健やか壱番屋	コレステさらっと	526	157,800					
15	健やか壱番屋	激粒スムージー	1,560	312,000					
16	健やか壱番屋	アミノップリ	436	43,600					
17	健やか壱番屋	オールコラブラ	1,320	396,000					
18	健康飲料部門 合計		15,360	3,286,950					

❷商品名「激粒スムージー」の上期最低注文数が求められる。

	A	B	C	D	E	F	G	H	I
1	上期注文集計								
2	ショップ名	商品名	注文数	注文金額		商品名	上期最低注文数		
3	BeautyOK館	エブリジンジャー	1,123	168,450		激粒スムージー	1,448		
4	BeautyOK館	コレステさらっと	527	158,100					
5	BeautyOK館	激粒スムージー	2,786	557,200					
6	BeautyOK館	アミノップリ	325	32,500					
7	BeautyOK館	オールコラブラ	954	286,200					
8	美碕マート	エブリジンジャー	569	85,350					
9	美碕マート	コレステさらっと	874	262,200					
10	美碕マート	激粒スムージー	1,448	289,600					
11	美碕マート	アミノップリ	725	72,500					
12	美碕マート	オールコラブラ	916	274,800					

数式解説 MIN 関数は数値の最小値を求め（第 2 章 Tips 035 で紹介）、IF 関数は条件を満たすか満たさないかで処理を分岐する関数です（第 12 章 Tips 476 で紹介）。
「{=MIN(IF(B3:B17=F3,C3:C17,""))}」の数式は、B3 セル～B17 セルの商品名が F3 セルの「激粒スムージー」の条件を満たす場合に、C3 セル～C17 セルの注文数の最小値を求めます。なお、配列を扱うため、配列数式で求めます。

📥 サンプルファイル ▶ 113.xlsx

114 条件を満たす数値のワースト○位を求めたい

使用関数 SMALL、IF関数

数式 `{=SMALL(IF(B3:B12="東",D3:D12,""),2)}`

条件を満たす下位から指定の順位にある数値を求めるには、IF関数で条件式を作成してSMALL関数で求めます。なお、配列数式で求める必要があります。

■東地区年間売上ワースト2位の売上高を求める

❶東地区年間売上ワースト2位の売上高を求めるセルを選択し、「=SMALL(IF(B3:B12="東",D3:D12,""),2)」と入力し、Ctrl + Shift + Enter キーで数式を確定する。

❷東地区年間売上ワースト2位の売上高が求められる。

■東地区年間売上ワースト1位～3位の売上高を数式のコピーで求める

❶東地区年間売上ワースト1位の売上高を求めるセルを選択し、「=SMALL(IF($B$3:$B$12="東",$D$3:$D$12,""),G3)」と入力し、Ctrl + Shift + Enter キーで数式を確定する。

❷数式を必要なだけ複写すると、東地区年間売上ワースト1位～3位の売上高が求められる。

数式解説 SMALL関数は小さいほうから指定の順位にある数値を求め(第2章 Tips 044で紹介)、IF関数は条件を満たすか満たさないかで処理を分岐する関数です(第12章 Tips 476で紹介)。
「{=SMALL(IF(B3:B12="東",D3:D12,""),2)}」の数式は、B3セル～B12セルの地区が「東」の条件を満たす場合に、D3セル～D12セルのワースト2位の売上高を求めます。なお、配列を扱うため、配列数式で求めます。

▶ 条件集計の基礎

2016 2013 2010 2007

115 条件集計関数や配列数式を使わずに条件集計したい

使用関数 DMAX関数

数 式 =DMAX(A2:D17,C2,F2:F3)

配列数式を使いたくない、面倒な条件式を作成したくないが条件集計したい、そんなときはデータベース関数を使いましょう。別途、条件枠を作成しておけば、数式で条件を範囲選択するだけで条件集計が行えます。

❶ 集計したい条件の列見出しと、その下に条件を入力する。

	A	B	C	D	E	F	G
1	上期注文集計						
2	ショップ名	商品名	注文数	注文金額		商品名	上期最高注文数
3	BeautyOK館	エブリジンジャー	1,123	168,450		激粒スムージー	
4	BeautyOK館	コレステさらっと	527	158,100			
5	BeautyOK館	激粒スムージー	2,786	557,200			
6	BeautyOK館	アミノッブリ	325	32,500			
7	BeautyOK館	オールコラブラ	954	286,200			
8	美極マート	エブリジンジャー	569	85,350			
9	美極マート	コレステさらっと	874	262,200			
10	美極マート	激粒スムージー	1,448	289,600			
11	美極マート	アミノッブリ	725	72,500			
12	美極マート	オールコラブラ	916	274,800			
13	健やか壱番屋	エブリジンジャー	1,271	190,650			
14	健やか壱番屋	コレステさらっと	526	157,800			
15	健やか壱番屋	激粒スムージー	1,560	312,000			
16	健やか壱番屋	アミノッブリ	436	43,600			
17	健やか壱番屋	オールコラブラ	1,320	396,000			
18	健康飲料部門 合計		15,360	3,286,950			

❷ 商品名「激粒スムージー」の上期最高注文数を求めるセルを選択し、「=DMAX(A2:D17,C2,F2:F3)」と入力する。

❸ 商品名「激粒スムージー」の上期最高注文数が求められる。

B	C	D	E	F	G
商品名	注文数	注文金額		商品名	上期最高注文数
エブリジンジャー	1,123	168,450		激粒スムージー	2,786
コレステさらっと	527	158,100			
激粒スムージー	2,786	557,200			
アミノッブリ	325	32,500			
オールコラブラ	954	286,200			
エブリジンジャー	569	85,350			
コレステさらっと	874	262,200			
激粒スムージー	1,448	289,600			
アミノッブリ	725	72,500			
オールコラブラ	916	274,800			
エブリジンジャー	1,271	190,650			
コレステさらっと	526	157,800			

数式解説 データベース関数は関数の頭に「D」が付く関数です。データベースから条件に該当するデータを探し出して集計が行えます。引数の[条件]に指定する条件は、条件が属する列見出しを付けて作成します。
ここでご紹介したDMAX関数は条件を満たす最大値を求める関数です。
「=DMAX(A2:D17,C2,F2:F3)」の数式は、「商品名」の列で「激粒スムージー」の条件を満たす注文数の最大値を求めます。

📥 サンプルファイル ▶ 115.xlsx

Chapter 3 ▶ 条件集計の基礎 | 2016 | 2013 | 2010 | 2007

116 条件集計関数や、データベース関数がない場合に条件集計したい

使用関数 MODE.SNGL、IF 関数

数式 {=MODE.SNGL(IF(C3:C12="女",F3:F12,""))}

条件集計する関数や AGGREGATE 関数、データベース関数のいずれもない集計方法で条件集計するには、Tips 114 のように IF 関数で条件式を作成して、その条件を満たす値を集計することで可能です。

❶女性会員の最も多い年代を求めるセルを選択し、「=MODE.SNGL(IF(C3:C12="女",F3:F12,""))」と入力し、[Ctrl] + [Shift] + [Enter] キーで数式を確定する。

❷女性会員の最も多い年代が求められる。

数式解説 MODE.SNGL 関数 (Excel 2007 では MODE 関数) は最頻値を求め (第 2 章 Tips 046 で紹介)、IF 関数は条件を満たすか満たさないかで処理を分岐する関数です (第 12 章 Tips 476 で紹介)。
「{=MODE.SNGL(IF(C3:C12="女",F3:F12,""))}」の数式は、C3 セル〜C12 セルの性別が「女」の条件を満たす場合に、F3 セル〜F12 セルの年代の最頻値を求めます。なお、配列を扱うため、配列数式で求めます。

プラスアルファ IF 関数で条件式を作成して、その条件を満たす値を集計できる関数は、配列全体を処理する関数しか利用できません。

▶条件集計の基礎

117 条件別集計をオートフィルで作成したい

使用関数 SUMIF関数

数式 =SUMIF($B$3:$B$12,G3,$E$3:$E$12)

条件集計を行うときに、ほかのそれぞれの条件でも集計結果が必要なときは、条件をセル参照にし、条件を含む範囲と集計する範囲を絶対参照にした数式を作成しておけば、オートフィルするだけで求められます。

---

❶1つ目の条件の注文数を求めるセルを選択し、「=SUMIF($B$3:$B$12,G3,$E$3:$E$12)」と入力する。

❷数式を必要なだけ複写する。

❸それぞれの条件の注文数が求められる。

数式解説 セル参照とは、セルに入力された値を参照することです。数式でセル参照を使うと、数式をコピーしたときそれぞれの行に入力したセル番地が数式に入ります(このような相対的に参照される形式を「相対参照」という)。また、数式をコピーしたときに数式のセル範囲がずれないようにするには、行列番号の前に「$」記号を付けます(このようにセル番地がずれないようにセル番地を固定する形式を「絶対参照」という)。つまり、それぞれの行に入力した条件の集計を数式のコピーで求めるには、条件をセル参照にし、条件を含む範囲と集計する範囲に「$」記号を付けた数式を作成することで求められます。

サンプルファイル ▶ 117.xlsx

118 条件範囲や集計範囲を表の列見出しで作成したい 方法①

使用関数 SUMIF関数

数　式 =SUMIF(ショップ名,G3,注文数)

数式を見ただけで、どの項目を条件集計しているのかわかるようにするには、表のセル範囲に列見出しごとの名前を付けておきます。一度に列ごとに列見出しで名前を付けるには[選択範囲から作成]ボタンを使います。

❶表の列見出しを含めて範囲選択する。

❷[数式]タブの[定義された名前]グループの[選択範囲から作成]ボタンをクリックする。

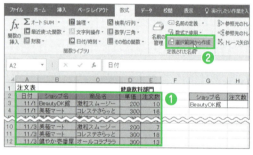

❸表示された[選択範囲から名前を作成]画面で[上端行]にチェックを入れる。

❹[OK]ボタンをクリックする。

❺「BeautyOK館」の注文数を求めるセルを選択し、「=SUMIF(ショップ名,G3,注文数)」と入力する。

❻「BeautyOK館」の注文数が求められる。

数式解説 表を範囲選択して、「上端行」にチェックを入れて名前を作成すると、表の列ごとの範囲がそれぞれの列見出しの名前が登録されます。その名前を使い、「=SUMIF(ショップ名,G3,注文数)」の数式と作成すると、その名前の列見出しの範囲が数式で設定されて結果が求められます。

▶条件集計の基礎

119 条件範囲や集計範囲を表の列見出しで作成したい 方法②

使用関数 SUMIF関数

数式 =SUMIF(健康飲料部門[ショップ名],G3,健康飲料部門[注文数])

表をテーブルに変換して、その表のセル範囲を使った数式を作成すると、Tips 118のように表を名前に登録しなくても列見出しを使った数式が作成できます。

---

❶ 表内のセルを1つ選択し、[挿入]タブの[テーブル]グループの[テーブル]ボタンをクリックする。

❷ 列見出しを含めて範囲を選択する。

❸ [先頭行をテーブルの見出しとして使用する]にチェックを入れる。

❹ [OK]ボタンをクリックする。

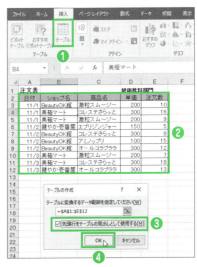

❺ [デザイン]タブの[プロパティ]グループでテーブル名「健康飲料部門」を入力する。
「BeautyOK館」の注文数を求めるセルを選択し、表のセル範囲を選択して数式を作成すると「=SUMIF(健康飲料部門[ショップ名],G3,健康飲料部門[注文数])」と入力される。

❻ 「BeautyOK館」の注文数が求められる。

サンプルファイル ▶ 119.xlsx

数式解説 表をテーブルに変換し、表のセル範囲を使って数式を作成すると、「=SUMIF(健康飲料部門[ショップ名],G3,健康飲料部門[注文数])」のように、自動で列見出しを使った数式が作成されます。

プラスアルファ 手順❺で数式を、セル範囲を選択せずに直接入力するときは、❶テーブル名を使い「健康飲料部門[」と入力すると、❷表の列見出しがリスト化されるので、リストから集計する列見出しをダブルクリックして数式内に挿入します。

▶ 条件集計の基礎

120 セルに入力した条件に演算子を付けて集計したい

使用関数 COUNTIF関数

数式 =COUNTIF(D3:D12,">="&G2)

条件を満たす集計を行う場合、「>=A5」などセル番地に演算子を付けた条件を指定すると文字列になってしまい求められません。演算子は「""」で囲み、セル番地と「&」で結合して条件に指定します。

---

❶年間目標売上20,000,000円を達成した店舗数を求めるセルを選択し、「=COUNTIF(C3:C12,">=G2")」と入力したが、正しい結果が求められない。

❷求めるセルを選択し、「=COUNTIF(D3:D12,">="&G2)」と入力する。

❸年間目標売上20,000,000円を達成した店舗数が求められる。

数式解説 COUNTIF関数は条件を満たすセルの数を数える関数です(Tips 107で紹介)。「=COUNTIF(D3:D12,">="&G2)」の数式は、D3セル～D12セルの売上高でG2セルの20,000,000以上のセルの数を求めます。

📂 サンプルファイル ▶ 120.xlsx

▶条件集計の基礎

2016 2013 2010 2007

121 別の関数式に演算子を付けた条件で集計したい

使用関数 COUNTIF、AVERAGE関数

数　式 =COUNTIF(C3:C12,">="&AVERAGE(C3:C12))

条件を満たす集計を行う場合、「>=AVERAGE(C3:C12)」など別の関数で求めた結果に演算子を付けた条件を指定すると文字列になってしまい求められません。演算子は「""」で囲み、関数式と「&」で結合して条件に指定します。

❶売上平均を満たす店舗数を求めるセルを選択し、「=COUNTIF(C3:C12,">=AVERAGE(C3:C12)")」と入力したが、正しい結果が求められない。

店名	地区	売上数	売上高
茨木店	西	8,447	4,223,500
梅田本店	西	46,886	23,443,000
三宮店	西	18,456	9,228,000
茶屋町店	西	37,125	18,562,500
築地店	東	25,412	12,706,000
中野本店	東	76,450	38,225,000
長堀店	西	10,438	5,219,000
南青山店	東	42,467	21,233,500
茂原店	東	6,879	3,439,500
横浜店	東	14,268	7,134,000
年間合計		286,828	143,414,000

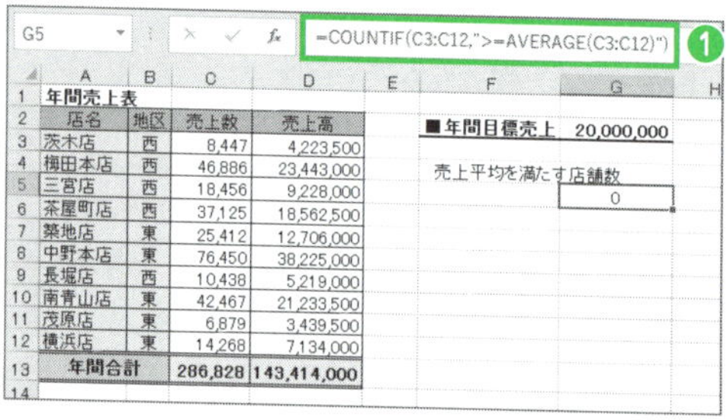

❷求めるセルを選択し、「=COUNTIF(C3:C12,">="&AVERAGE(C3:C12))」と入力する。

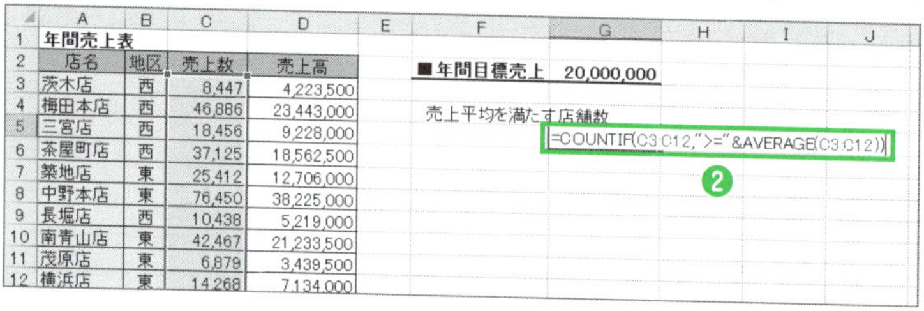

❸売上平均を満たす店舗数が求められる。

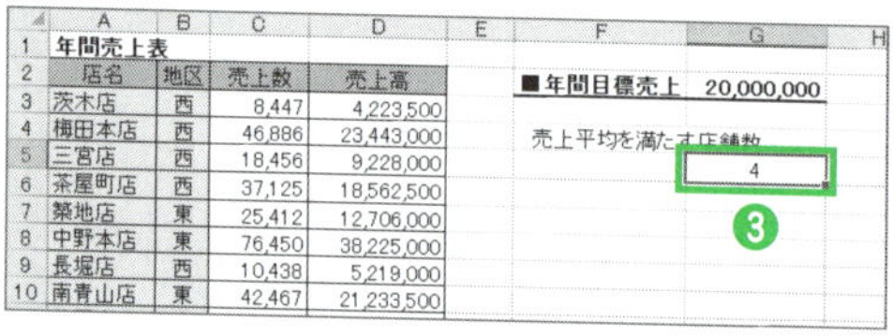

数式解説 COUNTIF関数は条件を満たすセルの数を数える関数です（Tips 107で紹介）。「=COUNTIF(C3:C12,">="&AVERAGE(C3:C12))」の数式は、C3セル～C12セルの売上高の平均以上のセルの数を求めます。

 サンプルファイル▶121.xlsx

▶条件集計の基礎　　　　　　　　　　　　　　　　　　2016 | 2013 | 2010 | 2007

122 指定の文字数を条件に集計したい

使用関数　COUNTIF関数

数　式　=COUNTIF(D3:D7,"?????")

条件集計できる関数の条件にワイルドカードを使用すると、特定の条件として指定しにくい条件も指定できます。たとえば、「?」を条件に使えば、セル内の文字数を条件に集計が行えます。

❶5つ星商品数を求めるセルを選択し、「=COUNTIF(D3:D7,"?????")」と入力する。

	A	B	C	D
1	上期注文集計			
2	商品No	商品名	注文数	評価
3	001	エブリジンジャー	2,963	★★
4	002	コレステさらっと	1,927	★
5	003	激粒スムージー	5,794	★★★★★
6	004	アミノップリ	1,486	★
7	005	オールコラブラブ	3,190	★★★
10		■5つ星商品数		=COUNTIF(D3:D7,"?????")

❷5つ星商品数が求められる。

	A	B	C	D
1	上期注文集計			
2	商品No	商品名	注文数	評価
3	001	エブリジンジャー	2,963	★★
4	002	コレステさらっと	1,927	★
5	003	激粒スムージー	5,794	★★★★★
6	004	アミノップリ	1,486	★
7	005	オールコラブラブ	3,190	★★★
10		■5つ星商品数		1

数式解説　COUNTIF関数は条件を満たすセルの数を数える関数です（Tips 107で紹介）。「?」はワイルドカードの1つです。ワイルドカードとは、任意の文字を表す特殊な文字記号のことです。「?」は1文字を表すため、「=COUNTIF(D3:D7,"?????")」と数式を作成すると、5文字を条件にセルの数が数えられます。

プラスアルファ　サンプルの場合は「COUNTIF(D3:D7,"★★★★★")」でも数えられますが、あらゆる文字が入力されたセルで、文字が指定できない場合に覚えておくと便利です。

📥サンプルファイル▶ 122.xlsx

123 一部の文字を条件にして集計したい

使用関数 COUNTIF関数

数 式 =COUNTIF(C3:C12,"兵庫県*")

条件集計できる関数の条件にワイルドカードを使用すると、「〜を含む」など条件を特定できないあいまいな条件が指定できます。あいまいな条件には「*」や「?」を使います。

❶兵庫県の得意先件数を求めるセルを選択し、「=COUNTIF(C3:C12,"兵庫県*")」と入力する。

❷兵庫県の得意先件数が求められる。

数式解説 COUNTIF関数は条件を満たすセルの数を数える関数です（Tips 107で紹介）。「*」や「?」はワイルドカードの1つです。ワイルドカードとは、任意の文字を表す特殊な文字記号のことです。「*」はあらゆる文字列を表すため、「=COUNTIF(C3:C12,"兵庫県*")」と数式を作成すると、「兵庫県で始まる文字列」を条件にセルの数が数えられます。

プラスアルファ ワイルドカードは条件に付ける位置によって条件を指定できます。「*兵庫県*」とすると、「兵庫県を含む文字列」、「兵庫県*」とすると「兵庫県で始まる文字列」「*兵庫県」とすると「兵庫県で終わる文字列」の条件を指定できます。

サンプルファイル▶ 123.xlsx

▶条件集計の基礎

2016 | 2013 | 2010 | 2007

124 日付から月や年を条件にして集計したい

使用関数 SUMPRODUCT、MONTH関数

数 式 =SUMPRODUCT((MONTH(C3:C12)=F4)*1)

日付の一部を条件に集計する場合、Tips 123のようにワイルドカードの「*」を使っても文字列になってしまいます。月の条件ならMONTH関数で日付から取り出した月を条件にしてSUMPRODUCT関数で集計します。

❶5月の誕生日ギフトを送る人数を求めるセルを選択し、「=SUMPRODUCT((MONTH(C3:C12)=F4)*1)」と入力する。

❷5月の誕生日ギフトを送る人数が求められる。

❸月を変更すると、その月の誕生日ギフトを送る人数が求められる。

数式解説 SUMPRODUCT関数は要素の積を合計する関数です。MONTH関数は日付から月を取り出す関数です(第6章 Tips 268で紹介)。
SUMPRODUCT関数の引数に条件式(「()」で囲んで指定します)を指定すると、数式内では条件式を満たす場合は「1」、満たさない場合は「0」で計算されます。条件式が1つで、値を合計せずにセルの数を数えるだけの場合は、「*1」として「1」と「0」の数値に変換した数式を作成する必要があります。
「=SUMPRODUCT((MONTH(C3:C12)=F4)*1)」の数式は、「C3セル~C12セルの月が「3」である場合」の条件式が作成されます。結果、条件を満たす場合にその数が合計され、「2」が人数として求められます。

⬇ サンプルファイル ▶ 124.xlsx

▶条件集計の基礎　　　　　　　　　　　　　　　　　　2016 | 2013 | 2010 | 2007

125 セルに入力した一部の文字を条件にして集計したい

使用関数 COUNTIF関数

数　式　=COUNTIF(C3:C12,E4&"*")

一部の条件はTips 123のようにワイルドカードを使えば指定できますが、セルに入力した一部の条件の場合は、ワイルドカードを「""」で囲み、セル番地と「&」で結合して指定する必要があります。

❶兵庫県の得意先件数を求めるセルを選択し、「=COUNTIF(C3:C12, E4&"*")」と入力する。

	A	B	C	D	E	F	G	H	I
1	得意先名簿								
2	番号	会社名	所在地		■得意先件数				
3	1	(株)角別府システム	兵庫県加古川市別府町石町4444						
4	2	(株)プランニング小田辺	和歌山県田辺市小谷16-19-3		兵庫県	=COUNTIF(C3:C12,E4&"*")			
5	3	(株)下籠コーポレーション	栃木県真岡市下籠谷9222				❶		
6	4	ティオ丸山(株)	高知県高知市三園町8-2						
7	5	(株)関谷南製作所	岡山県備前市閂谷111						
8	6	(株)ココシロ光産業	佐賀県小城市小城町松尾315-2						
9	7	(有)ジェント江木	群馬県前橋市江木町11-1						
10	8	(有)ディングス中津	大阪府茨木市中津町55-11						
11	9	(有)長坂東興業	栃木県佐野市長坂町4-4-5						
12	10	(株)須磨テックス	兵庫県神戸市須磨区大黒町9-1-4						
13									

❷兵庫県の得意先件数が求められる。

	A	B	C	D	E	F	G	H	I
1	得意先名簿								
2	番号	会社名	所在地		■得意先件数				
3	1	(株)角別府システム	兵庫県加古川市別府町石町4444						
4	2	(株)プランニング小田辺	和歌山県田辺市小谷16-19-3		兵庫県	2	件	❷	
5	3	(株)下籠コーポレーション	栃木県真岡市下籠谷9222						
6	4	ティオ丸山(株)	高知県高知市三園町8-2						
7	5	(株)関谷南製作所	岡山県備前市閂谷111						
8	6	(株)ココシロ光産業	佐賀県小城市小城町松尾315-2						
9	7	(有)ジェント江木	群馬県前橋市江木町11-1						
10	8	(有)ディングス中津	大阪府茨木市中津町55-11						
11	9	(有)長坂東興業	栃木県佐野市長坂町4-4-5						
12	10	(株)須磨テックス	兵庫県神戸市須磨区大黒町9-1-4						
13									

数式解説　COUNTIF関数は条件を満たすセルの数を数える関数です(Tips 107で紹介)。「*」はワイルドカードの1つです。ワイルドカードとは、任意の文字を表す特殊な文字記号のことです。「*」はあらゆる文字列を表すため、「=COUNTIF(C3:C12, "兵庫県*")」と数式を作成すると、「兵庫県で始まる文字列」を条件にセルの数が数えられますが、「*」をセル番地に付けると"E4*"とセル番地が文字列になってしまうため、「*」は「""」で囲み、セル番地と「&」で結合して指定します。

サンプルファイル ▶ 125.xlsx

▶複数の条件集計　　　　　　　　　　　　　　　　　　　2016 | 2013 | 2010 | 2007

126 AND条件とOR条件など複雑な条件で集計したい

使用関数 DSUM関数

数　式 =DSUM(A2:E12,E2,G2:H4)

AND条件やOR条件を組み合わせた複雑な条件で集計する場合は、データベース関数を使うと手早く求められます。どんなに複数の条件でも、条件をセルに入力しておけば数式で条件を範囲選択するだけで求められます。

---

❶集計する条件を入力する。「BeautyOK館」の「激粒スムージー」と「美極マート」の「コレステさらっと」の注文数を求めるには、列見出し「ショップ名」「商品名」を作成し、1行目に「BeautyOK館」「激粒スムージー」、2行目に「美極マート」「コレステさらっと」を入力する。

ショップ名	商品名
BeautyOK館	激粒スムージー
美極マート	コレステさらっと

❷求めるセルを選択し、「=DSUM(A2:E12,E2,G2:H4)」と入力する。

❸「BeautyOK館」の「激粒スムージー」と「美極マート」の「コレステさらっと」の注文数が求められる。

	A	B	C	D	E	F	G	H
1	注文表			健康飲料部門				
2	日付	ショップ名	商品名	単価	注文数		ショップ名	商品名
3	11/1	BeautyOK館	激粒スムージー	200	10		BeautyOK館	激粒スムージー
4	11/1	美極マート	コレステさらっと	300	16		美極マート	コレステさらっと
5	11/1	美極マート	激粒スムージー	200	9			
6	11/2	健やか壱番屋	エブリジンジャー	150	5			
7	11/2	BeautyOK館	コレステさらっと	300	8		11月注文数	44
8	11/2	BeautyOK館	アミノップリ	100	15			
9	11/2	BeautyOK館	オールコラブララ	300	12			
10	11/3	美極マート	激粒スムージー	200	7			
11	11/3	美極マート	コレステさらっと	300	18			
12	11/3	健やか壱番屋	オールコラブララ	300	13			
13								

数式解説 DSUM関数は条件を満たす合計を求める関数です。
データベース関数は関数の頭に「D」が付く関数です。データベースから条件に該当するデータを探し出して集計が行えます。引数の[条件]に指定する条件は、条件が属する列見出しを付けて作成します。条件の列見出しの下には、AND条件は同じ行、OR条件は違う行に入力します。手順❶のように条件を作成すると、「BeautyOK館」の「激粒スムージー」または、「美極マート」の「コレステさらっと」の条件が作成されます。
「=DSUM(A2:E12,E2,G2:H4)」の数式は、「BeautyOK館」の「激粒スムージー」と「美極マート」の「コレステさらっと」の条件を満たす注文数の合計を求めます。

サンプルファイル▶126.xlsx

▶複数の条件集計　　　　　　　　　　　　　　　　　2016 | 2013 | 2010 | 2007

127 AND条件で数値を合計したい

使用関数 SUMIFS関数

数 式 =SUMIFS(E3:E12,B3:B12,G3,C3:C12,H3)

表をもとにAND条件を満たす合計が必要なときはSUMIFS関数を使います。条件が複数でも、引数に指定するだけで手早く合計が求められます。なお、SUMIFS関数で指定できる条件は127個までです。

❶「美極マート」の「コレステさらっと」の注文数を求めるセルを選択し、「=SUMIFS(E3:E12,B3:B12,G3,C3:C12,H3)」と入力する。

❷「美極マート」の「コレステさらっと」の注文数が求められる。

数式解説 SUMIFS関数は複数の条件を満たす値を合計する関数です。
「=SUMIFS(E3:E12,B3:B12,G3,C3:C12,H3)」の数式は、B3セル～B12セルのショップ名の中で「美極マート」、C3セル～C12セルの商品名の中で「コレステさらっと」の両方の条件に該当するセルを探し、E3セル～E12セルの注文数の中でそのセルと同じ番目にある注文数の合計を求めます。

▶ 複数の条件集計　　　　　　　　　　　　　　　　　　　2016 | 2013 | 2010 | 2007

128 AND条件で数値を平均したい

使用関数 AVERAGEIFS関数

数式 =AVERAGEIFS(E3:E12,A3:A12,G3,B3:B12,H3)

表をもとにAND条件を満たす平均が必要なときはAVERAGEIFS関数を使います。条件が複数でも、引数に指定するだけで手早く平均が求められます。なお、AVERAGEIFS関数で指定できる条件は127個までです。

❶「11/2」の「BeautyOK館」の平均注文数を求めるセルを選択し、「=AVERAGEIFS(E3:E12,A3:A12,G3,B3:B12,H3)」と入力する。

	A	B	C	D	E	F	G	H
1	注文表				健康飲料部門			
2	日付	ショップ名	商品名	単価	注文数		日付	ショップ名
3	11/1	BeautyOK館	激粒スムージー	200	10		11/2	BeautyOK館
4	11/1	美硝マート	コレステさらっと	300	16			
5	11/1	美硝マート	激粒スムージー	200	9			
6	11/2	健やか壱番屋	エブリジンジャー	150	5		11月平均注文数	=AVERAGEIFS(E3:E12,A3:A12,G3,B3:B12,H3)
7	11/2	BeautyOK館	コレステさらっと	300	8			
8	11/2	BeautyOK館	アミノップリ	100	15			
9	11/2	BeautyOK館	オールコラプララ	300	12			
10	11/3	美硝マート	激粒スムージー	200	7			
11	11/3	美硝マート	コレステさらっと	300	18			
12	11/3	健やか壱番屋	オールコラプララ	300	13			

❷「11/2」の「BeautyOK館」の平均注文数が求められる。

	A	B	C	D	E	F	G	H
1	注文表				健康飲料部門			
2	日付	ショップ名	商品名	単価	注文数		日付	ショップ名
3	11/1	BeautyOK館	激粒スムージー	200	10		11/2	BeautyOK館
4	11/1	美硝マート	コレステさらっと	300	16			
5	11/1	美硝マート	激粒スムージー	200	9			
6	11/2	健やか壱番屋	エブリジンジャー	150	5		11月平均注文数	11.7
7	11/2	BeautyOK館	コレステさらっと	300	8			
8	11/2	BeautyOK館	アミノップリ	100	15			
9	11/2	BeautyOK館	オールコラプララ	300	12			
10	11/3	美硝マート	激粒スムージー	200	7			
11	11/3	美硝マート	コレステさらっと	300	18			
12	11/3	健やか壱番屋	オールコラプララ	300	13			

数式解説 AVERAGEIFS関数は複数の条件を満たす値を平均する関数です。「=AVERAGEIFS(E3:E12,A3:A12,G3,B3:B12,H3)」の数式は、A3セル～A12セルの日付の中で「11/2」、B3セル～B12セルのショップ名の中で「BeautyOK館」の両方の条件に該当するセルを探し、E3セル～E12セルの注文数の中でそのセルと同じ番目にある注文数の平均を求めます。

サンプルファイル▶128.xlsx

▶複数の条件集計 | 2016 | 2013 | 2010 | 2007

129 AND条件で数値を数えたい

使用関数 COUNTIFS関数

数式 =COUNTIFS(B3:B10,">=40",B3:B10,"<50",D3:D10,"●")

表をもとに AND 条件を満たすセルの数が必要なときは COUNTIFS 関数を使います。条件が複数でも、引数に指定するだけで手早くセルの数が求められます。なお、COUNTIFS 関数で指定できる条件は 127 個までです。

❶ 40代のWeb会員数を求めるセルを選択し、「=COUNTIFS(B3:B10,">=40",B3:B10,"<50",D3:D10,"●")」と入力する。

❷ 40代のWeb会員数が求められる。

数式解説 COUNTIFS 関数は複数の条件を満たすセルの数を数える関数です。
「=COUNTIFS(B3:B10,">=40",B3:B10,"<50",D3:D10,"●")」の数式は、B3 セル〜B10 セルの年齢の中で「40 以上」、B3 セル〜B10 セルの年齢の中で「50 未満」の両方の条件に該当するセルの数を求めます。

サンプルファイル ▶ 129.xlsx

▶ 複数の条件集計

2016 | 2013 | 2010 | 2007

130 AND条件でその他の集計をしたい

使用関数 MODE.SNGL、IF関数

数式 {=MODE.SNGL(IF((C3:C12="女")*(E3:E12>=40),F3:F12,""))}

AND条件で集計したくても関数がない場合は、IF関数でAND条件式を作成して、その条件を満たす値を集計することで可能です。AND条件式は、それぞれの条件を「[]」で囲み演算子「＊」で条件を繋いで作成します。

---

❶40歳以上の女性会員で最も多い年代を求めるセルを選択し、「=MODE.SNGL(IF((C3:C12="女")*(E3:E12>=40),F3:F12,""))」と入力し、Ctrl + Shift + Enter キーで数式を確定する。

	A	B	C	D	E	F	G	H	I	J	K	L	M	N	O
1	会員名簿														
2	番号	氏名	性別	生年月日	年齢	年代	都道府県		■40歳以上の女性会員で最も多い年代						
3	1	青井朝子	女	1946/3/4	70	70	千葉県		=MODE.SNGL(IF((C3:C12="女")*(E3:E12>=40),F3:F12,""))						
4	2	東江道男	男	1980/5/10	35	30	東京都								
5	3	朝日津	女	1984/12/10	31	30	大阪府								
6	4	嵐真衣	女	1957/5/11	58	50	宮崎県								
7	5	有馬真理	女	1976/11/9	39	30	滋賀県								
8	6	飯島竜	男	1990/1/20	26	20	兵庫県								
9	7	石山菜々子	女	1963/7/31	52	50	東京都								
10	8	衣田允子	女	1955/3/23	60	60	愛知県								
11	9	岩渕大輔	男	1962/5/25	53	50	埼玉県								

❷東京都女性会員の最も多い年代が求められる。

	A	B	C	D	E	F	G	H	I	J	K	L	M	N	O
1	会員名簿														
2	番号	氏名	性別	生年月日	年齢	年代	都道府県		■40歳以上の女性会員で最も多い年代						
3	1	青井朝子	女	1946/3/4	70	70	千葉県								
4	2	東江道男	男	1980/5/10	35	30	東京都		50代						
5	3	朝日津	女	1984/12/10	31	30	大阪府								
6	4	嵐真衣	女	1957/5/11	58	50	宮崎県								
7	5	有馬真理	女	1976/11/9	39	30	滋賀県								
8	6	飯島竜	男	1990/1/20	26	20	兵庫県								
9	7	石山菜々子	女	1963/7/31	52	50	東京都								
10	8	衣田允子	女	1955/3/23	60	60	愛知県								
11	9	岩渕大輔	男	1962/5/25	53	50	埼玉県								

数式解説 MODE.SNGL関数（Excel 2007ではMODE関数）は最頻値を求め（第2章Tips 046で紹介）、IF関数は条件を満たすか満たさないかで処理を分岐する関数です（第12章Tips 476で紹介）。
「{=MODE.SNGL(IF((C3:C12="女")*(E3:E12>=40),F3:F12,""))}」の数式は、C3セル〜C12セルの性別が「女」であり、E3セル〜E12セルの年齢が40歳以上の両方の条件を満たす場合に、F3セル〜F22セルの年代の最頻値を求めます。なお、配列を扱うため、配列数式で求めます。配列数式でAND条件式を作成する場合、AND関数は使えないため、それぞれの条件を「{}」で囲み演算子「*」で条件を繋いで作成します。

プラスアルファ IF関数で条件式を作成して、その条件を満たす値を集計できる関数は、配列全体を処理する関数しか利用できません。

サンプルファイル ▶ 130.xlsx

▶複数の条件集計　　2016 2013 2010 2007

131 OR条件で数値を合計したい

使用関数 SUMIF 関数

数 式 =SUMIF(B3:B12,"BeautyOK館",E3:E12)+SUMIF(B3:B12,"美極マート",E3:E12)

SUMIF 関数は 1 つの条件でしか合計を求められませんが、別の条件を指定した SUMIF 関数の数式を足し算することで、OR 条件を満たす数値の合計が求められます。

---

❶「BeautyOK館」と「美極マート」の注文数を求めるセルを選択し、「=SUMIF(B3:B12,"BeautyOK館",E3:E12)+SUMIF(B3:B12,"美極マート",E3:E12)」と入力する。

❷「BeautyOK館」と「美極マート」の注文数が求められる。

	A	B	C	D	E	F	G	H
1	注文表			健康飲料部門				
2	日付	ショップ名	商品名	単価	注文数		■11月注文数	
3	11/1	BeautyOK館	激粒スムージー	200	10		BeautyOK館、美極マート	95
4	11/1	美極マート	コレステさらっと	300	16			
5	11/1	美極マート	激粒スムージー	200	9			
6	11/2	健やか壱番屋	エブリジンジャー	150	5			
7	11/2	BeautyOK館	コレステさらっと	300	8			
8	11/2	BeautyOK館	アミノッブリ	100	15			
9	11/2	BeautyOK館	オールコラブラ	300	12			
10	11/3	美極マート	激粒スムージー	200	7			
11	11/3	美極マート	コレステさらっと	300	18			
12	11/3	健やか壱番屋	オールコラブラ	300	13			

数式解説 SUMIF 関数は条件を満たす数値の合計を求める関数です (Tips 106 で紹介)。「=SUMIF(B3:B12,"BeautyOK館",E3:E12)+SUMIF(B3:B12,"美極マート",E3:E12)」の数式は、「B3 セル〜B12 セルにあるショップ名「BeautyOK館」の E3 セル〜E12 セルの注文数の合計」+「B3 セル〜B12 セルにあるショップ名「美極マート」の E3 セル〜E12 セルの注文数の合計」を求めます。つまり、「BeautyOK館」と「美極マート」の注文数が求められます。

サンプルファイル ▶ 131.xlsx

▶ 複数の条件集計

132 OR条件で数値を平均したい

使用関数 DAVERAGE関数

数 式 =DAVERAGE(A2:E12,E2,G6:G8)

OR条件を満たす数値の平均は、Tips 131のように条件を満たす数値の平均が求められるAVERAGEIF関数を足し算しても求められません。平均の場合はDAVERAGE関数で求められます。

❶集計する条件を入力する。「BeautyOK館」と「美極マート」の注文数を求めるには、列見出し「ショップ名」を作成し、1行目に「BeautyOK館」、2行目に「美極マート」を入力する。

❷求めるセルを選択し、「=DAVERAGE(A2:E12,E2,G6:G8)」と入力する。

❸「BeautyOK館」と「美極マート」の平均注文数が求められる。

数式解説 DAVERAGE関数は条件を満たす平均を求める関数です。
データベース関数は関数の頭に「D」が付く関数です。データベースから条件に該当するデータを探し出して集計が行えます。引数の[条件]に指定する条件は、条件が属する列見出しを付けて作成します。条件の列見出しの下には、AND条件は同じ行、OR条件は違う行に入力します。手順❶のように条件を作成すると、「BeautyOK館」または、「美極マート」のOR条件が作成され、「=DAVERAGE(A2:E12,E2,G6:G8)」と数式を作成すると、「BeautyOK館」と「美極マート」の注文数の平均が求められます。

プラスアルファ OR条件を満たす数値の平均は、Tips 133のようにIF関数で条件式を作成してAVERAGE関数で求める配列数式でも可能です。

 サンプルファイル ▶ 132.xlsx

▶複数の条件集計　　　　　　　　　　2016 | 2013 | 2010 | 2007

133 OR条件で数値を平均したい 方法②

使用関数 AVERAGE、IF 関数

数式 {=AVERAGE(IF((B3:B12="BeautyOK館")+(B3:B12="美極マート"),E3:E12,""))}

OR条件を満たす数値の平均はDAVERAGE関数で求められますが（Tips 132で紹介）、条件枠を作成したくない場合は配列数式を使えば可能です。IF関数でOR条件式を作成して、その条件を満たす値を平均します。

❶「BeautyOK館」「美極マート」の平均注文数を求めるセルを選択し、「=AVERAGE(IF((B3:B12="BeautyOK館")+(B3:B12="美極マート"),E3:E12,""))」と入力し、Ctrl + Shift + Enter キーで数式を確定する。

❷「BeautyOK館」「美極マート」の平均注文数が求められる。

	A	B	C	D	E	F	G	H	I	J
1	注文表			健康飲料部門						
2	日付	ショップ名	商品名	単価	注文数		■11月平均注文数			
3	11/1	BeautyOK館	激粒スムージー	200	10		BeautyOK館、美極マート	11.9	❷	
4	11/1	美極マート	コレステさらっと	300	16					
5	11/1	美極マート	激粒スムージー	200	9					
6	11/2	健やか壱番屋	エブリジンジャー	150	5					
7	11/2	BeautyOK館	コレステさらっと	300	8					
8	11/2	BeautyOK館	アミノップリ	100	15					
9	11/2	BeautyOK館	オールコラブラ	300	12					
10	11/3	美極マート	激粒スムージー	200	7					
11	11/3	美極マート	コレステさらっと	300	18					
12	11/3	健やか壱番屋	オールコラブラ	300	13					

数式解説 AVERAGE関数は数値の平均を求める関数（第2章Tips 035で紹介）、IF関数は条件を満たすか満たさないかで処理を分岐する関数です（第12章Tips 476で紹介）。
「=AVERAGE(IF((B3:B12="BeautyOK館")+(B3:B12="美極マート"),E3:E12,""))」の数式は、B3セル～B12セルのショップ名が「BeautyOK館」または「美極マート」のどちらかの条件を満たす場合に、E3セル～E12セルの注文数の平均を求めます。なお、配列を扱うため、配列数式で求めます。配列数式でOR条件式を作成する場合、OR関数は使えないため、それぞれの条件を「()」で囲み演算子「+」で条件を繋いで作成します。

▶複数の条件集計

2016 | 2013 | 2010 | 2007

134 OR条件で数値を数えたい

使用関数 COUNTIF関数

数式 =COUNTIF(B3:B12,"BeautyOK館")+COUNTIF(B3:B12,"美極マート")

COUNTIF関数は1つの条件でしかセルの数を求められませんが、別の条件を指定したCOUNTIF関数の数式を足し算することで、OR条件を満たすセルの数が求められます。

---

❶「BeautyOK館」と「美極マート」の注文件数を求めるセルを選択し、「=COUNTIF(B3:B12,"BeautyOK館")+COUNTIF(B3:B12,"美極マート")」と入力する。

❷「BeautyOK館」と「美極マート」の注文件数が求められる。

数式解説 COUNTIF関数は条件を満たすセルの数を数える関数です(Tips 107で紹介)。「=COUNTIF(B3:B12,"BeautyOK館")+COUNTIF(B3:B12,"美極マート")」の数式は、「B3セル～B12セルにあるショップ名「BeautyOK館」のセルの数」＋「B3セル～B12セルにあるショップ名「美極マート」のセルの数」を求めます。つまり、「BeautyOK館」と「美極マート」のセルの数が求められます。

サンプルファイル ▶ 134.xlsx

135 OR条件でその他の集計をしたい

使用関数 MODE.SNGL、IF関数

数式 {=MODE.SNGL(IF((G3:G12="東京都")+(G3:G12="大阪府"),F3:F12,""))}

OR条件で集計したくても関数がない場合は、IF関数でOR条件式を作成して、その条件を満たす値を集計することで可能です。OR条件式は、それぞれの条件を「()」で囲み演算子「+」で条件を繋いで作成します。

❶「東京都」と「大阪府」の会員の最も多い年代を求めるセルを選択し、「=MODE.SNGL(IF((G3:G12="東京都")+(G3:G12="大阪府"),F3:F12,""))」と入力し、Ctrl + Shift + Enter キーで数式を確定する。

❷「東京都」と「大阪府」の会員の最も多い年代が求められる。

数式解説
MODE.SNGL関数（Excel 2007ではMODE関数）は最頻値を求め（第2章Tips 046で紹介）、IF関数は条件を満たすか満たさないかで処理を分岐する関数です（第12章Tips 476で紹介）。

「=MODE.SNGL(IF((G3:G12="東京都")+(G3:G12="大阪府"),F3:F12,""))」の数式は、G3セル～G12セルの都道府県が「東京都」またはG3セル～G12セルの都道府県が「大阪府」の条件を満たす場合に、F3セル～F12セルの年代の最頻値を求めます。なお、配列を扱うため、配列数式で求めます。配列数式でOR条件式を作成する場合、OR関数は使えないため、それぞれの条件を「()」で囲み演算子「+」で条件を繋いで作成します。

プラスアルファ IF関数で条件式を作成して、その条件を満たす値を集計できる関数は、配列全体を処理する関数しか利用できません。

サンプルファイル ▶ 135.xlsx

▶ 複数の条件集計

2016 | 2013 | 2010 | 2007

136 ピボットなしで手早くクロス集計したい

使用関数 DSUM関数

数 式 =DSUM(A2:E28,E2,G10:H11)

ピボットテーブルを使えば手軽にクロス集計が行えますが、使いたくない、それでも面倒な数式は作成したくない、そんなときは、データテーブルを使いましょう。手軽に作成できるので覚えておくと便利です。

❶クロス表の行列見出しを含む表の列見出しを入力する。

❷表の左上のセルを選択し、「=DSUM(A2:E28,E2,G10:H11)」と入力する。

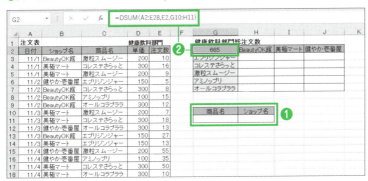

❸表の行列見出しを含めて範囲選択し、[データ]タブの[データツール]グループの[What-If分析]ボタンから[データテーブル]を選択する。

❹表示された[データテーブル]画面で、[行の代入セル]にH11セル、[列の代入セル]にG11セルを選択する。

❺[OK]ボタンをクリックする。

サンプルファイル ▶ 136.xlsx

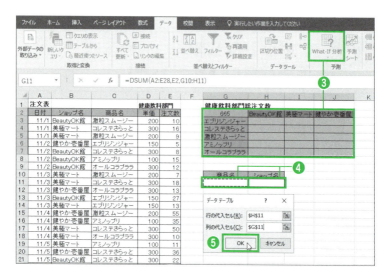

❻商品名とショップ名のクロス表に注文数が求められる。

数式解説 数式で使用したセルのデータを変更することで、その計算結果の一覧表を作成できる「データテーブル」を使うと、クロス表に集計できます。

集計するには、データベース関数を行見出しと列見出しを入力した表の左上のセルに入力して[データテーブル]を実行します。クロス表に合計する場合は、DSUM関数を使って「=DSUM(A2:E28,E2,G10:H11)」と入力します。引数の[条件]に指定する条件には、条件を空白にした列見出しだけのセル範囲を指定して数式を作成します。

プラスアルファ 手順❹で[行の代入セル]には、表の列見出し、[列の代入セル]には表の行見出しが入力された空白の条件のセルを指定します。

▶複数の条件集計

137 ピボットなしでクロス集計したい（件数編）

使用関数 COUNTIFS関数

数式 =COUNTIFS($A$3:$A$28,$G3,$B$3:$B$28,H$2)

ピボットテーブルを使うと決められた形の表でしか集計できません。独自に作成したクロス表に集計するには、AND条件で集計できる関数を使います。クロス集計表にセルの数を求めるにはCOUNTIFS関数を使います。

---

❶求める表の左上のセルを選択し、「=COUNTIFS($A$3:$A$28,$G3,$B$3:$B$28,H$2)」と入力する。

❷数式を必要なだけ複写する。

❸日付とショップ名のクロス表に注文件数が求められる。

数式解説 クロス集計するには、「行見出しAND列見出し」の条件で集計値が求められる関数が必要です。AND条件でセルの数を求めるにはCOUNTIFS関数を使います（Tips 129で紹介）。
「=COUNTIFS($A$3:$A$28,$G3,$B$3:$B$28,H$2)」の数式は、A3セル～A28セルの日付の中でクロス表の1行目「11/1」、B3セル～B28セルのショップ名の中でクロス表の1列目「BeautyOK館」の両方の条件を満たすセルの数を求めます。この場合、数式をコピーしても、クロス表の条件の行見出しがずれないように「$」記号を行見出しの前に、条件の列見出しがずれないように「$」記号を列見出しの前に、集計表の条件範囲の行列がずれないように「$」記号を行列の前に付けて数式を作成する必要があります。

プラスアルファ 行番号、列番号に「$」記号を付けると、数式をコピーしてもほかの行番号、列番号に変更されることはありません。行番号、列番号のどちらかを固定する参照形式を「複合参照」、両方を固定する参照形式を「絶対参照」といいます。

サンプルファイル▶137.xlsx

▶ 複数の条件集計 | 2016 | 2013 | 2010 | 2007

138 ピボットなしでクロス集計したい（合計編）

使用関数 SUMIFS関数

数 式 =SUMIFS($E$3:$E$28,$C$3:$C$28,$G3,$B$3:$B$28,H$2)

ピボットテーブルを使うと決められた形の表でしか集計できません。独自に作成したクロス表に集計する場合は、AND条件で集計できる関数を使います。クロス集計表に合計を求めるにはSUMIFS関数を使います。

① 求める表の左上のセルを選択し、「=SUMIFS($E$3:$E$28,$C$3:$C$28,$G3,$B$3:$B$28,H$2)」と入力する。

② 数式を必要なだけ複写する。

	A	B	C	D	E	F	G	H	I	J
1	注文表			健康飲料部門						
2	日付	ショップ名	商品名	単価	注文数			健康飲料部門総注文数		
								BeautyOK館	美硯マート	健やか壱番屋
3	11/1	BeautyOK館	激粒スムージー	200	10		エブリジンジャー	57		
4	11/1	美硯マート	コレステさらっと	300	16		コレステさらっと			
5	11/1	美硯マート	激粒スムージー	200	9		激粒スムージー			
6	11/2	健やか壱番屋	エブリジンジャー	150	5		アミノッブリ			
7	11/2	BeautyOK館	コレステさらっと	300	8		オールコラブララ			
8	11/2	BeautyOK館	アミノッブリ	100	15					
9	11/2	BeautyOK館	オールコラブララ	300	12					

③ 商品名とショップ名のクロス表に注文数が求められる。

健康飲料部門総注文数			
	BeautyOK館	美硯マート	健やか壱番屋
エブリジンジャー	57	38	73
コレステさらっと	30	84	36
激粒スムージー	65	16	55
アミノッブリ	15	41	35
オールコラブララ	47	60	13

数式解説 クロス集計するには、「行見出しAND列見出し」の条件で集計値が求められる関数が必要です。AND条件で合計を求めるにはSUMIFS関数を使います（Tips 127で紹介）。「=SUMIFS($E$3:$E$28,$C$3:$C$28,$G3,$B$3:$B$28,H$2)」の数式は、C3セル～C28セルの商品名の中でクロス表の1行目「エブリジンジャー」、B3セル～B28セルのショップ名の中でクロス表の1列目「BeautyOK館」の両方の条件を満たすE3セル～E28セルの注文数の合計を求めます。この場合、数式をコピーしても、クロス表の条件の行見出しがずれないように「$」記号を行見出しの前に、条件の列見出しがずれないように「$」記号を列見出しの前に、集計表の条件範囲と集計範囲の行列がずれないように「$」記号を行列の前に付けて数式を作成する必要があります。

プラスアルファ 行番号、列番号に「$」記号を付けると、数式をコピーしてもほかの行番号、列番号に変更されることはありません。行番号、列番号のどちらかを固定する参照形式を「複合参照」、両方を固定する参照形式を「絶対参照」といいます。

▶複数の条件集計

139 ピボットなしでクロス集計したい（平均編）

使用関数 AVERAGEIFS関数

数式 =AVERAGEIFS($E$3:$E$28,$C$3:$C$28,$G3,$B$3:$B$28,H$2)

ピボットテーブルを使うと決められた形の表でしか集計できません。独自に作成したクロス表に集計する場合は、AND条件で集計できる関数を使います。クロス集計表に平均を求めるにはAVERAGEIFS関数を使います。

---

❶求める表の左上のセルを選択し、「=AVERAGEIFS($E$3:$E$28,$C$3:$C$28,$G3,$B$3:$B$28,H$2)」と入力する。

❷数式を必要なだけ複写する。

❸商品名とショップ名のクロス集計表に平均注文数が求められる。

健康飲料部門平均注文数			
	BeautyOK館	美碩マート	健やか壱番屋
エブリジンジャー	29	19	37
コレステさらっと	15	28	36
激粒スムージー	33	8	55
アミノップリ	15	21	35
オールコラブララ	24	30	13

数式解説 クロス集計するには、「行見出しAND列見出し」の条件で集計値が求められる関数が必要です。AND条件で平均を求めるにはAVERAGEIFS関数を使います（Tips 128で紹介）。
「=AVERAGEIFS($E$3:$E$28,$C$3:$C$28,$G3,$B$3:$B$28,H$2)」の数式は、C3セル〜C28セルの商品名の中でクロス表の1行目「エブリジンジャー」、B3セル〜B28セルのショップ名の中でクロス表の1列目「BeautyOK館」の両方の条件を満たすE3セル〜E28セルの注文数の平均を求めます。この場合、数式をコピーしても、クロス表の条件の行見出しがずれないように「$」記号を行見出しの前に、条件の列見出しがずれないように「$」記号を列見出しの前に、集計表の条件範囲と集計範囲の行列がずれないように「$」記号を行列の前に付けて数式を作成する必要があります。

プラスアルファ 行番号、列番号に「$」記号を付けると、数式をコピーしてもほかの行番号、列番号に変更されることはありません。行番号、列番号のどちらかを固定する参照形式を「複合参照」、両方を固定する参照形式を「絶対参照」といいます。

サンプルファイル▶139.xlsx

▶ 複数の条件集計

140 ピボットなしでクロス集計したい（その他の集計編）

使用関数 MIN、IF関数

数 式 `{=MIN(IF(($C$3:$C$19=$F3)*($B$3:$B$19=G$2),$D$3:$D$19,""))}`

独自の表にクロス集計したくても、Tips 137〜139 のように AND 条件で集計できる関数がない場合は、Tips 130 のように IF 関数で AND 条件式を作成して、その条件を満たす値を集計することで可能です。

❶ 求める表の左上のセルを選択し、「=MIN(IF(($C$3:$C$19=$F3)*($B$3:$B$19=G$2),$D$3:$D$19,""))」と入力し、Ctrl + Shift + Enter キーで数式を確定する。

❷ 数式を必要なだけ複写する。

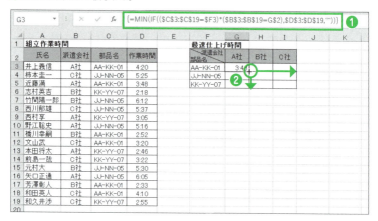

❸ 部品名、派遣会社名のクロス表に最速仕上げ時間が求められる。

数式解説 クロス集計するには、「行見出し AND 列見出し」の条件で集計値が求められる関数が必要です。AND 条件で最小値を求めるには IF 関数で AND 条件式を作成し、その条件を満たす値の最小値を MIN 関数で求めます。

MIN 関数は数値の最小値を求める関数（第 2 章 Tips 035 で紹介）、IF 関数は条件を満たすか満たさないかで処理を分岐する関数です（第 12 章 Tips 476 で紹介）。

「{=MIN(IF(($C$3:$C$19=$F3)*($B$3:$B$19=G$2),$D$3:$D$19,""))}」の数式は、C3 セル～C19 セルの部品名の中でクロス表の 1 行目「AA-KK-01」、B3 セル～B19 セルの派遣会社名の中でクロス表の 1 列目「A 社」の両方の条件を満たす場合に、D3 セル～D19 セルの作業時間の最小値を求めます。なお、配列を扱うため、配列数式で求めます。配列数式で AND 条件式を作成する場合、AND 関数は使えないため、それぞれの条件を「()」で囲み演算子「*」で条件を繋いで作成します。

この場合、数式をコピーしても、クロス表の条件の行見出しがずれないように「$」記号を行見出しの前に、条件の列見出しがずれないように「$」記号を列見出しの前に、集計表の条件範囲と集計範囲の行列がずれないように「$」記号を行列の前に付けて数式を作成する必要があります。

プラスアルファ IF 関数で条件式を作成して、その条件を満たす値を集計できる関数は、配列全体を処理する関数しか利用できません。

▶ 複数の条件集計　　　2016 | 2013 | 2010 | 2007

141 ピボットなしで階層見出しのあるクロス集計をしたい

使用関数 SUMIFS関数

数式 =SUMIFS($E$3:$E$28,$A$3:$A$28,$G3,$C$3:$C$28,$H3,$B$3:$B$28,I$2)

2列で項目を作成した階層見出しのクロス表に集計するには、ピボットテーブルでもできますが、独自に作成した表に集計したい場合は、AND条件で集計できる関数を使い、条件を見出しの数だけ指定して求めます。

---

❶ 求める表の左上のセルを選択し、「=SUMIFS($E$3:$E$28,$A$3:$A$28,$G3,$C$3:$C$28,$H3,$B$3:$B$28,I$2)」と入力する。

❷ 数式を必要なだけ複写する。

❸ 日付、商品名、ショップ名のクロス表に注文数が求められる。

数式解説 階層見出しでクロス集計するには、「1列目の行見出し AND2列目の行見出し AND 列見出し」のように階層ごとに AND 条件を満たす集計値が求められる関数が必要です。AND 条件で合計を求めるには SUMIFS 関数を使います（Tips 127 で紹介）。
「=SUMIFS($E$3:$E$28,$A$3:$A$28,$G3,$C$3:$C$28,$H3,$B$3:$B$28,I$2)」の数式は、A3セル〜A28セルの日付の中でクロス表の1列1行目「11/1」、C3セル〜C28セルの商品名の中でクロス表の2列1行目「エブリジンジャー」、B3セル〜B28セルのショップ名の中でクロス表の1列目「BeautyOK館」の3つの条件を満たす E3セル〜E28セルの注文数の合計を求めます。この場合、数式をコピーしても、クロス表の条件の行見出しがずれないように「$」記号を行見出しの前に、条件の列見出しがずれないように「$」記号を列見出しの前に、集計表の条件範囲の行列がずれないように「$」記号を行列の前に付けて数式を作成する必要があります。

プラスアルファ 行番号、列番号に「$」記号を付けると、数式をコピーしてもほかの行番号、列番号に変更されることはありません。行番号、列番号のどちらかを固定する参照形式を「複合参照」、両方を固定する参照形式を「絶対参照」といいます。

▶複数の条件集計　　2016 | 2013 | 2010 | 2007

142 完全一致ではない行列見出しでクロス集計したい

使用関数 COUNTIFS関数

数 式 =COUNTIFS($E$3:$E$12,">="&$H4,$E$3:$E$12,"<"&$H5,$C$3:$C$12,I$3)

完全一致ではない見出しのクロス集計は、AND条件で集計できる関数で条件を追加します。たとえば、行見出しが完全一致ではない場合、「行見出し以上」「1つ下の行見出し未満」「列見出し」の3つの条件を指定します。

① 求める表の左上のセルを選択し、「=COUNTIFS($E$3:$E$12,">="&$H4,$E$3:$E$12,"<"&$H5,$C$3:$C$12,I$3)」と入力する。

② 数式を必要なだけ複写する。

③ 年代と性別のクロス表に会員数が求められる。

数式解説 クロス集計するには、「行見出し AND 列見出し」の条件で集計値が求められる関数が必要です。行見出しが完全一致ではない値の場合、「1行目の行見出しが「〜以上」AND2行目の行見出しが「〜未満」AND列見出し」のようにAND条件を増やした数式を作成します。
「=COUNTIFS($E$3:$E$12,">="&$H4,$E$3:$E$12,"<"&$H5,$C$3:$C$12,I$3)」の数式は、E3セル〜E12セルの年齢の中でクロス表の1行目「20」以上、E3セル〜E12セルの年齢の中でクロス表の2行目「30」未満、C3セル〜C12セルの性別の中でクロス表の1列目「男」の3つの条件を満たすセルの数を求めます。この場合、数式をコピーしても、クロス表の条件の行見出しがずれないように「$」記号を行見出しの前に、条件の列見出しがずれないように「$」記号を列見出しの前に、集計表の条件範囲の行列がずれないように「$」記号を行列の前に付けて数式を作成する必要があります。

プラスアルファ 行番号、列番号に「$」記号を付けると、数式をコピーしてもほかの行番号、列番号に変更されることはありません。行番号、列番号のどちらかを固定する参照形式を「複合参照」、両方を固定する参照形式を「絶対参照」といいます。

▶ 日付集計

143 年別に集計したい

使用関数 YEAR、SUMIF関数

数 式 =YEAR(A3)、=SUMIF($C$3:$C$16,E3,$B$3:$B$16)

日付データを年別に集計するには、日付のままでは集計できません。日付からYEAR関数で年だけを取り出して、その年をもとに条件集計ができる関数で集計します。

❶ C列に「=YEAR(A3)」と入力する。
❷ 数式を必要なだけ複写する。

❸ 年別の入館者数を求めるセルを選択し、「=SUMIF($C$3:$C$16, E3,$B$3:$B$16)」と入力する。
❹ 数式を必要なだけ複写する。

❺ 年別の入館者数が求められる。

数式解説 YEAR関数は日付から年を取り出す関数（第6章 Tips 267で紹介）、SUMIF関数は条件を満たす数値の合計を求める関数です（Tips 127で紹介）。

「=YEAR(A3)」の数式は、日付から年を取り出します。
「=SUMIF($C$3:$C$16,E3,$B$3:$B$16)」の数式は、YEAR関数で日付から取り出した年が「2015」である場合、B3セル〜B16セルの入館者数の合計を求めます。
条件をセル参照にし、条件を含む範囲と集計する範囲を絶対参照にして数式を作成することで、ほかの年の入館者数の合計も数式のコピーで求められます。

📥 サンプルファイル ▶ 143.xlsx

▶日付集計 2016 | 2013 | 2010 | 2007

144 4月～翌年3月を1年として年度別に集計したい

使用関数 YEAR、MONTH、SUMIF 関数

数 式 =YEAR(A3)-(MONTH(A3)<4)、=SUMIF($C$3:$C$74,E3,$B$3:$B$74)

日付データを年度別に集計する場合、Tips 143 の方法では1月～12月を1年として集計されます。4月～翌年3月を1年として年度別に集計するには、MONTH 関数で条件式を作成する必要があります。

❶ C列に「=YEAR(A3)-(MONTH(A3)<4)」と入力する。

❷ 数式を必要なだけ複写する。

❸ 年度別の販売額を求めるセルを選択し、「=SUMIF($C$3:$C$74,E3,$B$3:$B$74)」と入力する。

❹ 数式を必要なだけ複写する。

❺ 年度別の販売額が求められる。

数式解説 YEAR 関数は日付から年、MONTH 関数は日付から月を取り出す関数（第6章 Tips267、268で紹介）、SUMIF 関数は条件を満たす数値の合計を求める関数です（Tips 106 で紹介）。
「MONTH(A3)<4」の条件式は、日付から取り出した月が4未満（1～3）である場合は「TRUE」、4以上（4～12）である場合は「FALSE」を求めます。「TRUE」は「1」、「FALSE」は「0」で計算されるので、「=YEAR(A3)-(MONTH(A3)<4)」と数式を作成すると、1月～3月は「1」引いた年で、4月～12月は年がそのまま日付から取り出されます。この取り出された年を条件にして「=SUMIF($C$3:$C$74,E3,$B$3:$B$74)」の数式を作成すると、4月～翌年3月を1年として 2014 年の販売額が求められます。
条件をセル参照にし、条件を含む範囲と集計する範囲を絶対参照にして数式を作成することで、ほかの年度の販売額も数式のコピーで求められます。

サンプルファイル ▶ 144.xlsx

▶日付集計

2016 | 2013 | 2010 | 2007

145 複数行列の日付を年別に集計したい

使用関数 SUMPRODUCT、YEAR関数

数　式 =SUMPRODUCT((YEAR($B$3:$D$6)=A10)*1)

日付データが1行または1列ではなく複数行列にあると、Tips 143の方法では年別に集計できません。複数行列の日付データの場合は、YEAR関数で条件式を作成してSUMPRODUCT関数で集計します。

❶年別のイベント回数を求めるセルを選択し、「=SUMPRODUCT((YEAR($B$3:$D$6)=A10)*1)」と入力する。

❷数式を必要なだけ複写する。

❸年別のイベント回数が求められる。

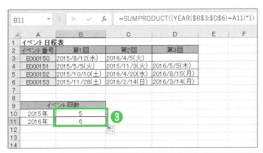

数式解説 SUMPRODUCT関数は要素の積を合計する関数です。YEAR関数は日付から年を取り出す関数です（第6章 Tips 267で紹介）。

SUMPRODUCT関数の引数に条件式（[()]で囲んで指定します）を指定すると、数式内では条件式を満たす場合は「1」、満たさない場合は「0」で計算されます。条件式が1つで、値を合計せずにセルの数を数えるだけの場合は、「*1」として「1」と「0」の数値に変換した数式を作成する必要があります。

「=SUMPRODUCT((YEAR($B$3:$D$6)=A10)*1)」の数式では、「B3セル～D6セルの年がA10セルの年である場合」の条件式が作成されます。結果、条件を満たす場合にその数が合計され、「5」がイベント回数として求められます。

📥 サンプルファイル ▶ 145.xlsx

▶ 日付集計　　　　　　　　　　　　　　　　　　　　2016 | 2013 | 2010 | 2007

146 月別に集計したい

使用関数 MONTH、AVERAGEIF 関数

数 式 =MONTH(A3)、=AVERAGEIF($C$3:$C$20,E3,$B$3:$B$20)

日付データを月別に集計するには、日付のままでは集計できません。日付から MONTH 関数で月だけを取り出して、その月をもとに条件集計ができる関数で集計します。

❶ C列に「=MONTH(A3)」と入力する。

❷ 数式を必要なだけ複写する。

❸ 月別平均販売額を求めるセルを選択し、「=AVERAGEIF ($C$3:$C$20,E3,$B$3:$B$20)」と入力する。

❹ 数式を必要なだけ複写する。

❺ 月別平均販売額が求められる。

数式解説 MONTH 関数は日付から月を取り出す関数（第6章 Tips 268 で紹介）、AVERAGEIF 関数は条件を満たす数値の平均を求める関数です（Tips 108 で紹介）。

「=MONTH(A3)」の数式は、日付から月を取り出します。

「=AVERAGEIF($C$3:$C$20,E3,$B$3:$B$20)」の数式は、MONTH 関数で日付から取り出した月が「1」である場合、B3 セル〜B20 セルの販売額の平均を求めます。

条件をセル参照にし、条件を含む範囲と集計する範囲を絶対参照にして数式を作成することで、ほかの月の販売額の平均も数式のコピーで求められます。

サンプルファイル ▶ 146.xlsx

▶ 日付集計

147 複数行列の日付を月別に集計したい

使用関数 SUMPRODUCT、MONTH関数

数 式 =SUMPRODUCT((MONTH($B$3:$D$6)=A10)*1)

日付データが1行または1列ではなく複数行列にあると、Tips 146の方法では月別に集計できません。複数行列の日付データの場合は、MONTH関数で条件式を作成してSUMPRODUCT関数で集計します。

---

❶月別のイベント回数を求めるセルを選択し、「=SUMPRODUCT((MONTH($B$3:$D$6)=A10)*1)」と入力する。

❷数式を必要なだけ複写する。

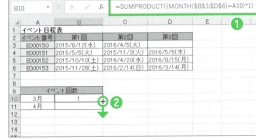

❸月別のイベント回数が求められる。

数式解説 SUMPRODUCT関数は要素の積を合計する関数です。MONTH関数は日付から月を取り出す関数です(第6章 Tips 268で紹介)。

SUMPRODUCT関数の引数に条件式(「()」で囲んで指定します)を指定すると、数式内では条件式を満たす場合は「1」、満たさない場合は「0」で計算されます。条件式が1つで、値を合計せずにセルの数を数えるだけの場合は、「*1」として「1」と「0」の数値に変換した数式を作成する必要があります。

「=SUMPRODUCT((MONTH($B$3:$D$6)=A10)*1)」の数式では、「B3セル～D6セルの月がA10セルの月である場合」の条件式が作成されます。結果、条件を満たす場合にその数が合計され、「1」がイベント回数として求められます。

📥 サンプルファイル ▶ 147.xlsx

▶日付集計　　　　　　　　　　　　　　2016 | 2013 | 2010 | 2007

148 第1四半期は4月～6月として四半期別に集計したい

使用関数 INT、MOD、MONTH、SUMIF関数

数式 =INT(MOD(MONTH(A3)-4,12)/3+1)、=SUMIF($C$3:$C$38,F3,$B$3:$B$38)

日付データを四半期別に集計するには、除算や端数処理を併せた数式を作成します。ここでは、第1四半期を4月～6月として集計する方法を紹介します。

❶C列に「=INT(MOD(MONTH(A3)-4,12)/3+1)」と入力する。

❷数式を必要なだけ複写する。

❸四半期別販売額を求めるセルを選択し、「=SUMIF($C$3:$C$38,F3,$B$3:$B$38)」と入力する。

❹数式を必要なだけ複写する。

❺四半期別販売額が求められる。

数式解説 INT関数は数値の小数点以下を切り捨てる関数、MOD関数は数値を除算したときの余りを求める関数、MONTH関数は日付から月を取り出す関数（第6章 Tips 268で紹介）、SUMIF関数は条件を満たす数値の合計を求める関数です（Tips 106で紹介）。
「=INT(MOD(MONTH(A3)-4,12)/3+1)」の数式は、日付から取り出した月が4月～6月は「1」、7月～9月は「2」、10月～12月は「3」、1月～3月は「4」で取り出します。この取り出された数値を条件にして「=SUMIF($C$3:$C$38,F3,$B$3:$B$38)」の数式を作成すると、第1四半期は4月～6月として第1四半期の販売額が求められます。
条件をセル参照にし、条件を含む範囲と集計する範囲を絶対参照にして数式を作成することで、ほかの四半期の販売額も数式のコピーで求められます。

サンプルファイル ▶ 148.xlsx

▶ 日付集計　　　　　　　　　　　　　　　　　　2016 | 2013 | 2010 | 2007

149 第1四半期は1月～3月として四半期別に集計したい

使用関数 QUOTIENT、MONTH、SUMIF関数

数　式 =QUOTIENT(MONTH(A3)+2,3)、=SUMIF($C$3:$C$38,F3,$B$3:$B$38)

日付データを四半期別に集計する方法として、Tips 148では第1四半期を4月～6月として集計しましたが、ここでは、第1四半期を1月～3月として集計する方法を紹介します。

---

❶ C列に「=QUOTIENT(MONTH(A3)+2,3)」と入力する。

❷ 数式を必要なだけ複写する。

❸ 四半期別販売額を求めるセルを選択し、「=SUMIF($C$3:$C$38,F3,$B$3:$B$38)」と入力する。

❹ 数式を必要なだけ複写する。

❺ 四半期別販売額が求められる。

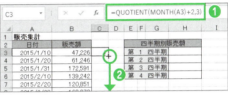

数式解説 QUOTIENT関数は数値を除算したときの商の整数部を求める関数です。MONTH関数は日付から月を取り出す関数（第6章 Tips 268で紹介）、SUMIF関数は条件を満たす数値の合計を求める関数です（Tips 106で紹介）。

「=QUOTIENT(MONTH(A3)+2,3)」の数式は、日付から取り出した月が1月～3月は「1」、4月～6月は「2」、7月～9月は「3」、10月～12月は「4」で取り出します。この取り出された数値を条件にして「=SUMIF($C$3:$C$38,F3,$B$3:$B$38)」の数式を作成すると、第1四半期は1月～3月として第1四半期の販売額が求められます。

条件をセル参照にし、条件を含む範囲と集計する範囲を絶対参照にして数式を作成することで、ほかの四半期の販売額も数式のコピーで求められます。

⬇ サンプルファイル ▶ 149.xlsx

▶ 日付集計 2016 | 2013 | 2010 | 2007

150 上半期は4月～9月として上半期／下半期別に集計したい

使用関数 IF、MONTH、SUMIF関数

数式 =IF((MONTH(A3>=4))*(MONTH(A3)<=9),"上半期","下半期")、
=SUMIF($C$3:$C$29,E3,$B$3:$B$29)

日付データを上半期と下半期に分けて集計するには、日付からMONTH関数で取り出した月を条件に集計することで可能です。ここでは、上半期を4月～9月、下半期を10月～3月として集計する方法を紹介します。

❶ C列に「=IF((MONTH(A3>=4))*(MONTH(A3)<=9),"上半期","下半期")」と入力する。
❷ 数式を必要なだけ複写する。

❸ 上半期／下半期別販売額を求めるセルを選択し、「=SUMIF($C$3:$C$29,E3,$B$3:$B$29)」と入力する。

❹ 数式を必要なだけ複写する。

❺ 上半期／下半期別販売額が求められる。

数式解説 IF関数は条件を満たすか満たさないかで処理を分岐する関数（第12章 Tips 476で紹介）、MONTH関数は日付から月を取り出す関数（第6章 Tips 268で紹介）、SUMIF関数は条件を満たす数値の合計を求める関数です（Tips 106で紹介）。
「=IF((MONTH(A3>=4))*(MONTH(A3)<=9),"上半期","下半期")」の数式は、「日付から取り出した月が「4」以上「9」以下である場合は「上半期」を求め、違う場合は「下半期」で求める」の条件式を作成します。つまり、日付から取り出した月が「4月」～「9月」なら「上半期」、「10月」～「1月」～「3月」なら「下半期」と求められます。この求められた文字列を条件にして「=SUMIF($C$3:$C$29,E3,$B$3:$B$29)」の数式を作成すると上半期の販売額が求められます。
条件をセル参照にし、条件を含む範囲と集計する範囲を絶対参照にして数式を作成することで、下半期の販売額も数式のコピーで求められます。

サンプルファイル ▶ 150.xlsx

▶ 日付集計

2016 | 2013 | 2010 | 2007

151 複数年のデータを「2015/1」など年月で集計したい

使用関数 TEXT、AVERAGEIF 関数

数 式 =TEXT(A3,"yyyy/m")、=AVERAGEIF($C$3:$C$74,E3,$B$3:$B$74)

日付データを複数年で作成している場合は、Tips 146 のように MONTH 関数で月別集計を行うとほかの年の月も合算されてしまいます。複数年の場合は、TEXT 関数で日付から年月を取り出して集計します。

---

❶ C列に「=TEXT(A3,"yyyy/m")」と入力する。

❷ 数式を必要なだけ複写する。

❸ 4月平均販売額を求めるセルを選択し、「=AVERAGEIF($C$3:$C$74,E3,$B$3:$B$74)」と入力する。

❹ 数式を必要なだけ複写する。

❺ 年別の4月平均販売額が求められる。

数式解説 TEXT 関数は数値や日付／時刻を指定の表示形式を付けて文字列に変換する関数（第8章 Tips 328 で紹介）、AVERAGEIF 関数は条件を満たす数値の平均を求める関数です（Tips 108 で紹介）。
「=TEXT(A3,"yyyy/m")」の数式は、A3 セルの日付の表示形式を「2015/1」と年月だけにして返します。この年月を条件にして「=AVERAGEIF($C$3:$C$74,E3,$B$3:$B$74)」の数式を作成すると、「2015/1」の平均販売額が求められます。条件をセル参照にし、条件を含む範囲と集計する範囲を絶対参照にして数式を作成することで、ほかの年月の平均販売額も数式のコピーで求められます。

⬇ サンプルファイル ▶ 151.xlsx

▶ 日付集計

2016 | 2013 | 2010 | 2007

152 表の日付表示と違う表示形式で年月集計を求めたい

使用関数 TEXT、SUMIF関数

数 式 =TEXT(A3,"yyyymm")、=SUMIF($C$3:$C$11,E3,$B$3:$B$11)

表の日付は「2015/1」で作成後、集計表の項目は「201501」で集計したいなど表示形式が違う集計表に集計する場合は、TEXT関数で表の日付表示を集計項目と同じにしてから、条件集計ができる関数で集計します。

❶ C列に求めるセルを選択し、「=TEXT(A3,"yyyymm")」と入力する。

❷ 数式を必要なだけ複写する。

❸ 月別販売額を求めるセルを選択し、「=SUMIF($C$3:$C$11,E3,$B$3:$B$11)」と入力する。

❹ 数式を必要なだけ複写する。

❺ 月別販売額が求められる。

数式解説 TEXT関数は数値や日付／時刻を指定の表示形式を付けて文字列に変換する関数（第8章 Tips 328で紹介）、SUMIF関数は条件を満たす数値の合計を求める関数です（Tips 106で紹介）。
「=TEXT(A3,"yyyymm")」の数式は、A3セルの日付の表示形式を「201501」にして返します。この日付を条件にして「=SUMIF($C$3:$C$11,E3,$B$3:$B$11)」の数式を作成すると、「201501」の販売額が求められます。条件をセル参照にし、条件を含む範囲と集計する範囲を絶対参照にして数式を作成することで、ほかの年月の販売額も数式のコピーで求められます。

サンプルファイル ▶ 152.xlsx

▶ 日付集計 2016 | 2013 | 2010 | 2007

153 年と月が別セルに入力された表で年月を繰り上げて合計したい

使用関数 SUM、INT、MOD関数

数 式 =SUM(C4:C6)+INT(SUM(E4:E6)/12)、=MOD(SUM(E4:E6),12)

年と月を別セルに入力した表でそれぞれの合計を求めたい場合、[合計]ボタンでは12ヶ月を1年として月の合計を年に繰り上げられません。合計を12で除算した商と余りを利用した数式を作成する必要があります。

---

❶ 年数の合計を求めるセルを選択し、「=SUM(C4:C6)+INT(SUM(E4:E6)/12)」と入力する。

❷ 月数の合計を求めるセルを選択し、「=MOD(SUM(E4:E6),12)」と入力する。

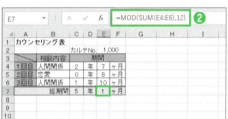

数式解説 SUM関数は数値の合計を求め(第2章 Tips 035で紹介)、INT関数は数値の小数点以下を切り捨て、MOD関数は数値を除算したときの余りを求める関数です。
「INT(SUM(E4:E6)/12)」の数式は、E4セル〜E6セルの月の合計を12で除算した整数部を求めます。この整数部が繰り上げられる年数となり、「=SUM(C4:C6)+」としてさらにC4セル〜C6セルの年数の合計と足し算することで年の合計が求められます。
月の合計は、月の合計から年数分の月数を引き算した余りを月数として求める必要があるので、「=MOD(SUM(E4:E6),12)」と数式を作成します。

📥 サンプルファイル ▶ 153.xlsx

▶ 日付集計　　　　　　　　　　　　　　　2016 | 2013 | 2010 | 2007

154 さまざまな年月日から月日を条件に集計したい

使用関数 SUMPRODUCT、MONTH、DAY関数

数　式　=SUMPRODUCT((MONTH(C3:C12)=F4)*(DAY(C3:C12)=H4))

日付データをもとに一部の日付で集計する方法は Tips 146 で紹介していますが、月日の2つの条件で集計を行うにはさらに条件を追加することでできます。ここでは、年月日をもとに月日で集計する方法をご紹介します。

❶月日をそれぞれ入力しておく。

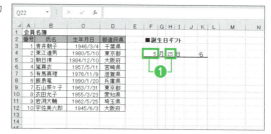

❷人数を求めるセルを選択し、「=SUMPRODUCT((MONTH(C3:C12)=F4)*(DAY(C3:C12)=H4))」と入力する。

数式解説 SUMPRODUCT 関数は要素の積を合計する関数です。YEAR 関数は日付から年、MONTH 関数は日付から月を取り出す関数です（第6章 Tips 267、268 で紹介）。SUMPRODUCT 関数の引数に条件式を指定すると数式内では、条件式を満たす場合は「1」、満たさない場合は「0」で計算されます。それぞれの条件を [()] で囲み、AND 条件式は演算子「*」、OR 条件式は演算子「+」で条件を繋いで作成します。
「SUMPRODUCT((MONTH(C3:C12)=F4)*(DAY(C3:C12)=H4))」の数式は、「C3 セル～C12 セルの月が F4 セルの「5」であり、C3 セル～C12 セルの日が H4 セルの「25」である場合」の条件式を作成します。結果、条件を満たす場合にその数が合計され「1」が人数として求められます。

サンプルファイル ▶ 154.xlsx

▶ 日付集計

2016 | 2013 | 2010 | 2007

155 日付を日別に集計したい

使用関数 DAY、SUMIF関数

数　式 =DAY(A3)、=SUMIF($F$3:$F$12,H3,$E$3:$E$12)

日付データを日別に集計するには、日付のままでは集計できません。日付からDAY関数で日だけを取り出して、その日をもとに条件集計ができる関数で集計します。

① F列に「=DAY(A3)」と入力する。

② 数式を必要なだけ複写する。

③ 日別注文数を求めるセルを選択し、「=SUMIF($F$3:$F$12,H3,$E$3:$E$12)」と入力する。

④ 数式を必要なだけ複写する。

⑤ 日別注文数が求められる。

数式解説 DAY関数は日付から日を取り出す関数（第6章 Tips 269で紹介）、SUMIF関数は条件を満たす数値の合計を求める関数です（Tips 106で紹介）。

「=DAY(A3)」の数式は、日付から日を取り出します。

「=SUMIF($F$3:$F$12,H3,$E$3:$E$12)」の数式は、DAY関数で日付から取り出した日が「1」の場合、E3セル～E12セルの注文数の合計を求めます。

条件をセル参照にし、条件を含む範囲と集計する範囲を絶対参照にして数式を作成することで、ほかの日の注文数の合計も数式のコピーで求められます。

💾 サンプルファイル ▶ 155.xlsx

▶ 日付集計   2016 | 2013 | 2010 | 2007

156 複数行列にある日付を日別に集計したい

使用関数 SUMPRODUCT、DAY関数

数式 =SUMPRODUCT((DAY($B$3:$G$5)=A9)*1)

日付データが1行または1列ではなく複数行列にあると、Tips 155の方法では日別に集計できません。複数行列の日付データの場合は、DAY関数で条件式を作成してSUMPRODUCT関数で集計します。

❶ 日別予約件数を求めるセルを選択し、「=SUMPRODUCT((DAY($B$3:$G$5)=A9)*1)」と入力する。

❷ 数式を必要なだけ複写する。

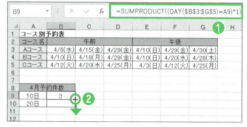

❸ 日別予約件数が求められる。

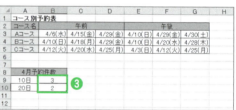

数式解説 SUMPRODUCT関数は要素の積を合計する関数です。DAY関数は日付から日を取り出す関数です(第6章 Tips 269で紹介)。

SUMPRODUCT関数の引数に条件式((()で囲んで指定します)を指定すると、数式内では条件式を満たす場合は「1」、満たさない場合は「0」で計算されます。条件式が1つで、値を合計せずにセルの数を数えるだけの場合は、「*1」として「1」と「0」の数値に変換する数式を作成する必要があります。

「=SUMPRODUCT((DAY($B$3:$G$5)=A9)*1)」の数式では、「B3セル～G5セルの日がA9セルの日である場合」の条件式が作成されます。結果、条件を満たす場合にその数が合計され、「3」が予約件数として求められます。

▶ サンプルファイル ▶ 156.xlsx

▶ 日付集計

157 奇数日／偶数日で集計したい

使用関数 ISODD、DAY、SUMIF関数

数　式 =ISODD(DAY(A3))、=SUMIF($F$3:$F$28,TRUE,$E$3:$E$28)

日付データを奇数日、偶数日で集計するには、日付から DAY 関数で日だけを取り出し、奇数か偶数かを調べて、その結果を条件に条件集計ができる関数で集計します。

---

❶ F列に「=ISODD(DAY(A3))」と入力する。

❷ 数式を必要なだけ複写する。

❸ 奇数日の注文数を求めるセルを選択し、「=SUMIF($F$3:$F$28,TRUE,$E$3:$E$28)」と入力する。

❹ 偶数日の注文数を求めるセルを選択し、「=SUMIF($F$3:$F$28,FALSE,$E$3:$E$28)」と入力する。

数式解説 ISODD関数は数値が奇数かどうか調べる関数で、奇数なら「TRUE」、偶数なら「FALSE」を返します。DAY関数は日付から日を取り出す関数（第6章 Tips 269 で紹介）、SUMIF関数は条件を満たす数値の合計を求める関数です（Tips 106 で紹介）。
「=ISODD(DAY(A3))」の数式は、日付から取り出した日が奇数なら「TRUE」、偶数なら「FALSE」を返します。
「=SUMIF($F$3:$F$28,TRUE,$E$3:$E$28)」の数式は、ISODD関数とDAY関数で日付から取り出した「TRUE」「FALSE」が「TRUE」の場合、E3セル～E28セルの注文数の合計を求めます。結果、奇数日の注文数が求められます。
「=SUMIF($F$3:$F$28,FALSE,$E$3:$E$28)」数式は、「FALSE」のE3セル～E28セルの注文数の合計を求めるので、結果、偶数日の注文数が求められます。

プラスアルファ 数値が偶数かどうか調べるには ISEVEN 関数を使います。偶数なら「TRUE」、奇数なら「FALSE」を返します（第12章 Tips 492 で紹介）。

📥 サンプルファイル ▶ 157.xlsx

▶ 日付集計 2016 | 2013 | 2010 | 2007

158 複数行列にある日付を偶数日／奇数日で集計したい

使用関数 SUMPRODUCT、ISODD、ISEVEN、DAY関数

数 式 =SUMPRODUCT((ISODD(DAY(B3:G5)))*1)、
=SUMPRODUCT((ISEVEN(DAY(B3:G5)))*1)

日付データが1行または1列ではなく複数行列にあると、Tips 157の方法では奇数日、偶数日で集計できません。複数行列の場合は、奇数かどうかを調べる関数とDAY関数をSUMPRODUCT関数に使って集計します。

❶ 奇数日の予約件数を求めるセルを選択し、「=SUMPRODUCT((ISODD(DAY(B3:G5)))*1)」と入力する。

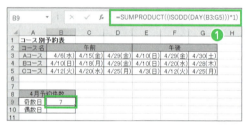

❷ 偶数日の予約件数を求めるセルを選択し、「=SUMPRODUCT((ISEVEN(DAY(B3:G5)))*1)」と入力する。

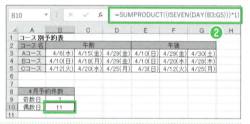

数式解説 ISODD関数は数値が奇数かどうか調べる関数で、奇数なら「TRUE」、偶数なら「FALSE」を返し、ISEVEN関数は数値が偶数かどうか調べる関数で、偶数なら「TRUE」、奇数なら「FALSE」を返します。DAY関数は日付から日を取り出す関数（第6章 Tips 269で紹介）、SUMPRODUCT関数は要素の積を合計する関数です。
SUMPRODUCT関数の引数に条件式（[()]で囲んで指定します）を指定すると、数式内では条件式を満たす場合は「1」、満たさない場合は「0」で計算されます。条件式が1つで、値を合計せずにセルの数を数えるだけの場合は、「*1」として「1」と「0」の数値に変換した数式を作成する必要があります。
「SUMPRODUCT((ISODD(DAY(B3:G5)))*1)」の数式では、「B3セル～G5セルの日が奇数である場合」の条件式が作成されます。結果、条件を満たす場合にその数が合計され、「7」が奇数日の予約件数として求められます。「=SUMPRODUCT((ISEVEN(DAY(B3:G5)))*1)」の数式では、「B3セル～G5セルの日が偶数である場合」の条件式が作成されます。結果、条件を満たす場合にその数が合計され、「11」が偶数日の予約件数として求められます。

▶ 日付集計

159 締め日で集計したい

使用関数 MONTH、EDATE、SUMIF 関数

数 式 =MONTH(EDATE(A3-20,1))、=SUMIF($C$3:$C$12,E3,$B$3:$B$12)

日付データを 20 日締めで集計したいなど締め日で集計するには、MONTH 関数に EDATE 関数を使って締め日による集計の月を取り出し、その月を条件に条件集計ができる関数で集計します。

---

❶ C 列に「=MONTH(EDATE(A3-20,1))」と入力する。

❷ 数式を必要なだけ複写する。

❸ 月別支払金額を求めるセルを選択し、「=SUMIF($C$3:$C$12,E3,$B$3:$B$12)」と入力する。

❹ 数式を必要なだけ複写する。

❺ 月別支払金額が求められる。

数式解説 MONTH 関数は日付から月を取り出す関数(第 6 章 Tips 268 で紹介)、DATE 関数は指定の月数後(前)の日付を求める関数(第 9 章 Tips 346 で紹介)、SUMIF 関数は条件を満たす数値の合計を求める関数です(Tips 106 で紹介)。

「EDATE(A3-20,1)」の数式は、A3 セルの日付が 20 日までなら前月の日付の 1 ヶ月後、20 日より後なら当月から 1 ヶ月後の日付を求めます。「=MONTH(EDATE(A3-20,1))」として求められた日付をもとに MONTH 関数で月を取り出すと、20 日まではその日付の月、20 日を過ぎると次の月が取り出されます。その月を条件にして「=SUMIF($C$3:$C$12,E3,$B$3:$B$12)」の数式を作成すると、20 日締めで 1 月の販売枚数がで求められます。条件をセル参照にし、条件を含む範囲と集計する範囲を絶対参照にして数式を作成することで、20 日締めでほかの月の販売枚数が数式のコピーで求められます。

📥 サンプルファイル ▶ 159.xlsx

▶ 日付集計 | 2016 | 2013 | 2010 | 2007

160 ○日～○日など期間で集計したい

使用関数 SUMIFS関数

数　式 =SUMIFS($B$3:$B$17,$A$3:$A$17,">=" &D3,$A$3:$A$17,"<="&F3)

○日～○日など期間を条件に集計するには、「日付が～以上であり～以下」の条件が必要です。つまり、「～以上」AND「～以下」の条件となるため、AND条件で集計できる関数を使えば求められます。

❶ 期間別入館者数を求めるセルを選択し、「=SUMIFS($B$3:$B$17,$A$3:$A$17,">="&D3,$A$3:$A$17,"<="&F3)」と入力する。

❷ 数式を必要なだけ複写する。

❸ 期間別入館者数が求められる。

数式解説 SUMIFS関数は複数の条件を満たす値を合計する関数です（Tips 127で紹介）。
「=SUMIFS($B$3:$B$17,$A$3:$A$17,">="&D3,$A$3:$A$17,"<="&F3)」の数式は、A3セル～A17セルの日付が「10/1(土)以上」、A3セル～A17セルの日付が「10/5(水)以下」の2つの条件を満たす、つまり、「10/1(土)～10/5(水)」の条件を満たすB3セル～B17セルの入館者数の合計を求めます。
条件をセル参照にし、条件を含む範囲と集計する範囲を絶対参照にして数式を作成することで、ほかの期間の入館者数の合計も数式のコピーで求められます。

サンプルファイル ▶ 160.xlsx

▶ 日付集計

161 ○日ごとに集計したい

使用関数 QUOTIENT、DAY、SUMIF 関数

数式 =QUOTIENT(DAY(A3)+1,2)、=SUMIF($F$3:$F$28,G3,$E$3:$E$28)

2日ごと、3日ごとに集計するには、2日ごとなら2日ごとに連番、3日ごとなら3日ごとに連番を付けて、その連番を条件に条件集計ができる関数で集計します。

---

❶ F列に「=QUOTIENT(DAY(A3)+1,2)」と入力する。

❷ 数式を必要なだけ複写する。

❸ G列にF列に求められた値を1つずつ入力する。

❹ 2日ごとの注文数を求めるセルを選択し、「=SUMIF($F$3:$F$28,G3,$E$3:$E$28)」と入力する。

❺ 数式を必要なだけ複写する。

❻ 2日ごとの注文数が求められる。

数式解説 QUOTIENT関数は数値を除算したときの商の整数部を求める関数です。DAY関数は日付から日を取り出す関数（第6章で紹介）、SUMIF関数は条件を満たす数値の合計を求める関数です（Tips 106で紹介）。

「=QUOTIENT(DAY(A3)+1,2)」の数式は、日付から取り出した日を「1」「1」と1からの2日ごと連番となるように求めます。その連番を条件にして「=SUMIF($F$3:$F$28,G3,$E$3:$E$28)」の数式を作成すると、「11/1～11/2」の2日間の注文数が求められます。条件をセル参照にし、条件を含む範囲と集計する範囲を絶対参照にして数式を作成することで、2日ごとの注文数が数式のコピーで求められます。

サンプルファイル ▶ 161.xlsx

162 曜日別に集計したい

使用関数 TEXT、SUMIF関数

数式 =TEXT(A3,"aaaa")、=SUMIF($C$3:$C$17,E3,$B$3:$B$17)

日付ごとの数値を曜日別に集計するには、日付のままでは集計できません。日付からTEXT関数で曜日だけを取り出して、その曜日をもとに条件集計ができる関数で集計します。

① C列に「=TEXT(A3,"aaaa")」と入力する。
② 数式を必要なだけ複写する。

③ 曜日別入館者数を求めるセルを選択し、「=SUMIF($C$3:$C$17,E3,$B$3:$B$17)」と入力する。
④ 数式を必要なだけ複写する。

⑤ 曜日別入館者数が求められる。

	A	B	C	D	E	F
1	美術館入館者数					
2	日付	入館者数			曜日別入館者数	
3	10/1(土)	146	土曜日		月曜日	429
4	10/2(日)	192	日曜日		火曜日	131
5	10/3(月)	77	月曜日		水曜日	135
6	10/4(火)	52	火曜日		木曜日	113
7	10/5(水)	68	水曜日		金曜日	154
8	10/6(木)	55	木曜日		土曜日	474
9	10/7(金)	80	金曜日		日曜日	440
10	10/8(土)	194	土曜日			
11	10/9(日)	248	日曜日			
12	10/10(月)	352	月曜日			
13	10/11(火)	79	火曜日			
14	10/12(水)	67	水曜日			
15	10/13(木)	58	木曜日			
16	10/14(金)	74	金曜日			
17	10/15(土)	134	土曜日			

数式解説 TEXT関数は数値や日付／時刻に指定の表示形式を付けて文字列に変換する関数（第8章Tips 328で紹介）、SUMIF関数は条件を満たす数値の合計を求める関数です（Tips 106で紹介）。

「=TEXT(A3,"aaaa")」の数式は、日付に曜日の表示形式を付けて返します。

「=SUMIF($C$3:$C$17,E3,$B$3:$B$17)」の数式は、TEXT関数で日付から取り出した曜日が「月曜日」の場合、B3セル～B17セルの入館者の合計を求めます。

条件をセル参照にし、条件を含む範囲と集計する範囲を絶対参照にして数式を作成することで、ほかの曜日の入館者の合計も数式のコピーで求められます。

▶ 日付集計

163 平日だけ／土日だけを集計したい

使用関数 WEEKDAY、SUMIF、SUM関数

数式 =WEEKDAY(A3,2)、=SUMIF(C3:C17,"<=5",B3:B17)、=SUM(B3:B17)-F3

日付ごとの数値を平日と土日に分けて集計するには、WEEKDAY関数で曜日を表す整数を取り出し、整数を条件に条件集計ができる関数で集計します。

❶ C列に「=WEEKDAY(A3,2)」と入力する。

❷ 数式を必要なだけ複写する。

❸ 平日入館者数を求めるセルを選択し、「=SUMIF(C3:C17,"<=5",B3:B17)」と入力する。

❹ 土日入館者数を求めるセルを選択し、「=SUM(B3:B17)-F3」と入力する。

数式解説 WEEKDAY関数は日付から曜日を整数で取り出し（第6章 Tips 270で紹介）、SUMIF関数は条件を満たす数値の合計を求める関数です（Tips 106で紹介）。

「=WEEKDAY(A3,2)」の数式は、日付から「月」～「日」の曜日を「1」～「7」の整数で求めます。平日の数値は「5」以下なので「=SUMIF(C3:C17,"<=5",B3:B17)」と数式を作成すると平日の入館者数が求められます。

土日の入館者数は「入館者数の合計－平日の入館者数」なので、「=SUM(B3:B17)-F3」の数式で求められます。

📁 サンプルファイル ▶ 163.xlsx

▶ 日付集計

164 土日祝だけを集計したい

使用関数 WEEKDAY、COUNTIF、SUMIFS、SUM関数

数式 =WEEKDAY(A3,2)、=COUNTIF($F$11:$G$13,A3)、=SUMIFS(B3:B17,C3:C17,"<=5",D3:D17,0)、=SUM(B3:B17)-G3

日付ごとの数値を、土日祝だけ集計するには、WEEKDAY関数で取り出した曜日を表す整数と、COUNTIF関数で求めた祝日の数の2つの条件をもとに、AND条件で集計できる関数を使えば求められます。

❶ C列に「=WEEKDAY(A3,2)」と入力する。

❷ 数式を必要なだけ複写する。

❸ D列に「=COUNTIF($F$11:$G$13,A3)」と入力する。

❹ 数式を必要なだけ複写する。

❺ 平日入館者数を求めるセルを選択し、「=SUMIFS(B3:B17,C3:C17,"<=5",D3:D17,0)」と入力する。

❻ 土日祝入館者数を求めるセルを選択し、「=SUM(B3:B17)-G3」と入力する。

数式解説 WEEKDAY関数は日付から曜日を整数で取り出し(第6章Tips 270で紹介)、SUMIFS関数は複数の条件を満たす数値の合計(Tips 127で紹介)、COUNTIF関数は条件を満たすセルの数を求める関数です(Tips 107で紹介)。

「=WEEKDAY(A3,2)」の数式は、日付から「月」~「日」の曜日を「1」~「7」の整数で求め、「=COUNTIF($F$11:$G$13,A3)」の数式は日付がF11セル~G13セルの祝日にある数を求めます。

平日はWEEKDAY関数で求めた数値が「5」以下、COUNTIF関数で求めた数値が「0」の2つの条件を満たす条件となるので「=SUMIFS(B3:B17,C3:C17,"<=5",D3:D17,0)」と数式を作成すると平日の入館者数が求められます。

土日祝の入館者数は「入館者数の合計-平日の入館者数」なので、「=SUM(B3:B17)-G3」の数式で求められます。

▶ 日付集計 | 2016 | 2013 | 2010 | 2007

165 指定の曜日は○％割引にして1ヶ月の合計を求めたい

使用関数 SUMPRODUCT、WEEKDAY関数

数 式 =SUMPRODUCT((B6:D10)*(A3:C3)*(1-(WEEKDAY(A6:A10)=4)*0.1))

合計セルがない複数列の表で列ごとに単価を乗算して合算する場合の数式は第2章 Tips 084 で紹介しましたが、特定の曜日の単価が違う場合は、さらにWEEKDAY関数を使った条件式を追加することで求められます。

❶列ごとの単価表を作成しておく。

❷水曜日は10％引きの入館料とする場合は、求めるセルを選択し、「=SUMPRODUCT((B6:D10)*(A3:C3)*(1-(WEEKDAY(A6:A10)=4)*0.1))」と入力する。

❸水曜日は10％引きの入館料で入館料の合計が求められる。

数式解説 SUMPRODUCT関数は要素の積を合計する関数です。WEEKDAY関数は日付から曜日を整数で取り出す関数です（第6章 Tips 270 で紹介）。

SUMPRODUCT関数の引数に条件式（[()]で囲んで指定します）を指定すると、条件式を満たす場合は「1」、満たさない場合は「0」で計算されます。

「=SUMPRODUCT((A3:C3)*B6:D10)」の数式は、A3セル～C3セルの入館料とB6セル～D10セルの入館者数をそれぞれに乗算して合計します（第2章 Tips 084 で紹介）。さらに「*(1-(WEEKDAY(A6:A10)=4)*0.1)」として「A6セル～A10セルの日付が水曜日の場合は90％の料金にする」の条件式を追加することで、条件を満たす場合に、水曜日は10％引きで入館料の合計が求められます。

📄 サンプルファイル ▶ 165.xlsx

▶ 日付集計　　　　　　　　　　　　　　　　　　　　　　　2016 | 2013 | 2010 | 2007

166 週別に集計したい

使用関数 WEEKNUM、SUMIF関数

数　式　=WEEKNUM(A3,2)-39、=SUMIF($C$3:$C$33,E3,$B$3:$B$33)

日付ごとの数値を週別に集計するには、日付のままでは集計できません。日付からWEEKNUM関数で週だけを取り出して、その週をもとに条件集計ができる関数で集計します。

---

❶C列に「=WEEKNUM(A3,2)-39」と入力する。

❷数式を必要なだけ複写する。

❸週別入館者を求めるセルを選択し、「=SUMIF($C$3:$C$33,E3,$B$3:$B$33)」と入力する。

❹数式を必要なだけ複写する。

❺週別入館者が求められる。

数式解説　WEEKNUM関数は日付がその年の第何週目にあるかを求める関数（第6章 Tips 272で紹介）、SUMIF関数は条件を満たす数値の合計を求める関数です（Tips 106で紹介）。

「=WEEKNUM(A3,2)-39」の数式は、日付からその月の1週目を「1」として週を取り出します。

「=SUMIF($C$3:$C$33,E3,$B$3:$B$33)」の数式は、WEEKNUM関数で日付から取り出した週が「1」である場合、B3セル～B33セルの入館者数の合計を求めます。

条件をセル参照にし、条件を含む範囲と集計する範囲を絶対参照にして数式を作成することで、ほかの週の入館者数も数式のコピーで求められます。

サンプルファイル ▶ 166.xlsx

▶日付集計

167 表に年ごとの小計を挿入したい

使用関数 YEAR、SUBTOTAL 関数

数 式 =YEAR(A3)&"年"、=SUBTOTAL(9,B3:B9)

表に年ごとの小計を挿入するには、YEAR 関数と小計機能を使います。日付から YEAR 関数で年を取り出し、その年を集計するグループの基準に指定して小計機能を実行することで可能です。

❶ C列に「=YEAR(A3)&"年"」と入力する。
❷ 数式を必要なだけ複写する。

	A	B	C
1	GW入館者数		
2	日付	入館者数	年
3	2015/4/29(水)	126	2015年
4	2015/4/30(木)	74	
5	2015/5/1(金)	122	
6	2015/5/2(土)	140	
7	2015/5/3(日)	316	
8	2015/5/4(月)	189	
9	2015/5/5(火)	171	
10	2016/4/29(金)	66	
11	2016/4/30(土)	98	
12	2016/5/1(日)	107	
13	2016/5/2(月)	52	
14	2016/5/3(火)	110	
15	2016/5/4(水)	167	
16	2016/5/5(木)	144	

❸ C列のセルを1つ選択し、[データ]タブの[並べ替えとフィルター]グループの[昇順]ボタンをクリックする。
❹ 表内のセルを1つ選択し、[データ]タブの[アウトライン]グループの[小計]ボタンをクリックする。
❺ [グループの基準]に「年」を指定する。
❻ [集計の方法]に「合計」を指定する。
❼ [集計するフィールド]に「入館者数」を指定する。
❽ [OK]ボタンをクリックする。

サンプルファイル ▶ 167.xlsx

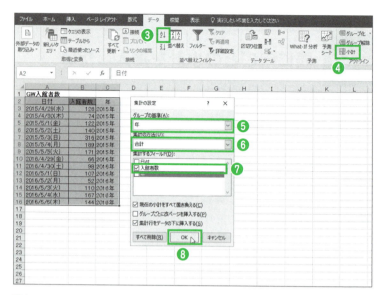

⑨ SUBTOTAL関数を使った数式が自動で挿入される。

⑩ 年ごとの入館者数の合計が挿入される。
C列を非表示にし、小計は移動して表を見栄え良く変更しておく。

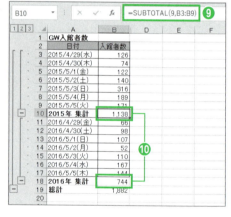

> **数式解説**　YEAR関数は日付から年を取り出す関数です（第6章 Tips 267で紹介）。
> 「=YEAR(A3)&"年"」の数式は、A3セルの日付から年を取り出し、「年」の文字を付けて返します。作成した年を集計するグループの基準に指定して小計機能を使うと、自動で表に年ごとの小計が挿入されます。小計にはSUBTOTAL関数を使った数式が自動で挿入されます。SUBTOTAL関数は指定の集計方法でその集計値を求める関数で、小計機能の [集計の方法] に「合計」を指定すると、「=SUBTOTAL(9,B3:B9)」のように引数の [集計方法] に「9」が指定された数式が作成され、小計を除いて合計が求められます（引数の [集計方法] で指定する数値についての解説は第2章 Tips 061 プラスアルファ参照）。

▶ 日付集計

168 表に月ごとの小計を挿入したい

使用関数 MONTH、SUBTOTAL関数

数 式 =MONTH(A3)&"月"、=SUBTOTAL(9,B3:B5)

表に月ごとの小計を挿入するには、MONTH関数と小計機能を使います。日付からMONTH関数で月を取り出し、その月を集計するグループの基準に指定して小計機能を実行することで可能です。

---

❶ C列に「=MONTH(A3)&"月"」と入力する。

❷ 数式を必要なだけ複写する。

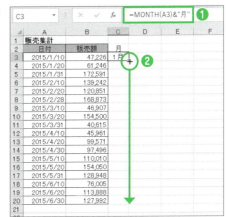

❸ C列のセルを1つ選択し、[データ]タブの[並べ替えとフィルター]グループの[昇順]ボタンをクリックする。

❹ 表内のセルを1つ選択し、[データ]タブの[アウトライン]グループの[小計]ボタンをクリックする。

❺ [グループの基準]に「月」を指定する。

❻ [集計の方法]に「合計」を指定する。

❼ [集計するフィールド]に「入館者」を指定する。

❽ [OK]ボタンをクリックする。

サンプルファイル ▶ 168.xlsx

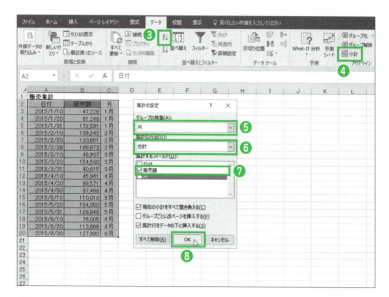

❾ SUBTOTAL関数を使った数式が自動で挿入される。

❿ 月ごとの入館者数の合計が挿入される。
C列を非表示にし、小計は移動して表を見栄え良く変更しておく。

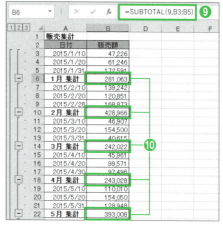

数式解説 MONTH関数は日付から月を取り出す関数です（第6章 Tips 268で紹介）。
「=MONTH(A3)&"月"」の数式は、A3セルの日付から月を取り出し、「月」の文字を付けて返します。作成した月を集計するグループの基準に指定して小計機能を使うと、自動で表に月ごとの小計が挿入されます。小計には SUBTOTAL 関数を使った数式が自動で挿入されます。SUBTOTAL 関数は指定の集計方法でその集計値を求める関数で、小計機能の [集計の方法] に「合計」を指定すると、「=SUBTOTAL(9,B3:B5)」のように引数の [集計方法] に「9」が指定された数式が作成され、小計を除いて合計が求められます（引数の [集計方法] で指定する数値についての解説は第2章 Tips 061 プラスアルファ参照）。

▶ 日付集計　　　　　　　　　　　　　　　　　　　　2016 | 2013 | 2010 | 2007

169 表に年月ごとの小計を挿入したい

使用関数 TEXT、SUBTOTAL 関数

数式 =TEXT(A3,"yyyy/m")、=SUBTOTAL(9,B3:B5)

表に年月ごとの小計を挿入するには、TEXT 関数と小計機能を使います。日付から TEXT 関数で年月を取り出し、その年月を集計するグループの基準に指定して小計機能を実行することで可能です。

❶ C列に「=TEXT(A3,"yyyy/m")」と入力する。

❷ 数式を必要なだけ複写する。

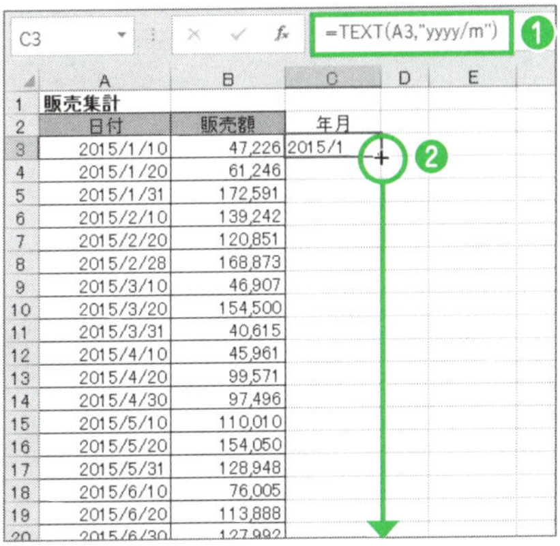

❸ C列のセルを1つ選択し、[データ]タブの[並べ替えとフィルター]グループの[昇順]ボタンをクリックする。

❹ 表内のセルを1つ選択し、[データ]タブの[アウトライン]グループの[小計]ボタンをクリックする。

❺ [グループの基準]に「年月」を指定する。

❻ [集計の方法]に「合計」を指定する。

❼ [集計するフィールド]に「入館者」を指定する。

❽ [OK]ボタンをクリックする。

📥 サンプルファイル ▶ 169.xlsx

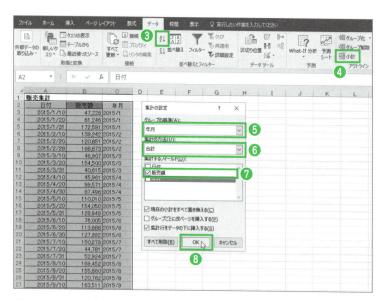

❾ SUBTOTAL関数を使った数式が自動で挿入され、

❿ 年月ごとの入館者数の合計が挿入される。
C列を非表示にし、小計は移動して表を見栄え良く変更しておく。

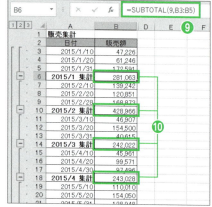

数式解説 TEXT関数は、数値や日付／時刻に指定の表示形式を付けて文字列に変換する関数です（第8章 Tips 328で紹介）。
「=TEXT(A3,"yyyy/m")」の数式は、A3セルの日付に「2015/1」と年月の表示形式を付けて求めます。求められた年月を集計するグループの基準に指定して小計機能を使うと、自動で表に年月ごとの小計が挿入されます。小計にはSUBTOTAL関数を使った数式が自動で挿入されます。SUBTOTAL関数は指定の集計方法でその集計値を求める関数で、小計機能の［集計の方法］に「合計」を指定すると、「=SUBTOTAL(9,B3:B5)」のように引数の［集計方法］に「9」が指定された数式が作成され、小計を除いて合計が求められます（引数の［集計方法］で指定する数値についての解説は第2章 Tips 061 プラスアルファ参照）。

▶ 日付集計

2016 | 2013 | 2010 | 2007

170 表に週ごとの小計を挿入したい

使用関数 WEEKNUM、SUBTOTAL 関数

数式 =WEEKNUM(A3,2)-39&"週"、=SUBTOTAL(9,B3:B4)

表に週ごとの小計を挿入するには、WEEKNUM 関数と小計機能を使います。日付から WEEKNUM 関数で週を取り出し、その週を集計するグループの基準に指定して小計機能を実行することで可能です。

❶ C列に「=WEEKNUM(A3,2)-39&"週"」と入力する。

❷ 数式を必要なだけ複写する。

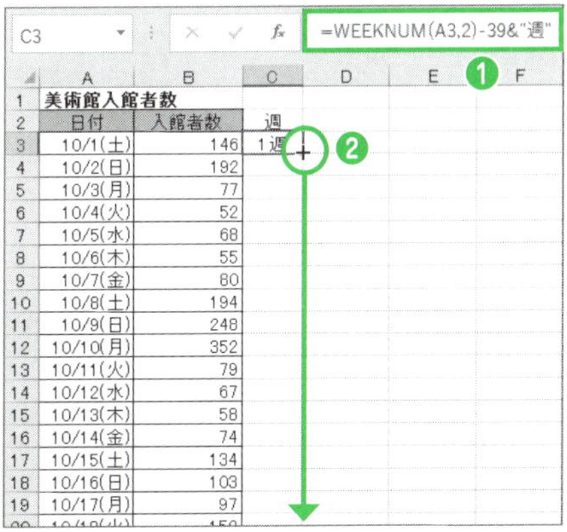

❸ C列のセルを1つ選択し、[データ]タブの[並べ替えとフィルター]グループの[昇順]ボタンをクリックする。

❹ 表内のセルを1つ選択し、[データ]タブの[アウトライン]グループの[小計]ボタンをクリックする。

❺ [グループの基準]に「週」を指定する。

❻ [集計の方法]に「合計」を指定する。

❼ [集計するフィールド]に「入館者」を指定する。

❽ [OK]ボタンをクリックする。

📥 サンプルファイル ▶ 170.xlsx

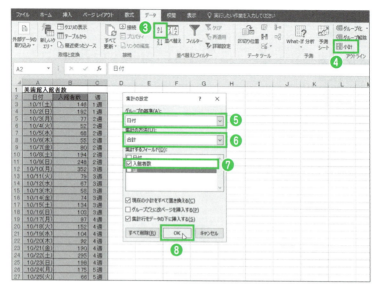

❾ SUBTOTAL関数を使った数式が自動で挿入される。

❿ 週ごとの入館者数の合計が挿入される。
C列を非表示にし、小計は移動して表を見栄え良く変更しておく。

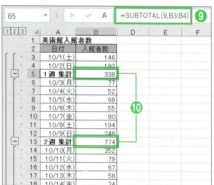

数式解説 WEEKNUM関数は日付がその年の第何週目にあるかを求める関数です（第6章 Tips 272で紹介）。

「=WEEKNUM(A3,2)-39&"週"」の数式は、A3セルの日付から月曜日を週の始まりとしてその年の第何週目にあるかを求め、その週から求めたい月の1週目が「1」となるように「39」を引いて、「週」の文字を付けて返します（引数の[週の基準]で指定できる数値は第6章 Tips 272参照）。
求めた週を集計するグループの基準に指定して小計機能を使うと、自動で表に週ごとの小計が挿入されます。小計にはSUBTOTAL関数を使った数式が自動で挿入されます。SUBTOTAL関数は指定の集計方法でその集計値を求める関数で、小計機能の[集計の方法]に「合計」を指定すると、「=SUBTOTAL(9,B3:B4)」のように引数の[集計方法]に「9」が指定された数式が作成され、小計を除いて合計が求められます（引数の[集計方法]で指定する数値についての解説は第2章 Tips 061 プラスアルファ参照）。

▶ 日付集計 2016 | 2013 | 2010 | 2007

171 表に指定の曜日までの小計を挿入したい

使用関数 WEEKNUM、SUBTOTAL関数

数 式 =WEEKNUM(A3,14)-39、=SUBTOTAL(9,B3:B7)

表に指定の曜日までの小計を挿入するには、WEEKNUM関数で指定の曜日を週の始まりとして日付から週を取り出し、その週を集計するグループの基準に指定して小計機能を実行することで可能です。

① C列に「=WEEKNUM(A3,14)-39」と入力する。
② 数式を必要なだけ複写する。

	A	B	C
1	美術館入館者数		
2	日付	入館者数	週
3	10/1(土)	146	
4	10/2(日)	192	
5	10/3(月)	77	
6	10/4(火)	52	
7	10/5(水)	68	
8	10/6(木)	55	
9	10/7(金)	80	
10	10/8(土)	194	
11	10/9(日)	248	
12	10/10(月)	352	
13	10/11(火)	79	
14	10/12(水)	67	
15	10/13(木)	58	
16	10/14(金)	74	
17	10/15(土)	134	
18	10/16(日)	103	
19	10/17(月)	97	

③ C列のセルを1つ選択し、[データ]タブの[並べ替えとフィルター]グループの[昇順]ボタンをクリックする。
④ 表内のセルを1つ選択し、[データ]タブの[アウトライン]グループの[小計]ボタンをクリックする。
⑤ [グループの基準]に「週」を指定する。
⑥ [集計の方法]に「合計」を指定する。
⑦ [集計するフィールド]に「入館者」を指定する。
⑧ [OK]ボタンをクリックする。

📥 サンプルファイル ▶ 171.xlsx

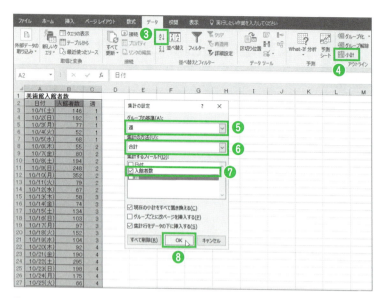

❾ SUBTOTAL関数を使った数式が自動で挿入される。

❿ 水曜日までの入館者数の合計が挿入される。
C列を非表示にし、小計は移動して表を見栄え良く変更しておく。

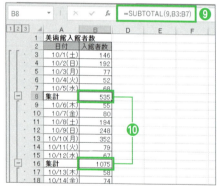

> **数式解説** WEEKNUM関数は日付がその年の第何週目にあるかを求める関数です(第6章 Tips 272で紹介)。
>
> 「=WEEKNUM(A3,14)-39」の数式は、A3セルの日付から木曜日を週の始まりとしてその年の第何週目にあるかを求め、その週から求めたい月の1週目が「1」となるように「39」を引いて返します(引数の[週の基準]で指定できる数値は第6章 Tips 272参照)。
> 求めた週を集計するグループの基準に指定して小計機能を使うと、自動で表に木曜〜水曜までの小計が挿入されます。小計にはSUBTOTAL関数を使った数式が自動で挿入されます。SUBTOTAL関数は指定の集計方法でその集計値を求める関数で、小計機能の[集計の方法]に「合計」を指定すると、「=SUBTOTAL(9,B3:B7)」のように引数の[集計方法]に「9」が指定された数式が作成され、小計を除いて合計が求められます(引数の[集計方法]で指定する数値についての解説は第2章 Tips 061 プラスアルファ参照)。

▶ 日付集計

2016 | 2013 | 2010 | 2007

172 表に日ごとの小計を挿入したい

使用関数 SUBTOTAL関数

数　式 =SUBTOTAL(9,E3:E5)

表に日ごとの小計を挿入するには小計機能を使います。日付を集計するグループの基準に指定して小計機能を実行することで可能です。

❶日付のセルを1つ選択し、[データ]タブの[並べ替えとフィルター]グループの[昇順]ボタンをクリックする。

❷表内のセルを1つ選択し、[データ]タブの[アウトライン]グループの[小計]ボタンをクリックする。

❸[グループの基準]に「日付」を指定する。

❹[集計の方法]に「合計」を指定する。

❺[集計するフィールド]に「注文数」を指定する。

❻[OK]ボタンをクリックする。

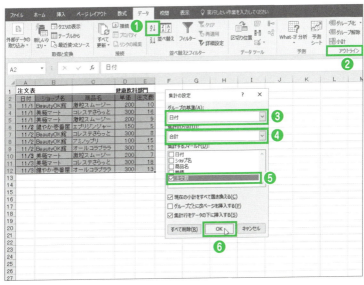

📥 サンプルファイル ▶ 172.xlsx

❼ SUBTOTAL関数を使った数式が自動で挿入される。

❽ 日ごとの注文数が挿入される。

> **数式解説** 小計機能で表に挿入された小計のセルには、自動でSUBTOTAL関数の数式が作成されます。SUBTOTAL関数は指定の集計方法でその集計値を求める関数です（引数の[集計方法]で指定する数値についての解説は第2章 Tips 061 プラスアルファ参照）。
> 小計機能の[集計の方法]に「合計」を指定すると、「=SUBTOTAL(9,E3:E5)」のように引数の[集計方法]に「9」が指定された数式が作成され、小計を除いて合計が求められます。

▶ 日付集計

2016 | 2013 | 2010 | 2007

173 表に○日ごとの小計を挿入したい

使用関数 QUOTIENT、DAY、SUBTOTAL関数

数式 =QUOTIENT(DAY(A3)+1,2)、=SUBTOTAL(9,E3:E9)

表に2日ごと、3日ごとの小計を挿入するには、2日ごとなら2日ごとに連番、3日ごとなら3日ごとに連番を付けて、その連番を集計するグループの基準に指定して小計機能を実行することで可能です。

❶ F列に「=QUOTIENT(DAY(A3)+1,2)」と入力する。

❷ 数式を必要なだけ複写する。

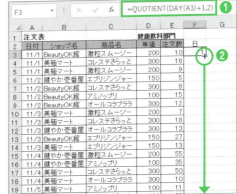

❸ F列のセルを1つ選択し、[データ]タブの[並べ替えとフィルター]グループの[昇順]ボタンをクリックする。

❹ 表内のセルを1つ選択し、[データ]タブの[アウトライン]グループの[小計]ボタンをクリックする。

❺ [グループの基準]に「日」を指定する。

❻ [集計の方法]に「合計」を指定する。

❼ [集計するフィールド]に「注文数」を指定する。

❽ [OK]ボタンをクリックする。

📥 サンプルファイル ▶ 173.xlsx

Chapter 3 どんな条件でもこれでOK！ 条件集計ワザ

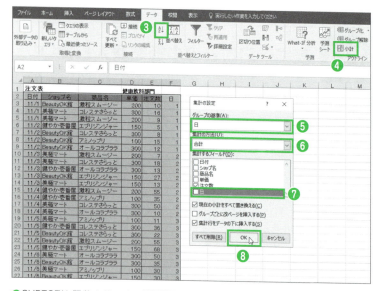

❾ SUBTOTAL関数を使った数式が自動で挿入される。

❿ 2日ごとの入館者数の合計が挿入される。
F列は非表示にし、小計は移動して表を見栄え良く変更しておく。

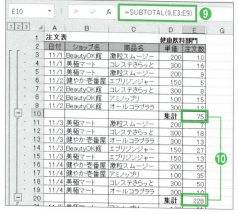

数式解説　QUOTIENT関数は除算したときの商の整数部を求める関数です。DAY関数は日付から日を取り出す関数です（第6章Tips 269で紹介）。
「=QUOTIENT(DAY(A3)+1,2)」の数式は、日付から取り出した日を「1」「1」と1からの2日ごと連番となるように求めます。求めた連番を集計するグループの基準に指定して小計機能を使うと、自動で表に2日ごとの小計が挿入されます。小計にはSUBTOTAL関数を使った数式が自動で挿入されます。SUBTOTAL関数は指定の集計方法でその集計値を求める関数で、小計機能の [集計の方法] に「合計」を指定すると、「=SUBTOTAL(9,E3:E9)」のように引数の [集計方法] に「9」が指定された数式が作成され、小計を除いて合計が求められます（引数の [集計方法] で指定する数値についての解説は第2章 Tips 061 プラスアルファ参照）。

▶日付集計

174 表に締め日ごとの小計を挿入したい

使用関数 MONTH、EDATE、SUBTOTAL 関数

数　式　=MONTH(EDATE(A3-20,1))&"月"、=SUBTOTAL(9,B3:B5)

表に締め日ごとの小計を挿入するには、MONTH 関数に EDATE 関数を使って締め日による集計の月を取り出し、その月を集計するグループの基準に指定して小計機能を実行することで可能です。

❶C列に「=MONTH(EDATE(A3-20,1))&"月"」と入力する。

❷数式を必要なだけ複写する。

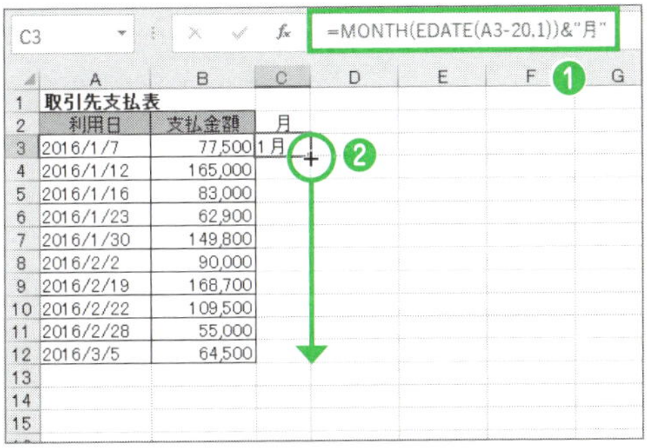

❸C列のセルを1つ選択し、[データ] タブの [並べ替えとフィルター] グループの [昇順] ボタンをクリックする。

❹表内のセルを1つ選択し、[データ] タブの [アウトライン] グループの [小計] ボタンをクリックする。

❺[グループの基準] に「月」を指定する。

❻[集計の方法] に「合計」を指定する。

❼[集計するフィールド] に「支払金額」を指定する。

❽[OK] ボタンをクリックする。

サンプルファイル ▶ 174.xlsx

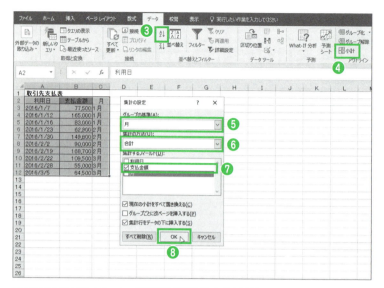

❾ SUBTOTAL関数を使った数式が自動で挿入される。

❿ 20日締めの支払金額の合計が挿入される。
C列を非表示にし、小計は移動して表を見栄え良く変更しておく。

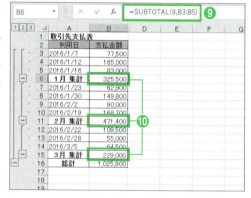

数式解説 MONTH関数は日付から月を取り出し（第6章Tips 268で紹介）、DATE関数は指定の月数後（前）の日付を求める関数です（第9章Tips 346で紹介）。
「=MONTH(EDATE(A3-20,1))&"月"」の数式は、A3セルの日付が20日までなら前月の日付の1ヶ月後、20日より後なら当月から1ヶ月後の日付を求め、その日付からMONTH関数で月を20日まではその日付の月、20日を過ぎると次の月を取り出します。その月を集計するグループの基準に指定して小計機能を使うと、自動で表に20日締めごとに小計が挿入されます。小計にはSUBTOTAL関数を使った数式が自動で挿入されます。SUBTOTAL関数は指定の集計方法でその集計値を求める関数で、小計機能の[集計の方法]に「合計」を指定すると、「=SUBTOTAL(9,E3:E9)」のように引数の[集計方法]に「9」が指定された数式が作成され、小計を除いて合計が求められます（引数の[集計方法]で指定する数値についての解説は第2章Tips 061 プラスアルファ参照）。

▶日付集計

2016 | 2013 | 2010 | 2007

175 年ごと／月ごとの小計列を作成したい

使用関数 YEAR、MONTH、IF、SUMIF関数

数 式 =YEAR(A3)、=MONTH(A3)、=IF(D2=D3,"",SUMIF($D$3:$D$16,D3,$B$3:$B$16))

年ごと、月ごとの小計列を作成するには、日付から取り出した年または月が1つ下と同じである場合にだけ、その年または月を条件にして集計するという条件式をIF関数で作成します。

■年ごとの小計を求める

❶D列に「=YEAR(A3)」と入力する。

❷数式を必要なだけ複写する。

❸年ごとの小計を求めるセルを選択し、「=IF(D2=D3,"",SUMIF($D$3:$D$16,D3,$B$3:$B$16))」と入力する。

❹数式を必要なだけ複写すると年ごとの小計が求められる。

■月ごとの小計を求める

❶D列に「=MONTH(A3)」と入力する。

❷数式を必要なだけ複写する。

❸月ごとの小計を求めるセルを選択し、「=IF(D2=D3,"",SUMIF($D$3:$D$20,D3,$B$3:$B$20))」と入力して、数式を必要なだけ複写すると月ごとの小計が求められる。

数式解説 YEAR関数は日付から年、MONTH関数は日付から月を取り出す関数です（第6章 Tips 267、268で紹介）。

IF関数は条件を満たすか満たさないかで処理を分岐する関数（第12章 Tips 476で紹介）、SUMIF関数は条件を満たす数値の合計を求める関数です（Tips 106で紹介）。

「=YEAR(A3)」はA3セルの日付から年を取り出し、「=MONTH(A3)」はA3セルの日付から月を取り出します。「=IF(D2=D3,"",SUMIF($D$3:$D$16,D3,$B$3:$B$16))」の数式は、取り出した年（月）が1つ下の年（月）であった場合は空白、違う場合はその年（月）を条件にB3セル～B16セルの販売額を合計する」の条件式を作成します。つまり、違う年（月）になると、その年（月）の1行目に年ごと（月ごと）に小計が求められます。

サンプルファイル ▶ 175.xlsx

176 データが追加されても自動で条件範囲や集計範囲を変更したい

使用関数 SUMIF関数

数式 =SUMIF(テーブル1[ショップ名],G3,テーブル1[注文数])

数式を作成してもデータを追加するたび、集計範囲は変更しなければなりません。しかし、表をテーブルに変換しておけば、自動で数式の集計範囲を変更できます。

❶タイトルと表を入力したら、表をテーブルに変換する([挿入]タブ→[テーブル]グループの[テーブル]ボタンをクリック。表示された[テーブルの作成]ダイアログボックスで、表のタイトルを含めた範囲をデータ範囲として選択したら、[先頭行をテーブルの見出しとして使用する]にチェックを入れて[OK]ボタンをクリック)。

❷注文数を求めるセルを選択し、数式内で使用するセル番地はテーブル内のセルを選択し入力すると「=SUMIF(テーブル1[ショップ名],G3,テーブル1[注文数])」のように表の列見出しを使った数式が作成される。

❸データを追加すると、注文数も自動で再計算される。

数式解説 SUMIF関数は条件を満たす数値の合計を求める関数です(Tips 106で紹介)。「=SUMIF(テーブル1[ショップ名],G3,テーブル1[注文数])」の数式は、表の「ショップ名」の列にあるG3セルのショップ名「BeautyOK館」の「注文数」の列にある注文数の合計を求めます。表にデータを追加しても、「ショップ名」「注文数」の列にあるデータを数式で指定しているため、自動で再計算されます。

プラスアルファ 数式内のテーブル名は、[デザイン]タブの[プロパティ]グループの[テーブル名]に入力して変更できます。

サンプルファイル ▶ 176.xlsx

▶さまざまな条件集計　　　　　　　　　　　　　　　2016 2013 2010 2007

177 データが追加されても自動で条件範囲や集計範囲を変更したい（列並びの場合）

使用関数 SUMIF、INDEX、COUNTA関数

数式 =SUMIF(B6:INDEX(B6:H6,COUNTA(B6:H6)),A3,B9:INDEX(B9:H9,COUNTA(B9:H9)))

テーブル機能が使えない列並びのデータで、追加しても自動で数式の条件範囲や集計範囲を変更するには、条件範囲と集計範囲が入力されたセルの個数で指定できるように INDEX、COUNTA 関数で条件範囲と集計範囲のセル範囲を作成します。

❶注文数を求めるセルを選択し、「=SUMIF(B6:INDEX(B6:H6,COUNTA(B6:H6)),A3,B9:INDEX(B9:H9,COUNTA(B9:H9)))」と入力する。

❷「BeautyOK館」の注文数が求められる。

❸データを追加しても常に「BeautyOK館」が求められる。

数式解説　SUMIF 関数は条件を満たす数値の合計を求める関数（Tips 106 で紹介）、INDEX 関数は指定の行列番号が交差するセル参照を求める関数（第 11 章 Tips 403 で紹介）、COUNTA 関数は空白以外のセルの個数を求める関数です（第 2 章 Tips 040 で紹介）。
「=SUMIF(B6:INDEX(B6:H6,COUNTA(B6:H6)),A3,B9:INDEX(B9:H9,COUNTA(B9:H9)))」の数式は、B6 セルから B6 セル～F6 セルに入力された個数までの範囲にある A3 セルのショップ名「BeautyOK館」の B9 セルから B9 セル～F9 セルに入力された個数までの範囲にある注文数の合計を求めます。結果、常に入力されたセルまでの「BeautyOK館」の注文数が求められます。

サンプルファイル ▶ 177.xlsx

178 項目別集計を結合セルの項目をもとに求めたい

使用関数 SUMIF関数

数 式 =SUMIF(F3:F12,H3,E3:E12)

結合セルの項目は1行目のセルにしか入力されていないため、その項目を条件に集計すると1つ目のセルの値しか集計されません。コピー&貼り付け&ジャンプ機能で、別の列に1行ずつ項目を入力し直しておきましょう。

❶ A3セル〜A12セルを範囲選択し、コピーしたらF列に値だけを貼り付ける。
❷ [ホーム]タブの[編集]グループの[検索と選択]ボタンから[条件を選択してジャンプ]を選択する。
❸ 表示された[選択オプション]ダイアログボックスで、[空白セル]を選ぶ。
❹ [OK]ボタンをクリックする。

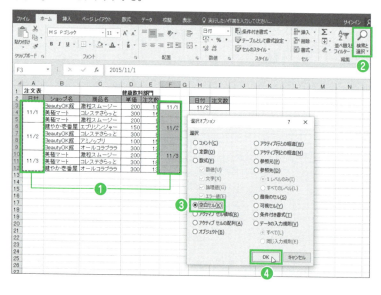

サンプルファイル ▶ 178.xlsx

❺ 空白セルだけが選択されるので、「=」と入力し、1つ上のセルを選択したら Ctrl + Enter キーで数式を確定する。

❻ 注文数を求めるセルを選択し、「=SUMIF(F3:F12,H3,E3:E12)」と入力する。

❼ 11／2の注文数が求められる。

> **数式解説** SUMIF関数は条件を満たす数値の合計を求める関数です（Tips 106 で紹介）。
> 「=SUMIF(F3:F12,H3,E3:E12)」の数式は、F3セル～F12セルにあるH3セルの日付「11/2」のE3セル～E12セルの注文数の合計を求めます。

179 項目別集計を複数の連続した集計範囲をもとに求めたい

▶さまざまな条件集計

2016 | 2013 | 2010 | 2007

使用関数 SUMPRODUCT関数

数 式 =SUMPRODUCT((B3:B23="日")*C3:D23)

SUMIF関数やAVERAGEIF関数の集計範囲は、1列または1行のセル範囲しか指定できません。集計したいセル範囲が連続した複数列（または行）の場合はSUMPRODUCT関数で条件式を作成して集計します。

❶ 日曜日集客人数を求めるセルを選択し、「=SUMPRODUCT((B3:B23="日")*C3:D23)」と入力する。

❷ 日曜日集客人数が求められる。

数式解説 SUMPRODUCT関数は要素の積を合計する関数です。
SUMPRODUCT関数の引数に条件式（[()]で囲んで指定します）を指定すると、数式内では条件式を満たす場合は「1」、満たさない場合は「0」で計算されます。
「=SUMPRODUCT((B3:B23="日")*C3:D23)」の数式は、B3セル～B23セルの曜日が「日」である場合に、C3セル～D23セルの合計が求められます。

サンプルファイル ▶ 179.xlsx

▶さまざまな条件集計　　　　　　　　　　　　　　　　2016 | 2013 | 2010 | 2007

180 項目別集計を複数の離れた条件／集計範囲をもとに求めたい（同じ並びにある場合）

使用関数 AVERAGEIF関数

数式 =AVERAGEIF(B5:F14,"東",C5:G14)、=AVERAGEIF(B5:B28,"東",C5:C28)

複数の表や、同じ表でも離れた位置にある複数の1列または1行のセル範囲を項目別に集計するには、同じ並びの表なら、数式で指定する条件範囲と集計範囲の指定を工夫するだけでできます。

■表が横並びの場合

❶東地区平均売上数を求めるセルを選択し、「=AVERAGEIF(B5:F14,"東",C5:G14)」と入力すると東地区平均売上数が求められる。

■表が縦並びの場合

❶東地区平均売上数を求めるセルを選択し、「=AVERAGEIF(B5:B28,"東",C5:C28)」と入力すると東地区平均売上数が求められる。

数式解説 AVERAGEIF関数は条件を満たす数値の平均を求める関数です（Tips 108で紹介）。AVERAGEIF／SUMIF関数など条件集計関数は、条件を含む範囲と集計するセル範囲が、範囲内で同じ番目にあるセルの値を集計するため、それぞれのセル範囲を1つずらして1つのセル範囲として指定することで、それぞれのセルの位置が同じ番目に調整されて、結果、集計が行えるようになります。
「=AVERAGEIF(B5:F14,"東",C5:G14)」の数式は、B5セル～F14セルにある「東」のC5セル～G14セルの売上数の平均を求めます。
「=AVERAGEIF(B5:B28,"東",C5:C28)」の数式は、B5セル～B28セルにある「東」のC5セル～C28セルの売上数の平均を求めます。

プラスアルファ 項目別集計を複数の離れた条件／集計範囲をもとに合計を求めるにはSUMIF関数を使って数式を作成します。

サンプルファイル ▶ 180.xlsx

▶ さまざまな条件集計

181 項目別集計を複数の離れた条件／集計範囲をもとに求めたい（違う並びにある場合）

使用関数 SUMIF関数

数 式 =SUMIF(B5:B14,"東",C5:C14)+SUMIF(E19:E28,"東",F19:F28)

集計したいセル範囲が複数の表にあり、違う並びにある場合に条件集計するには、Tips 180の方法では集計できません。このような場合は、表の数だけ条件集計関数を使って数式を作成します。

❶東地区売上数を求めるセルを選択し、「=SUMIF(B5:B14,"東",C5:C14)+SUMIF(E19:E28,"東",F19:F28)」と入力する。

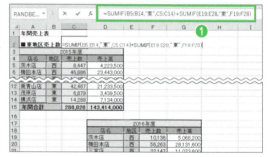

❷東地区売上数が求められる。

数式解説 SUMIF関数は条件を満たす数値の合計を求める関数です（Tips 106で紹介）。「=SUMIF(B5:B14," 東 ",C5:C14)」の数式は、B5セル～B14セルにある地区が「東」のC5セル～C14セルにある売上数、「SUMIF(E19:E28," 東 ",F19:F28)」の数式は、E19セル～E28セルにある地区が「東」のF19セル～F28セルにある売上数が求められます。この2つの数式を足し算することで、地区が「東」の売上数が求められます。

プラスアルファ 項目別集計を複数の離れた条件／集計範囲をもとにセルの数を数えるにはCOUNTIF関数を使って数式を作成します。

▶ さまざまな条件集計　　　　　　　　　　　　　　　　　2016 | 2013 | 2010 | 2007

182 項目別累計を求めたい

使用関数 SUMIF関数

数式 =SUMIF($B$3:B3,B3,$E$3:$E$12)

累計は前のセルの値を足し算して求めますが、項目別に累計するにはSUMIF関数を使います。引数の[範囲]に指定するセル範囲を絶対参照＋相対参照にして数式を作成することで可能です。

---

❶ショップ別累計注文数を求めるセルを選択し、「=SUMIF($B$3:B3,B3,$E$3:$E$12)」と入力する。

❷数式を必要なだけ複写する。

❸ショップ別累計注文数が求められる。

数式解説 SUMIF関数は条件を満たす数値の合計を求める関数です（Tips 106で紹介）。「=SUMIF($B$3:B3,B3,$E$3:$E$12)」の数式をコピーすると、次の行には「=SUMIF($B$3:B4,B4,$E$3:$E$12)」となります。つまり、SUMIF関数で引数の[範囲]が常に1行目からそれぞれの行までのセル範囲に変更されるため、1行目からの条件別累計が求められます。

📥 サンプルファイル ▶ 182.xlsx

▶ さまざまな条件集計　　　　　　　　　　　　　　　　　　　　2016 | 2013 | 2010 | 2007

183 エラー値を除外して集計したい

使用関数 AGGREGATE 関数

数 式 =AGGREGATE(9,6,F4:F15)

数式のエラー値は書式で非表示にできますが、集計範囲に含まれていると結果もエラーになってしまいます。エラーを除外して集計結果を求めるにはAGGREGATE 関数を使います。

❶ 数式のエラー値を非表示にしていても、集計範囲に含まれると、結果はエラー値になる。

❷ 11月注文金額を求めるセルを選択し、「=AGGREGATE(9,6,F4:F15)」と入力する。

❸ 11月注文金額が求められる。

数式解説 AGGREGATE 関数（Excel 2016／2013／2010）は集計方法と集計を無視する内容を指定してその集計値を求める関数です（第2章 Tips 068 で紹介）。
AGGREGATE 関数の引数の［集計方法］には集計方法を「1」～「19」の数値、［オプション］には無視する内容を「0」～「7」の数値で指定できます（第2章 Tips 068 プラスアルファ参照）。エラー値を無視するには、引数の［オプション］に「6」を指定します。
「=AGGREGATE(9,6,F4:F15)」の数式は、エラー値のセルを除外してF4セル～F15セルの注文金額の合計を求めます。

サンプルファイル ▶ 183.xlsx

▶ さまざまな条件集計

184 エラー値を除外して集計したい（Excel 2007）

使用関数 SUMIF関数

数式 =SUMIF(F4:F15,">0",F4:F15)

AGGREGATE関数がないExcel 2007で、エラー値を除外して集計結果を求めるには、0より大きい数値を条件にして、SUMIF関数など条件集計関数で集計します。

---

❶ 数式のエラー値を非表示にしていても、集計範囲に含まれると、結果はエラー値になる。

❷ 11月注文金額を求めるセルを選択し、「=SUMIF(F4:F15,">0",F4:F15)」と入力する。

❸ 11月注文金額が求められる。

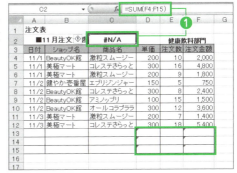

数式解説 SUMIF関数は条件を満たす数値の合計を求める関数です（Tips 106で紹介）。
「=SUMIF(F4:F15,">0",F4:F15)」の数式は、F4セル～F15セルの「0より大きい」注文全額の合計を求めます。つまり、エラー値を除外して注文全額の合計が求められます。

📥 サンプルファイル ▶ 184.xlsx

Chapter 3 どんな条件でもこれでOK！ 条件集計ワザ

▶ さまざまな条件集計

2016 | 2013 | 2010 | **2007**

185 エラー値を除外して集計したい（条件関数がないまたはExcel 2007の場合）

使用関数 MODE、IFERROR関数

数 式 `{=MODE(IFERROR(D4:D15,""))}`

Excel 2007でエラー値を除外して集計結果を求めるにはTips 184の方法で可能ですが、条件集計関数がない集計方法の場合は、IFERROR関数でエラー値を空白にして残りのエラー値以外の値を集計するように配列数式を使います。

❶ 数式のエラー値を非表示にしていても、集計範囲に含まれると、結果はエラー値になる。

❷ 最多注文単価を求めるセルを選択し、「=MODE(IFERROR(D4:D15,""))」と入力し、Ctrl + Shift + Enterキーで数式を確定する。

❸ 最多注文単価が求められる。

数式解説 MODE関数は最頻値を求め（第2章 Tips 046で紹介）、IFERROR関数はエラーの場合に指定の値を返す関数（第12章 Tips 393で紹介）。
「{=MODE(IFERROR(D4:D15,""))}」の数式は、D4セル～D15セルの注文金額がエラー値の場合は空白、違う場合はD4セル～D15セルの単価の最頻値を求めます。なお、配列を扱うため、配列数式で求めます。

サンプルファイル ▶ 185.xlsx

▶さまざまな条件集計

2016 | 2013 | 2010 | 2007

186 集計方法を変更しても手早くエラー値を除外して集計したい

使用関数 AGGREGATE関数

数 式 =AGGREGATE(H4,6,F4:F15)、=集計値

エラー値を除外して集計するにはAGGREGATE関数を使えばできますが(Tips 183で紹介)、名前の参照範囲に作成しておけば、集計方法の数値をセルに入力するだけで手早くエラー値を除いて集計できます。

---

❶ [数式]タブの[定義された名前]グループの[名前の定義]ボタンをクリックする。

❷ 表示された[新しい名前]ダイアログボックスで、[名前]に「集計値」と入力し、[範囲]に「ブック」を選択する。

❸ [参照範囲]に「=AGGREGATE(H4,6,F4:F15)」と入力する。

❹ [OK]ボタンをクリックする。

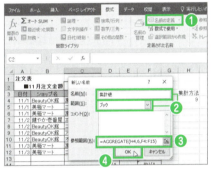

❺ 注文金額の合計を求めるセルを選択し、「=集計値」と入力する。

❻ 注文金額の合計が求められる。

❼ 平均注文金額は、集計方法を「1」に変更するだけで求められる。

	A	B	C	D	E	F	G	H
1	注文表							
2	■11月平均注文金額		2,628		健康飲料部門			
3	日付	ショップ名	商品名	単価	注文数	注文金額		集計方法
4	11/1	BeautyOK館	激粒スムージー	200	10	2,000		1
5	11/1	美搞マート	コレステさらっと	300	16	4,800		
6	11/1	美搞マート	激粒スムージー	200	9	1,800		
7	11/2	健やか壱番屋	エブリジンジャー	150	5	750		
8	11/2	BeautyOK館	コレステさらっと	300	8	2,400		
9	11/2	BeautyOK館	アミノップリ	100	15	1,500		
10	11/2	BeautyOK館	オールコラブラ	300	12	3,600		
11	11/3	美搞マート	激粒スムージー	200	7	1,400		
12	11/3	美搞マート	コレステさらっと	300	18	5,400		
13						#N/A		#N/A

数式解説 AGGREGATE関数(Excel 2016/2013/2010)は集計方法と集計を無視する内容を指定してその集計値を求める関数です(第2章Tips 068で紹介)。

AGGREGATE関数の引数の[集計方法]には集計方法を「1」~「19」の数値、[オプション]には無視する内容を「0」~「7」の数値で指定できます(第2章Tips 068プラスアルファ参照)。エラー値を無視するには「6」を指定します。

「=AGGREGATE(H4,6,F4:F15)」の数式を名前の参照範囲に作成して「集計値」の名前を付けておくことで、「=集計値」の数式を作成すると、F4セル~F15セルの注文金額からエラー値を除いてH4に入力した集計方法で集計値が求められます。

サンプルファイル▶186.xlsx

Chapter 3 さまざまな条件集計

2016 2013 2010 **2007**

187 集計方法を変更しても手早くエラー値を除外して集計したい (Excel 2007)

使用関数 IFERROR、SUM、AVERAGE関数

数 式 =IFERROR($F$4:$F$15,"")、=SUM(集計値)、=AVERAGE(集計値)

Excel 2007でエラー値を除外して集計結果を求めるにはTips 184や185の数式で可能ですが、IFERROR関数の数式を名前の参照範囲に作成しておけば、集計する関数の引数に付けた名前を入力するだけで手早くエラー値を除いて集計できます。

❶ [数式] タブの [定義された名前] グループの [名前の定義] ボタンをクリックする。

❷ 表示された [新しい名前] ダイアログボックスで、[名前] に「集計値」と入力し、[範囲] に「ブック」を選択する。

❸ [参照範囲] に「=IFERROR($F$4:$F$15,"")」と入力する。

❹ [OK] ボタンをクリックする。

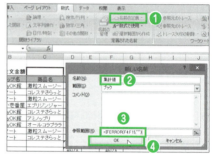

❺ 注文金額の合計を求めるセルを選択し、[数式] タブの [関数ライブラリ] グループの [合計] ボタンをクリックして、「=SUM(集計値)」と入力する。

❻ 注文金額の合計が求められる。

❼ 平均注文金額は、[数式] タブの [関数ライブラリ] グループの [合計] ボタンから [平均] を選択して、「=AVERAGE(集計値)」と入力する。

❽ 平均注文金額が求められる。

数式解説 IFERROR関数はエラーの場合に指定の値を返す関数です。SUM関数は数値の合計、AVERAGE関数は数値の平均を求める関数です (第2章 Tips 035で紹介)。

「=IFERROR($F$4:$F$15,"")」の数式を名前の参照範囲に作成して「集計値」の名前を付けておくことで、「=SUM(集計値)」の数式を作成すると、F4セル〜F15セルの注文金額からエラー値を除いて合計が求められます。

つまり、ほかの集計方法でエラー値を除外して求めたいときは、「=AVERAGE(集計値)」のように、関数名の引数に「集計値」の名前を入力するだけで求められます。

プラスアルファ エラー値を除外して最大値を求めるには「=MAX(集計値)」、エラー値を除外して最小値を求めるには「=MIN(集計値)」と数式を作成します。

サンプルファイル ▶ 187.xlsx

▶ さまざまな条件集計　　　　　　　　　　　　　　2016 | 2013 | 2010 | 2007

188 太字や表示形式を条件に集計したい

使用関数 GET.CELL、NOW、SUMIF関数

数　式 =GET.CELL(21, $A3)+NOW()*0、=GW、=SUMIF(C3:C16,1,B3:B16)

太字や下線など表示形式を付けた値だけ集計するには、条件が指定できないため条件集計関数だけではできません。表示形式によって違う数値が付けられるように数式を作成してから、その数値を条件に集計します。

---

❶ [数式] タブの [定義された名前] グループの [名前の定義] ボタンをクリックする。

❷ 表示された [新しい名前] ダイアログボックスで、[名前] に数式で使う名前「GW」を入力する。

❸ [参照範囲] に「=GET.CELL(21, $A3)+NOW()*0」と入力する。

❹ [OK] ボタンをクリックする。

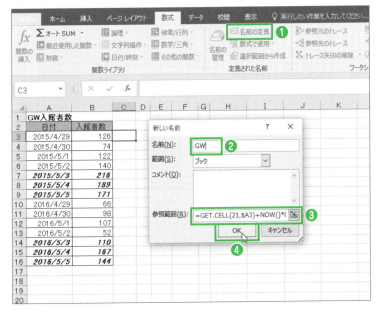

📥 サンプルファイル ▶ 188.xlsm

❺ C列に、作成した名前を使い、「=GW」と入力する。

❻ 数式を必要なだけ複写する。

❼ GW入館者数を求めるセルを選択し、「=SUMIF(C3:C16,1,B3:B16)」と入力する。

❽ 太字のGW入館者数が求められる。

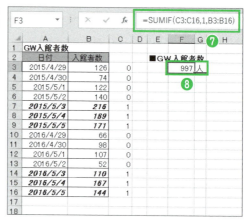

> **数式解説** SUMIF関数は条件を満たす数値の合計を求める関数です（Tips 106で紹介）。
> GET.CELL関数はExcel 4.0マクロ関数の1つで、セルの書式、位置、内容についての情報を返します。
>
> 書式「GET.CELL(検査の種類 [, 範囲])」に従った数式を名前の参照範囲に入力して使います。
> [検査の種類] に「21」と指定して「=GET.CELL(21, $A3)+NOW()*0」と数式を作成すると、[範囲] に指定したセルの文字が太字なら「TRUE(1)」、違うなら「FALSE(0)」が求められます。この求められた「1」を条件に「=SUMIF(C3:C16,1,B3:B16)」の数式を作成すると、太字の入館者数の合計が求められます。
> なお、GET.CELL関数の数式では「+NOW()*0」としておくことで、データを変更しても再計算されます。

> **プラスアルファ** Excel4.0 マクロ関数を使用したファイルは必ず、ファイルの種類を「Excel マクロ有効ブック」にして保存する必要があります。

▶ さまざまな条件集計　　　　　　　　　　　　　　　　　　2016 | 2013 | 2010 | 2007

189 セルの色を条件に表の最下行に集計したい

使用関数 SUBTOTAL関数

数 式 =SUBTOTAL(109,[[入館者数]])

表をテーブルに変換して集計行を追加しておくと、フィルターボタンを使って色を条件に抽出して集計できます。

---

❶ タイトルと表を入力したら、表をテーブルに変換する([挿入]タブ→[テーブル]グループの[テーブル]ボタンをクリック。表示された[テーブルの作成]ダイアログボックスで、表のタイトルを含めた範囲をデータ範囲として選択したら、[先頭行をテーブルの見出しとして使用する]にチェックを入れて[OK]ボタンをクリック)。

❷ [デザイン]タブの[集計行]にチェックを入れる。

❸ テーブルに集計行が挿入されるので、フィルターボタンをクリックして、集計方法を選択する。

❹ 選択した集計方法での数式「=SUBTOTAL(109,[[入館者数]])」が自動作成される。

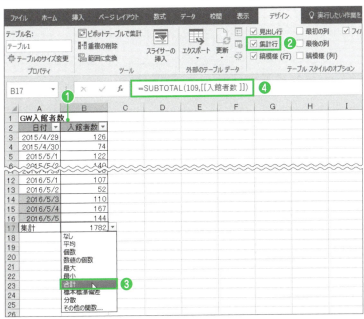

💾 サンプルファイル ▶ 189.xlsx

Chapter 3 どんな条件でもこれでOK！ 条件集計ワザ

❺ 日付のフィルターから「色フィルター」を選択、集計する色を選択する。

❻ 色を着けた日付のGW入館者数が求められる。

	A	B	C	D	E
1	GW入館者数				
2	日付	入館者数			
7	2015/5/3	216			
8	2015/5/4	189			
9	2015/5/5	171			
14	2016/5/3	110			
15	2016/5/4	167			
16	2016/5/5	144			
17	集計	997			

数式解説 集計行のフィルターボタン［▼］をクリックすると、8種類の集計方法のリストが表示されます。リストから選んだ集計方法がSUBTOTAL関数の引数の［集計方法］に指定され、数式が作成されて集計結果が求められます。
SUBTOTAL関数は指定の集計方法でその集計値を求める関数です（第2章 Tips 061で紹介）。列見出し「入館者数」のリストから「合計」を選ぶと「=SUBTOTAL(109,[[入館者数]])」の数式が自動で作成され、表の列見出し「入館者数」の売上高の合計が求められます。なお、数式内で、選んだ集計方法の数式で指定される数値は第2章 Tips 061で紹介しています。

▶ さまざまな条件集計　　　　　　　　　　　　　　　　　2016 | 2013 | 2010 | 2007

190 セルの色を条件に表から離れたセルに集計したい

使用関数 GET.CELL、NOW、SUMIF関数

数　式　=GET.CELL(63,$A3)+NOW()*0、=GW、=SUMIF(C3:C16,40,B3:B16)

表とは違うセルに色を着けた値だけ集計するには、色によって違う数値が付けられるように数式を作成してから、その数値を条件に条件集計関数で集計します。

❶ [数式] タブの [定義された名前] グループの [名前の定義] ボタンをクリックする。
❷ 表示された [新しい名前] ダイアログボックスで、[名前] に数式で使う名前「GW」を入力する。
❸ [参照範囲] に「=GET.CELL(63,$A3)+NOW()*0」と入力する。
❹ [OK] ボタンをクリックする。

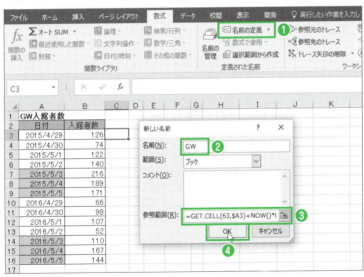

▶ サンプルファイル ▶ 190.xlsm

❺ C列に、作成した名前を使い、「=GW」と入力する。

❻ 数式を必要なだけ複写する。

❼ 色を着けた日付のGW入館者数を求めるセルを選択し、「=SUMIF(C3:C16,40,B3:B16)」と入力する。

❽ 色を着けた日付のGW入館者数が求められる。

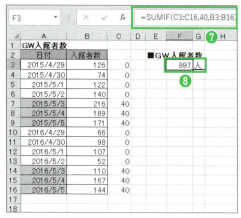

数式解説 SUMIF関数は条件を満たす数値の合計を求める関数です（Tips 106で紹介）。GET.CELL関数はExcel 4.0マクロ関数の1つで、セルの書式、位置、内容についての情報を返します。
書式「GET.CELL(検査の種類[,範囲])」に従った数式を名前の参照範囲に入力して使います。
[検査の種類]に「63」と指定して「=GET.CELL(63,$A3)+NOW()*0」と数式を作成すると、[範囲]に指定したセルの色を数値で求めます。この求められた数値を条件に「=SUMIF(C3:C16,40,B3:B16)」の数式を作成すると、色を着けた入館者数の合計が求められます。なお、GET.CELL関数の数式では「+NOW()*0」としておくことで、データを変更しても再計算されます。

プラスアルファ Excel4.0マクロ関数を使用したファイルは必ず、ファイルの種類を「Excelマクロ有効ブック」にして保存する必要があります。

▶ さまざまな条件集計　　　　　　　　　　　　　2016 | 2013 | 2010 | 2007

191 上位／下位から指定の順位までにある値を集計したい

使用関数 AVERAGEIF、LARGE、SMALL関数

数 式
=AVERAGEIF(D3:D12,">="&LARGE(D3:D12,2),D3:D12)、
=AVERAGEIF(D3:D12,"<="&SMALL(D3:D12,2),D3:D12)

データの上位／下位から3位までにある値の平均を知りたいなどの集計は、上位ならLARGE関数で求めた3位の値以上、下位ならSMALL関数で求めた3位の値以下を条件に条件集計関数で集計します。

■ LARGE関数を使う

❶ 上位2件の平均売上高を求めるセルを選択し、「=AVERAGEIF(D3:D12,">="&LARGE(D3:D12,2),D3:D12)」と入力する。

❷ 上位2件の平均売上高が求められる。

■ SMALL関数を使う

❶ 下位2件の平均売上高を求めるセルを選択し、「=AVERAGEIF(D3:D12,"<="&SMALL(D3:D12,2),D3:D12)」と入力する。

❷ 下位2件の平均売上高が求められる。

数式解説 AVERAGEIF関数は条件を満たす数値の平均を求める関数です（Tips 108で紹介）。「=AVERAGEIF(D3:D12,">="&LARGE(D3:D12,2),D3:D12)」の数式は、D3セル～D12セルの上位から2位の売上高以上、つまり、上位1位と2位の売上高の平均を求めます。「=AVERAGEIF(D3:D12,"<="&SMALL(D3:D12,2),D3:D12)」の数式は、D3セル～D12セルの下位から2位の売上高以下、つまり、下位1位と2位の売上高の平均を求めます。

プラスアルファ 上位／下位から指定の順位までにある値を合計するにはSUMIF関数、セルの数を数えるにはCOUNTIF関数を使って数式を作成します。

📥 サンプルファイル ▶ 191.xlsx

▶ さまざまな条件集計　　　2016 | 2013 | 2010 | 2007

192 0より大きい最小値を求めたい

使用関数 SMALL、COUNTIF関数

数　式　=SMALL(B3:B9,COUNTIF(B3:B9,0)+1)

「0」を含むデータをもとにMIN関数で最小値を求めると「0」が求められます。「0」は除いて最小値がほしいときは、SMALL関数にCOUNTIF関数を使って求めます。

❶ MIN関数で求めても、最低体重は「0」と求められてしまう。

❷ 最低体重を求めるセルを選択し、「=SMALL(B3:B9,COUNTIF(B3:B9,0)+1)」と入力する。

❸ 最低体重が求められる。

数式解説 SMALL関数は小さいほうから指定の順位にある数値を求め（第2章 Tips 044で紹介）、COUNTIF関数は条件を満たすセルの数を数える関数です（Tips 107で紹介）。
「COUNTIF(B3:B9,0)+1」の数式は、B3セル～B9セルにある体重の「0」の個数を求めて1を足し、「0」の次に小さい数値が何番目にあるかを求めます。つまり、「=SMALL(B3:B9,COUNTIF(B3:B9,0)+1)」と数式を作成すると、0を除いて最低体重が求められます。

📥 サンプルファイル ▶ 192.xlsx

▶ さまざまな条件集計　　　　　　　　　　　　　　　　　2016 | 2013 | 2010 | 2007

193 上限を決めて最大値を求めたい

使用関数 MIN関数

数　式 =MIN(B4/$C$2,1)

上限は100％と決めて比率を出したいのに、除算だけでは結果が100％を超えた場合はそのまま求められてしまいます。上限を決めて計算結果を求めたいときはMIN関数で2つ目の引数に上限の数値を指定します。

---

❶目標成績を求めるセルを選択し、「=MIN(B4/$C$2,1)」と入力する。

❷数式を必要なだけ複写する。

❸目標成績が求められる。

	A	B	C	D	E	F
1	研修成績表					
2		目標	250点			
3	社員ID	総合点	目標成績			
4	215480	190	76%			
5	215481	280	100%			
6	215482	120	48%			
7	215483	190	76%			
8	215484	100	40%			
9	215485	120	48%			
10						
11						

数式解説　MIN関数は数値の最小値を求める関数です（第2章 Tips 035 で紹介）。
「=MIN(B4/$C$2,1)」の数式は、B4セルの総合点をC2セルの目標成績で除算して求めた比率と100％を比較して小さいほうを求めます。つまり、B4セルの総合点の比率は100％より小さいのでそのままの76％、B5セルの総合点は100％より大きいので100％が求められます。

📥 サンプルファイル ▶ 193.xlsx

▶ さまざまな条件集計 2016 | 2013 | 2010 | 2007

194 下限を決めて最小値を求めたい

使用関数 MAX関数

数式 =MAX($C$2-B4,0)

下限は0と決めて数値を求めたいのに、引き算だけでは結果が0より少ない場合はそのまま求められてしまいます。下限を決めて計算結果を求めたいときはMAX関数で2つ目の引数に下限の数値を指定します。

❶ 不足点数を求めるセルを選択し、「=MAX($C$2-B4,0)」と入力する。

❷ 数式を必要なだけ複写する。

	A	B	C
1	研修成績表		
2		目標	250点
3	社員ID	総合点	不足点数
4	215480	190	60
5	215481	280	
6	215482	120	
7	215483	190	
8	215484	100	
9	215485	120	

❸ 不足点数が求められる。

	A	B	C
1	研修成績表		
2		目標	250点
3	社員ID	総合点	不足点数
4	215480	190	60
5	215481	280	0
6	215482	120	130
7	215483	190	60
8	215484	100	150
9	215485	120	130

数式解説 MAX関数は数値の最大値を求める関数です（第2章 Tips 035で紹介）。
「=MAX($C$2-B4,0)」の数式は、C2セルの目標成績からB4セルの総合点を引き算した不足点数と0を比較して大きいほうを求めます。つまり、B4セルの総合点の不足点数は0より大きいのでそのままの60、B5セルの不足点数は0より小さいので0が求められます。

📥 サンプルファイル ▶ 194.xlsx

▶さまざまな条件集計　　　　　　　　　　　　2016 | 2013 | 2010 | 2007

195 上限と下限を決めて計算結果を求めたい

使用関数 MIN、MAX関数

数式 =MIN(MAX(B3,50),100)

上限は100、下限は50など、上限と下限を決めて計算結果を求めたいときは、下限を決めた最大値を、上限を決めた最小値で返します。

❶ 納品数を求めるセルを選択し、「=MIN(MAX(B3,50),100)」と入力する。
❷ 数式を必要なだけ複写する。

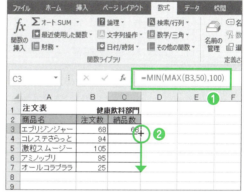

❸ 最低50、最高100として納品数が求められる。

数式解説 MAX関数は数値の最大値、MIN関数は数値の最小値を求める関数です（第2章 Tips 035で紹介）。
「MAX(B3,50)」の数式は、注文数と「50」を比較して大きいほうの数値が返されます。この数値を使い、「=MIN(MAX(B3,50),100)」と数式を作成すると、返された数値と「100」を比較して小さいほうの数値が納品数として返されます。結果、最低50、最高100として納品数が求められます。

📥 サンプルファイル ▶ 195.xlsx

▶ さまざまな条件集計　　　　　　　　　　　　　　　2016 2013 2010 2007

196 同じ数値を含む表でも大きいほうから指定の順位の数値を正しく求めたい

使用関数 MAX関数

数 式 `{=MAX(($B$3:$B$8<G3)*$B$3:$B$8)}`

LARGE関数は同じ数値を含む表では、次の順位も同じ数値で求めます。正しく次の順位の数値を求めるには、MAX関数で条件式を作成して配列数式で求めます。

---

❶ LARGE関数で数式を作成したが、成績の2位と3位が同じ点数で求められてしまう。

❷ 成績2位を求めるセルを選択し、「=MAX(($B$3:$B$8<G3)*$B$3:$B$8)」と入力し、Ctrl + Shift + Enter キーで数式を確定する。

❸ 数式を必要なだけ複写する。

❹ 成績の2位と3位が求められる。

数式解説 MAX関数は数値の最大値を求める関数です（第2章 Tips 035で紹介）。
「($B$3:$B$8<G3)」の数式は、「B3セル～B8セルのそれぞれの総合点がG3セルの1位の総合点未満である場合」の条件式を作成します。条件式を満たす場合は「TRUE(1)」、満たさない場合は「FALSE(0)」が返され、返された値を「*$B$3:$B$8」として総合点に乗算すると、1位より少ない総合点が返されます。つまり、「{=MAX(($B$3:$B$8<G3)*$B$3:$B$8)}」と数式を作成すると、1位の総合点より少ない条件で2位の総合点が求められます。なお、配列を扱うため、配列数式で求めます。

プラスアルファ Excel 2007以外のExcel 2016／2013／2010では、手順❷で「=AGGREGATE(14,,($B$3:$B$8<G3)*$B$3:$B$8,1)」と数式を作成しても可能です（作成方法はTips 109で紹介）。

▶ さまざまな条件集計　　　　　　　　　　　　　　　　2016 | 2013 | 2010 | 2007

197 同じ数値を含む表でも小さいほうから指定の順位の数値を正しく求めたい

使用関数 MIN、IF関数

数式 {=MIN(IF($B$3:$B$8>G3,$B$3:$B$8,""))}

SMALL関数は同じ数値を含む表では、次の順位も同じ数値で求めます。正しく次の順位の数値を求めるには、MIN関数で条件式を作成して配列数式で求めます。

---

❶ SMALL関数で数式を作成したが、成績ワースト2位と3位が同じ点数で求められてしまう。

❷ 成績ワースト2位を求めるセルを選択し、「=MIN(IF($B$3:$B$8>G3,$B$3:$B$8,""))」と入力し、Ctrl + Shift + Enter キーで数式を確定する。

❸ 数式を必要なだけ複写する。

❹ 成績ワースト2位と3位が求められる。

数式解説 MIN関数は数値の最小値を求める関数(第2章 Tips 035で紹介)、IF関数は条件を満たすか満たさないかで処理を分岐する関数です(第12章 Tips 476で紹介)。「{=MIN(IF($B$3:$B$8>G3,$B$3:$B$8,""))}」の数式は、B3セル～B8セルの総合点がG3セルの1位の総合点より多い場合に、B3セル～B8セルの総合点の最小値を求めます。結果、ワースト1位の総合点より多い条件でワースト2位の総合点が求められます。なお、配列を扱うため、配列数式で求めます。

📥 サンプルファイル ▶ 197.xlsx

198 開始と終了をもとに区間ごとに数えた件数表を作成したい

使用関数 SUMPRODUCT 関数

数 式 =SUMPRODUCT(($B$3:$B$7<=A11)*(A11<$C$3:$C$7))

開始時間と終了時間をもとに 18 時台の件数を求めたいなど、開始と終了をもとに区間ごとに数えた件数表を作成するには SUMPRODUCT 関数で条件式を作成して求めます。

① 待機人数を求めるセルを選択し、「=SUMPRODUCT(($B$3:$B$7<=A11)*(A11<$C$3:$C$7))」と入力する。

② 数式を必要なだけ複写する。

③ 待機人数が求められる。

数式解説 SUMPRODUCT 関数は要素の積を合計する関数です。
SUMPRODUCT 関数の引数に条件式 (「()」で囲んで指定します) を指定すると、条件式を満たす場合は「1」、満たさない場合は「0」が返されます。それぞれの条件を「()」で囲み、AND 条件式は演算子「*」、OR 条件式は演算子「+」で条件を繋いで作成します。
「=SUMPRODUCT(($B$3:$B$7<=A11)*(A11<$C$3:$C$7))」の数式は、「B3 セル～B7 セルの開始時間が「19:00 まで」であり、C3 セル～C7 セルの終了時間が「19:00 より後」である場合」の条件式を作成します。結果、条件を満たす場合にその数が合計され、19:00 の待機人数「2」が求められます。

サンプルファイル ▶ 198.xlsx

▶ さまざまな条件集計　　　　　　　　　　　　　2016 | 2013 | 2010 | 2007

199 「〜以下」の区間ごとに数えた件数表を作成したい

使用関数 FREQUENCY関数

数式 {=FREQUENCY(E3:E18,G3:G8)}

データをもとに一定の人数ごとや金額ごとなどの件数表を作成するにはFREQUENCY関数を使います。区切りとなる値の表は別途作成しておき、その区切りとなる値は「〜以下」で作成しておきます。

---

❶ 10個ごとの注文件数を求めるすべてのセルを選択し、「=FREQUENCY(E3:E18, G3:G8)」と入力し、Ctrl + Shift + Enter キーで数式を確定する。

❷ 10個ごとの注文件数が求められる。

数式解説 FREQUENCY関数は指定の区間に含まれる値の個数を求める関数です。
データの範囲の区切りとする値を入力しておき、引数の[区間配列]に指定して数式を作成すると、その値以下に含まれる個数が求められます。ただし、必ず配列数式で入力する必要があります。
「{=FREQUENCY(E3:E18,G3:G8)}」の数式は、G3セル〜G8セルに入力したそれぞれの個数以下に該当するE3セル〜E18セルの注文件数が求められます。

📥 サンプルファイル ▶ 199.xlsx

▶ さまざまな条件集計

200 年代別など「〜以上」の区間ごとに数えた件数表を作成したい

使用関数 FREQUENCY関数

数　式 `{=FREQUENCY(E3:E17,H3:H7)}`

FREQUENCY関数を使えば、区間ごとの件数表が作成できますが、区切りとなる値は「〜以下」でなければなりません。「〜以上」の年代別の表の場合は、別列に「〜以下」で区切りの値を入力して数式で使います。

❶ H列に1つ下の年代より1少ない数値を入力する。

❷ 年代別の会員数を求めるすべてのセルを選択し、「=FREQUENCY(E3:E17,H3:H7)」と入力し、Ctrl + Shift + Enter キーで数式を確定する。

❸ 年代別の会員数が求められる。

数式解説　FREQUENCY関数は指定の区間に含まれる値の個数を求める関数です（Tips 199で紹介）。
「{=FREQUENCY(E3:E17,H3:H7)}」の数式は、H3セル〜H7セルに入力したそれぞれの数値以下に該当するE3セル〜E17セルの会員数が求められます。結果、年代別の会員数が求められます。

サンプルファイル ▶ 200.xlsx

▶ さまざまな条件集計　　　　　　　　　　　2016 | 2013 | 2010 | 2007

201 区間ごとの件数表を横方向に作成したい

使用関数 TRANSPOSE、FREQUENCY関数

数 式 {=TRANSPOSE(FREQUENCY(E3:E17,I1:M1))}

区間ごとの件数はFREQUENCY関数で求められますが（Tips 199で紹介）、縦方向の表にしか求められません。横方向に表に求めるには、FREQUENCY関数で求めた結果をTRANSPOSE関数で行列を入れ替えて求めます。

---

❶年代別の会員数を求めるセルを選択し、「=TRANSPOSE(FREQUENCY(E3:E17, I1:M1))」と入力し、Ctrl + Shift + Enter キーで数式を確定する。

❷年代別の会員数が求められる。

数式解説 TRANSPOSE関数は指定した範囲の行と列位置を入れ替える関数、FREQUENCY関数は指定の区間に含まれる値の個数を求める関数です（Tips 199で紹介）。
「{=TRANSPOSE(FREQUENCY(E3:E17,I1:M1))}」の数式は、I1セル～M1セルに入力したそれぞれの数値以下に該当するE3セル～E17セルの会員数を行列を入れ替えて求めます。

📥 サンプルファイル ▶ 201.xlsx

202 区間ごとの合計表を作成したい

使用関数 SUMIFS関数

数式 =SUMIFS($E$3:$E$12,$D$3:$D$12,">="&G3,$D$3:$D$12,"<"&G4)

区間ごとの集計が行える関数はFREQUENCY関数だけですが、件数しか求められません。区間ごとに合計したい場合は、SUMIFS関数を使って区間を条件に合計します。

❶ 求める表の最終行の単価の下に同じ間隔の数値を入力する。

❷ 価格帯別注文数を求めるセルを選択し、「=SUMIFS($E$3:$E$12,$D$3:$D$12,">="&G3,$D$3:$D$12,"<"&G4)」と入力する。

❸ 数式を必要なだけ複写する。

❹ 価格帯別注文数が求められる。

	A	B	C	D	E	F	G	H	I	J	K
1	注文表			健康飲料部門							
2	日付	ショップ名	商品名	単価	注文数		価格帯別注文集計				
3	11/1	BeautyOK館	激粒スムージー	200	10		¥100〜	20			
4	11/1	美極マート	コレステさらっと	300	16		¥200〜	26	❹		
5	11/1	美極マート	激粒スムージー	200	9		¥300〜	67			
6	11/2	健やか壱番屋	エブリジンジャー	150	5		¥400〜				
7	11/2	BeautyOK館	コレステさらっと	300	8						
8	11/2	BeautyOK館	アミノッブリ	100	15						
9	11/2	BeautyOK館	オールコラブラ	300	12						
10	11/3	美極マート	激粒スムージー	200	7						
11	11/3	美極マート	コレステさらっと	300	18						

数式解説 SUMIFS関数は複数の条件を満たす値を合計する関数です(Tips 127で紹介)。「=SUMIFS($E$3:$E$12,$D$3:$D$12,">="&G3,$D$3:$D$12,"<"&G4)」の数式は、D3セル〜D12セルの単価の中で「100以上」、D3セル〜D12セルの単価の中で「200未満」の両方の条件に該当するセルを探し、E3セル〜E12セルの注文数の中でそのセルと同じ番目にある注文数の合計を求めます。つまり、価格帯「100」の注文数が求められます。

▶さまざまな条件集計

2016 | 2013 | 2010 | 2007

203 区間ごとの平均表を作成したい

使用関数 AVERAGEIFS関数

数式 =AVERAGEIFS($E$3:$E$17,$E$3:$E$17,">="&H3,$E$3:$E$17,"<"&H4)

区間ごとの集計が行える関数はFREQUENCY関数だけですが、件数しか求められません。区間ごとに平均したい場合は、AVERAGEIFS関数を使って区間を条件に平均します。

❶求める表の最終行の年代の下に同じ間隔の数値を入力する。

❷平均年齢を求めるセルを選択し、「=AVERAGEIFS($E$3:$E$17,$E$3:$E$17,">="&H3,$E$3:$E$17,"<"&H4)」と入力する。

❸数式を必要なだけ複写する。

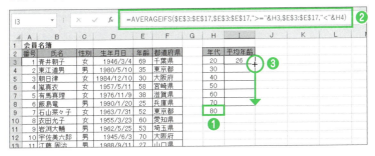

❹年代別の平均年齢が求められる。

数式解説 AVERAGEIFS関数は複数の条件を満たす値を平均する関数です(Tips 128で紹介)。
「=AVERAGEIFS($E$3:$E$17,$E$3:$E$17,">="&H3,$E$3:$E$17,"<"&H4)」の数式は、E3セル~E17セルの年齢の中で「20以上」、E3セル~E17セルの年齢の中で「30未満」の両方の条件に該当するセルを探し、E3セル~E12セルの年齢の平均を求めます。つまり、年代「20」の平均年齢が求められます。

📥 サンプルファイル ▶ 203.xlsx

さまざまな条件集計

`2016` `2013` `2010` `2007`

204 項目ごとの複数の集計方法の小計行を手早く挿入したい

使用関数 SUBTOTAL 関数

数 式 =SUBTOTAL(3,E3:E7)、=SUBTOTAL(9,E3:E7)、=SUBTOTAL(1,E3:E7)

作成済みの表に小計行を作成しなければならなくなった場合は、小計機能を使えば自動で挿入できます。合計、平均、件数と複数の集計方法での小計行が数式作成なしで手早く挿入できます。

---

❶小計したいショップ名のセルを1つ選択し、[データ]タブの[並べ替えとフィルター]グループの[昇順]ボタンをクリックする。

❷表内のセルを1つ選択し、[データ]タブの[アウトライン]グループの[小計]ボタンをクリックする。

❸[グループの基準]に「ショップ名」を指定する。

❹[集計の方法]に「平均」を指定する。

❺[集計するフィールド]に「注文数」を指定する。

❻[OK]ボタンをクリックする。

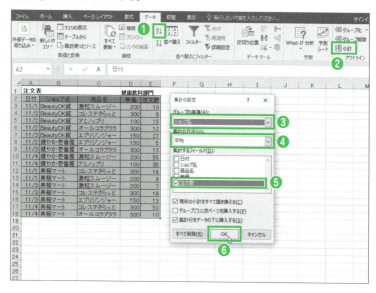

サンプルファイル ▶ 204.xlsx

❼再び[小計の設定]ダイアログボックスを表示させて[グループの基準]に「ショップ名」を指定する。

❽[集計の方法]に「合計」を指定する。

❾[集計するフィールド]に「注文数」を指定する。

❿[現在の小計をすべて置き換える]のチェックを外す。

⓫[OK]ボタンをクリックする。

再び[小計の設定]ダイアログボックスを表示させて❼[グループの基準]に「ショップ名」、[集計の方法]に「データの個数」、[集計するフィールド]に「注文数」を指定し、[現在の小計をすべて置き換える]のチェックを外して[OK]ボタンをクリックする。

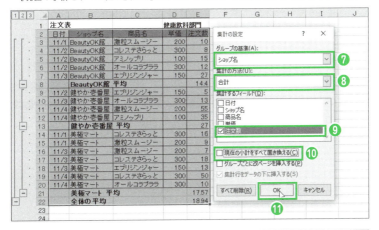

⓬ SUBTOTAL関数を使った数式が自動で挿入され、ショップごとに件数、合計、平均の行が挿入される。挿入されたデータは移動して表を見栄え良く変更しておく。

数式解説 小計機能で表に挿入された小計のセルには、自動でSUBTOTAL関数の数式が作成されます。SUBTOTAL関数は指定の集計方法でその集計値を求める関数です(引数の[集計方法]で指定する数値についての解説は第2章 Tips 061 プラスアルファ参照)。
小計機能の[集計の方法]に「平均」を指定すると「=SUBTOTAL(1,E3:E7)」、「合計」を指定すると「=SUBTOTAL(9,E3:E7)」、「データの個数」を指定すると「=SUBTOTAL(3,E3:E7)」と数式が作成され、ショップごとの件数、合計、平均の行が作成されます。

▶ さまざまな条件集計　2016 2013 2010 2007

205 表にない項目ごとの集計行を手早く挿入したい

使用関数 VLOOKUP、SUBTOTAL関数

数　式 =VLOOKUP(A3,$F$3:$I$6,4,1)、SUBTOTAL(9,B3:B7)

小計機能で小計を挿入するには、小計の基準になる項目が表内に必要です。小計したい基準の項目が表にない場合は、項目の列を表に追加して、小計機能を実行します。

❶D列に「=VLOOKUP(A3,$F$3:$I$6,4,1)」と入力する。

❷数式を必要なだけ複写する。

	A	B	C	D	E	F	G	H
1	2016年夏祭りイベント							
2	開催日	昼の部	夜の部	会場		イベント期間		
3	7/20	298	451	赤銀プラザ		7/20	～	7/24
4	7/21	457	546			7/25	～	7/31
5	7/22	564	214			8/1	～	8/4
6	7/23	236	277			8/5	～	8/9
7	7/24	392	380					
8	7/25	268	462					
9	7/26	289	381					
10	7/27	360	384					
11	7/28	245	531					
12	7/29	266	539					
13	7/30	163	363					
14	7/31	306	560					
15	8/1	286	571					
16	8/2	267	546					
17	8/3	450	267					
18	8/4	521	192					
19	8/5	141	174					
20	8/6	534	545					
21	8/7	569	488					
22	8/8	220	398					
23	8/9	544	105					
24								
25								
26								

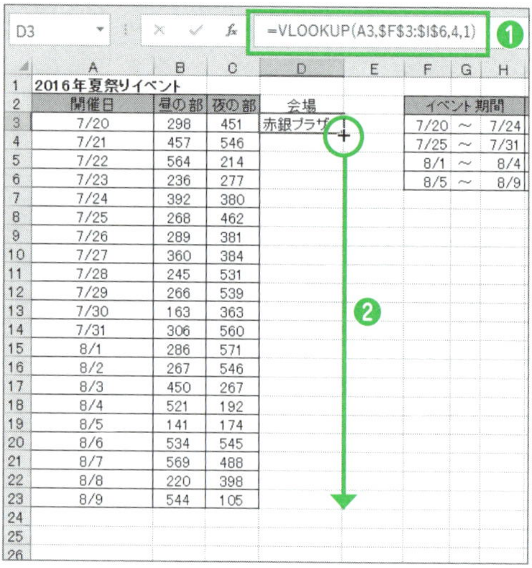

❸表内のセルを1つ選択し、[データ]タブの[アウトライン]グループの[小計]ボタンをクリックする。

❹[グループの基準]に「会場」を指定する。

❺[集計の方法]に「合計」を指定する。

❻[集計するフィールド]に「昼の部」「夜の部」を指定する。

❼[OK]ボタンをクリックする。

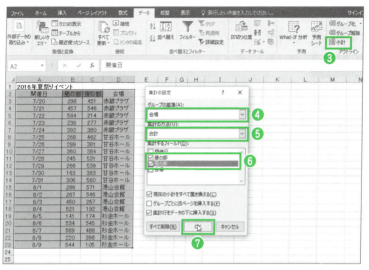

❽ SUBTOTAL関数を使った数式が自動で挿入され、会場ごとに合計の行が挿入される。D列を非表示にし、挿入された合計は移動して表を見栄え良く変更しておく。

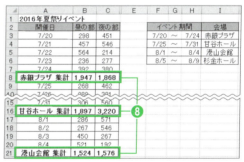

数式解説 VLOOKUP関数は複数行列の表から列を指定して検索値に該当する値を抽出する関数（第11章 Tips 392で紹介）、SUBTOTAL関数は指定の集計方法でその集計値を求める関数です（第2章 Tips 061で紹介）。

「=VLOOKUP(A3,$F$3:$I$6,4,1)」の数式は、A3セルの開催日をもとにF3セル～I6セルの表の4列目から会場名を抽出します。作成した会場名を集計するグループの基準に指定して小計機能を使うと、自動で表に会場名ごとの小計が挿入されます。小計にはSUBTOTAL関数を使った数式が自動で挿入されます。SUBTOTAL関数は指定の集計方法でその集計値を求める関数で、小計機能の[集計の方法]に「合計」を指定すると、「=SUBTOTAL(9,B3:B7)」のように引数の[集計方法]に「9」が指定された数式が作成され、表にない会場ごとの合計の行が挿入されます（引数の[集計方法]で指定する数値についての解説は第2章 Tips 061 プラスアルファ参照）。

プラスアルファ [グループの基準]に指定する列は同じ値が連続してグループになるように並べ替えておく必要があります。バラバラのデータなら小計を実行する前に必ず並べ替えておきましょう。

Chapter 3 ▶ さまざまな条件集計　2016 | 2013 | 2010 | 2007

どんな条件でもこれでOK！　条件集計ワザ

206 項目ごとの合計／平均／件数の列を作成したい

使用関数 IF、AVERAGEIF 関数

数 式 =IF(B2=B3,"",AVERAGEIF($B$3:$B$19,B3,$D$3:$D$19))

表に項目ごとの集計列を追加したいとき、項目が多いと集計するのは大変な作業となります。同じ項目の 1 行目だけ条件集計関数で集計できるように IF 関数で条件式を作成すると、数式のコピーで手早く作成できます。

❶ 派遣会社ごとの平均仕上時間を求めるセルを選択し、「=IF(B2=B3,"",AVERAGEIF($B$3:$B$19,B3,$D$3:$D$19))」と入力する。

❷ 数式を必要なだけ複写する。

❸ 派遣会社ごとの平均仕上時間が求められる。

数式解説
IF 関数は条件を満たすか満たさないかで処理を分岐する関数（第 12 章 Tips 476 で紹介）、AVERAGEIF 関数は条件を満たす数値の平均を求める関数です（Tips 108 で紹介）。
「=IF(B2=B3,"",AVERAGEIF($B$3:$B$19,B3,$D$3:$D$19))」の数式は、「1 つ上の派遣会社と同じ場合は空白で表示し、違う場合は AVERAGEIF 関数で派遣会社名を条件に作業時間を平均する」という条件式を作成しています。結果、同じ派遣会社は 1 行目だけに派遣会社ごとの作業時間の平均が求められます。

プラスアルファ 項目ごとの合計の列は SUMIF 関数、件数の列は COUNTIF 関数を使って数式を作成します。

▶ サンプルファイル ▶ 206.xlsx

▶ さまざまな条件集計

2016 | 2013 | 2010 | 2007

207 項目ごとの最大値の列を作成したい

使用関数 IF、AGGREGATE関数

数式 =IF(B2=B3,"",AGGREGATE(14,,($B$3:$B$23=B3)*$D$3:$D$23,1))

条件集計関数がない最大値の列を作成したいときは、IF関数にAGGREGATE関数を使って、同じ項目の1行目だけ最大値が求められるように条件式を作成します。

---

❶会場ごとの最高集客数を求めるセルを選択し、「=IF(B2=B3,"",AGGREGATE(14,,($B$3:$B$23=B3)*$D$3:$D$23,1))」と入力する。

❷数式を必要なだけ複写する。

❸会場ごとの最高集客数が求められる。

数式解説 IF関数は条件を満たすか満たさないかで処理を分岐する関数です（第12章 Tips 476 で紹介）。

AGGREGATE関数（Excel 2016／2013／2010）は集計方法と集計を無視する内容を指定してその集計値を求める関数です（第2章 Tips 068 で紹介）。引数の［集計方法］には集計方法を「1」～「19」の数値、［オプション］には無視する内容を「0」～「7」の数値で指定できます（第2章 Tips 068 プラスアルファ参照）。

「($B$3:$B$23=B3)」の数式は、「B3セル～B23セルのそれぞれの会場名がB3セルの会場名である場合」の条件式を作成します。条件式を満たす場合は「TRUE(1)」、満たさない場合は「FALSE(0)」が返され、返された値を「$D$3:$D$23」として集客数に乗算すると、条件を満たす集客数が求められます。求められた集客数を使い、AGGREGATE関数の引数の［集計方法］に「14」、［順位］に「1」を指定して「=IF(B2=B3,"",AGGREGATE(14,,($B$3:$B$23=B3)*$D$3:$D$23,1))」の数式を作成すると、「1つ上の会場名と同じ場合は空白で表示し、違う場合は会場名を条件に最高集客数を求める」という条件式となり、同じ会場名は1行目だけに最高集客数が求められます。

サンプルファイル ▶ 207.xlsx

▶ さまざまな条件集計　2016 2013 2010 **2007**

208 項目ごとの最大値の列を作成したい (Excel 2007)

使用関数 IF、MAX、INDEX関数

数式 =IF(B2=B3,"",MAX(INDEX(($B$3:$B$23=B3)*$D$3:$D$23,)))

AGGREGATE関数がないExcel 2007ではTips 207の方法で項目ごとの最大値が求められません。IF関数にMAX関数とINDEX関数を使って、同じ項目の1行目だけ最大値が求められるように条件式を作成します。

❶会場ごとの最高集客数を求めるセルを選択し、「=IF(B2=B3,"",MAX(INDEX(($B$3:$B$23=B3)*$D$3:$D$23,)))」と入力する。

❷数式を必要なだけ複写する。

❸会場ごとの最高集客数が求められる。

数式解説 IF関数は条件を満たすか満たさないかで処理を分岐する関数(第12章 Tips 476で紹介)、MAX関数は数値の最大値を求める関数(第2章 Tips 035で紹介)、INDEX関数は指定の行列番号が交差するセル参照を求める関数です(第11章 Tips 403で紹介)、「INDEX(($B$3:$B$23=B3)*$D$3:$D$23,)」の数式は、「会場名が指定の会場名である場合は集客数を表示する」という条件式になります。求められた集客数をMAX関数の引数に指定して「=IF(B2=B3,"",MAX(INDEX(($B$3:$B$23=B3)*$D$3:$D$23,)))」の数式を作成すると、「1つ上の会場名と同じ場合は空白で表示し、違う場合は会場名を条件に最高集客数を求める」という条件式となり、同じ会場名は1行目だけに最高集客数が求められます。

サンプルファイル ▶ 208.xlsx

▶さまざまな条件集計　　　　　　　　　　2016 | 2013 | 2010 | 2007

209 項目ごとの最小値の列を作成したい

使用関数 IF、MIN関数

数　式 {=IF(B2=B3,"",MIN(IF($B$3:$B$19=B3,$D$3:$D$19,"")))}

条件集計関数がない最小値の列を作成したいときは、IF関数にMIN関数を使って、同じ項目の1行目だけ最小値が求められるように条件式を作成します。なお、配列数式で求める必要があります。

---

❶派遣会社ごとの最速仕上時間を求めるセルを選択し、「=IF(B2=B3,"",MIN(IF($B$3:$B$19=B3,$D$3:$D$19,"")))」と入力し、Ctrl + Shift + Enter キーで数式を確定する。

❷数式を必要なだけ複写する。

❸派遣会社ごとの最速仕上時間が求められる。

数式解説　IF関数は条件を満たすか満たさないかで処理を分岐する関数（第12章 Tips 476で紹介）、MIN関数は数値の最小値を求める関数です（第2章 Tips 035で紹介）。「MIN(IF($B$3:$B$19=B3,$D$3:$D$19)」の数式は、B3セル～B19セルの派遣会社名がB3セルの「A社」の条件を満たす場合に、D3セル～D19セルの作業時間の最小値を求めます。つまり、「{=IF(B2=B3,"",MIN(IF($B$3:$B$19=B3,$D$3:$D$19,"")))}」の数式を作成すると、「1つ上の派遣会社名と同じ場合は空白で表示し、違う場合は派遣会社名を条件に最速仕上時間を求める」という条件式となり、同じ派遣会社名は1行目だけに最速仕上時間が求められます。なお、配列を扱うため、配列数式で求めます。

📂 サンプルファイル ▶ 209.xlsx

▶ さまざまな条件集計　　　　　　　　　　　　　　　　　2016 | 2013 | 2010 | 2007

210 重複を除く値を数えたい

使用関数 COUNTIF関数

数 式 =COUNTIF($C$3:C3,C3)、=COUNTIF(D3:D10,1)

重複しているのを知らずに入力してしまっても、COUNTIF関数を2回使えば重複を除いて数えられます。1つ目のCOUNTIF関数で同じ値はカウントされるように求めて、2つ目のCOUNTIF関数で「1」を条件に数えます。

---

❶ D列に「=COUNTIF($C$3:C3,C3)」と入力する。
❷ 数式を必要なだけ複写する。

	A	B	C	D	E
1	4月受付表				
2	日付	会社名	5月来社予約日		
3	4/4	ココシロ光産業	2016/5/18(水)		
4	4/8	プランニング小田辺	2016/5/26(木)		
5	4/8	ディングス中津	2016/5/15(日)		
6	4/12	ココシロ光産業	2016/5/18(水)		
7	4/14	ディングス中津	2016/5/26(木)		
8	4/18	須磨テックス	2016/5/18(水)		
9	4/18	ココシロ光産業	2016/5/5(木)		
10	4/25	ディングス中津	2016/5/26(木)		

❸ 5月来社予約日数を求めるセルを選択し、「=COUNTIF(D3:D10,1)」と入力する。
❹ 5月来社予約日数が求められる。

	A	B	C	D	E
1	4月受付表				
2	日付	会社名	5月来社予約日		
3	4/4	ココシロ光産業	2016/5/18(水)	1	
4	4/8	プランニング小田辺	2016/5/26(木)	1	
5	4/8	ディングス中津	2016/5/15(日)	1	
6	4/12	ココシロ光産業	2016/5/18(水)	2	
7	4/14	ディングス中津	2016/5/26(木)	2	
8	4/18	須磨テックス	2016/5/18(水)	3	
9	4/18	ココシロ光産業	2016/5/5(木)	1	
10	4/25	ディングス中津	2016/5/26(木)	3	
11					
12					
13		■5月来社予約日数	4		

数式解説 COUNTIF関数は条件を満たすセルの数を数える関数です(Tips 107で紹介)。「=COUNTIF($C$3:C3,C3)」の数式は、引数の[検索条件]で指定するセル番地を絶対参照と相対参照の組み合わせにしているため、次のセルに数式をコピーすると「=COUNTIF($C$3:C4,C4)」となり、同じ会社名が1つなら「1」、2つなら「2」、3つなら「3」とカウントされた数が求められます。この「1」を条件に「=COUNTIF(D3:D10,1)」と数式を作成すると、重複を除いた会社名が数えられます。

サンプルファイル ▶ 210.xlsx

▶ さまざまな条件集計　　　　　　　　　　　　　　2016 | 2013 | 2010 | 2007

211 複数条件で重複を除いた値を数えたい

使用関数 COUNTIFS、COUNTIF関数

数　式 =COUNTIFS($B$3:B3,B3,$C$3:C3,C3)、=COUNTIF(D3:D10,1)

同じ値でも別の条件が違うと1件として数えるなど、複数条件で重複を除いた値を数えるには、COUNTIFS関数で複数条件を満たす同じ値はカウントされるように求めて、COUNTIF関数で「1」を条件に数えます。

❶D列に「=COUNTIFS($B$3:B3,B3,$C$3:C3,C3)」と入力する。

❷数式を必要なだけ複写する。

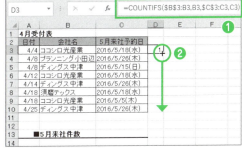

❸5月来社件数を求めるセルを選択し、「=COUNTIF(D3:D10,1)」と入力する。

❹5月来社件数が求められる。

数式解説 COUNTIF関数は条件を満たすセルの数を数える関数、COUNTIFS関数は複数の条件を満たすセルの数を数える関数です（Tips 107、129で紹介）。

「=COUNTIFS($B$3:B3,B3,$C$3:C3,C3)」の数式は、引数の[検索条件]で指定するセル番地を絶対参照と相対参照の組み合わせにしているため、次のセルに数式をコピーすると「=COUNTIFS($B$3:B4,B4,$C$3:C4,C4)」となり、同じ会社名と来社予約日が1つなら「1」、2つなら「2」、3つなら「3」とカウントされた数が求められます。この「1」を条件に「=COUNTIF(D3:D10,1)」と数式を作成すると、会社名と来社予約日の重複を除いた数、つまり来社件数が数えられます。

📥 サンプルファイル ▶ 211.xlsx

212 複数行列の重複を除いた値を数えたい

使用関数 SUMPRODUCT、COUNTIF 関数

数式 =SUMPRODUCT(1/COUNTIF(B4:G6,B4:G6))

値が複数行列にあると、Tips 210 の方法で重複を除いた値は数えられません。このような場合は、SUMPRODUCT 関数に COUNTIF 関数を使って数えます。

❶ 4月開講日数を求めるセルを選択し、「=SUMPRODUCT(1/COUNTIF(B4:G6,B4:G6))」と入力する。

❷ 4月開講日数が求められる。

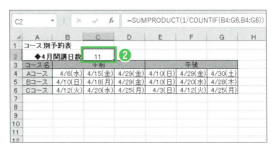

数式解説 SUMPRODUCT 関数は要素の積を合計する関数、COUNTIF 関数は条件を満たすセルの数を数える関数です (Tips 107 で紹介)。
「=SUMPRODUCT(1/COUNTIF(B4:G6,B4:G6))」の数式は、「1/COUNTIF(B4:G6,B4)」「1/COUNTIF(B4:G6,B5)」「1/COUNTIF(B4:G6,B6)」「1/COUNTIF(B4:G6,C4)」……となり、それぞれのセルを COUNTIF 関数の引数の [検索条件] に指定して求めた結果を合計します。それぞれは同じ日付が1個なら「1/1」、2個なら「1/2」と求められ、合計すると同じ日付は「1」で求められるため、結果、重複を除く日数が求められます。

サンプルファイル ▶ 212.xlsx

▶ さまざまな条件集計　　　　　　　　　　　　　　　　2016 | 2013 | 2010 | 2007

213 重複した値を数えたい

使用関数 COUNTIF関数

数式 =COUNTIF($C$3:C3,C3)、=COUNTIF(D3:D10,2)

重複した値は、Tips 210と同様にCOUNTIF関数を2回使えば数えられます。1つ目のCOUNTIF関数で同じ値はカウントされるように求めて、2つ目のCOUNTIF関数で「1」より多い数値を条件に数えます。

❶ D列に「=COUNTIF($C$3:C3,C3)」と入力する。

❷ 数式を必要なだけ複写する。

	A	B	C	D
1	4月受付表			
2	日付	会社名	5月来社予約日	
3	4/4	ココシロ光産業	2016/5/18(水)	
4	4/8	プランニング小田辺	2016/5/26(木)	
5	4/8	ディングス中津	2016/5/15(日)	
6	4/12	ココシロ光産業	2016/5/18(水)	
7	4/14	ディングス中津	2016/5/26(木)	
8	4/18	須磨テックス	2016/5/18(水)	
9	4/18	ココシロ光産業	2016/5/5(木)	
10	4/25	ディングス中津	2016/5/26(木)	

❸ 2件以上の来社予約日数を求めるセルを選択し、「=COUNTIF(D3:D10,2)」と入力する。

❹ 2件以上の来社予約日数が求められる。

	A	B	C	D
1	4月受付表			
2	日付	会社名	5月来社予約日	
3	4/4	ココシロ光産業	2016/5/18(水)	1
4	4/8	プランニング小田辺	2016/5/26(木)	1
5	4/8	ディングス中津	2016/5/15(日)	1
6	4/12	ココシロ光産業	2016/5/18(水)	2
7	4/14	ディングス中津	2016/5/26(木)	2
8	4/18	須磨テックス	2016/5/18(水)	3
9	4/18	ココシロ光産業	2016/5/5(木)	1
10	4/25	ディングス中津	2016/5/26(木)	3
11				
12				
13		■5月来社予約日数	4	
14		2件以上の来社予約日数	2	

数式解説 COUNTIF関数は条件を満たすセルの数を数える関数です（Tips 107で紹介）。「=COUNTIF($C$3:C3,C3)」の数式は、引数の[検索条件]で指定するセル番地を絶対参照と相対参照の組み合わせにしているため、次のセルに数式をコピーすると「=COUNTIF($C$3:C4,C4)」となり、同じ会社名が1つなら「1」、2つなら「2」、3つなら「3」とカウントされた数が求められます。この数が「2」を条件に「=COUNTIF(D3:D10,2)」と数式を作成すると、重複した会社名が数えられます。

📥 サンプルファイル▶ 213.xlsx

▶ さまざまな条件集計　　　　　　　　　　　　　　　　　2016 | 2013 | 2010 | 2007

214 複数条件で重複した値を数えたい

使用関数 COUNTIFS、COUNTIF関数

数式 =COUNTIFS($B$3:B3,B3,$C$3:C3,C3)、=COUNTIF(D3:D10,">1")

複数条件で重複した値は、Tips 211と同様にCOUNTIFS関数を使えば数えられます。COUNTIFS関数で複数条件を満たす同じ値はカウントされるように求めて、COUNTIF関数で「1」より多い数値を条件に数えます。

❶ D列に「=COUNTIFS ($B$3:B3,B3,$C$3:C3,C3)」と入力する。

❷ 数式を必要なだけ複写する。

❸ 重複予約件数を求めるセルを選択し、「=COUNTIF(D3:D10,">1")」と入力する。

❹ 重複予約件数が求められる。

数式解説 COUNTIF関数は条件を満たすセルの数を数える関数、COUNTIFS関数は複数の条件を満たすセルの数を数える関数です（Tips 107、129で紹介）。
「=COUNTIFS($B$3:B3,B3,$C$3:C3,C3)」の数式は、引数の[検索条件]で指定するセル番地を絶対参照と相対参照の組み合わせにしているため、次のセルに数式をコピーすると「=COUNTIFS($B$3:B4,B4,$C$3:C4,C4)」となり、同じ会社名と来社予約日が1つなら「1」、2つなら「2」、3つなら「3」とカウントされた数が求められます。この数が「1より大きい」を条件に「=COUNTIF(D3:D10,">1")」と数式を作成すると、重複した会社名と予約日、つまり重複予約件数が数えられます。

サンプルファイル ▶ 214.xlsx

▶さまざまな条件集計　　　　　　　　　　　2016 | 2013 | 2010 | 2007

215 別の表と重複した値／重複を除いた値を数えたい

使用関数　COUNTIF関数

数式　=COUNTIF(会員!$B$3:$B$14,B3)、=COUNTIF(G3:G14,1)

別の表や別シートの表と比較して、重複値／重複除外値を数えるには、別の表に同じ値がある件数をCOUNTIFS関数で数えて、2つ目のCOUNTIF関数で重複値は「1」、重複除外値は「0」を条件に数えます。

❶2つ目の「PC会員」シートのG列に「=COUNTIF(会員!$B$3:$B$14,B3)」と入力する。

❷数式を必要なだけ複写する。

❸ダブル会員の人数を求めるセルを選択し、「=COUNTIF(G3:G14,1)」と入力する。

❹ダブル会員の人数が求められる。

❺PC会員のみの人数を求めるセルを選択し、「=COUNTIF(G3:G14,0)」と入力する。

❻PC会員のみの人数が求められる。

数式解説　COUNTIF関数は条件を満たすセルの数を数える関数です(Tips 107で紹介)。「=COUNTIF(会員!$B$3:$B$14,B3)」の数式は、引数の[検索条件]で指定するセル番地を絶対参照と相対参照の組み合わせにしているため、次のセルに数式をコピーすると「=COUNTIF(会員!$B$3:$B$14,B4)」となり、「会員」シートに同じ氏名があるなら「1」、ないなら「0」が求められます。この数が「1」を条件に「=COUNTIF(G3:G14,1)」と数式を作成すると、「会員」シートの氏名と重複した氏名、つまり「会員」シートとのダブル会員の人数が求められます。また、この数が「0」を条件に「=COUNTIF(G3:G14,0)」と数式を作成すると、「会員」シートの氏名と重複していない氏名、つまりPC会員のみの人数が求められます。

📥 サンプルファイル ▶ 215.xlsx

216 名前が「、」で区切られたセルで「内田」と「上内田」は区別して数えたい

使用関数 COUNT、FIND関数

数 式 {=COUNT(FIND("、"&E3&"、","、"&B3:B5&"、"))}

「、」区切りの文字から指定の文字を数えるには第2章 Tips 055 の方法でできますが、「内田」と「上内田」のような同じ文字を含む名前は同じで数えられます。区別して数えるには COUNT 関数と FIND 関数を使い配列数式で求めます。

❶「内田」の参加日数を求めるために「=COUNTIF(B3:B5,"*"&E3&"*")」と数式を作成したが、「上内田」の数も求められてしまう。

	A	B	C	D	E	F
1	電話会議参加者					
2	日付	参加者	参加人数		氏名	参加日数
3	1/11(月)	田村, 生島, 南, 桐村, 江川	5		内田	2
4	1/20(水)	上内田, 江川, 尾形	3			
5	1/28(木)	生島, 和久井, 内田, 藤岡	4			

❷「内田」の参加日数を求めるセルを選択し、「=COUNT(FIND("、"&E3&"、","、"&B3:B5&"、"))」と入力し、Ctrl + Shift + Enter キーで数式を確定する。

❸「内田」の参加日数が求められる。

	A	B	C	D	E	F
1	電話会議参加者					
2	日付	参加者	参加人数		氏名	参加日数
3	1/11(月)	田村, 生島, 南, 桐村, 江川	5		内田	1
4	1/20(水)	上内田, 江川, 尾形	3			
5	1/28(木)	生島, 和久井, 内田, 藤岡	4			

数式解説 COUNT 関数は数値の個数（第2章 Tips 035 で紹介）、FIND 関数は文字列を左端から数えて何番目にあるかを求める関数です（第10章 Tips 367 で紹介）。
「{=COUNT(FIND("、"&E3&"、","、"&B3:B5&"、"))}」の数式は、FIND 関数で B3 セル〜B5 セルにある「、内田、」のセルの位置を求めて、COUNT 関数でその数を数えます。結果、「内田」と「上内田」が区別されて名前の数が求められます。なお、配列を扱うため、配列数式で求めます。

サンプルファイル ▶ 216.xlsx

▶さまざまな条件集計 2016 | 2013 | 2010 | 2007

217 検索値に該当する複数列の値を抽出して合計したい

使用関数 SUMPRODUCT、VLOOKUP 関数

数 式 =SUMPRODUCT(VLOOKUP($C10,A4:M6,{5,9,13},0))

集計したいセル範囲が複数列(または行)にある条件集計は、Tips 084 の SUMPRODUCT 関数で条件式を作成するとできますが、必要な複数の列だけ条件集計するには、さらに VLOOKUP 関数を併せて数式を作成します。

❶商品No.GG01の発注数を求めるセルを選択し、「=SUMPRODUCT(VLOOKUP($C10,A4:M6,{5,9,13},0))」と入力する。

❷商品No.GG01の発注数が求められる。

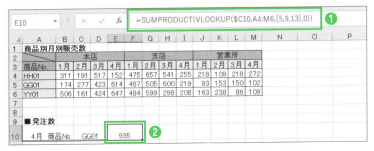

❸商品No.を変更するとその発注数が求められる。

	A	B	C	D	E	F	G	H	I	J	K	L	M
1	商品別月別販売数												
2			本店				支店				営業所		
3	商品No.	1月	2月	3月	4月	1月	2月	3月	4月	1月	2月	3月	4月
4	HH01	311	191	517	152	475	657	541	255	218	109	218	272
5	GG01	174	277	423	614	467	505	600	219	93	153	150	102
6	YY01	506	161	424	647	484	599	298	208	163	238	86	109
7													
8													
9	■発注数												
10	4月	商品No.	YY01		964	❸							

数式解説 SUMPRODUCT 関数は要素の積を合計する関数、VLOOKUP 関数は複数行列の表から列を指定して検索値に該当する値を抽出する関数です(第11章 Tips 392で紹介)。
「VLOOKUP($C10,A4:M6,{5,9,13})」の数式は、C10 セルの商品 No. をもとに、A4 セル〜M6 セルの表から5列目、9列目、13列目の販売数を抽出します。つまり、「=SUMPRODUCT(VLOOKUP($C10,A4:M6,{5,9,13},0))」と数式を作成すると、C10 セルの商品 No. の5列目、9列目、13列目の販売数の合計が求められます。

▼サンプルファイル▶ 217.xlsx

218 %を条件に集計したい

使用関数 COUNTIF、PERCENTILE.INC／PERCENTILE関数

数式
=COUNTIF(D3:D12,">="& PERCENTILE.INC(G2,0.9))／
=COUNTIF(D3:D12,">="&PERCENTILE(G2,0.9))

全体の数値の90％以上だけを集計したいなど、％を条件に集計するには、条件にPERCENTILE.INC／PERCENTILE関数を使って、条件集計関数で集計します。

❶目標売上90％を満たす店舗数を求めるセルを選択し、「=COUNTIF(D3:D12,">="&PERCENTILE.INC(G2,0.9))」と入力する。Excel 2007では「=COUNTIF(D3:D12,">="&PERCENTILE(G2,0.9))」と入力する。

	A	B	C	D	E	F	G	H
1	年間売上表							
2	店名	地区	売上数	売上高		■年間目標売上	20,000,000	
3	茨木店	西	8,447	4,223,500				
4	梅田本店	西	46,886	23,443,000		目標売上90％を満たす店舗数		
5	三宮店	西	18,456	9,228,000			=COUNTIF(D3:D12,">="&PERCENTILE.INC(G2,0.9))	
6	茶屋町店	西	37,125	18,562,500				
7	築地店	東	25,412	12,706,000			❶	
8	中野本店	東	76,450	38,225,000				
9	長堀店	西	10,438	5,219,000				
10	南青山店	東	42,467	21,233,500				
11	茂原店	東	6,879	3,439,500				
12	横浜店	東	14,268	7,134,000				
13	年間合計		286,828	143,414,000				

❷目標売上90％を満たす店舗数が求められる。

	A	B	C	D	E	F	G	H
1	年間売上表							
2	店名	地区	売上数	売上高		■年間目標売上	20,000,000	
3	茨木店	西	8,447	4,223,500				
4	梅田本店	西	46,886	23,443,000		目標売上90％を満たす店舗数		
5	三宮店	西	18,456	9,228,000			3	❷
6	茶屋町店	西	37,125	18,562,500				
7	築地店	東	25,412	12,706,000				

数式解説 COUNTIF関数は条件を満たすセルの数を数える関数（Tips 107で紹介）、PERCENTILE.INC／PERCENTILE関数は値を小さい順に並べたときに指定の％の位置にある値を求める関数です。
「=COUNTIF(D3:D12,">="&PERCENTILE.INC(G2,0.9))」の数式は、D3セル～D12セルの売上高の中で、G2セルの目標売上の90％以上にあたる売上高のセルの個数を求めます。結果、売上90％を満たす店舗数が求められます。

プラスアルファ ％を条件に合計を求めるにはSUMIF関数、平均を求めるにはAVERAGEIF関数にPERCENTILE.INC関数を使って数式を作成します。

▶ 218.xlsx

▶さまざまな条件集計

219 番号や文字で表した金額を合計したい

使用関数 SUMPRODUCT関数

数　式 =SUMPRODUCT(((B3:F3)={"早";"遅"})*({"7000";"15000"}))

セルに数値の代わりに文字や番号で入力していて集計しなければならなくなったときは、諦めて入力し直さなくてもSUMPRODUCT関数を使えば可能です。SUMPRODUCT関数で条件式を作成して求めます。

---

① 給与を求めるセルを選択し、「=SUMPRODUCT(((B3:F3)={"早";"遅"})*({"7000";"15000"}))」と入力する。

② 数式を必要なだけ複写する。

	A	B	C	D	E	F	G
1	2月勤務表						
2	氏名	2/1	2/2	2/3	2/4	2/5	給与
3	上川聖也	早	遅	早	早	遅	51,000
4	志村亜希子	早	早	早	遅	早	
5	新嶋佑樹	遅	遅	遅	遅	早	
6	光永史美	遅	遅	遅	早	早	

③ 「早」は7,000円、「遅」は15,000円としてそれぞれの給与が求められる。

	A	B	C	D	E	F	G
1	2月勤務表						
2	氏名	2/1	2/2	2/3	2/4	2/5	給与
3	上川聖也	早	遅	早	早	遅	51,000
4	志村亜希子	早	早	早	遅	早	43,000
5	新嶋佑樹	遅	遅	遅	遅	早	67,000
6	光永史美	遅	遅	遅	早	早	59,000

数式解説
SUMPRODUCT関数は要素の積を合計する関数です。
SUMPRODUCT関数の引数に条件式（{()}で囲んで指定します）を指定すると、数式内では条件式を満たす場合は「1」、満たさない場合は「0」で計算されます。
「=SUMPRODUCT(((B3:F3)={"早";"遅"})*({"7000";"15000"}))」の数式は、B3セル～F3セルの文字が「早」の場合は「7000」、「遅」の場合は「15000」を乗算して、そのすべてを合計します。結果、「早」は7,000円、「遅」は15,000円としてそれぞれの給与が求められます。

📥 サンプルファイル ▶ 219.xlsx

220 「0」や空白以外の直近の値との差を求めたい

使用関数 IF、LOOKUP関数

数 式 =IF(B4="","",B4-LOOKUP(1,0/($B$3:B3<>""),$B$3:B3))

1つ上にある数値との差を求めるには、引き算で可能ですが、途中に空白や「0」を含むと、正しい結果が得られません。このような場合は、LOOKUP関数で「0」や空白以外の1つ上の値を抽出して引き算します。

❶ 体重減を求める2つ目のセルを選択し、「=IF(B4="","",B4-LOOKUP(1,0/($B$3:B3<>""),$B$3:B3))」と入力する。

❷ 数式を必要なだけ複写する。

	A	B	C
1	**計測表**		
2	計測日	体重	体重減
3	3/1(火)	62.5	
4	3/2(水)	62.1	-0.4
5	3/3(木)		
6	3/4(金)	63.2	1.1
7	3/5(土)		
8	3/6(日)		
9	3/7(月)	63.5	0.3

❸ 直近の体重との差が求められる。

数式解説 IF関数は条件を満たすか満たさないかで処理を分岐する関数(第12章 Tips 476で紹介)、LOOKUP関数は検査値に該当する値を対応する範囲内の同じ番目から抽出する関数です(第11章 Tips 397で紹介)。
「LOOKUP(1,0/($B$3:B3<>""))」の数式は、空白以外の1つ上の体重を抽出します。つまり、「=IF(B4="","",B4-LOOKUP(1,0/($B$3:B3<>""),$B$3:B3))」と数式を作成すると、空白を除いて1つの上の体重との引き算が行われます。結果、直近の体重との差が求められます。

プラスアルファ 空白ではなく「0」が入力されているときは、「=IF(B4=0,"",B4-LOOKUP(1,0/($B$3:B3<>0),$B$3:B3))」と数式を作成します。

サンプルファイル ▶ 220.xlsx

▶ さまざまな条件集計　　　　　　　　　　　　　　　　　　2016 | 2013 | 2010 | 2007

221 チェックを入れたセルを集計したい

使用関数 COUNTIF関数

数　式 =COUNTIF(F3:F12,TRUE)

チェックボックスを作成して、チェックを入れたセルだけ集計するには、チェックボックスとセルをリンクさせておけば可能です。チェックのオンオフで表示される「TRUE」「FALSE」を条件に条件集計関数で集計します。

---

① [開発]タブの[コントロール]グループの[コントロールの挿入]ボタンから[フォームコントロール]グループの[チェックボックス]選択する。

② E列にチェックボックスを作成する。

③ 作成したチェックボックスを右クリック、[コントロールの書式設定]を選択、表示された[コントロールの書式設定]ダイアログボックスの[コントロール]タブで[リンクするセル]にそれぞれの隣のセルを指定する。

④ [OK]ボタンをクリックする。

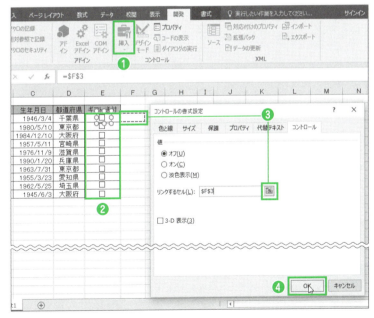

💾 サンプルファイル ▶ 221.xlsx

Chapter 3 どんな条件でもこれでOK！ 条件集計ワザ

❺ ギフト送付数を求めるセルを選択し、「=COUNTIF(F3:F12,TRUE)」と入力する。
❻ ギフト送付数が求められる。

	A	B	C	D	E	G	H	I	J	K
1	会員名簿									
2	番号	氏名	生年月日	都道府県	ギフト送付		■ギフト送付数			
3	1	青井朝子	1946/3/4	千葉県	☑			6		
4	2	東江道男	1980/5/10	東京都	☐					
5	3	朝日律	1984/12/10	大阪府	☑					
6	4	嵐真衣	1957/5/11	宮崎県	☑					
7	5	有馬真理	1976/11/9	滋賀県	☑					
8	6	飯島竜	1990/1/20	兵庫県	☐					
9	7	石山菜々子	1963/7/31	東京都	☑					
10	8	衣田允子	1955/3/23	愛知県	☑					
11	9	岩渕大輔	1962/5/25	埼玉県	☐					
12	10	宇佐美六郎	1945/6/3	大阪府	☐					

数式解説 COUNTIF関数は条件を満たすセルの数を数える関数です（Tips 107で紹介）。作成したチェックボックスにチェックを入れると、手順❸で「リンクするセル」に指定したセル番地に「TRUE」、外すと「FALSE」が表示されます。この「TRUE」を条件に「=COUNTIF(F3:F12,TRUE)」の数式を作成すると、チェックを入れたセルの数が数えられます。

プラスアルファ [開発]タブをリボンに追加するには、[ファイル]→[オプション]→[リボンのユーザー設定]の[メインタブ]の[開発]にチェックを入れます。

プラスアルファ 手順❶で[コントロールの挿入]ボタンからチェックボックスを挿入する際には、[ActiveXコントロール]グループにあるチェックボックスではなく、必ず、[フォームコントロール]グループのチェックボックスを選択します。

▶ 複数の表／シートの条件集計　　　2016 | 2013 | 2010 | 2007

222 並びが違う表と比較して同じ項目の比率を求めたい

使用関数 VLOOKUP関数

数　式　=C12/VLOOKUP(B12,$B$4:$C$8,2,0)

前年比など比率計算は除算でできますが、比較するデータの並びが違うと並べ替えなければできません。並べ替えずに比率計算するには、VLOOKUP関数で計算対象の値を抽出して除算します。

---

❶前年比を求めるセルを選択し、「=C12/VLOOKUP(B12,$B$4:$C$8,2,0)」と入力する。

❷数式を必要なだけ複写する。

	A	B	C	D	E	F
1	得意先別売上高					
2	2015年度					
3	順位	得意先名	売上高			
4	1位	須磨テックス	4,139,670			
5	2位	ココシロ光産業	3,960,280			
6	3位	ディングス中津	2,909,020			
7	4位	角別府システム	2,369,180			
8	5位	プランニング小田辺	1,774,910			
9						
10	2016年度					
11	順位	得意先名	売上高	前年比		
12	1位	ココシロ光産業	3,210,170	81.1%		
13	2位	角別府システム	3,124,260			
14	3位	須磨テックス	2,516,050			
15	4位	プランニング小田辺	1,858,620			
16	5位	ディングス中津	1,287,690			

❸得意先ごとの前年比が求められる。

	A	B	C	D	E	F
1	得意先別売上高					
2	2015年度					
3	順位	得意先名	売上高			
4	1位	須磨テックス	4,139,670			
5	2位	ココシロ光産業	3,960,280			
6	3位	ディングス中津	2,909,020			
7	4位	角別府システム	2,369,180			
8	5位	プランニング小田辺	1,774,910			
9						
10	2016年度					
11	順位	得意先名	売上高	前年比		
12	1位	ココシロ光産業	3,210,170	81.1%		
13	2位	角別府システム	3,124,260	131.9%		
14	3位	須磨テックス	2,516,050	60.8%		
15	4位	プランニング小田辺	1,858,620	104.7%		
16	5位	ディングス中津	1,287,690	44.3%		

数式解説　VLOOKUP関数は複数行列の表から列を指定して検索値に該当する値を抽出する関数です（第11章 Tips 392で紹介）。

「VLOOKUP(B12,$B$4:$C$8,2,0)」の数式は、B12セルの得意先名をもとに、2015年度の表のB4セル〜C8セルの表から2列目の売上高を抽出します。つまり、「=C12/VLOOKUP(B12,$B$4:$C$8,2,0)」の数式を作成すると、2016年度の売上高／2015年度の売上高の結果が求められます。結果、得意先ごとの前年比が求められます。

📥 サンプルファイル ▶ 222.xlsx

▶ 複数の表／シートの条件集計　　2016 | 2013 | 2010 | 2007

223 別表に同じ項目がある数値だけ合算したい

使用関数 IFERROR、VLOOKUP関数

数式 =IFERROR(D4+VLOOKUP(C4,$A$4:$B$8,2,0),"")

別表に同じ項目がある場合は数値を合算しておきたい、そんなときはVLOOKUP関数で項目に該当する数値を抽出して合計します。

❶ 発注数を求めるセルを選択し、「=IFERROR(D4+VLOOKUP(C4,$A$4:$B$8,2,0),"")」と入力する。

❷ 数式を必要なだけ複写する。

❸ 別表にある社名だけ発注数が合算されて求められる。

数式解説 IFERROR関数はエラーの場合に指定の値を返す関数、VLOOKUP関数は複数行列の表から列を指定して検索値に該当する値を抽出する関数です（第11章 Tips 392、393で紹介）。
「VLOOKUP(C4,$A$4:$B$8,2,0)」の数式は、C4セルの社名をもとに、6/1の表のA4セル～B8セルの表から2列目の発注数を抽出します。つまり、「=IFERROR(D4+VLOOKUP(C4,$A$4:$B$8,2,0),"")」の数式を作成すると、VLOOKUP関数で抽出した値がないと空白で表示され、ある場合は発注数が合計されます。結果、6/1の表にある社名だけ発注数が合算されて求められます。

サンプルファイル ▶ 223.xlsx

▶ 複数の表／シートの条件集計　　　　　　　　　2016 | 2013 | 2010 | 2007

224 1つの表に複数シート（表）の数値を条件別に合計したい

使用関数 SUMIF関数

数 式
=SUMIF('11月'!$C$3:$C$12,A3,'11月'!$E$3:$E$12)+SUMIF('12月'!$C$3:$C$15,A3,'12月'!$E$3:$E$15)

複数のシートに表を作成し、1つの表に条件別の合計を求めるには、SUMIF関数をシート（表）の数だけ足し算して数式を作成します。

❶「11月」シート、「12月」シートの注文表の商品別注文数を「注文集計」シートに求める。

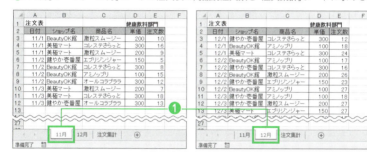

❷「注文集計」シートの商品別注文数を求めるセルを選択し、「=SUMIF('11月'!$C$3:$C$12,A3,'11月'!$E$3:$E$12)+SUMIF('12月'!$C$3:$C$15,A3,'12月'!$E$3:$E$15)」と入力する。

❸数式を必要なだけ複写すると、「11月」シート、「12月」シートの商品別注文数が求められる。

数式解説 SUMIF関数は条件を満たす数値の合計を求める関数です（Tips 106で紹介）。
「=SUMIF('11月'!$C$3:$C$12,A3,'11月'!$E$3:$E$12)+SUMIF('12月'!$C$3:$C$15,A3,'12月'!$E$3:$E$15)」の数式は、「11月」シートのC3セル～C12セルにあるA3セルの商品名「エブリジンジャー」のE3セル～E12セルの注文数の合計と「12月」シートのC3セル～C15セルにあるA3セルの商品名「エブリジンジャー」のE3セル～E15セルの注文数の合計を足し算して求めます。結果、「11月」シートと「12月」シートの商品名「エブリジンジャー」の注文数の合計が求められます。

サンプルファイル ▶ 224.xlsx

▶ 複数の表／シートの条件集計　　　　　　　　　　　2016 | 2013 | 2010 | 2007

225 1つの表に複数シート（表）の数値を条件別に数えたい

使用関数 COUNTIF関数

数式 =COUNTIF('11月'!$C$3:$C$12,A3)+COUNTIF('12月'!$C$3:$C$15,A3)

複数のシートに表を作成し、1つの表に条件別の件数を求めるには、COUNTIF関数をシート（表）の数だけ足し算して数式を作成します。

❶「11月」シート、「12月」シートの注文表の商品別注文件数を「注文集計」シートに求める。

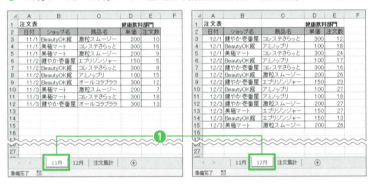

❷「注文集計」シートの商品別注文件数を求めるセルを選択し、「=COUNTIF('11月'!$C$3:$C$12,A3)+COUNTIF('12月'!$C$3:$C$15,A3)」と入力する。

❸数式を必要なだけ複写すると、「11月」シート、「12月」シートの商品別注文件数が求められる。

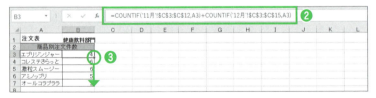

数式解説 COUNTIF関数は条件を満たすセルの数を数える関数です（Tips 107で紹介）。「=COUNTIF('11月'!$C$3:$C$12,A3)+COUNTIF('12月'!$C$3:$C$15,A3)」の数式は、「11月」シートのC3セル～C12セルにあるA3セルの商品名「エブリジンジャー」のセルの数と「12月」シートのC3セル～C15セルにあるA3セルの商品名「エブリジンジャー」のセルの数を足し算して求めます。結果、「11月」シートと「12月」シートの商品名「エブリジンジャー」の注文件数が求められます。

📄 サンプルファイル ▶ 225.xlsx

▶ 複数の表／シートの条件集計　　　2016 | 2013 | 2010 | 2007

226　1つの表に複数シート（表）の数値を条件別に平均したい

使用関数　SUMIF、COUNTIF 関数

数　式　=(SUMIF('11月'!$C$3:$C$12,A3,'11月'!$E$3:$E$12)+SUMIF('12月'!$C$3:$C$15,A3,'12月'!$E$3:$E$15))/(COUNTIF('11月'!$C$3:$C$12,A3)+COUNTIF('12月'!$C$3:$C$15,A3))

複数のシートに表を作成し、1つの表に条件別の平均を求めるには、複数シートの条件を満たす合計を、複数シートの条件を満たす件数で除算する数式を作成します。

❶「11月」シート、「12月」シートの注文表の商品別平均注文数を「注文集計」シートに求める。

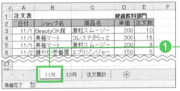

❷「注文集計」シートの商品別平均注文数を求めるセルを選択し、「=(SUMIF('11月'!$C$3:$C$12,A3,'11月'!$E$3:$E$12)+SUMIF('12月'!$C$3:$C$15,A3,'12月'!$E$3:$E$15))/(COUNTIF('11月'!$C$3:$C$12,A3)+COUNTIF('12月'!$C$3:$C$15,A3))」と入力する。

❸数式を必要なだけ複写すると、「11月」シート、「12月」シートの商品別平均注文数が求められる。

数式解説　SUMIF 関数は条件を満たす数値の合計、COUNTIF 関数は条件を満たすセルの数を数える関数です（Tips 106、107 で紹介）。

平均は合計を件数で除算することで求められます。つまり、Tips 224 の数式を Tips 225 の数式で除算する数式「=(SUMIF('11月'!$C$3:$C$12,A3,'11月'!$E$3:$E$12)+SUMIF('12月'!$C$3:$C$15,A3,'12月'!$E$3:$E$15))/(COUNTIF('11月'!$C$3:$C$12,A3)+COUNTIF('12月'!$C$3:$C$15,A3))」を作成すると、「11月」シートと「12月」シートの商品別平均注文数が求められれます。

📥 サンプルファイル ▶ 226.xlsx

▶ 複数の表／シートの条件集計 　　　2016 2013 2010 2007

227 1つの表にシート名で条件別に集計したい

使用関数 SUMIF、INDIRECT関数

数　式 =SUMIF(INDIRECT(B$2&"!C3:C15"),$A3,INDIRECT(B$2&"!E3:E15"))

セルにシート名を入力して、そのシート名を使って条件別集計表を作成するには、条件集計関数だけではできません。INDIRECT関数でシート名を間接的に参照して条件集計関数で集計します。

❶「11月」シート、「12月」シートの注文表の商品別月別注文数を「注文集計」シートに求める。

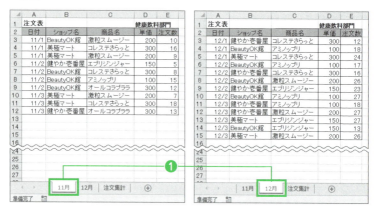

❷「注文集計」シートの商品別月別注文数を求めるセルを選択し、「=SUMIF(INDIRECT(B$2&"!C3:C15"),$A3,INDIRECT(B$2&"!E3:E15"))」と入力する。

❸数式を必要なだけ複写すると、「11月」シート、「12月」シートの商品別月別注文数が求められる。

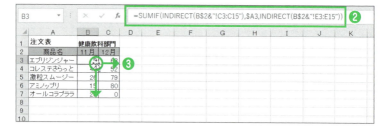

数式解説 SUMIF関数は条件を満たす数値の合計を求める関数（Tips 106で紹介）、INDIRECT関数はセル参照を表す文字列が示す先を間接的に参照する関数です。
「INDIRECT(B$2&"!C3:C15")」の数式では、B2セルに入力した「11月」シートのC3セル〜C15セルの値を間接的に参照し、「INDIRECT(B$2&"!E3:E15")」の数式では、B2セルに入力した「11月」シートのE3セル〜E15セルの値を間接的に参照します。この2つの数式を使い、「=SUMIF(INDIRECT(B$2&"!C3:C15"),$A3,INDIRECT(B$2&"!E3:E15"))」と数式を作成すると、「11月」シートの「エブリジンジャー」の注文数が求められます。数式をコピーすることで、セルに入力したシート名をもとに商品別月別注文数が求められます。

> **プラスアルファ** セルに入力したシート名でセルの数を求めるにはCOUNTIF関数、平均を求めるにはAVERAGEIF関数を使って数式を作成します。

▶ 複数の表／シートの条件集計　　　2016 | 2013 | 2010 | 2007

228 1つの表に複数シートの数値を区間ごとに合計したい

使用関数 FLOOR.MATH／FLOOR、SUMIF関数

数 式 =FLOOR.MATH(D3,100)／=FLOOR(D3,100)、=SUMIF('11月'!$F$3:$F$12,A3,'11月'!$E$3:$E$12)+SUMIF('12月'!$F$3:$F$15,A3,'12月'!$E$3:$E$15)

区間別合計はTips 202のようにSUMIFS関数で求められますが、複数シートの場合はシートの数だけSUMIFS関数の数式が必要です。しかし、区切りのデータを各シートに追加しておけばSUMIF関数でも可能です。

❶集計するそれぞれのシートの表の右端列に「=FLOOR.MATH(D3,100)」と入力する。Excel 2010／2007では「=FLOOR.MATH(D3,100)」と入力する。

❷数式を必要なだけ複写する。

❸「注文集計」シートの価格帯別注文数を求めるセルを選択し、「=SUMIF('11月'!$F$3:$F$12,A3,'11月'!$E$3:$E$12)+SUMIF('12月'!$F$3:$F$15,A3,'12月'!$E$3:$E$15)」と入力する。

❹数式を必要なだけ複写すると、「11月」シート、「12月」シートの価格帯別注文数が求められる。

数式解説 FLOOR.MATH／FLOOR関数は数値を基準値の倍数にするために最も近い値に数値を切り捨てる関数（第8章 Tips 324で紹介）、SUMIF関数は条件を満たす数値の合計を求める関数です（Tips 106で紹介）。

「=FLOOR.MATH(D3,100)」の数式は、D3セルの単価が100で切り捨てられ100単位で求められます。この数値を条件に指定して「=SUMIF('11月'!$F$3:$F$12,A3,'11月'!$E$3:$E$12)+SUMIF('12月'!$F$3:$F$15,A3,'12月'!$E$3:$E$15)」の数式を作成すると、「11月」シートと「12月」シートの価格帯別注文数が求められます。

▶ 複数の表／シートの条件集計　　　　　　　　　2016 | 2013 | 2010 | 2007

229　1つの表に複数シートの数値を区間ごとに数えたい

使用関数　FLOOR.MATH ／ FLOOR、COUNTIF 関数

数式　=FLOOR.MATH(E3,10) ／ =FLOOR(E3,10)、
=COUNTIF(男性会員!$G$3:$G$10,A3)+COUNTIF(女性会員!$G$3:$G$9,A3)

区間ごとの件数は FREQUENCY 関数でできますが、複数シートにデータがある場合はできません。複数シートの区間別件数は、区切りとなるデータを各シートに追加して COUNTIF 関数で集計します。

❶集計するそれぞれのシートの表の右端列に「=FLOOR.MATH(E3,10)」と入力する。Excel 2010／2007では「=FLOOR.MATH(E3,10)」と入力する。

❷数式を必要なだけ複写する。

❸「会員状況」シートの年代別会員数を求めるセルを選択し、「=COUNTIF(男性会員!$G$3:$G$10,A3)+COUNTIF(女性会員!$G$3:$G$9,A3)」と入力する。

❹数式を必要なだけ複写すると、「男性会員」シート、「女性会員」シートの年代別会員数が求められる。

数式解説　FLOOR.MATH ／ FLOOR 関数は数値を基準値の倍数にするために最も近い値に数値を切り捨てる関数（第 8 章 Tips 324 で紹介）、COUNTIF 関数は条件を満たすセルの数を数える関数です（Tips 107 で紹介）。
「=FLOOR.MATH(E3,10)」の数式は、E3 セルの年齢が 10 で切り捨てられ、年代が求められます。この年代を条件に指定して「=COUNTIF(男性会員!$G$3:$G$10,A3)+COUNTIF(女性会員!$G$3:$G$9,A3)」の数式を作成すると、「男性会員」シート、「女性会員」シートの年代別会員数が求められます。

📥 サンプルファイル ▶ 229.xlsx

230 1つの表に複数シートの数値を区間ごとに平均したい

使用関数 FLOOR.MATH／FLOOR、SUMIF、COUNTIF 関数

数式 =FLOOR.MATH(E3,10)／=FLOOR(E3,10)、
=(SUMIF(男性会員!$G$3:$G$10,A3,男性会員!$E$3:$E$10)+SUMIF(女性会員!$G$3:$G$9,A3,女性会員!$E$3:$E$9))/(COUNTIF(男性会員!$G$3:$G$10,A3)+COUNTIF(女性会員!$G$3:$G$9,A3))

区間別平均は Tips 203 の AVERAGEIFS 関数でできますが、複数シートの区間別平均は、Tips 228、229 のように AVERAGEIFS 関数をシートの数だけ足し算しても求められません。区切りのデータを各シートに追加しておき、SUMIF 関数と COUNTIF 関数を使って求めます。

❶集計するそれぞれのシートの表の右端列に「=FLOOR.MATH(E3,10)」と入力する。Excel 2010／2007では「=FLOOR.MATH(E3,10)」と入力する。

❷数式を必要なだけ複写する。

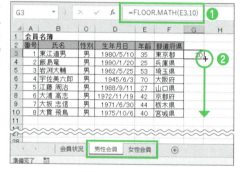

❸「会員状況」シートの年代別平均年齢を求めるセルを選択し、「=(SUMIF(男性会員!$G$3:$G$10,A3,男性会員!$E$3:$E$10)+SUMIF(女性会員!$G$3:$G$9,A3,女性会員!$E$3:$E$9))/(COUNTIF(男性会員!$G$3:$G$10,A3)+COUNTIF(女性会員!$G$3:$G$9,A3))」と入力する。

❹数式を必要なだけ複写すると、「男性会員」シート、「女性会員」シートの年代別平均年齢が求められる。

サンプルファイル ▶ 230.xlsx

数式解説 FLOOR.MATH／FLOOR関数は数値を基準値の倍数にするために最も近い値に数値を切り捨てる関数（第8章 Tips 324 で紹介）、SUMIF関数は条件を満たす数値の合計、COUNTIF関数は条件を満たすセルの数を数える関数です（Tips 106、107 で紹介）。
「=FLOOR.MATH(E3,10)」の数式は、E3セルの年齢が10で切り捨てられ、年代が求められます。この年代を条件に指定して「=(SUMIF(男性会員!$G$3:$G$10,A3,男性会員!$E$3:$E$10)+SUMIF(女性会員!$G$3:$G$9,A3,女性会員!$E$3:$E$9))/(COUNTIF(男性会員!$G$3:$G$10,A3)+COUNTIF(女性会員!$G$3:$G$9,A3))」の数式を作成すると、「男性会員」シート、「女性会員」シートの年代別平均年齢が求められます。

▶ 複数の表／シートの条件集計　　　2016 | 2013 | 2010 | 2007

231 別ブックに条件を満たす数値を合計したい

使用関数 SUMPRODUCT関数

数式
=SUMPRODUCT((([注文表.xlsx]Sheet1!$B$3:$B$12=A3)*[注文表.xlsx]Sheet1!$E$3:$E$12)

別ブックの数値を SUMIF 関数に使うと、別ブックを閉じた状態で合計した表があるブックを開くと数式結果がエラー値になります。別ブックの条件を満たす合計を求めるには SUMPRODUCT 関数で条件式を作成します。

❶「ショップ別注文集計」ブックと「注文表」ブックを開いてウィンドウの左右に並べておく。

❷ショップ別注文数を求めるセルを選択し、「=SUMPRODUCT((([注文表.xlsx]Sheet1!$B$3:$B$12=A3)*[注文表.xlsx]Sheet1!$E$3:$E$12)」と入力する。

❸数式を必要なだけ複写する。

❹集計元の「注文表」ブックを閉じていてもショップ別の注文数が求められる。

数式解説 SUMPRODUCT 関数は要素の積を合計する関数です。SUMPRODUCT 関数の引数に条件式（(()) で囲んで指定します）を指定すると、数式内では条件式を満たす場合は「1」、満たさない場合は「0」で計算されます。
「=SUMPRODUCT((([注文表.xlsx]Sheet1!$B$3:$B$12=A3)*[注文表.xlsx]Sheet1!$E$3:$E$12)」の数式は、「注文表」ブックのB3セル～B12セルのショップ名が「BeautyOK館」である場合」の条件式を作成し、条件を満たす場合に「注文表」ブックのE3セル～E12セルの注文数を合計します。

プラスアルファ 手順❶で開いた2つのブックをウィンドウの左右に並べるには、1つ目のブックのタイトルバーをドラッグすると、もう1つのブックが表示されるので、2つのブックをドラッグして左右に配置します。Excel 2010／2007 では、ブックごとにウィンドウが開かないので、[表示] タブの [ウィンドウ] グループの [整列] ボタンをクリックし、ウィンドウを整列させて数式を作成します。

サンプルファイル ▶ ショップ別注文集計.xlsx、注文表.xlsx

▶複数の表／シートの条件集計　　　　2016 | 2013 | 2010 | 2007

232 別ブックに条件を満たす値を数えたい

使用関数 SUMPRODUCT関数

数　式 =SUMPRODUCT(([注文表.xlsx]Sheet1!$B$3:$B$12=A3)*1)

別ブックの値をCOUNTIF関数に使うと、別ブックを閉じた状態で件数を求めた表があるブックを開くと数式結果がエラー値になります。別ブックの条件を満たす値を数えるにはSUMPRODUCT関数で条件式を作成します。

❶「ショップ別注文集計」ブックと「注文表」ブックを開いてウィンドウの左右に並べておく。

❷ショップ別注文件数を求めるセルを選択し、「=SUMPRODUCT(([注文表.xlsx]Sheet1!$B$3:$B$12=A3)*1)」と入力する。

❸数式を必要なだけ複写する。

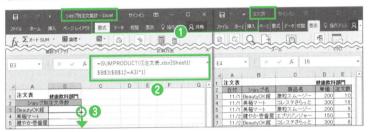

❹集計元の「注文表」ブックを閉じていてもショップ別の注文件数が求められる。

数式解説 SUMPRODUCT関数は要素の積を合計する関数です。SUMPRODUCT関数の引数に条件式（[()]で囲んで指定します）を指定すると、数式内では条件式を満たす場合は「1」、満たさない場合は「0」で計算されます。条件式が1つで、値を合計せずにセルの数を数えるだけの場合は、「*1」として「1」と「0」の数値に変換した数式を作成する必要があります。
「=SUMPRODUCT(([注文表.xlsx]Sheet1!$B$3:$B$12=A3)*1)」の数式は、「注文表」ブックのB3セル～B12セルのショップ名が「BeautyOK館」である場合」の条件式を作成し、条件を満たす場合にその数を合計して注文件数を求めます。

プラスアルファ 手順❶で開いた2つのブックをウィンドウの左右に並べるには、1つ目のブックのタイトルバーをドラッグすると、もう1つのブックが表示されるので、2つのブックをドラッグして左右に配置します。Excel 2010／2007では、ブックごとにウィンドウが開かないので、[表示]タブの[ウィンドウ]グループの[整列]ボタンをクリックし、ウィンドウを整列させて数式を作成します。

⬇サンプルファイル▶ショップ別注文集計.xlsx、注文表.xlsx

▶ 複数の表/シートの条件集計　　2016 | 2013 | 2010 | 2007

233 別ブックに条件を満たす数値を平均したい

使用関数 AVERAGE、IF関数

数　式　{=AVERAGE(IF([注文表.xlsx]Sheet1!$B$3:$B$12=A3,[注文表.xlsx]Sheet1!$E$3:$E$12,""))}

別ブックの数値を AVEREGEIF 関数に使うと、別ブックを閉じた状態で平均した表があるブックを開くと数式結果がエラー値になります。別ブックの条件を満たす平均を求めるには AVERAGE 関数に IF 関数を使って配列数式で求めます。

❶「ショップ別注文集計」ブックと「注文表」ブックを開いてウィンドウの左右に並べておく。

❷ショップ別平均注文数を求めるセルを選択し、「=AVERAGE(IF([注文表.xlsx]Sheet1!$B$3:$B$12=A3,[注文表.xlsx]Sheet1!$E$3:$E$12,""))」と入力し、Ctrl + Shift + Enter キーで数式を確定する。

❸数式を必要なだけ複写する。

❹集計元の「注文表」ブックを閉じていてもショップ別の平均注文数が求められる。

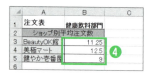

数式解説 AVERAGE 関数は数値の平均を求める関数（第2章 Tips 035 で紹介）、IF 関数は条件を満たすか満たさないかで処理を分岐する関数です（第12章 Tips 476 で紹介）。
「=AVERAGE(IF([注文表.xlsx]Sheet1!$B$3:$B$12=A3,[注文表.xlsx]Sheet1!$E$3:$E$12,""))」の数式は、「注文表」ブックの B3 セル〜B12 セルのショップ名が「BeautyOK館」である場合」の条件式を作成し、条件を満たす場合に「注文表」ブックの E3 セル〜E12 セルの注文数を平均します。

プラスアルファ　別ブックに条件を満たす数値の平均も Tips 231 の SUMPRODUCT 関数で求められますが、「SUMPRODUCT 関数で求めた条件を満たす合計／SUMPRODUCT 関数で求めた条件を満たす個数」の長い数式作成が必要なため、ここでは配列数式での数式をご紹介しています。

サンプルファイル ▶ ショップ別注文集計.xlsx、注文表.xlsx

Chapter

4

もうランキングで困らない！
順位付けワザ

Chapter 4 ▶ 基本の順位付け | 2016 | 2013 | 2010 | 2007

もうランキングで困らない！ 順位付けワザ

234 順位を付けたい

使用関数 RANK.EQ／RANK関数

数　式 =RANK.EQ(C3,$C$3:$C$7,0)／=RANK(C3,$C$3:$C$7,0)

数値の多い順番や少ない順番を知りたいときはRANK.EQ(RANK)関数を使いましょう。多い順番や少ない順番に番号が付けられるので、表を並べ替えずに把握することができます。

❶順位を付けるセルを選択し、「=RANK.EQ(C3,$C$3:$C$7,0)」と入力する。Excel 2007では「=RANK(C3,$C$3:$C$7,0)」と入力する。

❷数式を必要なだけ複写する。

❸それぞれの注文数に順位が付けられる。

数式解説
RANK.EQ／RANK関数は数値の順位を求める関数です。
「=RANK.EQ(C3,$C$3:$C$7,0)」の数式は、C3セル～C7セルの注文数の中でC3セルの注文数が降順から数えて何番目にあるかを求めます。
昇順で順位を付けるには、引数の[順位]に0以外の数値を指定します。

プラスアルファ
Excel 2016／2013／2010でファイルを作成し、Excel 2007で利用する可能性がある場合は、「互換性」関数のRANK関数を使いましょう。「互換性」関数は以前のバージョンのExcelとの下位互換性を保つために用意されている関数です。

📥 サンプルファイル ▶ 234.xlsx

▶ 基本の順位付け

235 同じ数値は順位の平均で付けたい

使用関数 RANK.AVG関数

数 式 =RANK.AVG(B3,$B$3:$B$8,0)

順位は RANK.EQ／RANK 関数で付けられますが（Tips 234 で紹介）、同じ数値があると同じ順位で付けられてしまいます。RANK.AVG 関数を使うと同じ数値は順位の平均で順位が付けられます。

---

❶ 順位を付けるセルを選択し、「=RANK.AVG(B3,$B$3:$B$8,0)」と入力する。

❷ 数式を必要なだけ複写する。

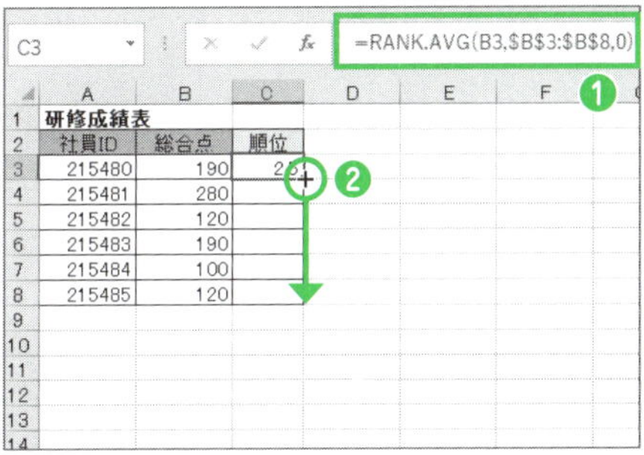

❸ それぞれの点数に順位が付けられ、同じ点数はその平均で付けられる。

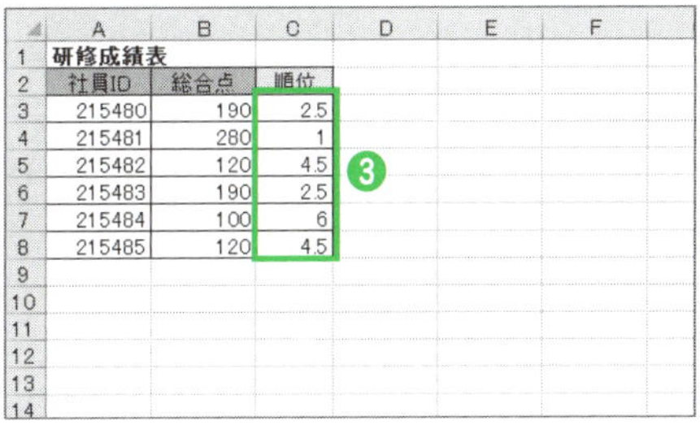

数式解説 RANK.AVG 関数は数値の順位を求める関数で、同じ順位はその平均で順位を付けます。
「=RANK.AVG(B3,$B$3:$B$8,0)」の数式は、B3 セル～B8 セルの総合点の中で B3 セルの総合点が降順から数えて何番目にあるかを求めます。2 位と 4 位は 2 つずつあるので、平均で順位が付けられます。昇順で順位を付けるには、引数の [順位] に 0 以外の数値を指定します。

サンプルファイル ▶ 235.xlsx

▶ 基本の順位付け　　　2016 | 2013 | 2010 | 2007

236 指定の値を基準にしてランクを付けたい

使用関数 VLOOKUP関数

数 式 =VLOOKUP(B3,$B$12:$C$15,2,1)

○点まではAランク、○点まではBランクなど指定の値を基準にランクを付けるには、別途、点数によるランク表を作成しておきます。ランク表をもとにLOOKUP関数やVLOOKUP関数でランクを表に抽出します。

1. 点数ごとのランク表を作成する。
2. ランクを付けるセルを選択し、「=VLOOKUP(B3,$B$12:$C$15,2,1)」と入力する。
3. 数式を必要なだけ複写する。

4. 点数によりランクが付けられる。

数式解説 VLOOKUP関数は複数行列の表から列を指定して検索値に該当する値を抽出する関数です（第11章 Tips 392で紹介）。
「=VLOOKUP(B3,$B$12:$C$15,2,1)」の数式は、B12セル〜C15セルの点数によるランク表からB3セルの総合点を検索し、同じ行にある2列目のランクを抽出します。見つからない場合は、B3セルの総合点未満の最大値と同じ行にある2列目のランクを抽出します。B3セルは「190」なので、ランク表の「150」と同じ行にある2列目のランク「B」が抽出されます。

📁サンプルファイル ▶ 236.xlsx

▶基本の順位付け　　　　　　　　　　　　　　　2016 | 2013 | 2010 | 2007

237 同じ数値でも順位を飛ばさずに付けたい

使用関数 IF、MATCH、ROW、RANK.EQ／RANK関数

数式 =IF(MATCH(B3,$B$3:$B$8,0)=ROW(A1),B3,"")、
=RANK.EQ(B3,$D$3:$D$8,0)／=RANK(B3,$D$3:$D$8,0)

RANK.EQ(RANK) 関数で順位を付けると、同じ数値は同じ順位が付けられ、次の順位は飛ばされます。別の列に2つ目の同じ数値は空白にして作成し、その列の数値をもとに順位を付けると飛ばされずにすみます。

---

❶ D列に「=IF(MATCH(B3,$B$3:$B$8,0)=ROW(A1),B3,"")」と入力する。

❷ 数式を必要なだけ複写する。

❸ 順位を付けるセルを選択し、「=RANK.EQ(B3,$D$3:$D$8,0)」と入力する。Excel 2007では「=RANK(B3,$D$3:$D$8,0)」と入力する。

❹ 数式を必要なだけ複写する。

❺ それぞれの点数の順位が飛ばされずに付けられる。

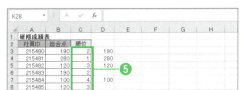

数式解説 IF関数は条件を満たすか満たさないかで処理を分岐する関数(第12章 Tips 476 で紹介)、MATCH関数は範囲内にある検査値の相対的な位置を求める関数(第11章 Tips 445で紹介)、ROW関数はセルの行番号、RANK.EQ／RANK関数は数値の順位を求める関数です(Tips 234で紹介)。
MATCH関数は、同じ検査値は範囲内での最初の位置を求めるため、「MATCH(B3,$B$3:$B$8,0)=ROW(A1)」の数式で、1つ目の「190」には「TRUE」、4つ目の同じ「190」には「FALSE」が求められます。この数式をIF関数の[論理式]に指定すると、条件を満たす1つ目の総合点は「TRUE」なので[真の場合]が実行されて総合点が求められます。同じ4つ目の総合点は「FALSE」なので[偽の場合]が実行されて、空白が求められます。つまり、同じ2つ目の総合点は空白でD列に求められ、この数式で求めたD列の総合点をもとに「=RANK.EQ(B3,$D$3:$D$8,0)」と数式を作成すると、同じ数値があっても順位は飛ばされずに付けられます。

📥 **サンプルファイル** ▶ 237.xlsx

238 順位を％で付けたい

使用関数 PERCENTRANK.INC／PERCENTRANK関数

数 式 =PERCENTRANK.INC($C$3:$C$7,C3)／=PERCENTRANK($C$3:$C$7,C3)

RANK.EQ(RANK)関数は順位を数値でしか付けられません。全体の〇％で順位を付けるには、PERCENTRANK.INC関数を使います。

① ％順位を付けるセルを選択し、「=PERCENTRANK.INC($C$3:$C$7,C3)」と入力する。Excel 2007では「=PERCENTRANK($C$3:$C$7,C3)」と入力する。

② 数式を必要なだけ複写する。

③ それぞれの注文数に％で順位が付けられる。

> **数式解説** PERCENTRANK.INC／PERCENTRANK関数は値を小さいものから並べたときに何％の位置にあるかを求める関数です。
> 「=PERCENTRANK.INC($C$3:$C$7,C3)」の数式は、C3セル～C7セルの注文数を昇順で並べたとき、C3セルの注文数が何％の位置にあるかを求めます。

サンプルファイル ▶ 238.xlsx

▶ 基本の順位付け 2016 2013 2010 2007

239 順位を指定の文字で付けたい

使用関数 CHOOSE、RANK.EQ／RANK関数

数式 =CHOOSE(RANK.EQ(C3,$C$3:$C$7,0),"No.1","No.2","","","") ／
=CHOOSE(RANK(C3,$C$3:$C$7,0),"No.1","No.2","","","")

順位を数値ではなく指定の文字で付けるには、RANK.EQ(RANK)関数で求められる順位の数値をCHOOSE関数を使って付けたい文字に変更します。

❶ 順位を付けるセルを選択し、「=CHOOSE(RANK.EQ(C3,$C$3:$C$7,0),"No.1","No.2","","","")」と入力する。Excel 2007では「=CHOOSE(RANK(C3,$C$3:$C$7,0),"No.1","No.2","","","")」と入力する。

❷ 数式を必要なだけ複写する。

❸ 1位の注文数は「No.1」、2位の注文数は「No.2」と順位が付けられる。

数式解説 CHOOSE関数は引数のリストから値を取り出す関数、RANK.EQ／RANK関数は数値の順位を求める関数です（Tips 234で紹介）。
「=CHOOSE(RANK.EQ(C3,$C$3:$C$7,0),"No.1","No.2","","","")」の数式は、RANK.EQ関数で求めた順位が「1」なら「No.1」、「2」なら「No.2」、「3」～「5」なら空白で求めます。

📥 サンプルファイル ▶ 239.xlsx

▶ 基本の順位付け 2016 | 2013 | 2010 | 2007

240 条件別の順位を付けたい

使用関数 COUNTIFS関数

数 式 =COUNTIFS($B$3:$B$12,B3,$D$3:$D$12,">"&D3)+1

数値の多い順番や少ない順番を条件別に付けるには、RANK.EQ／RANK関数ではなくCOUNTIFS関数を使って数式を作成します。条件の種類が複数あってもオートフィルで手早く条件別に順位が付けられます。

❶ 地区別順位を付けるセルを選択し、「=COUNTIFS($B$3:$B$12,B3,$D$3:$D$12,">"&D3)+1」と入力する。

❷ 数式を必要なだけ複写する。

❸ それぞれの売上高に地区別順位が付けられる。

数式解説 COUNTIFS関数は複数の条件を満たすセルの数を数える関数です(Tips 107で紹介)。

「=COUNTIFS($B$3:$B$12,B3,$D$3:$D$12,">"&D3)+1」の数式は、「地区が西」であり「4,223,500より多い売上高」の条件で数が求められます。結果は4個と求められますが、順位にするには、それぞれのセル自身を数に入れる必要があるため「+1」と数式を作成します。

プラスアルファ 昇順で条件別に順位を付けるには、「=COUNTIFS($B$3:$B$12,B3,$D$3:$D$12,"<"&D3)+1」と数式を作成します。

サンプルファイル ▶ 240.xlsx

▶ 基本の順位付け

241 複数の特定条件だけに条件別に順位を付けたい

2016 | 2013 | 2010 | 2007

使用関数 IF、COUNTIFS関数

数式 =IF((B3="(月)")+(B3="(水)")+(B3="(金)"),COUNTIFS($B$3:$B$18,B3,$C$3:$C$18,">"&C3)+1,"")

月曜、水曜、金曜だけに曜日別の順位を付けるなど、複数の特定の条件だけに条件別順位を付けるには、条件を満たす数値のみに、Tips 240 の数式で条件別に順位を付けるように IF 関数で処理を分岐する数式を作成します。

❶順位を付けるセルを選択し、「=IF((B3="(月)")+(B3="(水)")+(B3="(金)"),COUNTIFS($B$3:$B$18,B3,$C$3:$C$18,">"&C3)+1,"")」と入力する。

❷数式を必要なだけ複写する。

❸月曜日、水曜日、金曜日のそれぞれの曜日別に入館者数の順位が付けられる。

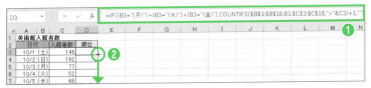

数式解説 IF 関数は条件を満たすか満たさないかで処理を分岐する関数（第 12 章 Tips 476 で紹介）、COUNTIFS 関数は複数の条件を満たすセルの数を数える関数です（Tips 129 で紹介）。「=IF((B3="(月)")+(B3="(水)")+(B3="(金)"),COUNTIFS($B$3:$B$18,B3,$C$3:$C$18,">"&C3)+1,"")」の数式は、B3 セルの曜日が（月）または（水）または（金）の場合は、それぞれの曜日の入館者数の順位を求め、違う場合は空白を求めます。結果、（月）、（水）、（金）の曜日別に入館者数の順位が付けられます。

プラスアルファ 昇順で複数の条件別に順位を付けるには、「=IF((B3="(月)")+(B3="(水)")+(B3="(金)"),COUNTIFS($B$3:$B$18,B3,$C$3:$C$18,"<"&C3)+1,"")」と数式を作成します。

サンプルファイル ▶ 241.xlsx

242 特定の条件だけに順位を付けたい

使用関数 IF、COUNTIFS関数

数 式 =IF(B3="(日)",COUNTIFS($B$3:$B$18,B3,$C$3:$C$18,">"&C3)+1,"")

すべての数値ではなく、指定の条件に該当する数値だけに順位を付けるには、IF関数を使って条件を満たす数値のみをCOUNTIFS関数で順位を付けるように処理を分岐する数式を作成します。

❶順位を付けるセルを選択し、「=IF(B3="(日)",COUNTIFS($B$3:$B$18,B3,$C$3:$C$18,">"&C3)+1,"")」と入力する。

❷数式を必要なだけ複写する。

❸日曜日の入館者数に順位が付けられる。

数式解説 IF関数は条件を満たすか満たさないかで処理を分岐する関数(第12章 Tips 476で紹介)、COUNTIFS関数は複数の条件を満たすセルの数を数える関数です(Tips 129で紹介)。
「=IF(B3="(日)",COUNTIFS($B$3:$B$18,B3,$C$3:$C$18,">"&C3)+1,"")」の数式は、B3セルの曜日が(日)の場合は入館者数の順位を求め、違う場合は空白を求めます。結果、(日)の入館者数だけに順位が付けられます。

プラスアルファ 昇順で特定の条件だけに順位を付けるには、「=IF(B3="(日)",COUNTIFS($B$3:$B$18,B3,$C$3:$C$18,"<"&C3)+1,"")」と数式を作成します。

基本の順位付け

243 複数の特定条件だけに通しで順位を付けたい

2016 | 2013 | 2010 | 2007

使用関数 IF、COUNTIFS関数

数式
=IF((B3="(土)")+(B3="(日)"),COUNTIFS($B$3:$B$18,"(土)",$C$3:$C$18,">"&C3)+COUNTIFS($B$3:$B$18,"(日)",$C$3:$C$18,">"&C3)+1,"")

指定の条件に該当する数値だけに通しで順位を付けたいとき、条件が複数の場合は、IF関数を使って複数のどれかの条件を満たす数値のみをCOUNTIFS関数で順位を付けるように処理を分岐する数式を作成します。

---

❶順位を付けるセルを選択し、「=IF((B3="(土)")+(B3="(日)"),COUNTIFS($B$3:$B$18,"(土)",$C$3:$C$18,">"&C3)+COUNTIFS($B$3:$B$18,"(日)",$C$3:$C$18,">"&C3)+1,"")」と入力する。

❷数式を必要なだけ複写する。

❸土曜日、日曜日の入館者数に順位が付けられる。

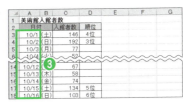

数式解説 IF関数は条件を満たすか満たさないかで処理を分岐する関数(第12章 Tips 476 で紹介)、COUNTIFS関数は複数の条件を満たすセルの数を数える関数です(Tips 129 で紹介)。「=IF((B3="(土)")+(B3="(日)"),COUNTIFS($B$3:$B$18,"(土)",$C$3:$C$18,">"&C3)+COUNTIFS($B$3:$B$18,"(日)",$C$3:$C$18,">"&C3)+1,"")」の数式は、B3セルの曜日が(土)または(日)の場合は入館者数の順位を求め、違う場合は空白を求めます。結果、(土)(日)の入館者数だけに順位が付けられます。)、(金)の曜日別に入館者数の順位が付けられます。

プラスアルファ 昇順で複数の特定の条件だけに順位を付けるには、「=IF((B3="(土)")+(B3="(日)"),COUNTIFS($B$3:$B$18,"(土)",$C$3:$C$18,"<"&C3)+COUNTIFS($B$3:$B$18,"(日)",$C$3:$C$18,"<"&C3)+1,"")」と数式を作成します。

📥 サンプルファイル ▶ 243.xlsx

基本の順位付け

2016 | 2013 | 2010 | 2007

244 フィルターや行の非表示で表示された値だけに順位を付けたい

使用関数 IF、SUBTOTAL、RANK.EQ／RANK関数

数　式 =IF(SUBTOTAL(102,D3),D3,"")、
=RANK.EQ(F3,$F$3:$F$12,0)／=RANK(F3,$F$3:$F$12,0)

フィルターや行の非表示を実行すると、RANK.EQ／RANK関数で付けた順位も一部が非表示になってしまいます。常に表示された数値だけに順位を付けるには、非表示の数値は空白になるように数式を作成します。

❶ F列に「=IF(SUBTOTAL(102,D3),D3,"")」と入力する。

❷ 数式を必要なだけ複写する。

❸ 順位を付けるセルを選択し、「=RANK.EQ(F3,$F$3:$F$12,0)」と入力する。Excel 2007では「=RANK(F3,$F$3:$F$12,0)」と入力する。

❹ 数式を必要なだけ複写する。

❺ 「地区」のフィルターで「東」を抽出すると、抽出された東地区の売上高だけに順位が付けられる。

数式解説 IF関数は条件を満たすか満たさないかで処理を分岐する関数（第12章 Tips 476で紹介）、SUBTOTAL関数は指定の集計方法でその集計値を求める関数（第2章 Tips 061で紹介）。RANK.EQ／RANK関数は数値の順位を求める関数です（Tips 234で紹介）。
「SUBTOTAL(102,D3)」の数式は、指定した範囲の中で、表示されている数値データの個数を求めます。つまり、D3セルが表示されていれば「1」、非表示なら「0」が求められます。この数式をIF関数の［論理式］に指定すると、セルが表示されていると「1(TRUE)」なので［真の場合］が実行され、D列の売上高を求めます。非表示なら「0(FALSE)」なので［偽の場合］が実行され、空白が求められます。
「=RANK.EQ(F3,$F$3:$F$12,0)」の数式は、数式で求めたF列の売上高を指定することで、非表示にしても表示されている売上高だけに順位が付けられます。

▶複数範囲の順位付け

2016 | 2013 | 2010 | 2007

245 別の表や離れた複数のセル範囲にある値に順位を付けたい

使用関数 RANK.EQ／RANK関数

数　式　=RANK.EQ(D5,($D$5:$D$9,$D$13:$D$17,$D$21:$D$25),0)／
=RANK(D5,($D$5:$D$9,$D$13:$D$17,$D$21:$D$25),0)

別の表や、同じ表でも複数のセル範囲の数値をもとに順位を付けるには、RANK.EQ／RANK関数1つでできます。すべてのセル範囲を、引数の[参照]に「()」で囲んで指定するのがコツです。

❶順位を付けるセルを選択し、「=RANK.EQ(D5,($D$5:$D$9,$D$13:$D$17,$D$21:$D$25),0)」と入力する。Excel 2007では「=RANK(D5,($D$5:$D$9,$D$13:$D$17,$D$21:$D$25),0)」と入力する。

❷数式を必要なだけ複写する。

❸複写した数式を範囲選択し、[ホーム]タブの[クリップボード]グループの[コピー]ボタンをクリックする。

❹別表の順位を付けるセルを範囲選択し、[ホーム]タブの[クリップボード]グループの[貼り付け]ボタンをクリックして貼り付ける。

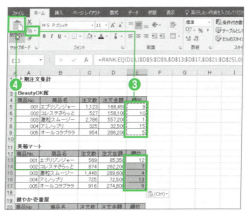

サンプルファイル▶ 245.xlsx

Chapter 4 もうランキングで困らない！順位付けワザ

❺ それぞれの表の注文金額に順位が付けられる。

	A	B	C	D	E
1	上期注文集計				
3	BeautyOK館				
4	商品No.	商品名	注文数	注文金額	順位
5	001	エブリシンジャー	1,123	168,450	9
6	002	コレステさらっと	527	158,100	10
7	003	激粒スムージー	2,786	557,200	1
8	004	アミノップリ	325	32,500	15
9	005	オールコラブララ	954	286,200	5
11	美極マート				
12	商品No.	商品名	注文数	注文金額	順位
13	001	エブリシンジャー	569	85,350	12
14	002	コレステさらっと	874	262,200	7
15	003	激粒スムージー	1,448	289,600	4
16	004	アミノップリ	725	72,500	13
17	005	オールコラブララ	916	274,800	6
19	健やか壱番屋				
20	商品No.	商品名	注文数	注文金額	順位
21	001	エブリシンジャー	1,271	190,650	8
22	002	コレステさらっと	526	157,800	11
23	003	激粒スムージー	1,560	312,000	3
24	004	アミノップリ	436	43,600	14
25	005	オールコラブララ	1,320	396,000	2

数式解説 RANK.EQ／RANK関数は数値の順位を求める関数です（Tips 234で紹介）。「=RANK.EQ(D5,($D$5:$D$9,$D$13:$D$17,$D$21:$D$25),0)」の数式は、1つ目の注文表のD5セル～D9セルの注文金額、2つ目の注文表のD13セル～D17セルの注文金額、3つ目の注文表のD21セル～D25セルの注文金額の中で、D5セルの注文金額の降順での順位を求めます。

▶ 複数範囲の順位付け 2016 | 2013 | 2010 | 2007

246 同じ数値は別の項目の数値が大きいほうを上の順位にしたい

使用関数 RANK.EQ／RANK関数

数 式 =C3*100+B3、
=RANK.EQ(E3,$E$3:$E$9,0)／=RANK(E3,$E$3:$E$9,0)

RANK.EQ／RANK関数は同じ数値がある場合、同じ順位で付けますが、別の項目の数値が大きいほうを上の順位で付けるには、両方の項目の数値を1つの数値にしてからその数値をもとに順位を付けます。

❶ E列に「=C3*100+B3」と入力する。
❷ 数式を必要なだけ複写する。

	A	B	C	D	E
1	出場試合数				
2	選手名	年齢	出場数	順位	
3	大西誠一	28	136		13628
4	柿本充	25	192		
5	須川宏太郎	22	158		
6	橘英二	26	175		
7	根岸路也	28	140		
8	古部信人	27	158		
9	吉川栄治	23	183		

❸ 順位を付けるセルを選択し、「=RANK.EQ(E3,$E$3:$E$9,0)」と入力する。Excel 2007では「=RANK(E3,$E$3:$E$9,0)」と入力する。

❹ 数式を必要なだけ複写すると、同じ出場数は年齢が上の選手に、上の順位が付けられる。

	A	B	C	D	E
1	出場試合数				
2	選手名	年齢	出場数	順位	
3	大西誠一	28	136	7	13628
4	柿本充	25	192	1	19225
5	須川宏太郎	22	158	5	15822
6	橘英二	26	175	3	17526
7	根岸路也	28	140	6	14028
8	古部信人	27	158	4	15827
9	吉川栄治	23	183	2	18323

数式解説 RANK.EQ／RANK関数は数値の順位を求める関数です（Tips 234 で紹介）。「=C3*100+B3」の数式は、年齢と出場数が加算されないように1つの値となるように作成しています。1つの値にしておけば、同じ出場数でも年齢が上の選手のほうが大きい値となるため、その値をもとに「=RANK.EQ(E3,$E$3:$E$9,0)」の数式を作成すると、同じ出場数でも年齢が上の選手に上の順位が付けられます。

サンプルファイル ▶ 246.xlsx

▶ 複数範囲の順位付け　2016 | 2013 | 2010 | 2007

247 同じ数値は別の項目の数値が小さいほうを上の順位にしたい

使用関数 RANK.EQ／RANK関数

数式 =C3*100+(10-E3)、
=RANK.EQ(F3,$F$3:$F$10,0)／=RANK(F3,$F$3:$F$10,0)

Tips 246とは反対に、同じ数値がある場合、別の項目の数値が小さいほうを上の順位で付けるには、別の項目の数値が大きくなるように両方の項目の数値を1つの数値にしてから順位を付けます。

❶ F列に「=C3*100+(10-E3)」と入力する。

❷ 数式を必要なだけ複写する。

❸ 順位を付けるセルを選択し、「=RANK.EQ(F3,$F$3:$F$10,0)」と入力する。Excel 2007では「=RANK(F3,$F$3:$F$10,0)」と入力する。

❹ 数式を必要なだけ複写すると、同じ契約数は在籍年数が少ない氏名に、上の順位が付けられる。

数式解説 RANK.EQ／RANK関数は数値の順位を求める関数です（Tips 234で紹介）。「=C3*100+(10-E3)」の数式は、契約数と在職年数が加算されないように1つの値となるように作成しています。足し算する在職年数は「10」から引き算することで年数が少ないほうが大きい値になるように作成できます。つまり、こうして1つの値にしておけば、同じ契約数でも在職年数が少ない社員のほうが大きい値となるため、その値をもとに「=RANK.EQ(F3,$F$3:$F$10,0)」の数式を作成すると、同じ契約数でも在職年数が少ない社員に上の順位が付けられます。

📥 サンプルファイル ▶ 247.xlsx

▶ 複数範囲の順位付け　　　　　　　　　2016 2013 2010 2007

248 同じ位置にある複数シートの表に全シートでの順位を付けたい

使用関数 RANK.EQ / RANK 関数

数 式　=RANK.EQ(C3,東地区:西地区!$C$3:$C$7,0) /
=RANK(C3,東地区:西地区!$C$3:$C$7,0)

シートごとに表を作成し、全シートでの順位を付けるには、それぞれ同じ位置にある表なら、RANK.EQ(RANK)関数だけで可能です。引数の[参照]でシートをグループ化して数式を作成するのがコツです。

❶「東地区」シートの順位を付けるセルを選択し、「=RANK.EQ(C3,」と入力する。Excel 2007では「=RANK(C3,東地区:西地区!$C$3:$C$7,0)」と入力する。

❷ Shift キーを押しながら「西地区」シート名をクリックしグループ化したら、順位を付ける売上高のC3セル～C7セルを範囲選択し F4 キーを押す。続けて「,0)」と入力し、Ctrl + Enter キーで数式を確定する。

❸数式を必要なだけ複写する。

❹[ホーム]タブの[クリップボード]グループの[コピー]ボタンをクリックする。

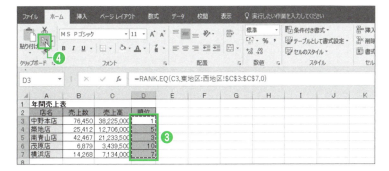

📥 サンプルファイル ▶ 248.xlsx

❺「西地区」シート名をクリックし、順位を付けるセルを選択して[ホーム]タブの[クリップボード]グループの[貼り付け]ボタンをクリックする。「東地区」シート、「西地区」シートの売上高に順位が付けられる。

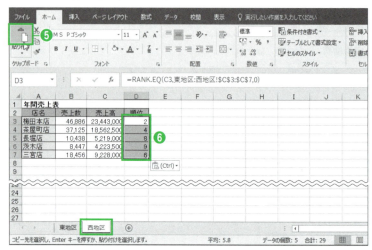

数式解説 RANK.EQ／RANK 関数は数値の順位を求める関数です（Tips 234 で紹介）。
「=RANK.EQ(C3, 東地区 : 西地区 !$C$3:$C$7,0)」の数式は、「東地区」〜「西地区」までのシートの C3 セル〜C7 セルの売上高の中で、C3 セルの売上高の順位が降順で付けられます。「西地区」シートに数式をコピーすると、相対参照により、RANK.EQ(RANK) 関数の引数の[数値]で指定した売上高のセル番地は、コピー先の同じセル番地に自動で変更されるため、新たに数式を作成しなくても順位が付けられます。

▶ 複数範囲の順位付け　　　　　　　　　　　　　　　　　2016 | 2013 | 2010 | 2007

249 違う位置や違う行数の複数シートの表に全シートでの順位を付けたい

使用関数 COUNTIF関数

数式
=COUNTIF($D$3:$D$7,">"&D3)+COUNTIF(甘谷ホール!$D$3:$D$9,">"&D3)+1、=COUNTIF(赤銀プラザ!$D$3:$D$7,">"&D3)+COUNTIF($D$3:$D$9,">"&D3)+1

それぞれ違う位置の表や違う行数の表をシートごとに作成し、全シートでの順位を付けたい場合は、Tips 248の方法ではできません。このような場合は、COUNTIF関数を使って順位を付けます。

❶「赤銀プラザ」シートの順位を付けるセルを選択し、「=COUNTIF($D$3:$D$7,">"&D3)+COUNTIF(甘谷ホール!$D$3:$D$9,">"&D3)+1」と入力する。

❷数式を必要なだけ複写する。

❸「甘谷ホール」シートの順位を付けるセルを選択し、「=COUNTIF(赤銀プラザ!$D$3:$D$7,">"&D3)+COUNTIF($D$3:$D$9,">"&D3)+1」と入力する。

❹数式を必要なだけ複写する。「赤銀プラザ」シート、「甘谷ホール」シートの集客数に順位が付けられる。

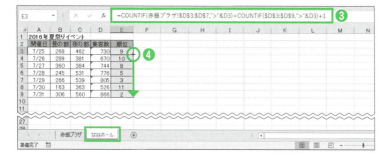

📁 サンプルファイル ▶ 249.xlsx

数式解説　COUNTIF関数は条件を満たすセルの数を数える関数です（第3章 Tips 129 で紹介）。

1つ目の「赤銀プラザ」シートの「=COUNTIF($D$3:$D$7,">"&D3)+COUNTIF(甘谷ホール!$D$3:$D$9,">"&D3)+1」の数式は、「赤銀プラザ」シートのD3セル～D7セルの集客数の中でD3セルの集客数より多い場合の数と「甘谷ホール」シートのD3セル～D9セルの集客数の中で「赤銀プラザ」シートのD3セルの集客数より多い場合の数が求められます。その数は6個となりますが、順位にするには、それぞれのセル自身を数に入れなければならないため「+1」として数式を作成します。結果、「赤銀プラザ」「甘谷ホール」の2つのシートにある集客数をもとに順位が付けられます。

2つ目の「甘谷ホール」シートの「=COUNTIF(赤銀プラザ!$D$3:$D$7,">"&D3)+COUNTIF($D$3:$D$9,">"&D3)+1」の数式も同様の意味で順位が付けられます。

プラスアルファ　昇順で順位を付けるには、「=COUNTIF($D$3:$D$7,"<"&D3)+COUNTIF(甘谷ホール!$D$3:$D$9,"<"&D3)+1」「=COUNTIF(赤銀プラザ!$D$3:$D$7,"<"&D3)+COUNTIF($D$3:$D$9,"<"&D3)+1」と演算子を「<」にして数式を作成します。

Chapter 5

日付の期間を数える！期間計算ワザ

250 指定期間の日数を求めたい

使用関数 なし

数式 =C3-B3+1

Excelの日付/時刻計算は、シリアル値(日付/時刻を表す数値)で行われます。「1900/1/1」～「9999/12/31」の日付は「1」～「2958465」の整数部で表されるため、期間の日数は終了日から開始日を引くことで求められます。

❶開催日数を求めるセルを選択し、「=C3-B3+1」と入力する。
❷数式を必要なだけ複写する。

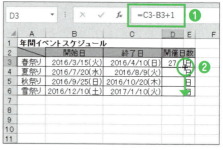

❸それぞれの開始日と終了日から開催日数が求められる。

数式解説 「=C3-B3+1」の数式は、見た目には「2016/4/10-2016/3/15+1」ですが、Excelの内部では「42444-42470+1」とシリアル値で計算されます。結果、「26」が日数として求められます。なお、当日を含めるため「+1」として数式を作成しています。

251 指定期間の月数や年数を求めたい

使用関数 DATEDIF関数

数式 =DATEDIF(B3,$D$1,"Y")、=DATEDIF(B3,$D$1,"M")

開始日から終了日までの月数や年数はDATEDIF関数で求められます。関数として用意されていないため、関数の書式に従って直接、入力する必要があります。

■ 指定期間の年数を求める

❶ 在職年数を求めるセルを選択し、「=DATEDIF(B3,$D$1,"Y")」と入力する。

❷ 数式を必要なだけ複写すると、それぞれの採用年月日からD1セルの日付までの在職年数が求められる。

■ 指定期間の月数を求める

❶ 在職月数を求めるセルを選択し、「=DATEDIF(B3,$D$1,"M")」と入力する。

❷ 数式を必要なだけ複写すると、それぞれの採用年月日からD1セルの日付までの在職月数が求められる。

数式解説 DATEDIF関数は開始日から終了日までの期間を指定の単位で求める関数です。
書式「=DATEDIF(開始日,終了日,単位)」に従って数式を作成します。引数の[単位]には求める期間を「""」で囲んだ以下の単位で指定します。
「=DATEDIF(B3,$D$1,"Y")」の数式は、B3セルの採用年月日からD1セルの日付までの年数を求めます。
「=DATEDIF(B3,$D$1,"M")」の数式は、B3セルの採用年月日からD1セルの日付までの月数を求めます。

求める期間	単位
満年数	"Y"
満月数	"M"
満日数	"D"
1年未満の月数	"YM"
1年未満の日数	"YD"
1ヶ月未満の日数	"MD"

サンプルファイル ▶ 251.xlsx

252 10ヶ月を1年とするなど指定した月数を1年と決めて年数を求めたい

使用関数 DATEDIF関数

数式 =DATEDIF(B3,$D$1,"Y")+(DATEDIF(B3,$D$1,"YM")>=10)

DATEDIF関数は、1年を12ヶ月として年数を求めます。10ヶ月を1年として年数を求めるには、期間の年数を除く月数が10ヶ月以上なら1年足し算するように条件式を作成します。

---

❶ 在職年数を求めるセルを選択し、「=DATEDIF(B3,$D$1,"Y")+(DATEDIF(B3,$D$1,"YM")>=10)」と入力する。

❷ 数式を必要なだけ複写する。

	A	B	C	D
1	6月契約状況		コールセンター	2016/7/1
2	氏名	採用年月日	契約数	在職年数
3	鴨飼眞子	2010/10/1	76	5
4	木下恵美	2013/7/1	56	
5	瀬戸文代	2013/7/1	41	
6	津村里江	2015/12/1	68	
7	肥田香	2011/9/1	127	
8	星田由真	2009/4/1	62	
9	湯川一果	2010/10/1	68	
10	綿村早百合	2014/1/5	49	

❸ 10ヶ月を1年として、それぞれの採用年月日からD1セルの日付までの在職年数が求められる。

	A	B	C	D
1	6月契約状況		コールセンター	2016/7/1
2	氏名	採用年月日	契約数	在職年数
3	鴨飼眞子	2010/10/1	76	5
4	木下恵美	2013/7/1	56	3
5	瀬戸文代	2013/7/1	41	3
6	津村里江	2015/12/1	68	0
7	肥田香	2011/9/1	127	5
8	星田由真	2009/4/1	62	7
9	湯川一果	2010/10/1	68	5
10	綿村早百合	2014/1/5	49	2

数式解説 DATEDIF関数は開始日から終了日までの期間を指定の単位で求める関数です（Tips 251 で紹介）。

「DATEDIF(B3,$D$1,"YM")>=10」の数式は、B3セルの採用年月日からD1セルの日付までの年数を除く月数が10ヶ月以上の場合は「TRUE」、10ヶ月未満の場合は「FALSE」を求めます。「TRUE」は「1」、「FALSE」は「0」で計算されるので、「=DATEDIF(B3,$D$1,"Y")+(DATEDIF(B3,$D$1,"YM")>=10)」と数式を作成すると、B3セルの採用年月日からD1セルの日付までの年数を除く月数が10ヶ月以上なら1年足されて、10ヶ月未満ならそのまま、B3セルの採用年月日からD1セルの日付までの年数が在職年数として求められます。

サンプルファイル ▶ 252.xlsx

253 指定期間を○年○ヶ月で求めたい

使用関数 DATEDIF関数

数 式 =DATEDIF(B3,$D$1,"Y")&"年"&DATEDIF(B3,$D$1,"YM")&"ヶ月"

開始日から終了日までの期間を○年○ヶ月で求めるには、DATEDIF関数を2つ使って数式を作成します。1つ目のDATEDIF関数で求めた年数と、2つ目のDATEDIF関数で求めた年数を除く月数を「&」で繋ぎます。

❶在職期間を求めるセルを選択し、「=DATEDIF(B3,$D$1,"Y")&"年"&DATEDIF(B3,$D$1,"YM")&"ヶ月"」と入力する。

❷数式を必要なだけ複写する。

❸在職期間が○年○ヶ月で求められる。

数式解説 DATEDIF関数は開始日から終了日までの期間を指定の単位で求める関数です（Tips 251で紹介）。
「=DATEDIF(B3,$D$1,"Y")&"年"&DATEDIF(B3,$D$1,"YM")&"ヶ月"」の数式は、「B3セルの採用年月日からD1セルの日付までの年数」&「年」&「B3セルの採用年月日からD1セルの日付までの年数を除く月数」&「ヶ月」を求めます。結果、B3セルの採用年月日からD1セルの日付までの在職期間が5年9ヶ月と求められます。

サンプルファイル ▶ 253.xlsx

254 求めた期間が0年や0ヶ月なら非表示にして○年○ヶ月を求めたい

使用関数 TEXT、DATEDIF 関数

数 式 =TEXT(DATEDIF(B3,$D$1,"Y"),"0年;;")&TEXT(DATEDIF(B3,$D$1,"YM"),"0ヶ月;;")

Tips 253 の方法では、月数がなくても2年0ヶ月、年数がなくても0年2ヶ月のように求められます。これを2年、2ヶ月のように求めるには、TEXT 関数で期間が0の場合は非表示になるように表示形式を付けます。

❶ 在職期間を求めるセルを選択し、「=DATEDIF(B3,$D$1,"Y")&"年"&DATEDIF(B3,$D$1,"YM")&"ヶ月"」と入力したが、月数がないと「3年0ヶ月」と求められてしまう。

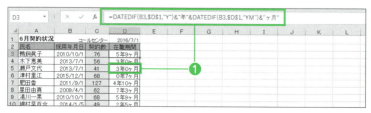

❷ 在職期間を求めるセルを選択し、「=TEXT(DATEDIF(B3,$D$1,"Y"),"0年;;")&TEXT(DATEDIF(B3,$D$1,"YM"),"0ヶ月;;")」と入力する。

❸ 数式を必要なだけ複写する。月数がないと「3年」と年数だけで在職期間が求められる。

数式解説 DATEDIF 関数は開始日から終了日までの期間を指定の単位で求める関数(Tips 251 で紹介)、TEXT 関数は数値や日付/時刻を指定の表示形式を付けて文字列に変換する関数です(第8章 Tips 328 で紹介)。
「TEXT(DATEDIF(B3,$D$1,"Y"),"0年;;")」の数式は、B3 セルの採用年月日から D1 セルの日付までの年数が0年なら空白の表示形式を付けます。
「TEXT(DATEDIF(B3,$D$1,"YM"),"0ヶ月;;")」の数式は、B3 セルの採用年月日から D1 セルの日付までの年数を除く月数が0ヶ月なら空白の表示形式を付けます。2つの数式を「&」で繋ぐことで、0年や0ヶ月は非表示で○年○ヶ月と在職期間が求められます。

サンプルファイル ▶ 254.xlsx

2016 | 2013 | 2010 | 2007

255 生年月日から年齢を求めたい

使用関数 DATEDIF、TODAY関数

数 式 =DATEDIF(C3,TODAY(),"Y")

年齢は生年月日から現在までの日付の期間です。開始日は生年月日、終了日は現在の日付を求めるTODAY関数を指定して、DATEDIF関数で数式を作成すると年齢が求められます。

❶年齢を求めるセルを選択し、「=DATEDIF(C3,TODAY(),"Y")」と入力する。

❷数式を必要なだけ複写する。

❸それぞれの生年月日から年齢が求められる。

	A	B	C	D
1	会員名簿			
2	番号	氏名	生年月日	年齢
3	1	青井朝子	1946/3/4	69
4	2	東江道男	1980/5/10	35
5	3	朝日律	1984/12/10	30
6	4	嵐真衣	1957/5/11	58
7	5	有馬真理	1976/11/9	38

数式解説 DATEDIF関数は開始日から終了日までの期間を指定の単位で求める関数(Tips 251で紹介)、TODAY関数は現在の日付を求める関数です(第6章 Tips 266で紹介)。
「=DATEDIF(C3,TODAY(),"Y")」の数式は、C3セルの生年月日から現在の日付までの年数を求めます。結果、現在の年齢が求められます。

プラスアルファ TODAY関数で求められる日付は、パソコンの内蔵時計をもとに表示されます。

サンプルファイル ▶ 255.xlsx

256 1946・3・4とセルごとに入力された生年月日から年齢を求めたい

使用関数 DATEDIF、DATE、TODAY関数

数式 =DATEDIF(DATE(C3,D3,E3),TODAY(),"Y")

生年月日の年月日が別々のセルにある場合、Tips 255の数式では年齢が求められません。まず、別々の年月日をDATE関数で1つの日付にしてから、Tips 255の数式で年齢を求めます。

---

❶年齢を求めるセルを選択し、「=DATEDIF(DATE(C3,D3,E3),TODAY(),"Y")」と入力する。

❷数式を必要なだけ複写する。

❸それぞれの年月日から年齢が求められる。

数式解説 DATEDIF関数は開始日から終了日までの期間を指定の単位で求める関数（Tips 251で紹介）、TODAY関数は現在の日付を求める関数（第6章 Tips 266で紹介）、DATE関数は年、月、日を表す数値を日付にする関数です（第9章 Tips 346で紹介）。
「DATE(C3,D3,E3)」の数式は、C3セルの「1946」、D3セルの「3」、E3セルの「4」から「1946/3/4」の日付を作成します。作成した日付を開始日として「=DATEDIF(DATE(C3,D3,E3),TODAY(),"Y")」の数式を作成すると、「1946/3/4」から現在の日付までの年数、つまり、年齢が求められます。

257 S・21・3・4とセルごとに入力された生年月日から年齢を求めたい

使用関数 DATEDIF、TODAY関数

数式 =DATEDIF((C3&D3&-E3&-F3),TODAY(),"Y")

和暦（英短縮元号）の生年月日の年月日が別々のセルにある場合に年齢を求めるには、Tips 256のようにDATE関数は使えません。この場合は、「-」で繋いで日付文字列にしてからDATEDIF関数で求めます。

---

❶年齢を求めるセルを選択し、「=DATEDIF((C3&D3&-E3&-F3),TODAY(),"Y")」と入力する。

❷数式を必要なだけ複写する。

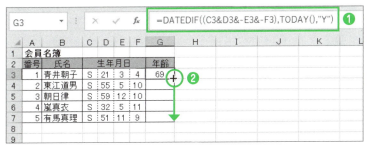

❸それぞれの生年月日から年齢が求められる。

数式解説 DATEDIF関数は開始日から終了日までの期間を指定の単位で求める関数（Tips 251で紹介）、TODAY関数は現在の日付を求める関数です（第6章 Tips 266で紹介）。
「C3&D3&-E3&-F3」の数式は、C3セルの「S」、D3セルの「21」、E3セルの「3」、F3セルの「4」から「S21-3-4」の日付文字列を作成します。作成した日付文字列を開始日として「=DATEDIF((C3&D3&-E3&-F3),TODAY(),"Y")」の数式を作成すると、「S21-3-4」から現在の日付文字列までの年数、つまり、年齢が求められます。

サンプルファイル ▶ 257.xlsx

258 昭和・21・3・4とセルごとに入力された生年月日から年齢を求めたい

使用関数 DATEDIF、TODAY関数

数式 =DATEDIF((C3&D3&"年"&E3&"月"&F3&"日"),TODAY(),"Y")

和暦(和暦元号)の生年月日の年月日が別々のセルにある場合に年齢を求めるには、Tips 256のようにDATE関数は使えません。この場合は、「年」「月」「日」の文字で繋いで日付文字列にしてからDATEDIF関数で求めます。

❶ 年齢を求めるセルを選択し、「=DATEDIF((C3&D3&"年"&E3&"月"&F3&"日"),TODAY(),"Y")」と入力する。

❷ 数式を必要なだけ複写する。

❸ それぞれの生年月日から年齢が求められる。

数式解説 DATEDIF関数は開始日から終了日までの期間を指定の単位で求める関数(Tips 251で紹介)、TODAY関数は現在の日付を求める関数です(第6章 Tips 266で紹介)。
「C3&D3&"年"&E3&"月"&F3&"日"」の数式は、C3セルの「昭和」、D3セルの「21」、E3セルの「3」、F3セルの「4」から「昭和21年3月4日」の日付文字列を作成します。作成した日付文字列を開始日として「=DATEDIF((C3&D3&"年"&E3&"月"&F3&"日"),TODAY(),"Y")」の数式を作成すると、「昭和21年3月4日」から現在の日付までの年数、つまり、年齢が求められます。

サンプルファイル ▶ 258.xlsx

259 指定期間の土日祝以外の日数を求めたい

使用関数 NETWORKDAYS関数

数 式 =NETWORKDAYS(B4,C4,$B$11:$C$17)

土日祝を除く開始日から終了日までの期間は NETWORKDAYS 関数で求められます。祝日は別に作成しておけば、そのセル範囲を数式で指定するだけで、開始日から終了日までの期間から手早く除けます。

❶平日の開催日数を求めるセルを選択し、「=NETWORKDAYS(B4,C4,$B$11:$C$17)」と入力する。

❷数式を必要なだけ複写する。

❸それぞれの開始日と終了日から土日祝を除く平日の開催日数が求められる。

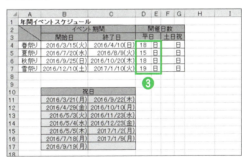

数式解説 NETWORKDAYS 関数は開始日から終了日までの日数を土日祝を除いて求める関数です。「=NETWORKDAYS(B4,C4,$B$11:$C$17)」の数式は、B4 セルの開始日から C4 セルの終了日までの開催日数を B11 セル～C17 セルの祝日を除いて求めます。

プラスアルファ 引数の[祭日]を省略すると土日だけが除かれます。

サンプルファイル ▶ 259.xlsx

260 指定期間の土日祝の日数を求めたい

使用関数 NETWORKDAYS関数

数式 =C4-B4-NETWORKDAYS(B4,C4,$B$11:$C$17)+1

開始日から終了日までの期間の土日祝の日数は、開始日から終了日までの期間から、NETWORKDAYS関数で求めた土日祝を除く日数を引き算すれば求められます。

❶ 土日祝の開催日数を求めるセルを選択し、「=C4-B4-NETWORKDAYS(B4,C4,$B$11:$C$17)+1」と入力する。

❷ 数式を必要なだけ複写する。

❸ それぞれの開始日と終了日から土日祝の開催日数が求められる。

> **数式解説**
> NETWORKDAYS関数は開始日から終了日までの日数を土日祝を除いて求める関数です（Tips 259で紹介）。
> 「=NETWORKDAYS(B4,C4,$B$11:$C$17)」の数式は、B4セルの開始日からC4セルの終了日までの開催日数を土日とB11セル～C17セルの祝日を除いて求めます。この土日祝を除く開催日数を、B4セルの開始日からC4セルの終了日までの開催日数から引き算すると、土日祝の日数が求められます。

📁 サンプルファイル ▶ 260.xlsx

261 指定期間の祝日の日数を求めたい

使用関数 COUNTIF関数

数 式 =COUNTIF($B$11:$C$17,">="&B4)-COUNTIF($B$11:$C$17,">"&C4)

開始日から終了日までの期間の祝日の日数は、あらかじめ祝日のリストを作成しておけば、COUNTIF関数を使って求められます。

---

❶ 祝日の日数を求めるセルを選択し、「=COUNTIF($B$11:$C$17,">="&B4)-COUNTIF($B$11:$C$17,">"&C4)」と入力する。

❷数式を必要なだけ複写する。

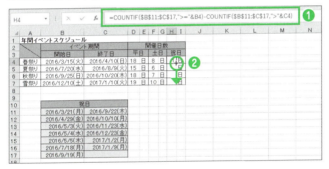

❸それぞれの開始日と終了日から祝日の開催日数が求められる。

数式解説 COUNTIF関数は条件を満たすセルの数を数える関数です（Tips 107で紹介）。開始日から終了日までの祝日の日数は、祝日の中にある開始日以上の日付の数から終了日より後の日付の数を引いた数となります。つまり、「=COUNTIF($B$11:$C$17,">="&B4)-COUNTIF($B$11:$C$17,">"&C4)」と数式を作成すると、B11セル～C17セルの祝日の中に、B4セルの開始日からC4セルの終了日までの日付がいくつあるかが求められ、結果、祝日の日数が求められます。

サンプルファイル ▶ 261.xlsx

262 指定期間から指定の曜日以外の日数を求めたい

使用関数 NETWORKDAYS.INTL 関数

数式 =NETWORKDAYS.INTL(B3,C3,12)

指定の曜日を除く開始日から終了日までの期間は NETWORKDAYS.INTL 関数で求められます。たとえば、休日が月曜なら、月曜以外の日数が求められます。

❶ 月曜日を除く開催日数を求めるセルを選択し、「=NETWORKDAYS.INTL(B3,C3,12)」と入力する。

❷ 数式を必要なだけ複写する。

	A	B	C	D	E	F	G
1	年間イベントスケジュール						
2		開始日	終了日	開催日数		休日	
3	春祭り	2016/3/15(火)	2016/4/10(日)	24	日		日
4	夏祭り	2016/7/20(水)	2016/8/9(火)		日		日
5	秋祭り	2016/9/25(日)	2016/10/20(木)		日		日
6	雪祭り	2016/12/10(土)	2017/1/10(火)		日		日

❸ それぞれの開始日と終了日から月曜日を除く開催日数が求められる。

	A	B	C	D	E	F	G
1	年間イベントスケジュール						
2		開始日	終了日	開催日数		休日	
3	春祭り	2016/3/15(火)	2016/4/10(日)	24	日		日
4	夏祭り	2016/7/20(水)	2016/8/9(火)	18	日		日
5	秋祭り	2016/9/25(日)	2016/10/20(木)	22	日		日
6	雪祭り	2016/12/10(土)	2017/1/10(火)	27	日		日

数式解説 NETWORKDAYS.INTL 関数は開始日から終了日までの日数を指定した曜日と祝日を除いて求める関数です。
「=NETWORKDAYS.INTL(B3,C3,12)」の数式は、B3 セルの開始日から C3 セルの終了日までの開催日数を月曜日を除いて求めます。

プラスアルファ NETWORKDAYS.INTL 関数がない Excel 2007 では、「=(C3-B3-(INT((C3-B3-MOD(2-WEEKDAY(B3),7))/7)+1))+1」と数式を作成します。

サンプルファイル ▶ 262.xlsx

263 指定期間から複数の指定の曜日以外の日数を求めたい

使用関数 NETWORKDAYS.INTL 関数

数 式 =NETWORKDAYS.INTL(B3,C3,"1010000")

休日が月曜と水曜など、指定期間の複数の曜日以外の日数を求めるには、NETWORKDAYS.INTL 関数の引数の [週末] に休日以外は「0」、休日は「1」として月曜～日曜までを 7 桁の数値で指定します。

---

❶ 月曜日と日曜日を除く開催日数を求めるセルを選択し、「=NETWORKDAYS.INTL(B3,C3,"1010000")」と入力する。

❷ 数式を必要なだけ複写する。

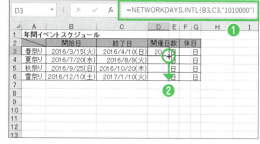

❸ それぞれの開始日と終了日から月曜日と水曜日を除く開催日数が求められる。

数式解説 NETWORKDAYS.INTL 関数は開始日から終了日までの日数を指定した曜日と祝日を除いて求める関数です（Tips 262 で紹介）。
NETWORKDAYS.INTL 関数の引数の [週末] には、稼働日は「0」、非稼働日は「1」として月曜～日曜までを 7 桁の数値で表すことができます。
「=NETWORKDAYS.INTL(B3,C3,"1010000")」と数式を作成すると、B3 セルの開始日から C3 セルの終了日までの開催日数が、月曜と水曜を除いて求められます。

プラスアルファ 連続した 2 曜日を除く場合は、引数の [週末] に「1」～「7」の数値を指定することで可能です。

サンプルファイル ▶ 263.xlsx

264 指定期間から指定の曜日の日数を求めたい

使用関数 NETWORKDAYS.INTL 関数

数 式 =NETWORKDAYS.INTL(B3,C3,"0111111")

指定期間の指定の曜日の日数を求めるには、NETWORKDAYS.INTL 関数の引数の [週末] に、求めたい曜日は「0」、それ以外の曜日は「1」として月曜～日曜までを7桁の数値で指定します。

❶ 月曜日の日数を求めるセルを選択し、「=NETWORKDAYSINTL(B3,C3,"0111111")」と入力する。

❷ 数式を必要なだけ複写する。

❸ それぞれの開始日と終了日から月曜日の日数が求められる。

数式解説 NETWORKDAYS.INTL 関数は開始日から終了日までの日数を指定した曜日と祝日を除いて求める関数です (Tips 262 で紹介)。
NETWORKDAYS.INTL 関数の引数の [週末] には、稼働日は「0」、非稼働日は「1」として月曜～日曜までを7桁の数値で表すことができます。指定の曜日の日数を求めるには、その曜日を稼働日に指定します。
「=NETWORKDAYS.INTL(B3,C3,"0111111")」と数式を作成すると、B3 セルの開始日から C3 セルの終了日までの月曜の日数が求められます。

プラスアルファ NETWORKDAYS.INTL 関数がない Excel 2007 では、「=INT((C3-B3-MOD(2-WEEKDAY(B3),7))/7)+1」と数式を作成します。

▶ サンプルファイル ▶ 264.xlsx

265 指定期間の複数の指定の曜日の日数を求めたい

使用関数 NETWORKDAYS.INTL 関数

数　式 =NETWORKDAYS.INTL(B3,C3,"0101111")

休日が月曜と水曜など、指定期間の複数の曜日の日数を求めるには、NETWORKDAYS.INTL 関数の引数の[週末]に、求めたい曜日すべてを「0」、それ以外の曜日は「1」として月曜〜日曜までを 7 桁の数値で指定します。

❶月曜日と日曜日の日数を求めるセルを選択し、「=NETWORKDAYS.INTL(B3,C3,"0101111")」と入力する。

❷数式を必要なだけ複写する。

❸それぞれの開始日と終了日から月曜日と水曜日の日数が求められる。

> **数式解説**　NETWORKDAYS.INTL 関数は開始日から終了日までの日数を指定した曜日と祝日を除いて求める関数です。
> NETWORKDAYS.INTL 関数の引数の[週末]には、稼働日は「0」、非稼働日は「1」として月曜〜日曜までを 7 桁の数値で表すことができます。複数の指定の曜日の日数を求めるには、指定のすべての曜日を稼働日に指定します。
> 「=NETWORKDAYS.INTL(B3,C3,"0101111")」と数式を作成すると、B3 セルの開始日から C3 セルの終了日までの月曜と水曜の日数が求められます。

📥 サンプルファイル ▶ 265.xlsx

Chapter 6

日付／時刻から弾き出す！
指定日の抽出ワザ

266 現在の日付や時刻を求めたい

使用関数 TODAY関数

数 式 =TODAY()

表に現在の日付や時刻を表示しておきたいときは、NOW関数を使います。日付だけが必要なときはTODAY関数を使います。それぞれの関数で表示される日付と時刻はパソコンの内臓時計をもとに表示されます。

■現在の日付を求める

❶現在の日付を求めるセルを選択し、「=TODAY()」と入力する。

❷現在の日付が求められる。

■現在の日付と時刻を求める

❶現在の日付と時刻を求めるセルを選択し、「=NOW()」と入力する。

❷現在の日付と時刻が求められる。

数式解説 TODAY関数は現在の日付、NOW関数は現在の日付と時刻を求める関数です。現在の日付と時刻はパソコンの内蔵時計をもとに表示されます。
それぞれに関数の引数はなく、「=TODAY()」の数式を作成すると現在の日付、「=NOW()」の数式を作成すると現在の日付と時刻が求められます。

プラスアルファ NOW関数で時刻を秒まで表示させるには、セルの表示形式を「yyyy/m/d h:mm:ss」に変更します。TODAY関数とNOW関数で求められる現在の日付と時刻は、シート上で操作を行ったり、ファイルを開いたり F9 キーを押すたび更新されます。

▶サンプルファイル ▶ 266.xlsx

▶日付／時刻抽出の基本　　　2016 | 2013 | 2010 | 2007

267 年月日から年だけを取り出したい

使用関数 YEAR関数

数式 =YEAR(C3)

YEAR関数を使うと、入力済みの日付から年だけを取り出せます。年だけを取り出しておくと、年を条件にした集計や抽出が容易に行えるようになります。

❶年を取り出すセルを選択し、「=YEAR(C3)」と入力する。

❷数式を必要なだけ複写する。

❸それぞれの生年月日から年が取り出される。

数式解説　YEAR関数は日付から年を取り出す関数です。
「=YEAR(C3)」の数式は、C3セルの生年月日から年を取り出します。

📥 サンプルファイル ▶ 267.xlsx

268 年月日から月だけを取り出したい

使用関数 MONTH関数

数　式 =MONTH(C3)

MONTH関数を使うと、入力済みの日付から月だけを取り出せます。月だけを取り出しておくと、月を条件にした集計や抽出が容易に行えるようになります。

❶ 月を取り出すセルを選択し、「=MONTH(C3)」と入力する。
❷ 数式を必要なだけ複写する。

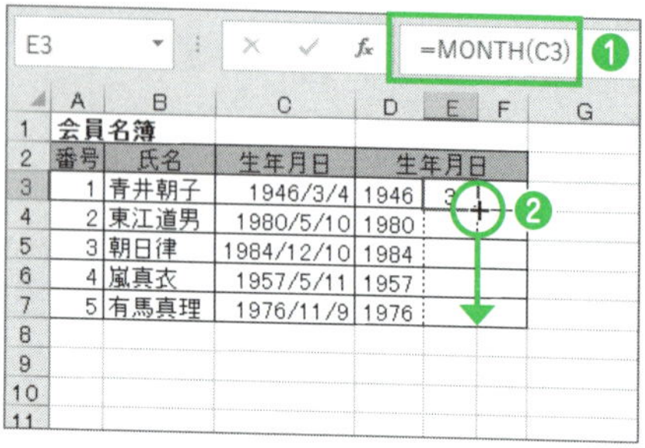

❸ それぞれの生年月日から月が取り出される。

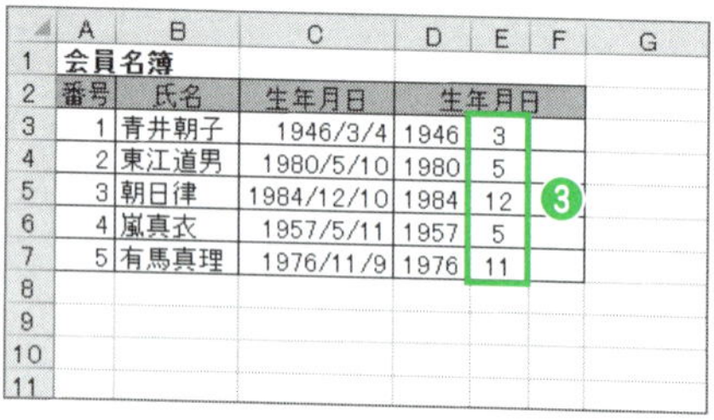

数式解説　MONTH関数は日付から月を取り出す関数です。
「= MONTH (C3)」の数式は、C3セルの生年月日から月を取り出します。

サンプルファイル ▶ 268.xlsx

▶ 日付／時刻抽出の基本

269 年月日から日だけを取り出したい

使用関数 DAY関数

数　式 =DAY(C3)

DAY関数を使うと、入力済みの日付から日だけを取り出せます。日だけを取り出しておくと、日を条件にした集計や抽出が容易に行えるようになります。

❶日を取り出すセルを選択し、「=DAY(C3)」と入力する。

❷数式を必要なだけ複写する。

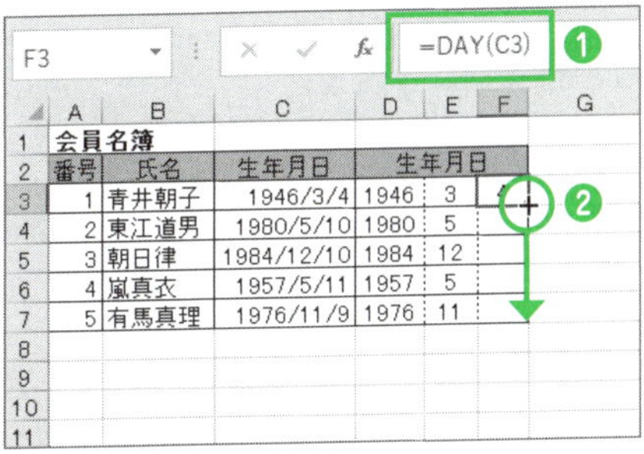

❸それぞれの生年月日から日が取り出される。

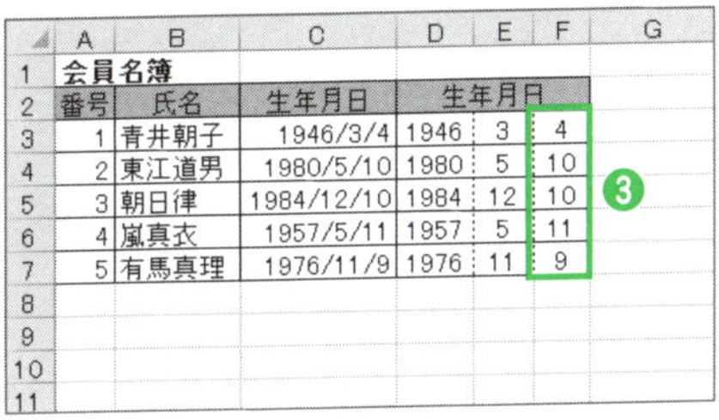

> **数式解説**　DAY関数は日付から日を取り出す関数です。
> 「=DAY(C3)」の数式は、C3セルの生年月日から日を取り出します。

📥 サンプルファイル ▶ 269.xlsx

▶ 日付／時刻抽出の基本 | 2016 | 2013 | 2010 | 2007

270 日付から曜日を数値で取り出したい

使用関数 WEEKDAY関数

数 式 =WEEKDAY(A3)

日付に曜日を表示させるのは表示形式でもできますが、WEEKDAY関数を使うと別のセルに表示できます。WEEKDAY関数は、曜日を表す整数で表示されるため、数値を条件にして曜日集計が行えます。

❶曜日を求めるセルを選択し、「=WEEKDAY(A3)」と入力する。

❷[ホーム]タブの[数値]グループの 🔽 をクリックして表示される[セルの書式設定]ダイアログボックスの[表示形式]タブで[ユーザー定義]に「(aaa)」と入力する。

❸[OK]ボタンをクリックする。

サンプルファイル ▶ 270.xlsx

❹数式を必要なだけ複写すると、それぞれの日付から曜日が求められる。

	A	B	C
1	美術館入館者数		
2	日付		入館者数
3	10/1	(土)	146
4	10/2	(日)	192
5	10/3	(月)	77
6	10/4	(火)	52
7	10/5	(水)	68
8	10/6	(木)	55
9	10/7	(金)	80
10	10/8	(土)	194
11	10/9	(日)	248
12	10/10	(月)	352
13	10/11	(火)	79
14	10/12	(水)	67
15	10/13	(木)	58
16	10/14	(金)	74
17	10/15	(土)	134

数式解説　WEEKDAY 関数は日付から曜日を整数で取り出す関数です。
引数の [種類] には、どのような整数で取り出すかを以下の数値で指定します。なお、Excel 2007 では「11」～「17」は指定できません。

種類	戻り値
1 または省略	1（日曜）～ 7（土曜）
2	1（月曜）～ 7（日曜）
3	0（月曜）～ 6（日曜）
11	1（月曜）～ 7（日曜）
12	1（火曜）～ 7（月曜）
13	1（水曜）～ 7（火曜）
14	1（木曜）～ 7（水曜）
15	1（金曜）～ 7（木曜）
16	1（土曜）～ 7（金曜）
17	1（日曜）～ 7（土曜）

「=WEEKDAY(A3)」の数式は、日付から「日」～「土」の曜日を「1」～「7」の整数で求めます。整数を曜日にするには以下の曜日の表示形式を付けます。

表示形式	表示される曜日
aaa（aaa）	月 （月）
aaaa	月曜日
ddd	Mon
dddd	Monday

▶ 日付／時刻抽出の基本

2016 | 2013 | 2010 | 2007

271 日付から曜日を曜日表示で取り出したい

使用関数 TEXT関数

数 式 =TEXT(A3,"(aaa)")

Tips 270のWEEKDAY関数で曜日を求めると、曜日の表示形式に変更する必要がありますが、TEXT関数を使うと曜日の表示形式を付けて求められるので、手早く日付に曜日を表示できます。

❶ 曜日を求めるセルを選択し、「=TEXT(A3,"(aaa)")」と入力する。
❷ 数式を必要なだけ複写する。

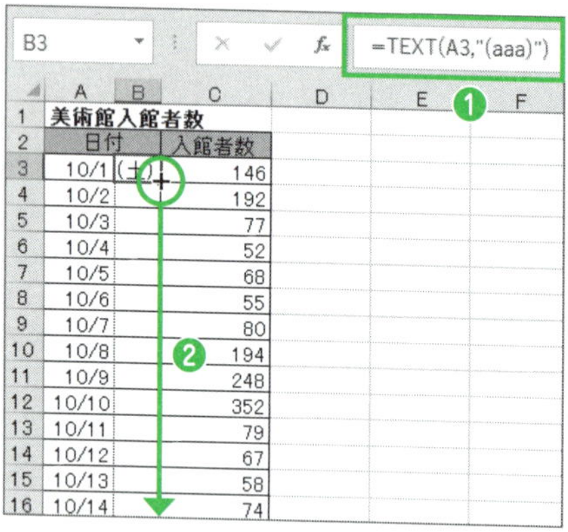

❸ それぞれの日付から曜日が求められる。

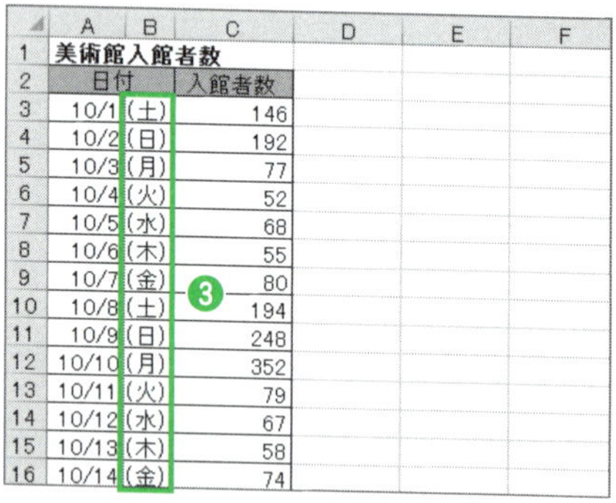

数式解説 TEXT関数は数値や日付／時刻に指定の表示形式を付けて文字列変換する関数です（第8章で紹介）。
「=TEXT(A3,"(aaa)")」の数式は、A3セルの日付に「(土)」の表示形式を付けて返します。

サンプルファイル ▶ 271.xlsx

▶ 日付／時刻抽出の基本

272 日付から今年に入って何週目かを取り出したい

使用関数 WEEKNUM関数

数　式 =WEEKNUM("2016/10/1")、=WEEKNUM("2016/10/31")

表の日付がその年の何週目のデータなのかを表示させるには、WEEKNUM関数を使います。日付の年の1/1から数えて何週目かを表示できます。

❶「2016/10/1」の週を求めるセルを選択し、「=WEEKNUM("2016/10/1")」と入力する。

❷「2016/10/1」の「2016/1/1」からの週が求められる。

❸「2016/10/31」の週を求めるセルを選択し、「=WEEKNUM("2016/10/31")」と入力する。

❹「2016/10/31」の「2016/1/1」からの週が求められる。

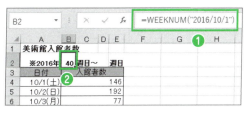

数式解説 WEEKNUM関数は日付がその年の第何週目にあるかを求める関数です。引数の[週の基準]は、週の始まりを以下の数値で指定します。なお、Excel 2007で「11」～「21」は指定できません。

週の基準	週の始まり
1 または省略	日曜日
2	月曜日
11	月曜日
12	火曜日

週の基準	週の始まり
13	水曜日
14	木曜日
15	金曜日
16	土曜日

週の基準	週の始まり
17	日曜日
21	月曜日

「=WEEKNUM("2016/10/1")」の数式は、「2016/1/1」から数えて「2016/10/1」が何週目にあるかを取り出します。
「=WEEKNUM("2016/10/31")」の数式は、「2016/1/1」から数えて「2016/10/31」が何週目にあるかを取り出します。

サンプルファイル ▶ 272.xlsx

▶日付／時刻抽出の基本　　2016 2013 2010 2007

273 時刻から時だけを取り出したい

使用関数 HOUR関数

数　式 =HOUR(D3-C3-"1:0:0")

HOUR関数を使うと、時刻から時が取り出せます。時刻データをもとに、時だけを使って集計したり、表の体裁上、時と分を別々の表に求めたりすることができます。

❶時を取り出すセルを選択し、「=HOUR(D3-C3-"1:0:0")」と入力する。

❷数式を必要なだけ複写する。

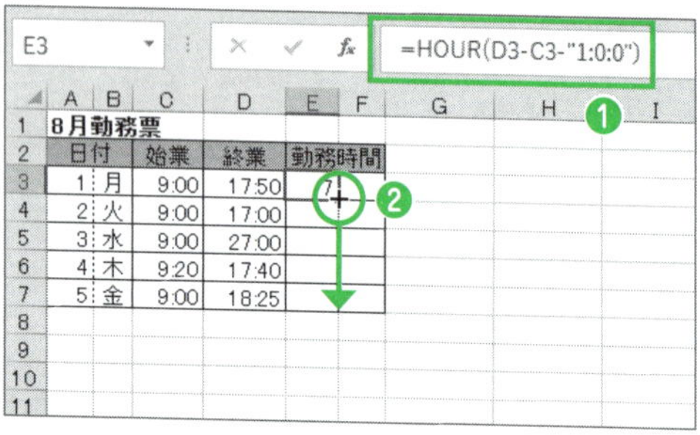

日付		始業	終業	勤務時間
1	月	9:00	17:50	7
2	火	9:00	17:00	
3	水	9:00	27:00	
4	木	9:20	17:40	
5	金	9:00	18:25	

❸勤務時間から時が取り出される。

日付		始業	終業	勤務時間
1	月	9:00	17:50	7
2	火	9:00	17:00	7
3	水	9:00	27:00	17
4	木	9:20	17:40	7
5	金	9:00	18:25	8

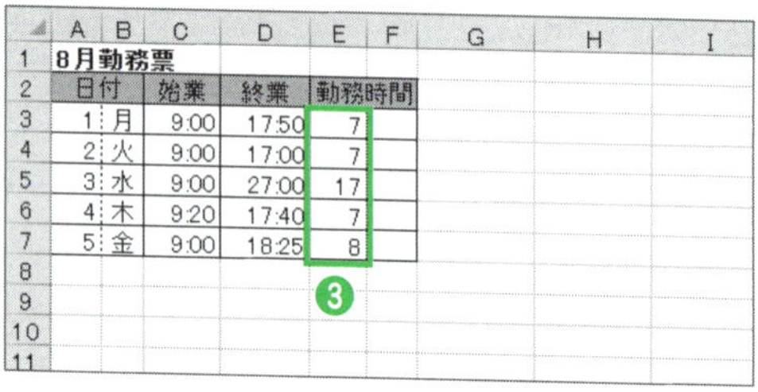

数式解説 HOUR関数は時刻から時を取り出す関数です。
「=HOUR(D3-C3-"1:0:0")」の数式は、「終業－始業－1時間」で求められた勤務時間から時を取り出します。

プラスアルファ 数式内で時刻を引き算するときは、「"1:0:0"」のように時、分、秒または時、分の時刻表示にしてダブルクォーテーション「""」で囲んで指定します。

サンプルファイル▶273.xlsx

▶ 日付/時刻抽出の基本

274 時刻から分だけを取り出したい

使用関数 MINUTE関数

数 式 =MINUTE(D3-C3-"1:0:0")

MINUTE関数を使うと、時刻から分が取り出せます。時刻データをもとに、分だけを使って集計したり、表の体裁上、時と分を別々の表に求めたりすることができます。

① 分を取り出すセルを選択し、「=MINUTE(D3-C3-"1:0:0")」と入力する。
② 数式を必要なだけ複写する。

③ 勤務時間から分が取り出される。

数式解説 MINUTE関数は時刻から分を取り出す関数です。
「=MINUTE(D3-C3-"1:0:0")」の数式は、「終業−始業−1時間」で求められた勤務時間から分を取り出します。

プラスアルファ 時刻から秒を取り出すにはSECOND関数を使います。

サンプルファイル ▶ 274.xlsx

275 日付から締め日をもとに月を取り出したい

使用関数 MONTH、EDATE 関数

数式 =MONTH(EDATE(B3-20,1))

YEAR 関数を使えば日付から月が取り出せますが、20 日を締めとして、それより後なら次の月で取り出すなど、締め日で月を取り出すには MONTH 関数に EDATE 関数を使って求めます。

① 締め月を求めるセルを選択し、「=MONTH(EDATE(B3-20,1))」と入力する。
② 数式を必要なだけ複写する。

③ それぞれの利用日の 20 日締めで月が求められる。

数式解説 MONTH 関数は日付から月を取り出す関数 (Tips 268 で紹介)、EDATE 関数は開始日から指定の月数後 (前) の日付を求める関数です (Tips 286 で紹介)。
「EDATE(B3-20,1)」の数式は、B3 セルの日付が 20 日までなら前月の当月、20 日より後なら当月から1ヶ月後の日付を求めます。つまり、「=MONTH(EDATE(B3-20,1))」と数式を作成すると、利用日の 20 日締めで月が求められます。

▼ サンプルファイル ▶ 275.xlsx

▶日付／時刻抽出の応用

276 日付から年月だけを一緒に取り出したい

使用関数 TEXT関数

数 式 =TEXT(B3,"yyyy/m")

日付／時刻関数には年月を一緒に取り出す関数がありません。一緒に取り出すにはTEXT関数で、日付に年月の表示形式を付けて取り出します。

---

❶年月を求めるセルを選択し、「=TEXT(B3,"yyyy/m")」と入力する。

❷数式を必要なだけ複写する。

❸それぞれの日付から年月が求められる。

数式解説 TEXT関数は数値や日付／時刻に指定の表示形式を付けて文字列変換する関数です（第8章 Tips 328 で紹介）。
「=TEXT(B3,"yyyy/m")」の数式は、B3セルの日付に年月「2005/1」の表示形式を付けて返します。

📥 サンプルファイル ▶ 276.xlsx

▶ 日付／時刻抽出の応用

2016 | 2013 | 2010 | 2007

277 日付の年度を4月～翌年3月を1年として取り出したい

使用関数 YEAR、MONTH関数

数 式 =YEAR(B3)-(MONTH(B3)<4)

YEAR関数は1月～12月までを1年として取り出します。しかし、4月～翌年3月までを1年として取り出したいときは、MONTH関数で条件式を作成します。

❶ 年度を求めるセルを選択し、「=YEAR(B3)-(MONTH(B3)<4)」と入力する。

❷ 数式を必要なだけ複写する。

❸ それぞれの日付から、4月～翌年3月までを1年として年度が求められる。

数式解説 YEAR関数は日付から年、MONTH関数は日付から月を取り出す関数です（Tips 267と268で紹介）。

「MONTH(B3)<4」の条件式は、日付から取り出した月が4未満（1～3）である場合は「TRUE」、4以上（4～12）である場合は「FALSE」を求めます。「TRUE」は「1」、「FALSE」は「0」で計算されるので、「=YEAR(B3)-(MONTH(B3)<4)」と数式を作成すると、1月～3月は「1」引いた年で、4月～12月は年がそのまま日付から取り出されます。結果、4月～翌年3月までを1年として年度が求められます。

サンプルファイル ▶ 277.xlsx

▶ 日付／時刻抽出の応用

278 日付から曜日を取り出して指定の名前で表示したい

使用関数 CHOOSE、WEEKDAY関数

数　式 =CHOOSE(WEEKDAY(A3),"週休","(月)","(火)","(水)","(木)","(金)","週休")

日付に曜日を表示したいとき、指定の名前にするには、WEEKDAY関数で取り出した曜日の整数をCHOOSE関数で指定の名前に変更します。

---

❶曜日を求めるセルを選択し、「=CHOOSE(WEEKDAY(A3),"週休","(月)","(火)","(水)","(木)","(金)","週休")」と入力する。

❷数式を必要なだけ複写する。

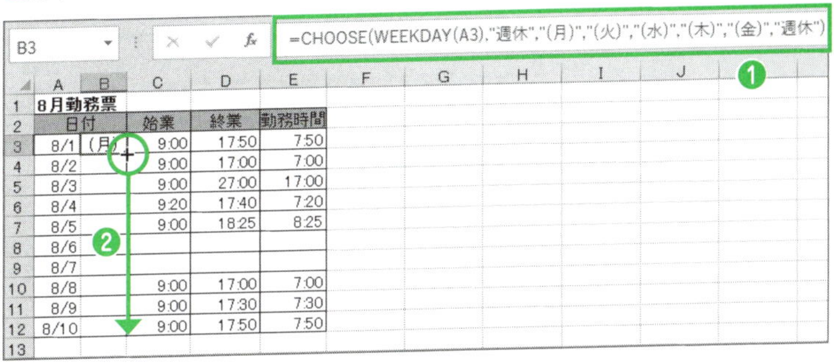

❸日付から曜日が求められ、土日は「週休」と求められる。

数式解説 CHOOSE関数は引数のリストから値を取り出す関数、WEEKDAY関数は日付から曜日を整数で取り出す関数です（Tips 270で紹介）。
「=CHOOSE(WEEKDAY(A3),"週休","(月)","(火)","(水)","(木)","(金)","週休")」の数式は、A3セルの日付から求めた曜日の整数「1」〜「7」を、「週休」「(月)」「(火)」「(水)」「(木)」「(金)」「週休」の文字列にして返します。

サンプルファイル ▶ 278.xlsx

▶ 日付／時刻抽出の応用

2016 | 2013 | 2010 | 2007

279 生年月日から干支を求めたい

使用関数 MID、MOD、YEAR関数

数　式 =MID("申酉戌亥子丑寅卯辰巳午未",MOD(YEAR(C3),12)+1,1)

名簿に干支が必要なとき、生年月日をもとに調べるのは面倒です。MID関数にMOD関数とYEAR関数を使った数式を使えば、大量の名簿データでも数式のコピーで干支が求められます。

---

❶ 干支を求めるセルを選択し、「=MID("申酉戌亥子丑寅卯辰巳午未",MOD(YEAR(C3),12)+1,1)」と入力する。

❷ 数式を必要なだけ複写する。

❸ それぞれの生年月日から干支が求められる。

数式解説 MID関数は文字列の指定の位置から指定の文字数分取り出す関数（第10章 Tips 374で紹介）、MOD関数は数値を除算したときの余りを求める関数、YEAR関数は日付から年を取り出す関数です（Tips 267で紹介）。
「=MID("申酉戌亥子丑寅卯辰巳午未",MOD(YEAR(C3),12)+1,1)」の数式は、C3セルの生年月日の年を12で除算した余りに1を足し、その数値の位置から1文字を「申酉戌亥子丑寅卯辰巳午未」から取り出します。E3セルは「申酉戌亥子丑寅卯辰巳午未」の3文字目から1文字の「戌」が取り出されます。

▼ サンプルファイル ▶ 279.xlsx

▶ 日付／時刻抽出の応用

2016 | 2013 | 2010 | 2007

280 生年月日から年代を求めたい

使用関数 TRUNC関数

数　式 =TRUNC(D3,-1)

生年月日から年代を求めるには、年齢を求めてそれを10年単位で切り捨てることで可能です。切り捨てるにはTRUNC関数を使います。たとえば、69歳なら10年単位で切り捨てると60になり、60代と年代が求められます。

❶年代を求めるセルを選択し、「=TRUNC(D3,-1)」と入力する。

❷数式を必要なだけ複写する。

	A	B	C	D	E
1	会員名簿				
2	番号	氏名	生年月日	年齢	年代
3	1	青井朝子	1946/3/4	69	60
4	2	東江道男	1980/5/10	35	
5	3	朝日律	1984/12/10	30	
6	4	嵐衣衣	1957/5/11	58	
7	5	有馬真理	1976/11/9	39	
8	6	飯島竜	1990/1/20	25	
9	7	石山菜々子	1963/7/31	52	
10	8	衣田允子	1955/3/23	60	
11	9	岩渕大輔	1962/5/25	53	
12	10	宇佐美六郎	1945/6/3	70	

❸それぞれの年齢から年代が求められる。

	A	B	C	D	E
1	会員名簿				
2	番号	氏名	生年月日	年齢	年代
3	1	青井朝子	1946/3/4	69	60
4	2	東江道男	1980/5/10	35	30
5	3	朝日律	1984/12/10	30	30
6	4	嵐衣衣	1957/5/11	58	50
7	5	有馬真理	1976/11/9	39	30
8	6	飯島竜	1990/1/20	25	20
9	7	石山菜々子	1963/7/31	52	50
10	8	衣田允子	1955/3/23	60	60
11	9	岩渕大輔	1962/5/25	53	50
12	10	宇佐美六郎	1945/6/3	70	70

数式解説 TRUNC関数は数値を指定の桁数にするために切り捨てる関数です。引数の[桁数]に求めたい桁を数値で指定します（[桁数]に指定する数値については第8章で紹介）。「=TRUNC(D3,-1)」の数式は、D3セルの年齢の10の位を切り捨てます。つまり、年齢から年代が求められます。

プラスアルファ 生年月日から直接、年代を求めるには、年齢を求める数式（第5章 Tips 255で紹介）を組み合わせて「=TRUNC(DATEDIF(C3,TODAY(),"Y"),-1)」と作成します。

⬇ サンプルファイル ▶ 280.xlsx

281 指定日の日付を土日祝なら翌営業日になるようにして求めたい

2016 | 2013 | 2010 | 2007

使用関数 WORKDAY、DATE 関数

数式 =WORKDAY(DATE($A$1,A3,25)-1,1,$C$9:$C$12)

該当月の 25 日など指定の日付が必要で、その日付が土日祝と重なるときは翌営業日で求めるには、DATE 関数で指定の日の日付を作成して、WORKDAY 関数で土日祝を除いて求めます。

❶ 振込日を求めるセルを選択し、「=WORKDAY(DATE($A$1,A3,25)-1,1,$C$9:$C$12)」と入力する。

	A	B	C
1	2016	年月別振込表	
2	月	振込金額	振込日
3	4	18,500	42485
4	5	30,250	
5	6	21,500	
8			祝日
9			2016/4/29(金)
10			2016/5/3(火)
11			2016/5/4(水)
12			2016/5/5(木)

❷ シリアル値で求められるので、日付の表示形式に変更する。[ホーム]タブの[数値]グループの をクリックして表示される[セルの書式設定]ダイアログボックスの[表示形式]タブで[ユーザー定義]に「yyyy/m/d(aaa)」と入力する。

❸ [OK]ボタンをクリックする。

サンプルファイル ▶ 281.xlsx

❹数式を必要なだけ複写すると、毎月25日の振込日が土日祝と重なるときは翌営業日で求められる。

	A	B	C	D	E
1	2016 年月別振込表				
2	月	振込金額	振込日		
3	4	18,500	2016/4/25(月)		
4	5	30,250	2016/5/25(水)	❹	
5	6	21,500	2016/6/27(月)		
6					
7					
8			祝日		
9			2016/4/29(金)		
10			2016/5/3(火)		
11			2016/5/4(水)		
12			2016/5/5(木)		

数式解説 WORKDAY関数は開始日から指定の日数後(前)の日付を土日祝を除いて求める関数(Tips 282で紹介)、DATE関数は年、月、日を表す数値を日付にする関数です(第9章 Tips 346で紹介)。
「=WORKDAY(DATE($A$1,A3,25)-1,1,$C$9:$C$12)」の数式は、A1セルの「2016」、A3セルの「4」、「25」を「2016/4/25」の日付にし、土日祝を除いて振込日を求めます。WORKDAY関数の引数の[日数]には「0」が指定できないので「1」と指定して、引数の[開始日]から「1」を引いて調整します。

プラスアルファ 土日祝と重なるときは前日の平日で求めるには、「=WORKDAY(DATE($A$1,A3,25)+1,-1,$C$9:$C$12)」と数式を作成します。

▶ 指定日を求める

282 ○日後の日付を土日祝を除いて求めたい

使用関数 WORKDAY関数

数　式 =WORKDAY(B3,5,$A$11:$A$13)

5日後など○日後の日付が土日祝と重なるときに、土日祝を除いた翌営業日で求めるには、WORKDAY関数を使います。祝日はあらかじめシートに入力しておきます。祝日を指定しない場合は、土日だけが除かれて求められます。

❶ お届け日を求めるセルを選択し、「=WORKDAY(B3,5,$A$11:$A$13)」と入力する。

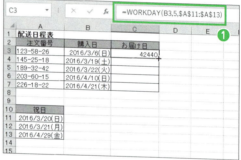

❷ シリアル値で求められるので、日付の表示形式に変更する。[ホーム]タブの[数値]グループの🔽をクリックして表示される[セルの書式設定]ダイアログボックスの[表示形式]タブで[ユーザー定義]に「yyyy/m/d(aaa)」と入力する。

❸ [OK]ボタンをクリックする。

❹数式を必要なだけ複写すると、それぞれの購入日から土日祝を除く5日後のお届け日が求められる。土日祝と重なるときは翌営業日で求められる。

	A	B	C
1	配送日程表		
2	注文番号	購入日	お届け日
3	123-58-26	2016/3/6(日)	2016/3/11(金)
4	145-25-18	2016/3/19(土)	2016/3/28(月)
5	189-32-42	2016/3/22(火)	2016/3/29(火)
6	203-60-15	2016/4/10(日)	2016/4/15(金)
7	226-18-22	2016/4/21(木)	2016/4/28(木)
8			
9			
10	祝日		
11	2016/3/20(日)		
12	2016/3/21(月)		
13	2016/4/29(金)		

数式解説 WORKDAY関数は開始日から指定の日数後(前)の日付を土日祝を除いて求める関数です。

[祭日]は省略すると、土日だけが除かれます。シリアル値で求められるため、日付の表示形式に変更します。

「=WORKDAY(B3,5,$A$11:$A$13)」の数式は、B3セルの購入日から5日後のお届け日が土日とA11セル～A13セルの祝日を除いて求められます。お届け日が土日祝と重なるときは後日で求められます。

283 ○日後の日付を指定の曜日を除いて求めたい

使用関数 WORKDAY.INTL関数

数式 =WORKDAY.INTL(B3,5,12)

5日後の曜日が月曜日なら除いて次の日の日付で求めるには、WORKDAY.INTL関数を使います。○日後の日付を指定の曜日を除いて求めることができます。

① お届け日を求めるセルを選択し、「=WORKDAY.INTL(B3,5,12)」と入力する。

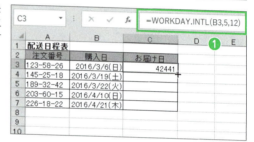

② シリアル値で求められるので、日付の表示形式に変更する。[ホーム]タブの[数値]グループの ▫ をクリックして表示される[セルの書式設定]ダイアログボックスの[表示形式]タブで[ユーザー定義]に「yyyy/m/d(aaa)」と入力する。

③ [OK]ボタンをクリックする。

❹数式を必要なだけ複写すると、それぞれの購入日から月曜日を除く5日後のお届け日が求められる。

	A	B	C
1	配送日程表		
2	注文番号	購入日	お届け日
3	123-58-26	2016/3/6(日)	2016/3/12(土)
4	145-25-18	2016/3/19(土)	2016/3/25(金)
5	189-32-42	2016/3/22(火)	2016/3/27(日)
6	203-60-15	2016/4/10(日)	2016/4/16(土)
7	226-18-22	2016/4/21(木)	2016/4/27(水)

数式解説

WORKDAY.INTL関数は開始日から指定の日数後(前)の日付を指定した曜日と祝日を除いて求める関数です。引数の[週末][祭日]は省略すると、土日だけが除かれます。シリアル値で求められるため、日付の表示形式に変更します。
引数の[週末]には以下の週末番号で除く曜日を指定します。

週末番号	週末の曜日
1または省略	土曜日と日曜日
2	日曜日と月曜日
3	月曜日と火曜日
4	火曜日と水曜日
5	水曜日と木曜日
6	木曜日と金曜日
7	金曜日と土曜日
11	日曜日のみ
12	月曜日のみ
13	火曜日のみ
14	水曜日のみ
15	木曜日のみ
16	金曜日のみ
17	土曜日のみ

「=WORKDAY.INTL(B3,5,12)」の数式は、B3セルの購入日から5日後のお届け日を月曜日を除いて求めます。

▶ 指定日を求める

284 ○日後の日付を複数の曜日を除いて求めたい

使用関数 WORKDAY.INTL 関数

数式 =WORKDAY.INTL(B3,5,"1000011")

WORKDAY.INTL 関数は、○日後の日付を指定の曜日を除いて求めますが (Tips 283 で紹介)、除く曜日は複数指定できます。たとえば、5 日後の日付を土曜日～月曜日を除いて求めることができます。

❶ お届け日を求めるセルを選択し、「=WORKDAY(B3,5,1000011)」と入力する。

❷ シリアル値で求められるので、日付の表示形式に変更する。[ホーム]タブの[数値]グループの▣をクリックして表示される[セルの書式設定]ダイアログボックスの[表示形式]タブで[ユーザー定義]に「yyyy/m/d(aaa)」と入力する。

❸ [OK]ボタンをクリックする。

❹ 数式を必要なだけ複写すると、それぞれの購入日から土曜日～月曜日を除く5日後のお届け日が求められる。

数式解説 WORKDAY.INTL 関数は開始日から指定の日数後 (前) の日付を指定した曜日と祝日を除いて求める関数です (Tips 283 参照)。

引数の[週末]には、稼働日は「0」、非稼働日は「1」として月曜～日曜までを 7 桁の数値で表すことができます。

「=WORKDAY.INTL(B3,5,"1000011")」の数式は、B3 セルの購入日から 5 日後のお届け日を土曜日～月曜日を除いて求めます。

プラスアルファ 連続した 2 曜日を除く場合は、引数の[週末]に「1」～「7」の数値を指定することで可能です。

▶ 指定日を求める

285 ○日後以降の最初の指定曜日を求めたい

使用関数 WORKDAY.INTL 関数

数 式 =WORKDAY.INTL(B3+5-1,1,E3)

WORKDAY.INTL 関数は、○日後の日付を指定の曜日を除いて求めるだけではなく、指定の曜日で求めることもできます。たとえば、5日後以降の最初の土曜日を求めるようなことが可能です。

❶ E列に求めたい曜日を「0」、それ以外の曜日を「1」として月〜日を7桁の数値で入力する。

❷ お届け日を求めるセルを選択し、「=WORKDAY.INTL(B3+5-1,1,E3)」と入力する。

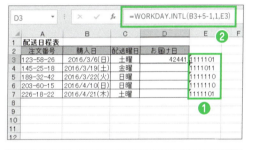

❸ シリアル値で求められるので、日付の表示形式に変更する。[ホーム] タブの [数値] グループの 🔽 をクリックして表示される [セルの書式設定] ダイアログボックスの [表示形式] タブで [ユーザー定義] に「yyyy/m/d(aaa)」と入力する。

❹ [OK] ボタンをクリックする。

📥 サンプルファイル ▶ 285.xlsx

❺数式を必要なだけ複写すると、それぞれの購入日から5日後の指定の曜日でお届け日が求められる。

	A	B	C	D	E
1	配送日程表				
2	注文番号	購入日	配送曜日	お届け日	
3	123-58-26	2016/3/6(日)	土曜	2016/3/12(土)	111101
4	145-25-18	2016/3/19(土)	金曜	2016/3/25(金)	111011
5	189-32-42	2016/3/22(火)	日曜	2016/3/27(日)	111110
6	203-60-15	2016/4/10(日)	日曜	2016/4/17(日)	111110
7	226-18-22	2016/4/21(木)	土曜	2016/4/30(土)	111101
8					
9				❺	
10					

数式解説 WORKDAY.INTL関数は開始日から指定の日数後(前)の日付を指定した曜日と祝日を除いて求める関数です(Tips 283参照)。引数の[週末]には、稼働日は「0」、非稼働日は「1」として月曜～日曜までを7桁の数値で表すことができます。
つまり、求めたい曜日は「0」で指定します。「=WORKDAY.INTL(B3+5-1,1,E3)」の数式は、B3セルの購入日から5日後の土曜日をお届け日として求めます。ただし、指定した日数後の日付が希望の曜日より前の日付の場合は、次にくる最初の希望の曜日の日付で求められます。

プラスアルファ E列に入力する数値は文字列として入力しておく必要があります。数値のままでは正しい結果が得られません。

紙面版 電脳会議 **一切無料**
DENNOUKAIGI

今が旬の情報を満載して
お送りします！

『電脳会議』は、年6回の不定期刊行情報誌です。A4判・16頁オールカラーで、弊社発行の新刊・近刊書籍・雑誌を紹介しています。この『電脳会議』の特徴は、単なる本の紹介だけでなく、著者と編集者が協力し、その本の重点や狙いをわかりやすく説明していることです。現在200号に迫っている、出版界で評判の情報誌です。

毎号、厳選ブックガイドもついてくる!!

『電脳会議』とは別に、1テーマごとにセレクトした優良図書を紹介するブックカタログ（A4判・4頁オールカラー）が2点同封されます。

電子書籍がご購読できます!

パソコンやタブレットで書籍を読もう!

電子書籍とは、パソコンやタブレットなどで読書をするために紙の書籍を電子化したものです。弊社直営の電子書籍販売サイト「Gihyo Digital Publishing」(https://gihyo.jp/dp)では、弊社が発行している出版物の多くを電子書籍として購入できます。

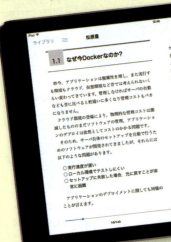

▲上図はEPUB版の電子書籍を開いたところ。電子書籍にも目次があり、全文検索ができる

電子書籍の購入はかんたんです!!

Gihyo Digital Publishing（https://gihyo.jp/dp）から電子書籍を購入する方法は次のとおりです。販売している電子書籍は主にPDF形式とEPUB形式があります。電子書籍の閲覧ソフトウェアをお持ちでしたら、すぐに読書が楽しめます。

❶ 自分のアカウントでサイトにログインします。
　（初めて利用する場合は、アカウントを作成する必要があります）

❷ 購入したい電子書籍を選択してカートに入れます。

❸ カートの中身を確認して、電子決済を行って購入します。

● ご利用にあたって ── 詳しくはウェブサイトをご覧ください。

＊電子書籍を読むためには、読者の皆さんご自身で電子書籍の閲覧ソフトウェアをご用意いただく必要があります。

＊ご購入いただいた電子書籍には利用や複製を制限するDRMと呼ばれる機構は入っていませんが、購入者を識別できる情報を付加しています。

＊Gihyo Digital Publishing の利用や、購入後に電子書籍をダウンロードするためのインターネット回線代は読者の皆様のご負担になります。

電脳会議
紙面版
新規送付のお申し込みは…

ウェブ検索またはブラウザへのアドレス入力の
どちらかをご利用ください。
Google や Yahoo! のウェブサイトにある検索ボックスで、

| 電脳会議事務局 | 検　索 |

と検索してください。
または、Internet Explorer などのブラウザで、

https://gihyo.jp/site/inquiry/dennou

と入力してください。

「電脳会議」紙面版の送付は送料含め費用は一切無料です。
そのため、購読者と電脳会議事務局との間には、権利&義務関係は一切生じませんので、予めご了承ください。

技術評論社　電脳会議事務局
〒162-0846　東京都新宿区市谷左内町21-13

▶ 指定日を求める

2016 | 2013 | 2010 | 2007

286 ○ヶ月後(前)の日付を求めたい

使用関数 EDATE関数

数 式 =EDATE(B3,1)

足し算や引き算をすると○日後(前)の日付は求められますが、○ヶ月後(前)の日付は月によって30日、31日と日数が異なるため求められません。○ヶ月後(前)の日付はEDATE関数を使って求めます。

❶支払日を求めるセルを選択し、「=EDATE(B3,1)」と入力する。

	A	B	C	D	E
1	入出金管理表				
2	発行No	発行日	支払日		
3	0001	2016/7/25(月)	42607		
4	0002	2016/8/19(金)			
5	0003	2016/9/2(金)			

❷シリアル値で求められるので、日付の表示形式に変更する。[ホーム]タブの[数値]グループの🔲をクリックして表示される[セルの書式設定]ダイアログボックスの[表示形式]タブで[ユーザー定義]に「yyyy/m/d(aaa)」と入力する。

❸[OK]ボタンをクリックする。

❹数式を必要なだけ複写すると、それぞれの発行日から1ヶ月後の支払日が求められる。

	A	B	C
1	入出金管理表		
2	発行No	発行日	支払日
3	0001	2016/7/25(月)	2016/8/25(木)
4	0002	2016/8/19(金)	2016/9/19(月)
5	0003	2016/9/2(金)	2016/10/2(日)

数式解説 EDATE関数は開始日から指定の月数後(前)の日付を求める関数です。引数の[月]に正の数値を指定すると指定の月数後、負の数値を指定すると指定の月数前の日付が求められます。シリアル値で求められるため、日付の表示形式に変更します。「=EDATE(B3,1)」の数式は、B3セルの発行日から1ヶ月後の支払日を求めます。

サンプルファイル ▶ 286.xlsx

287 ○ヶ月後の○日を求めたい

使用関数 DATE、YEAR、MONTH関数

数式 =DATE(YEAR(B3),MONTH(B3)+1,5)

EDATE関数は○ヶ月後（前）の日付が求められますが（Tips 286で紹介）、日を指定して求めることはできません。1ヶ月後の5日など日を指定して求めるには、DATE、YEAR、MONTH関数で日付を作成します。

---

❶支払日を求めるセルを選択し、「=DATE(YEAR(B3),MONTH(B3)+1,5)」と入力する。
❷数式を必要なだけ複写する。

❸それぞれの発行日から1ヶ月後の5日で支払日が求められる。

数式解説 DATE関数は年、月、日を表す数値を日付にする関数（第9章 Tips 346で紹介）、YEAR関数は日付から年、MONTH関数は日付から月を取り出す関数です（Tips 267、268で紹介）。
「=DATE(YEAR(B3),MONTH(B3)+1,5)」の数式は、B3セルの発行日をもとに、年の「2016」、月の「7」を取り出し＋1とし、日の「5」と合わせて「2016/8/5」の日付を作成します。つまり、発行日から1ヶ月後の5日で支払日が求められます。

サンプルファイル▶ 287.xlsx

▶ 指定日を求める   2016 | 2013 | 2010 | 2007

288 ○ヶ月後の○日を土日祝を除いて求めたい

使用関数 WORKDAY、DATE、YEAR、MONTH関数

数 式 =WORKDAY(DATE(YEAR(B3),MONTH(B3)+1,5)-1,1,$C$9:$C$12)

○ヶ月後の○日はDATE、YEAR、MONTH関数で可能ですが（Tips 287で紹介）、土日祝を除いて求めるには、DATE、YEAR、MONTH関数で求めた○ヶ月後の○日の日付を開始日としてWORKDAY関数で求めます。

---

❶支払日を求めるセルを選択し、「=WORKDAY(DATE(YEAR(B3),MONTH(B3)+1,5)-1,1,$C$9:$C$12)」と入力する。

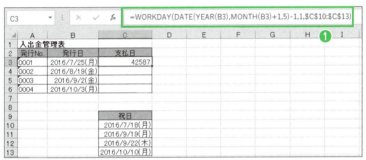

❷シリアル値で求められるので、日付の表示形式に変更する。[ホーム]タブの[数値]グループの🗔をクリックして表示される[セルの書式設定]ダイアログボックスの[表示形式]タブで[ユーザー定義]に「yyyy/m/d(aaa)」と入力する。

❸[OK]ボタンをクリックする。

📥 サンプルファイル ▶ 288.xlsx

④ 数式を必要なだけ複写すると、それぞれの発行日から1ヶ月後の土日祝を除く5日で支払日が求められる。土日祝と重なるときは翌営業日で求める。

	A	B	C	D	E
1	入出金管理表				
2	発行No	発行日	支払日		
3	0001	2016/7/25(月)	2016/8/5(金)		
4	0002	2016/8/19(金)	2016/9/5(月)		
5	0003	2016/9/2(金)	2016/10/5(水)		
6	0004	2016/10/3(月)	2016/11/7(月)		
7					
8					
9			祝日		
10			2016/7/18(月)		
11			2016/9/19(月)		
12			2016/9/22(木)		
13			2016/10/10(月)		
14					

数式解説 WORKDAY関数は開始日から指定の日数後(前)の日付を土日祝を除いて求める関数です(Tips 282で紹介)。DATE関数は年、月、日を表す数値を日付にする関数(第9章 Tips 346で紹介)、YEAR関数は日付から年、MONTH関数は日付から月を取り出す関数です(Tips 267、268で紹介)。
「=WORKDAY(DATE(YEAR(B3),MONTH(B3)+1,5)-1,1,$C$9:$C$12)」の数式は、B3セルの発行日をもとに、年の「2016」、月の「7」を取り出し+1とし、日の「5」と合わせて「2016/8/5」の日付、つまり、発行日から1ヶ月後の5日の日付を作成し、5日の支払日が土日祝と重なるときは次の日の日付で求めます。

▶ 指定日を求める

2016 | 2013 | 2010 | 2007

289 ○ヶ月後（前）の月末日を求めたい

使用関数 EOMONTH関数

数式 =EOMONTH(B3,1)

○ヶ月後（前）の月末日はEOMONTH関数を使うと求められます。たとえば、発行日から1ヶ月後の月末日を支払日として求めたい、そんなときに利用できます。

❶ 支払日を求めるセルを選択し、「=EOMONTH(B3,1)」と入力する。

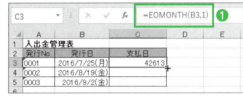

❷ シリアル値で求められるので、日付の表示形式に変更する。［ホーム］タブの［数値］グループの ⤢ をクリックして表示される［セルの書式設定］ダイアログボックスの［表示形式］タブで［ユーザー定義］に「yyyy/m/d(aaa)」と入力する。

❸ ［OK］ボタンをクリックする。

❹ 数式を必要なだけ複写すると、それぞれの発行日から1ヶ月後の月末日で支払日が求められる。

数式解説 EOMONTH関数は開始日から指定の月数後（前）の最終日を求める関数です。引数の［月］に正の数値を指定すると指定の月数後、負の数値を指定すると指定の月数前の日付の最終日が求められます。シリアル値で求められるため、日付の表示形式に変更します。

「=EOMONTH(B3,1)」の数式は、B3セルの発行日から1ヶ月後の月末日で支払日を求めます。

📥 サンプルファイル ▶ 289.xlsx

290 ○ヶ月後の日付を土日祝を除いて求めたい

使用関数 WORKDAY、EDATE 関数

数式 =WORKDAY(EDATE(B3,1)-1,1,$C$9:$C$12)

○ヶ月後の日付は EDATE 関数で可能ですが（Tips 286 で紹介）、土日祝を除いて求めるには、EDATE 関数で求めた○ヶ月後の日付を開始日として WORKDAY 関数で求めます。

❶ 支払日を求めるセルを選択し、「=WORKDAY(EDATE(B3,1)-1,1,$C$9:$C$12)」と入力する。

❷ シリアル値で求められるので、日付の表示形式に変更する。[ホーム]タブの[数値]グループの🔽 をクリックして表示される[セルの書式設定]ダイアログボックスの[表示形式]タブで[ユーザー定義]に「yyyy/m/d(aaa)」と入力する。

❸ [OK]ボタンをクリックする。

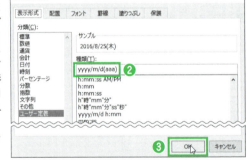

❹ 数式を必要なだけ複写すると、それぞれの発行日から1ヶ月後の土日祝を除く支払日が求められる。

数式解説 WORKDAY 関数は開始日から指定の日数後（前）の日付を土日祝を除いて求める関数です（Tips 282 で紹介）、EDATE 関数は開始日から指定の月数後（前）の日付を求める関数です（Tips 286 で紹介）。
「=WORKDAY(EDATE(B3,1)-1,1,$C$9:$C$12)」の数式は、B3 セルの発行日の1ヶ月後の日付を求め、その日付が土日とC9セル〜C12セルの祝日と重なるときは次の日の日付で求めます。

▶ 指定日を求める

291 ○ヶ月後の日付を複数の曜日を除いて求めたい

使用関数 WORKDAY.INTL、EDATE関数

数 式 =WORKDAY.INTL(EDATE(B3,1)-1,1,"0000111",$C$9:$C$12)

○日後の複数の曜日を除く日付はWORKDAY.INTL関数で可能ですが(Tips 283で紹介)、○ヶ月後の日付の場合は、EDATE関数で求めた○ヶ月後の日付を開始日としてWORKDAY.INTL関数で求めます。

❶支払日を求めるセルを選択し、「=WORKDAY.INTL(EDATE(B3,1)-1,1,"0000111",$C$9:$C$12)」と入力する。

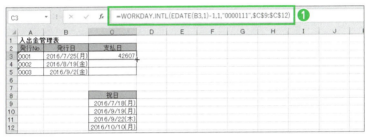

❷シリアル値で求められるので、日付の表示形式に変更する。[ホーム]タブの[数値]グループの🗔をクリックして表示される[セルの書式設定]ダイアログボックスの[表示形式]タブで[ユーザー定義]に「yyyy/m/d(aaa)」と入力する。

❸[OK]ボタンをクリックする。

サンプルファイル ▶ 291.xlsx

Chapter 6 日付／時刻から弾き出す！指定日の抽出ワザ

❹数式を必要なだけ複写すると、それぞれの発行日から1ヶ月後の金曜日〜日曜日を除く支払日が求められる。

	A	B	C	D	E
1	入出金管理表				
2	発行No	発行日	支払日		
3	0001	2016/7/25(月)	2016/8/25(木)		
4	0002	2016/8/19(金)	2016/9/20(火)	❹	
5	0003	2016/9/2(金)	2016/10/3(月)		
6					
7					
8			祝日		
9			2016/7/18(月)		
10			2016/9/19(月)		
11			2016/9/22(木)		
12			2016/10/10(月)		
13					
14					
15					

数式解説 EDATE関数は開始日から指定の月数後（前）の日付を求める関数（Tips 286で紹介）、WORKDAY.INTL関数は開始日から指定の日数後（前）の日付を指定した曜日と祝日を除いて求める関数です（Tips 283参照）。引数の[週末]には、稼働日は「0」、非稼働日は「1」として月曜〜日曜までを7桁の数値で表すことができます。つまり、除く曜日は「1」で指定します。
「=WORKDAY.INTL(EDATE(B3,1)−1,1,"0000111",$C$9:$C$12)」の数式は、B3セルの発行日の1ヶ月後の日付を求め、その日付が金曜日〜日曜日とC9セル〜C12セルの祝日と重なるときは次の日の日付で求めます。

▶ 指定日を求める

292 ○ヶ月後の最初の指定曜日の日付を求めたい

使用関数 WORKDAY.INTL、EDATE関数

数 式 =WORKDAY.INTL(EDATE(B3,1)-1,1,"0111111")

○日後の日付を指定の曜日で求めるにはWORKDAY.INTL関数で可能ですが(Tips 283で紹介)、○ヶ月後の日付の場合はTips 291と同様にEDATE関数で求めた○ヶ月後の日付を開始日としてWORKDAY.INTL関数で求めます。

---

❶支払日を求めるセルを選択し、「=WORKDAY.INTL(EDATE(B3,1)-1,1,"0111111")」と入力する。

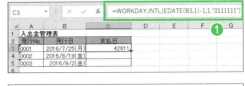

❷シリアル値で求められるので、日付の表示形式に変更する。[ホーム]タブの[数値]グループの🔽をクリックして表示される[セルの書式設定]ダイアログボックスの[表示形式]タブで[ユーザー定義]に「yyyy/m/d(aaa)」と入力する。

❸[OK]ボタンをクリックする。

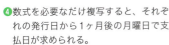

❹数式を必要なだけ複写すると、それぞれの発行日から1ヶ月後の月曜日で支払日が求められる。

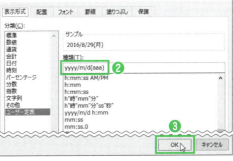

数式解説 EDATE関数は開始日から指定の月数後(前)の日付を求める関数(Tips 286で紹介)、WORKDAY.INTL関数は開始日から指定の日数後(前)の日付を指定した曜日と祝日を除いて求める関数です(Tips 283参照)。引数の[週末]には、稼働日は「0」、非稼働日は「1」として月曜〜日曜までを7桁の数値で表すことができます。つまり、求めたい曜日は「0」で指定します。
「=WORKDAY.INTL(EDATE(B3,1)-1,1,"0111111")」の数式は、B3セルの発行日の1ヶ月後の月曜日の日付を求め、その日付が月曜日と重なるときは次の日の日付で求めます。

📥 サンプルファイル ▶ 292.xlsx

▶ 指定日を求める

293 ○年後の日付を求めたい

使用関数 EDATE関数

数式 =EDATE(B3,C3*12)

○ヶ月後の日付はEDATE関数で求められますが(Tips 286で紹介)、○年後の日付は関数として用意されていません。しかし、EDATE関数でも1年を12ヶ月の月数として指定することで求められます。

❶契約終了日を求めるセルを選択し、「=EDATE(B3,C3*12)」と入力する。

	A	B	C	D	E
1	契約一覧				
2	契約No.	契約日	契約年	契約終了日	
3	1000	2016/7/10(日)	2	43291	
4	1001	2015/3/5(木)	3		
5	1002	2016/5/22(日)	1		

❷シリアル値で求められるので、日付の表示形式に変更する。[ホーム]タブの[数値]グループの🔲をクリックして表示される[セルの書式設定]ダイアログボックスの[表示形式]タブで[ユーザー定義]に「yyyy/m/d(aaa)」と入力する。

❸[OK]ボタンをクリックする。

❹数式を必要なだけ複写すると、それぞれの契約日から1年後の契約終了日が求められる。

	A	B	C	D
1	契約一覧			
2	契約No.	契約日	契約年	契約終了日
3	1000	2016/7/10(日)	2	2018/7/10(火)
4	1001	2015/3/5(木)	3	2018/3/5(月)
5	1002	2016/5/22(日)	1	2017/5/22(月)

数式解説 EDATE関数は開始日から指定の月数後(前)の日付を求める関数です(Tips 286で紹介)。シリアル値で求められるため、日付の表示形式に変更します。
「=EDATE(B3,C3*12)」の数式は、B3セルの日付から「2*12」ヶ月後、つまり、2年後の日付を求めます。

📁サンプルファイル ▶ 293.xlsx

▶ 指定日を求める

2016 | 2013 | 2010 | 2007

294 ○年後の月末日を求めたい

使用関数 EOMONTH関数

数 式 =EOMONTH(B3,C3*12)

○ヶ月後の月末日はEOMONTH関数で求められますが（Tips 289で紹介）、○年後の月末日は関数として用意されていません。しかし、EOMONTH関数でも1年を12ヶ月の月数として指定することで求められます。

---

❶契約終了日を求めるセルを選択し、「=EOMONTH(B3,C3*12)」と入力する。

❷シリアル値で求められるので、日付の表示形式に変更する。［ホーム］タブの［数値］グループの🖉をクリックして表示される［セルの書式設定］ダイアログボックスの［表示形式］タブで［ユーザー定義］に「yyyy/m/d(aaa)」と入力する。

❸［OK］ボタンをクリックする。

❹数式を必要なだけ複写すると、それぞれの契約日から1年後の月末日で契約終了日が求められる。

数式解説 EOMONTH関数は開始日から指定の月数後（前）の最終日を求める関数です（Tips 289で紹介）。シリアル値で求められるため、日付の表示形式に変更します。
「=EOMONTH(B3,C3*12)」の数式は、B3セルの発行日から「2*12」ヶ月後の最終日、つまり、2年後の月末日を求めます。

📥 **サンプルファイル** ▶ 294.xlsx

▶ 指定日を求める

295 指定した月の第○番目の○曜日の日付を求めたい

使用関数 WORKDAY.INTL、DATE関数

数式 =WORKDAY.INTL(DATE($A$1,A4,1)-1,2,"1111011")

4月の第2金曜日など、月の○番目の○曜日を求める関数はありませんが、DATE関数で月初めの日付を求め、その日付を開始日として、WORKDAY.INTL関数で曜日を指定して求めることで可能です。

① 振込日を求めるセルを選択し、「=WORKDAY.INTL(DATE($A$1,A4,1)-1,2,"1111011")」と入力する。

② シリアル値で求められるので、日付の表示形式に変更する。[ホーム]タブの[数値]グループの🔽をクリックして表示される[セルの書式設定]ダイアログボックスの[表示形式]タブで[ユーザー定義]に「yyyy/m/d(aaa)」と入力する。

③ [OK]ボタンをクリックする。

サンプルファイル ▶ 295.xlsx

❹数式を必要なだけ複写すると、それぞれの月の第2金曜日で振込日が求められる。

	A	B	C	D	E	F
1	2016	年月別振込表				
2			※振込日:第2金曜日			
3	月	振込金額	振込日			
4	4	18,500	2016/4/8(金)			
5	5	30,250	2016/5/13(金) ❹			
6	6	21,500	2016/6/10(金)			

数式解説　DATE関数は年、月、日を表す数値を日付にする関数です(第9章 Tips 346で紹介)。
WORKDAY.INTL関数は開始日から指定の日数後(前)の日付を指定した曜日と祝日を除いて求める関数です(Tips 283参照)。引数の[週末]には、稼働日は「0」、非稼働日は「1」として月曜〜日曜までを7桁の数値で表すことができます。求めたい曜日は「0」で指定し、求めたい番目は[日数]に指定します。
「=WORKDAY.INTL(DATE($A$1,A4,1)-1,2,"1111011")」の数式は、A1セルの「2016」、A4セルの「4」、「1」を「2016/4/1」として作成した日付の月の金曜日だけの2つ目の日付を振込日として求めます。

379

▶ 指定日を求める　　　　　　　　　　　　　　　　　　2016 | 2013 | 2010 | 2007

296 締め日と支払日を指定して日付を求めたい

使用関数 DATE、YEAR、MONTH、DAY関数

数 式 =DATE(YEAR(B3),MONTH(B3)+1+(DAY(B3)>10),5)

10日締めの翌月5日払いなど○日締めの○日払いの日付を求めるには、MONTH関数とDAY関数で作成した月をDATE関数で日付にします。

---

❶支払日を求めるセルを選択し、「=DATE(YEAR(B3),MONTH(B3)+1+(DAY(B3)>10),5)」と入力する。

❷数式を必要なだけ複写する。

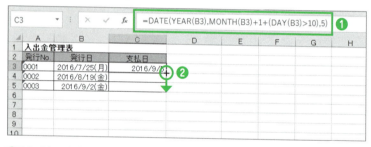

❸それぞれの発行日の10日締め翌月5日払いで支払日が求められる。

数式解説 DATE関数は年、月、日を表す数値を日付にする関数(第9章 Tips 346で紹介)、YEAR関数は日付から年、MONTH関数は日付から月、DAY関数は日付から日を取り出す関数です(Tips 267、268、269で紹介)。
「MONTH(B3)+1+(DAY(B3)>10)」の数式は、発行日の日が10日より後である場合は「1」、10日までなら「0」がMONTH関数で取り出した月に加算します。つまり、「=DATE(YEAR(B3),MONTH(B3)+1+(DAY(B3)>10),5)」の数式を作成すると、発行日をもとに10日締めの翌月5日払いの支払日が求められます。

▶ 指定日を求める　　　　　　　　　　　　　　　2016 | 2013 | 2010 | 2007

297 締め日と支払日を指定して土日祝を除く日付を求めたい

使用関数 WORKDAY、DATE、YEAR、MONTH、DAY関数

数　式 =WORKDAY(DATE(YEAR(B3),MONTH(B3)+1+(DAY(B3)>10),5)+1,-1,$C$9:$C$12)

○日締めの○日払いの日付は DATE、YEAR、MONTH、DAY 関数で可能ですが（Tips 296 で紹介）、土日祝を除いて求めるには、求めた○日締めの○日払いの日付を開始日として WORKDAY 関数で求めます。

---

❶支払日を求めるセルを選択し、「=WORKDAY(DATE(YEAR(B3),MONTH(B3)+1+(DAY(B3)>10),5)+1,-1,$C$9:$C$12)」と入力する。

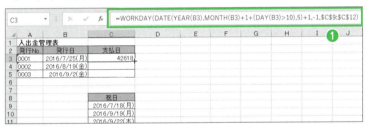

❷シリアル値で求められるので、日付の表示形式に変更する。[ホーム]タブの[数値]グループの 🔲 をクリックして表示される[セルの書式設定]ダイアログボックスの[表示形式]タブで[ユーザー定義]に「yyyy/m/d(aaa)」と入力する。

❸[OK]ボタンをクリックする。

❹数式を必要なだけ複写すると、それぞれの発行日の10日締め翌月5日払いで土日祝を除く支払日が求められる。

	A	B	C	D	E
1	入出金管理表				
2	発行No	発行日	支払日		
3	0001	2016/7/25(月)	2016/9/5(月)		
4	0002	2016/8/19(金)	2016/10/5(水)		
5	0003	2016/9/2(金)	2016/10/5(水)		
6					
7					
8			祝日		
9			2016/7/18(月)		
10			2016/8/19(月)		
11			2016/9/22(木)		
12			2016/10/10(月)		
13					
14					

数式解説 WORKDAY関数は開始日から指定の日数後（前）の日付を土日祝を除いて求める関数（Tips 282で紹介）、DATE関数は年、月、日を表す数値を日付にする関数（第9章 Tips 346で紹介）、YEAR関数は日付から年、MONTH関数は日付から月、DAY関数は日付から日を取り出す関数です（Tips 267、268、269で紹介）。
「=WORKDAY(DATE(YEAR(B3),MONTH(B3)+1+(DAY(B3)>10),5)+1,-1,$C$9:$C$12)」の数式は、B3セルの発行日から10日締め翌月5日払いの日付を求め、その日付が土日とC9セル～C12セルの祝日と重なるときは次の日の日付で求めます。

Chapter 7

時間計算表でもう悩まない！
時間計算ワザ

298 所要時間の合計を ○時間○分で表示したい

使用関数 SUM関数

数　式 =SUM(C4:C6)/24/60

分のデータを合計して時分で求めたい場合、数値のため、SUM関数で合計して時刻表示にしてもできません。24時間の分数（1440分）で除算してから時刻表示にします。

❶総所要時間を求めるセルを選択し、「=SUM(C4:C6)/24/60」と入力する。

❷[ホーム]タブの[数値]グループの□をクリックして表示される[セルの書式設定]ダイアログボックスの[表示形式]タブで[ユーザー定義]に「h"時間"mm"分"」と入力する。

❸[OK]ボタンをクリックする。

❹総所要時間が求められる。

	A	B	C	D	E	F
1			データ処理状況			
2	総所要時間	20時間30分 ❹				
3	処理日	処理件数	所要時間(分)	処理件数(分)		
4	6/4(土)	528	450	1.17		
5	6/5(日)	722	420	1.72		
6	6/6(月)	806	360	2.24		

数式解説 SUM関数は数値の合計を求める関数です（第2章 Tips 035で紹介）。
「=SUM(C4:C6)/24/60」の数式は、C4セル～C6セルの分の数値を時刻に変換します。1日は24時間、24時間は「24*60=1440分」なので、数値の合計を1440で除算することで、時刻として求められます。つまり、「=SUM(C4:C6)/(24*60)」の数式でも可能です。

サンプルファイル ▶ 298.xlsx

299 時給に勤務時間数を乗算して給与金額を求めたい

2016 | 2013 | 2010 | 2007

使用関数 なし
数　式 =I4*I3*24

時給に時間数を乗算しても給与金額は求められません。数値に時刻を乗算するには、数値を1時間単位、つまり時給なら、時刻を1時間単位の数値に変換してから計算に使います。

❶給与支給額を求めるセルを選択し、「=I4*I3*24」と入力する。

	A	B	C	D	E	F	G	H	I
1	8月勤務票								
2	日付		始業	終業	勤務時間		給与支給額		2265300:00
3	1	月	9:00	17:50	7:50		■実労働時間		69:55
4	2	火	9:00	17:00	7:00		■時給		1,350
5	3	水	9:00	27:00	17:00				
6	4	木	9:20	17:40	7:20				

❷[ホーム]タブの[数値]グループの□をクリックして表示される[セルの書式設定]ダイアログボックスの[表示形式]タブで[標準]を選択する。

❸[OK]ボタンをクリックする。

❹給与支給額が求められる。

	A	B	C	D	E	F	G	H	I
1	8月勤務票								
2	日付		始業	終業	勤務時間		給与支給額		94,388
3	1	月	9:00	17:50	7:50		■実労働時間		69:55
4	2	火	9:00	17:00	7:00		■時給		1,350
5	3	水	9:00	27:00	17:00				
6	4	木	9:20	17:40	7:20				
7	5	金	9:00	18:25	8:25				

数式解説 時刻と数値を使って計算するには、時刻を1時間単位や1分単位の数値に変換する必要があります。時給と時刻を使って計算するには、時給は1時間の金額なので、時刻を1時間単位の数値に変換してから計算に使います。1時間単位の数値に変換するには1日24時間なので時刻に24を乗算します。
「=I4*I3*24」の数式は、I3セルの実労働時間に24を乗算して1時間単位の数値に変換してI4セルの時給に乗算し、給与支給額を求めています。

📥 サンプルファイル ▶ 299.xlsx

300 所要時間から1分あたりの処理件数を求めたい

使用関数 なし

数 式 =B4/(C4*24*60)

数値を時間で除算しても正しい結果は得られません。1分あたりの処理件数を求めたいなら、時間を1分単位の数値に変換してから計算に使います。

① 1分あたりの処理件数を求めるセルを選択し、「=B4/(C4*24*60)」と入力する。

② [ホーム]タブの[数値]グループの◨をクリックして表示される[セルの書式設定]ダイアログボックスの[表示形式]タブで[ユーザー定義]に「0.00」と入力する。

③ [OK]ボタンをクリックする。

④ 数式を必要なだけ複写すると、それぞれの所要時間から1分あたりの処理件数が求められる。

数式解説 時刻と数値を使って計算するには、時刻を1時間単位や1分単位の数値に変換する必要があります。1分あたりの処理件数は、時刻を1分単位の数値に変換してから計算に使います。1分単位の数値に変換するには1日は24時間、24時間は「24*60=1440分」なので、所要時間を1440で乗算します。
「=B4/(C4*24*60)」の数式は、C4セルの実労働時間に「24*60=1440」を乗算して1分単位の数値に変換してB4セルの処理件数に乗算し、1分あたりの処理件数を求めています。

サンプルファイル ▶ 300.xlsx

301 24時間以上の勤務時間数から時と分を別々に取り出したい

使用関数 HOUR、DAY、MINUTE関数

数 式 =HOUR(E13)+DAY(E13)*24、=MINUTE(E13)

時間数の合計が24時間を超えると、HOUR関数では24時間を除かれて時が取り出されてしまいます。24時間以上の勤務時間数から時を取り出すには、除かれた24時間を越える時間数も加算して求めます。

■時を取り出す

❶ 実労働時間の時を求めるセルを選択し、「=HOUR(E13)+DAY(E13)*24」と入力する。

❷ [ホーム]タブの[数値]グループの🔽をクリックして表示される[セルの書式設定]ダイアログボックスの[表示形式]タブで[標準]を選択する。

❸ [OK]ボタンをクリックする。

📥 サンプルファイル ▶ 301.xlsx

Chapter 7 時間計算表でもう悩まない！ 時間計算ワザ

❹実労働時間の時が取り出される。

■分を取り出す

❶実労働時間の分を求めるセルを選択し、「=MINUTE(E13)」と入力する。

❷実労働時間の分が取り出される。

> **数式解説**　HOUR 関数は時刻から時、MINUTE 関数は時刻から分を取り出す関数、DAY 関数は日付から日を取り出す関数です（それぞれ第 6 章 Tips 273、274、269 で紹介）。
> 「DAY(E13)＊24」の数式は E13 セルの勤務時間の合計から日を取り出して、日が何時間になるのか 24 を乗算して求めます。「HOUR(E13)」の数式は、E13 セルの勤務時間の合計から時を取り出します。つまり、これらの時間数を足し算することで実労働時間の時が「69」と取り出されます。
> 「=MINUTE(E13)」の数式は、E13 セルの勤務時間の合計から分を取り出します。

302 一定時間数を超えると○分ごとに単価が増える支払金額を求めたい

使用関数 ROUNDUP、MAX 関数

数 式 =ROUNDUP(B4/"0:30",0)*200+MAX(0,ROUNDUP((B4-"3:00")/"0:30",0))*100

3 時間まで 30 分 200 円、それ以降 30 分 300 円で金額を求めるなど、一定時間数を超えると指定した分ごとに単価が増える場合の計算は、ROUNDUP 関数など端数処理を行う関数と MAX 関数を使って数式を作成します。

❶ 利用料金を求めるセルを選択し、「=ROUNDUP(B4/"0:30",0)*200+MAX(0, ROUNDUP((B4-"3:00")/"0:30",0))*100」と入力する。

❷ [ホーム] タブの [数値] グループの 🔲 をクリックして表示される [セルの書式設定] ダイアログボックスの [表示形式] タブで [標準] を選択する。

❸ [OK] ボタンをクリックする。

▼ サンプルファイル ▶ 302.xlsx

④数式を必要なだけ複写すると、それぞれの利用時間から3時間まで30分200円、それ以降30分300円で利用料金が求められる。

> **数式解説** ROUNDUP関数は数値を指定の桁数にするために切り上げる関数(第8章 Tips 321で紹介)、MAX関数は数値の最大値を求める関数です(第2章 Tips 035で紹介)。
>
> 「ROUNDUP(B4/"0:30",0)*200」の数式は、B4セルの利用時間を30分で除算して小数点以下第1位を切り上げして整数で求めて200を乗算します。つまり、B4セルの「1:30」は30分が3回あるので「3*200=600」となります。
>
> 「MAX(0,ROUNDUP((B4-"3:00")/"0:30",0))*100」の数式は、B4セルの利用料金から3時間引いた残りの時間、つまり、3時間を超えた時間数を30分で除算して小数点以下第1位を切り上げして整数で求めた数値と0を比較して大きいほうの数値を求めて100を乗算します。結果、B4セルの「1:30」は3時間未満なので「0*100=0」となります。
>
> この2つの数式を加算して「=ROUNDUP(B4/"0:30",0)*200+MAX(0,ROUNDUP((B4-"3:00")/"0:30",0))*100」と作成すると、3時間を超えない B4セルの「1:30」は「600+0=600」、3時間を超える B5セルの「4:15」は3時間を超えるので「6*200+3*300=2100」となります。つまり、3時間まで30分200円、それ以降30分300円で利用料金が求められることとなります。

303 休憩時間が30分など別のセルに入力されている場合の勤務時間を求めたい

2016 | 2013 | 2010 | 2007

使用関数 TIME関数

数　式 =E3-C3-TIME(0,D3,0)

時間計算で一部の時間数を数値で入力していると、計算にはそのまま使えません。数値が30分なら「0:30」や「0:30:0」のように時刻表示にして計算に使います。行ごとに数値が違う場合はTIME関数を使います。

---

❶ 時間数を求めるセルを選択し、「=E3-C3-TIME(0,D3,0)」と入力する。

❷ 数式を必要なだけ複写する。

	A	B	C	D	E	F
1	2月作業時間					
2	日付		開始	休憩(分)	終了	時間数
3	1	月	10:00	30	16:30	6:00
4	2	火	10:00	15	12:00	
5	3	水	13:00	50	19:00	
6	4	木	10:00	60	17:00	
7	5	金	10:00	15	12:00	

❸ それぞれの作業時間から時間数が求められる。

	A	B	C	D	E	F
1	2月作業時間					
2	日付		開始	休憩(分)	終了	時間数
3	1	月	10:00	30	16:30	6:00
4	2	火	10:00	15	12:00	1:45
5	3	水	13:00	50	19:00	5:10
6	4	木	10:00	60	17:00	6:00
7	5	金	10:00	15	12:00	1:45

数式解説 TIME関数は時、分、秒を表す数値を時刻にする関数です。
「TIME(0,D3,0)」の数式はD3セルの休憩の数値を「0:30:0」の時刻にします。つまり、「=E3-C3-TIME(0,D3,0)」の数式で「16:30-10:00-0:30」の結果となり、作業時間の時間数が求められます。

プラスアルファ すべて同じ分の数値の場合、たとえば、すべて30分の場合は「=E3-C3-"0:30:0"」の数式で可能です。

📥 サンプルファイル ▶ 303.xlsx

304 終了時間が休憩前や後なら休憩を引かずに勤務時間を求めたい

使用関数 TIME関数

数式 =((D4-C4)-TIME(0,(C4<$D$2)*(D4>$E$2)*45,0))

休憩時間を数式内で入力すると、休憩前に勤務が終了または休憩後に勤務を開始すると、休憩時間も引かれます。対処するには、それぞれの時間に条件式を作成します。

❶ 時間数を求めるセルを選択し、「=((D4-C4)-TIME(0,(C4<$D$2)*(D4>$E$2)*45,0))」と入力する。

❷ [ホーム] タブの [数値] グループの 🗔 をクリックして表示される [セルの書式設定] ダイアログボックスの [表示形式] タブで [時刻] から [13:30] を選択する。

❸ [OK] ボタンをクリックする。

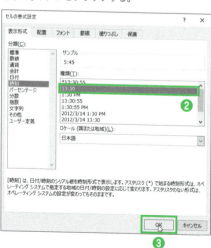

❹ 数式を必要なだけ複写すると、それぞれの作業時間から時間数が求められる。

数式解説 TIME関数は時、分、秒を表す数値を時刻にする関数です (Tips 303 で紹介)。「TIME(0,(C4<$D$2)*(D4>$E$2)*45,0))」の数式は、「C4 セルの開始時刻が休憩開始時刻より前であり、D4 セルの終了時刻が E2 セルの休憩終了時刻より後の場合」の条件式を満たす場合は「0:45:0」満たさない場合は「0:0:0」が求められます。つまり、「=((D4-C4)-TIME(0,(C4<$D$2)*(D4>$E$2)*45,0))」の数式で、休憩前に勤務が終了または休憩後に勤務を開始しても、休憩時間が引かれずに作業時間から時間数が求められます。

305 終了時間によって決められている休憩時間を求めたい

使用関数 SUMPRODUCT関数

数 式 =SUMPRODUCT((($C$10:$C$12>C3)*($E$10:$E$12<D3)*$F$10:$F$12)

終了時間によって休憩時間が決められている勤務計算では、「終了−開始−休憩」の引き算だけではできません。SUMPRODUCT関数を使った条件式で休憩時間を求めて計算します。

❶ 休憩時間を求めるセルを選択し、「=SUMPRODUCT(($C$10:$C$12>C3)*($E$10:$E$12<D3)*$F$10:$F$12)」と入力する。

❷ [ホーム] タブの [数値] グループの 🔲 をクリックして表示される [セルの書式設定] ダイアログボックスの [表示形式] タブで [時刻] から [13:30] を選択する。

❸ [OK] ボタンをクリックする。

❹ 数式を必要なだけ複写すると、それぞれの終了時間から休憩時間が求められる。

数式解説 SUMPRODUCT関数は要素の積を合計する関数です。
SUMPRODUCT関数の引数に条件式を指定すると、数式内では条件式を満たす場合は「1」、満たさない場合は「0」で計算されます。それぞれの条件を「()」で囲み、AND条件式は演算子「*」、OR条件式は演算子「+」で条件を繋いで作成します。
「=SUMPRODUCT(($C$10:$C$12>C3)*($E$10:$E$12<D3)*$F$10:$F$12)」の数式は、「C10セル〜C12セルの休憩開始時刻がC3セルの始業時刻より後であり、E10セル〜E12セルの休憩終了時刻がD3セルの終業時刻より前である場合」の条件式を作成します。結果、条件を満たすF10セル〜F12セルの休憩時間数が合計され休憩時間として求められます。

📁 サンプルファイル ▶ 305.xlsx

306 休憩時間の形態ごとに終了時間による休憩時間を計算したい

使用関数 SUMPRODUCT関数

数式
=SUMPRODUCT(($B$10:$B$13=C3)*($D$10:$D$13>D3)*($F$10:$F$13<E3)*$G$10:$G$13)

複数の休憩時間帯があり、指定の休憩時間帯を選んで勤務計算を行うには、SUMPRODUCT関数を使った条件式で休憩時間を求めて、勤務時間数から引き算します。

❶休憩時間を求めるセルを選択し、「=SUMPRODUCT(($B$10:$B$13=C3)*($D$10:$D$13>D3)*($F$10:$F$13<E3)*$G$10:$G$13)」と入力する。

❷[ホーム]タブの[数値]グループの▼をクリックして表示される[セルの書式設定]ダイアログボックスの[表示形式]タブで[時刻]から[13:30]を選択する。

❸[OK]ボタンをクリックする。

❹数式を必要なだけ複写すると、それぞれの休憩時間の形態から休憩時間が求められる。

数式解説
SUMPRODUCT関数は要素の積を合計する関数です。
SUMPRODUCT関数の引数に条件式を指定すると、数式内では条件式を満たす場合は「1」、満たさない場合は「0」で計算されます。それぞれの条件を「()」で囲み、AND条件式は演算子「*」、OR条件式は演算子「+」で繋いで作成します。
「=SUMPRODUCT(($B$10:$B$13=C3)*($D$10:$D$13>D3)*($F$10:$F$13<E3)*$G$10:$G$13)」の数式は、「B10セル〜B13セルの休憩の形態がC3セルの形態であり、C10セル〜C12セルの休憩開始時刻がC3セルの始業時刻より後であり、E10セル〜E12セルの休憩終了時刻がD3セルの終業時刻より前である場合」の条件式を作成します。結果、条件を満たすG10セル〜G12セルの休憩時間数が合計され休憩時間として求められます。

サンプルファイル ▶ 306.xlsx

307 深夜時刻のままでも勤務時間を求めたい

2016 | 2013 | 2010 | 2007

使用関数 なし

数 式 =D3+(D3<C3)-C3-"1:0:0"

勤務計算で深夜時刻のまま引き算を行うとマイナスになるため、正しい時間数が求められません。深夜時刻は 24 時間足すように条件式を作成して時間数を求めます。

❶ 勤務時間を求めるセルを選択し、「=D3+(D3<C3)-C3-"1:0:0"」と入力する。

❷ 数式を必要なだけ複写する。

❸ 終業時刻が深夜時間でも正しく勤務時間が求められる。

数式解説 「(D3<C3)」の数式は、「C3 セルの始業時刻より D3 セルの終業時刻が早い場合」の条件式を作成します。条件を満たすと「TRUE(1)」、満たさないと「FALSE(0)」が返され、「1」は 24 時間を表すため、「=D3+(D3<C3)-C3-"1:0:0"」と数式を作成すると、終業時刻が始業時刻より早い深夜時刻だと終業時刻に 24 時間が加算されて計算が行われます。そのため、深夜時間でも正しく勤務時間が求められます。

📥 サンプルファイル ▶ 307.xlsx

308 表示形式で時刻表示にしている数値の時刻から勤務時間を求めたい

使用関数 TEXT関数

数式 =TEXT(D3,"0!:00")-TEXT(C3,"0!:00")-"1:0:0"

入力済みの数値は表示形式を変更すると時刻にできますが、数式の結果は数値の引き算結果にしかなりません。勤務計算を行うには、TEXT関数で数値に時刻の表示形式を付けて計算に使います。

❶勤務時間を求めるセルを選択し、「=TEXT(D3,"0!:00")-TEXT(C3,"0!:00")-"1:0:0"」と入力する。

❷[ホーム]タブの[数値]グループの をクリックして表示される[セルの書式設定]ダイアログボックスの[表示形式]タブで[時刻]から[13:30]を選択する。

❸[OK]ボタンをクリックする。

❹数式を必要なだけ複写すると、それぞれの始業、終業時刻から勤務時間が求められる。

数式解説 TEXT関数は数値や日付/時刻に指定の表示形式を付けて文字列変換する関数です（第8章 Tips 328で紹介）。「TEXT(D3,"0!:00")」の数式は、D3セルの終業時刻に時刻の表示形式を付けます。「TEXT(C3,"0!:00")」の数式は、C3セルの始業時刻に時刻の表示形式を付けます。つまり、「=TEXT(D3,"0!:00")-TEXT(C3,"0!:00")-"1:0:0"」の数式は「17:50 － 9:00 － 1:0:0」の結果となり勤務時間が求められます。

サンプルファイル ▶ 308.xlsx

|2016|2013|2010|2007|

309 小数点表示の時刻から勤務時間を求めたい

使用関数 TEXT関数

数式 =TEXT(D3*100,"0!:00")*1-TEXT(C3*100,"0!:00")*1-"1:0:0"

時刻入力をテンキーから行う場合、「:」がないため「.」で時と分を区切り時刻データを作成していると、勤務計算が行えません。勤務計算を行うには、TEXT関数で小数点の時刻に時刻の表示形式を付けて計算に使います。

❶勤務時間を求めるセルを選択し、「=TEXT(D3*100,"0!:00")*1-TEXT(C3*100,"0!:00")*1-"1:0:0"」と入力する。

	A	B	C	D	E
1	8月勤務票				
2	日付		始業	終業	勤務時間
3	1	月	9.00	17.50	0.32639
4	2	火	9.00	17.00	
5	3	水	9.00	27.00	

❷ [ホーム] タブの [数値] グループの 🔲 をクリックして表示される [セルの書式設定] ダイアログボックスの [表示形式] タブで [時刻] から [13:30] を選択する。

❸ [OK] ボタンをクリックする。

❹数式を必要なだけ複写すると、それぞれの始業、終業時刻から勤務時間が求められる。

	A	B	C	D	E
1	8月勤務票				
2	日付		始業	終業	勤務時間
3	1	月	9.00	17.50	7.50
4	2	火	9.00	17.00	7.00
5	3	水	9.00	27.00	17.00
6	4	木	9.20	17.40	7.20
7	5	金	9.00	18.25	8.25

数式解説 TEXT関数は数値や日付／時刻に指定の表示形式を付けて文字列変換する関数です（第8章 Tips 328 で紹介）。引数の [表示形式] に「0!:00」を指定すると時刻の表示形式が付けられます（Tips 308 参照）。

小数点の数値は 100 倍して小数点なしの数値にしてから時刻の表示形式にするため、「=TEXT(D3*100,"0!:00")*1-TEXT(C3*100,"0!:00")*1-"1:0:0"」と数式を作成します。

サンプルファイル ▶ 309.xlsx

310 時分が別々のセルに入力された勤務表で勤務時間の合計を求めたい

使用関数 SUM、QUOTIENT、MOD関数

数式 =SUM(G3:G7)+QUOTIENT(SUM(H3:H7),60)、=MOD(SUM(H3:H7),60)

勤務時間の時分を別々に入力した勤務表で、時と分それぞれの合計を求める場合、60分を1時間として時に繰り越して計算するには、60分で除算した整数部と余りを利用します。

❶勤務時間の時を求めるセルを選択し、「=SUM(G3:G7)+QUOTIENT(SUM(H3:H7),60)」と入力する。

❷勤務時間の時が求められる。

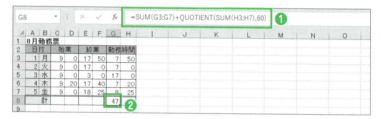

❸勤務時間の分を求めるセルを選択し、「=MOD(SUM(H3:H7),60)」と入力する。

❹勤務時間の分が求められる。

数式解説 SUM関数は数値の合計(第2章 Tips 035で紹介)、QUOTIENT関数は数値を除算したときの商の整数部、MOD関数は数値を除算したときの余りを求める関数です。
「QUOTIENT(SUM(H3:H7),60)」の数式は、H3セル〜H7セルの合計を60で除算した整数部を求めます。つまり繰り上げられた時数が求められます。
さらに、時数だけの合計に足し算する必要があるので「=SUM(F3:F8)+QUOTIENT(SUM(G3:G8),60)」の数式で勤務時間の時が求められます。
H3セル〜H7セルの合計は60で除算した余りが分数となり、整数部が時数となるので、「=MOD(SUM(H3:H7),60)」の数式は、60分を1時間で繰り上げた分数、つまり、勤務時間の分を求めます。

サンプルファイル ▶ 310.xlsx

311 出社／退社時間を指定して残業時間を除く勤務時間を求めたい

使用関数 MIN、MAX関数

数式 =MIN($E$10,D3)-MAX($C$10,C3)-"1:0:0"

所定内、時間外、深夜の勤務時間が決められている場合の勤務計算で、所定の時間数は、終業と所定内終了時刻を比べて早いほうの時刻と、始業と所定内開始時刻を比べて遅いほうの時刻とを使って勤務計算を行います。

---

❶ 所定内の時間を求めるセルを選択し、「=MIN($E$10,D3)-MAX($C$10,C3)-"1:0:0"」と入力する。

❷ 数式を必要なだけ複写する。

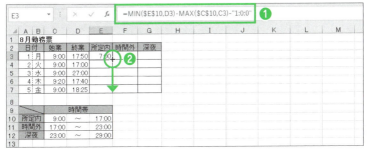

❸ それぞれの始業、終業時刻から所定内の時間が求められる。

数式解説 MAX関数は数値の最大値、MIN関数は数値の最小値を求める関数です（第2章 Tips 035 で紹介）。
「=MIN($E$10,D3)-MAX($C$10,C3)-"1:0:0"」の数式は、E10 セルの所定内の終了時刻と D3 セルの終業時刻を比較し早いほうの時刻から、C10 セルの所定内の開始時刻と C3 セルの始業時刻と比較し遅いほうの時刻を引き算し、さらに休憩の 1 時間を引き算します。結果、所定内の時間帯をもとにした所定内の時間数が求められます。

📂 サンプルファイル ▶ 311.xlsx

312 深夜残業を除く残業時間を求めたい

使用関数 MAX、MIN関数

数　式 =MAX(MIN($E$11,D3)-$C$11,0)

所定内、時間外、深夜の勤務時間が決められている場合の勤務計算で、時間外は、終業と時間外終了時刻を比べて早いほうの時刻から時間外開始時刻を引いて勤務計算を行います。

❶ 時間内の時間を求めるセルを選択し、「=MAX(MIN($E$11,D3)-$C$11,0)」と入力する。

❷ 数式を必要なだけ複写する。

❸ それぞれの始業、終業時刻から時間外の時間が求められる。

	A	B	C	D	E	F	G
1	8月勤務票							
2		日付	始業	終業	所定内	時間外	深夜
3	1	月	9:00	17:50	7:00	0:50	
4	2	火	9:00	17:00	7:00	0:00	
5	3	水	9:00	27:00	7:00	6:00	
6	4	木	9:20	17:40	6:40	0:40	
7	5	金	9:00	18:25	7:00	1:25	
8							
9				時間帯				
10		所定内	9:00	〜	17:00		
11		時間外	17:00	〜	23:00		
12		深夜	23:00	〜	29:00		

数式解説 MAX関数は数値の最大値、MIN関数は数値の最小値を求める関数です（第2章 Tips 035で紹介）。
「MIN($E$11,D3)-$C$11」の数式は、E11セルの時間外の終了時刻とD3セルの終業時刻を比較し早いほうの時刻から、所定外の開始時刻を引き算します。結果、所定内の時間数を除く時間外の時間数が求められます。さらに「=MAX(MIN($E$11,D3)-$C$11,0)」と、時間外の時間数と「0」を比較した数式にすることで、終業時刻が時間外の開始時刻より前の時刻の場合は、時間外の時間数が「0:00」で求められます。

サンプルファイル ▶ 312.xlsx

313 残業時間から深夜残業時間を求めたい

使用関数 なし

数式 =D3-C3-(E3+F3)-"1:0:0"

所定内、時間外、深夜の勤務時間が決められている場合の勤務計算で、深夜残業時間数は、総勤務時間数から所定内時間数と残業時間数を引いた時間数で求められます。

❶深夜の時間を求めるセルを選択し、「=D3-C3-(E3+F3)-"1:0:0"」と入力する。

❷数式を必要なだけ複写する。

	A	B	C	D	E	F	G
1	8月勤務票						
2	日付		始業	終業	所定内	時間外	深夜
3	1	月	9:00	17:50	7:00	0:50	0:00
4	2	火	9:00	17:00	7:00	0:00	
5	3	水	9:00	27:00	7:00	6:00	
6	4	木	9:20	17:40	6:40	0:40	
7	5	金	9:00	18:25	7:00	1:25	
8							
9				時間帯			
10	所定内		9:00	~	17:00		
11	時間外		17:00	~	23:00		
12	深夜		23:00	~	29:00		

❸それぞれの始業、終業時刻から深夜の時間が求められる。

	A	B	C	D	E	F	G
1	8月勤務票						
2	日付		始業	終業	所定内	時間外	深夜
3	1	月	9:00	17:50	7:00	0:50	0:00
4	2	火	9:00	17:00	7:00	0:00	0:00
5	3	水	9:00	27:00	7:00	6:00	4:00
6	4	木	9:20	17:40	6:40	0:40	0:00
7	5	金	9:00	18:25	7:00	1:25	0:00
8							
9				時間帯			
10	所定内		9:00	~	17:00		
11	時間外		17:00	~	23:00		
12	深夜		23:00	~	29:00		

数式解説 「=D3-C3-(E3+F3)-"1:0:0"」の数式は、D3 セルの終業時刻から、C3 セルの始業時刻、所定内の時間数、時間外の時間数、休憩の 1 時間を引き算して、残りの深夜の時間数を求めています。

サンプルファイル ▶ 313.xlsx

314 時間内と時間外の勤務時間を求めたい

使用関数 MIN関数

数式 =MIN(D3-C3-"1:0:0","7:00")、=D3-C3-E3-"1:0:0"

7時間を時間内として、時間内と時間外の勤務表を作成するには、上限が7時間になるようにMIN関数で使って勤務計算を行います。

1. 所定内の時間を求めるセルを選択し、「=MIN(D3-C3-"1:0:0","7:00")」と入力する。
2. 数式を必要なだけ複写する。

3. それぞれの始業、終業時刻から7時間を時間内として所定内の時間が求められる。
4. 時間外を求めるセルを選択し、「=D3-C3-E3-"1:0:0"」と入力する。
5. 数式を必要なだけ複写する。

6. それぞれの始業、終業時刻から7時間を時間内として時間外の時間が求められる。

数式解説 MIN関数は数値の最小値を求める関数です（第2章 Tips 035 で紹介）。
「=MIN(D3-C3-"1:0:0","7:00")」の数式は、「終業－始業－1時間」で求められた時間数と「7:00」を比べて早いほうの時間を求めます。結果、「7:00」を上限として所定内の時間数が求められます。
残りの時間外の時間数は「終業－始業－所定内－1時間」で求められるため、「=D3-C3-E3-"1:0:0"」と数式を作成します。

サンプルファイル ▶ 314.xlsx

2016 | 2013 | 2010 | 2007

315 ○分単位で切り上げまたは切り捨てして勤務時間を求めたい

使用関数 FLOOR.MATH／FLOOR、CEILING.MATH／CEILING、MAX関数

数 式 =FLOOR.MATH(D3,"0:15")-MAX("9:00",CEILING.MATH(C3,"0:15"))-"1:0:0"
／=FLOOR(D3,"0:15")-MAX("9:00",CEILING(C3,"0:15"))-"1:0:0"

指定の分単位で切り捨てたり切り上げして勤務時間を求めるには、FLOOR.MATH関数やCEILING.MATH関数を使います。たとえば、終業は15分単位で切り捨て、始業は15分単位で切り上げて勤務計算が行えます。

---

❶勤務時間を求めるセルを選択し、「=FLOOR.MATH(D3,"0:15")–MAX("9:00",CEILING.MATH(C3,"0:15"))-"1:0:0"」と入力する。Excel 2010／2007では「FLOOR(D3,"0:15")–MAX("9:00",CEILING(C3,"0:15"))-"1:0:0"」と入力する。

❷数式を必要なだけ複写する。

❸それぞれの始業時刻を15分単位で切り上げ、終業時刻を15分単位で切り捨てて勤務時間が求められる。

数式解説 MAX関数は数値の最大値を求める関数です(第2章 Tips 035で紹介)。
FLOOR.MATH／FLOOR関数は数値を基準値の倍数にするために切り捨てる関数、CEILING.MATH／CEILING関数は数値を基準値の倍数にするために切り上げる関数です(それぞれ第8章 Tips 324、323で紹介)。
「FLOOR.MATH(D3,"0:15")」の数式は、15分単位で切り捨てた終業時刻を求めます。
「MAX("9:00",CEILING.MATH(C3,"0:15"))」の数式は、15分単位で切り上げた始業時刻と「9:00」を比較して遅いほうの時刻を始業時刻として求めます。つまり、「=FLOOR.MATH(D3,"0:15")–MAX("9:00",CEILING.MATH(C3,"0:15"))-"1:0:0"」の数式は、「15分単位で切り捨てた終業時刻－15分単位で切り上げた始業時刻－1時間」となり、始業時刻を15分単位で切り上げ、終業時刻を15分単位で切り捨てた勤務時間が求められます。

プラスアルファ Excel 2010／2007ではFLOOR関数、CEILING関数を使います。Excel 2016／2013にもありますが、「互換性」関数に分類されます。

📄サンプルファイル▶ 315.xlsx

316 15分単位の半分未満は切り捨て、半分以上は切り上げで勤務時間を求めたい

使用関数 MROUND、MAX、CEILING.MATH／CEILING関数

数式 =MROUND(D3,"0:15")-MAX("9:00",CEILING.MATH(C3,"0:15"))-"1:0:0"
／=MROUND(D3,"0:15")-MAX("9:00",CEILING(C3,"0:15"))-"1:0:0"

始業や終了時間を指定の分単位の半分未満は切り捨て、半分以上は切り上げて勤務計算を行うには、MROUND関数を使います。15分単位にしたい場合、20分なら30分ではなく近いほうの15分で計算されます。

---

❶勤務時間を求めるセルを選択し、「=MROUND(D3,"0:15")-MAX("9:00",CEILING.MATH(C3,"0:15"))-"1:0:0"」と入力する。Excel 2010／2007では「=MROUND(D3,"0:15")-MAX("9:00",CEILING(C3,"0:15"))-"1:0:0"」と入力する。

❷数式を必要なだけ複写する。

❸それぞれの始業時刻を15分単位で切り上げ、終業時刻を15分の半分の7分30秒未満なら切り捨て、以上なら切り上げて勤務時間が求められる。

数式解説 MAX関数は数値の最大値を求める関数（第2章Tips 035で紹介）、MROUND関数は数値を基準値の倍数にするために切り上げまたは切り捨てる関数です。CEILING.MATH／CEILING関数は数値を基準値の倍数にするために切り上げる関数です（第8章Tips 323で紹介）。
「MROUND(D3,"0:15")」の数式は、15分の半分の7分30秒未満なら切り捨て、以上なら切り上げて終業時刻を求めます。
「MAX("9:00",CEILING.MATH(C3,"0:15"))」の数式は、15分単位で切り上げた始業時刻と「9:00」を比較して遅いほうの時刻を始業時刻として求めます。つまり、「=MROUND(D3,"0:15")-MAX("9:00",CEILING.MATH(C3,"0:15"))-"1:0:0"」の数式は、「15分の半分の7分30秒未満なら切り捨て、以上なら切り上げた終業時刻－15分単位で切り上げた始業時刻－1時間」となり、始業時刻を15分単位で切り上げ、終業時刻を15分の半分の7分30秒未満なら切り捨て、以上なら切り上げて勤務時間が求められます。

プラスアルファ Excel 2010／2007ではCEILING関数を使います。Excel 2016／2013にもありますが、「互換性」関数に分類されます。

317 0分〜20分未満は切り捨て、20分〜40分未満は30分、40分〜60分は60分で勤務時間を求めたい

`2016 | 2013 | 2010 | 2007`

使用関数 CEILING.MATH／CEILING、FLOOR.MATH／FLOOR関数

数 式 =CEILING.MATH (FLOOR.MATH (D3-C3-E3-"1:0:0","0:20"),"0:30")
／=CEILING(FLOOR(D3-C3-E3-"1:0:0","0:20"),"0:30")

始業や終業を指定の単位で切り上げ切り捨てるのではなく、0分〜20分未満は切り捨て、20分〜40分未満は30分、40分〜60分は60分で計算するには、20分単位で切り捨てた時間を30分単位で切り上げて計算します。

---

❶時間外を求めるセルを選択し、「=CEILING.MATH (FLOOR.MATH (D3-C3-E3-"1:0:0","0:20"),"0:30")」と入力する。Excel 2010／2007では「=CEILING(FLOOR(D3-C3-E3-"1:0:0","0:20"),"0:30")」と入力する。

❷数式を必要なだけ複写する。

	A	B	C	D	E	F
1	8月勤務票					
2	日付		始業	終業	所定内	時間外
3	1	月	9:00	17:50	7:00	1:00
4	2	火	9:00	17:00	7:00	
5	3	水	9:00	27:00	7:00	
6	4	木	9:20	17:40	7:00	
7	5	金	9:00	18:25	7:00	

❸それぞれの始業、終業時刻から、時間外の時間が0分〜20分未満は切り捨て、20分〜40分未満は30分、40分〜60分は60分で求められる。

	A	B	C	D	E	F
1	8月勤務票					
2	日付		始業	終業	所定内	時間外
3	1	月	9:00	17:50	7:00	1:00
4	2	火	9:00	17:00	7:00	0:00
5	3	水	9:00	27:00	7:00	10:00
6	4	木	9:20	17:40	7:00	0:30
7	5	金	9:00	18:25	7:00	1:30

数式解説 FLOOR.MATH／FLOOR関数は数値を基準値の倍数にするために切り捨てる関数、CEILING.MATH／CEILING関数は数値を基準値の倍数にするために切り上げる関数です（それぞれ第8章 Tips 324、323で紹介）。
「=CEILING.MATH (FLOOR.MATH (D3-C3-E3-"1:0:0","0:20"),"0:30")」の数式は、「終業－始業－所定内－1時間」で求められる時間外の時間数を20分単位で切り捨て、その時間数を30分単位で切り上げて求めます。結果、0分〜20分未満は切り捨て、20分〜40分未満は30分、40分〜60分は60分で時間外の時間数が求められます。

プラスアルファ Excel 2010／2007ではFLOOR関数、CEILING関数を使います。Excel 2016／2013にもありますが、「互換性」関数に分類されます。

サンプルファイル ▶ 317.xlsx

318 平日の指定の時間帯と休日を除く総時間数を求めたい

2016 | 2013 | 2010 | 2007

使用関数 NETWORKDAYS、TEXT関数

数 式 =NETWORKDAYS(B3,C3,$A$9:$A$11)-TEXT(B3,"h:m")-(1-TEXT(C3,"h:m"))

数日間の時間数を、平日の指定の時間帯と休日を除いて求めるには、NETWORKDAYS関数で土日祝を除いた日数から平日の指定の時間以外の時間数をTEXT関数を使って引き算します。

❶営業時間を求めるセルを選択し、「=NETWORKDAYS(B3,C3,$A$9:$A$11)−TEXT(B3,"h:m")−(1−TEXT(C3,"h:m"))」と入力する。

❷[ホーム]タブの[数値]グループの▼をクリックして表示される[セルの書式設定]ダイアログボックスの[表示形式]タブで[ユーザー定義]に「[h]時間」と入力する。

❸[OK]ボタンをクリックする。

サンプルファイル ▶ 318.xlsx

❹数式を必要なだけ複写すると、それぞれの開店、閉店時間から営業時間が求められる。

	A	B	C	D
1	移動販売営業時間			
2	場所	開店	閉店	営業時間
3	愛々広場	2016/6/20 10:00	2016/6/25 17:00	103時間
4	花菱公園	2016/7/12 9:00	2016/7/20 19:00	130時間
5	梅桜公園	2016/8/1 10:00	2016/8/10 17:00	175時間
8	祝日			
9	7月18日			
10	9月19日			
11	9月22日			

数式解説 NETWORKDAYS 関数は開始日から終了日までの日数を土日祝を除いて求める関数（第 5 章 Tips 259 で紹介）、TEXT 関数は数値や日付／時刻に指定の表示形式を付けて文字列変換する関数です（第 8 章 Tips 328 で紹介）。
「=NETWORKDAYS(B3,C3,$A$9:$A$11)」の数式は、開店日時から閉店日時までの土日と A9 セル〜 A11 セルの祝日を除く日数が求められます。求められた日数から、開店日時の時刻と閉店時刻の次の日までの時刻を引き算することで、開店日時から閉店日時までの時間数が求められるので、続けて「−TEXT(B3,"h:m")−(1−TEXT(C3,"h:m"))」と数式を作成します。
「−TEXT(B3,"h:m")」の数式では開店日時の時刻 (10:00)、「1−TEXT(C3,"h:m")」の数式では閉店日時の次の日までの時刻 (24:00−17:00) が求められます。

Chapter 8

バラバラデータをきれいに揃える!
桁数／表示揃えワザ

Chapter 8 ▶端数を処理して揃える　2016 | 2013 | 2010 | 2007

バラバラデータをきれいに揃える！桁数／表示揃えワザ

319 計算結果または数値を四捨五入で希望の桁数に揃えたい

使用関数 ROUND 関数

数式 =ROUND(C3/$C$8,3)

計算結果が割り切れないと、列幅か表示形式で調整しない限り、セル幅一杯に広がり、桁数もバラバラで不揃いになります。ROUND 関数を使うと四捨五入して希望の桁数に揃えて表示できます。

① 売上率を求めるセルを選択し、「=ROUND(C3/$C$8,3)」と入力する。
② 数式を必要なだけ複写する。

	A	B	C	D	E
1	東地区年間売上表				
2	店名	売上数	売上高	売上率	
3	築地店	25,412	12,706,000	0.154	
4	中野本店	76,450	38,225,000		
5	南青山店	42,467	21,233,500		
6	茂原店	6,879	3,439,500		
7	横浜店	14,268	7,134,000		
8	年間合計	165,476	82,738,000		

③ それぞれの売上高から売上率が四捨五入されて小数点以下第3位で揃えられる。

	A	B	C	D	E
1	東地区年間売上表				
2	店名	売上数	売上高	売上率	
3	築地店	25,412	12,706,000	0.154	
4	中野本店	76,450	38,225,000	0.462	
5	南青山店	42,467	21,233,500	0.257	
6	茂原店	6,879	3,439,500	0.042	
7	横浜店	14,268	7,134,000	0.086	
8	年間合計	165,476	82,738,000		

数式解説 ROUND 関数は数値を指定の桁数にするために四捨五入する関数です。「=ROUND(C3/$C$8,3)」の数式は、「築地店売上高／年間合計」の計算結果を四捨五入して小数点以下第3位で求めます。

プラスアルファ 引数の [桁数] には求めたい桁を以下のように数値で指定します。

桁数	求められる桁	桁数	求められる桁
-2	百の位	1	小数点以下第1位
-1	十の位	2	小数点以下第2位
0	一の位	3	小数点以下第3位

サンプルファイル ▶ 319.xlsx

▶ 端数を処理して揃える　　　　　　　　　　2016 | 2013 | 2010 | 2007

320 計算結果または数値を切り捨てで希望の桁数に揃えたい

使用関数 ROUNDDOWN関数

数　式 =ROUNDDOWN(C3/$C$8,3)

計算結果の小数点以下を希望の桁数に揃えたいとき、表示形式では四捨五入されてしまいます。切り捨てて希望の桁数で求めるには、ROUNDDOWN関数を使います。

❶ 売上率を求めるセルを選択し、「=ROUNDDOWN(C3/$C$8,3)」と入力する。

❷ 数式を必要なだけ複写する。

	A	B	C	D
1	東地区年間売上表			
2	店名	売上数	売上高	売上率
3	築地店	25,412	12,706,000	0.153
4	中野本店	76,450	38,225,000	
5	南青山店	42,467	21,233,500	
6	茂原店	6,879	3,439,500	
7	横浜店	14,268	7,134,000	
8	年間合計	165,476	82,738,000	

❸ それぞれの売上高から売上率が切り捨てされて小数点以下第3位で揃えられる。

	A	B	C	D
1	東地区年間売上表			
2	店名	売上数	売上高	売上率
3	築地店	25,412	12,706,000	0.153
4	中野本店	76,450	38,225,000	0.462
5	南青山店	42,467	21,233,500	0.256
6	茂原店	6,879	3,439,500	0.041
7	横浜店	14,268	7,134,000	0.086
8	年間合計	165,476	82,738,000	

数式解説 ROUNDDOWN関数は数値を指定の桁数にするために切り捨てする関数です。引数の[桁数]には求めたい桁を数値で指定します（指定する数値についての解説はTips 319 プラスアルファ参照）。
「=ROUNDDOWN(C3/$C$8,3)」の数式は、「築地店売上高／年間合計」の計算結果を切り捨てして小数点以下第3位で求めます。

プラスアルファ INT関数を使うと、桁数を指定せずに小数点以下をばっさり切り捨てることができます。整数で求めたいときに使うとROUNDDOWN関数より手早く求められます。

📥 サンプルファイル ▶ 320.xlsx

Chapter 8 ▶端数を処理して揃える　2016 | 2013 | 2010 | 2007

バラバラデータをきれいに揃える！桁数／表示揃えワザ

321 計算結果または数値を切り上げで希望の桁数に揃えたい

使用関数 ROUNDUP 関数

数 式 =ROUNDUP(C3/$C$8,3)

計算結果の小数点以下を希望の桁数に揃えたいとき、表示形式では四捨五入されてしまいます。切り上げて希望の桁数で求めるには、ROUNDUP 関数を使います。

❶売上率を求めるセルを選択し、「=ROUNDUP(C3/$C$8,3)」と入力する。

❷数式を必要なだけ複写する。

	A	B	C	D
1	東地区年間売上表			
2	店名	売上数	売上高	売上率
3	築地店	25,412	12,706,000	0.154
4	中野本店	76,450	38,225,000	
5	南青山店	42,467	21,233,500	
6	茂原店	6,879	3,439,500	
7	横浜店	14,268	7,134,000	
8	年間合計	165,476	82,738,000	

❸それぞれの売上高から売上率が切り上げされて小数点以下第3位で揃えられる。

	A	B	C	D
1	東地区年間売上表			
2	店名	売上数	売上高	売上率
3	築地店	25,412	12,706,000	0.154
4	中野本店	76,450	38,225,000	0.463
5	南青山店	42,467	21,233,500	0.257
6	茂原店	6,879	3,439,500	0.042
7	横浜店	14,268	7,134,000	0.087
8	年間合計	165,476	82,738,000	

数式解説 ROUNDUP 関数は数値を指定の桁数にするために切り上げする関数です。引数の［桁数］には求めたい桁を数値で指定します（指定する数値についての解説は Tips 319 プラスアルファ参照）。
「=ROUNDUP(C3/$C$8,3)」の数式は、「築地店売上高／年間合計」の計算結果を切り上げして小数点以下第3位で求めます。

▼サンプルファイル ▶ 321.xlsx

▶ 端数を処理して揃える　　2016 | 2013 | 2010 | 2007

322 金額を千単位／万単位に揃えて表示上計算を合わせたい

使用関数 ROUND関数

数　式 =ROUND(B3,-3)/1000

表示桁数で千単位、万単位にしてデータを作成すると、合計が合わなくなる場合があります。千単位、万単位にしても合計を合わせるには、端数処理の関数で桁数を調整します。

---

❶表示形式で千単位にしたが、合計と合わなくなってしまった。

❷売上を求めるセルを選択し、「=ROUND(B3,-3)/1000」と入力する。

❸数式を必要なだけ複写すると、千単位で売上が求められて合計も合わせられる。

数式解説 ROUND関数は数値を指定の桁数にするために四捨五入する関数です（Tips 319で紹介）。引数の [桁数] には求めたい桁を数値で指定します（指定する数値についての解説は Tips 319 プラスアルファ参照）。
「=ROUND(B3,-3)/1000」の数式は、B3セルの売上を四捨五入して千の位までで求め、1000で除算して千未満を削除します。

プラスアルファ ❶[ファイル]タブ→[オプション]→[詳細設定]→[表示桁数で計算する]にチェックを入れでも、表示上、合計を合わせられますが、❷もとのデータは表示されていない数値がすべて0に変換されてしまいます。データを変更したくないときは、端数処理の関数で桁数を調整しましょう。

💾 サンプルファイル ▶ 322.xlsx

323 計算結果または数値を切り上げで希望の単位に揃えたい

使用関数 CEILING.MATH／CEILING関数

数式 =CEILING.MATH(B3,10)／=CEILING(B3,10)

注文数が10個に満たなくても、1箱10個入りのため納品される個数を求めたいなど、指定の単位で数値を切り上げて求めるにはCEILING.MATH関数を使います。

❶ 発注数を求めるセルを選択し、「=CEILING.MATH(B3,10)」と入力する。Excel 2010／2007では「=CEILING(B3,10)」と入力する。

❷ 数式を必要なだけ複写する。

❸ それぞれの注文数から10個単位で切り上げた発注数が求められる。

数式解説 CEILING.MATH／CEILING関数は数値を基準値の倍数にするために切り上げる関数です。
「=CEILING.MATH(B3,10)」の数式は、B3セルの注文数を10個単位で切り上げて求めます。

プラスアルファ Excel 2010／2007ではCEILING関数を使います。Excel 2016／2013にもありますが、「互換性」関数に分類されます。

サンプルファイル ▶ 323.xlsx

▶端数を処理して揃える　　　　　　　　　2016 | 2013 | 2010 | 2007

324 計算結果または数値を切り捨てで希望の単位に揃えたい

使用関数 FLOOR.MATH／FLOOR関数

数　式 =FLOOR.MATH(C3,B3)／=FLOOR(C3,B3)

1箱10個入りの場合に注文数から箱入りの数を求めたいなど、指定の単位で数値を切り捨てて求めるにはFLOOR.MATH関数を使います。

❶箱入数を求めるセルを選択し、「=FLOOR.MATH(C3,B3)」と入力する。Excel 2010／2007では「=FLOOR(C3,B3)」と入力する。

❷数式を必要なだけ複写する。

	A	B	C	D	E
1	注文表			健康飲料部門	
2	商品名	数量/箱	注文数	箱入数	バラ
3	エブリジンジャー	20	68	60	
4	コレステさらっと	30	94		
5	激粒スムージー	50	105		
6	アミノップリ	30	95		
7	オールコラブララ	20	25		

❸それぞれの注文数による箱入数が1箱の数量で切り捨てられて求められる。

	A	B	C	D	E
1	注文表			健康飲料部門	
2	商品名	数量/箱	注文数	箱入数	バラ
3	エブリジンジャー	20	68	60	
4	コレステさらっと	30	94	90	
5	激粒スムージー	50	105	100	
6	アミノップリ	30	95	90	
7	オールコラブララ	20	25	20	

数式解説 FLOOR.MATH／FLOOR関数は数値を基準値の倍数にするために切り捨てる関数です。
「=FLOOR.MATH(C3,B3)」の数式は、C3セルの注文数をB3セルの数量の単位で切り捨てて求めます。

プラスアルファ Excel 2010／2007ではFLOOR関数を使います。Excel 2016／2013にもありますが、「互換性」関数に分類されます。

📥 サンプルファイル ▶ 324.xlsx

325 文字前後の余分なスペースや文字間の連続スペースを削除して揃えたい

▶表示を揃える　　2016 | 2013 | 2010 | 2007

使用関数 TRIM関数

数式 =TRIM(B3)

文字幅が行幅に合わせられない、文字を左揃えにしても左端に揃わないのは、セル内にある余分なスペースが原因です。TRIM関数を使うと、このようなセル内の余分なスペースをすべて削除してくれます。

❶B列の幅を文字幅に合わせようとしたのに空白ができてしまい、文字を左揃えにしたのに左端に空白ができてしまう。また、氏と名の間に半角スペースが連続して入力されているセルがあるため、氏名のスペースが揃わない。

❷氏名を求めるセルを選択し、「=TRIM(B3)」と入力する。

❸数式を必要なだけ複写する。

❹氏名のセルから余分な空白が除かれる。もとの氏名は非表示にしておく。

> **数式解説** TRIM関数は文字列から不要な空白文字を削除する関数です。
> 「=TRIM(B3)」の数式は、B3セルの氏名から余分な空白を削除します。

サンプルファイル ▶ 325.xlsx

▶表示を揃える　　　　　　　　　　　　　　　2016 | 2013 | 2010 | 2007

326 文字を全角文字に揃えたい

使用関数 JIS関数
数　式 =JIS(C3)

全角や半角で入力してしまっている英数字カナ文字を、全角に揃えるにはJIS関数を使います。たとえば、全角や半角で不揃いに入力された住所の番地を全角に揃えることができます。

❶全角の番地で所在地を求めるセルを選択し、「=JIS(C3)」と入力する。

❷数式を必要なだけ複写する。

❸所在地の番地が全角に揃えられる。

| 数式解説 | JIS関数は半角英数カナ文字を全角英数カナ文字に変換する関数です。「=JIS(C3)」の数式は、C3セルの所在地の番地を全角に変換します。 |

⬇ サンプルファイル ▶ 326.xlsx

327 文字を半角文字に揃えたい

使用関数 ASC 関数

数 式 =ASC(C3)

全角や半角で入力してしまっている英数字カナ文字を、半角に揃えるには ASC 関数を使います。住所などで漢字と番地を同じセル内に入力していても、番地だけを半角に揃えることができます。

❶半角の番地で所在地を求めるセルを選択し、「=ASC(C3)」と入力する。

❷数式を必要なだけ複写する。

所在地	所在地
兵庫県加古川市別府町石町4444	兵庫県加古川市別府町石町4444
和歌山県田辺市小谷16-19-3	
栃木県真岡市下籠谷9222	
高知県高知市三園町8-2	
岡山県備前市閑谷111	

❸所在地の番地が半角に揃えられる。

所在地	所在地
兵庫県加古川市別府町石町4444	兵庫県加古川市別府町石町4444
和歌山県田辺市小谷16-19-3	和歌山県田辺市小谷16-19-3
栃木県真岡市下籠谷9222	栃木県真岡市下籠谷9222
高知県高知市三園町8-2	高知県高知市三園町8-2
岡山県備前市閑谷111	岡山県備前市閑谷111

数式解説 ASC 関数は全角英数カナ文字を半角英数カナ文字に変換する関数です。
「=ASC(C3)」の数式は、C3 セルの所在地の番地を半角に変換します。

▼サンプルファイル ▶ 327.xlsx

▶ 表示を揃える

328 「-」で繋いだ数値に0を付けて指定の桁数で揃えたい

使用関数 TEXT関数

数式 =TEXT(C3,"00-")&TEXT(D3,"00-")&TEXT(E3,"00")

「-」繋ぎの数値の桁数がバラバラのため、0で揃えたいときは、区切り位置指定ウィザードを使って「-」で分割してから、TEXT関数を使って0で桁数を揃えます。

❶B3セル～B4セルを範囲選択し、[データ]タブ[データツール]グループの[区切り位置]ボタンをクリックする。

❷区切り位置指定ウィザードを実行する。ウィザード1/3では[カンマやタブなどの区切り文字によってフィールドごとに区切られたデータ]をオンにし、ウィザード2/3では[その他]にチェックを入れて「-」と入力する。

❸[次へ]ボタンをクリックし、ウィザード3/3では[表示先]にC3セルを選択して[完了]ボタンをクリックする。

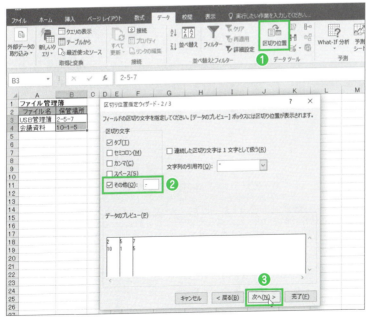

📥 サンプルファイル ▶ 328.xlsx

❹保管場所を求めるセルを選択し、「=TEXT(C3,"00-")&TEXT(D3,"00-")&TEXT(E3,"00")」と入力する。

❺数式を必要なだけ複写する。

❻それぞれの保管場所の数値が2桁に揃えられる。もとの保管場所は非表示にしておこう。

数式解説 TEXT関数は数値や日付／時刻に指定の表示形式を付けて文字列変換する関数です。引数の[表示形式]には、[セルの書式設定]ダイアログボックスの[表示形式]タブにある、「標準」「*」(アスタリスク)、色などの表示形式以外の組み込み書式が指定できます。「=TEXT(C3,"00-")&TEXT(D3,"00-")&TEXT(E3,"00")」の数式は、C3セルの数値に「00-」、D3セルの数値に「00-」、E3セルの数値に「00」の表示形式を付け、それぞれを結合して返します。

プラスアルファ Excel 2016／2013ではフラッシュフィル機能でも「-」で分割できますが、1列ずつしか実行できないため、複数列に一度に分割したい場合は区切り位置指定ウィザードを使いましょう。

▶表示を揃える

329 英字＋数値のIDに0を付けて桁数を揃えたい

使用関数 TEXT、SUBSTITUTE関数

数 式 =B3&TEXT(SUBSTITUTE(A3,B3,""),"0000")

英字＋数値の、数値の桁数を0で揃えるには、まずはフラッシュフィル機能で英字と数値を分割します。その後、数値の桁数をTEXT関数で揃えて英字と結合します。

❶管理No.の1行目の英字を入力する。

❷[データ]タブの[データツール]グループの[フラッシュフィル]ボタンをクリックする。

❸管理No.から英字だけが取り出される。

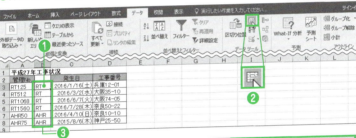

❹管理No.を求めるセルを選択し、「=B3&TEXT(SUBSTITUTE(A3,B3,""),"0000")」と入力する。

❺数式を必要なだけ複写する。

❻それぞれの管理No.の数値の桁数が4桁に揃えられる。もとの管理No.は非表示にしておく。

数式解説 TEXT関数は数値や日付／時刻に指定の表示形式を付けて文字列変換する関数（Tips 328で紹介）、SUBSTITUTE関数は文字列を指定の文字列に置き換える関数です（第9章Tips 350で紹介）。
「=B3&TEXT(SUBSTITUTE(A3,B3,""),"0000")」の数式は、A3セルの管理No.のB3セルと同じ英字を空白に置き換えて、つまり、数値だけにして「0000」の表示形式を付け、B3セルの英字に結合して返します。結果、英字＋4桁の数値が求められます。

サンプルファイル ▶ 329.xlsx

330 英字＋数値のIDに0を付けて桁数を揃えたい（Excel 2010 ／ 2007）

使用関数 TEXT、SUBSTITUTE 関数

数 式 =B3&TEXT(SUBSTITUTE(A3,B3,""),"0000")

Excel 2010 ／ 2007 で英字＋数値の数値だけを 0 で桁を揃えるには、Tips 329 のようにフラッシュフィル機能がないため、Word の置換機能を使います。置換機能で英字と数値を分割した後、TEXT 関数を使って 0 で桁を揃えます。

❶管理No.のセルを範囲選択し、[ホーム]タブの[クリップボード]グループの[コピー]ボタンをクリックする。

❷Wordの[ホーム]タブの[クリップボード]グループの[貼り付け]ボタンの[▼]をクリックして表示されるメニューから[テキストのみ保持]を選択して貼り付ける。

❸貼り付けた管理No.を範囲選択し、[ホーム]タブの[置換]ボタンをクリックする。

❹表示された[検索と置換]ダイアログボックスで[検索する文字列]に「0-9」と入力、[置換後の文字列]は空白にする。

❺[ワイルドカードを使用する]にチェックを入れる。

❻[すべて置換]ボタンをクリックする。

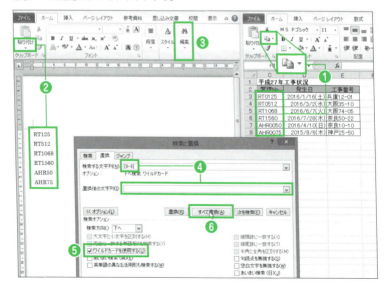

サンプルファイル ▶ 330.xlsx

❼数値が削除されて英字だけ残るので、[ホーム]タブの[クリップボード]グループの[コピー]ボタンをクリックする。

❽ExcelのB3セルを選択し、[ホーム]タブの[クリップボード]グループの[貼り付け]ボタンの[▼]をクリックして表示されるメニューから[貼り付け先の書式に合わせる]を選択して貼り付ける。

❾C3セルを選択し、「=B3&TEXT(SUBSTITUTE(A3,B3,""),"0000")」と入力する。

❿数式を必要なだけ複写すると、管理No.の数値の桁数が4桁に揃えられる。もとの管理No.とB列は非表示にしておこう。

数式解説 TEXT関数は数値や日付/時刻に指定の表示形式を付けて文字列変換する関数(Tips 328で紹介)、SUBSTITUTE関数は文字列を指定の文字列に置き換える関数です(第9章 Tips 350で紹介)。
「=B3&TEXT(SUBSTITUTE(A3,B3,""),"0000")」の数式は、A3セルの管理No.のB3セルと同じ英字を空白に置き換えて、つまり、数値だけにして「0000」の表示形式を付け、B3セルの英字に結合して返します。結果、英字+4桁の数値が求められます。

▶ 表示を揃える　　　　　　　　　　　　　　　　　2016 | 2013 | 2010 | 2007

331 数値の後に0を付けて桁数の違う数値を揃えたい

使用関数　REPT関数

数　式　=C3&REPT(0,8-LEN(C3))

それぞれの桁数が異なる数値を0で揃えるには表示形式でできますが、数値の前に0が付けられます。数値の後に0を付けて揃えるには、REPT関数を使います。

❶ 企業コードを求めるセルを選択し、「=C3&REPT(0,8-LEN(C3))」と入力する。

❷ 数式を必要なだけ複写する。

❸ それぞれの企業コードの後に0が付けられて8桁に揃えられる。もとの企業コードは非表示にしておこう。

数式解説　REPT関数は文字列を指定した回数だけ繰り返す関数、LEN関数は文字列の文字数を求める関数です(第2章 Tips 051で紹介)。
「8-LEN(C3)」の数式は、C3セルの企業コードの文字数を8桁から引いて8桁にするために足りない文字数を求めます。この足りない文字数を使い、「=C3&REPT(0,8-LEN(C3))」の数式を作成すると、足りない文字数だけ「0」を繰り返してC3セルの企業コードの後に結合して返します。結果、コードの後に0が付いた8桁の企業コードが作成できます。

サンプルファイル ▶ 331.xlsx

Chapter

文字列を望む表示に！
文字列の結合／変更ワザ

332 ピリオドで区切られた和暦文字列を西暦日付に変えたい

使用関数 DATEVALUE関数

数式 =DATEVALUE("S"&C3)

元号無しの和暦をピリオドで入力すると文字列になり、日付として認識されないため、西暦など別の表示形式に変更できません。別の表示形式にするには、DATEVALUE関数で日付に変換します。

❶生年月日を求めるセルを選択し、「=DATEVALUE("S"&C3)」と入力する。

❷数式を必要なだけ複写する。

❸[ホーム]タブの[数値]グループの[表示形式]ボックスの[▼]をクリックして表示されるメニューから「短い日付形式」を選択する。

❹数式を必要なだけ複写すると、それぞれの生年月日が西暦に変えられる。

数式解説 DATEVALUE関数は文字列の日付から日付のシリアル値を求める関数です。「=DATEVALUE("S"&C3)」の数式は、「S21.03.04」という文字列の日付を日付のシリアル値として返します。返されたシリアル値に西暦日付の表示形式を付けることで、生年月日が西暦に変えられます。

サンプルファイル ▶ 332.xlsx

▶ 望みの日付表示に変える

2016 | 2013 | 2010 | 2007

333 西暦日付を和暦日付に変えたい

使用関数 DATESTRING関数

数 式 =DATESTRING(C3)

西暦で入力した日付を別の列に和暦で表示させておきたいときはDATESTRING関数を使います。

❶生年月日を求めるセルを選択し、「=DATESTRING(C3)」と入力する。

❷数式を必要なだけ複写する。

	A	B	C	D
1	会員名簿			
2	番号	氏名	生年月日	生年月日
3	1	青井朝子	1946/3/4	昭和21年03月04日
4	2	東江道男	1980/5/10	
5	3	朝日律	1984/12/10	
6	4	嵐真衣	1957/5/11	
7	5	有馬真理	1976/11/9	

❸それぞれの西暦の生年月日が和暦の生年月日に変えられる。

	A	B	C	D
1	会員名簿			
2	番号	氏名	生年月日	生年月日
3	1	青井朝子	1946/3/4	昭和21年03月04日
4	2	東江道男	1980/5/10	昭和55年05月10日
5	3	朝日律	1984/12/10	昭和59年12月10日
6	4	嵐真衣	1957/5/11	昭和32年05月11日
7	5	有馬真理	1976/11/9	昭和51年11月09日

数式解説 DATESTRING関数は指定した日付を和暦を表す文字列に変換する関数です。関数一覧にはないため、「=DATESTRING(シリアル値)」の書式に従って数式を入力する必要があります。
「=DATESTRING(C3)」の数式は、「1946/3/4」の西暦日付を「昭和21年03月04日」の和暦日付に変換します。

📥 サンプルファイル ▶ 333.xlsx

334 日付を序数付きの英語表記に変えたい

▶望みの日付表示に変える　2016 | 2013 | 2010 | 2007

使用関数 TEXT、DAY、IF、OR関数

数式
=TEXT(C3,"mmmm ")&DAY(C3)&IF(OR(DAY(C3)={1,21,31}),"st,",IF(OR(DAY(C3)={2,22}),"nd,",IF(OR(DAY(C3)={3,23}),"rd,","th,")))&TEXT(C3," yyyy")

日付を英語表記にするには、表示形式を変更すれば可能ですが、序数付きにはできません。日付を序数付きの英語表記に変更するには、日による序数が表示形式で付けられるようにTEXT関数と条件式を使います。

❶ Date of Birth (誕生日) を求めるセルを選択し、「=TEXT(C3,"mmmm ")&DAY(C3)&IF(OR(DAY(C3)={1,21,31}),"st,",IF(OR(DAY(C3)={2,22}),"nd,",IF(OR(DAY(C3)={3,23}),"rd,","th,")))&TEXT(C3," yyyy")」と入力する。

❷ 数式を必要なだけ複写する。

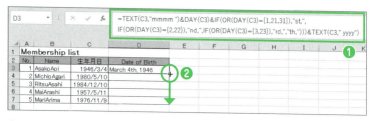

❸ それぞれの生年月日が序数付きの英語表記に変えられる。

数式解説 TEXT関数は数値や日付／時刻に指定の表示形式を付けて文字列変換する関数 (第8章 Tips 328で紹介)、DAY関数は日付から日を取り出す関数 (第6章 Tips 269で紹介)、IF関数は条件を満たすか満たさないかで処理を分岐する関数、OR関数はいずれかの条件を満たしているかどうかを調べる関数です (第12章 Tips 476、481で紹介)。
「=TEXT(C3,"mmmm ")&DAY(C3)&IF(OR(DAY(C3)={1,21,31}),"st,",IF(OR(DAY(C3)={2,22}),"nd,",IF(OR(DAY(C3)={3,23}),"rd,","th,")))&TEXT(C3," yyyy")」の数式は、C3セルの生年月日の日が「1」「21」「31」の場合は「st」、「2」「22」の場合は「nd」、「3」「23」の場合は「rd」、それ以外の場合は「th」を、生年月日から取り出した月と日の後に結合し、最後に生年月日の年を結合して求めます。結果、序数付きの英語表記で生年月日が作成できます。

サンプルファイル ▶ 334.xlsx

▶ 複数セルを結合して1セルに変える　　　　　　　2016 | 2013 | 2010 | 2007

335 1列目の文字を2列目以降の文字にそれぞれ結合したい

使用関数 IF関数

数　式 =IF(B3="","",$A3&B3)

1列目の文字列を2列目、3列目にも付けたいけれども、データが多くて面倒。そんなときは、1列目の列番号を固定して、2列目と結合する数式を作成します。残りの列は数式のコピーで手早く1列目と結合できます。

❶型番を求めるセルを選択し、「=IF(B3="","",$A3&B3)」と入力する。

❷数式を必要なだけ複写する。

❸型番＋色の型番に変えられる。

数式解説 IF関数は条件を満たすか満たさないかで処理を分岐する関数です（第12章 Tips 476で紹介）。「=IF(B3="","",$A3&B3)」の数式は、B3セルの色が空白の場合は空白を求め、違う場合はA3セルの型番と結合して求めます。数式をコピーすると、次のセルには「=IF(C3="","",$A3&C3)」の数式が作成され、C3セルの色が空白の場合は空白を求め、違う場合はA3セルの型番と結合して求めます。つまり、数式をコピーするだけで、常に1列目の型番と色が結合した名称で型番が求められます。

⬇ サンプルファイル ▶ 335.xlsx

336 表示形式を付けたまま結合して1セルに変えたい

▶複数セルを結合して1セルに変える　2016 2013 2010 2007

使用関数 FIXED、TEXT関数

数式 =FIXED(C3,0)&TEXT(D3,"(#,##0)")

データを「&」で結合すると表示形式は外れてしまいます。表示形式を付けたままにするには、TEXT関数、FIXED関数、YEN関数などで表示形式を付けてから結合します。

❶注文金額(注文数)を求めたくて「=C3&"("&D3&")"」と数式を作成した。

❷桁区切り記号「,」が外れてしまう。

❸注文金額(注文数)を求めるセルを選択し、「=FIXED(C3,0)&TEXT(D3,"(#,##0)")」と入力する。

❹数式を必要なだけ複写すると、桁区切り記号「,」が付けられた注文金額(注文数)が求められる。

数式解説 FIXED関数は数値に桁区切り記号を付ける関数、TEXT関数は数値や日付／時刻を指定の表示形式を付けて文字列に変換する関数です(第8章 Tips 328で紹介)。「=FIXED(C3,0)&TEXT(D3,"(#,##0)")」の数式は、C3セルの注文金額にカンマ区切り「,」の表示形式を付け、D3セルの注文数に [( )]で囲んでカンマ区切り「,」を付けて、それぞれを結合して求めます。なお、FIXED関数を使わずに「=TEXT(D3,"#,##0")&TEXT(D3,"(#,##0)")」の数式でも可能です。

プラスアルファ 通貨記号を付けて結合するには、YEN関数を使って「=YEN(C3,0)&TEXT(D3,"(#,##0)")」と数式を作成します。YEN関数は数値に通貨記号「¥」を付ける関数です。

サンプルファイル▶ 336.xlsx

▶複数セルを結合して1セルに変える　　　　　　　2016 | 2013 | 2010 | 2007

337 複数セルの記号を手早く結合して1セルに変えたい

使用関数 PHONETIC関数

数　式 =PHONETIC(B3:F3)

複数のセルに入力された記号を1つのセルにまとめる場合はPHONETIC関数を使うと便利です。どんなに複数のセルでも、範囲選択するだけで、あっという間に1つのセルにまとめることができます。

---

❶総合チェックを求めるセルを選択し、「=PHONETIC(B3:F3)」と入力する。

❷数式を必要なだけ複写する。

❸それぞれのチェック1～5の記号が1セルにまとめられる。

数式解説 PHONETIC関数は文字列のふりがなを取り出す関数です（第10章 Tips 386 で紹介）。
「=PHONETIC(B3:F3)」の数式は、B3セル～F3セルのそれぞれの記号を取り出して結合します。

📥 サンプルファイル ▶ 337.xlsx

Chapter 9 ▶ 複数セルを結合して1セルに変える　2016 | 2013 | 2010 | 2007

文字列を望む表示に！ 文字列の結合/変更ワザ

338 複数セルのあらゆる文字列を手早く結合して1セルに変えたい

使用関数 CONCATENATE関数

数　式 =CONCATENATE(B3,C3,D3)

複数のセルに入力された文字列を手早く結合するには、CONCATENATE関数を使います。Ctrlキーを押しながら、それぞれのセルを選択するだけで手早く1つのセルにまとめることができます。

❶ 所在地を求めるセルを選択し、「=CONCATENATE(B3,C3,D3)」と入力する。

❷ 数式を必要なだけ複写する。

❸ それぞれの都道府県、市町村区、番地が所在地として1セルにまとめられる。

数式解説 CONCATENATE関数は文字列を結合する関数です。
「=CONCATENATE(B3,C3,D3)」の数式は、B3セルの都道府県、C3セルの市町村区、D3セルの番地を結合し、「都道府県市町村区番地」の文字列を作成します。

サンプルファイル ▶ 338.xlsx

▶複数セルを結合して1セルに変える　　　2016 | 2013 | 2010 | 2007

339 文字と文字をスペースや記号で結合して1セルに変えたい

使用関数 CONCATENATE関数

数　式 =CONCATENATE(B3,"-",C3,"-",D3)

文字と文字をスペースや記号で結合するには、スペースや記号を「""」（ダブルクォーテーション）で囲み、「&」かCONCATENATE関数を使って結合します。

❶保管場所を求めるセルを選択し、「=CONCATENATE(B3,"-",C3,"-",D3)」と入力する。

❷数式を必要なだけ複写する。

❸それぞれの書庫番号、棚番号、保管位置番号が「-」で結合されて保管場所として1セルに求められる。

数式解説 CONCATENATE関数は文字列を結合する関数です（Tips 338で紹介）。
「=CONCATENATE(B3,"-",C3,"-",D3)」の数式は、B3セルの書庫番号、C3セルの棚番号、D3セルの保管位置番号をそれぞれ「-」で結合し、「書庫番号-棚番号-保管位置番号」の文字列を作成します。

📥サンプルファイル ▶ 339.xlsx

▶ 複数セルを結合して1セルに変える

340 結合する値がなければ飛ばして「-」で結合して1セルに変えたい

使用関数 SUBSTITUTE、TRIM関数

数式 =SUBSTITUTE(TRIM(B3&" "&C3&" "&D3)," ","-")

文字と文字を「-」で結合するのは Tips 339 の数式でできますが、違う行には「-」が必要ないときでも「-」が挿入されてしまいます。挿入されないようにするにはSUBSTITUTE関数にTRIM関数を使って結合します。

---

❶ 書庫番号、棚番号、保管位置番号を「-」で結合したくて「=CONCATENATE(B3,"-",C3,"-",D3)」と数式を作成した。

❷ 棚番号が空白だと「-」が連続して作成されてしまう。

❸ 保管場所を求めるセルを選択し、「=SUBSTITUTE(TRIM(B3&" "&C3&" "&D3)," ","-")」と入力する。

❹ 数式を必要なだけ複写する。

❺ 棚番号が空白なら飛ばしてそれぞれの書庫番号、棚番号、保管位置番が「-」で結合されて保管場所として1セルに求められる。

数式解説 SUBSTITUTE関数は文字列を指定の文字列に置き換える関数（Tips 350 で紹介）、TRIM関数は文字列から不要な空白文字を削除する関数です（第8章 Tips 325 で紹介）。

「TRIM(B3&" "&C3&" "&D3)」の数式は、B3セルの書庫番号、C3セルの棚番号、D3セルの保管位置番号をそれぞれ半角スペース [" "] で結合して、連続した半角スペースを1つにして「書庫番号 棚番号 保管位置番号」の文字列を作成します。「=SUBSTITUTE(TRIM(B3&" "&C3&" "&D3)," ","-")」と数式を作成することで、半角スペースが「-」に置き換えられ、「書庫番号-棚番号-保管位置番号」の文字列が作成できます。結果、いずれかが空白の場合は空白を飛ばして「-」で結合して保管場所が求められます。

サンプルファイル ▶ 340.xlsx

▶ 複数セルを結合して1セルに変える

2016 | 2013 | 2010 | 2007

341 文字を「""」で囲んで結合して1セルに変えたい

使用関数 CONCATENATE関数

数 式 =CONCATENATE(A3," ","""",B3,"""")

文字を「""」で囲んで結合するためには、「="""&A1""")や「=CONCATENATE("""",A1,"""")」の数式を作成してもできません。「"」は「""""」と4つ指定して数式を作成します。

❶保管場所を「""」で囲んでファイル名と繋げようと「=CONCATENATE(A3," ","""",B3,"""")」と数式を作成した。

❷セル番地に変換されてしまい正しく求められない。

❸保管場所を求めるセルを選択し、「=CONCATENATE(A3," ","""",B3,"""")」と入力する。

❹数式を必要なだけ複写する。

❺それぞれの保管場所を「""」で囲んでファイル名と繋げた保管場所として1セルに求められる。

数式解説 CONCATENATE関数は文字列を結合する関数です(Tips 338で紹介)。「=CONCATENATE(A3," ","""",B3,"""")」の数式は、A3セルのファイル名、半角スペース「 」、「"」、B3セルの保管場所、「"」を結合して、「ファイル名 "保管場所"」の文字列を作成します。

▼ サンプルファイル ▶ 341.xlsx

342 英字の先頭文字を大文字にして結合して1セルに変えたい

▶複数セルを結合して1セルに変える　　　2016 | 2013 | 2010 | 2007

使用関数　PROPER関数

数式　=PROPER(B3)&PROPER(C3)

英字を結合するときにそれぞれの先頭文字を大文字にするには、PROPER関数で先頭文字を大文字に変換してからそれぞれの英字を結合します。

❶Nameを求めるセルを選択し、「=PROPER(B3)&PROPER(C3)」と入力する。

❷数式を必要なだけ複写する。

❸それぞれのFirst nameとLast nameの1文字目が大文字にされて1セルにまとめられる。

数式解説　PROPER関数は英字の先頭文字を大文字に、2文字目以降を小文字に変換する関数です。
「=PROPER(B3)&PROPER(C3)」の数式は、B3セルのFirst nameとC3セルのLast nameの先頭文字を大文字にして求めます。

プラスアルファ　英字を大文字にして結合するには、UPPER関数で数式を作成します。UPPER関数は英字を大文字に変換する関数です。小文字に変換するにはLOWER関数を使って数式を作成します。

サンプルファイル ▶ 342.xlsx

▶複数セルを結合して1セルに変える

2016 | 2013 | 2010 | 2007

343 複数セルの文字を区切り文字で結合して1セルに変えたい

使用関数 SUBSTITUTE、TRIM関数

数　式 =SUBSTITUTE(TRIM(B3&" "&C3&" "&D3&" "&E3)," ","、")

複数セルの文字を指定の文字で区切りながら、1つのセルに入力し直すのは面倒です。セルごとを空白で結合し、空白をSUBSTITUTE関数で区切り文字に置き換えれば、数式のコピーで複数行でも手早く行えます。

❶参加者を求めるセルを選択し、「=SUBSTITUTE(TRIM(B3&" "&C3&" "&D3&" "&E3)," ","、")」と入力する。

❷数式を必要なだけ複写する。

❸それぞれの名前が「、」で区切られた参加者として1セルにまとめられる。

	A	B	C	D	E	F
1	電話会議参加者					
2	日付	参加者				参加者
3	1/11(月)	生島	南	桐村	江川	生島、南、桐村、江川
4	1/20(水)	江川	尾形			江川、尾形
5	1/28(木)	和久井	内田	藤岡		和久井、内田、藤岡

数式解説 SUBSTITUTE関数は文字列を指定の文字列に置き換える関数（Tips 350で紹介）、TRIM関数は文字列から不要な空白文字を削除する関数です（第8章Tips 325で紹介）。

「=SUBSTITUTE(TRIM(B3&" "&C3&" "&D3&" "&E3)," ","、")」の数式は、B3セル～E3セルの参加者それぞれを半角スペース「 」で結合して、連続した半角スペース「 」を1つにします。そして、1つにした半角スペース「 」を「、」に置き換えて求めます。結果、セルごとの参加者が1つのセルに「、」で区切られて求められます。

サンプルファイル ▶ 343.xlsx

▶ 複数セルを結合して1セルに変える　　　2016 | 2013 | 2010 | 2007

344 複数セルの文字を改行で結合して1セルに変えたい

使用関数 SUBSTITUTE、TRIM、CHAR関数

数 式 =SUBSTITUTE(TRIM(B3&" "&C3&" "&D3&" "&E3)," ",CHAR(10))

複数セルの文字を1セルに改行した表に変更したい場合、1セルずつ改行して入力し直すのは面倒です。CHAR関数を使えば、改行文字をセル内に挿入できるので、数式のコピーで複数行でも手早く変更できます。

❶ 参加者を求めるセルを選択し、「=SUBSTITUTE(TRIM(B3&" "&C3&" "&D3&" "&E3)," ",CHAR(10))」と入力する。

❷ 数式を必要なだけ複写する。

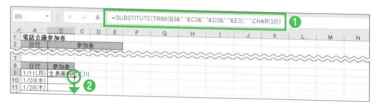

❸ [ホーム]タブの[配置]グループの[折り返して全体を表示する]ボタンをクリックする。

❹ それぞれのセルごとの参加者が改行されて1セルにまとめられる。

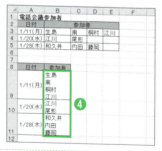

数式解説 SUBSTITUTE関数は文字列を指定の文字列に置き換える関数(Tips 350で紹介)、TRIM関数は文字列から不要な空白文字を削除する関数(第8章 Tips 325で紹介)、CHAR関数は文字コードに対応する文字を返す関数です。
「=SUBSTITUTE(TRIM(B3&" "&C3&" "&D3&" "&E3)," ",CHAR(10))」の数式は、B3セル～E3セルの参加者それぞれを半角スペース[" "]で結合して、連続した半角スペース[" "]を1つにします。そして、1つにした半角スペース[" "]を改行文字に置き換えて求めます。結果、セルごとの参加者が1つのセルに改行されて求められます。

📥 サンプルファイル ▶ 344.xlsx

▶複数セルを結合して1セルに変える　　　　　　　　　　　　　　2016 2013

345 空白セルを結合して1セルに変えた数値を計算で使えるようにしたい

使用関数　NUMBERVALUE、CONCATENATE関数

数　式　=NUMBERVALUE(CONCATENATE(E3,F3,G3,H3,I3,J3))

結合して1セルに求めた値はVALUE関数で数値に変換できますが、空白セルを結合して1セルに求めた値はできません。このような場合はNUMBERVALUE関数で数値に変換して計算に使います。

❶位ごとの数値を「&」で結合して1つにしたが、文字列のため、SUM関数を使っても計算結果が正しく求められない。

❷金額を求めるセルを選択し、「=NUMBERVALUE(CONCATENATE(E3,F3,G3,H3,I3,J3))」と入力する。

❸数式を必要なだけ複写すると、SUM関数で合計が求められるようになる。

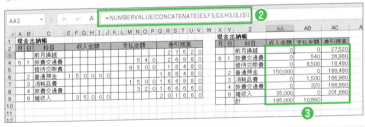

数式解説　NUMBERVALUE関数はロケールに依存しない方法で文字列を数値に変換する関数です。
CONCATENATE関数は文字列を結合する関数です（Tips 338で紹介）。
「=NUMBERVALUE(CONCATENATE(E3,F3,G3,H3,I3,J3))」の数式は、E3セル〜J3セルのそれぞれの数値を結合して1つの文字列を作成して、その文字列を数値に変換します。

▼サンプルファイル ▶ 345.xlsx

プラスアルファ

VALUE関数を使って求めると、サンプルのようにCONCATENATE関数や「&」で空白を結合した値を指定するとエラー値が求められてしまいます。空白にも対処するにはNUMBERVALUE関数で数値に変換しましょう。

AA3 : `=VALUE(CONCATENATE(E3,F3,G3,H3,I3,J3))`

	科目	収入金額	支払金額	差引残高
	前月繰越	#VALUE!	#VALUE!	27,520
6 1	旅費交通費	#VALUE!	540	26,980
	接待交際費	#VALUE!	8,500	18,480
2	普通預金	150,000	#VALUE!	168,480
3	消耗品費	#VALUE!	1,500	166,980
4	旅費交通費	#VALUE!	320	166,660
8	雑収入	35,000	#VALUE!	201,660
	計	#VALUE!	#VALUE!	

▶複数セルを結合して1セルに変える　　　2016 | 2013 | 2010 | 2007

346 西暦「年」「月」「日」が別々に入力されたセルを結合して日付に変えたい

使用関数 DATE関数

数　式 =DATE(C3,D3,E3)

西暦の年、月、日を別々のセルに入力した後、日付として1つのセルに入力し直すにはDATE関数を使います。引数にセル番地を指定するだけで日付に変換できます。

❶生年月日を求めるセルを選択し、「=DATE(C3,D3,E3)」と入力する。
❷数式を必要なだけ複写する。

❸セルごとの年月日が生年月日として1セルに求められる。

数式解説 DATE関数は年、月、日を表す数値を日付にする関数です。
「=DATE(C3,D3,E3)」の数式は、C3セルの1946、D3セルの3、E3セルの4を結合して「1946/3/4」の日付を作成します。

📥サンプルファイル ▶ 346.xlsx

▶ 複数セルを結合して1セルに変える　　　　　　2016 2013 2010 2007

347 和暦「年」「月」「日」が別々に入力されたセルを結合して日付に変えたい

使用関数 DATEVALUE関数

数式 =DATEVALUE(C3&D3&"年"&E3&"月"&F3&"日")

和暦の年、月、日を別々のセルに入力した後、日付として1つのセルに入力し直すには、それぞれを[&]で結合したら、DATEVALUE関数で日付に変換します。

❶ 生年月日を求めるセルを選択し、「=DATEVALUE(C3&D3&"年"&E3&"月"&F3&"日")」と入力する。

❷ [ホーム]タブの[数値]グループの[表示形式]ボックスの[▼]をクリックして表示されるメニューから「長い日付形式」を選択する。

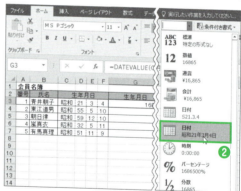

❸ 数式を必要なだけ複写すると、セルごとの元号年月日が生年月日として1セルに求められる。

数式解説 DATEVALUE関数は文字列の日付から日付のシリアル値を求める関数です(Tips 332で紹介)。
「=DATEVALUE(C3&D3&"年"&E3&"月"&F3&"日")」の数式は、C3セルの昭和、D3セルの21、E3セルの3、F3セルの4を結合して「昭和21年3月4日」の文字列日付を作成し、その日付のシリアル値を求めます。

▶複数セルを結合して1セルに変える 2016 | 2013 | 2010 | 2007

348 和暦「元号」「年」「月」「日」が別々に入力されたセルを結合して日付に変えたい

使用関数 DATEVALUE関数

数式 =DATEVALUE(C3&D3&-E3&-F3)

英短縮元号の和暦の年、月、日を別々のセルに入力した後、日付として1つのセルに入力し直すには、それぞれを「&」と「-」で結合して、DATEVALUE関数で日付に変換します。

---

❶生年月日を求めるセルを選択し、「=DATEVALUE(C3&D3&-E3&-F3)」と入力する。

❷数式を必要なだけ複写する。

❸[ホーム]タブの[数値]グループの[表示形式]ボックスの[▼]をクリックして表示されるメニューから「短い日付形式」を選択する。

❹セルごとの元号年月日が生年月日として1セルに求められる。

数式解説 DATEVALUE関数は文字列の日付から日付のシリアル値を求める関数です(Tips 332で紹介)。「=DATEVALUE(C3&D3&-E3&-F3)」の数式は、C3セルのS、D3セルの21、E3セルの3、F3セルの4を結合して「S21-3-4」の日付を作成し、その日付のシリアル値を求めます。

⬇ サンプルファイル ▶ 348.xlsx

▶ 複数セルを結合して1セルに変える　2016 2013 2010 2007

349 「時」「分」「秒」が別々に入力されたセルを結合して時刻に変えたい

使用関数 TIME 関数

数　式 =TIME(E3,F3,0)

時、分、秒を別々のセルに入力した後、時刻として1つのセルに入力し直すには TIME 関数を使います。引数にセル番地を指定するだけで時刻に変換できます。

❶勤務時間を求めるセルを選択し、「=TIME(E3,F3,0)」と入力する。

❷数式を必要なだけ複写する。

	A	B	C	D	E	F	G	H
1	8月勤務票							
2	日付		始業	終業	勤務時間		勤務時間	
3	1	月	9:00	17:50	7	50	7:50	
4	2	火	9:00	17:00	7	0		
5	3	水	9:00	27:00	17	0		
6	4	木	9:20	17:40	7	20		
7	5	金	9:00	18:25	8	25		

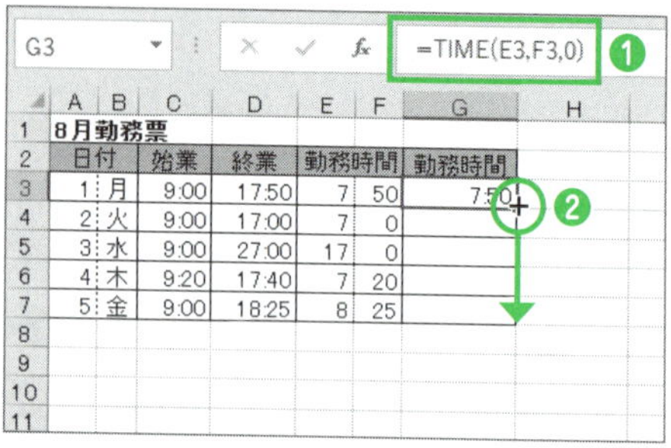

❸セルごとの時分から勤務時間として1セルに求められる。

	A	B	C	D	E	F	G	H
1	8月勤務票							
2	日付		始業	終業	勤務時間		勤務時間	
3	1	月	9:00	17:50	7	50	7:50	
4	2	火	9:00	17:00	7	0	7:00	
5	3	水	9:00	27:00	17	0	17:00	
6	4	木	9:20	17:40	7	20	7:20	
7	5	金	9:00	18:25	8	25	8:25	

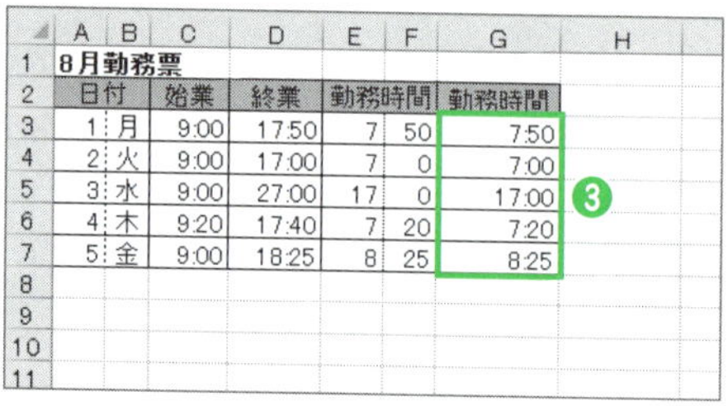

数式解説 TIME 関数は時、分、秒を表す数値を時刻にする関数です（第7章 Tips 303 で紹介）。
「=TIME(E3,F3,0)」の数式は、E3 セルの 7、F3 セルの 50、「0」を結合して「7:50:0」の時刻を作成します。

サンプルファイル ▶ 349.xlsx

▶違う文字に変える

2016 | 2013 | 2010 | 2007

350 指定の文字を違う文字に変えたい

使用関数 SUBSTITUTE関数

数 式 =SUBSTITUTE(B3,"ネットワーク","NW")

指定の文字を違う文字に変えるにはSUBSTITUTE関数を使います。別のセルに求められるので、置換機能と違って、もとのデータを削除せずに残しておくことができます。

❶ 部署名を求めるセルを選択し、「=SUBSTITUTE(B3,"ネットワーク","NW")」と入力する。

❷ 数式を必要なだけ複写する。

❸ 「ネットワーク」が「NW」に変えられて、それぞれの部署名が求められる。

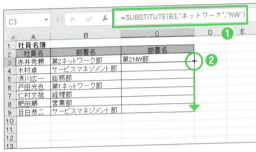

数式解説 SUBSTITUTE関数は文字列を指定の文字列に置き換える関数です。
「=SUBSTITUTE(B3,"ネットワーク","NW")」の数式は、B3セルの部署名の「ネットワーク」を「NW」に置き換えて求めます。

📥 サンプルファイル ▶ 350.xlsx

351 指定の文字が複数ある場合に○番目だけ違う文字に変えたい

使用関数 SUBSTITUTE関数

数式 =SUBSTITUTE(B3,"-","号",1)

同じセル内に同じ文字を複数含む場合に、指定の番目の文字だけ変えたいときは、SUBSTITUTE関数の引数の[置換対象]に番目を指定して数式を作成します。

① 保管場所を求めるセルを選択し、「=SUBSTITUTE(B3,"-","号",1)」と入力する。

② 数式を必要なだけ複写する。

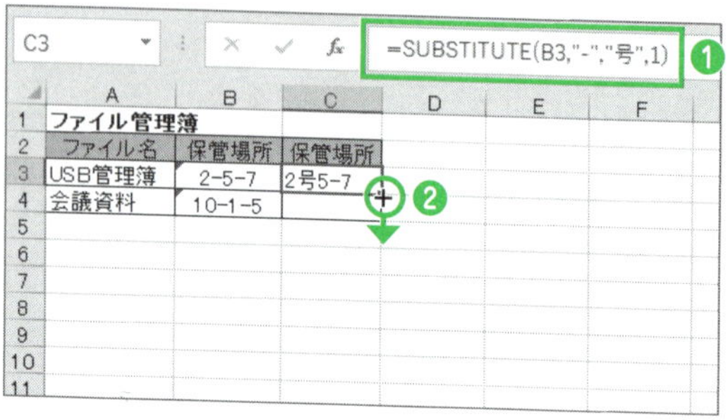

③ 1つ目の「-」が「号」に変えられて、それぞれの保管場所が求められる。

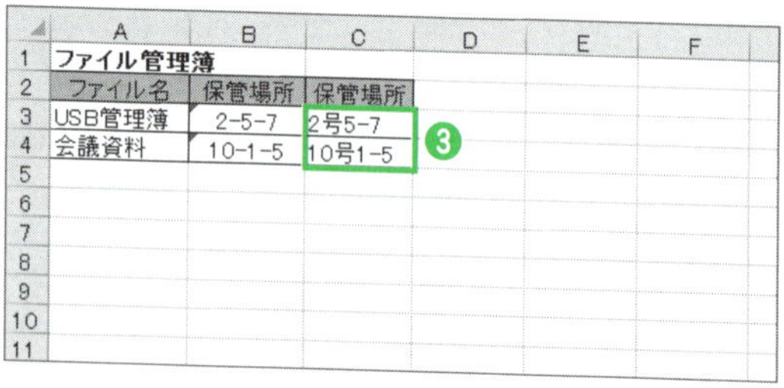

数式解説 SUBSTITUTE関数は文字列を指定の文字列に置き換える関数です(Tips 350で紹介)。「=SUBSTITUTE(B3,"-","号",1)」の数式は、B3セルの保管場所の1つ目の「-」を「号」に置き換えて求めます。

サンプルファイル ▶ 351.xlsx

▶違う文字に変える

352 複数の文字をそれぞれ違う文字に変えたい

2016 | 2013 | 2010 | 2007

使用関数 SUBSTITUTE関数

数式 =SUBSTITUTE(SUBSTITUTE(B3,"ネットワーク","NW"),"サービスマネジメント","SM")

複数の文字をそれぞれ別の文字に変えるには、SUBSTITUTE関数を変える文字の数だけ使って数式を作成します。1つ目のSUBSTITUTE関数で変えた文字列を2つ目のSUBSTITUTE関数でもう1つの変えたい文字に変えます。

❶部署名を求めるセルを選択し、「=SUBSTITUTE(SUBSTITUTE(B3,"ネットワーク","NW"),"サービスマネジメント","SM")」と入力する。

❷数式を必要なだけ複写する。

❸「ネットワーク」が「NW」、「サービスマネジメント」が「SM」に変えられて、それぞれの部署名が求められる。

数式解説 SUBSTITUTE関数は文字列を指定の文字列に置き換える関数です（Tips 350で紹介）。
「=SUBSTITUTE(SUBSTITUTE(B3,"ネットワーク","NW"),"サービスマネジメント","SM")」の数式は、B3セルの部署名の「ネットワーク」を「NW」に置き換え、「サービスマネジメント」を「SM」に置き換えて求めます。

📥 サンプルファイル ▶ 352.xlsx

Chapter 9 ▶違う文字に変える

2016 | 2013 | 2010 | 2007

353 指定の文字数だけ違う文字に変えたい

使用関数 REPLACE関数

数 式 =REPLACE(D3,1,2,"関西")

2文字だけ違う文字に変えたいなど、指定の文字数だけ指定の文字に変えるにはREPLACE関数を使います。SUBSTITUTE関数と違って置き換える文字数を指定することができます。

❶工事番号を求めるセルを選択し、「=REPLACE(D3,1,2,"関西")」と入力する。

❷数式を必要なだけ複写する。

❸左から2文字が「関西」に変えられて、それぞれの工事番号が求められる。

数式解説 REPLACE関数は文字列を指定の文字数だけ指定の文字列に置き換える関数です。「=REPLACE(D3,1,2,"関西")」の数式は、D3セルの工事番号の1文字目から2文字分を「関西」に置き換えて求めます。

▶サンプルファイル▶ 353.xlsx

▶ 違う文字に変える　　　　　　　　　　　　　　2016 | 2013 | 2010 | 2007

354 1000を★1つに換算するなど数値の大きさ分だけ記号に変えたい

使用関数 REPT関数

数 式 =REPT("★",C3/1000)

1,000個を「★」1つとして「★」の数を繰り返して表示したいなど、数値の大きさを指定の単位ごとに記号の数で表したいときはREPT関数を使います。数値だけでは把握しにくいデータの大小を記号の数で表すことができるので覚えておくと便利です。

---

❶評価を求めるセルを選択し、「=REPT("★",C3/1000)」と入力する。

❷数式を必要なだけ複写する。

	A	B	C	D
1	上期注文集計			
2	商品No	商品名	注文数	評価
3	001	エブリジンジャー	2,963	★★
4	002	コレステさらっと	1,927	
5	003	激粒スムージー	5,794	
6	004	アミノップリ	1,486	
7	005	オールコラブラブラ	3,190	

❸ 1,000個を「★」1つとして、それぞれの注文数をもとに「★」が繰り返されて求められる。

	A	B	C	D
1	上期注文集計			
2	商品No	商品名	注文数	評価
3	001	エブリジンジャー	2,963	★★
4	002	コレステさらっと	1,927	★
5	003	激粒スムージー	5,794	★★★★★
6	004	アミノップリ	1,486	★
7	005	オールコラブラブラ	3,190	★★★

数式解説 REPT関数は文字列を指定した回数だけ繰り返す関数です。「=REPT("★",C3/1000)」の数式は、C3セルの注文数を1000個で除算して、商の数だけ「★」の記号を繰り返して求めます。つまり、1000個ごとに「★」が繰り返されて求められます。

▼ サンプルファイル ▶ 354.xlsx

Chapter 9 文字列を望む表示に！ 文字列の結合/変更ワザ

▶ 違う文字に変える

2016 | 2013 | 2010 | 2007

355 スペースを改行に変えたい

使用関数 SUBSTITUTE、TRIM、CHAR関数

数 式 =SUBSTITUTE(TRIM(B3)," ",CHAR(10))

スペースで区切られた文字を改行に変えるには、改行文字をセル内に挿入できるCHAR関数を使います。数式のコピーで複数行でも手早くスペースを改行に変えることができます。

❶参加者を求めるセルを選択し、「=SUBSTITUTE(TRIM(B3)," ",CHAR(10))」と入力する。

❷数式を必要なだけ複写する。

❸[ホーム]タブの[配置]グループの[折り返して全体を表示する]ボタンをクリックする。

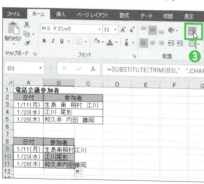

❹「、」区切りの参加者が改行区切りの参加者に変えられる。

数式解説 SUBSTITUTE関数は文字列を指定の文字列に置き換える関数（Tips 350で紹介）、TRIM関数は文字列から不要な空白文字を削除する関数（第8章 Tips 325で紹介）、CHAR関数は文字コードに対応する文字を返す関数です。
「=SUBSTITUTE(TRIM(B3)," ",CHAR(10))」の数式は、余分なスペースを削除したB3セルの参加者の全角スペース「 」を、改行文字に置き換えて求めます。結果、1セル内に改行された参加者として求められます。

▼サンプルファイル▶ 355.xlsx

▶違う文字に変える

2016 | 2013 | 2010 | 2007

356 スペースをなくした文字に変えたい

使用関数 SUBSTITUTE関数

数 式 =SUBSTITUTE(SUBSTITUTE(B3," ","")," ","")

セル内のスペースが不要になったときは、SUBSTITUTE関数でスペースを空白に変えます。全角／半角スペースの両方がセル内に混在するときは、SUBSTITUTE関数を2つ使ってそれぞれのスペースを空白に変えます。

❶氏名を求めるセルを選択し、「=SUBSTITUTE(SUBSTITUTE(B3," ","")," ","")」と入力する。

❷数式を必要なだけ複写する。

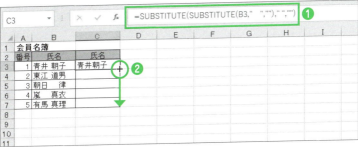

❸ スペースがない氏名に変えられる。

数式解説 SUBSTITUTE関数は文字列を指定の文字列に置き換える関数です（Tips 350 で紹介）。
「=SUBSTITUTE(SUBSTITUTE(B3," ","")," ","")」の数式は、B3セルの氏名の「全角スペース["　"]を空白に置き換え、半角スペース[" "]を空白に置き換えて求めます。

📥 サンプルファイル ▶ 356.xlsx

▶ 足りない文字を挿入して変える

2016 | 2013 | 2010 | 2007

357 指定の位置に指定の文字を挿入したい

使用関数 REPLACE関数

数式 =REPLACE(B3,9,0,"-")

文字を挿入する関数はありませんが、文字を置き換えられるREPLACE関数を使うと挿入できます。文字を挿入するには、REPLACE関数の引数の[文字数]に「0」を指定するだけです。

① 連絡先を求めるセルを選択し、「=REPLACE(B3,9,0,"-")」と入力する。
② 数式を必要なだけ複写する。

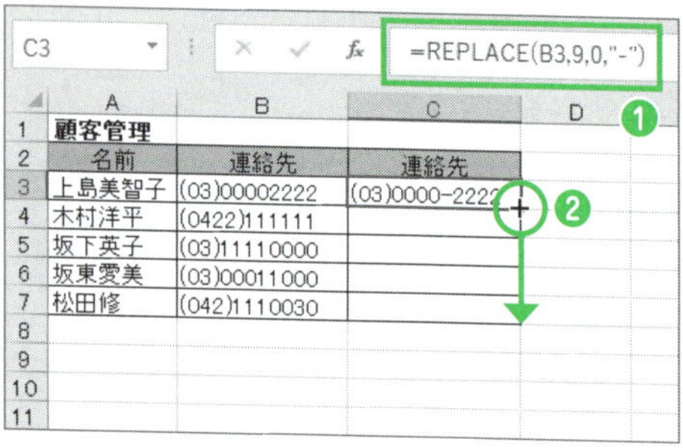

③ 「-」なしの連絡先が、下4桁の前に「-」を挿入した連絡先に変えられる。

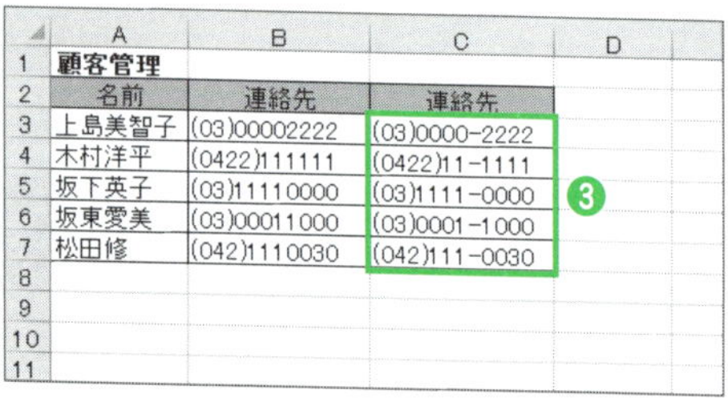

数式解説 REPLACE関数は文字列を指定の文字数だけ指定の文字列に置き換える関数です(Tips 353で紹介)。
「=REPLACE(B3,9,0,"-")」の数式は、B3セルの電話番号の9文字目に「-」を挿入して求めます。

▶ 足りない文字を挿入して変える

2016 | 2013 | 2010 | 2007

358 指定の位置に「-」がない文字列だけ「-」を挿入したい

使用関数 LEFT、RIGHT関数

数式 =LEFT(B3,8)&"-"&RIGHT(B3,4)

文字を挿入するにはREPLACE関数でできますが、挿入する文字がある場合は連続して挿入されます。この場合は、LEFT関数とRIGHT関数で挿入する位置までの文字列を取り出し、挿入する文字とを結合します。

❶ 連絡先を求めるセルを選択し、「=LEFT(B3,8)&"-"&RIGHT(B3,4)」と入力する。

❷ 数式を必要なだけ複写する。

	A	B	C
1	顧客管理		
2	名前	連絡先	連絡先
3	上島美智子	(03)0000-2222	(03)0000-2222
4	木村洋平	(0422)111111	
5	坂下英子	(03)1111-0000	
6	坂東愛美	(03)0001-1000	
7	松田修	(042)1110030	

❸ [-] なしの連絡先には下4桁の前に「-」を挿入した連絡先に変えられ、「-」ありの連絡先はそのままで連絡先が求められる。

	A	B	C
1	顧客管理		
2	名前	連絡先	連絡先
3	上島美智子	(03)0000-2222	(03)0000-2222
4	木村洋平	(0422)111111	(0422)11-1111
5	坂下英子	(03)1111-0000	(03)1111-0000
6	坂東愛美	(03)0001-1000	(03)0001-1000
7	松田修	(042)1110030	(042)111-0030

数式解説 LEFT関数は文字列の左端から、RIGHT関数は文字列の右端から指定の文字数分取り出す関数です（第10章 Tips 366、370で紹介）。
「=LEFT(B3,8)&"-"&RIGHT(B3,4)」の数式は、B3セルの電話番号の左端から8文字を取り出し、B3セルの電話番号の右端から4文字を取り出し、それぞれを「-」で結合して求めます。結果、「-」があっても「-」がない電話番号だけに「-」が挿入できます。

📥 サンプルファイル ▶ 358.xlsx

▶ 足りない文字を挿入して変える

2016 | 2013 | 2010 | 2007

359 指定の位置にスペースがない文字列だけスペースを挿入したい

使用関数 TRIM、REPLACE 関数

数 式 =TRIM(REPLACE(B3,10,0," "))

挿入する文字がすでにある場合は、Tips 358 の数式で連続挿入を防ぐことができますが、スペースを挿入したいときは、REPLACE 関数でスペースを挿入した後、TRIM 関数で余分なスペースを削除するだけで可能です。

❶郵便番号と住所の間に半角スペースを入れるために「=REPLACE(B3,10,0," ")」と数式を作成したが、すでに半角スペースがあるデータには2つも半角スペースが入ってしまう。

❷所在地を求めるセルを選択し、「=TRIM(REPLACE(B3,10,0," "))」と入力する。
❸数式を必要なだけ複写する。

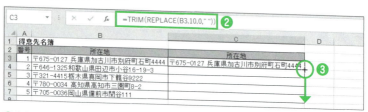

❹半角スペースなしの所在地は半角スペースを挿入した所在地に変えられ、半角スペースありの所在地はそのままで所在地が求められる。

数式解説 TRIM 関数は文字列から不要な空白文字を削除する関数（第8章 Tips 325 で紹介）、REPLACE 関数は文字列を指定の文字数だけ指定の文字列に置き換える関数です（Tips 353 で紹介）。
「=TRIM(REPLACE(B3,10,0," "))」の数式は、B3 セルの所在地の 10 文字目に半角スペース「" "」を挿入し、連続した半角スペース「" "」を1つにして求めます。結果、半角スペースがあっても半角スペースがない所在地だけに半角スペースが挿入できます。

▶ サンプルファイル ▶ 359.xlsx

▶足りない文字を挿入して変える　　2016 | 2013 | 2010 | 2007

360 指定の文字がある位置に違う文字を挿入したい

使用関数 REPLACE、FIND関数

数式 =REPLACE(B3,FIND(" ",B3)+1,0,"担当")

REPLACE関数は挿入する位置は指定できても、挿入する文字位置は指定できません。しかし、FIND関数で挿入したい文字の位置を求めて引数の[開始位置]に指定すれば可能です。

❶会社名を求めるセルを選択し、「=REPLACE(B3,FIND(" ",B3)+1,0,"担当")」と入力する。

❷数式を必要なだけ複写する。

❸全角スペースの後に「担当」の文字が挿入した会社名に変えられる。

数式解説 REPLACE関数は文字列を指定の文字数だけ指定の文字列に置き換える関数（Tips 353で紹介）、FIND関数は文字列を左端から数えて何番目にあるかを求める関数です。
「=REPLACE(B3,FIND(" ",B3)+1,0,"担当")」の数式は、B3セルの部署名の全角スペース「　」の1文字後の位置を求めて、その位置に「担当」の文字を挿入して求めます。

📥 サンプルファイル ▶ 360.xlsx

▶ 足りない文字を挿入して変える 2016 | 2013 | 2010 | 2007

361 複数の指定の文字がある位置にそれぞれ違う文字を挿入したい

使用関数 REPLACE、FIND 関数

数式 =REPLACE(REPLACE(B3,FIND(" ",B3,12)+1,0,"〒"),FIND(" ",B3)+1,0,"担当")

REPLACE 関数を挿入する文字の数だけ使うと、複数の指定の文字がある位置にそれぞれの指定の文字を挿入することができます。1つ目の REPLACE 関数で挿入した文字列に2つ目の REPLACE 関数でもう1つの文字を挿入します。

❶得意先を求めるセルを選択し、「=REPLACE(REPLACE(B3,FIND(" ",B3,12)+1,0,"〒"),FIND(" ",B3)+1,0,"担当")」と入力する。

❷数式を必要なだけ複写する。

❸1つ目の全角スペースの後に「担当」の文字、2つ目の全角スペースの後に「〒」が挿入した得意先に変えられる。

数式解説 REPLACE 関数は文字列を指定の文字数だけ指定の文字列に置き換える関数（Tips 353 で紹介）、FIND 関数は文字列を左端から数えて何番目にあるかを求める関数です。
「=REPLACE(REPLACE(B3,FIND(" ",B3,12)+1,0,"〒"),FIND(" ",B3)+1,0,"担当")」の数式は、B3 セルの部署名の1つ目の全角スペース「　」の1文字後の位置を求めて、その位置に「担当」の文字を挿入し、2つ目の全角スペース「　」の1文字後の位置を求めて、その位置に「〒」の文字を挿入して求めます。

Chapter 10

セル内からピックアップ！
文字列や数値の分割／抽出ワザ

Chapter 10 ▶ 文字列をセルごとに分割する　　　2016 | 2013 | 2010 | 2007

362 数値を1桁ずつセルに分割したい

使用関数 LEFT、RIGHT、COLUMN関数

数　式 =LEFT(RIGHT(" "&$D3,17-COLUMN()),1)

伝票や現金出納帳などを桁枠ごとの表にするには、数値を1桁ずつ転記しなければなりません。数式のコピーで桁ごとに数値を取り出すには、LEFT関数で桁数が違っても空白で取り出せるように数式を作成します。

❶左端の桁枠を選択し、「=LEFT(RIGHT(" "&$D3,17-COLUMN()),1)」と入力する。
❷数式を必要なだけ複写する。

❸金額が桁ごとに分割される。

数式解説 LEFT関数は文字列の左端から、RIGHT関数は文字列の右端から指定の文字数ぶん取り出す関数（Tips 366、370で紹介）、COLUMN関数はセルの列番号を求める関数です。
サンプルの表では最高桁数が6桁なので、最初の枠には右端から6文字抽出できるように「RIGHT(" "&$D3,17-COLUMN())」と数式を作成します。桁数が違っても空白で取り出せるようにD3セルの金額にはスペースを結合して指定します。取り出した6桁の金額が1文字ずつ左端の枠に取り出されるように「=LEFT(RIGHT(" "&$D3,17-COLUMN()),1)」と数式を作成します。

サンプルファイル ▶ 362.xlsx

▶ 文字列をセルごとに分割する　　　　　　　　　　　　　　2016 | 2013 | 2010 | 2007

363 数値を3桁ずつセルに分割したい

使用関数　MID、TEXT、COLUMN関数

数式　=MID(TEXT($D3,"?????0"),COLUMN(A1)*3-2,3)

数値を3桁ずつに分けた表にしたいとき、3桁ずつ転記するのは面倒です。TEXT関数で最大桁数に揃えてからMID関数で3桁ずつ取り出す数式を作成しておけば、数式のコピーで3桁ずつ数値が取り出せます。

---

❶ 左端の3桁枠を選択し、「=MID(TEXT($D3,"?????0"),COLUMN(A1)*3-2,3)」と入力する。

❷ 数式を必要なだけ複写する。

❸ 金額が3桁ごとに分割される。

数式解説　MID関数は文字列の指定の位置から指定の文字数分取り出す関数（Tips 374で紹介）、TEXT関数は数値や日付／時刻に指定の表示形式を付けて文字列変換する関数（第8章 Tips 328で紹介）、COLUMN関数はセルの列番号を求める関数です。
「=MID(TEXT($D3,"?????0"),COLUMN(A1)*3-2,3)」の数式は、D3セルの金額を6桁にし、1文字目から3文字取り出します。数式を次の列にコピーすると「=MID(TEXT($D3,"?????0"),COLUMN(B1)*3-2,3)」となり、6桁にした金額の4文字目から3文字取り出します。結果、D3セルの金額が3桁ごとに分割されます。

プラスアルファ　金額が「0」の場合に非表示にするには、TEXT関数で指定する表示形式を「??????」にして数式を作成します。

📥 サンプルファイル ▶ 363.xlsx

Chapter 10 セル内からピックアップ！文字列や数値の分割／抽出ワザ

▶ 文字列をセルごとに分割する

2016 | 2013 | 2010 | 2007

364 文字や数値を1文字ずつセルに分割したい

使用関数 MID、COLUMN関数

数 式 =MID($K$3,COLUMN(A1),1)

セル内の文字を1文字ずつ取り出して枠に収めたい。そんなときは、MID関数の引数の[開始位置]にCOLUMN関数を使って数式を作成します。数式のコピーで指定の文字数ずつ取り出すことができます。

① 社員名の1文字目を求めるセルを選択し、「=MID($K$3,COLUMN(A1),1)」と入力する。
② 数式を必要なだけ複写する。

③ 社員名が1文字ずつ分割される。

数式解説 MID関数は文字列の指定の位置から指定の文字数分取り出す関数（Tips 374で紹介）、COLUMN関数はセルの列番号を求める関数です。
「=MID($K$3,COLUMN(A1),1)」の数式は、K3セルの氏名の1文字目から1文字取り出します。数式を次の列にコピーすると「=MID($K$3,COLUMN(B1),1)」となり、K3セルの氏名の2文字目から1文字取り出します。結果、社員名が1文字ずつ分割されます。

プラスアルファ 行方向に1文字ずつ分割するには、COLUMN関数の代わりにROW関数を使って「=MID($K$3,ROW(A1),1)」と数式を作成します。

▶ サンプルファイル ▶ 364.xlsx

▶ 文字列をセルごとに分割する　　　　　　　　　　2016 | 2013 | 2010 | 2007

365 区切り位置指定ウィザードを使わずに文字列を分割したい

使用関数 TRIM、MID、SUBSTITUTE、REPT、COLUMN関数

数式 =TRIM(MID(SUBSTITUTE($B3,"、",REPT(" ",10)),COLUMN(A1)*10-9,10))

区切り位置指定ウィザードを使えば、区切り文字で文字列を分割できますが、データの変更や追加には対応できません。対応するには、SUBSTITUTE関数で区切り文字をスペースに置き換えてMID関数で分割します。

---

❶ 参加者を求めるセルを選択し、「=TRIM(MID(SUBSTITUTE($B3,"、",REPT(" ",10)),COLUMN(A1)*10-9,10))」と入力する。

❷ 数式を必要なだけ複写する。

❸ 参加者が「、」ごとにセルに分割される。

数式解説 TRIM関数は文字列から不要な空白文字を削除する関数（第8章 Tips 325 で紹介）、MID関数は文字列の指定の位置から指定の文字数分取り出す関数です（Tips 374 で紹介）。SUBSTITUTE関数は文字列を指定の文字列に置き換える関数、REPT関数は文字列を指定した回数だけ繰り返す関数です（第9章 Tips 350、354 で紹介）。COLUMN関数はセルの列番号を求める関数です。
「=TRIM(MID(SUBSTITUTE($B3,"、",REPT(" ",10)),COLUMN(A1)*10-9,10))」の数式は、「、」を半角スペース10個に置き換えて、1文字目から10文字取り出し、余分なスペースをTRIM関数で削除します。つまり、1つ目の「、」の前の名前が取り出されます。数式を次の列にコピーすると、「=TRIM(MID(SUBSTITUTE($B3,"、",REPT(" ",10)),COLUMN(B1)*10-9,10))」となり、11文字目から10文字取り出します。つまり、「、」の後の名前が取り出されます。さらに数式をコピーすると、その次の「、」の後の文字が取り出されます。結果、数式のコピーで「、」ごとの名前がセルごとに取り出されます。

📥 サンプルファイル ▶ 365.xlsx

▶ 文字列の一部を抽出する　2016 2013 2010 2007

366 文字列の左端から指定の文字数だけ取り出したい

使用関数　LEFT関数

数　式　=LEFT(E3,2)

文字列の一部を別セルに取り出すとき、左端から 2 文字、3 文字など、指定の文字数だけ取り出すには LEFT 関数を使います。

❶工事場所を取り出すセルを選択し、「=LEFT(E3,2)」と入力する。

❷数式を必要なだけ複写する。

	C	D	E	F	G	H
1	平成27年工事状況					
2	管理No.	発生日	工事番号	場所	区番号	番号
3	RT0125	2016/1/16(土)	兵庫12-01	兵庫		
4	RT0512	2016/3/2(水)	大阪35-10			
5	RT1068	2016/6/7(火)	大阪74-05			
6	RT1560	2016/7/28(木)	奈良50-22			
7	AHR0050	2016/4/10(日)	奈良10-10			
8	AHR0075	2015/8/6(木)	神戸25-50			

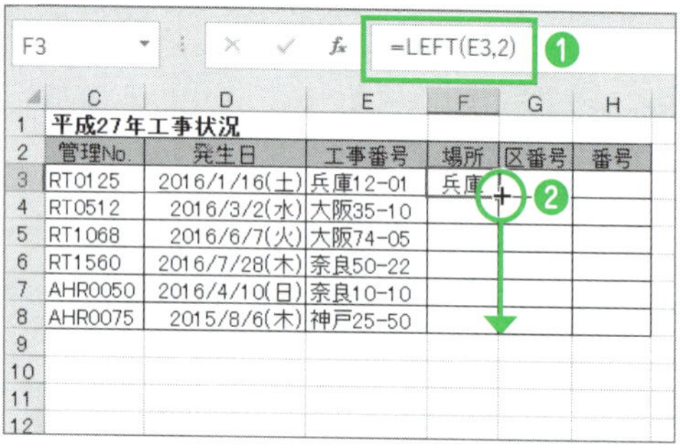

❸工事番号から工事場所が取り出される。

	C	D	E	F	G	H
1	平成27年工事状況					
2	管理No.	発生日	工事番号	場所	区番号	番号
3	RT0125	2016/1/16(土)	兵庫12-01	兵庫		
4	RT0512	2016/3/2(水)	大阪35-10	大阪		
5	RT1068	2016/6/7(火)	大阪74-05	大阪		
6	RT1560	2016/7/28(木)	奈良50-22	奈良		
7	AHR0050	2016/4/10(日)	奈良10-10	奈良		
8	AHR0075	2015/8/6(木)	神戸25-50	神戸		

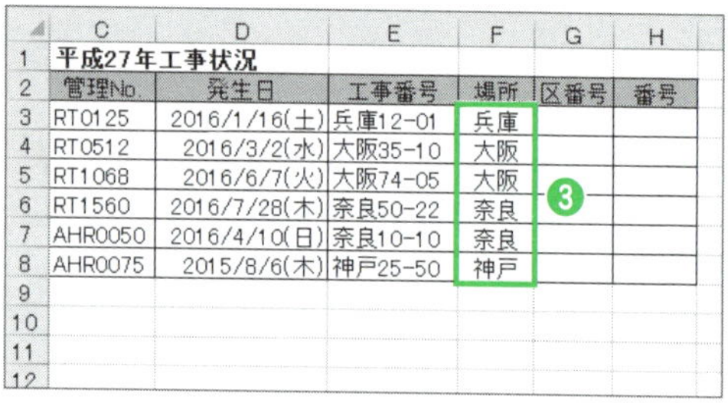

数式解説　LEFT 関数は文字列の左端から指定の文字数分取り出す関数です。「=LEFT(E3,2)」の数式は、E3 セルの工事番号の左端から 2 文字を取り出します。

▶ 文字列の一部を抽出する　　　　　　　　　2016 | 2013 | 2010 | 2007

367 文字列の左端から基準の文字までを取り出したい

使用関数 LEFT、FIND関数

数 式 =LEFT(B3,FIND("号",B3)-1)

LEFT関数を使うと文字列の左端から取り出せますが(Tips 366で紹介)、取り出す文字は指定できません。文字を指定して取り出すにはFIND関数で文字の位置を求めて、その位置を基準にして取り出します。

❶書庫番号を取り出すセルを選択し、「=LEFT(B3,FIND("号",B3)-1)」と入力する。

❷数式を必要なだけ複写する。

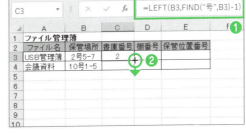

❸保管場所から書庫番号が取り出される。

数式解説 LEFT関数は文字列の左端から指定の文字数分取り出す関数(Tips 366で紹介)、FIND関数は文字列を左端から数えて何番目にあるかを求める関数です。
「=LEFT(B3,FIND("号",B3)-1)」の数式は、B3セルの保管場所の「号」の左端からの位置を求め、1つ前の文字数分、左端から取り出します。

▶ サンプルファイル ▶ 367.xlsx

368 文字列を取り出す基準の文字がないセルでは左端からすべて取り出したい

使用関数 LEFT、FIND関数

数式 =LEFT(B3,FIND(" ",B3&" ")-1)

文字を指定して文字列の左端から取り出すとき、文字が見つからないとTips 367のFIND関数ではエラー値になります。見つからないときはすべての文字列で取り出すには、文字列に空白を結合してから取り出します。

❶ 会社名と担当者名から会社名だけを取り出すために「=LEFT(B3,FIND(" ",B3)-1)」と入力した。

❷ 基準となる空白がないとエラー値が求められてしまう。

❸ 会社名を取り出すセルを選択し、「=LEFT(B3,FIND(" ",B3&" ")-1)」と入力する。

❹ 数式を必要なだけ複写する。

❺ 基準となる空白がない場合は、そのまま会社名が取り出される。

数式解説 LEFT関数は文字列の左端から指定の文字数分取り出す関数(Tips 366で紹介)、FIND関数は文字列を左端から数えて何番目にあるかを求める関数です。
「=LEFT(B3,FIND(" ",B3&" ")-1)」の数式は、B3セルの会社名に空白文字を結合し、その空白文字の位置より1つ前までの文字数だけ取り出します。結果、取り出す基準の空白がなくてもエラー値が求められずに会社名が取り出されます。

サンプルファイル ▶ 368.xlsx

▶ 文字列の一部を抽出する　　　2016 | 2013 | 2010 | 2007

369 文字列を左端から取り出したら残りの文字は手早く取り出したい

使用関数 SUBSTITUTE関数

数　式 =SUBSTITUTE(B3,C3&" ","")

文字列の左端から LEFT 関数で取り出したら、残りの文字は右端から取り出せる RIGHT 関数を使わずに SUBSTITUTE 関数だけで手早く取り出せます。

---

❶氏名から名を取り出すた めには、3つの関数を使っ た数式「=RIGHT(B3,LEN (B3)–FIND(" ",B3))」が必 要なので入力が面倒。

❷名を取り出すセルを選択 し、「=SUBSTITUTE(B3, C3&" ","")」と入力する。

❸数式を必要なだけ複写す る。

❹氏名から名が取り出され る。

数式解説 SUBSTITUTE 関数は文字列を指定の文字列に置き換える関数です（第9章 Tips 350 で紹介）。
「=SUBSTITUTE(B3,C3&" ","")」の数式は、C3 セルに半角スペースを結合した文字を空白に置き換えて B3 セルの氏名を求めます。結果、B3 セルの名だけが取り出されます。取り出す基準が半角スペースでなく [/] なら「=SUBSTITUTE(B3,C3&"/","")」のように取り出す基準の文字に変更して数式を作成します。

📥 サンプルファイル ▶ 369.xlsx

Chapter 10 ▶ 文字列の一部を抽出する　　2016 | 2013 | 2010 | 2007

370 文字列の右端から指定の文字数だけ取り出したい

使用関数 RIGHT 関数

数　式 =RIGHT(E3,2)

文字列の一部を別セルに取り出すとき、右端から 2 文字、3 文字など、指定の文字数だけ取り出すには RIGHT 関数を使います。

❶ 番号を取り出すセルを選択し、「=RIGHT(E3,2)」と入力する。
❷ 数式を必要なだけ複写する。

	C	D	E	F	G	H
1	平成27年工事状況					
2	管理No.	発生日	工事番号	場所	区番号	番号
3	RT0125	2016/1/16(土)	兵庫12-01	兵庫		01
4	RT0512	2016/3/2(水)	大阪35-10	大阪		
5	RT1068	2016/6/7(火)	大阪74-05	大阪		
6	RT1560	2016/7/28(木)	奈良50-22	奈良		
7	AHR0050	2016/4/10(日)	奈良10-10	奈良		
8	AHR0075	2015/8/6(木)	神戸25-50	神戸		

❸ 工事番号から番号が取り出される。

	C	D	E	F	G	H
1	平成27年工事状況					
2	管理No.	発生日	工事番号	場所	区番号	番号
3	RT0125	2016/1/16(土)	兵庫12-01	兵庫		01
4	RT0512	2016/3/2(水)	大阪35-10	大阪		10
5	RT1068	2016/6/7(火)	大阪74-05	大阪		05
6	RT1560	2016/7/28(木)	奈良50-22	奈良		22
7	AHR0050	2016/4/10(日)	奈良10-10	奈良		10
8	AHR0075	2015/8/6(木)	神戸25-50	神戸		50

数式解説 RIGHT 関数は文字列の右端から指定の文字数分取り出す関数です。「=RIGHT(E3,2)」の数式は、E3 セルの工事番号の右端から 2 文字を取り出します。

📁 サンプルファイル ▶ 370.xlsx

▶ 文字列の一部を抽出する　　　　　　　　　　　　2016 | 2013 | 2010 | 2007

371 文字列の右端から基準の文字までを取り出したい

使用関数 RIGHT、LEN、FIND関数

数　式 =RIGHT(B3,LEN(B3)-FIND("-",B3))

RIGHT関数を使うと文字列の右端から取り出せますが（Tips 370で紹介）、取り出す文字は指定できません。文字を指定して取り出すにはFIND関数で文字の位置を求めて、その位置を基準にして取り出します。

---

❶ 保管位置番号を取り出すセルを選択し、「=RIGHT(B3,LEN(B3)-FIND("-",B3))」と入力する。

❷ 数式を必要なだけ複写する。

❸ 保管場所から保管位置番号が取り出される。

数式解説 RIGHT関数は文字列の右端から指定の文字数分取り出す関数（Tips 370で紹介）、FIND関数は文字列を左端から数えて何番目にあるかを求める関数、LEN関数は文字列の文字数を求める関数です（第2章 Tips 051で紹介）。
「=RIGHT(B3,LEN(B3)-FIND("-",B3))」の数式は、B3セルの保管番号の「-」の左端からの位置を求め、B3セルの文字数から引いて残りの文字数、つまり、「-」の後の文字数分、右端から取り出します。

📥 サンプルファイル ▶ 371.xlsx

Chapter 10 ▶ 文字列の一部を抽出する　　2016 | 2013 | 2010 | 2007

372 文字列の右端から基準の文字までを取り出したい（基準の文字が複数ある場合）

使用関数 RIGHT、LEN、FIND、SUBSTITUTE関数

数　式　=RIGHT(B3,LEN(B3)-FIND("★",SUBSTITUTE(B3,"-","★",2)))

セル内に指定の文字が複数あり、何番目かを指定して右端から取り出すには、SUBSTITUTE関数で指定の番目にある指定の文字を別の文字に置き換えて、その文字位置をFIND関数で求めて取り出します。

❶ 保管位置番号を取り出すセルを選択し、「=RIGHT(B3,LEN(B3)-FIND("★",SUBSTITUTE(B3,"-","★",2)))」と入力する。

❷ 数式を必要なだけ複写する。

	A	B	C	D	E	F	G	H	I
1	ファイル管理簿								
2	ファイル名	保管場所	書庫番号	棚番号	保管位置番号				
3	USB管理簿	2-5-7			7				
4	会議資料	10-1-5							

❸ 保管場所から保管位置番号が取り出される。

	A	B	C	D	E	F
1	ファイル管理簿					
2	ファイル名	保管場所	書庫番号	棚番号	保管位置番号	
3	USB管理簿	2-5-7			7	
4	会議資料	10-1-5			5	

数式解説 RIGHT関数は文字列の右端から指定の文字数分取り出す関数（Tips 370で紹介）、FIND関数は文字列を左端から数えて何番目にあるかを求める関数、LEN関数は文字列の文字数を求める関数（第2章Tips 051で紹介）、SUBSTITUTE関数は文字列を指定の文字列に置き換える関数です（第9章Tips 350で紹介）。
「FIND("★",SUBSTITUTE(B3,"-","★",2))」の数式は、B3セルの保管場所の2つ目の「-」を「★」に置き換えて、置き換えた「★」の位置を求めます。その位置を使い「=RIGHT(B3,LEN(B3)-FIND("★",SUBSTITUTE(B3,"-","★",2)))」と数式を作成すると、保管場所の2つ目の「-」までの数値が右端から取り出されます。

▶ 文字列の一部を抽出する

373 文字列を取り出す基準の文字がないセルでは右端からすべて取り出したい

使用関数 TRIM、RIGHT、LEN、FIND関数

数 式 =TRIM(RIGHT(B3,LEN(B3&" ")-FIND(" ",B3&" ")))

文字を指定して文字列の右端から取り出すとき、Tips 371のFIND関数ではエラー値になります。見つからないときはすべての文字列で取り出すには、文字列に空白を結合してから取り出します。

❶会社名と担当者名から担当者名だけを取り出すために「=RIGHT(B3,LEN(B3)-FIND(" ",B3))」と入力した。

❷基準となる空白がないとエラー値が求められてしまう。

❸担当者名を取り出すセルを選択し、「=TRIM(RIGHT(B3,LEN(B3&" ")-FIND(" ",B3&" ")))」と入力する。

❹数式を必要なだけ複写する。

❺基準となる空白がない場合は、そのまま担当者名が取り出される。

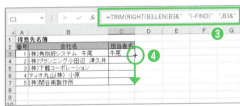

数式解説 TRIM関数は文字列から不要な空白文字を削除する関数（第8章 Tips 325で紹介）、RIGHT関数は文字列の右端から指定の文字数分取り出す関数（Tips 370で紹介）、FIND関数は文字列を左端から数えて何番目にあるかを求める関数、LEN関数は文字列の文字数を求める関数です（第2章 Tips 051で紹介）。
会社名から担当者名を取り出す基準の全角スペースがないセルには全角スペースが付くように、「RIGHT(B3,LEN(B3&" ")-FIND(" ",B3&" "))」と数式を作成して、あらかじめB3セルの会社名に全角スペースを付けて、右端から取り出す数式（Tips 371で紹介）を作成します。ただし、余分な空白ができてしまうので、取り出した文字列から削除するため、TRIM関数も併せて使う必要があります。

サンプルファイル ▶ 373.xlsx

▶ 文字列の一部を抽出する　　2016 | 2013 | 2010 | 2007

374 文字列を指定の位置から指定の文字数だけ取り出したい

使用関数 MID関数

数　式 =MID(E3,3,2)

文字列の一部を別セルに取り出すとき、指定の位置から2文字を取り出したいときなど、指定の位置から指定の文字数だけ取り出すにはMID関数を使います。

❶区番号を取り出すセルを選択し、「=MID(E3,3,2)」と入力する。

❷数式を必要なだけ複写する。

❷工事番号から区番号が取り出される。

数式解説　MID関数は文字列の指定の位置から指定の文字数分取り出す関数です。
「=MID(E3,3,2)」の数式は、E3セルの工事番号の3文字目から2文字を取り出します。

サンプルファイル ▶ 374.xlsx

▶ 文字列の一部を抽出する　　　　　　　　　　　　2016 | 2013 | 2010 | 2007

375 文字列を基準の文字から指定の文字数だけ取り出したい

使用関数 MID、FIND関数

数　式 =MID(B3,FIND("号",B3)+1,1)

MID関数を使うと文字列の指定の位置から指定の文字数だけ取り出せますが（Tips 374で紹介）、取り出す文字は指定できません。FIND関数で文字の位置を求めて、その位置を文字数として取り出します。

❶ 棚番号を取り出すセルを選択し、「=MID(B3,FIND("号",B3)+1,1)」と入力する。

❷ 数式を必要なだけ複写する。

❸ 保管場所から棚番号が取り出される。

数式解説 MID関数は文字列の指定の位置から指定の文字数分取り出す関数（Tips 374で紹介）、FIND関数は文字列を左端から数えて何番目にあるかを求める関数です。「=MID(B3,FIND("号",B3)+1,1)」の数式は、B3セルの保管番号の「号」の左端からの位置を求め、1つ後の位置から1文字を取り出します。

📥 サンプルファイル ▶ 375.xlsx

▶ 文字列の一部を抽出する

2016 | 2013 | 2010 | 2007

376 フラッシュフィルで取り出せない数値を取り出したい

使用関数 MAX、TEXT、MID関数

数式 =MAX(TEXT(MID(A3,{1,2,3,4},{1;2;3;4}),"0;;0;!0")*1)

フラッシュフィル機能を使うと、数値だけを取り出せますが、セルごとに不規則な位置にあると正しく取り出せません。どんな位置でも取り出すには MAX 関数に TEXT 関数、MID 関数を使って数式を作成します。

① 1行目の番号を入力して、[データ] タブの [データツール] グループの [フラッシュフィル] ボタンをクリックする。

② 管理No.から番号だけが正しく取り出されない。

③ 番号を取り出すセルを選択し、「=MAX(TEXT(MID(A3,{1,2,3,4},{1;2;3;4}),"0;;0;!0")*1)」と入力する。

④ 数式を必要なだけ複写する。

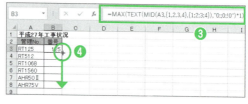

⑤ 管理No.から番号が取り出される。

数式解説 MAX 関数は数値の最大数を求める関数(第2章 Tips 035 で紹介)、MID 関数は文字列の指定の位置から指定の文字数分取り出す関数(Tips 374 で紹介)、TEXT 関数は数値や日付/時刻に指定の表示形式を付けて文字列変換する関数です(第8章 Tips 328 で紹介)。
「=MAX(TEXT(MID(A3,{1,2,3,4},{1;2;3;4}),"0;;0;!0")*1)」の数式は、「1」「2」「3」「4」のそれぞれの開始位置から、「1」「2」「3」「4」のそれぞれの文字数だけ取り出し、数値以外を0に変換して、その最大値を求めます。結果、数値だけが取り出されます。なお、取り出す数値の桁数によって数式は変更する必要があります。たとえば5桁までの数値なら「=MAX(TEXT(MID(A3,{1,2,3,4,5},{1;2;3;4;5}),"0;;0;!0")*1)」と数式を変更します。

サンプルファイル ▶ 376.xlsx

▶ 文字列の一部を抽出する　　　2016 | 2013 | 2010 | 2007

377 全角／半角混在の文字列から全角文字だけ取り出したい

使用関数 LEFT、LENB、LEN関数

数式 =LEFT(B3,LENB(B3)-LEN(B3))

全角の文字数は「バイト数−文字数」です。つまり、全角文字だけ取り出すには「LENB関数−LEN関数」の数式を、LEFT関数、MID関数、RIGHT関数などの関数で取り出す文字数として指定します。

❶ 会社名を取り出すセルを選択し、「=LEFT(B3,LENB(B3)−LEN(B3))」と入力する。

❷ 数式を必要なだけ複写する。

❸ 会社名からホームページアドレス以外の会社名が取り出される。

数式解説 LEFT関数は文字列の左端から指定の文字数分取り出す関数（Tips 366で紹介）、LEN関数は文字列の文字数、LENB関数は文字列のバイト数を求める関数です（それぞれ第2章 Tips 051、056で紹介）。
LENB関数は半角文字を1バイト、全角文字を2バイトとして、LEN関数は1文字を1として文字数を数えます。「=LEFT(B3,LENB(B3)−LEN(B3))」の数式は、B3セルのバイト数から文字数を引いて、全角の文字数を求め、その全角の文字数分、左端から取り出します。結果、全角の会社名だけが取り出されます。

プラスアルファ Excel 2016／2013／2010では、フラッシュフィル機能でも全角文字を取り出すことができます。❶ 1文字目を入力したら、❷ [データ] タブの [データツール] グループの [フラッシュフィル] ボタンをクリックします。

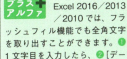

📥 サンプルファイル ▶ 377.xlsx

473

Chapter 10 セル内からピックアップ！文字列や数値の分割／抽出ワザ

▶ 文字列の一部を抽出する

2016 | 2013 | 2010 | 2007

378 全角／半角混在の文字列から半角文字だけ取り出したい

使用関数 RIGHT、LEN、LENB関数

数式 =RIGHT(B3,LEN(B3)*2-LENB(B3))

半角の文字数は「文字数×2-バイト数」です。つまり、半角文字だけ取り出すには「LEN関数*2-LENB関数」の数式を、LEFT関数、MID関数、RIGHT関数などの関数で取り出す文字数として指定します。

❶ホームページアドレスを取り出すセルを選択し、「=RIGHT(B3,LEN(B3)*2-LENB(B3))」と入力する。

❷数式を必要なだけ複写する。

❸会社名からホームページアドレスが取り出される。

数式解説 RIGHT関数は文字列の右端から指定の文字数分取り出す関数です（Tips 370で紹介）、LEN関数は文字列の文字数、LENB関数は文字列のバイト数を求める関数です（第2章 Tips 051、056で紹介）。
LENB関数は半角文字を1バイト、全角文字を2バイトとして、LEN関数は1文字を1として文字数を数えます。「=RIGHT(B3,LEN(B3)*2-LENB(B3))」の数式は、B3セルの文字数を2倍にして、バイト数を引き算することで、半角文字の数を求め、その半角の文字数分、右端から取り出します。結果、半角のホームページアドレスだけが取り出されます。

サンプルファイル ▶ 378.xlsx

▶ 文字列の一部を抽出する　　　2016 | 2013 | 2010 | 2007

379 住所をもとに都道府県を取り出したい

使用関数 LEFT、MID関数

数式 =LEFT(C3,(MID(C3,4,1)="県")+3)

都道府県は「県」が付く県名は4文字または3文字、それ以外の都道府は3文字です。住所から都道府県を取り出すには、住所の4文字目が「県」かどうかで条件式を作成して住所から取り出すことで可能です。

---

❶ 都道府県を取り出すセルを選択し、「=LEFT(C3,(MID(C3,4,1)="県")+3)」と入力する。

❷ 数式を必要なだけ複写する。

❸ 所在地から都道府県が取り出される。

数式解説　LEFT関数は文字列の左端から指定の文字数分取り出す関数(Tips 366で紹介)、MID関数は文字列の指定の位置から指定の文字数分取り出す関数です(Tips 374で紹介)。

「MID(C3,4,1)="県"」の数式は、C3セルの住所の4文字目から1文字取り出した文字列が「県」の場合は[TRUE(1)]、違う場合は[FALSE(0)]を求めます。つまり、「=LEFT(C3,(MID(C3,4,1)="県")+3)」の数式を作成すると、住所の4文字目が「県」の場合は4文字、違う場合は3文字分、住所の左端から取り出されます。結果、住所から都道府県が取り出されます。

📥 サンプルファイル ▶ 379.xlsx

▶文字列の一部を抽出する

2016 | 2013 | 2010 | 2007

380 住所をもとに市区町村番地を取り出したい

使用関数 SUBSTITUTE関数

数式 =SUBSTITUTE(C3,D3,"")

住所から都道府県を取り出したら(Tips 379で紹介)、市区町村番地はTips 369のようにSUBSTITUTE関数で取り出せます。SUBSTITUTE関数で都道府県を空白に置き換えるだけで可能です。

---

❶市区町村番地を求めるセルを選択し、「=SUBSTITUTE(C3,D3,"")」と入力する。
❷数式を必要なだけ複写する。

❸所在地から市区町村番地が取り出される。

	A	B	C	D	E
1	得意先名簿				
2	番号	会社名	所在地	都道府県	市区町村番地
3	1	(株)角別府システム	兵庫県加古川市別府町石町4444	兵庫県	加古川市別府町石町4444
4	2	(株)プランニング小田辺	和歌山県田辺市小谷16-19-3	和歌山県	田辺市小谷16-19-3
5	3	(株)下籠コーポレーション	栃木県真岡市下籠谷9222	栃木県	真岡市下籠谷9222
6	4	ティオ丸山(株)	高知県高知市三園町8-2	高知県	高知市三園町8-2
7	5	(株)関谷南製作所	岡山県備前市閑谷111	岡山県	備前市閑谷111

数式解説 SUBSTITUTE関数は文字列を指定の文字列に置き換える関数です(第9章 Tips 350で紹介)。
「=SUBSTITUTE(C3,D3,"")」の数式は、D3セルの都道府県を空白に置き換えてC3セルの所在地を求めます。結果、所在地から市区町村番地が取り出されます。

📥サンプルファイル▶ 380.xlsx

▶ 文字列の一部を抽出する　　　　　　　　　　　　　　2016 | 2013 | 2010 | 2007

381 住所をもとに市区町村を取り出したい

使用関数　MID、LEN関数

数式　=MID(C3,LEN(D3)+1,LEN(C3)-LEN(D3&F3))

住所から市区町村を取り出すには、都道府県の次の文字から市区町村の文字数だけMID関数で取り出すことで可能です。

❶市区町村を取り出すセルを選択し、「=MID(C3,LEN(D3)+1,LEN(C3)-LEN(D3&F3))」と入力する。

❷数式を必要なだけ複写する。

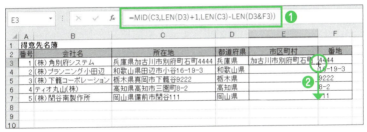

❸所在地から市区町村が取り出される。

	A	B	C	D	E	F
1	得意先名簿					
2	番号	会社名	所在地	都道府県	市区町村	番地
3	1	(株)角別府システム	兵庫県加古川市別府町石町4444	兵庫県	加古川市別府町石町	4444
4	2	(株)プランニング小田辺	和歌山県田辺市小谷16-19-3	和歌山県	田辺市小谷	16-19-3
5	3	(株)下籠コーポレーション	栃木県真岡市下籠谷9222	栃木県	真岡市下籠谷	9222
6	4	ティオ丸山(株)	高知県高知市三園町8-2	高知県	高知市三園町	8-2
7	5	(株)関谷南製作所	岡山県備前市関谷111	岡山県	備前市関谷	111

数式解説　MID関数は文字列の指定の位置から指定の文字数分取り出す関数（Tips 374で紹介）、LEN関数は文字列の文字数を求める関数です（第2章 Tips 051で紹介）。
「LEN(D3)+1,LEN(C3)-LEN(D3&F3)」の数式は、C3セルの住所の市区町村の文字数を求めます。この文字数をMID関数の引数の[文字数]に使い、「=MID(C3,LEN(D3)+1,LEN(C3)-LEN(D3&F3))」と数式を作成すると、D3セルの都道府県の文字数から1つ後の位置から市区町村の文字数分抽出されます。結果、所在地から市区町村が取り出されます。

📥 サンプルファイル ▶ 381.xlsx

382 住所をもとに番地を取り出したい（2-5-3のような番地の場合）

2016 | 2013 | 2010 | 2007

▶文字列の一部を抽出する

使用関数 RIGHT、LEN、LENB関数

数 式 =RIGHT(C3,LEN(C3)*2-LENB(C3))

住所から「-」付きや数値の番地を取り出すには、半角文字を取り出す数式（Tips 378で紹介）で可能です。

---

❶所在地から番地を取り出すセルを選択し、「=RIGHT(C3,LEN(C3)*2-LENB(C3))」と入力する。

❷数式を必要なだけ複写する。

	A	B	C	D	E	F
1	得意先名簿					
2	番号	会社名	所在地	都道府県	市区町村	番地
3	1	(株)角別府システム	兵庫県加古川市別府町石町4444	兵庫県	加古川市別府町石町	4444
4	2	(株)プランニング小田辺	和歌山県田辺市小谷16-19-3	和歌山県	田辺市小谷16-19-3	
5	3	(株)下籠コーポレーション	栃木県真岡市下籠谷9222	栃木県	真岡市下籠谷9222	
6	4	ティオ丸山(株)	高知県高知市三園町8-2	高知県	高知市三園町8-2	
7	5	(株)閑谷南製作所	岡山県備前市閑谷111	岡山県	備前市閑谷111	

❸所在地から番地が取り出される。

	A	B	C	D	E	F
1	得意先名簿					
2	番号	会社名	所在地	都道府県	市区町村	番地
3	1	(株)角別府システム	兵庫県加古川市別府町石町4444	兵庫県	加古川市別府町石町	4444
4	2	(株)プランニング小田辺	和歌山県田辺市小谷16-19-3	和歌山県	田辺市小谷	16-19-3
5	3	(株)下籠コーポレーション	栃木県真岡市下籠谷9222	栃木県	真岡市下籠谷9	222
6	4	ティオ丸山(株)	高知県高知市三園町8-2	高知県	高知市三園町	8-2
7	5	(株)閑谷南製作所	岡山県備前市閑谷111	岡山県	備前市閑谷1	11

数式解説 RIGHT関数は文字列の右端から指定の文字数分取り出す関数（Tips 370で紹介）、LEN関数は文字列の文字数、LENB関数は文字列のバイト数を求める関数です（第2章 Tips 051、056で紹介）。
「LEN(C3)*2-LENB(C3)」の数式は、C3セルの所在地から半角の番地の文字数を求めます。求められた番地の文字数をRIGHT関数の引数の[文字数]に指定して、「=RIGHT(C3,LEN(C3)*2-LENB(C3))」と数式を作成すると、所在地から番地が取り出されます。

サンプルファイル ▶ 382.xlsx

▶ 文字列の一部を抽出する

2016 | 2013 | 2010 | 2007

383 住所をもとに番地を取り出したい（2-5-3 のような番地で全角／半角混在の場合）

使用関数 RIGHT、LEN、LENB、ASC関数

数式 =RIGHT(C3,LEN(C3)*2-LENB(ASC(C3)))

住所から全角、半角と混在している「-」付きや数値の番地を取り出すには、番地をあらかじめ半角にしておけば、半角文字を取り出す数式（Tips 378で紹介）で可能です。

---

❶所在地から番地を取り出すセルを選択し、「=RIGHT(C3,LEN(C3)*2-LENB(ASC(C3)))」と入力する。

❷数式を必要なだけ複写する。

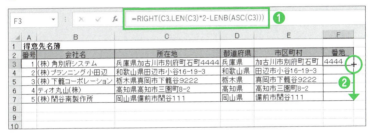

❸所在地から番地が取り出される。

	A	B	C	D	E	F
1	得意先名簿					
2	番号	会社名	所在地	都道府県	市町村区	番地
3	1	(株)角別府システム	兵庫県加古川市別府町石町4444	兵庫県	加古川市別府町石町	4444
4	2	(株)プランニング小田辺	和歌山県田辺市小谷16-19-3	和歌山県	田辺市小谷	16-19-3
5	3	(株)下籠コーポレーション	栃木県真岡市下籠谷9222	栃木県	真岡市下籠谷	9222
6	4	ティオ丸山(株)	高知県高知市三園町8-2	高知県	高知市三園町	8-2
7	5	(株)関谷南製作所	岡山県備前市関谷111	岡山県	備前市関谷	111

数式解説 RIGHT関数は文字列の右端から指定の文字数分取り出す関数（Tips 370で紹介）、LEN関数は文字列の文字数、LENB関数は文字列のバイト数を求める関数（第2章 Tips 051、056で紹介）、ASC関数は全角英数カナ文字を半角英数カナ文字に変換する関数です。「LEN(C3)*2-LENB(ASC(C3))」の数式は、C3セルの所在地の番地を半角にして、半角の番地の文字数を求めます。求められた番地の文字数をRIGHT関数の引数の[文字数]に指定して、「=RIGHT(C3,LEN(C3)*2-LENB(ASC(C3)))」と数式を作成すると、所在地から番地が取り出されます。

▼サンプルファイル ▶ 383.xlsx

384 住所をもとに番地を取り出したい（2丁目5番3号のような番地の場合）

使用関数 RIGHT、LEN、MIN、FIND関数

数 式 =RIGHT(C3,LEN(C3)-MIN(FIND({0,1,2,3,4,5,6,7,8,9},C3&1234567890)-1))

住所から「丁目」などの番地を取り出すには、番地の開始位置を LEN 関数、MIN 関数、FIND 関数で求め、すべての文字数から引き算して、RIGHT 関数の取り出す文字数に指定します。

① 番地を求めるセルを選択し、「=RIGHT(C3,LEN(C3)-MIN(FIND({0,1,2,3,4,5,6,7,8,9},C3&1234567890)-1))」と入力する。

② 数式を必要なだけ複写する。

③ 所在地から番地が取り出される。

数式解説 RIGHT 関数は文字列の右端から指定の文字数分取り出す関数（Tips 370 で紹介）、LEN 関数は文字列の文字数（第2章 Tips 051 で紹介）、MIN 関数は数値の最小値を求める関数（第2章 Tips 035 で紹介）、FIND 関数は文字列を左端から数えて何番目にあるかを求める関数です。
「LEN(C3)-MIN(FIND({0,1,2,3,4,5,6,7,8,9},C3&1234567890)-1)」の数式は、所在地の左端から1つ目にある数値の位置、つまり、番地の先頭の位置が求められます。求められた番地の位置を RIGHT 関数の引数の [文字数] に指定して、「=RIGHT(C3,LEN(C3)-MIN(FIND({0,1,2,3,4,5,6,7,8,9},C3&1234567890)-1))」と数式を作成すると、所在地から番地が取り出されます。

プラスアルファ 番地に全角と半角が混在している場合は、「=RIGHT(C3,LEN(C3)-MIN(FIND({0,1,2,3,4,5,6,7,8,9},ASC(C3)&1234567890)-1))」として、ASC 関数で所在地を半角に揃えてから取り出します（Tips 327 参照）。

▶ 文字列の情報を抽出する　　　　　　　　　2016 | 2013 | 2010 | 2007

385 郵便番号入力で住所変換するときに郵便番号も別のセルに取り出したい

使用関数 ASC、LEFT、PHONETIC関数

数　式　=ASC(LEFT(PHONETIC(D3),8))

郵便番号辞書は標準で搭載されているため、郵便番号の入力で住所に変換できます。このとき、同時に、入力した郵便番号を隣のセルに表示させる数式を作成すると、郵便番号と住所の同時入力が実現できます。

---

❶郵便番号を求めるセルを選択し、「=ASC(LEFT(PHONETIC(D3),8))」と入力する。

❷数式を必要なだけ複写する。

❸所在地を求めるセルを選択し、「675-0127」と入力したら変換キーを押す。

❹表示されたリストから住所を選択する。

❺住所と同時に郵便番号も入力される。

数式解説　ASC関数は全角英数カナ文字を半角英数カナ文字に変換する関数、LEFT関数は文字列の左端から指定の文字数分取り出す関数（Tips 366で紹介）、PHONETIC関数は文字列のふりがなを取り出す関数です（Tips 386で紹介）。
「=ASC(LEFT(PHONETIC(D3),8))」の数式は、D3セルの郵便番号のふりがなの左端から8文字、つまり、郵便番号を半角で取り出します。そのため、郵便番号を入力すると郵便番号のふりがな、つまり郵便番号が住所の隣に取り出され、同時に変換候補から選択した住所もセルに表示されます。

プラスアルファ　手順❸で郵便番号を入力しても変換候補に表示されない場合は、[Microsoft IMEの詳細設定] ダイアログボックスでシステム辞書の「郵便番号辞書」にチェックを入れます。

サンプルファイル ▶ 385.xlsx

▶ 文字列の情報を抽出する　　2016 | 2013 | 2010 | 2007

386 ふりがなを取り出したい

使用関数 PHONETIC関数

数　式　=PHONETIC(B3)

名前のふりがなを名前の上ではなく、別のセルに表示させるにはPHONETIC関数を使います。セルに入力した読みの情報が取り出されるため、ふりがな情報がないデータからふりがなは取り出せません。

❶ふりがなを取り出すセルを選択し、「=PHONETIC(B3)」と入力する。

❷数式を必要なだけ複写する。

❸氏名のセルを範囲選択する。

❹[ホーム]タブの[フォント]グループの[ふりがなの表示/非表示]ボタンの[▼]をクリックして[ふりがなの設定]を選択する。

❺表示された[ふりがなの設定]ダイアログボックスで[種類]から[半角カタカナ]を選ぶ。

❻[OK]ボタンをクリックする。

❼氏名から半角カタカナでふりがなが取り出される。

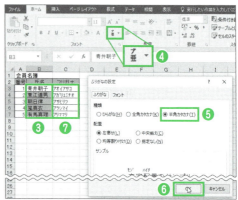

数式解説　PHONETIC関数は文字列のふりがなを取り出す関数です。
「=PHONETIC(B3)」の数式は、B3セルの氏名からふりがなを取り出します。

プラスアルファ　PHONETIC関数は、セルに入力した読みの情報を取り出します。取り出したふりがなを修正したいときは、修正したい名前のセルを選択し、❶[ホーム]タブの[フォント]グループの[ふりがなの表示/非表示]ボタンの[▼]をクリックして[ふりがなの編集]を選択します。❷名前の上にふりがなが表示されるので正しいふりがなに修正します。

サンプルファイル ▶ 386.xlsx

▶ 文字列の情報を抽出する　　　2016 | 2013 | 2010 | 2007

387 関数で抽出した名前からふりがなを取り出したい

使用関数 PHONETIC、INDEX、MATCH関数

数 式 =PHONETIC(INDEX(B6:B13,MATCH(B3,B6:B13,0)))

VLOOKUP関数で抽出した名前からはPHONETIC関数でふりがなが取り出せません。ふりがなを取り出すには、INDEX関数で返された名前のセル参照からPHONETIC関数でふりがなを取り出します。

❶ふりがなを求めるセルを選択し、「=PHONETIC(B3)」と入力したが求められない。

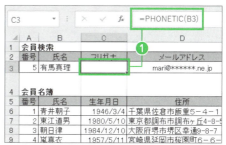

❷ふりがなを求めるセルを選択し、「=PHONETIC(INDEX(B6:B13,MATCH(B3,B6:B13,0)))」と入力する。

❸ふりがなが求められる。

数式解説 PHONETIC関数は文字列のふりがなを取り出す関数（Tips 386で紹介）、INDEX関数は指定の行列番号が交差するセル参照を求める関数、MATCH関数は範囲内にある検査値の相対的な位置を求める関数です（第11章 Tips 403、445で紹介）。
「=PHONETIC(INDEX(B6:B13,MATCH(B3,B6:B13,0)))」の数式は、B3セルの氏名が名簿内で何行目にあるかを求め、その行にある氏名のセル参照を求めてふりがなを取り出します。

サンプルファイル▶ 387.xlsx

388 ふりがなを取り出すとき、姓と名が別々のセルでも1つのセルにまとめたい

使用関数 PHONETIC関数

数 式 =PHONETIC(B3:C3)

PHONETIC関数は指定したセル範囲のふりがなを続けて取り出します。そのため、姓と名を別々に入力していても、両方のセル範囲を指定すると、1つのふりがなとしてセルに取り出せます。

① 氏名が別々にあると、PHONETIC関数も2つ使って「&」で結合した数式を作成しなければならない。

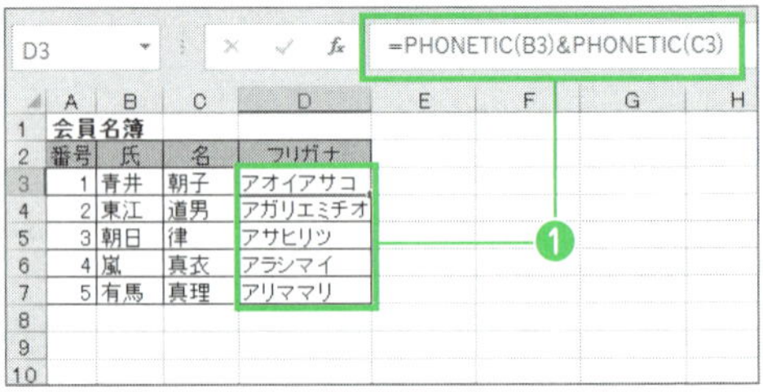

② ふりがなを取り出すセルを選択し、「=PHONETIC(B3:C3)」と入力する。
③ 数式を必要なだけ複写する。

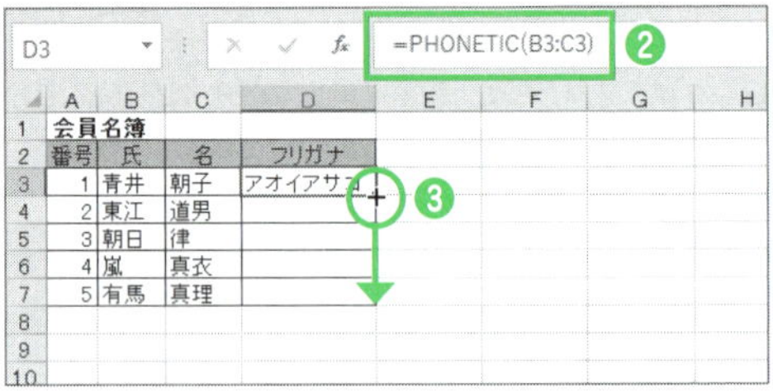

④ 氏名からふりがなが取り出される。

数式解説 PHONETIC関数は文字列のふりがなを取り出す関数です(Tips 386で紹介)。「=PHONETIC(B3:C3)」の数式は、B3セル～C3セルの姓と名のふりがなを続けて取り出します。

サンプルファイル ▶ 388.xlsx

▶ 文字列の情報を抽出する　　　　　　　　　2016 | 2013 | 2010 | 2007

389 社名からふりがなを法人格なしで取り出したい

使用関数 SUBSTITUTE、PHONETIC関数

数　式 =SUBSTITUTE(SUBSTITUTE(PHONETIC(B3),"カブ",""),"ユウ","")

PHONETIC関数を使うと社名からふりがなが取り出せますが、法人格のふりがなも同時に取り出されてしまいます。社名だけのふりがなを取り出すには、法人格のふりがなをSUBSTITUTE関数で空白に置き換えます。

---

❶ふりがなを取り出すセルを選択し、「=SUBSTITUTE(SUBSTITUTE(PHONETIC(B3),"カブ",""),"ユウ","")」と入力する。

❷数式を必要なだけ複写する。

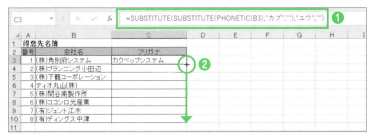

❸会社名から法人格を除いたふりがなが取り出される。

数式解説 SUBSTITUTE関数は文字列を指定の文字列に置き換える関数（第9章 Tips 350で紹介）、PHONETIC関数は文字列のふりがなを取り出す関数です（Tips 386で紹介）。「=SUBSTITUTE(SUBSTITUTE(PHONETIC(B3),"カブ",""),"ユウ","")」の数式は、B3セルの会社名のふりがなの「カブ」と「ユウ」をそれぞれ空白に置き換えて、会社名のふりがなを取り出します。

プラスアルファ サンプルでは、「(株)」を「カブ」、「(有)」を「ユウ」の入力で変換しているため、数式で使用しています。SUBSTITUTE関数の引数の[検索文字列]には入力した読みを指定して数式を作成しましょう。

📥 サンプルファイル ▶ 389.xlsx

▶ 文字列の情報を抽出する　　2016 | 2013

390 セル内の数式を別のセルに取り出したい

使用関数 FORMULATEXT関数

数　式 =FORMULATEXT(C5)

セルの値がどんな数式で求められているのかは、通常、数式バーでしか確認できません。FORMULATEXT関数を使うと、数式を別セルに表示させることができます。

❶セル内の数式は数式バーを見ないと確認できない。

❷数式を表示させるセルを選択し、「=FORMULATEXT(C5)」と入力する。

❸C5セルの数式が表示される。

数式解説 FORMULATEXT関数は数式を文字列として返す関数です。
「=FORMULATEXT(C5)」の数式は、C5セルの数式「=合計*(1+消費税)」を文字列として返します。

📥 サンプルファイル ▶ 390.xlsx

▶ 文字列の情報を抽出する　　　　　　　　　　　　　　　　　　　　　2010 2007

391 セル内の数式を別のセルに取り出したい (Excel 2010 / 2007)

使用関数　GET.CELL関数

数　式　=GET.CELL(6,C5)&LEFT(NOW(),0)、=数式

FORMULATEXT関数がないExcel 2010 / 2007で、セル内の数式を別のセルに表示させるにはGET.CELL関数を使います。Excel 4.0マクロ関数なので、シート上ではなく名前の参照範囲に数式を入力します。

---

❶ [数式] タブの [定義された名前] グループの [名前の定義] ボタンをクリックする。

❷ 表示された [新しい名前] ダイアログボックスで、[名前] に数式で使う名前「数式」を入力する。

❸ [参照範囲] に「=GET.CELL(6,C5)&LEFT(NOW(),0)」と入力する。

❹ [OK] ボタンをクリックする。

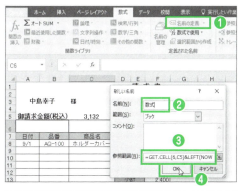

❺ C6セルに作成した名前を使い、「=数式」と入力する。

❻ C5セルの数式「=合計*(1+消費税)」が表示される。

数式解説　GET.CELL関数はExcel4.0マクロ関数の1つで、セルの書式、位置、内容についての情報を返します。書式「GET.CELL(検査の種類,範囲)」に従った数式を名前の参照範囲に入力して使います。
[検査の種類] に「6」と指定して「=GET.CELL(6,C5)&LEFT(NOW(),0)」と数式を作成すると、[範囲] に指定したセルの数式を、その時点で設定されている参照形式を使った文字列で求めます。なお、GET.CELL関数の数式では、戻り値が文字列の場合、「&LEFT(NOW(),0)」としておくことで、数式を変更しても再計算されます。

> **プラスアルファ**　Excel 4.0マクロ関数を使用したファイルは必ず、ファイルの種類を「Excelマクロ有効ブック」にして保存する必要があります。

 サンプルファイル▶ 391.xlsm

Chapter 11

表からピックアップ！
検索・抽出ワザ

Chapter 11 表からピックアップ！検索・抽出ワザ

▶検索・抽出の基礎

2016 | 2013 | 2010 | 2007

392 入力値を検索して別表からそれぞれに対応する値を抽出したい

使用関数 VLOOKUP関数

数式 =VLOOKUP(C3,$G$3:$H$7,2,0)

集計表に別表にある2列目の単価を転記したい、名前から名簿の3列目の電話番号を抽出したいなど、別表から該当する値を検索して列（または行）を指定して抽出するには、VLOOKUP／HLOOKUP関数を使うと可能です。

❶単価を抽出するセルを選択し、「=VLOOKUP(C3,$G$3:$H$7,2,0)」と入力する。

❷数式を必要なだけ複写する。

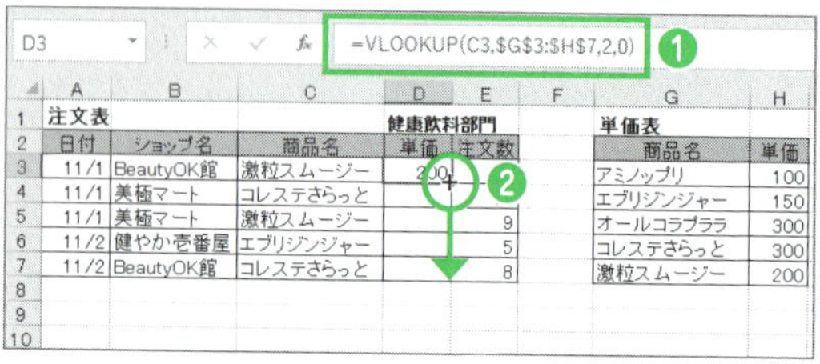

❸単価表から商品名に該当する単価が抽出される。

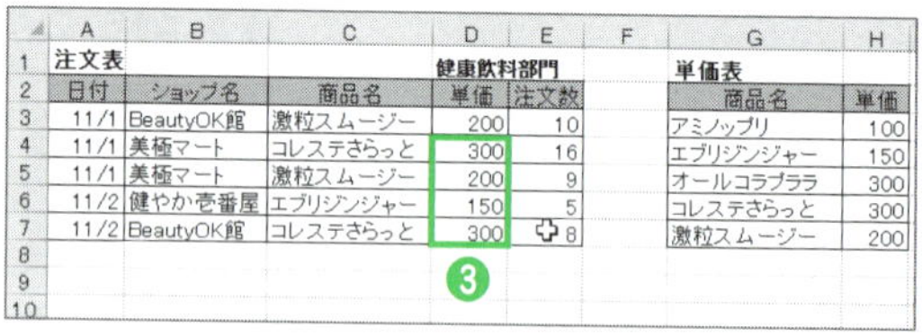

数式解説 VLOOKUP関数は複数行列の表から列を指定して検索値に該当する値を抽出する関数です。「=VLOOKUP(C3,$G$3:$H$7,2,0)」の数式は、G3セル～H7セルの範囲からC3セルの商品名を検索し、同じ行にある2列目の単価を抽出します。

プラスアルファ 複数行列の表から行を指定して検索値に該当する値を抽出するにはHLOOKUP関数を使います。

サンプルファイル ▶ 392.xlsx

▶検索・抽出の基礎   2016 | 2013 | 2010 | 2007

393 入力値がなければ対応する値を空白にして別表からそれぞれ抽出したい

使用関数 IFERROR、VLOOKUP関数

数　式 =IFERROR(VLOOKUP(C3,$G$3:$H$7,2,0),"")

検索値に対応する値が表内に見つからないと、VLOOKUP／HLOOKUP関数で数式を作成してもエラー値が求められてしまいます。見つからない場合は、空白で求めるにはIFERROR関数でエラー値を空白で返します。

❶ 単価表から商品名に該当する単価を抽出したくて、表に「=VLOOKUP(C3,$G$3:$H$7,2,0)」と数式をあらかじめ入力した。

❷ 商品名が空白なのでエラー値が求められてしまう。

❸ 単価を抽出するセルを選択し、「=IFERROR(VLOOKUP(C3,$G$3:$H$7,2,0),"")」と入力する。

❹ 数式を必要なだけ複写する。

❺ 商品名を入力すると単価表から単価が抽出され、商品名が空白の場合空白で求められる。

数式解説 IFERROR関数はエラーの場合に指定の値を返す関数、VLOOKUP関数は複数行列の表から列を指定して検索値に該当する値を抽出する関数です（Tips 392で紹介）。「=IFERROR(VLOOKUP(C3,$G$3:$H$7,2,0),"")」の数式は、G3セル～H7セルの範囲からC3セルの商品名を検索し、見つかれば同じ行にある2列目の単価を抽出し、見つからなければ空白で返します。

📥 サンプルファイル ▶ 393.xlsx

394 名前を検索値にして対応する値を抽出したい

使用関数 VLOOKUP関数

数式 =VLOOKUP(A3,A8:C12,3,0)

名前から該当する値を抽出するにはVLOOKUP関数を使います。LOOKUP関数を使う場合は、名前を文字コード順の昇順で並べ替えておかなければ正しく抽出できません。

❶ B2セルに「=LOOKUP(A3,A8:A12,C8:C12)」と入力した。
❷ 違う連絡先が抽出されてしまう。

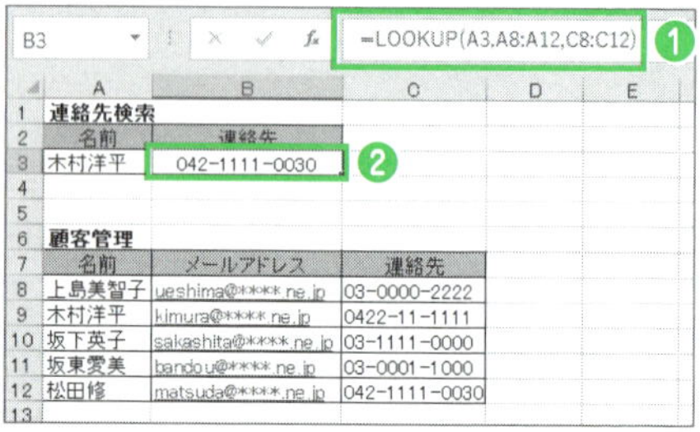

❸ 連絡先を抽出するセルを選択し、「=VLOOKUP(A3,A8:C12,3,0)」と入力する。
❹ 名前に該当する連絡先が抽出される。

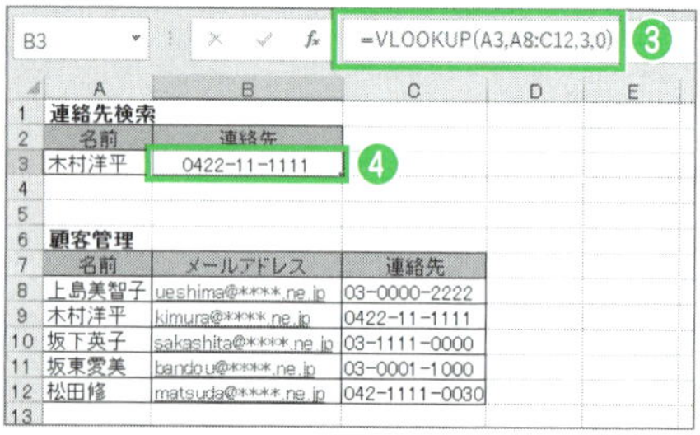

数式解説 VLOOKUP関数は複数行列の表から列を指定して検索値に該当する値を抽出する関数です（Tips 392で紹介）。
「=VLOOKUP(A3,A8:C12,3,0)」の数式は、A8セル〜C12セルの範囲からA3セルの名前を検索し、同じ行にある3列目の連絡先を抽出します。
VLOOKUP関数を使う場合は、名前を五十音順に並べ替えておかなくても抽出できます。

プラスアルファ 文字コードとは記号や文字のひとつひとつに割り当てられた数字です。文字コード順に並べ替えるには、[データ]タブ→[並べ替え]ボタン→[オプション]ボタンをクリックして表示される[並べ替えオプション]ダイアログボックスで、並べ替える方法を[ふりがなを使わない]にします。

サンプルファイル ▶ 394.xlsx

▶ 検索・抽出の基礎

`2016` `2013` `2010` `2007`

395 値を検索して対応するURLを ハイパーリンク付きで抽出したい

使用関数 HYPERLINK、VLOOKUP関数

数 式 =HYPERLINK(VLOOKUP(A3,$A$8:$C$13,3,0),VLOOKUP(A3,$A$8:$C$13,3,0))

関数でURLを抽出するとハイパーリンクが外れてしまいます。ハイパーリンクを付けたまま抽出するには、HYPERLINK関数にVLOOKUP／HLOOKUP関数など、検索抽出できる関数で抽出した値にハイパーリンクを付けます。

❶会社名からURLを抽出したくて「VLOOKUP(A3,$A$8:$C$13,3,0)」と入力したが、ハイパーリンクが外れてしまい、クリックしても開くことができない。

❷URLを抽出するセルを選択し、「=HYPERLINK(VLOOKUP(A3,$A$8:$C$13,3,0),VLOOKUP(A3,$A$8:$C$13,3,0))」と入力する。

❸会社名からURLが抽出され、クリックするとリンク先のHPが開く。

数式解説 HYPERLINK関数は値にハイパーリンクを付ける関数（Tips 438で紹介）、VLOOKUP関数は複数行列の表から列を指定して検索値に該当する値を抽出する関数です（Tips 392で紹介）。
「=HYPERLINK(VLOOKUP(A3,$A$8:$C$13,3,0),VLOOKUP(A3,$A$8:$C$13,3,0))」の数式は、A8セル～C13セルの範囲からA3セルの得意先名を検索し、同じ行にあるURLにハイパーリンクを付けて抽出します。

サンプルファイル ▶ 395.xlsx

396 値を検索して対応するメールアドレスをハイパーリンク付きで抽出したい

使用関数 HYPERLINK、VLOOKUP関数

数式 =HYPERLINK("mailto:"&VLOOKUP(A3,A8:C12,2,0),VLOOKUP(A3,A8:C12,2,0))

関数でメールアドレスを抽出するとハイパーリンクが外れ、メール作成画面が開けません。開けるようにするには関数で抽出した値の先頭に「mailto:」を付けてHYPERLINK関数でハイパーリンクを付けます。

❶名前からメールアドレスを抽出したくて「VLOOKUP(A3,A8:C12,2,0)」と入力した。

❷リンクが外れてしまい、メール作成画面を開くことができない。

❸メールアドレスを抽出するセルを選択し、「=HYPERLINK("mailto:"&VLOOKUP(A3,A8:C12,2,0),VLOOKUP(A3,A8:C12,2,0))」と入力する。

❹名前からメールアドレスが抽出され、クリックするとメール作成画面が開く。

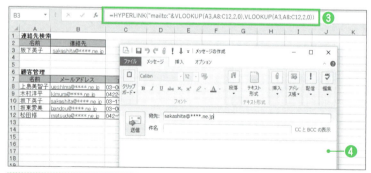

数式解説 HYPERLINK関数は値にハイパーリンクを付ける関数（Tips 438で紹介）、VLOOKUP関数は複数行列の表から列を指定して検索値に該当する値を抽出する関数です（Tips 392で紹介）。
「=HYPERLINK("mailto:"&VLOOKUP(A3,A8:C12,2,0),VLOOKUP(A3,A8:C12,2,0))」の数式は、A8セル～C12セルの範囲からA3セルの名前を検索し、同じ行にあるメールアドレスにハイパーリンクを付けて抽出します。

▶ 検索・抽出の基礎　　　　　　　　　　　　　　　　　2016 | 2013 | 2010 | 2007

397 値Aを検索して検索値がない別の表から対応する値Bを抽出したい

使用関数 LOOKUP関数

数　式　=LOOKUP(B2,B6:B10,B15:B19)

VLOOKUP／HLOOKUP関数は値を検索して抽出しますが、検索値が検索する
セル範囲に含まれている表でなければなりません。検索値と検索するセル範囲が
違う表にある場合はLOOKUP関数で抽出します。

---

❶別表にある担当者名を会社名から抽出したいため、「=VLOOKUP(B2,(B6:D10,B15:B19),4,0)」と数式を作成した。

❷うまく抽出できない。

❸担当者名を抽出するセルを選択し、「=LOOKUP(B2,B6:B10,B15:B19)」と入力する。

❹会社名から担当者名が抽出される。

数式解説　LOOKUP関数は検査値に該当する値を対応する範囲内の同じ番目から抽出する関数です。
「=LOOKUP(B2,B6:B10,B15:B19)」の数式は、B6セル～B10セルの範囲からB2セルの得意先名を検索し、同じ番目にあるB15セル～B19セルの担当者名を抽出します。

📥 サンプルファイル ▶ 397.xlsx

▶ 検索・抽出の基礎 　　　　　　　　　　　　　　　　　2016 | 2013 | 2010 | 2007

398 検索する表を作成せずに数式に入れ込んで対応する値を抽出したい

使用関数 LOOKUP関数

数　式　=LOOKUP(B3,{1,2,3},{"BeautyOK館","美極マート","健やか壱番屋"})

表のリストは配列定数を使えば数式に入れ込むことができます。値を検索したい表が少ない行列なら、行列の値を配列定数で指定して、VLOOKUP／HLOOKUP関数の引数に使うと、別途、表を作成せずに検索抽出できます。

---

❶ショップ名を抽出するセルを選択し、「=LOOKUP(B3,{1,2,3},{"BeautyOK館","美極マート","健やか壱番屋"})」と入力する。

❷数式を必要なだけ複写する。

❸ショップ番号を入力するとショップ名が抽出される。

数式解説　LOOKUP関数は検査値に該当する値を対応する範囲内の同じ番目から抽出する関数です（Tips 397で紹介）。

値は配列として数式に組み込むことができます。この値の配列のことを「配列定数」といい、「配列定数」を使って値を数式に組み込むには、値の区切りを、列は「,」行は「;」で区切って、それぞれは同じ数で指定し、文字列は「""」で囲んで入力して配列全体を「{ }」で囲んで指定します。「=LOOKUP(B3,{1,2,3},{"BeautyOK館","美極マート","健やか壱番屋"})」の数式は、「1」「2」「3」の数値にあるB3セルの数値を検索し、「BeautyOK館」「美極マート」「健やか壱番屋」の中から同じ番目にあるショップ名を抽出します。

▶検索・抽出の基礎　　　　　　　　　　　　　　　2016 | 2013 | 2010 | 2007

399 入力値に対応する値を昇順並びの「～以上」の表から検索して抽出したい

使用関数 LOOKUP関数

数式 =LOOKUP(C3,$A$13:$A$16,$B$13:$B$16)

昇順並びの「～以上」の表から該当する値を検索して抽出するにはLOOKUP関数を使います。VLOOKUP／HLOOKUP関数で抽出するときは、引数の[検索方法]を省略するか「1」を指定します。

---

❶ランクを抽出するセルを選択し、「=LOOKUP(C3, $A$13:$A$16,$B$13:$B$16)」と入力する。

❷数式を必要なだけ複写する。

❸それぞれの注文数からランクが抽出される。

数式解説 LOOKUP関数は検査値に該当する値を対応する範囲内の同じ番目から抽出する関数です（Tips 397で紹介）。

LOOKUP関数は引数の[検査値]が見つからない場合は[検査値]以下の最大値を一致する値として使用します。

「=LOOKUP(C3,$A$13:$A$16,$B$13:$B$16)」の数式は、A13セル～A16セルの範囲からC3セルの注文数以下の注文数を検索し、B13セル～B16セルの範囲内で同じ番目にあるランクを抽出します。

サンプルファイル ▶ 399.xlsx

▶ 検索・抽出の基礎　　　2016 | 2013 | 2010 | 2007

400 入力値に対応する値を昇順並びの「～まで」の表から検索して抽出したい

使用関数 INDEX、COUNTIF関数

数式 =INDEX($H$3:$H$5,COUNTIF($F$3:$F$4,"<"&B3)+1)

昇順並びの「～まで」の表から検索抽出するには、LOOKUP関数やVLOOKUP／HLOOKUP関数ではできません。検索値の検索範囲内の位置をCOUNTIF関数で求めて、その位置をもとにINDEX関数で検索抽出します。

① 入館料を抽出するセルを選択し、「=INDEX($H$3:$H$5,COUNTIF($F$3:$F$4,"<"&B3)+1)」と入力する。

② 数式を必要なだけ複写する。

③ 人数を入力すると入館料が抽出される。

数式解説 INDEX関数は指定の行列番号が交差するセル参照を求める関数（Tips 403で紹介）、COUNTIF関数は条件を満たすセルの数を数える関数です（第3章 Tips 107で紹介）。
「COUNTIF($F$3:$F$4,"<"&B3)+1」の数式は、B3セルの人数が入館料の表の人数より多い数を求めてその数に1を足して求めます。B3セルの人数は「4」なので入館料の表より多い数は2個となり「3」が求められます。この求められた数をINDEX関数の引数の[行番号]に指定し「=INDEX($H$3:$H$5,COUNTIF($F$3:$F$4,"<"&B3)+1)」の数式を作成すると、「3」行目の「5人まで」の行にある入館料が抽出されます。

プラスアルファ 「～まで」の表が降順並びの場合は、Tips 401の数式で抽出できます。

サンプルファイル ▶ 400.xlsx

▶検索・抽出の基礎

2016 | 2013 | 2010 | 2007

401 検索値に対応する値を降順並びの「〜以上」の表から検索して抽出したい

使用関数 INDEX、MATCH関数

数式 =INDEX($B$13:$B$16,MATCH(C3,$C$13:$C$16,-1))

降順並びの「〜以上」の表から検索抽出するには、別途、「〜以下」になるように区切りの数値を作成します。その数値内での検索値の位置を MATCH 関数で求めて、その位置をもとに INDEX 関数で検索抽出します。

---

❶「2000」以上が「A」、「1000」以上が「B」なら、「B」は「1000〜1999」なので、「B」は「1999」以下になるように別列に入力しておく。

❷ランクを抽出するセルを選択し、「=INDEX($B$13:$B$16,MATCH(C3,$C$13:$C$16,-1))」と入力する。

❸数式を必要なだけ複写する。

❹注文数を入力するとランクが抽出される。

数式解説 INDEX 関数は指定の行列番号が交差するセル参照を求める関数(Tips 403 で紹介)、MATCH 関数は範囲内にある検査値の相対的な位置を求める関数です(Tips 445 で紹介)。
MATCH 関数の引数の[照合の種類]に「-1」を指定すると、引数の[検査値]が見つからない場合、検査値以上の最小値を検索してその位置が求められます。ただし、この場合は、[検査範囲]のデータは降順に並べ替えておきます。
「MATCH(C3,$C$13:$C$16,-1)」の数式は、C3 セルの注文数が C13 セル〜C16 セルの注文数の区切りの列で何番目にあるかを求めます。求められた番目「2」を INDEX 関数の引数の[行番号]に指定して、「=INDEX($B$13:$B$16,MATCH(C3,$C$13:$C$16,-1))」の数式を作成すると、「2」行目にあるランク「B」が抽出されます。

サンプルファイル ▶ 401.xlsx

Chapter 11 ▶ 検索・抽出の基礎 | 2016 | 2013 | 2010 | 2007

402 入力値を検索して期間別の表から値を抽出したい

使用関数 VLOOKUP 関数

数 式 =VLOOKUP(A3,$G$3:$J$6,4,1)

「～以上～以下」の表から検索抽出するには、「～以上」と「～以下」の値を1つのセルに入力せずに、別々の列(行)に入力しておけば、VLOOKUP／HLOOKUP関数1つで可能です。

❶「7/20～7/24」なら「7/20」と「7/24」を別々のセルに入力して表を作成する。

❷会場名を抽出するセルを選択し、「=VLOOKUP(A3,$G$3:$J$6,4,1)」と入力する。

❸数式を必要なだけ複写する。

❹開催日を入力すると会場名が抽出される。

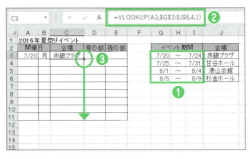

数式解説 VLOOKUP 関数は複数行列の表から列を指定して検索値に該当する値を抽出する関数です(Tips 392 で紹介)。
VLOOKUP 関数の引数の[検索方法]に「1」か「TRUE」を指定、または省略すると[検索値]が見つからないときは、検索値未満の最大値が検索されます。「7/20～7/24」なら「7/20」、「7/25～7/31」なら「7/25」を検索する値の列に指定して「=VLOOKUP(A3,$G$3:$J$6,4,1)」の数式を作成すると、開催日による会場が抽出できます。

▶ サンプルファイル ▶ 402.xlsx

▶検索・抽出の基礎

2016 | 2013 | 2010 | 2007

403 クロス表から行列見出しを指定して交差する値を抽出したい

使用関数 INDEX、MATCH関数

数 式 =INDEX($I$4:$K$6,MATCH(B3,$H$4:$H$6,0),MATCH(C3,$I$3:$K$3,0))

クロス表から行列見出しを指定して交差する値を抽出するにはまず、行列見出しの位置をそれぞれ MATCH 関数で求めます。求めた行列見出しの位置をもとに INDEX 関数で抽出します。

---

❶入館料を抽出するセルを選択し、「=INDEX($I$4:$K$6,MATCH(B3,$H$4:$H$6,0),MATCH(C3,$I$3:$K$3,0))」と入力する。

❷数式を必要なだけ複写する。

❸券種を入力すると入館料が抽出される。

数式解説 INDEX 関数は指定の行列番号が交差するセル参照を求める関数、MATCH 関数は範囲内にある検査値の相対的な位置を求める関数です(Tips 445 で紹介)。
「MATCH(B3,$H$4:$H$6,0)」の数式は、B3 セルの「団体」が H4 セル～H6 セルの範囲内で何番目にあるかを求め、「MATCH(C3,$I$3:$K$3,0)」の数式は、C3 セルの「大人」が I3 セル～K3 セルの範囲内で何番目にあるかを求めます。求められた番目を INDEX 関数の引数の[行番号][列番号]にそれぞれ指定して「=INDEX($I$4:$K$6,MATCH(B3,$H$4:$H$6,0),MATCH(C3,$I$3:$K$3,0))」の数式を作成すると、「団体」と「大人」が交差する入館料が抽出されます。

📥 サンプルファイル ▶ 403.xlsx

404 行列見出しが一致していないクロス表から交差する値を抽出したい

使用関数 INDEX、MATCH関数

数式 =INDEX($J$4:$L$6,MATCH(C3,$G$4:$G$6,1),MATCH(B3,$J$3:$L$3,0))

クロス表から行列見出しを指定して交差する値を抽出したい場合、行列見出しが完全一致ではなく「〜以上」などの場合は、MATCH関数で検査値以下の最大値で位置を求め、その位置をもとにINDEX関数で抽出します。

① 入館料を抽出するセルを選択し、「=INDEX($J$4:$L$6,MATCH(C3,$G$4:$G$6,1), MATCH(B3,$J$3:$L$3,0))」と入力する。

② 数式を必要なだけ複写する。

	A	B	C	D	E	F	G	H	I	J	K	L
1	美術館入館状況											
2	日付	券種	人数	入館料	入館料合計					入館料		
										小学生	中高生	大人
3	5/1(日)	大人	4	800					1	2人まで	200	500	1,000
4									3	5人まで	100	400	800
5									6	10人以上	0	300	500

③ 券種と人数を入力すると入館料が抽出される。

	A	B	C	D	E	F	G	H	I	J	K	L
1	美術館入館状況											
2	日付	券種	人数	入館料	入館料合計					入館料		
										小学生	中高生	大人
3	5/1(日)	大人	4	800	3,200				1	2人まで	200	500	1,000
4	5/1(日)	中高生	2	500	1,000				3	5人まで	100	400	800
5									6	10人以上	0	300	500

数式解説 INDEX関数は指定の行列番号が交差するセル参照を求める関数（Tips 403で紹介）、MATCH関数は範囲内にある検査値の相対的な位置を求める関数です（Tips 445で紹介）。

MATCH関数の引数の［照合の種類］に「1」を入力または省略すると、引数の［検査値］が見つからない場合、検査値以下の最大の値を検索してその位置が求められます。ただし、この場合は、［検査範囲］のデータは昇順に並べ替えておきます。

「MATCH(C3,$G$4:$G$6,1)」の数式は、C3セルの「4」がG4セル〜G6セルの範囲内で何番目にあるかを求め、「MATCH(B3,$J$3:$L$3,0)」の数式は、B3セルの「大人」がJ3セル〜L3セルの範囲内で何番目にあるかを求めます。求められた番目をINDEX関数の引数の［行番号］［列番号］にそれぞれ指定して「=INDEX($J$4:$L$6,MATCH(C3,$G$4:$G$6,1),MATCH(B3,$J$3:$L$3,0))」の数式を作成すると、「5人まで」と「大人」が交差する入館料が抽出されます。

サンプルファイル ▶ 404.xlsx

▶ 連続／不連続データの検索・抽出　　　2016 | 2013 | 2010 | 2007

405 値Ａを検索して対応する連続列の値Ｂ以下を手早く抽出したい

使用関数 VLOOKUP、COLUMN関数

数　式　=VLOOKUP($A$3,$A$6:$G$15,COLUMN(B1),0)

COLUMN関数は列番号を求める関数ですが、VLOOKUP関数の引数の[列番号]に使うと、数式のコピーで「1」「2」「3」と連続した列を指定できます。値を検索して抽出したい列が複数あっても手早く抽出することができます。

---

❶氏名を抽出するセルを選択し、「=VLOOKUP($A$3,$A$6:$G$15,COLUMN(B1),0)」と入力する。

❷数式を必要なだけ複写する。

❸会員番号「5」に該当するすべての情報が抽出される。

数式解説　VLOOKUP関数は複数行列の表から列を指定して検索値に該当する値を抽出する関数（Tips 392で紹介）、COLUMN関数はセルの列番号を求める関数です。
「=VLOOKUP($A$3,$A$6:$G$15,COLUMN(B1),0)」の数式は、A6セル～G15セルの範囲からA3セルの番号を検索し、同じ行にある2列目の氏名を抽出します。数式を次の列にコピーすると、VLOOKUP関数の引数の[列番号]に「COLUMN(C1)」と指定され、3列目の性別が抽出されます。つまり、数式のコピーで抽出する列が3列目、4列目と指定されるため複数列でも手早く抽出できます。

プラスアルファ　値を検索して該当する複数の連続行の値を手早く抽出するには、HLOOKUP関数の引数の[行番号]にROW関数を使って数式を作成します。

■サンプルファイル▶ 405.xlsx

▶ 連続/不連続データの検索・抽出　　　2016 2013 2010 2007

406 値Aを検索して対応する連続列の値B以下を行方向に手早く抽出したい

使用関数 VLOOKUP、ROW関数

数 式 =VLOOKUP($B$2,$A$11:$G$18,ROW(A2),0)

ROW関数をVLOOKUP関数の引数の[列番号]に使い、行方向に数式をコピーすると、「1」「2」「3」と連続した列を指定できます。つまり、値を検索して抽出したい列が複数あっても行方向に手早く抽出できます。

❶ 氏名を抽出するセルを選択し、「=VLOOKUP($B$2,$A$11:$G$18,ROW(A2),0)」と入力する。

❷ 数式を必要なだけ複写する。

❸ 会員番号「5」に該当するすべての情報が抽出される。

数式解説 VLOOKUP関数は複数行列の表から列を指定して検索値に該当する値を抽出する関数（Tips 392で紹介）、ROW関数はセルの行番号を求める関数です。
「=VLOOKUP($B$2,$A$11:$G$18,ROW(A2),0)」の数式は、A11セル〜G20セルの範囲からB2セルの番号を検索し、同じ行にある2列目の氏名を抽出します。数式を次の行にコピーすると、VLOOKUP関数の引数の[列番号]に「ROW(A3)」と指定され、3列目の性別が抽出されます。つまり、数式のコピーで抽出する列が3列目、4列目と指定されるため複数列でも手早く行方向に抽出できます。

サンプルファイル ▶ 406.xlsx

▶ 連続／不連続データの検索・抽出　　　　2016 | 2013 | 2010 | 2007

407 値Aを検索して対応する複数の離れた列の値B以下を手早く抽出したい

使用関数 VLOOKUP 関数

数 式 =VLOOKUP(A3,$A$6:$I$15,{2,5,7,8},0)

抽出したい列が離れた位置に複数ある場合、配列定数で列番号を指定して、配列数式を使うと VLOOKUP／HLOOKUP 関数を使って一度に抽出できます。1つの数式で済むので手早く抽出できます。

❶ 会員番号からの情報を抽出するすべてのセルを選択し、「=VLOOKUP(A3,$A$6:$I$15,{2,5,7,8},0)」と入力し、Ctrl + Shift + Enter キーで数式を確定する。

❷ 会員番号「5」に該当する2列目、5列目、7列目、8列目の情報が抽出される。

数式解説　VLOOKUP 関数は複数行列の表から列を指定して検索値に該当する値を抽出する関数です（Tips 392 で紹介）。
「=VLOOKUP(A3,$A$6:$I$15,{2,5,7,8},0)」の数式は、A6 セル〜H13 セルの範囲から A3 セルの番号を検索し、同じ行にある2列目、5列目、7列目、8列目の値を抽出します。なお、配列を扱うため、配列数式で求めます。配列数式で求めるには、すべてのセル範囲を数式で指定して、数式の前後を「{}」（中括弧）で囲みます。「{}」（中括弧）で囲まない場合は、数式の確定時に、Ctrl + Shift + Enter キーを押すと、数式の前後に「{}」（中括弧）が自動で付けられます。

⬇ サンプルファイル ▶ 407.xlsx

408 検索値に対応する値を○列おきに抽出したい

使用関数 VLOOKUP、COLUMN関数

数式 =VLOOKUP($B$3,$B$8:$H$12,COLUMN(A1)*2,0)

検索値に該当する値を指定の列ごとに抽出するには、抽出する列番号をCOLUMN関数で調整します。数式のコピーで、検索値に該当する1列おき、2列おきの値が抽出できます。

■1列目から1列おきに抽出する

❶ 注文数を抽出するセルを選択し、「=VLOOKUP($B$3,$B$8:$H$12,COLUMN(A1)*2,0)」と入力する。

❷ 数式を必要なだけ複写すると、商品名から1列目の注文数が1列おきに抽出される。

■2列目から1列おきに抽出する

❶ 注文金額を抽出するセルを選択し、「=VLOOKUP($B$3,$B$8:$H$12,COLUMN(A1)*2+1,0)」と入力する。

❷ 数式を必要なだけ複写すると、商品名から2列目の注文金額が1列おきに抽出される。

数式解説 VLOOKUP関数は複数行列の表から列を指定して検索値に該当する値を抽出する関数（Tips 392で紹介）、COLUMN関数はセルの列番号を求める関数です。「=VLOOKUP($B$3,$B$8:$H$12,COLUMN(A1)*2,0)」の数式は、B8セル〜H12セルの範囲からB3セルの商品名を検索し、2列目の注文数を抽出します。数式をコピーすると次の列には「=VLOOKUP($B$3,$B$8:$H$12,COLUMN(B1)*2,0)」、その次の列には「=VLOOKUP($B$3,$B$8:$H$12,COLUMN(C1)*2,0)」の数式が作成され、それぞれ、4列目、6列目の注文数が抽出されます。結果、1列おきの注文数が抽出されます。

プラスアルファ 検索値から1列目から2列おきに抽出するには、「=VLOOKUP($B$3,$B$8:$H$12,COLUMN(A1)*3-1,0)」、2列目から2列おきに抽出するには、「=VLOOKUP($B$3,$B$8:$H$12,COLUMN(A1)*3+1,0)」とCOLUMN関数に乗算する数値を調整して数式を作成します。

409 検索値に対応する値を◯列おきに行方向に抽出したい

使用関数 VLOOKUP、ROW関数

数式 =VLOOKUP($B$3,$B$11:$H$15,ROW(A1)*2,0)

検索値に該当する値を指定の列ごとに行方向に抽出するには、抽出する列番号をROW関数で調整します。数式のコピーで、検索値に該当する1列おき、2列おきの値が行方向に抽出できます。

■1列目から1列おきに抽出

❶ 注文数を抽出するセルを選択し、「=VLOOKUP($B$3,$B$11:$H$15,ROW(A1)*2,0)」と入力する。

❷ 数式を必要なだけ複写すると、商品名から1列目の注文数が1列おきに抽出される。

■2列目から1列おきに抽出

❶ 注文金額を抽出するセルを選択し、「=VLOOKUP($B$3,$B$11:$H$15,ROW(A1)*2+1,0)」と入力する。

❷ 数式を必要なだけ複写すると、商品名から2列目の注文金額が1列おきに抽出される。

数式解説 VLOOKUP関数は複数行列の表から列を指定して検索値に該当する値を抽出する関数（Tips 392で紹介）、ROW関数はセルの行番号を求める関数です。
「=VLOOKUP($B$3,$B$11:$H$15,ROW(A1)*2,0)」の数式は、B11セル～H15セルの範囲からB3セルの商品名を検索し、2列目の注文数を抽出します。数式をコピーすると次の行には「=VLOOKUP($B$3,$B$11:$H$15,ROW(A2)*2,0)」、その次の行には「=VLOOKUP($B$3,$B$11:$H$15,ROW(A3)*2,0)」の数式が作成され、それぞれ、4列目、6列目の注文金額が抽出されます。結果、1列おきの注文数が行方向に抽出されます。

サンプルファイル ▶ 409.xlsx

▶ 検索・抽出の活用

2016 | 2013 | 2010 | 2007

410 検索する値Aの左側の列から対応する値Bを抽出したい

使用関数 INDEX、MATCH関数

数式 =INDEX(A8:A12,MATCH(A3,C8:C12,0))

VLOOKUP／HLOOKUP関数は値を検索抽出できますが、抽出する値が検索値より右側になければできません。検索値がどの位置にあっても検索抽出するには、MATCH関数で検索値の位置を求めてINDEX関数で抽出します。

① VLOOKUP関数で連絡先から名前を抽出したいが、連絡先の右側に名前を入力し直さなければならない。

② 名前を抽出するセルを選択し、「=INDEX(A8:A12,MATCH(A3,C8:C12,0))」と入力する。

③ 連絡先から名前が抽出される。

数式解説 INDEX関数は指定の行列番号が交差するセル参照を求める関数（Tips 403で紹介）、MATCH関数は範囲内にある検査値の相対的な位置を求める関数です（Tips 445で紹介）。
「MATCH(A3,C8:C12,0)」の数式は、A3セルの連絡先がC8セル～C12セルの連絡先の範囲内で何番目にあるかを求めます。求められた番目をINDEX関数の引数の[列番号]に指定して、「=INDEX(A8:A12,MATCH(A3,C8:C12,0))」の数式を作成すると、その番目と同じ行にある名前が抽出されます。

▼サンプルファイル ▶ 410.xlsx

411 一部の値Aで検索して対応する値Bを抽出したい

使用関数 DGET関数

数式 =DGET(A5:C9,C5,A1:A2)

一部の値を条件で指定するには、ワイルドカードを使えばできます（第3章 Tips 122で紹介）。一部の値で検索して抽出するには、ワイルドカードを付けた条件を別途作成して、DGET関数の引数の[条件]に指定します。

---

❶ 会場名を抽出するセルを選択し、「=DGET(A5:C9,C5,A1:A2)」と入力する。

❷ 「6/2」を含む開催日から会場名が抽出される。

❸ 条件を「7/29」に変更すると、「7/29」を含む開催日から会場名が抽出される。

数式解説 DGET関数は条件を満たすデータを抽出する関数でデータベース関数の1つです（第3章 Tips 115で紹介）。データベース関数を利用するには、条件枠を別途作成して数式で使用します。条件は表と同じ列見出しの下に入力し、ワイルドカード(任意の文字を表す特殊な文字記号)を使って一部の条件を指定できます。ワイルドカードには「*」、「?」、「~」(チルダ)があります。「?」は1文字を表し、「~」(チルダ)は「*」「?」をワイルドカードと認識させないようにします。
「=DGET(A5:C9,C5,A1:A2)」の数式は、「7/29」を含む開催日の会場名を抽出します。

プラスアルファ ワイルドカードは条件に付ける位置によって条件を指定できます。たとえば、「*7/29*」とすると、「7/29を含む文字列」、「7/29*」とすると「7/29で始まる文字列」「*7/29」とすると「7/29で終わる文字列」の条件を指定できます。

▶ 検索・抽出の活用

2016 | 2013 | 2010 | 2007

412 入力値で部分一致検索して対応する値を抽出したい

使用関数 VLOOKUP関数

数　式 =VLOOKUP("*"&C3&"*",$G$3:$H$6,2,0)

帳票など行列が決められた表に一部の値をもとに抽出するには、VLOOKUP関数の検索値にワイルドカードを使った一部の値を指定して数式を作成します。数式のコピーでセルごとの一部の値で検索抽出できます。

❶単価を抽出するセルを選択し、「=VLOOKUP("*"&C3&"*",$G$3:$H$6,2,0)」と入力する。

❷数式を必要なだけ複写する。

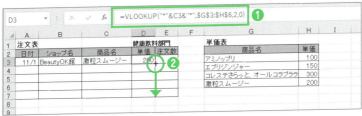

❸商品名を入力すると単価が抽出される。

	A	B	C	D	E	F	G	H
1	注文表			健康飲料部門			単価表	
2	日付	ショップ名	商品名	単価	注文数		商品名	単価
3	11/1	BeautyOK館	激粒スムージー	200	10		アミノップリ	100
4	11/1	美極マート	コレステさらっと	300	16		エブリジンジャー	150
5	11/1	美極マート	激粒スムージー	200	9		コレステさらっと、オールコラブラ	300
6	11/2	健やか壱番屋	エブリジンジャー	150	5		激粒スムージー	200
7	11/2	BeautyOK館	コレステさらっと	300	8			

数式解説 VLOOKUP関数は複数行列の表から列を指定して検索値に該当する値を抽出する関数です（Tips 392で紹介）。

検索値にはワイルドカード（第3章 Tips 122で紹介）を使用して一部の検索値を指定できます。
「=VLOOKUP("*"&C3&"*",$G$3:$H$6,2,0)」の数式は、G3セル～H6セルの範囲からC3セルの「激粒スムージー」を含む商品名を検索し、同じ行にある2列目の単価を抽出します。
数式をコピーすると、次の行には「=VLOOKUP("*"&C4&"*",$G$3:$H$6,2,0)」の数式が作成され、「コレステさらっと」を含む商品名の単価が抽出されます。

▼ サンプルファイル ▶ 412.xlsx

413 検索する値Aの一部だけを含む表から対応する値Bを抽出したい

使用関数 LOOKUP、FIND関数

数式 =LOOKUP(1,0/FIND(A7:A13,A2),B7:B13)

検索値を探したい表がその一部しか入力されていないとTips 410の数式では該当する値を抽出できません。このような場合は、LOOKUP関数を使って抽出します。

① 教室名を抽出するセルを選択し、「=LOOKUP(1,0/FIND(A7:A13,A2),B7:B13)」と入力する。

② 住所から教室名が抽出される。

③ 住所を変更すると対応する教室名が抽出される。

数式解説 LOOKUP関数は検査値に該当する値を対応する範囲内の同じ番目から抽出する関数(Tips 397で紹介)、FIND関数は文字列を左端から数えて何番目にあるかを求める関数です。

「FIND(A7:A13,A2)」の数式は、5つ目の「都島区」に位置の「5」を求め、そのほかは見つからないためエラー値を求めます。これを「0」で除算すると「5」だけに「0」が求められ、LOOKUP関数の[検査値]に「1」を指定して「=LOOKUP(1,0/FIND(A7:A13,A2),B7:B13)」の数式を作成すると、「0」と同じ番目にある教室名が抽出されます。結果、「都島区」を含む住所から、教室名が抽出されます。

サンプルファイル ▶ 413.xlsx

▶検索・抽出の活用　　　　　　　　　　　　　　　　　　　2016 | 2013 | 2010 | 2007

414 複数条件の検索値で対応する値を抽出したい

使用関数 VLOOKUP関数

数 式 =I3&J3、=VLOOKUP(C3&D3,$H$3:$K$14,4,0)

値を検索抽出できる関数で指定できる検索値は1つです。しかし、複数の検索値でも「&」で結合して1つの検索値にしておけば抽出可能です。

❶H列に「=I3&J3」と入力する。

❷数式を必要なだけ複写する。

❸単価を抽出するセルを選択し、「=VLOOKUP(C3&D3,$H$3:$K$14,4,0)」と入力する。

❹数式を必要なだけ複写する。

❺商品名と容量を入力すると単価が抽出される。

数式解説 VLOOKUP関数は複数行列の表から列を指定して検索値に該当する値を抽出する関数です（Tips 392で紹介）。
「=I3&J3」の数式は、I3セルの商品名とJ3セルの容量を結合して「激粒スムージー250ml」の値を作成します。
「=VLOOKUP(C3&D3,$H$3:$K$14,4,0)」の数式は、H3セル〜K14セルの単価表から「激粒スムージー250ml」を検索し、同じ行にある4列目の単価を抽出します。

プラスアルファ Tips 411のDGET関数でも複数の検索値で該当する値を抽出できます。サンプルのように数式をコピーして使用する場合はVLOOKUP関数を使いましょう。

サンプルファイル ▶ 414.xlsx

415 表の2列を検索して別のクロス表に抽出したい

使用関数 INDEX、MATCH関数

数式 =A3&B3、=INDEX($C$3:$C$17,MATCH($F3&G$2,$D$3:$D$17,0))

表から、クロス表の行列見出しと同じ行にある指定の列の値を抽出するには、MATCH関数で行列見出しと同じ値がある表内の行列番号を求めてINDEX関数で抽出します。

❶ D列に「=A3&B3」と入力する。

❷ 数式を必要なだけ複写する。

❸ クロス表の左上のセルを選択し、「=INDEX($C$3:$C$17,MATCH($F3&G$2,$D$3:$D$17,0))」と入力する。

❹ 数式を必要なだけ複写する。

❺ 鑑定士名と曜日のクロス表に待機状況が抽出される。

数式解説 INDEX関数は指定の行列番号が交差するセル参照を求める関数（Tips 403で紹介）、MATCH関数は範囲内にある検査値の相対的な位置を求める関数です（Tips 445で紹介）。「=A3&B3」の数式は、A3セルの鑑定士名とB3セルの曜日を結合して「愛華美月」の値を合成します。
「MATCH($F3&G$2,$D$3:$D$17,0)」の数式は、「愛華美＆月」がD3セル〜D17セルの範囲内で何番目にあるかを求め、求められた番目をINDEX関数の引数の[行番号]に指定して「=INDEX($C$3:$C$17,MATCH($F3&G$2,$D$3:$D$17,0))」の数式を作成すると、「愛華美」と「月」が同じ行にある待機の記号が抽出されます。数式をコピーすると、それぞれの鑑定士と曜日が交差するセルに待機の記号が抽出されます。ただし、数式をコピーしても、表の行見出しがずれないように「$」記号を行番号の前に、列見出しがずれないように「$」記号を列番号の前に、条件範囲と集計範囲の行列がずれないように「$」記号を行列番号の前に付けて数式を作成する必要があります。

サンプルファイル ▶ 415.xlsx

▶ 検索・抽出の活用

416 単価表から商品ごとの単価を「¥1,000～¥3,000」のように抽出したい

使用関数 TEXT、VLOOKUP、IF、COUNTIF 関数

数式 =TEXT(VLOOKUP(E3,$A$3:$C$14,3,0),"¥#,##0")&IF(COUNTIF($A$3:$A$14,E3)=1,"","～"&TEXT(VLOOKUP(E3,$A$3:$C$14,3),"¥#,##0"))

同じ検索値が複数ある表でも VLOOKUP／HLOOKUP 関数を使うと、引数の[検索方法]に指定する値の変更で、「最初の検索値に該当する値～最後の検索値に該当する値」のように抽出することができます。

---

❶単価を抽出するセルを選択し、「=TEXT(VLOOKUP(E3,$A$3:$C$14,3,0),"¥#,##0")&IF(COUNTIF($A$3:$A$14,E3)=1,"","～"&TEXT(VLOOKUP(E3,$A$3:$C$14,3),"¥#,##0"))」と入力する。

❷数式を必要なだけ複写する。

❸商品ごとの単価が「最初の単価～最後の単価」と抽出される。

数式解説 TEXT 関数は数値や日付／時刻を指定の表示形式を付けて文字列に変換する関数（第 8 章 Tips 328 で紹介）、VLOOKUP 関数は複数行列の表から列を指定して検索値に該当する値を抽出する関数（Tips 392 で紹介）、IF 関数は条件を満たすか満たさないかで処理を分岐する関数（第 12 章 Tips 476 で紹介）、COUNTIF 関数は条件を満たすセルの数を数える関数です（第 3 章 Tips 107 で紹介）。

「=TEXT(VLOOKUP(E3,$A$3:$C$14,3,0),"¥#,##0")」の数式は、A3 セル～C14 セルの範囲から E3 セルの商品名を検索し、1 つ目の商品名の 3 列目にある単価に通貨記号を付けて抽出します。「IF(COUNTIF($A$3:$A$14,E3)=1,"","～"&TEXT(VLOOKUP(E3,$A$3:$C$14,3),"¥#,##0"))」の数式は、A3 セル～C14 セルの範囲にある E3 セルの商品名の数が 1 個の場合は空白、2 個以上ある場合は E3 セルの商品名を検索し、最後の同じ商品名の 3 列目の単価に通貨記号を付けて、さらに「～」を先頭に付けて抽出します。つまり、この 1 つの数式を「&」で結合することで、同じ商品名が 1 個しかない場合は単価だけが抽出され、2 個以上あるときは「最初の同じ商品名の 3 列目の単価～最後の同じ商品名の 3 列目の単価」で抽出されます。

サンプルファイル ▶ 416.xlsx

417 検索値が表の複数行にある場合に対応する値をすべて抽出したい

使用関数 IF、ROW、INDEX、SMALL 関数

数 式 =IF(B3=$H$4,ROW(A1),"")、
=INDEX($A$3:$E$12,SMALL($F$3:$F$12,ROW(A1)),1)

検索値に該当する値が複数ある表では、VLOOKUP／HLOOKUP関数でそのすべてを抽出できません。すべて抽出するには、すべての検索値の表内の位置を求めてその位置をもとに抽出します。

❶F列に「=IF(B3=$H$4,ROW(A1),"")」と入力する。
❷数式を必要なだけ複写する。

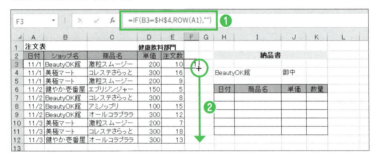

❸「BeautyOK館」の注文内容を抽出するセルを選択し、「=INDEX($A$3:$E$12,SMALL($F$3:$F$12,ROW(A1)),1)」と入力する。

❹数式を必要なだけ複写して、それぞれの引数の[列番号]を抽出する列番号に変更する。

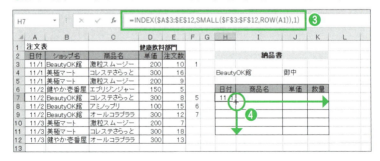

▶ サンプルファイル ▶ 417.xlsx

❺数式のエラー値を非表示にするには範囲選択し、[ホーム]タブの[スタイル]グループの[条件付き書式]ボタン→[新しいルール]を選択する。

❻表示された[新しい書式ルール]ダイアログボックスで、ルールの種類から「指定の値を含むセルだけを書式設定」を選択し、

❼ルールの内容で「エラー」を選択する。

❽[書式]ボタンをクリックして、表示された[セルの書式設定]ダイアログボックスの[フォント]タブでフォントの色を白色に設定する。

❾[OK]ボタンをクリックする。

❿「BeautyOK館」に該当する注文内容がすべて抽出される。

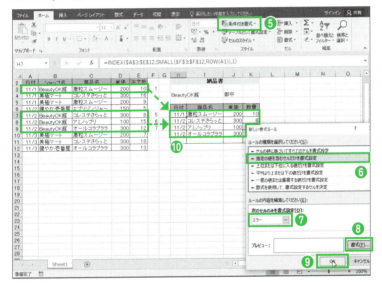

> **数式解説**　IF関数は条件を満たすか満たさないかで処理を分岐する関数（第12章 Tips 476で紹介）、ROW関数はセルの行番号を求める関数です。INDEX関数は指定の行列番号が交差するセル参照を求める関数（Tips 403で紹介）、SMALL関数は小さいほうから指定の順位にある値を求める関数です（第2章 Tips 044で紹介）。
> 「=IF(B3=$H$4,ROW(A1),"")」の数式は、B3セルのショップ名が納品書の宛先である場合は注文表内の番目を表示し、そうでない場合は空白を表示します。つまり、納品書の宛先だけの注文表内の番目を表示します。
> 「=INDEX($A$3:$E$12,SMALL($F$3:$F$12,ROW(A1)),1)」の数式は、1つ目の数式で作成した番目が小さいほうから、A3セル～E12セルの注文表の同じ行にある1列目の日付を抽出します。数式をコピーしてINDEX関数で抽出する列番号を必要な項目の列番号に変更することで、納品書の宛先だけの注文内容が注文表から必要な項目だけ納品書に抽出されます。

418 検索値が表の複数行に部分一致する場合に対応する値をすべて抽出したい

使用関数 IF、COUNTIF、ROW、INDEX、SMALL関数

数 式
=IF(COUNTIF(C3,"*"&$G$3&"*"),ROW(A1),"")、
=INDEX($B$3:$D$17,SMALL($E$3:$E$17,ROW(A1)),1)

Tips 417の数式では検索値が複数行あっても抽出できますが、部分一致の検索値の場合は、検索したい一部の値の表内の位置を求めてその位置をもとに抽出します。

❶E列に「=IF(COUNTIF(C3,"*"&$G$3&"*"),ROW(A1),"")」と入力する。

❷数式を必要なだけ複写する。

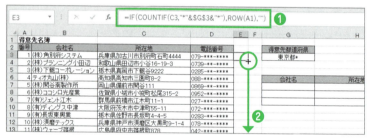

❸「東京都」の得意先を抽出するセルを選択し、「=INDEX($B$3:$D$17,SMALL($E$3:$E$17,ROW(A1)),1)」と入力する。

❹数式を必要なだけ複写して、それぞれの引数の[列番号]を抽出する列番号に変更する。

❺数式のエラー値を非表示にするには範囲選択し、[ホーム]タブの[スタイル]グループの[条件付き書式]ボタン→[新しいルール]を選択する。

❻表示された[新しい書式ルール]ダイアログボックスで、ルールの種類から「指定の値を含むセルだけを書式設定」を選択し、

❼ルールの内容で「エラー」を選択する。

❽[書式]ボタンをクリックして、表示された[セルの書式設定]ダイアログボックスの[フォント]タブでフォントの色を白色に設定する。

❾[OK]ボタンをクリックする。

❿「東京都」の得意先がすべて抽出される。

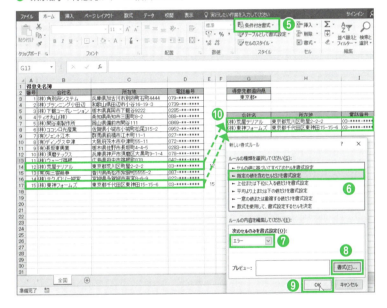

数式解説　IF関数は条件を満たすか満たさないかで処理を分岐する関数(第12章Tips 476で紹介)、COUNTIF関数は条件を満たすセルの数を数える関数(第3章Tips 107で紹介)、ROW関数はセルの行番号を求める関数です。INDEX関数は指定の行列番号が交差するセル参照を求める関数(Tips 403で紹介)、SMALL関数は小さいほうから指定の順位にある値を求める関数です(第2章Tips 044で紹介)。

「=IF(COUNTIF(C3,"*"&$G$3&"*"),ROW(A1),"")」の数式は、G3セルの都道府県が名簿の所在地に含まれる数が1個以上の場合は名簿内の番目を表示し、1個もない場合は空白を表示します。つまり、指定の都道府県だけの得意先名簿内の番目を表示します。

「=INDEX($B$3:$D$17,SMALL($E$3:$E$17,ROW(A1)),1)」の数式は、1つ目の数式で作成した番目が小さいほうから、B3セル～D17セルの名簿の同じ行にある1列目の会社名を抽出します。数式をコピーしてINDEX関数で抽出する列番号を必要な項目の列番号に変更することで、指定の都道府県だけの名簿が必要な項目だけ別表に抽出されます。

419 複数条件の検索で複数行に一致する場合に対応する値をすべて抽出したい

使用関数 IF、ROW、INDEX、SMALL関数

数式
=IF((B3=$I$4)*(F3=$L$6),ROW(A1),"")、
=INDEX($A$3:$E$12,SMALL($G$3:$G$12,ROW(A1)),1)

複数の検索値に該当する値が複数ある表で、そのすべてを抽出するには、複数の検索値を満たす行の表内の位置を求めてその位置をもとに抽出します。

❶ G列に「=IF((B3=$I$4)*(F3=$L$6),ROW(A1),"")」と入力する。
❷ 数式を必要なだけ複写する。

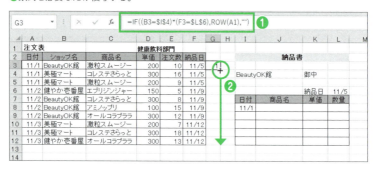

❸ 11/5納品の「BeautyOK館」の注文内容を抽出するセルを選択し、「=INDEX($A$3:$E$12,SMALL($G$3:$G$12,ROW(A1)),1)」と入力する。

❹ 数式を必要なだけ複写して、それぞれの引数の[列番号]を抽出する列番号に変更する。

サンプルファイル ▶ 419.xlsx

❺数式のエラー値を非表示にするには範囲選択し、[ホーム]タブの[スタイル]グループの[条件付き書式]ボタン→[新しいルール]を選択する。

❻表示された[新しい書式ルール]ダイアログボックスで、ルールの種類から「指定の値を含むセルだけを書式設定」を選択し、

❼ルールの内容で「エラー」を選択する。

❽[書式]ボタンをクリックして、表示された[セルの書式設定]ダイアログボックスの[フォント]タブでフォントの色を白色に設定する。

❾[OK]ボタンをクリックする。

❿11/5納品の「BeautyOK館」に該当する注文内容がすべて抽出される。

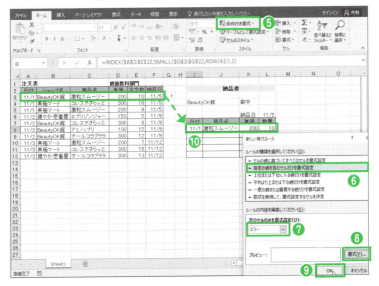

> **数式解説**　IF関数は条件を満たすか満たさないかで処理を分岐する関数(第12章 Tips 476で紹介)、ROW関数はセルの行番号を求める関数です。INDEX関数は指定の行列番号が交差するセル参照を求める関数(Tips 403で紹介)、SMALL関数は小さいほうから指定の順位にある値を求める関数です(第2章 Tips 044で紹介)。
> 「=IF((B3=$I$4)*(F3=$L$6),ROW(A1),"")」の数式は、B3セルのショップ名が納品書の宛先であり、F3セルの納品日が納品書の納品日である場合は注文表内の番号を表示し、そうでない場合は空白を表示します。つまり、納品書の宛先の指定の納品日だけの注文表内の番号を表示します。
> 「=INDEX($A$3:$E$12,SMALL($G$3:$G$12,ROW(A1)),1)」の数式は、1つ目の数式で作成した番号が小さいほうから、A3セル〜E12セルの注文表の同じ行にある1列目の日付を抽出します。数式をコピーしてINDEX関数で抽出する列番号を必要な項目の列番号に変更することで、納品書の宛先の指定の納品日だけの注文内容が注文表から必要な項目だけ納品書に抽出されます。

420 入力値を検索して別ブックの表から対応する値を抽出したい

使用関数 VLOOKUP関数

数式 =VLOOKUP(C3,[単価表.xlsx]健康飲料部門!$A$2:$B$6,2,0)

表から値を検索して対応する値を抽出する場合、対応する値が別ブックにあっても抽出できます。2つのブックを開いておけば、1画面に並べるだけで手早く数式を作成して抽出できます。並べることで画面の切り替えも不要です。

① 「注文表」ブックと「単価表」ブックを開き、ウィンドウの左右に並べて配置する。

② 単価を抽出するセルを選択し、「=VLOOKUP(C3,[単価表.xlsx]健康飲料部門!$A$2:$B$6,2,0)」と入力する。

③ 数式を必要なだけ複写する。

④ 「単価表」ブックを閉じていても、商品名を入力すると、「単価表」ブックの単価表から抽出される。

数式解説
VLOOKUP関数は複数行列の表から列を指定して検索値に該当する値を抽出する関数です(Tips 392で紹介)。
「=VLOOKUP(C3,[単価表.xlsx]健康飲料部門!$A$2:$B$6,2,0)」の数式は、「単価表」ブックの「健康飲料部門」シートのA2セル~B6セルの範囲からC3セルの商品名を検索し、同じ行にある2列目の単価を抽出します。

プラスアルファ
Excel 2016/2013では、ブックごとにウィンドウが開くので、2つのウィンドウを左右に並べるには、2つのブックを開いたら、ウィンドウのタイトルバーをドラッグして左右に配置します。Excel 2010/2007では、[表示]タブ→[ウィンドウ]グループ→[整列]ボタンをクリックし、表示された[ウィンドウの整列]ダイアログボックスで[左右に並べて表示]をオンにして左右に配置します。

サンプルファイル 単価表.xlsx、注文表.xlsx

▶ 複数の表／シートの検索・抽出

2016 | 2013 | 2010 | 2007

421 値Aを検索して複数の表／シートから対応する値Bを抽出したい

使用関数 VLOOKUP、INDIRECT関数

数式 =VLOOKUP($B$3,INDIRECT($A$3),5,0)

複数の表やシートから値を検索抽出するには、それぞれの表に名前を付けておきます。その名前を INDIRECT 関数で間接的に参照して、検索抽出できる関数の検索範囲に使うと、複数の表やシートから抽出できます。

❶それぞれのシートの表を範囲選択して、[名前ボックス]に名前を付けておく。

❷抽出するシートの表に付けた名前と検索する氏名を入力する。

❸住所を抽出するセルを選択し、「=VLOOKUP($B$3,INDIRECT($A$3),5,0)」と入力する。

❹数式を必要なだけ複写して、それぞれの引数の[列番号]を抽出する列番号に変更すると、抽出したいシートの表から名前に該当する住所と電話番号が抽出される。

❺抽出したいシートの表の名前と氏名を変更すると、該当する住所と電話番号が、そのシートの表から抽出される。

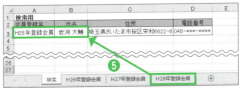

数式解説 VLOOKUP 関数は複数行列の表から列を指定して検索値に該当する値を抽出する関数（Tips 392 で紹介）、INDIRECT 関数はセル参照を表す文字列が示す先を間接的に参照する関数です。

「INDIRECT($A$3)」の数式は、A3 セルに入力した「H27 年登録会員」の名前を付けた表の値を間接的に参照します。この数式を VLOOKUP 関数の引数の[範囲]に指定して、「=VLOOKUP($B$3,INDIRECT($A$3),5,0)」の数式を作成すると、「H27 年登録会員」の名前を付けた「H27 年登録会員」シートの表から氏名をもとに住所、電話番号が抽出されます。

サンプルファイル ▶ 421.xlsx

422 値Aを検索して別ブックの複数の表／シートから値Bを抽出したい

使用関数 VLOOKUP、CHOOSE 関数

数式 =VLOOKUP($C$3,CHOOSE($A$3,[会員名簿.xlsx]H26年登録会員!$A$3:$F$6,[会員名簿.xlsx]H27年登録会員!$A$3:$F$7,[会員名簿.xlsx]H28年登録会員!$A$3:$F$8),5,0)

複数の表やシートから値を検索抽出するには Tips 421 の数式でできますが、別ブックの値を使った数式に INDIRECT 関数は使えません。別ブックの場合は CHOOSE 関数を検索抽出できる関数の検索範囲に使います。

❶「検索用」ブックと「会員名簿」ブックを開き、ウィンドウの左右に並べて配置する。

❷抽出するシートの番目と検索する氏名を入力する。

❸住所を抽出するセルを選択し、「=VLOOKUP($C$3,CHOOSE($A$3,[会員名簿.xlsx]H26年登録会員!$A$3:$F$6,[会員名簿.xlsx]H27年登録会員!$A$3:$F$7,[会員名簿.xlsx]H28年登録会員!$A$3:$F$8),5,0)」と入力する。

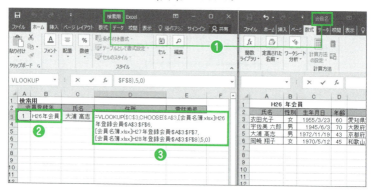

サンプルファイル ▶ 検索用.xlsx、会員名簿.xlsx

❹数式を必要なだけ複写して、それぞれの引数の[列番号]を抽出する列番号に変更すると、「会員名簿」ブックの1番目のシートの表から、氏名に該当する住所と電話番号が抽出される。

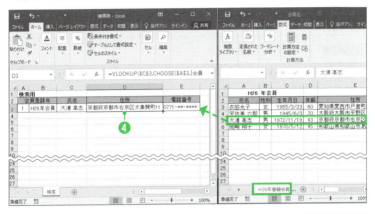

❺「会員名簿」ブックを閉じていても、抽出したいシートの番目を「2」と入力して氏名を入力すると、「会員名簿」ブックの2番目のシートの表から氏名に該当する住所と電話番号が抽出される。

数式解説 VLOOKUP関数は複数行列の表から列を指定して検索値に該当する値を抽出する関数(Tips 392で紹介)、CHOOSE関数は引数のリストから値を取り出す関数です。「CHOOSE($A$3,[会員名簿.xlsx]H26年登録会員!$A$3:$F$6,[会員名簿.xlsx]H27年登録会員!$A$3:$F$7,[会員名簿.xlsx]H28年登録会員!$A$3:$F$8)」の数式は、A3セルが「1」なので引数の「値1」に入力した「会員名簿」ブックの「H26年登録会員」シートのA3セル~F6セルが抽出されます。この抽出したセル範囲をVLOOKUP関数の引数の[範囲]に指定して数式を作成することで、「会員名簿」ブックの「H26年登録会員」シートのA3セル~F6セルの範囲から氏名に該当する住所と電話番号が抽出できます。

423 検索するシート名を指定して対応する値を抽出したい

使用関数 VLOOKUP、INDIRECT関数

数 式 =VLOOKUP($B$3,INDIRECT($A$3&"!A3:F8"),5,0)

セルに入力したシート名から検索値に該当する値を抽出するには、シート名をINDIRECT関数で間接参照し、検索抽出できる関数の検索範囲に指定して抽出します。

①抽出するシート名「H27年登録会員」と検索する氏名を入力する。

②住所を抽出するセルを選択し、「=VLOOKUP($B$3,INDIRECT($A$3&"!A3:F8"),5,0)」と入力する。

③数式を必要なだけ複写して、それぞれの引数の[列番号]を抽出する列番号に変更すると、「H27年登録会員」シートから氏名に該当する住所と氏名が抽出される。

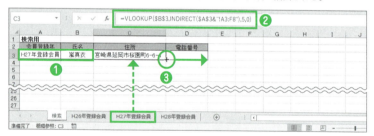

④シート名を「H28年登録会員」と入力し、検索する氏名を入力すると「H28年登録会員」シートから氏名に該当する住所と氏名が抽出される。

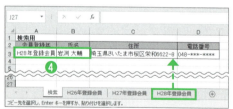

数式解説 VLOOKUP関数は複数行列の表から列を指定して検索値に該当する値を抽出する関数 (Tips 392で紹介)、INDIRECT関数はセル参照を表す文字列が示す先を間接的に参照する関数です。

「INDIRECT($A$3&"!A3:F8")」の数式は、A3セルに入力した「H27年登録会員」のシートにあるA3セル～F8セルの値を間接的に参照します。この間接参照したセル範囲をVLOOKUP関数の引数の[範囲]に指定して数式を作成することで、「H27年登録会員」シートのA3セル～F8セルの範囲から氏名に該当する住所と電話番号が抽出できます。

サンプルファイル ▶ 423.xlsx

▶複数の表/シートの検索・抽出　　　　　　　　　2016 | 2013 | 2010 | 2007

424 値を検索して複数のシートから対応する値を抽出したい（シート自動追加対応）

使用関数 IF、VLOOKUP、INDIRECT、INDEX、MATCH、COUNTIF関数

数　式
{=IF($A$3="","",VLOOKUP($A$3,INDIRECT(INDEX($A$9:$A$15,MATCH(1,COUNTIF(INDIRECT($A$9:$A$15&"!A3:A10"),$A$3)*1,))&"!A3:F10"),5,0))}

複数シートから値を検索抽出するにはINDIRECT関数を使えば可能ですが（Tips 421、423で紹介）、検索する値のシート名や表に付けた名前が必要です。検索値だけで抽出するには、セルに入力したすべてのシート名にあるセル範囲をINDIRECT関数で間接参照して抽出します。

---

❶すべてのシート名を入力しておく。

❷住所を抽出するセルを選択し、「=IF($A$3="","",VLOOKUP($A$3,INDIRECT(INDEX($A$9:$A$15,MATCH(1,COUNTIF(INDIRECT($A$9:$A$15&"!A3:A10"),$A$3)*1,))&"!A3:F10"),5,0))」と入力し、Ctrl + Shift + Enter キーで数式を確定する。

❸数式を必要なだけ複写して、電話番号の数式は抽出する列番号を「6」に変更する。

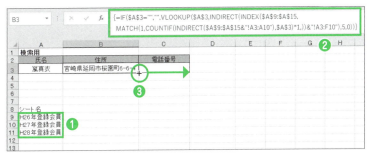

❹「嵐真衣」の名前がある「H27年登録会員」シートから住所と電話番号が抽出される。

💾 サンプルファイル ▶ 424.xlsx

❺「大坂 志信」の名前がある「H28年登録会員」シートから住所と電話番号が抽出される。

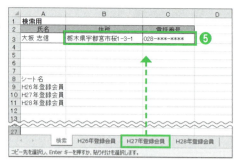

> **数式解説** IF関数は条件を満たすか満たさないかで処理を分岐する関数(第12章 Tips 476で紹介)、VLOOKUP関数は複数行列の表から列を指定して検索値に該当する値を抽出する関数、INDEX関数は指定の行列番号が交差するセル参照を求める関数、MATCH関数は範囲内にある検査値の相対的な位置を求める関数(Tips 392、403、445で紹介)、INDIRECT関数はセル参照を表す文字列が示す先を間接的に参照する関数、COUNTIF関数は条件を満たすセルの数を数える関数です(第3章 Tips 107で紹介)。
> 「MATCH(1,COUNTIF(INDIRECT($A$9:$A$15&"!A3:A10"),$A$3)*1,))&"!A3:F10")」の数式は、A9セル～A15セルに入力したシート名にあるA3セル～A10セルの値を間接的に参照します。この数式をVLOOKUP関数の引数の[範囲]に指定して「=IF($A$3="","",VLOOKUP($A$3,INDIRECT(INDEX($A$9:$A$15,MATCH(1,COUNTIF(INDIRECT($A$9:$A$15&"!A3:A10"),$A$3)*1,))&"!A3:F10"),5,0))」の数式を作成することでA9セル～A15セルに入力したどれかのシート名からA3セルの氏名に対応する5列目の住所が抽出されます。なお、配列を扱うため、配列数式で求めます。

▶複数の表／シートの検索・抽出 2016 | 2013 | 2010 | 2007

425 複数のクロス表から行列見出しを指定して交差する値を抽出したい

使用関数 INDEX、MATCH関数

数式 =INDEX(($J$4:$L$6,$J$11:$L$13),MATCH(C3,$I$4:$I$6,0),MATCH(D3,$J$3:$L$3,0),B3)

複数のクロス表でもINDEX関数を使うと抽出できます。何個目のクロス表から抽出したいのかを指定するだけで、そのクロス表の行列見出しが交差する値を抽出できます。

❶抽出する入館料の表の番目を入力する。

❷入館料を抽出するセルを選択し、「=INDEX(($J$4:$L$6,$J$11:$L$13),MATCH(C3,$I$4:$I$6,0),MATCH(D3,$J$3:$L$3,0),B3)」と入力する。

❸数式を必要なだけ複写する。

❹B列にそれぞれに入力した番目の表から、券種に該当する入館料が抽出される。

数式解説 INDEX関数は指定の行列番号が交差するセル参照を求める関数(Tips 403で紹介)、MATCH関数は範囲内にある検査値の相対的な位置を求める関数です(Tips 445で紹介)。
INDEX関数の引数の[参照]に複数のセル範囲を指定する場合は、すべてのセル範囲を「()」で囲みます。また、複数のセル範囲を指定した場合は、引数の[領域番号]には何番目のセル範囲を検索対象にするかを番号で指定します。
「=INDEX(($J$4:$L$6,$J$11:$L$13),MATCH(C3,$I$4:$I$6,0),MATCH(D3,$J$3:$L$3,0),B3)」の数式は、引数の[領域番号]に「1」が指定されるので、引数の[参照]に指定した1つ目のJ4セル～L6セルの表から団体と大人に該当する入館料が抽出されます。

サンプルファイル ▶ 425.xlsx

426 複数シート/ブックのクロス表から行列見出しを指定して交差する値を抽出したい

複数の表/シートの検索・抽出　　2016 2013 2010 2007

使用関数 INDEX、CHOOSE、MATCH関数

数式 =INDEX(CHOOSE(B3,一般!$B$3:$D$5,優待!$B$3:$D$5),MATCH(C3,$I$3:$I$5,0),MATCH(D3,$J$3:$J$5,0))

INDEX関数の引数の[参照]には複数のセル範囲が指定できますが、複数のシート/ブックのセル範囲は指定できません。複数シート/ブックのクロス表から値を抽出するには引数の[参照]にCHOOSE関数を使って数式を作成します。

❶クロス表の行列見出しを入力しておく。

❷シートの番目(「一般」シートは「1」、「優待」シートは「2」)を入力しておく。

❸入館料を求めるセルを選択し、「=INDEX(CHOOSE(B3,一般!$B$3:$D$5,優待!$B$3:$D$5),MATCH(C3,$I$3:$I$5,0),MATCH(D3,$J$3:$J$5,0))」と入力する。

❹数式を必要なだけ複写する。

❺それぞれのシートの番目にあるクロス表から入館料が求められる。

数式解説 INDEX関数は指定の行列番号が交差するセル参照を求める関数、MATCH関数は範囲内にある検査値の相対的な位置を求める関数、CHOOSE関数は引数のリストから値を取り出す関数です(Tips 403、445、422で紹介)。
「=INDEX(CHOOSE(B3, 一般!$B$3:$D$5, 優待!$B$3:$D$5),MATCH(C3,$I$3:$I$5,0),MATCH(D3,$J$3:$J$5,0))」の数式は、CHOOSE関数の引数の[インデックス]に「1」が指定されるので、引数の[値1]に入力した「一般」シートのB3セル〜D5セルの表から「団体」と「大人」が交差する入館料を抽出します。

サンプルファイル ▶ 426.xlsx

▶複数の表／シートの検索・抽出　　　　　　　　2016 | 2013 | 2010 | 2007

427　1つの表の値を項目別シートに分割抽出したい

使用関数 IF、ROW、INDEX、SMALL関数

数式　=IF(全ショップ!B3=$B$1,ROW(A1),"")、
=INDEX(全ショップ!$A$3:$E$12,SMALL($E$4:$E$13,ROW(A1)),1)

1つの表の値を項目別にシートに抽出するには、まず1つ目の項目の表内の位置を求め、その位置をもとに抽出します。ほかの項目はシートのコピーで手早く抽出できます。

❶分割する1つ目のショップ「BeautyOK館」の表を作成し、E列に「=IF(全ショップ!B3=$B$1,ROW(A1),"")」と入力する。

❷数式を必要なだけ複写する。

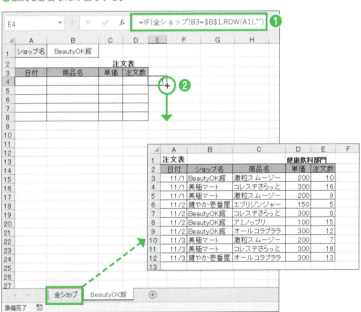

📁サンプルファイル ▶ 427.xlsx

❸抽出する左上のセルを選択し、「=INDEX(全ショップ!$A$3:$E$12,SMALL($E$4:$E$13,ROW(A1)),1)」と入力する。

❹数式を必要なだけ複写して、それぞれの引数の[列番号]を抽出する列番号に変更すると、「BeautyOK館」の注文内容が抽出される。
エラー値は条件付き書式で非表示にしておく（Tips 419の手順❺～❾で紹介）。

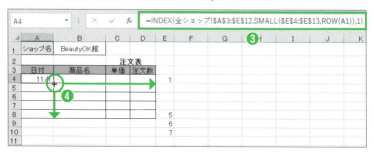

❺シートをコピーしてそれぞれのショップ名に変更する。

❻B1セルのショップ名を変更すると、そのショップ名の注文内容が抽出される。

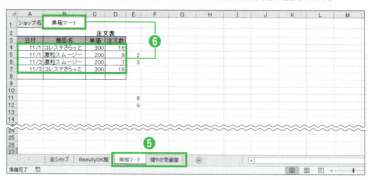

> **数式解説** IF関数は条件を満たすか満たさないかで処理を分岐する関数（第12章 Tips 476で紹介）、ROW関数はセルの行番号を求める関数です。INDEX関数は指定の行列番号が交差するセル参照を求める関数（Tips 403で紹介）、SMALL関数は小さいほうから指定の順位にある値を求める関数です（第2章 Tips 044で紹介）。
> 「=IF(全ショップ!B3=$B$1,ROW(A1),"")」の数式は、「全ショップ」シートのB3セルのショップ名がB1セルのショップ名である場合は注文表内の番号を表示し、そうでない場合は空白を表示します。つまり、B1セルのショップ名の「全ショップ」シートの注文表内の番号を表示します。
> 「=INDEX(全ショップ!$A$3:$E$12,SMALL($E$4:$E$13,ROW(A1)),1)」の数式は、1つ目の数式で作成した番号が小さいほうから、「全ショップ」シートのA3セル～E12セルの注文表の同じ行にある1列目の日付を抽出します。数式をコピーしてINDEX関数で抽出する列番号を必要な項目の列番号に変更することで、指定のショップ名だけの注文内容が「全ショップ」シートの注文表から必要な項目だけ抽出されます。ショップ別シートを作成するには、そのシートをショップの数だけコピーして、B1セルのショップ名をそれぞれのショップ名に変更します。

▶ 複数の表／シートの検索・抽出　　　2016 | 2013 | 2010 | 2007

428 1つの表の値を部分一致する項目名で別シートに分割抽出したい

使用関数 IF、COUNTIF、ROW、INDEX、SMALL 関数

数 式 =IF(COUNTIF(全国!C3,"*"&$C$2&"*"),ROW(A1),"")、
=INDEX(全国!$B$3:$D$17,SMALL($D$5:$D$25,ROW(A1)),1)

1つの表の値を一部の項目別にシートに抽出するには、まず1つ目の一部の項目の表内の位置を求め、その位置をもとに抽出します。ほかの一部の項目はシートのコピーで手早く抽出できます。

---

❶分割する1つ目の都道府県「大阪府」の表を作成し、D列に「=IF(COUNTIF(全国!C3,"*"&$C$2&"*"),ROW(A1),"")」と入力する。

❷数式を必要なだけ複写する。

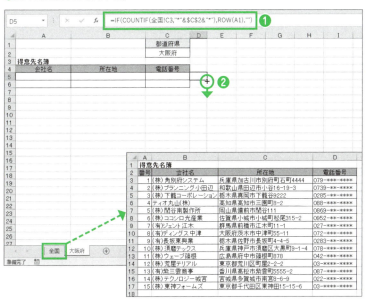

📥 サンプルファイル ▶ 428.xlsx

❸ 抽出する左上のセルを選択し、「=INDEX(全国!$B$3:$D$17,SMALL($D$5:$D$25,ROW(A1)),1)」と入力する。

❹ 数式を必要なだけ複写して、それぞれの引数の[列番号]を抽出する列番号に変更すると、「大阪府」の得意先名簿が抽出される。
エラー値は条件付き書式で非表示にしておく（Tips 419の手順❺〜❾で紹介）。

❺ シートをコピーしてそれぞれの都道府県名に変更する。

❻ C2セルの都道府県を変更すると、その都道府県の得意先名簿が抽出される。

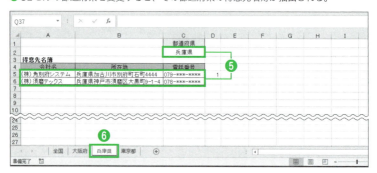

数式解説 IF関数は条件を満たすか満たさないかで処理を分岐する関数（第12章 Tips 476で紹介）、COUNTIF関数は条件を満たすセルの数を数える関数（第3章 Tips 107で紹介）、INDEX関数は指定の行列番号が交差するセル参照を求める関数（Tips 403で紹介）、SMALL関数は小さいほうから指定の順位にある値を求める関数です（第2章 Tips 044で紹介）。
「=IF(COUNTIF(全国!C3,"*"&$C$2&"*"),ROW(A1),"")」の数式は、C2セルの都道府県が「全国」シートの名簿の所在地に含まれる数が1個以上の場合は名簿内の番目を表示し、1個もない場合は空白を表示します。
「=INDEX(全国!$B$3:$D$17,SMALL($D$5:$D$25,ROW(A1)),1)」の数式は、1つ目の数式で作成した番目が小さいほうから、「全国」シートのB3セル〜D17セルの名簿の同じ行にある1列目の会社名を抽出します。数式をコピーしてINDEX関数で抽出する列番号を必要な項目の列番号に変更することで、指定の都道府県だけの名簿が「全国」シートの名簿から必要な項目だけ抽出されます。都道府県別シートを作成するには、そのシートを都道府県の数だけコピーして、C2セルをそれぞれの都道府県に変更します。

▶複数の表／シートの検索・抽出　　　　　　　　　2016 | 2013 | 2010 | 2007

429　1つの表の値を年別シートに分割抽出したい

使用関数　IF、YEAR、ROW、INDEX、SMALL 関数

数　式　=IF(G3="","",YEAR(G3))、=IF(全会員!H3=$A$1,ROW(A1),"")、
=INDEX(全会員!$B$3:$G$17,SMALL($G$3:$G$17,ROW(A1)),1)

1つの表の値を年別シートに分割抽出するにはまず、日付からYEAR関数で年を求めます。求めた1つ目の年の表内の位置を求め、その位置をもとに抽出します。ほかの年の項目はシートのコピーで手早く抽出できます。

❶名簿を登録年別シートに分割したいので、分割したい表のH列に「=IF(G3="","",YEAR(G3))」と入力する。

❷数式を必要なだけ複写する。

❸分割する1つ目の年「2014」の表を作成し、G列に「=IF(全会員!H3=$A$1,ROW(A1),"")」と入力する。

❹数式を必要なだけ複写する。

▼サンプルファイル ▶ 429.xlsx

❺ 抽出する左上のセルを選択し、「=INDEX(全会員!$B$3:$G$17,SMALL($G$3:$G$17,ROW(A1)),1)」と入力する。

❻ 数式を必要なだけ複写して、それぞれの引数の[列番号]を抽出する列番号に変更すると、「2014」年の会員名簿が抽出される。

エラー値は条件付き書式で非表示にしておく（Tips 419の手順❺～❾で紹介）。

❼ シートをコピーしてそれぞれの年のシートに変更する。

❽ A1セルの年を変更すると、その年の会員名簿が抽出される。

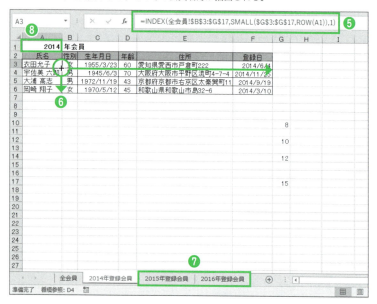

数式解説 IF関数は条件を満たすか満たさないかで処理を分岐する関数（第12章 Tips 476で紹介）、YEAR関数は日付から年を取り出す関数（第6章 Tips 267で紹介）、ROW関数はセルの行番号を求める関数です。INDEX関数は指定の行列番号が交差するセル参照を求める関数（Tips 403で紹介）、SMALL関数は小さいほうから指定の順位にある値を求める関数です（第2章 Tips 044で紹介）。

「=IF(G3="","",YEAR(G3))」の数式は、G3セルの登録日が空白の場合は空白を表示し、そうでない場合は年を取り出します。

「=IF(全会員!H3=$A$1,ROW(A1),"")」の数式は、「全会員」シートの1つ目の数式で取り出した年がA1セルの年である場合は「全会員」シートの名簿内の番目を表示し、そうでない場合は空白を表示します。

「=INDEX(全会員!$B$3:$G$17,SMALL($G$3:$G$17,ROW(A1)),1)」の数式は、2つ目の数式で作成した番目が小さいほうから、「全会員」シートのB3セル～G17セルの名簿の同じ行にある1列目の氏名を抽出します。数式をコピーしてINDEX関数で抽出する列番号を必要な項目の列番号に変更することで、指定の年だけの名簿が「全会員」シートの名簿から必要な項目だけ抽出されます。年別シートを作成するには、そのシートを年の数だけコピーして、A1セルをそれぞれの年に変更します。

▶ 複数の表／シートの検索・抽出 **2016 | 2013 | 2010 | 2007**

430 1つの表の値を月別シートに分割抽出したい

使用関数 IF、MONTH、ROW、INDEX、SMALL 関数

数 式 =IF(D3="","",MONTH(D3))、=IF(全会員!G3='1月'!$D$1,ROW(A1),"")、
=INDEX(全会員!$B$3:$F$17,SMALL($F$3:$F$17,ROW(A1)),1)

1つの表の値を月別シートに分割抽出するにはまず、日付からMONTH関数で月を求めます。求めた1つ目の月の表内の位置を求め、その位置をもとに抽出します。ほかの月の項目はシートのコピーで手早く抽出できます。

---

❶名簿を誕生月別シートに分割したいので、分割したい表のG列に「=IF(D3="","",MONTH(D3))」と入力する。

❷数式を必要なだけ複写する。

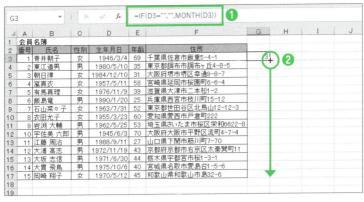

❸分割する1つ目の月「1」の表を作成し、F列に「=IF(全会員!G3='1月'!$D$1,ROW(A1),"")」と入力する。

❹数式を必要なだけ複写する。

📥 サンプルファイル ▶ 430.xlsx

❺ 抽出する左上のセルを選択し、「=INDEX(全会員!$B$3:$F$17,SMALL($F$3:$F$17,ROW(A1)),1)」と入力する。

❻ 数式を必要なだけ複写して、それぞれの引数の[列番号]を抽出する列番号に変更すると、「1」月の会員名簿が抽出される。
エラー値は条件付き書式で非表示にしておく(Tips 419の手順❺〜❾で紹介)。

❼ シートをコピーしてそれぞれの月のシートに変更する。

❽ D1セルの月を変更すると、その月の会員名簿が抽出される。

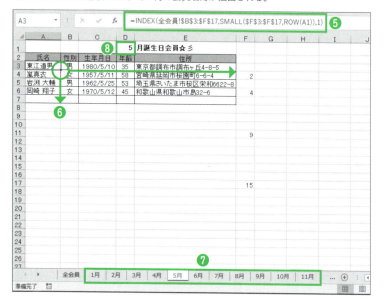

> **数式解説** IF関数は条件を満たすか満たさないかで処理を分岐する関数(第12章 Tips 476で紹介)、MONTH関数は日付から月を取り出す関数(第6章 Tips 268で紹介)、ROW関数はセルの行番号を求める関数です。INDEX関数は指定の行列番号が交差するセル参照を求める関数(Tips 403で紹介)、SMALL関数は小さいほうから指定の順位にある値を求める関数です(第2章 Tips 044で紹介)。
> 「=IF(D3="","",MONTH(D3))」の数式は、D3セルの生年月日が空白の場合は空白を表示し、そうでない場合は月を取り出します。
> 「=IF(全会員!G3='1月'!$D$1,ROW(A1),"")」の数式は、「全会員」シートの1つ目の数式で取り出した月がD1セルの月である場合は「全会員」シートの名簿内の番目を表示し、そうでない場合は空白を表示します。
> 「=INDEX(全会員!$B$3:$F$17,SMALL($F$3:$F$17,ROW(A1)),1)」の数式は、2つ目の数式で作成した番目が小さいほうから、「全会員」シートのB3セル〜G17セルの名簿の同じ行にある1列目の氏名を抽出します。数式をコピーしてINDEX関数で抽出する列番号を必要な項目の列番号に変更することで、指定の月だけの名簿が「全会員」シートの名簿から必要な項目だけ抽出されます。月別シートを作成するには、そのシートを月の数だけコピーして、D1セルをそれぞれの月に変更します。

▶ 複数の表／シートの検索・抽出　　　　　　2016 | 2013 | 2010 | 2007

431 1つの表の値を四半期別シートに分割抽出したい

使用関数 IF、INT、MOD、MONTH、ROW、INDEX、SMALL関数

数　式
=IF(A3="","",INT(MOD(MONTH(A3)-4,12)/3+1))、
=IF(販売集計!C3=$A$1,ROW(A1),"")、
=INDEX(販売集計!$A$3:$B$38,SMALL($C$3:$C$40,ROW(A1)),1)

1つの表の値を四半期別シートに分割抽出するにはまず、日付から四半期の数値を求めます。求めた1つ目の数値の表内の位置を求め、その位置をもとに抽出します。ほかの四半期の項目はシートのコピーで手早く抽出できます。

❶集計表を四半期別シートに分割したいので、分割したい表のC列に「=IF(A3="","",INT(MOD(MONTH(A3)-4,12)/3+1))」と入力する。

❷数式を必要なだけ複写する。

❸分割する1つ目の四半期「1」の表を作成し、C列に「=IF(販売集計!C3=$A$1,ROW(A1),"")」と入力する。

❹数式を必要なだけ複写する。

📥 サンプルファイル ▶ 431.xlsx

❺ 抽出する左上のセルを選択し、「=INDEX(販売集計!$A$3:$B$38,SMALL($C$3:$C$40,ROW(A1)),1)」と入力する。

❻ 数式を必要なだけ複写して、それぞれの引数の[列番号]を抽出する列番号に変更すると、第「1」半期の販売集計が抽出される。
エラー値は条件付き書式で非表示にしておく（Tips 419の手順❺～❾で紹介）。

❼ シートをコピーしてそれぞれの四半期のシートに変更する。

❽ A1セルの四半期の数値を変更すると、その四半期の販売集計が抽出される。

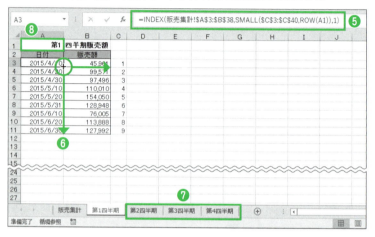

数式解説

IF関数は条件を満たすか満たさないかで処理を分岐する関数（第12章 Tips 476で紹介）、INT関数は数値の小数点以下を切り捨てる関数、MOD関数は数値を除算したときの余りを求める関数、MONTH関数は日付から月を取り出す関数（第6章 Tips 268で紹介）、ROW関数はセルの行番号を求める関数です。INDEX関数は指定の行列番号が交差するセル参照を求める関数（Tips 403で紹介）、SMALL関数は小さいほうから指定の順位にある値を求める関数です（第2章 Tips 044で紹介）。

「=IF(A3="","",INT(MOD(MONTH(A3)-4,12)/3+1))」の数式は、A3セルの日付が空白の場合は空白を表示し、そうでない場合は四半期の番号を取り出します（数式は第3章 Tips 148で紹介）。

「=IF(販売集計!C3=$A$1,ROW(A1),"")」の数式は、「販売集計」シートの1つ目の数式で取り出した四半期の番号がA1セルの番号である場合は「販売集計」シートの集計表内の番目を表示し、そうでない場合は空白を表示します。

「=INDEX(販売集計!$A$3:$B$38,SMALL($C$3:$C$40,ROW(A1)),1)」の数式は、2つ目の数式で作成した番目が小さいほうから、「販売集計」シートのA3セル～B38セルの集計表の同じ行にある1列目の日付を抽出します。数式をコピーしてINDEX関数で抽出する列番号を必要な項目の列番号に変更することで、指定の数値の四半期の販売額が「販売集計」シートの集計表から必要な項目だけ抽出されます。四半期別シートを作成するには、そのシートを四半期の数だけコピーして、A1セルをそれぞれの四半期の数値に変更します。

プラスアルファ

サンプルでは、4月～6月を第1四半期として四半期別シートに分割しています。1月～3月を第1四半期にするには、手順❶で「=QUOTIENT(MONTH(A3)+2,3)」と数式を入力します（数式は第3章 Tips 149で紹介）。

▶ 複数の表／シートの検索・抽出　　　　　　　　　2016 2013 2010 2007

432 1つの表の値を週別シートに分割抽出したい

使用関数 IF、WEEKNUM、ROW、INDEX、SMALL 関数

数 式
=IF(A3="","",WEEKNUM(A3,2)-29)、
=IF(イベント集客数!E3=$A$1,ROW(A1),"")、
=INDEX(イベント集客数!$A$3:$D$23,SMALL($E$3:$E$23,ROW(A1)),1)

1つの表の値を週別シートに分割抽出するにはまず、日付から WEEKNUM 関数で週を求めます。求めた1つ目の週の表内の位置を求め、その位置をもとに抽出します。ほかの週の項目はシートのコピーで手早く抽出できます。

❶集客数を週別シートに分割したいので、分割したい表のE列に「=IF(A3="","",WEEKNUM(A3,2)-29)」と入力する。

❷数式を必要なだけ複写する。

❸分割する1つ目の週「1」の表を作成し、E列に「=IF(イベント集客数!E3=$A$1,ROW(A1),"")」と入力する。

❹数式を必要なだけ複写する。

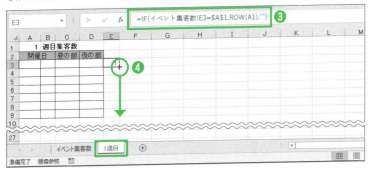

▼サンプルファイル ▶ 432.xlsx

541

❺ 抽出する左上のセルを選択し、「=INDEX(イベント集客数!$A$3:$D$23,SMALL($E$3:$E$23,ROW(A1)),1)」と入力する。

❻ 数式を必要なだけ複写して、それぞれの引数の[列番号]を抽出する列番号に変更すると、「1」週の集客数が抽出される。

エラー値は条件付き書式で非表示にしておく（Tips 419の手順❺〜❾で紹介）。

❼ シートをコピーしてそれぞれの週のシートに変更する。

❽ A1セルの週の数値を変更すると、その週の販売集計が抽出される。

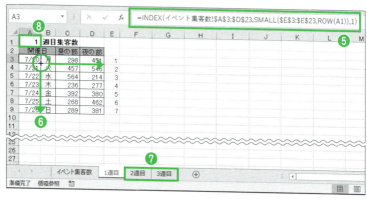

数式解説 IF関数は条件を満たすか満たさないかで処理を分岐する関数（第12章 Tips 476で紹介）、WEEKNUM関数は日付がその年の第何週目にあるかを求める関数（第6章 Tips 272で紹介）、ROW関数はセルの行番号を求める関数です。INDEX関数は指定の行列番号が交差するセル参照を求める関数（Tips 403で紹介）、SMALL関数は小さいほうから指定の順位にある値を求める関数です（第2章 Tips 044で紹介）。

「=IF(A3="","",WEEKNUM(A3,2)-29)」の数式は、A3セルの開催日が空白の場合は空白を表示し、そうでない場合は週を取り出します。

「=IF(イベント集客数!E3=$A$1,ROW(A1),"")」の数式は、「イベント集客数」シートの1つ目の数式で取り出した週がA1セルの週である場合は「イベント集客数」シートの集客表内の番目を表示し、そうでない場合は空白を表示します。

「=INDEX(イベント集客数!$A$3:$D$23,SMALL($E$3:$E$23,ROW(A1)),1)」の数式は、2つ目の数式で作成した番目が小さいほうから、「イベント集客数」シートのA3セル〜D23セルの集客表の同じ行にある1列目の開催日を抽出します。数式をコピーしてINDEX関数で抽出する列番号を必要な項目の列番号に変更することで、指定の週だけの集客数が「イベント集客数」シートの集客表から必要な項目だけ抽出されます。週別シートを作成するには、そのシートを週の数だけコピーして、A1セルをそれぞれの週に変更します。

▶ 複数の表／シートの検索・抽出　　　2016 | 2013 | 2010 | 2007

433 データの追加で行がずれても小計を別シートにリンクしたい

使用関数 SUMIF関数

数式 =SUMIF(問い合わせ件数!$A:$A,$A3&"計",問い合わせ件数!B:B)

小計をリンクさせるのは「=」でできますが、リンク元に行挿入や行削除を行うとリンク先もずれてしまいます。ずれないようにするには、小計を条件にしてSUMIF関数で集計します。

---

❶小計をリンクするセルを選択し、「=SUMIF(問い合わせ件数!$A:$A,$A3&"計",問い合わせ件数!B:B)」と入力する。

❷数式を必要なだけ複写する。

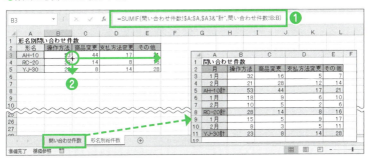

❸もとの表にデータを追加して小計が変更されても反映される。

数式解説 SUMIF関数は条件を満たす数値の合計を求める関数です（第3章 Tips 106で紹介）。「=SUMIF(問い合わせ件数!$A:$A,$A3&"計",問い合わせ件数!B:B)」の数式は、「問い合わせ件数」シートのA列にある「AH-10計」と同じ行にある操作方法のB列の件数を合計します。つまり、小計の「AH-10計」の前に行を追加しても、条件範囲と合計範囲を列ごと指定しているため範囲を変更し直さなくても常に小計をリンクできます。

サンプルファイル ▶ 433.xlsx

Chapter 11 ▶ 複数の表／シートの検索・抽出　　2016 | 2013 | 2010 | 2007

434 複数シートの同じ位置にあるセルの値を1列にオートフィルでリンクしたい

使用関数 INDIRECT関数

数式 =INDIRECT($A3&"!C8")

複数シートの同じセルの値を1列にリンクさせるには、シートごとに「=」で参照しなければならないのでシートが多いと面倒です。INDIRECT関数でシート名とセル番地を間接参照するとオートフィルで可能です。

❶ それぞれのシートの注文数と注文金額の合計のセルを「上期集計」シートにリンクする。

❷ 注文数をリンクするセルを選択し、「=INDIRECT($A3&"!C8")」と入力する。

❸ 数式を必要なだけ複写すると、それぞれのシートのC8セルの注文数の合計がリンクされる。

❹ 注文金額をリンクするセルを選択し、「=INDIRECT($A3&"!D8")」と入力する。

❺ 数式を必要なだけ複写すると、それぞれのシートのD8セルの注文金額の合計がリンクされる。

数式解説 INDIRECT関数はセル参照を表す文字列が示す先を間接的に参照する関数です。「=INDIRECT($A3&"!C8")」の数式は、「BeautyOK館!C8」を間接的に参照するため、「BeautyOK館」シートC8セルの注文数が参照されます。数式を次の行にコピーすると「美極マート!C8」となり、「美極マート」シートC8セルの注文数が参照されます。このようにシート名を表に入力しておけば、数式のオートフィルで常に同じセルの値をリンクできます。

544　**サンプルファイル** ▶ 434.xlsx

▶複数の表／シートの検索・抽出 2016 | 2013 | 2010 | 2007

435 別表／シートの1行ずつの値を結合セルにオートフィルでリンクしたい

使用関数 INDEX、ROW関数

数式 =INDEX($A$3:$A$7,ROW(A2)/2)

1行ずつのデータは複数でも、リンク貼り付けでまとめて別セルにリンクできますが、結合セルにはできません。ROW関数で調整した行番号をもとにINDEX関数で抽出するとオートフィルでリンクできます。

❶リンクするセルを2行結合してから選択し、「=INDEX($A$3:$A$7,ROW(A2)/2)」と入力する。

❷数式を必要なだけ複写する。

❸1行ずつの店名が別表の2行結合したセルにリンクされる。

数式解説 INDEX関数は指定の行列番号が交差するセル参照を求める関数（Tips 403で紹介）、ROW関数はセルの行番号を求める関数です。
「=INDEX($A$3:$A$7,ROW(A2)/2)」の数式は、A3セル～A7セルの範囲から1行目の店名を抽出します。数式をコピーすると次の行には「=INDEX($A$3:$A$7,ROW(A4)/2)」の数式が作成され、2行目の店名が抽出できます。つまり、最初のセルを結合しておけば、数式のコピーで結合セルもコピーされるため、それぞれの結合セルには1行ずつ抽出することができます。

サンプルファイル▶435.xlsx

▶ 複数の表／シートの検索・抽出　　　　　　　　　　　　　　　　2016 | 2013

436 前シートの同じ位置にあるセルの値を常にリンクしたい

使用関数 GET.WORKBOOK、T、NOW()、INDIRECT、INDEX、SHEET関数

数式 =GET.WORKBOOK(1)&T(NOW())、
=INDIRECT(INDEX(シート名,SHEET()-1)&"!F10")

複数のシートで常に前シートの同じセルの値をリンクさせるには、シートごとにリンクする必要があります。Excel4.0マクロ関数を使えば、シートをコピーするだけで可能です。

---

❶ [数式] タブの [定義された名前] グループの [名前の定義] ボタンをクリックする。

❷ 表示された [新しい名前] ダイアログボックスで、[名前] に「シート名」と入力し、[範囲] に「ブック」を選択する。

❸ [参照範囲] に「=GET.WORKBOOK(1)&T(NOW())」と入力する。

❹ [OK] ボタンをクリックする。

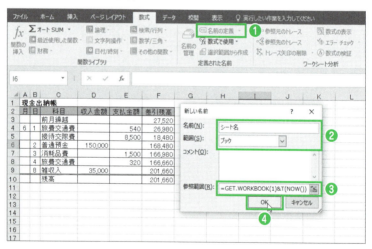

❺ シートをグループ化する。

❻ 「=INDIRECT(INDEX(シート名,SHEET()-1)&"!F10")」と入力する。

▶ サンプルファイル ▶ 436.xlsm

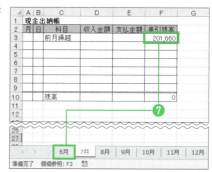

❼ 常に前シートのF10セルの残高が各表のF3セルの前月繰越にリンクされる。

> **数式解説** GET.WORKBOOK関数はExcel4.0マクロ関数の1つで、書式「GET.WORKBOOK (検査の種類[, ブック名])」に従った数式を名前の参照範囲に入力して使います。
> 「=GET.WORKBOOK(1)&T(NOW())」の数式は、ブックに含まれるシート名の一覧が返され、続けて「&T(NOW())」しておくことで、数式を変更しても再計算されます。
> INDIRECT関数はセル参照を表す文字列が示す先を間接的に参照する関数です。INDEX関数は指定の行列番号が交差するセル参照を求める関数(Tips 403で紹介)、SHEET関数は参照されるシートのシート番号を求める関数です(第15章 Tips 581で紹介)。
> 「INDEX(シート名,SHEET()-1)」の数式は、求められたシート名の一覧から1つ前のシート名「6月」の名前を抽出します。このシート名を使い「=INDIRECT(INDEX(シート名,SHEET()-1)&"!F10")」の数式を、シートをグループ化して作成すると、すべてのシートそれぞれに前シートのF10セルの値が間接参照されます。結果、すべてのシートのF10セルに前シートの残高が抽出されます。

> **プラスアルファ** Excel 4.0マクロ関数を使用したファイルは必ず、ファイルの種類を「Excelマクロ有効ブック」にして保存する必要があります。
> また、GET.WORKBOOK関数を使ってシート名の一覧を抽出すると、ブック名も抽出されるため、ブック名に「-」やスペースが入っていると正しく参照されません。このような場合は「'」(シングルクォーテーション)で囲んで「=INDIRECT("'"&INDEX(シート名,SHEET()-1)&"!F10")」と数式を作成します。

▶複数の表／シートの検索・抽出

437 前シートの同じ位置にあるセルの値を常にリンクしたい（Excel 2010 / 2007）

使用関数 GET.WORKBOOK、T、NOW()、GET.DOCUMENT、INDIRECT、INDEX関数

数式 =GET.WORKBOOK(1)&T(NOW())、=GET.DOCUMENT(87)&T(NOW())、
=INDIRECT(INDEX(シート名,シート番号-1)&"!F10")

Excel 2010 / 2007で、複数のシートで常に前シートの同じセルの値をリンクさせるには、2つのExcel 4.0マクロ関数を使えば可能です。シートをコピーするだけでリンクできます。

---

❶[数式]タブの[定義された名前]グループの[名前の定義]ボタンをクリックする。

❷表示された[新しい名前]ダイアログボックスで、[名前]に「シート名」と入力し、[範囲]に「ブック」を選択する。

❸[参照範囲]に「=GET.WORKBOOK(1)&T(NOW())」と入力する。

❹[OK]ボタンをクリックする。

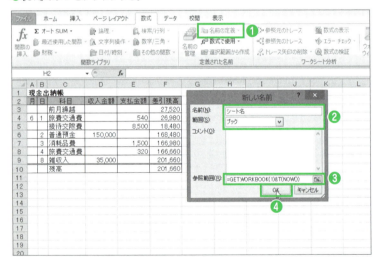

▶サンプルファイル▶ 437.xlsm

❺同様に[新しい名前]ダイアログボックスで、[名前]に「シート番号」と入力し、[範囲]に「ブック」を選択する。

❻[参照範囲]に「=GET.DOCUMENT(87)&T(NOW())」と入力して、

❼[OK]ボタンをクリックする。

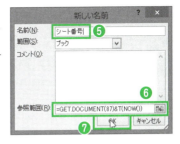

❽シートをグループ化する。

❾「=INDIRECT(INDEX(シート名,シート番号−1)&"!F10")」と入力する。

❿常に前シートのF10セルの残高が各表のF3セルの前月繰越にリンクされる。

数式解説 GET.WORKBOOK関数、GET.DOCUMENT関数はExcel4.0マクロ関数の1つで、書式「GET.WORKBOOK(検査の種類[,ブック名])」、「GET.DOCUMENT(検査の種類[,ファイル名])」に従った数式を名前の参照範囲に入力して使います。INDIRECT関数はセル参照を表す文字列が示す先を間接的に参照する関数、INDEX関数は指定の行列番号が交差するセル参照を求める関数です(Tips 403で紹介)。

「=GET.WORKBOOK(1)&T(NOW())」の数式は、ブックに含まれるシート名の一覧が返され、続けて「&T(NOW())」としておくことで、数式を変更しても再計算されます。

「=GET.DOCUMENT(87)&T(NOW())」の数式は、ブックに含まれるシート番号を先頭のシート番号を「1」として返します。続けて「&T(NOW())」とすると、データの変更が行われても自動で再計算されます。

「INDEX(シート名,シート番号−1)」の数式は、求められたシート名の一覧から1つ前のシート名「6月」の名前を抽出します。このシート名を使い「=INDIRECT(INDEX(シート名,シート番号−1)&"!F10")」の数式を、シートをグループ化して作成すると、すべてのシートそれぞれに前シートのF10セルの値が間接参照されます。結果、すべてのシートのF10セルに前シートの残高が抽出されます。

プラスアルファ Excel 4.0マクロ関数を使用したファイルは必ず、ファイルの種類を「Excelマクロ有効ブック」にして保存する必要があります。

また、GET.WORKBOOK関数を使ってシート名の一覧を抽出すると、ブック名も抽出されるため、ブック名に「−」やスペースが入っていると正しく参照されません。このような場合は「'」(シングルクォーテーション)で囲んで「=INDIRECT("'"&INDEX(シート名,SHEET()−1)&"'!F10")」と数式を作成します。

▶ 複数の表／シートの検索・抽出　　　2016 | 2013 | 2010 | 2007

438 入力したファイル名と保存先のファイルをリンクしたい

使用関数 HYPERLINK関数

数式 =HYPERLINK("C:¥Users¥ユーザー名¥Documents¥得意先情報¥"&D3&".txt",D3)

入力済みのファイル名に保存先のファイルをリンクするには、1つずつハイパーリンク機能の設定が必要です。HYPERLINK関数を使うと、数式のコピーでリンクすることができます。

❶D列にリンクするファイル名を入力する。

❷ファイル名をリンクしたい会社名のセルを選択し、「=HYPERLINK("C:¥Users¥ユーザー名¥Documents¥得意先情報¥"&D3&".txt",D3)」と入力する。

❸数式を必要なだけ複写する。

❹作成した会社名をクリックすると、リンク先のテキストファイルが開く。

数式解説 HYPERLINK関数は値にハイパーリンクを付ける関数です。
「=HYPERLINK("C:¥Users¥ユーザー名¥Documents¥得意先情報¥"&D3&".txt",D3)」の数式は、「C:¥Users¥ユーザー名¥Documents¥得意先情報¥ココシロ光産業.txt」のファイルのパス名にハイパーリンクを付けて、「ココシロ光産業」の名前でセルに表示します。つまり、「ココシロ光産業」の名前をクリックすると、「C」ドライブ→「Users」フォルダ→「ユーザー名」フォルダ→「Documents」フォルダ→「得意先情報」フォルダにある「ココシロ光産業.txt」が開きます。

プラスアルファ ファイルのパス名は、ファイルを右クリックして[プロパティ]を選択し、[全般]タブの[場所]に記載されています。記載されたファイルのパス名をコピーして数式に貼り付けて使いましょう。

▶ 複数の表／シートの検索・抽出　　　　　　　　2016 | 2013 | 2010 | 2007

439 シート名のリストを手早く作成したい

使用関数 GET.WORKBOOK、T、NOW()、REPLACE、INDEX、ROW、FIND関数

数 式
=GET.WORKBOOK(1)&T(NOW())、
=REPLACE(INDEX(シート名,ROW(A2)),1,FIND("]",シート名),"")

シート名は CELL 関数で抽出できますが（Tips 440 で紹介）、Excel 4.0 マクロ関数を使うと、1 つのシートに複数のシート名を数式のコピーで手早く抽出することができます。

---

❶ [数式] タブの [定義された名前] グループの [名前の定義] ボタンをクリックする。

❷ 表示された [新しい名前] ダイアログボックスで、[名前] に「シート名」と入力し、[範囲] に「ブック」を選択する。

❸ [参照範囲] に「=GET.WORKBOOK(1)&T(NOW())」と入力する。

❹ [OK] ボタンをクリックする。

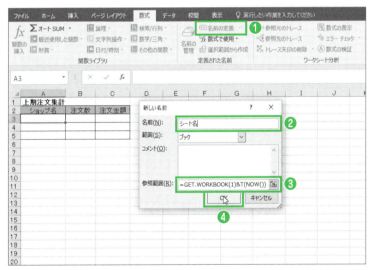

📥 サンプルファイル ▶ 439.xlsm

❺シート名を抽出するセルを選択し、「=REPLACE(INDEX(シート名,ROW(A2)),1,FIND("]",シート名),"")」と入力する。

❻数式を必要なだけ複写する。

❼2枚目〜4枚目のシート名が抽出される。

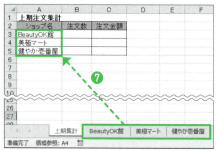

数式解説 GET.WORKBOOK関数はExcel4.0マクロ関数の1つで、書式「GET.WORKBOOK(検査の種類[,ブック名])」に従った数式を名前の参照範囲に入力して使います。
「=GET.WORKBOOK(1)&T(NOW())」の数式は、ブックに含まれるシート名の一覧が返され、続けて「&T(NOW())」とすると、データの変更が行われても自動で再計算されます。
REPLACE関数は文字列を指定の文字数だけ指定の文字列に置き換える関数(第9章 Tips 353で紹介)、INDEX関数は指定の行列番号が交差するセル参照を求める関数(Tips 403で紹介)、ROW関数はセルの行番号を求める関数、FIND関数は文字列を左端から数えて何番目にあるかを求める関数です。
「=REPLACE(INDEX(シート名,ROW(A2)),1,FIND("]",シート名),"")」の数式は、シート名一覧の2つ目のシート名「[11-045.xlsm]BeautyOK館」から、「]」までのブック名を空白に置き換えます。結果、「BeautyOK館」のシート名が抽出されます。

プラスアルファ Excel 4.0マクロ関数を使用したファイルは必ず、ファイルの種類を「Excelマクロ有効ブック」にして保存する必要があります。

▶ 複数の表／シートの検索・抽出　　　　　2016 | 2013 | 2010 | 2007

440 すべてのシート名をそれぞれの表のタイトルに一度にリンクさせたい

使用関数 REPLACE、CELL、FIND関数

数式 =REPLACE(CELL("filename",C1),1,FIND("]",CELL("filename",C1)),"")

CELL関数で求めたファイルのパス名からシート名以外の名前を削除するとシート名を抽出できます。シートをグループ化してタイトルのセルに数式作成すると、それぞれのシート名をそれぞれのタイトルにできます。

---

❶シートをグループ化する。

❷シート名を抽出するセルを選択し、「=REPLACE(CELL("filename",C1),1,FIND("]",CELL("filename",C1)),"")」と入力する。

❸開いているシート名が抽出される。

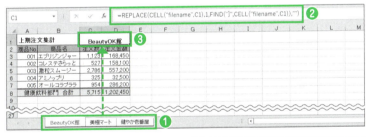

❹それぞれのシート名もC1セルに抽出される。

> **数式解説** REPLACE関数は文字列を指定の文字数だけ指定の文字列に置き換える関数（第9章 Tips 353で紹介）、CELL関数はセルの情報を得る関数、FIND関数は文字列を左端から数えて何番目にあるかを求める関数です。
> 「CELL("filename",C1)」の数式は、C1セルのファイルの名前を絶対パス名で求めます。「FIND("]",CELL("filename",C1))」の数式は、「]」がファイルの名前の左端から何番目にあるかを求めます。求められたこれらの値を使い、「=REPLACE(CELL("filename",C1),1,FIND("]",CELL("filename",C1)),"")」の数式を作成すると、C1セルにはファイルのシート名だけが抽出されます。シートをグループ化して数式を作成することで、それぞれのシート名がそれぞれのC1セルに抽出されます。

📥 サンプルファイル ▶ 440.xlsx

▶複数の表／シートの検索・抽出　　2016 | 2013 | 2010 | 2007

441 クリックするとそのシートが開く シート名のリストを作成したい

使用関数 GET.WORKBOOK、T、NOW()、HYPERLINK、REPLACE、INDEX、ROW、FIND、REPLACE関数

数式 =GET.WORKBOOK(1)&T(NOW())、=HYPERLINK("#"&REPLACE(INDEX(シート名,ROW(C2)),1,FIND("]",シート名),"")&"!A1",REPLACE(INDEX(シート名,ROW(C2)),1,FIND("]",シート名),""))

シート名のリストは Tips 439 の数式で可能ですが、作成したシート名のリストにハイパーリンクを付けておくと、シート名のクリックでそのシートが開けます。ハイパーリンクを付けるには HYPERLINK 関数を使います。

❶ [数式] タブの [定義された名前] グループの [名前の定義] ボタンをクリックする。

❷ 表示された [新しい名前] ダイアログボックスで、[名前] に「シート名」と入力し、[範囲] に「ブック」を選択する。

❸ [参照範囲] に「=GET.WORKBOOK(1)&T(NOW())」と入力する。

❹ [OK] ボタンをクリックする。

❺ シート名を抽出するセルを選択し、「=HYPERLINK("#"&REPLACE(INDEX(シート名,ROW(C2)),1,FIND("]",シート名),"")&"!A1",REPLACE(INDEX(シート名,ROW(C2)),1,FIND("]",シート名),""))」と入力する。

❻ 数式を必要なだけ複写すると、2枚目～4枚目のシート名が抽出される。

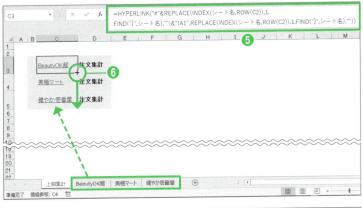

❼シート名をクリックすると、そのシートが開く。

> **数式解説** GET.WORKBOOK 関数は Excel4.0 マクロ関数の1つで、書式「GET.WORKBOOK(検査の種類 [, ブック名])」に従った数式を名前の参照範囲に入力して使います。
> 「=GET.WORKBOOK(1)&T(NOW())」の数式は、ブックに含まれるシート名の一覧が返され、続けて「&T(NOW())」とすると、データの変更が行われても自動で再計算されます。
> HYPERLINK 関数は値にハイパーリンクを付ける関数（Tips 438 で紹介）、REPLACE 関数は文字列を指定の文字数だけ指定の文字列に置き換える関数（第 9 章 Tips 353 で紹介）、INDEX 関数は指定の行列番号が交差するセル参照を求める関数（Tips 403 で紹介）、ROW 関数はセルの行番号を求める関数、FIND 関数は文字列を左端から数えて何番目にあるかを求める関数です。
> 「=HYPERLINK("#"&REPLACE(INDEX(シート名 ,ROW(C2)),1,FIND("]", シート名),"")&"!A1", REPLACE(INDEX(シート名 ,ROW(C2)),1,FIND("]", シート名),""))」の数式は、シート名一覧の 2 つ目のシート名「[11-045.xlsm]BeautyOK 館」から、「]」までのブック名を空白にき替えて、「BeautyOK 館」のシート名にハイパーリンクを付けて抽出します。

> **プラスアルファ** Excel 4.0 マクロ関数を使用したファイルは必ず、ファイルの種類を「Excel マクロ有効ブック」にして保存する必要があります。

442 等間隔にあるデータを抽出したい

使用関数 INDEX、ROW、COLUMN関数

数 式 =INDEX($B$3:$B$20,ROW(A1)*6)、=INDEX($B$8:$S$8,,COLUMN(A1)*6)

等間隔にあるデータを抽出するには、○行ごとなら抽出する行番号をROW関数で調整し、○列ごとなら抽出する列番号をCOLUMN関数で調整して、INDWEX関数で抽出します。

■等間隔にあるデータを行方向に抽出する

❶入館者数を抽出するセルを選択し、「=INDEX($B$3:$B$20,ROW(A1)*6)」と入力する。

❷数式を必要なだけ複写する。

❸6行ごとの入館者数が抽出される。

サンプルファイル ▶ 442.xlsx

■等間隔にあるデータを列方向に抽出する

❶入館者数を抽出するセルを選択し、「=INDEX($B$8:$S$8,,COLUMN(A1)*6)」と入力する。

❷数式を必要なだけ複写する。

❸6列ごとの入館者数が抽出される。

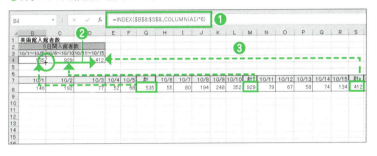

> **数式解説** INDEX 関数は指定の行列番号が交差するセル参照を求める関数(Tips 403 で紹介)、ROW 関数はセルの行番号、COLUMN 関数はセルの列番号を求める関数です。
> 「=INDEX($B$3:$B$20,ROW(A1)*6)」の数式は、B3 セル～B20 セルの入館者数から 6 行目にある入館者数を抽出します。数式をコピーすると、次の行には「=INDEX($B$3:$B$20,ROW(A2)*6)」の数式が作成されるので、B3 セル～B20 セルの入館者数から 12 行目にある利用客数が抽出できます。つまり、数式のコピーで 6 行ごとの入館者数が抽出できます。
> 「=INDEX($B$8:$S$8,,COLUMN(A1)*6)」の数式は、B8 セル～S8 セルの入館者数から 6 列目にある入館者数を抽出し、数式のコピーで 6 列ごとの入館者数を抽出します。

Chapter 11 表からピックアップ！ 検索・抽出ワザ

▶ さまざまな抽出

2016 | 2013 | 2010 | 2007

443 等間隔にあるデータを結合セルに抽出したい

使用関数 INDEX、COLUMN関数

数 式 =INDEX($B$7:$S$7,,COLUMN(C1)*6/3)

等間隔にあるデータを結合セルに抽出するには、○行ごとなら抽出する行番号をROW関数、○列ごとなら抽出する列番号をCOLUMN関数求めて、それぞれ結合セルの数で除算して調整し、INDEX関数で抽出します。

❶入館者数を抽出するセルを選択し、「=INDEX($B$7:$S$7,,COLUMN(C1)*6/3)」と入力する。

❷数式を必要なだけ複写する。

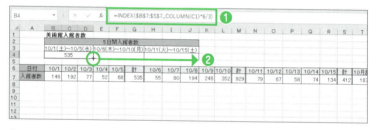

❸3行結合セルに6列ごとの入館者数が抽出される。

数式解説 INDEX関数は指定の行列番号が交差するセル参照を求める関数（Tips 403で紹介）、COLUMN関数はセルの列番号を求める関数です。
「=INDEX($B$7:$S$7,,COLUMN(C1)*6/3)」の数式は、B7セル～S7セルの入館者数から6列目にある入館者数を抽出します。数式をコピーすると3列結合しているため、次の4つ目の列のセルに「=INDEX($B$7:$S$7,,COLUMN(F1)*6/3)」の数式が作成されるので、B7セル～S7セルの入館者数から12列目にある入館者数が抽出されます。つまり、数式のコピーで3列ごとのセルに数式が作成されるので、3列結合セルに6列ごとの入館者数が抽出できます。

📁 サンプルファイル ▶ 443.xlsx

▶さまざまな抽出　　　　　　　　　　　　　　　　2016 | 2013 | 2010 | 2007

444 等間隔にある行のデータを列方向に、列のデータを行方向に抽出したい

使用関数 INDEX、COLUMN、ROW関数

数式 =INDEX($B$3:$B$20,COLUMN(A1)*6)、=INDEX($B$9:$S$9,,ROW(A1)*6)

等間隔にある行のデータを、列方向に抽出するには抽出する行番号を COLUMN 関数、列のデータを行方向に抽出するには抽出する列番号を ROW 関数で調整して INDEX 関数で抽出します。

■列方向に抽出する

❶入館者数を抽出するセルを選択し、「=INDEX($B$3:$B$20,COLUMN(A1)*6)」と入力する。

❷数式を必要なだけ複写する。

❸6行ごとの入館者数が列方向に抽出される。

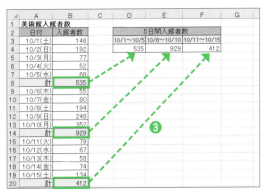

📥サンプルファイル ▶ 444.xlsx

■ 行方向に抽出する

❶ 入館者数を抽出するセルを選択し、「=INDEX($B$9:$S$9,,ROW(A1)*6)」と入力する。

❷ 数式を必要なだけ複写する。

❸ 6列ごとの入館者数が行方向に抽出される。

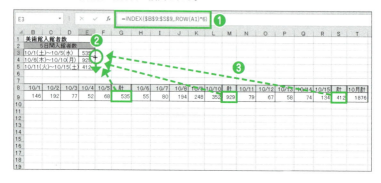

> **数式解説** INDEX関数は指定の行列番号が交差するセル参照を求める関数(Tips 403で紹介)、ROW関数はセルの行番号、COLUMN関数はセルの列番号を求める関数です。
> 「=INDEX($B$3:$B$20,COLUMN(A1)*6)」の数式は、B3セル～B20セルの入館者数から6行目にある入館者数を抽出します。数式を次の列にコピーすると「=INDEX($B$3:$B$20,COLUMN(B1)*6)」の数式が作成されるので、B3セル～B20セルの入館者数から12行目にある入館者数が抽出されます。つまり、数式のコピーで6行ごとの入館者数が列方向に抽出できます。
> 「=INDEX($B$9:$S$9,,ROW(A1)*6)」の数式も同じで、数式を次の行にコピーすると「=INDEX($B$9:$S$9,,ROW(A2)*6)」の数式が作成され、12列目にある入館者数が抽出され、数式のコピーで6列ごとの入館者数が行方向に抽出できます。

▶ さまざまな抽出

2016 | 2013 | 2010 | 2007

445 入力値が表の何番目にあるか求めたい

使用関数 MATCH関数

数式 =MATCH(A3,A8:A12,0)

指定の値が、表内の何行目／何列目にあるかはMATCH関数で求められます。値の位置を求めておけば、大きな表でも値がどこにあるかを明確にできます。

❶名簿内の位置を求めるセルを選択し、「=MATCH(A3,A8:A12,0)」と入力する。

❷名前の名簿内の位置が求められる。

❸名前を変更すると、その名前がある名簿内の位置が求められる。

数式解説 MATCH関数は範囲内にある検査値の相対的な位置を求める関数です。
「=MATCH(A3,A8:A12,0)」の数式は、A8セル～A12セルにあるA3セルの名前の位置を求めます。

📂 サンプルファイル ▶ 445.xlsx

▶さまざまな抽出　2016 | 2013 | 2010 | 2007

446 入力値に部分一致する値が表の何番目にあるか求めたい

使用関数 MATCH関数

数 式 =MATCH("*"&B2&"*",B6:B10,0)

値の位置が求められるMATCH関数は（Tips 445で紹介）、一部の値の位置も求められます。一部の値はワイルドカードで指定して、引数の[検査値]に使います。

❶ 当番表の位置を求めるセルを選択し、「=MATCH("*"&B2&"*",B6:B10,0)」と入力する。
❷ B2セルの名前がある当番表の位置が求められる。

❸ 名前を変更すると、その名前がある当番表の位置が求められる。

数式解説 MATCH関数は範囲内にある検査値の相対的な位置を求める関数です（Tips 445で紹介）。
「*」はワイルドカード（任意の文字を表す特殊な文字記号）の1つで、あらゆる文字列を表します。「=MATCH("*"&B2&"*",B6:B10,0)」の数式は、B6セル～B10セルにあるB2セルの名前を含む文字列の位置を求めます。

プラスアルファ ワイルドカードは条件に付ける位置によって条件を指定できます。たとえば、「*大路*」とすると、「大路を含む文字列」、「大路*」とすると「大路で始まる文字列」「*大路」とすると「大路で終わる文字列」の条件を指定できます。

サンプルファイル▶ 446.xlsx

▶ さまざまな抽出　　　　　　　　　　　　　　　　　　　　2016 | 2013 | 2010 | 2007

447 それぞれの値を行見出しに変えたい

使用関数 IF、INDIRECT、ROW関数

数　式 =IF(B3<>"",INDIRECT("A"&ROW(A3)),"")

表の値をそれぞれの行見出しに変えるには、行見出しのセル番地を INDIRECT 関数で間接的に参照するだけでできます。

---

❶行見出しを抽出するセルを選択し、「=IF(B3<>"",INDIRECT("A"&ROW(A3)),"")」と入力する。

❷数式を必要なだけ複写する。

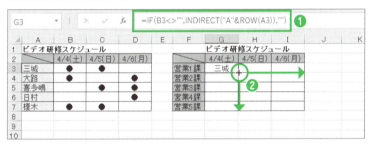

❸「●」を行見出しに入れ替えた表が作成できる。

数式解説 IF関数は条件を満たすか満たさないかで処理を分岐する関数（第12章 Tips 476 で紹介）、INDIRECT関数はセル参照を表す文字列が示す先を間接的に参照する関数、ROW関数はセルの行番号を求める関数です。

「=IF(B3<>"",INDIRECT("A"&ROW(A3)),"")」の数式は、B3セルが空白以外の場合はA3セルを間接的に参照、つまりA3セルの名前を表示し、空白の場合は空白を表示します。数式をコピーすると、「●」が付いたA3セル～A7セルが間接的に参照されるため、それぞれの値が行見出しに変えられます。

📥 サンプルファイル ▶ 447.xlsx

448 それぞれの値を列見出しに変えたい

使用関数 IF、INDIRECT、CHAR、COLUMN関数

数 式 =IF(B3<>"",INDIRECT((CHAR(65+COLUMN(A1)))&2),"")

表の値をそれぞれの列見出しに変えるには、列見出しのセル番地の列番号をCHAR関数とCOLUMN関数で作成してINDIRECT関数で間接的に参照するとできます。

❶列見出しを抽出するセルを選択し、「=IF(B3<>"",INDIRECT((CHAR(65+COLUMN(A1)))&2),"")」と入力する。

❷数式を必要なだけ複写する。

❸「●」を列見出しに入れ替えた表が作成できる。

数式解説 IF関数は条件を満たすか満たさないかで処理を分岐する関数（第12章 Tips 476で紹介）、INDIRECT関数はセル参照を表す文字列が示す先を間接的に参照する関数、CHAR関数は文字コードに対応する文字を返す関数、COLUMN関数はセルの列番号を求める関数です。
「=IF(B3<>"",INDIRECT((CHAR(65+COLUMN(A1)))&2),"")」の数式は、B3セルが空白以外の場合はB3セルを間接的に参照、つまりB2セルの日付を表示し、空白の場合は空白を表示します。数式をコピーすると、「●」が付いたB2セル〜D2セルが間接的に参照されるため、それぞれの値が列見出しに変えられます。

▶ さまざまな抽出　　　　　　　　　　　　　　　　　　2016 2013 2010 2007

449 それぞれの値を列見出しに変えたい（同じ行に値が1個のみの場合）

使用関数 INDEX、MATCH関数

数　式 =INDEX($B$2:$D$2,MATCH("●",B3:D3,0))

同じ行に値が1個しかない場合に、その値を列見出しに変えるには、値の位置をMATCH関数で求めて、その位置をもとにINDEX関数で抽出します。

---

❶列見出しを抽出するセルを選択し、「=INDEX($B$2:$D$2,MATCH("●",B3:D3,0))」と入力する。

❷数式を必要なだけ複写する。

❸「●」がある 列見出しが抽出される。

	A	B	C	D	E	F	G	H
1	ビデオ研修スケジュール					ビデオ研修スケジュール		
2		4/4(土)	4/5(日)	4/6(月)		氏名	研修日	
3	三城		●			三城	4/5(日)	
4	大路	●				大路	4/4(土)	
5	喜多嶋	●				喜多嶋	4/4(土)	
6	日村			●		日村	4/6(月)	
7	榎木		●			榎木	4/5(日)	

数式解説 INDEX関数は指定の行列番号が交差するセル参照を求める関数（Tips 403で紹介）、MATCH関数は範囲内にある検査値の相対的な位置を求める関数です（Tips 445で紹介）。
「MATCH("●",B3:D3,0)」の数式は、「●」がB3セル〜D3セルの範囲内の何番目にあるかを求めます。求めた番目をINDEX関数の引数の[行番号]または[列番号]に指定して「=INDEX($B$2:$D$2,MATCH("●",B3:D3,0))」と数式を作成すると、「●」を入力した列見出しの研修日が抽出されます。

📥 サンプルファイル ▶ 449.xlsx

450 それぞれの値を行見出しに変えたい（同じ列に値が1個のみの場合）

使用関数 INDEX、MATCH関数

数式 =INDEX($A$3:$A$5,MATCH("●",B3:B5,0))

同じ列に値が1個しかない場合に、その値を行見出しに変えるには、値の位置をMATCH関数で求めて、その位置をもとにINDEX関数で抽出します。

❶ 行見出しを抽出するセルを選択し、「=INDEX($A$3:$A$5,MATCH("●",B3:B5,0))」と入力する。

❷ 数式を必要なだけ複写する。

❸「●」がある行見出しが抽出される。

	A	B	C	D	E	F	G	H	I	J	K	L
1	ビデオ研修スケジュール							ビデオ研修スケジュール				
2		三城	大路	喜多嶋	日村	榎木		三城	大路	喜多嶋	日村	榎木
3	4/4(土)		●	●				4/5(日)	4/4(土)	4/4(土)	4/6(月)	4/5(日)
4	4/5(日)	●				●						
5	4/6(月)				●							

数式解説 INDEX関数は指定の行列番号が交差するセル参照を求める関数（Tips 403で紹介）、MATCH関数は範囲内にある検査値の相対的な位置を求める関数です（Tips 445で紹介）。
「MATCH("●",B3:B5,0)」の数式は、「●」がB3セル～B5セルの範囲内の何番目にあるかを求めます。求めた番目をINDEX関数の引数の［行番号］に指定して「=INDEX($A$3:$A$5,MATCH("●",B3:B5,0))」と数式を作成すると、「●」を入力した行見出しの研修日が抽出されます。

▶さまざまな抽出

2016 | 2013 | 2010 | 2007

451 一番右端のあらゆる文字の見出しを抽出したい

使用関数 INDEX、MATCH関数

数 式 =INDEX($B$2:$D$2,MATCH("*",B3:D3,-1))

同じ行に複数の文字がある場合、一番右端の文字の位置は MATCH 関数の引数の [照合の種類] に「-1」を指定すると求められます。つまり、その位置をもとにINDEX 関数を使えば、一番右端の文字の列見出しが抽出できます。

---

❶最終日を抽出するセルを選択し、「=INDEX($B$2:$D$2,MATCH("*",B3:D3,-1))」と入力する。

❷数式を必要なだけ複写する。

❸それぞれの最終日が抽出される。

	A	B	C	D	E	F
1	本社対話会					
2	部署名	9/5(月)	9/8(木)	9/15(金)	最終日	
3	SE第1G		○	◎	9/15(金)	
4	SE第2G	◎		○	9/15(金)	❸
5	SE第3G	○	◎		9/8(木)	
6						
7						
8						

数式解説 INDEX 関数は指定の行列番号が交差するセル参照を求める関数 (Tips 403 で紹介)、MATCH 関数は範囲内にある検査値の相対的な位置を求める関数です (Tips 445 で紹介)。
「MATCH("*",B3:D3,-1)」の数式は、範囲内のあらゆる文字が最後にある番目を求めます。求めた番目を INDEX 関数の引数の [行番号] に指定して「=INDEX($B$2:$D$2,MATCH("*",B3:D3,-1))」と数式を作成すると、一番右端に入力した文字の列見出しの日付が抽出されます。

プラスアルファ 「*」はワイルドカード (任意の文字を表す特殊な文字記号) の1つで、あらゆる文字列を表します。

📥 サンプルファイル ▶ 451.xlsx

▶ さまざまな抽出 | 2016 | 2013 | 2010 | 2007

452 一番右端のあらゆる数値の見出しを抽出したい

使用関数 LOOKUP関数

数式 =LOOKUP(10^10,B3:D3,$B$2:$D$2)

同じ行に複数の数値がある場合、一番右端の数値の位置はTips 451のようにMATCH関数で求められないため、一番右端の数値の列見出しはINDEX関数では抽出できません。数値の場合はLOOKUP関数を使えば抽出できます。

---

❶最終日を抽出するセルを選択し、「=LOOKUP(10^10,B3:D3,$B$2:$D$2)」と入力する。

❷数式を必要なだけ複写する。

	A	B	C	D	E
1	本社対話会				
2	部署名	9/5(月)	9/8(木)	9/15(金)	最終日
3	SE第1G		2	5	9/15(金)
4	SE第2G	2		2	
5	SE第3G	5	3		

❸それぞれの最終日が抽出される。

	A	B	C	D	E
1	本社対話会				
2	部署名	9/5(月)	9/8(木)	9/15(金)	最終日
3	SE第1G		2	5	9/15(金)
4	SE第2G	2		2	9/15(金)
5	SE第3G	5	3		9/8(木)

数式解説 LOOKUP関数は検査値に該当する値を対応する範囲内の同じ番目から抽出する関数です（Tips 397で紹介）。

「=LOOKUP(10^10,B3:D3,$B$2:$D$2)」の数式は、B3セル～D3セルの数値から「10000000000」を検索し、同じ番目にあるB2セル～D2セルの日付を抽出します。見つからない場合は最終の番目にある値が抽出されるため、常に一番右端に入力された数値の日付が最終日として抽出されます。ただし、[検査値]に指定する数値は[検査範囲]に指定した数値よりも大きい数値でなければ、最終の番目にある値は抽出されません。

サンプルファイル ▶ 452.xlsx

▶さまざまな抽出

2016 | 2013 | 2010 | 2007

453 一番左端のあらゆる文字の見出しを抽出したい

使用関数 INDEX、MATCH関数

数 式 =INDEX($B$2:$D$2,MATCH("*",B3:D3,0))

同じ行に複数の文字がある場合、一番左端の文字の位置はMATCH関数の引数の[照合の種類]に「0」を指定すると求められます。つまり、その位置をもとにINDEX関数を使えば、一番左端の文字の列見出しが抽出できます。

---

❶初日を抽出するセルを選択し、「=INDEX($B$2:$D$2,MATCH("*",B3:D3,0))」と入力する。

❷数式を必要なだけ複写する。

	A	B	C	D	E
1	本社対話会				
2	部署名	9/5(月)	9/8(木)	9/15(金)	初日
3	SE第1G		○	◎	9/8(木)
4	SE第2G	◎		○	
5	SE第3G	○	◎		

❸それぞれの初日が抽出される。

	A	B	C	D	E
1	本社対話会				
2	部署名	9/5(月)	9/8(木)	9/15(金)	初日
3	SE第1G		○	◎	9/8(木)
4	SE第2G	◎		○	9/5(月)
5	SE第3G	○	◎		9/5(月)

数式解説 INDEX関数は指定の行列番号が交差するセル参照を求める関数(Tips 403で紹介)、MATCH関数は範囲内にある検査値の相対的な位置を求める関数です(Tips 445で紹介)。
「MATCH("*",B3:D3,0)」の数式は、B3セル～D3セルの範囲内であらゆる文字が最初にある番目を求めます。求めた番目をINDEX関数の引数の[行番号]に指定して「=INDEX($B$2:$D$2, MATCH("*",B3:D3,0))」の数式を作成すると、一番左端に入力した文字の列見出しの日付が抽出されます。

プラスアルファ 「*」はワイルドカード(任意の文字を表す特殊な文字記号)の1つで、あらゆる文字列を表します。

サンプルファイル ▶ 453.xlsx

454 一番左端のあらゆる数値の見出しを抽出したい

さまざまな抽出 | 2016 | 2013 | 2010 | 2007

使用関数 INDEX、MATCH、ISNUMBER関数

数 式 =INDEX($B$2:$D$2,MATCH(TRUE,INDEX(ISNUMBER(B3:D3),),0))

同じ行に複数の数値がある場合、一番左端の数値の位置はMATCH関数にINDEX関数、ISNUMBER関数を使えば求められます。その位置をもとにINDEX関数を使えば、一番左端の数値の列見出しが抽出できます。

❶初日を抽出するセルを選択し、「=INDEX($B$2:$D$2,MATCH(TRUE,INDEX(ISNUMBER(B3:D3),),0))」と入力する。

❷数式を必要なだけ複写する。

❸それぞれの初日が抽出される。

数式解説 INDEX関数は指定の行列番号が交差するセル参照を求める関数（Tips 403で紹介）、MATCH関数は範囲内にある検査値の相対的な位置を求める関数（Tips 445で紹介）、ISNUMBER関数はセルの値が数値かどうかを調べる関数です。
「INDEX(ISNUMBER(B3:D3),)」の数式は、B3セル～D3セルが数値かどうかを調べた結果の「TRUE」と「FLASE」のセル範囲の参照を返します。このセル範囲の参照をMATCH関数の引数の[検査範囲]に指定して「MATCH(TRUE,INDEX(ISNUMBER(B3:D3),),0)」の数式を作成すると、最初の「TRUE」がB3セル～D3セルの範囲内の何番目にあるかが求められます。この番目をINDEX関数の引数の[行番号]に指定して「=INDEX($B$2:$D$2,MATCH(TRUE,INDEX(ISNUMBER(B3:D3),),0))」の数式を作成すると、一番左端に入力した列見出しの日付が抽出されます。

サンプルファイル ▶ 454.xlsx

> さまざまな抽出

2016 | 2013 | 2010 | 2007

455 別表から入力値がある行見出しを抽出したい

使用関数 INDEX、SUMPRODUCT、ROW関数

数式 =INDEX($A$3:$A$5,SUMPRODUCT(($B$3:$D$5=$A9)*(ROW($A$1:$A$3))))

複数行列の値から指定の値がある行見出しを抽出するには、指定の値の位置をSUMPRODUCT関数とROW関数で求めてINDEX関数で抽出します。

❶日程を抽出するセルを選択し、「=INDEX($A$3:$A$5,SUMPRODUCT(($B$3:$D$5=$A9)*(ROW($A$1:$A$3))))」と入力する。

❷数式を必要なだけ複写する。

❸それぞれの日程が抽出される。

数式解説 INDEX関数は指定の行列番号が交差するセル参照を求める関数(Tips 403で紹介)、SUMPRODUCT関数は要素の積を合計する関数、ROW関数はセルの行番号を求める関数です。
「SUMPRODUCT(($B$3:$D$5=$A9)*(ROW($A$1:$A$3)))」の数式は、「B3セル~D5セルの氏名がA10セルの氏名である場合」の条件式を作成し、条件を満たす場合の「TRUE(1)」または条件を満たさない場合の「FALSE(0)」をROW関数で求められる行番号に乗算して、氏名の行番号を求めます。求めた行番号をINDEX関数の引数の[行番号]に指定して「=INDEX($A$3:$A$5,SUMPRODUCT(($B$3:$D$5=$A9)*(ROW($A$1:$A$3))))」の数式を作成することで、氏名から当番の日程が抽出できます。

📥 サンプルファイル ▶ 455.xlsx

456 別表から入力値がある列見出しを抽出したい

使用関数 INDEX、SUMPRODUCT、COLUMN関数

数式 =INDEX($B$2:$D$2,,SUMPRODUCT(($B$3:$D$5=A9)*(COLUMN($A$1:$C$1))))

複数行列の値から指定の値がある列見出しを抽出するには、値の位置をSUMPRODUCT関数とCOLUMN関数で求めてINDEX関数で抽出します。

❶日程を抽出するセルを選択し、「=INDEX($B$2:$D$2,,SUMPRODUCT(($B$3:$D$5=A9)*(COLUMN($A$1:$C$1))))」と入力する。

❷数式を必要なだけ複写する。

❸それぞれの日程が抽出される。

数式解説 INDEX関数は指定の行列番号が交差するセル参照を求める関数（Tips 403で紹介）、SUMPRODUCT関数は要素の積を合計する関数、COLUMN関数はセルの列番号を求める関数です。
「SUMPRODUCT(($B$3:$D$5=A9)*(COLUMN($A$1:$C$1)))」の数式は、「B3セル～D5セルの氏名がA9セルの氏名である場合」の条件式を作成し、条件を満たす場合の「TRUE(1)」または条件を満たさない場合の「FALSE(0)」をCOLUMN関数で求められる列番号に乗算して、氏名の列番号を求めます。求めた列番号をINDEX関数の引数の［列番号］に指定して「=INDEX($B$2:$D$2,,SUMPRODUCT(($B$3:$D$5=A9)*(COLUMN($A$1:$C$1))))」の数式を作成することで、氏名から当番の日程が抽出できます。

サンプルファイル▶ 456.xlsx

さまざまな抽出

457 最大値に対応する見出しを抽出したい

使用関数 INDEX、MATCH、MAX、VLOOKUP関数

数 式 =INDEX(B4:B8,MATCH(MAX(C4:C8),C4:C8,0))、=VLOOKUP(MAX(C4:C8),C4:D8,2,0)

最大値の見出しを抽出する関数はありませんが、MAX関数で求められた最大値を検索値とすることで、INDEX関数やVLOOKUP／HLOOKUP関数を使って抽出できます。

■INDEX関数を使う

❶注文数が一番多い商品名を抽出するセルを選択し、「=INDEX(B4:B8,MATCH(MAX(C4:C8),C4:C8,0))」と入力する。

❷注文数が一番多い商品名が抽出される。

■VLOOKUP関数を使う

❶D列に抽出する商品名を入力する。

❷注文数が一番多い商品名を抽出するセルを選択し、「=VLOOKUP(MAX(C4:C8),C4:D8,2,0)」と入力する。

❸注文数が一番多い商品名が抽出される。

数式解説 INDEX関数は指定の行列番号が交差するセル参照を求める関数(Tips 403 で紹介)、MATCH関数は範囲内にある検査値の相対的な位置を求める関数(Tips 445 で紹介)、MAX関数は数値の最大値を求める関数(第2章 Tips 035 で紹介)、VLOOKUP関数は複数行列の表から列を指定して検索値に該当する値を抽出する関数です(Tips 392 で紹介)。
「MATCH(MAX(C4:C8),C4:C8,0)」の数式は、C4セル～C8セルの注文数の最大値がC4セル～C8セルの範囲内の何番目にあるかを求めます。求められた番目をINDEX関数の引数の[行番号]に指定して「=INDEX(B4:B8,MATCH(MAX(C4:C8),C4:C8,0))」の数式を作成すると、注文数が一番多い商品名が抽出されます。
「=VLOOKUP(MAX(C4:C8),C4:D8,2,0)」の数式は、C4セル～D8セルの範囲からC4セル～C8セルの注文数の最大値を検索し、同じ行にある2列目の商品名を抽出します。

サンプルファイル ▶ 457.xlsx

458 最小値に対応する見出しを抽出したい

使用関数 INDEX、MATCH、MIN、VLOOKUP関数

数 式 =INDEX(B4:B8,MATCH(MIN(C4:C8),C4:C8,0))、=VLOOKUP(MIN(C4:C8),C4:D8,2,0)

最小値の見出しを抽出する関数はありませんが、MIN関数で求められた最小値を検索値とすることで、INDEX関数やVLOOKUP／HLOOKUP関数を使って抽出できます。

■ INDEX関数を使う

❶注文数が一番少ない商品名を抽出するセルを選択し、選択し、「=INDEX(B4:B8,MATCH(MIN(C4:C8),C4:C8,0))」と入力する。

❷注文数が一番少ない商品名が抽出される。

■ VLOOKUP関数を使う

❶D列に抽出する商品名を入力する。

❷注文数が一番少ない商品名を抽出するセルを選択し、「=VLOOKUP(MIN(C4:C8),C4:D8,2,0)」と入力する。

❸注文数が一番少ない商品名が抽出される。

数式解説 INDEX関数は指定の行列番号が交差するセル参照を求める関数（Tips 403で紹介）、MATCH関数は範囲内にある検査値の相対的な位置を求める関数（Tips 445で紹介）、MIN関数は数値の最小値を求める関数（第2章 Tips 035で紹介）、VLOOKUP関数は複数行列の表から列を指定して検索値に該当する値を抽出する関数です（Tips 392で紹介）。
「MATCH(MIN(C4:C8),C4:C8,0)」の数式は、C4セル～C8セルの注文数の最小値がC4セル～C8セルの範囲内の何番目にあるかを求めます。求められた番目をINDEX関数の引数の［行番号］に指定して「=INDEX(B4:B8,MATCH(MIN(C4:C8),C4:C8,0))」の数式を作成すると、注文数が一番少ない商品名が抽出されます。
「=VLOOKUP(MIN(C4:C8),C4:D8,2,0)」の数式は、C4セル～D8セルの範囲からC4セル～C8セルの注文数の最小値を検索し、同じ行にある2列目の商品名を抽出します。

> さまざまな抽出

459 トップから指定の順位にある数値の見出しを抽出したい

使用関数 INDEX、MATCH、LARGE関数

数式 =INDEX($B$4:$B$8,MATCH(LARGE($C$4:$C$8,F5),$C$4:$C$8,0))

売上2位など2番目に多い数値の見出しは、LARGE関数で求めた2番目に多い数値を検索値としてVLOOKUP／HLOOKUP関数やINDEX関数を使って抽出できます。

---

❶注文数が2番目に多い商品名を抽出するセルを選択し、「=INDEX($B$4:$B$8,MATCH(LARGE($C$4:$C$8,F5),$C$4:$C$8,0))」と入力する。

❷数式を必要なだけ複写する。

❸注文数が2番目に多い商品名、3番目に多い商品名が抽出される。

数式解説 INDEX関数は指定の行列番号が交差するセル参照を求める関数（Tips 403で紹介）、MATCH関数は範囲内にある検査値の相対的な位置を求める関数（Tips 445で紹介）、LARGE関数は大きいほうから指定の順位にある値を求める関数です（第2章Tips 043で紹介）。
「MATCH(LARGE($C$4:$C$8,F5),$C$4:$C$8,0)」の数式は、C4セル～C8セルの2番目に多い注文数がC4セル～C8セルの範囲内の何番目にあるかを求めます。求められた番目をINDEX関数の引数の[行番号]に指定して「=INDEX($B$4:$B$8,MATCH(LARGE($C$4:$C$8,F5),$C$4:$C$8,0))」の数式を作成すると、注文数が2番目に多い商品名が抽出されます。

📥 サンプルファイル ▶ 459.xlsx

▶さまざまな抽出　　　　　　　　　　　　　　2016 | 2013 | 2010 | 2007

460 ワーストから指定の順位にある数値の見出しを抽出したい

使用関数 INDEX、MATCH、SMALL 関数

数 式 =INDEX($B$4:$B$8,MATCH(SMALL($C$4:$C$8,F5),$C$4:$C$8,0))

売上が少ないほうから2番目にある数値の見出しは、SMALL 関数で求めた2番目に少ない数値を検索値として VLOOKUP ／ HLOOKUP 関数や INDEX 関数を使って抽出できます。

---

❶ 注文数が2番目に少ない商品名を抽出するセルを選択し、「=INDEX($B$4:$B$8, MATCH(SMALL($C$4:$C$8,F5),$C$4:$C$8,0))」と入力する。

❷ 数式を必要なだけ複写する。

❸ 注文数が2番目に少ない商品名、3番目に少ない商品名が抽出される。

数式解説 INDEX 関数は指定の行列番号が交差するセル参照を求める関数（Tips 403 で紹介）、MATCH 関数は範囲内にある検査値の相対的な位置を求める関数（Tips 445 で紹介）、SMALL 関数は小さいほうから指定の順位にある値を求める関数です（第2章 Tips 044 で紹介）。
「MATCH(SMALL ($C$4:$C$8,F5),$C$4:$C$8,0)」の数式は、C4 セル～C8 セルの2番目に少ない注文数が C4 セル～C8 セルの範囲内の何番目にあるかを求めます。求められた番目を INDEX 関数の引数の[行番号]に指定して「=INDEX($B$4:$B$8,MATCH(SMALL ($C$4:$C$8, F5),$C$4:$C$8,0))」の数式を作成すると、注文数が2番目に少ない商品名が抽出されます。

サンプルファイル ▶ 460.xlsx

▶さまざまな抽出　　　　　　　　　　　　　　　2016 | 2013 | 2010 | 2007

461 重複した値を抽出したい

使用関数 COUNTIF関数

数式 =COUNTIF($B$3:B3,B3)

重複した値の抽出は、複雑な数式を作成しなくてもCOUNTIF関数だけで可能です。COUNTIF関数で同じ値がカウントされるように数式を作成し、その値が2個以上ある値をフィルターボタンで抽出します。

❶表内のセルを1つ選択し、[データ]タブの[並べ替えとフィルター]グループの[フィルター]ボタンをクリックする。

❷G列に「=COUNTIF($B$3:B3,B3)」と入力する。

❸数式を必要なだけ複写する。

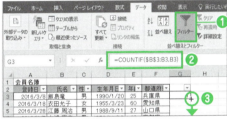

❹G列のフィルターボタンをクリックし、表示されたメニューで[すべて選択]のチェックを外して「1」以外の値にチェックを入れる。

❺[OK]ボタンをクリックする。

❻名前が重複した名簿が抽出される。

数式解説 COUNTIF関数は条件を満たすセルの数を数える関数です(第2章 Tips 107で紹介)。「=COUNTIF($B$3:B3,B3)」の数式は、次のセルにコピーすると、「=COUNTIF($B$3:B4,B4)」となり、先頭のB3セルからのセル範囲が拡張され、同じ氏名が1つなら「1」、2つあるなら「2」とカウントされた数を求めます。つまり、重複した名前は2以上の値が求められるので、G列のフィルターボタンで「1」以外の値にチェックを入れて抽出すると、名前が重複した名簿が抽出されます。

📥サンプルファイル▶ 461.xlsx

さまざまな抽出

462 重複を除く値を抽出したい

使用関数 COUNTIF関数

数 式 =COUNTIF($B$3:B3,B3)

重複を除く値を抽出するには、[重複の削除]ボタンでも可能ですが、データを追加するたび操作が必要です。COUNTIF関数で数式を設定しておけば、追加してもフィルターボタンで抽出するだけで可能です。

1. 表内のセルを1つ選択し、[データ]タブの[並べ替えとフィルター]グループの[フィルター]ボタンをクリックする。
2. G列に「=COUNTIF($B$3:B3,B3)」と入力する。
3. 数式を必要なだけ複写する。

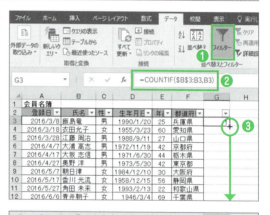

4. G列のフィルターボタンをクリックし、表示されたメニューで[すべて選択]のチェックを外して「1」の値にチェックを入れる。
5. [OK]ボタンをクリックする。

▶ サンプルファイル ▶ 462.xlsx

❻名前の重複を除いた名簿が抽出される。

	A	B	C	D	E	F	G	H
1	会員名簿							
2	登録日	氏名	性	生年月日	年齢	都道府!		
3	2016/3/8	飯島 竜	男	1990/1/20	25	兵庫県	1	
4	2016/3/18	衣田 允子	女	1955/3/23	60	愛知県	1	
5	2016/3/28	江藤 周治	男	1988/9/11	27	山口県	1	
6	2016/4/7	大浦 高志	男	1972/11/19	42	京都府	1	
7	2016/4/17	大坂 志信	男	1971/6/30	44	栃木県	1	
8	2016/4/27	奥野 洋	男	1973/5/30	42	東京都	1	
9	2016/5/7	朝日律	女	1984/12/10	30	大阪府	1	
10	2016/5/17	香川 光流	女	1958/12/15	56	静岡県	1	
11	2016/5/27	角田 未来	女	1993/2/13	22	和歌山県	1	
12	2016/6/6	青井朝子	女	1946/3/4	69	千葉県	1	
13	2016/6/16	葛飾 梨絵	女	1955/12/16	59	東京都	1	
14	2016/6/26	東江道男	男	1980/5/10	35	東京都	1	
15	2016/7/6	嵐真衣	女	1957/5/11	58	宮崎県	1	
16	2016/7/16	有馬真理	女	1976/11/9	39	滋賀県	1	
17	2016/7/26	石山菜々子	女	1963/7/31	52	東京都	1	
19	2016/8/15	岩渕大輔	男	1962/5/25	53	埼玉県	1	
21	2016/9/4	宇佐美六郎	男	1945/6/3	70	大阪府	1	
22	2016/9/14	大貫 飛鳥	男	1975/10/6	40	宮城県	1	
23	2016/9/24	岡崎 翔子	女	1970/5/12	45	和歌山県	1	
25	2016/10/14	榎原 高次	男	1985/6/26	30	山口県	1	

数式解説　COUNTIF 関数は条件を満たすセルの数を数える関数です（第 2 章 Tips 107 で紹介）。「=COUNTIF($B$3:B3,B3)」の数式は、次のセルにコピーすると、「=COUNTIF($B$3:B4,B4)」となり、先頭の B3 セルからのセル範囲が拡張され、同じ氏名が 1 つなら「1」、2 つあるなら「2」とカウントされた数を求めます。つまり、重複した名前は 2 以上の値が求められるので、G 列のフィルターボタンで「1」の値にチェックを入れて抽出すると、名前の重複を除いた名簿が抽出されます。

463 重複した値を別の表に抽出したい

使用関数 IF、COUNTIF、ROW、INDEX、SMALL 関数

数式
=IF(COUNTIF($C$3:C3,C3)=2,ROW(A1),"")、
=INDEX($C$3:$C$10,SMALL($D$3:$D$10,ROW(A1)))

重複した値を別の表に抽出するには、同じ数が2個以上ある値の表内の位置をIF、COUNTIF、ROW関数で求めて、その位置の番号が小さいほうからINDEX関数で抽出します。

---

❶ D列に「=IF(COUNTIF($C$3:C3,C3)=2,ROW(A1),"")」と入力する。

❷ 数式を必要なだけ複写する。

❸ 重複した来社予約日を抽出するセルを選択し、「=INDEX($C$3:$C$10,SMALL($D$3:$D$10,ROW(A1)))」と入力する。

❹ 数式を必要なだけ複写する。

❺ 重複した来社予約日が抽出される。

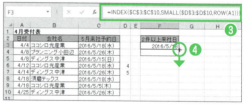

数式解説 IF関数は条件を満たすか満たさないかで処理を分岐する関数(第12章 Tips 476で紹介)、COUNTIF関数は条件を満たすセルの数を数える関数(第2章 Tips 107で紹介)、ROW関数はセルの行番号を求める関数です。INDEX関数は指定の行列番号が交差するセル参照を求める関数(Tips 403で紹介)、SMALL関数は小さいほうから指定の順位にある値を求める関数です(第2章 Tips 044で紹介)。
「=IF(COUNTIF($C$3:C3,C3)=2,ROW(A1),"")」の数式は、同じ予約日が2個ある場合は表内の番目を表示し、そうでない場合は空白を表示します。
「=INDEX($C$3:$C$10,SMALL($D$3:$D$10,ROW(A1)))」の数式は、1つ目の数式で作成した番目が小さいほうから、C3セル~C10セルの予約日を抽出します。結果、2個の予約日、つまり、重複した予約日が抽出されます。

▶ さまざまな抽出

2016 | 2013 | 2010 | 2007

464 重複を除く値を別の表に抽出したい

使用関数 IF、COUNTIF、ROW、INDEX、SMALL関数

数　式 =IF(COUNTIF($B$3:B3,B3)=1,ROW(A1),"")、
=INDEX($B$3:$B$10,SMALL($D$3:$D$10,ROW(A1)))

重複を除く値を別の表に抽出するには、同じ数が1個しかない値の表内の位置をIF、COUNTIF、ROW関数で求めて、その位置の番号が小さいほうからINDEX関数で抽出します。

---

❶ D列に「=IF(COUNTIF($B$3:B3,B3)=1,ROW(A1),"")」と入力する。

❷ 数式を必要なだけ複写する。

❸ 重複を除く来社予約日を抽出するセルを選択し、「=INDEX($B$3:$B$10,SMALL($D$3:$D$10,ROW(A1)))」と入力する。

❹ 数式を必要なだけ複写する。

❺ 重複を除く来社名が抽出される。

数式解説 IF関数は条件を満たすか満たさないかで処理を分岐する関数（第12章 Tips 476で紹介）、COUNTIF関数は条件を満たすセルの数を数える関数（第2章 Tips 107で紹介）、ROW関数はセルの行番号を求める関数です。INDEX関数は指定の行列番号が交差するセル参照を求める関数（Tips 403で紹介）、SMALL関数は小さいほうから指定の順位にある値を求める関数です（第2章 Tips 044で紹介）。
「=IF(COUNTIF($B$3:B3,B3)=1,ROW(A1),"")」の数式は、同じ予約日が1個の場合は表内の番目を表示し、そうでない場合は空白を表示します。
「=INDEX($B$3:$B$10,SMALL($D$3:$D$10,ROW(A1)))」の数式は、1つ目の数式で作成した番目が小さいほうから、B3セル～B10セルの会社名を抽出します。結果、1個しかない会社名、つまり、重複を除く会社名が抽出されます。

サンプルファイル ▶ 464.xlsx

465 複数条件で重複した値／重複以外の値を抽出したい

使用関数 COUNTIFS関数

数式 =COUNTIFS($B$3:B3,B3,$C$3:C3,C3)

複数条件の重複／重複以外の値の抽出はCOUNTIFS関数で可能です。それぞれの条件で同じ値がカウントされるように数式を作成し、その値が重複値なら2個以上の値、重複以外なら1個の値をフィルターボタンで抽出します。

① 表内のセルを1つ選択し、[データ]タブの[並べ替えとフィルター]グループの[フィルター]ボタンをクリックする。

② D列に「=COUNTIFS($B$3:B3,B3,$C$3:C3,C3)」と入力する。

③ 数式を必要なだけ複写する。

④ D列のフィルターボタンをクリックし、表示されたメニューで[すべて選択]のチェックを外し、「2」の値にチェックを入れて、[OKボタン]をクリックする。

⑤ 会社名と来社予約日の2条件での重複が抽出される。

⑥ 「1」の値にチェックを入れて、[OK]ボタンをクリックする。

⑦ 会社名と来社予約日の2条件での重複を除いて抽出される。

数式解説 COUNTIFS関数は複数の条件を満たすセルの数を数える関数です（第3章Tips 129で紹介）。

「=COUNTIFS($B$3:B3,B3,$C$3:C3,C3)」の数式は、次のセルにコピーすると、「=COUNTIFS($B$3:B4,B4,$C$3:C4,C4)」となり、先頭のB3セル、先頭のC3からのセル範囲が拡張され、同じ会社名と来社予約日が1個なら「1」、2個なら「2」とカウントされた数を求めます。つまり、会社名と来社予約日の2条件での重複には2以上の値が求められるので、D列のフィルターボタンで「1」以外の値にチェックを入れて抽出すると、会社名と来社予約日の2条件での重複が抽出され、「1」の値にチェックを入れて抽出すると、会社名と来社予約日の2条件での重複を除いて抽出されます。

サンプルファイル ▶ 465.xlsx

▶ さまざまな抽出

2016 | 2013 | 2010 | 2007

466 複数条件で重複した値を別の表に抽出したい

使用関数 IF、COUNTIFS、ROW、INDEX、SMALL関数

数式
=IF(COUNTIFS($B$3:B3,B3,$C$3:C3,C3)>=2,ROW(A1),"")、
=INDEX($A$3:$C$10,SMALL($D$3:$D$10,ROW(A1)),1)

複数条件で重複を除く値を別の表に抽出するには、それぞれの条件で同じ数が2個以上ある値の表内の位置をIF、COUNTIFS、ROW関数で求めて、その位置の番号が小さいほうからINDEX関数で抽出します。

---

❶ D列に「=IF(COUNTIFS($B$3:B3,B3,$C$3:C3,C3)>=2,ROW(A1),"")」と入力する。
❷ 数式を必要なだけ複写する。

❸ 重複を抽出するセルを選択し、「=INDEX($A$3:$C$10,SMALL($D$3:$D$10,ROW(A1)),1)」と入力する。

❹ 数式を必要なだけ複写し、INDEX関数の引数の[列番号]を抽出する項目の列番号に変更する。

❺ 会社名と来社予約日の2条件での重複が抽出される。

数式解説 「=IF(COUNTIFS($B$3:B3,B3,$C$3:C3,C3)>=2,ROW(A1),"")」の数式は、同じ会社名の予約日が2個以上ある場合は表内の番目を表示し、そうでない場合は空白を表示します。
「=INDEX($A$3:$C$10,SMALL($D$3:$D$10,ROW(A1)),1)」の数式は、1つ目の数式で作成した番目が小さいほうからA3セル~C10セルの受付表の同じ行にある1列目の日付を抽出します。数式をコピーしてINDEX関数で抽出する列番号を必要な項目の列番号に変更することで、2個以上の同じ会社名の予約日、つまり、会社名と予約日の2条件で重複した値が抽出されます。

📥 サンプルファイル ▶ 466.xlsx

▶さまざまな抽出　　　　　　　　　　　　　　　　　　2016 | 2013 | 2010 | 2007

467 複数条件で重複を除く値を別の表に抽出したい

使用関数 IF、COUNTIFS、ROW、INDEX、SMALL関数

数　式　=IF(COUNTIFS($B$3:B3,B3,$C$3:C3,C3)=1,ROW(A1),"")、
=INDEX($B$3:$C$10,SMALL($D$3:$D$10,ROW(A1)),1)

複数条件で重複を除く値を別の表に抽出するには、それぞれの条件で同じ数が1個しかない値の表内の位置をIF、COUNTIFS、ROW関数で求めて、その位置の番号が小さいほうからINDEX関数で抽出します。

❶D列に「=IF(COUNTIFS($B$3:B3,B3,$C$3:C3,C3)=1,ROW(A1),"")」と入力する。
❷数式を必要なだけ複写する。

❸会社名と来社予約日の2条件での重複を除いて抽出するセルを選択し、「=INDEX($B$3:$C$10,SMALL($D$3:$D$10,ROW(A1)),1)」と入力する。

❹数式を必要なだけ複写し、INDEX関数の引数の[列番号]を抽出する項目の列番号に変更する。

❺会社名と来社予約日の2条件での重複を除いて抽出される。

	A	B	C	D	E	F	G
1	4月受付表					5月来社名簿	
2	日付	会社名	5月来社予約日			来社名	来社予約日
3	4/4	ココシロ光産業	2016/5/18(水)	1		ココシロ光産業	2016/5/18(水)
4	4/8	プランニング小田辺	2016/5/26(木)	2		プランニング小田辺	2016/5/26(木)
5	4/8	ディングス中津	2016/5/15(日)	3		ディングス中津	2016/5/15(日)
6	4/12	ココシロ光産業	2016/5/18(水)			ディングス中津	2016/5/26(木)
7	4/14	ディングス中津	2016/5/26(木)	5			
8	4/18	須磨テックス	2016/5/18(水)	6			
9	4/18	ココシロ光産業	2016/5/(木)	7			
10	4/25	ディングス中津	2016/5/26(木)				

数式解説 IF関数は条件を満たすか満たさないかで処理を分岐する関数(第12章 Tips 476 で紹介)、COUNTIFS関数は複数の条件を満たすセルの数を数える関数(第2章 Tips 129で紹介)、ROW関数はセルの行番号を求める関数です。INDEX関数は指定の行列番号が交差するセル参照を求める関数(Tips 403で紹介)、SMALL関数は小さいほうから指定の順位にある値を求める関数です(第2章 Tips 044で紹介)。

「=IF(COUNTIFS($B$3:B3,B3,$C$3:C3,C3)=1,ROW(A1),"")」の数式は、同じ会社名の予約日が1個の場合は表内の番目を表示し、そうでない場合は空白を表示します。

「=INDEX($B$3:$C$10,SMALL($D$3:$D$10,ROW(A1)),1)」の数式は、1つ目の数式で作成した番目が小さいほうからB3セル〜C10セルの受付表の同じ行にある1列目の会社名を抽出します。数式をコピーしてINDEX関数で抽出する列番号を必要な項目の列番号に変更することで、1個しかない同じ会社名の予約日、つまり、会社名と予約日の2条件で重複を除く値が抽出されます。

▶ さまざまな抽出

468 別表や別シートで重複した値を抽出したい

使用関数 IF、COUNTIF、ROW、INDEX、SMALL関数

数 式
=IF(COUNTIF(会員!$B$3:$B$14,B3),ROW(A1),"")、
=INDEX(PC会員!$B$3:$F$14,SMALL(PC会員!$G$3:$G$14,ROW(A1)),1)

別表や別シートで重複した値を抽出するには、別表や別シートに同じ値が1個（または1個以上）ある値の表内の位置を IF、COUNTIF、ROW 関数で求めて、その位置の番号が小さいほうから INDEX 関数で抽出します。

❶2つ目の「PC会員」シートのG列に「=IF(COUNTIF(会員!$B$3:$B$14,B3),ROW(A1),"")」と入力する。

❷数式を必要なだけ複写する。

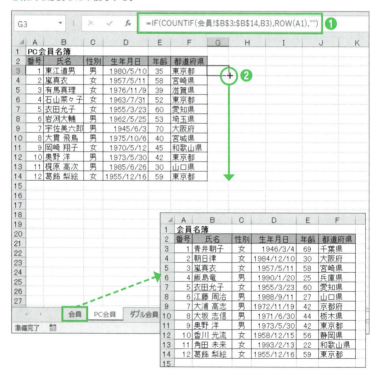

❸重複した名簿を抽出するセルを選択し、「=INDEX(PC会員!$B$3:$F$14,SMALL(PC会員!$G$3:$G$14,ROW(A1)),1)」と入力する。

❹数式を必要なだけ複写し、INDEX関数の引数の[列番号]を抽出する項目の列番号に変更する。

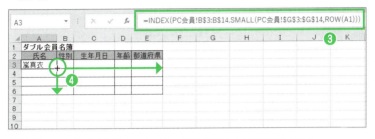

❺「会員」シートと「PC会員」シートの2つの表で重複した名簿が抽出される。

	A	B	C	D	E
1	ダブル会員名簿				
2	氏名	性別	生年月日	年齢	都道府県
3	嵐真衣	女	1957/5/11	58	宮崎県
4	衣田允子	女	1955/3/23	60	愛知県
5	奥野 洋	男	1973/5/30	42	東京都
6	葛飾 梨絵	女	1955/12/16	59	東京都

数式解説 IF関数は条件を満たすか満たさないかで処理を分岐する関数(第12章 Tips 476で紹介)、COUNTIF関数は条件を満たすセルの数を数える関数(第2章 Tips 107で紹介)、ROW関数はセルの行番号を求める関数です。INDEX関数は指定の行列番号が交差するセル参照を求める関数(Tips 403で紹介)、SMALL関数は小さいほうから指定の順位にある値を求める関数です(第2章 Tips 044で紹介)。

「=IF(COUNTIF(会員!$B$3:$B$14,B3),ROW(A1),"")」の数式は、「会員」シートの名前と同じ名前が1個でもある場合は表内の番号を表示し、そうでない場合は空白を表示します。

「=INDEX(PC会員!$B$3:$F$14,SMALL(PC会員!$G$3:$G$14,ROW(A1)),1)」の数式は、1つ目の数式で作成した番目が小さいほうから、B3セル〜F14セルの1列目の名前を抽出します。数式をコピーしてINDEX関数で抽出する列番号を必要な項目の列番号に変更することで、「会員」シートに1個でもある名前、つまり、「会員」シートと「PC会員」シートで重複したダブル会員の名簿が抽出されます。

▶ さまざまな抽出　　　2016 | 2013 | 2010 | 2007

469 別表や別シートで重複した値を抽出したい（データの追加に対応）

使用関数 IF、COUNTIF、ROW、INDEX、SMALL関数

数 式 =IF(COUNTIF(会員!$B$3:$B$14,B3),ROW(A1),"")、
=INDEX(PC会員!$B$3:$F$20,SMALL(PC会員!$G$3:$G$20,ROW(A1)),1)

データの追加に対応して、別表や別シートで重複した値を抽出するには、それぞれの表をテーブルに変換して、Tips 468 の数式を作成します。

❶1つ目の「会員」シートをテーブルに変換しておく（[挿入]タブ→[テーブル]グループの[テーブル]ボタンをクリック）。

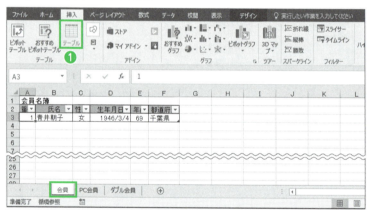

❷2つ目の「PC会員」シートもテーブルに変換しておき、G列に「=IF(COUNTIF(会員!$B$3:$B$14,B3),ROW(A1),"")」と入力する。

❸ 重複した名簿を抽出するセルを選択し、「=INDEX(PC会員!$B$3:$F$20,SMALL(PC会員!$G$3:$G$20,ROW(A1)),1)」と入力する。

❹ 数式を必要なだけ複写し、INDEX関数の引数の[列番号]を抽出する項目の列番号に変更する。

❺「会員」シートと「PC会員」シートの2つの表で重複した名簿が抽出される。それぞれのシートに名簿が追加され、重複した名簿を入力すると表に自動で追加される。

	A	B	C	D	E
1	ダブル会員名簿				
2	氏名	性別	生年月日	年齢	都道府県
3	嵐 真衣	女	1957/5/11	58	宮崎県
4	衣田 允子	女	1955/3/23	60	愛知県
5	奥野 洋	男	1973/5/30	42	東京都
6	葛飾 梨絵	女	1955/12/16	59	東京都

数式解説 IF関数は条件を満たすか満たさないかで処理を分岐する関数(第12章 Tips 476で紹介)、COUNTIF関数は条件を満たすセルの数を数える関数(第2章 Tips 107で紹介)、ROW関数はセルの行番号を求める関数です。INDEX関数は指定の行列番号が交差するセル参照を求める関数(Tips 403で紹介)、SMALL関数は小さいほうから指定の順位にある値を求める関数です(第2章 Tips 044で紹介)。

数式解説は Tips 468 で紹介。2つのシートの表をテーブルに変換しておくと、それぞれにデータを追加しても数式内のセル範囲が自動で拡張され、重複した名簿を抽出する表には数式で使用するセル範囲をあらかじめ多めに指定しておくことで、常に重複した値が抽出されます。

▶ さまざまな抽出　　　　　　　　　　　　　　　　　2016 | 2013 | 2010 | 2007

470 別表や別シートにはない値を抽出したい

使用関数 IF、COUNTIF、ROW、INDEX、SMALL関数

数式
=IF(COUNTIF(会員!$B$3:$B$14,B3),"",ROW(A1))、
=INDEX(PC会員!$B$3:$F$14,SMALL(PC会員!$G$3:$G$14,ROW(A1)),1)

別表や別シートでどちらかにしかない値を抽出するには、別表や別シートに1個もない値の表内の位置をIF、COUNTIF、ROW関数で求めて、その位置の番号が小さいほうからINDEX関数で抽出します。

---

❶2つ目の「PC会員」シートのG列に「=IF(COUNTIF(会員!$B$3:$B$14,B3),"",ROW(A1))」と入力する。

❷数式を必要なだけ複写する。

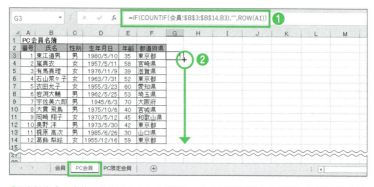

❸PC限定会員名簿を抽出するセルを選択し、「=INDEX(PC会員!$B$3:$F$14,SMALL(PC会員!$G$3:$G$14,ROW(A1)),1)」と入力する。

❹数式を必要なだけ複写し、INDEX関数の引数の[列番号]を抽出する項目の列番号に変更する。

💾 サンプルファイル ▶ 470.xlsx、470コラム.xlsx

❺「会員」シートにはないPC限定会員名簿が抽出される。

	A	B	C	D	E
1	PC限定会員名簿				
2	氏名	性別	生年月日	年齢	都道府県
3	東江道男	男	1980/5/10	35	東京都
4	有馬真理	女	1976/11/9	39	滋賀県
5	石山菜々子	女	1963/7/31	52	東京都
6	岩渕大輔	男	1962/5/25	53	埼玉県
7	宇佐美七郎	男	1945/6/3	70	大阪府
8	大貫飛鳥	男	1975/10/6	40	宮城県
9	岡崎翔子	女	1970/5/12	45	和歌山県
10	梶原高次	男	1985/6/26	30	山口県

数式解説 IF関数は条件を満たすか満たさないかで処理を分岐する関数（第12章 Tips 476 で紹介）、COUNTIF関数は条件を満たすセルの数を数える関数（第2章 Tips 107 で紹介）、ROW関数はセルの行番号を求める関数です。INDEX関数は指定の行列番号が交差するセル参照を求める関数（Tips 403 で紹介）、SMALL関数は小さいほうから指定の順位にある値を求める関数です（第2章 Tips 044 で紹介）。

「=IF(COUNTIF(会員!$B$3:$B$14,B3),"",ROW(A1))」の数式は、「会員」シートの名前と同じ名前が1個でもある場合は空白を表示し、そうでない場合は表内の番目を表示します。

「=INDEX(PC会員!$B$3:$F$14,SMALL(PC会員!$G$3:$G$14,ROW(A1)),1)」の数式は、1つ目の数式で作成した番目が小さいほうから、B3セル～F14セルの1列目の名前を抽出します。数式をコピーしてINDEX関数で抽出する列番号を必要な項目の列番号に変更することで、「会員」シートに1個もない名前、つまり、「会員」シートにない「PC会員」シートだけにある会員の名簿が抽出されます。

プラスアルファ 「PC会員」シートにない「会員」シートだけにある会員の名簿を抽出するには、手順❶で「会員」シートのG列に❶「=IF(COUNTIF(PC会員!$B$3:$B$14,B3),"",ROW(A1))」と数式を入力します。

	A	B	C	D	E	F	G
1	会員名簿						
2	番号	氏名	性別	生年月日	年齢	都道府県	
3	1	青井朝子	女	1946/3/4	69	千葉県	1
4	2	朝日律	女	1984/12/10	30	大阪府	2
5	3	嵐真衣	女	1957/5/11	58	宮崎県	
6	4	飯島竜	男	1990/1/20	25	兵庫県	4
7	5	衣田允子	女	1955/3/23	60	愛知県	
8	6	江藤周治	男	1988/9/11	27	山口県	6
9	7	大浦高志	男	1972/11/19	42	京都府	7
10	8	大坂志信	男	1971/6/30	44	栃木県	8
11	9	奥野洋	男	1973/5/30	42	東京都	
12	10	香川光流	女	1958/12/15	56	静岡県	10
13	11	角田未来	女	1993/2/13	22	和歌山県	11
14	12	葛飾梨絵	女	1955/12/16	59	東京都	

▶ さまざまな抽出　　　　　　　　　　　　　　　　　2016 | 2013 | 2010 | 2007

471 複数の表／シートで重複を除いて1つの表にまとめたい

使用関数 COUNTIF関数

数 式 =COUNTIF($A$3:A3,A3)

複数の表／シートで重複を除いて1つの表にまとめるには、クリップボードで1つの表にしておけば、COUNTIF関数だけで可能です。数式で同じ値をカウントし、その値が1個の値をフィルターボタンで抽出します。

❶ [ホーム] タブの [クリップボード] グループの 🗔 をクリックして、[クリップボード] 作業ウィンドウを表示させる。

❷ それぞれのシートの名簿を範囲選択し、[ホーム] タブの [クリップボード] グループの [コピー] ボタンをクリックして [クリップボード] 作業ウィンドウにデータを格納する。

❸ 「全会員」シートの抽出するセルを選択し、[クリップボード] 作業ウィンドウの [すべて貼り付け] ボタンをクリックする。

❹ 2つのシートの名簿がまとめられる。

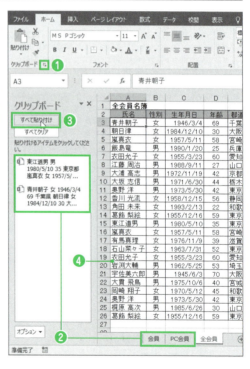

▼サンプルファイル ▶ 471.xlsx

❺ 表内のセルを1つ選択し、[データ]タブの[並べ替えとフィルター]グループの[フィルター]ボタンをクリックする。

❻ F列に「=COUNTIF($A$3:A3,A3)」と入力する。

❼ 数式を必要なだけ複写する。

❽ F列のフィルターボタンをクリックし、表示されたメニューで[すべて選択]のチェックを外し、「1」の値にチェックを入れて、[OK]ボタンをクリックすると、「会員」シートと「PC会員」シートの2つの表の重複を除いた名簿が作成できる。

数式解説 COUNTIF関数は条件を満たすセルの数を数える関数です(第2章 Tips 107で紹介)。

「=COUNTIF($A$3:A3,A3)」の数式は、次のセルにコピーすると、「=COUNTIF($A$3:A4,A4)」となり、先頭のA3セルからのセル範囲が拡張され、同じ氏名が1個なら「1」、2個なら「2」とカウントされた数を求めます。つまり、重複した名前は2以上の値が求められるので、F列のフィルターボタンで「1」の値にチェックを入れて抽出すると、「会員」シートと「PC会員」シートの2つの表の重複を除いた名簿が作成できます。

593

▶さまざまな抽出　　2016 | 2013 | 2010 | 2007

472 同じ項目の直近データを抽出したい

使用関数 IFERROR、LOOKUP関数

数　式 =IFERROR(LOOKUP(1,0/($B$3:B3=B4),$A$3:A3),"")

同じ会社名が前回いつ来社したかを求めたいなど、同じ項目の1つ前のデータを抽出したいときはLOOKUP関数を使います。同じ項目がない場合にエラー値が求められないようにIFERROR関数も合わせて使います。

❶前回来社日の2つ目のC4セルを選択し、「=IFERROR(LOOKUP(1,0/($B$3:B3=B4),$A$3:A3),"")」と入力する。

❷数式を必要なだけ複写する。

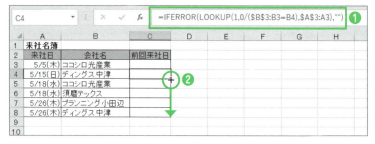

❸前回来社日が抽出される。

	A	B	C	D
1	来社名簿			
2	来社日	会社名	前回来社日	
3	5/5(木)	ココシロ光産業		
4	5/15(日)	ディングス中津		
5	5/18(水)	ココシロ光産業	5/5(木)	
6	5/18(水)	須磨テックス		
7	5/26(木)	プランニング小田辺		
8	5/26(木)	ディングス中津	5/15(日)	

数式解説 IFERROR関数はエラーの場合に指定の値を返す関数（Tips 393で紹介）、LOOKUP関数は検査値に該当する値を対応する範囲内の同じ番目から抽出する関数です（Tips 397で紹介）。
「0/($B$3:B3=B4)」の数式は、「($B$3:B3=B4)」の条件式を満たすと「0/1」で「0」が返され、満たさないと「0/0」になり「#DIV/0!」が返されます。つまり、「LOOKUP(1,0/($B$3:B3=B4),$A$3:A3)」の数式は、「0」に対応する来社日が返されます。同じ検索値が複数ある場合は対応する最後の値が返されるため、直近の来社日が抽出されます。さらに、エラー値は空白で求めるために、「=IFERROR(LOOKUP(1,0/($B$3:B3=B4),$A$3:A3),"")」と数式を作成します。

サンプルファイル ▶ 472.xlsx

▶さまざまな抽出

2016 | 2013 | 2010 | 2007

473 値が追加されても常に最後のセルの値を抽出したい

使用関数 INDEX、COUNTA関数

数 式 =INDEX(B3:B20,COUNTA(B3:B20))

表の最後のセルに入力した値は、値が入力されたセルの数を抽出する位置に指定することで INDEX 関数で抽出できます。値が行方向に並んでいても列方向に並んでいても抽出可能です。

---

❶直近来社名を抽出するセルを選択し、「=INDEX(B3:B20,COUNTA(B3:B20))」と入力する。

❷最後に入力した会社名、つまり、直近来社名が抽出される。

❸来社名簿に会社名を入力すると、常にその会社名が直近来社名として抽出される。

数式解説 INDEX 関数は指定の行列番号が交差するセル参照を求める関数（Tips 403 で紹介）、COUNTA 関数は空白以外のセルの数を数える関数です（第 2 章 Tips 040 で紹介）。
「COUNTA(B3:B20)」の数式は、B3 セル〜B20 セルの会社名が入力されたセルの数を求めます。この求めた数を INDEX 関数の引数の [行番号] に指定して「=INDEX(B3:B20,COUNTA(B3:B20))」の数式を作成すると、個数の行にある会社名、つまり、最後に入力された会社名が常に抽出されます。

📥 サンプルファイル ▶ 473.xlsx

▶ さまざまな抽出

2016 | 2013 | 2010 | 2007

474 更新するたび表からランダムに値を抽出したい

使用関数 RANDBETWEEN、IFERROR、VLOOKUP関数

数 式 =RANDBETWEEN(1,10)、=IFERROR(VLOOKUP(1,A6:C15,3,0),"")

検索値のように検索する値を決めて抽出するのではなく、ランダムに値を抽出するには乱数を使います。RANDBETWEEN関数やRAND関数で乱数を発生させて、乱数に該当する値を検索抽出できる関数で抽出します。

❶ A列に「=RANDBETWEEN(1,10)」と入力する。

❷ 数式を必要なだけ複写する。

❸ 当選者を抽出するセルを選択し「=IFERROR(VLOOKUP(1,A6:C15,3,0),"")」と入力する。

❹ 当選者が会員名簿からランダムに抽出される。

❺ F9 キーを押すか、シート上で操作を行うたび、当選者が会員名簿からランダムに抽出される。

	A	B	C	D	E	F	G	H
1								
2			☆無料招待当選者☆		石山菜々子 ❺			
3								
4			会員名簿					
5		番号	氏名	生年月日		都道府県		
6	6	1	青井朝子	1946/3/4		千葉県		
7	4	2	東江道男	1980/5/10		東京都		
8	4	3	朝日律	1984/12/10		大阪府		
9	6	4	嵐真衣	1957/5/11		宮崎県		
10	6	5	有馬真理	1976/11/9		滋賀県		
11	3	6	飯島竜	1990/1/20		兵庫県		
12	1	7	石山菜々子	1963/7/31		東京都		
13	7	8	衣田允子	1955/3/23		愛知県		
14	6	9	岩渕大輔	1962/5/25		埼玉県		
15	7	10	宇佐美六郎	1945/6/3		大阪府		

数式解説 RANDBETWEEN関数は整数の乱数を発生させる関数で、引数の[最小値]以上、[最大値]以下の乱数を発生させることができます。IFERROR関数はエラーの場合に指定の値を返す関数、VLOOKUP関数は複数行列の表から列を指定して検索値に該当する値を抽出する関数です(Tips 393で紹介)。「=RANDBETWEEN(1,10)」の数式は、「1」～「10」までの乱数を発生させます。このランダムに発生させた乱数をVLOOKUP関数の引数の[検索範囲]に指定して、「=IFERROR(VLOOKUP(1,A6:C15,3,0),"")」の数式を作成すると、「1」の乱数と同じ番目にある氏名が抽出され、ない場合は空白が返されます。再計算されるたび、同じセルに違う乱数が発生するので、F9キーを押すたび、ブックを開くたび、データの入力や修正を行うたび、ランダムに氏名が抽出されます。

475 ABC評価のランキングで最高値を抽出したい

使用関数 CHAR、MIN、CODE関数

数式 {=CHAR(MIN(CODE(B3:E3)))}

「A」～「Z」のアルファベットのランクをもとに、アルファベット順で最高値を求めるには、それぞれの文字コードを使います。文字コードの最小値をMIN関数で求めて、CHAR関数でアルファベットに戻します。

❶最高売上ランクを抽出するセルを選択し、「=CHAR(MIN(CODE(B3:E3)))」と入力し、Ctrl + Shift + Enter キーで数式を確定する。

❷数式を必要なだけ複写する。

❸それぞれの最高売上ランクが抽出される。

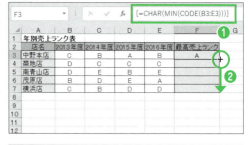

数式解説 MIN関数は数値の最小値を求める関数(第2章Tips 035で紹介)、CHAR関数は文字コードに対応する文字を返す関数、CODE関数は文字列の先頭文字を表す数値コードを求める関数です。
「{=CHAR(MIN(CODE(B3:E3)))}」の数式は、B3セル～E3セルのアルファベットの文字コードの最小値を求め、求めた文字コードから文字を求めます。結果、アルファベットの最高値が求められます。なお、配列を扱うため、配列数式で求めます。配列数式で求めるには、すべてのセル範囲を数式で指定して、数式の前後を [{ }] (中括弧) で囲みます。[{ }] (中括弧) で囲まない場合は、数式の確定時に、Ctrl + Shift + Enter キーを押すと、数式の前後に [{ }] (中括弧) が自動で付けられます。

サンプルファイル ▶ 475.xlsx

Chapter 12

条件で処理を分ける！
分岐ワザ

Chapter 12 ▶条件分岐テク 2016 | 2013 | 2010 | 2007

条件で処理を分ける！分岐ワザ

476 条件を満たすか満たさないかでセルに求める値を変えたい

使用関数 IF関数

数式 =IF(C3>=70,"達成！","")

指定のセルの値が条件を満たす場合と満たさない場合に、それぞれ違う値を返すにはIF関数を使います。数値の大きさによって注意書きを変えたり、条件を満たす値にだけチェックを付けたりすることができます。

❶注意書きを入れるセルを選択し、「=IF(C3>=70,"達成！","")」と入力する。

❷数式を必要なだけ複写する。

❸契約数が70以上の氏名に「達成！」、それ以外は空白で求められる。

数式解説 IF関数は条件を満たすか満たさないかで処理を分岐する関数です。
「=IF(C3>=70,"達成！","")」の数式は、C3セルの契約数が70以上の場合は「達成！」、違う場合は空白を求めます。

⬇ サンプルファイル ▶ 476.xlsx

▶ 条件分岐テク　　　　　　　　　　　　　　　　　　2016 | 2013 | 2010 | 2007

477 条件を満たす場合に注意書きを指定の位置で改行して入れたい

使用関数 IF、CHAR関数

数 式 =IF(C3>=70,"達成！"&CHAR(10)&"Congratulations!","")

IF関数は条件を満たすか満たさないかでセルに求める値を変えられますが、求める値にCHAR関数を使うと改行して表示できます。2行で求めたいときは文字と文字の間にCHAR関数を使います。

---

❶注意書きを入れるセルを選択し、「=IF(C3>=70,"達成！"&CHAR(10)&"Congratulations!","")」と入力する。

❷数式を必要なだけ複写する。

	A	B	C	D	E
1	6月契約状況		コールセンター	2016/7/1	
2	氏名	採用年月日	契約数	契約ノルマ	
3	鴨飼眞子	2010/10/1	76	達成！Congratulations!	
4	木下恵美	2013/7/1	56		
5	瀬戸文代	2013/7/1	41		
6	津村里江	2015/12/1	68		
7	肥田香	2011/9/1	127		
8	星田由真	2009/4/1	62		
9	湯川一果	2010/10/1	68		
10	綿村早百合	2014/1/5	49		

❸契約数が70以上の氏名に「達成！Congratulations!」が改行して求められ、それ以外は空白で求められる。

	A	B	C	D
1	6月契約状況		コールセンター	2016/7/1
2	氏名	採用年月日	契約数	契約ノルマ
3	鴨飼眞子	2010/10/1	76	達成！ Congratulations!
4	木下恵美	2013/7/1	56	
5	瀬戸文代	2013/7/1	41	
6	津村里江	2015/12/1	68	
7	肥田香	2011/9/1	127	達成！ Congratulations!
8	星田由真	2009/4/1	62	
9	湯川一果	2010/10/1	68	
10	綿村早百合	2014/1/5	49	

数式解説 IF関数は条件を満たすか満たさないかで処理を分岐する関数、CHAR関数は文字コードに対応する文字を返す関数です。
「=IF(C3>=70,"達成！"&CHAR(10)&"Congratulations!","")」の数式は、C3セルの契約数が70以上の場合は「達成！改行　Congratulations!」、違う場合は空白を求めます。

📥 **サンプルファイル** ▶ 477.xlsx

Chapter 12 条件で処理を分ける！ 分岐ワザ

▶条件分岐テク　　　　　　　　　　　　　　　　　2016 | 2013 | 2010 | 2007

478 3つ以上の処理分けをしたい

使用関数 IF関数

数式 =IF(E3>=50,"A",IF(E3>=30,"B","C"))

IF関数で条件を満たす値にさらに条件を付けて処理を分けたい、満たさない値にさらに条件を付けて処理を分けたい、そんなときは、引数の[真の場合][偽の場合]それぞれにIF関数をネストすることで可能です。

❶ カタログ種別を求めるセルを選択し、「=IF(E3>=50,"A",IF(E3>=30,"B","C"))」と入力する。

❷ 数式を必要なだけ複写する。

❸ 年齢が50歳以上は「A」、30歳以上は「B」、それ以外の年齢は「C」とカタログ種別が求められる。

数式解説 IF関数は条件を満たすか満たさないかで処理を分岐する関数です（Tips 476で紹介）。
「=IF(E3>=50,"A",IF(E3>=30,"B","C"))」の数式は、E3セルの年齢が50歳以上の場合は「A」、違う場合で30歳以上の場合は「B」、30歳未満の場合は「C」を求めます。

⬇ サンプルファイル ▶ 478.xlsx

▶条件分岐テク　　　　　　　　　　　　　　　　　　　2016 | 2013 | 2010 | 2007

479 簡単な数式で複数の処理分けをしたい

使用関数 LOOKUP関数

数式 =LOOKUP(C3,$A$13:$A$16,$B$13:$B$16)

条件による複数の処理分けを行うには、複数のIF関数を使った長い数式が必要になります。しかし、あらかじめ条件を満たす場合に返す値を表にしておけば、検索／抽出できる関数1つで可能です。

---

❶注文数が2,000個以上は「A」、1,000個以上は「B」、500個以上は「C」、500個未満は「D」とランクを求めるには、「=IF(C3>=2000,"A",IF(C3>=1000,"B",IF(C3>=500,"C","D")))」の複数の条件分岐式の作成が必要。

❷ランクを求めるセルを選択し、「=LOOKUP(C3,$A$13:$A$16,$B$13:$B$16)」と入力する。

❸数式を必要なだけ複写する。

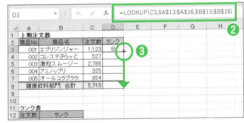

❹それぞれの注文数からランクが求められる。

	A	B	C	D
1	上期注文数			
2	商品No	商品名	注文数	ランク
3	001	エブリジンジャー	1,123	B
4	002	コレステさらっと	527	C
5	003	激粒スムージー	2,786	A
6	004	アミノップリ	325	D
7	005	オールコラブララ	954	C
8	健康飲料部門 合計		5,715	

数式解説 LOOKUP関数は検査値に該当する値を対応する範囲内の同じ番目から抽出する関数です（第11章 Tips 397で紹介）。
「=LOOKUP(C3,$A$13:$A$16,$B$13:$B$16)」の数式は、C3セルの注文数が2,000以上の場合は「A」、1,000以上の場合は「B」、500以上の場合は「C」、500未満の場合は「D」のランクを抽出します。

サンプルファイル ▶ 479.xlsx

480 複数のすべての条件を満たす／どれかを満たさないで値を変えたい

▶条件分岐テク　2016 2013 2010 2007

使用関数 IF、AND関数

数式 =IF(AND(C3="女",E3>=50),"送付","")

複数のすべての条件を満たす満たさないで処理を変えるには、IF関数の引数の[論理式]にAND関数を使います。AND関数で指定した条件すべてを満たす満たさないでセルに求める値が変えられます。

❶注意書きを入れるセルを選択し、「=IF(AND(C3="女",E3>=50),"送付","")」と入力する。
❷数式を必要なだけ複写する。

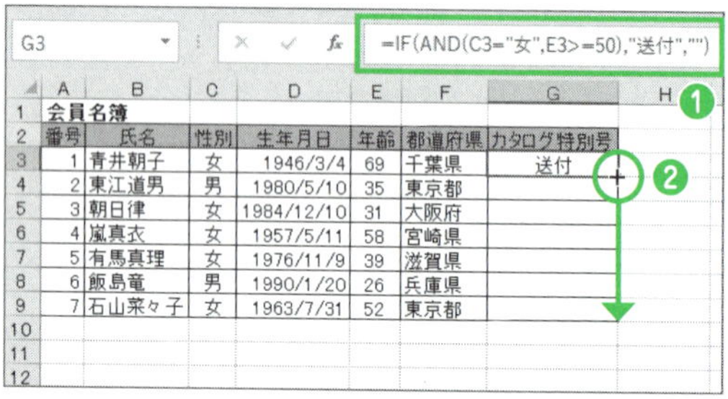

❸女性で50歳以上の会員に「送付」、それ以外の会員には空白が求められる。

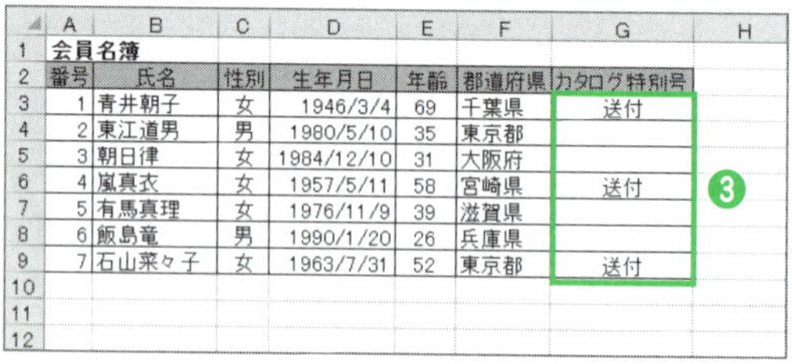

数式解説 IF関数は条件を満たすか満たさないかで処理を分岐する関数(Tips 476で紹介)、AND関数はすべての条件が満たされているかどうかを調べる関数です。
「=IF(AND(C3="女",E3>=50),"送付","")」の数式は、C3セルの性別が「女」でE3セルの年齢が50歳以上の場合は「送付」、違う場合は空白を求めます。

サンプルファイル ▶ 480.xlsx

▶ 条件分岐テク　　　　　　　　　　　　　　　2016 | 2013 | 2010 | 2007

481 複数のどれかの条件を満たす／どれも満たさないで値を変えたい

使用関数 IF、OR関数

数式 =IF(OR(B3>=1500000,C3>=1000000,D3>=2000000),"◎","")

複数のどれかの条件を満たす満たさないで処理を変えるには、IF関数の引数の[論理式]にOR関数を使います。OR関数で指定した条件のどれかを満たす満たさないでセルに求める値が変えられます。

---

❶ 売上状況を求めるセルを選択し、「=IF(OR(B3>=1500000,C3>=1000000,D3>=2000000),"◎","")」と入力する。

❷ 数式を必要なだけ複写する。

❸ 韓国製の売上が1,500,000以上、アメリカ製の売上が1,000,000以上、日本製の売上が2,000,000以上の月に「◎」、それ以外は空白で売上状況が求められる。

数式解説 IF関数は条件を満たすか満たさないかで処理を分岐する関数（Tips 476で紹介）、OR関数はいずれかの条件を満たしているかどうかを調べる関数です。
「=IF(OR(B3>=1500000,C3>=1000000,D3>=2000000),"◎","")」の数式は、B3セルの韓国製の売上が1,500,000以上、アメリカ製の売上が1,000,000以上、日本製の売上が2,000,000以上のどれかを満たす場合は「◎」、満たさない場合は空白を求めます。

📥 サンプルファイル ▶ 481.xlsx

482 複数列を対象に同じ条件を満たす処理分岐式を短く作成したい

使用関数 IF、AND 関数

数 式 `{=IF(AND(B3:D3>=1000000),"◎","")}`

IF 関数の引数の[論理式]に AND 関数や OR 関数を使うと複数の条件が指定できますが、それぞれの条件が同じでも1つずつ条件式が必要です。しかし配列数式を使うと、1つの条件式だけで済みます。

❶ 売上状況を求めるセルを選択し、「=IF(AND(B3:D3>=1000000),"◎","")」と入力し、Ctrl + Shift + Enter キーで数式を確定する。

❷ 数式を必要なだけ複写する。

❸ すべての原産国の売上が1,000,000以上の月に「◎」、それ以外は空白で売上状況が求められる。

数式解説 IF 関数は条件を満たすか満たさないかで処理を分岐する関数 (Tips 476 で紹介)、AND 関数はすべての条件を満たされているかどうかを調べる関数です (Tips 480 で紹介)。
「=IF(AND(B3:D3>=1000000),"◎","")」の数式は、B3 セル〜D3 セルのすべての売上が 1,000,000 以上を満たす場合は「◎」、満たさない場合は空白を求めます。配列を扱うため、配列数式で求める必要があります。

サンプルファイル ▶ 482.xlsx

▶ 条件分岐テク

2016 | 2013 | 2010 | 2007

483 AND＋OR条件を満たす／満たさないで値を変えたい

使用関数 IF、OR、AND関数

数 式 =IF(OR(C3>=70,AND(D3<3,C3>=50)),"達成！","")

AND条件とOR条件の複雑な条件を満たすか満たさないかで処理を変えるには、IF関数の引数の[論理式]にAND関数とOR関数を使って条件式を作成します。

---

❶注意書きを入れるセルを選択し、「=IF(OR(C3>=70,AND(D3<3,C3>=50)),"達成！",")」と入力する。

❷数式を必要なだけ複写する。

	A	B	C	D	E
1	6月契約状	コールセンター		2016/7/1	
2	氏名	採用年月日	契約数	在職年数	契約ノルマ
3	鴨飼眞子	2010/10/1	76	5	達成！
4	木下恵美	2013/7/1	56	3	
5	瀬戸文代	2013/7/1	41	3	
6	津村里江	2015/12/1	68	0	
7	肥田香	2011/9/1	127	4	
8	星田由真	2009/4/1	62	7	
9	湯川一果	2010/10/1	68	5	
10	綿村早百合	2014/1/5	49	2	

E3: =IF(OR(C3>=70,AND(D3<3,C3>=50)),"達成！","")

❸契約数が70以上または、在籍年数が3年未満であり契約数が50以上の氏名に「達成！」、それ以外は空白で求められる。

	A	B	C	D	E
1	6月契約状	コールセンター		2016/7/1	
2	氏名	採用年月日	契約数	在職年数	契約ノルマ
3	鴨飼眞子	2010/10/1	76	5	達成！
4	木下恵美	2013/7/1	56	3	
5	瀬戸文代	2013/7/1	41	3	
6	津村里江	2015/12/1	68	0	達成！
7	肥田香	2011/9/1	127	4	達成！
8	星田由真	2009/4/1	62	7	
9	湯川一果	2010/10/1	68	5	
10	綿村早百合	2014/1/5	49	2	

数式解説 IF関数は条件を満たすか満たさないかで処理を分岐する関数、OR関数はいずれかの条件を満たしているかどうかを調べる関数、AND関数はすべての条件を満たされているかどうかを調べる関数です（Tips 476、481、480で紹介）。
「=IF(OR(C3>=70,AND(D3<3,C3>=50)),"達成！","")」の数式は、C3セルの契約数が70以上、または、D3セルの在職年数が3年未満でありC3セルの年齢が50歳以上の場合は「達成！」、違う場合は空白を求めます。

⬇ サンプルファイル ▶ 483.xlsx

484 条件に日付や時刻を指定して値を変えたい

使用関数 IF関数

数式 =IF(D3>="20:00"*1,"●","")

日付や時刻の条件を満たすか満たさないかで処理を変えるには、IF関数の引数の[論理式]に「>="20:00"」のようにしても求められません。日付や時刻はシリアル値に変換して条件に指定します。

❶ 20時以降待機かどうかを求めるセルを選択し、「=IF(D3>="20:00"*1,"●","")」と入力する。

❷ 数式を必要なだけ複写する。

❸ 終了時間が「20:00」以降の鑑定士に「●」、それ以外は空白が求められる。

数式解説 IF関数は条件を満たすか満たさないかで処理を分岐する関数です(Tips 476で紹介)。時刻を「""」で囲むと文字列になりますが、「*1」とすることでシリアル値に変換され時刻として条件に指定できます。
「=IF(D3>="20:00"*1,"●","")」の数式は、D3セルの待機終了時間が20:00以降の場合は「●」、違う場合は空白を求めます。

プラスアルファ 日付を条件に指定するには、「"2016/5/25"*1」と入力します。

サンプルファイル ▶ 484.xlsx

▶ 条件分岐テク

2016 | 2013 | 2010 | 2007

485 指定の値に部分一致する／しないで求める値を変えたい

使用関数 IF、COUNTIF関数

数 式 =IF(COUNTIF(C5,$C$2&"*"),"★","")

指定の一部の値が含まれているかどうかで処理を変えるには、IF関数の引数の[論理式] にCOUNTIF関数を使って条件式を作成します。この場合、引数の[検索条件]には、ワイルドカードを付けた条件を指定します。

❶ 「★」を付けるセルを選択し、「=IF(COUNTIF(C5,$C$2&"*"),"★","")」と入力する。

❷ 数式を必要なだけ複写する。

❸ 栃木県の得意先に「★」が付けられる。

数式解説 IF関数は条件を満たすか満たさないかで処理を分岐する関数(Tips 476で紹介)、COUNTIF関数は条件を満たすセルの数を数える関数です(第3章Tips 107で紹介)。「*」はワイルドカード(任意の文字を表す特殊な文字記号)の1つで、あらゆる文字列を表します。「=IF(COUNTIF(C5,$C$2&"*"),"★","")」の数式は、「栃木県*」、つまり、C5セルの住所が栃木県から始まる住所である場合は「★」、違う場合は空白を求めます。結果。栃木県から始まる住所に「★」が付けられます。

プラスアルファ ワイルドカードは条件に付ける位置によって条件を指定できます。たとえば、「*大路*」とすると、「大路を含む文字列」、「大路*」とすると「大路で始まる文字列」「*大路」とすると「大路で終わる文字列」の条件を指定できます。

📥 サンプルファイル ▶ 485.xlsx

Chapter 12 ▶条件分岐テク 2016 | 2013 | 2010 | 2007

486 カンマ区切りで入力された値のどれかを含む／含まないで求める値を変えたい

使用関数 IF、COUNTIF 関数

数式 =IF(COUNTIF($B$3,"*"&D3&"*"),"○","")

セル内にカンマ区切りで入力された文字を含む含まないで処理を変えるには、Tips 485 と同じ数式で可能です。COUNTIF 関数の条件にワイルドカードを使い、IF 関数の引数の[論理式]に条件式として指定します。

---

❶「○」を付けるセルを選択し、「=IF(COUNTIF($B$3,"*"&D3&"*"),"○","")」と入力する。

❷ 数式を必要なだけ複写する。

❸ B3セルの参加者に「○」が付けられる。

数式解説 IF 関数は条件を満たすか満たさないかで処理を分岐する関数（Tips 476 で紹介）、COUNTIF 関数は条件を満たすセルの数を数える関数です（第 3 章 Tips 107 で紹介）。「*」はワイルドカード（任意の文字を表す特殊な文字記号）の 1 つで、あらゆる文字列を表します。「=IF(COUNTIF(C5,$C$2&"*"),"★","")」の数式は、「栃木県*」、つまり、C5 セルの住所が栃木県から始まる住所である場合は「★」、違う場合は空白を求めます。結果、栃木県から始まる住所に「★」が付けられます。

プラスアルファ ワイルドカードは条件に付ける位置によって条件を指定できます。たとえば、「*大路*」とすると、「大路を含む文字列」、「大路*」とすると「大路で始まる文字列」「*大路」とすると「大路で終わる文字列」の条件を指定できます。

サンプルファイル ▶ 486.xlsx

▶ 条件分岐テク

487 カンマ区切りの値について「内田」と「上内田」を区別して求める値を変えたい

使用関数 IF、ISNA、MATCH、INDEX関数

数 式 =IF(ISNA(MATCH("＊,"&D3&",＊",INDEX(","&$B$3:$B$4&",",0),0)),"","○")

複数行のセル内にカンマ区切りで入力された文字を含むかどうかで処理を変える場合も、Tips 485の数式でできますが、「内田」「上内田」を区別するには、ISNA、MATCH、INDEX関数で条件式を作成します。

① 「○」を付けるセルを選択し、「=IF(ISNA(MATCH("＊,"&D3&",＊",INDEX(","&$B$3:$B$4&",",0),0)),"","○")」と入力する。

② 数式を必要なだけ複写する。

③ B3セル～B4セルの参加者に「○」が付けられる。

数式解説 IF関数は条件を満たすか満たさないかで処理を分岐する関数（Tips 476で紹介）、ISNA関数は数式の結果が「#N/A」のエラー値の場合は指定した値を返し、それ以外の場合は数式の結果を返す関数です。INDEX関数は指定の行列番号が交差するセル参照を求める関数、MATCH関数は範囲内にある検査値の相対的な位置を求める関数です（第11章 Tips 403、445で紹介）。
「ISNA(MATCH("＊,"&D3&",＊",INDEX(","&$B$3:$B$4&",",0),0))」の数式は、「,生島,」が「,田村,生島,南,桐村,江川,」「,上内田,江川,尾形,」の中で何番目にあるかを求め、ない場合のエラー値を「TRUE」、ある場合の番目を「FALSE」で求めます。IF関数は引数の[論理式]に指定した条件式の結果が「TRUE」の場合は引数の[真の場合]、「FALSE」の場合は引数の[偽の場合]に指定した値を返します。つまり、「=IF(ISNA(MATCH("＊,"&D3&",＊",INDEX(","&$B$3:$B$4&",",0),0)),"","○")」の数式は、「,生島,」がないなら空白、あるなら「○」を求めます。

▼ サンプルファイル ▶ 487.xlsx

▶ 条件分岐テク

2016 | 2013 | 2010 | 2007

488 値の部分一致が複数条件のときすべてを満たすかどうかで処理を分けたい

使用関数 IF、COUNTIFS関数

数式 =IF(COUNTIFS(A3,"*X*",D3,"大阪府*"),"★","")

複数の一部の値がすべて含まれているかどうかで処理を変えるには、IF関数の引数の[論理式]にCOUNTIFS関数を使って条件式を作成します。この場合、すべての[検索条件]に、ワイルドカードで条件を指定します。

❶「★」を付けるセルを選択し、「=IF(COUNTIFS(A3,"*X*",D3,"大阪府*"),"★","")」と入力する。

❷数式を必要なだけ複写する。

❸「X」を含む注文番号のうち、配送先が大阪府の注文に「★」が付けられる。

	A	B	C	D	E
1	配送日程表				
2	注文番号	購入日	お届け日	配送先	新商品配送 大阪府
3	123-58-26	2016/3/6(日)	2016/3/12(土)	滋賀県長浜市×××	
4	145-25-XX	2016/3/19(土)	2016/3/25(金)	大阪府大阪市×××	★
5	189-32-42	2016/3/22(火)	2016/3/27(日)	奈良県奈良市×××	
6	203-60-XX	2016/4/10(日)	2016/4/16(土)	兵庫県明石市×××	
7	226-18-22	2016/4/21(木)	2016/4/27(水)	大阪府高槻市×××	

数式解説 IF関数は条件を満たすか満たさないかで処理を分岐する関数(Tips 476で紹介)、COUNTIFS関数は複数の条件を満たすセルの数を数える関数です(第3章 Tips 129で紹介)。
「=IF(COUNTIFS(A3,"*X*",D3,"大阪府*"),"★","")」の数式は、A3セルの注文番号が「X」を含み、D3セルの配送先が「大阪府」から始まる場合は「★」、違う場合は空白を求めます。

▶ 条件分岐テク

489 値の部分一致が複数条件のときどれかを満たすかどうかで処理を分けたい

2016 | 2013 | 2010 | 2007

使用関数 IF、COUNT、FIND関数

数式 =IF(COUNT(FIND({"栃木県","群馬県"},C5)),"★","")

複数の一部の値のどれかを含むかどうかで処理を変えるには、IF関数の引数の[論理式]にCOUNT、FIND関数で条件式を作成します。FIND関数の引数の[検索文字列]にはすべての一部の値を配列定数で指定します。

① 「★」を付けるセルを選択し、「=IF(COUNT(FIND({"栃木県","群馬県"},C5)),"★","")」と入力する。

② 数式を必要なだけ複写する。

③ 「栃木県」または「群馬県」の得意先に「★」が付けられる。

数式解説

IF関数は条件を満たすか満たさないかで処理を分岐する関数(Tips 476で紹介)、COUNT関数は数値のセルの個数を数える関数(第2章 Tips 035で紹介)、FIND関数は文字列を左端から数えて何番目にあるかを求める関数です。

「COUNT(FIND({"栃木県","群馬県"},C5))」の数式は、C5セルの住所の「栃木県」または「群馬県」の位置を求めてその数を求め、見つからない場合はエラー値なので「0」を求めます。これらの数をIF関数の引数の[論理式]に使い「=IF(COUNT(FIND({"栃木県","群馬県"},C5)),"★","")」と数式を作成すると、数がある場合は[真の場合]の「★」、「0」の場合は[偽の場合]の空白が求められます。結果、住所に「栃木県」または「群馬県」を含んでいると「★」、含まないと空白が求められます。

▼ サンプルファイル ▶ 489.xlsx

▶ 条件分岐テク

490 数値かどうかで求める値を変えたい

使用関数 IF、ISNUMBER関数

数 式 =IF(ISNUMBER(D3),"配信","")

セルの値が数値かどうかで処理を変えるには、IF関数の引数の[論理式]にISNUMBER関数を使って条件式を作成します。

❶ 注意書きを入れるセルを選択し、「=IF(ISNUMBER(D3),"配信","")」と入力する。

❷ 数式を必要なだけ複写する。

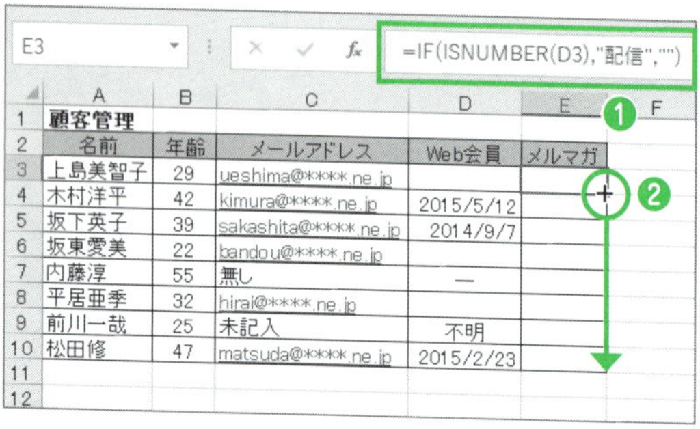

❸ Web会員として登録した日付がある名前に「配信」、それ以外は空白が求められる。

数式解説 IF関数は条件を満たすか満たさないかで処理を分岐する関数(Tips 476で紹介)、ISNUMBER関数はセルの値が数値かどうかを調べる関数です。
「=IF(ISNUMBER(D3),"配信","")」の数式は、D3セルの値が数値、つまり、日付の場合は「配信」、違う場合は空白を求めます。

プラスアルファ セルの値が文字列かどうかで処理を変えるには、IF関数の引数の[論理式]にISTEXT関数を使って条件式を作成します。

サンプルファイル ▶ 490.xlsx

▶条件分岐テク

2016 | 2013 | 2010 | 2007

491 全角か半角かで求める値を変えたい

使用関数 IF、JIS関数

数式 =IF(JIS(B3)=B3,"","会社名を全角に修正要")

全角入力なのに半角で入力されているセルは、すぐに見つけて修正できるように、注意書きを入れておくと便利です。注意書きを入れるにはIF関数の引数の[論理式]にJIS関数を使って条件式を作成します。

❶注意書きを入れるセルを選択し、「=IF(JIS(B3)=B3,"","会社名を全角に修正要")」と入力する。

❷数式を必要なだけ複写する。

❸半角が含まれた会社名に「会社名を全角に修正要」、それ以外は空白が求められる。

数式解説 IF関数は条件を満たすか満たさないかで処理を分岐する関数（Tips 476 で紹介）、JIS関数は半角英数カナ文字を全角英数カナ文字に変換する関数です（第8章 Tips 326 で紹介）。
「=IF(JIS(B3)=B3,"","会社名を全角に修正要")」の数式は、B3セルの会社名が全角に変換した会社名と同じである場合は空白、違う場合は「会社名を全角に修正要」とコメントを求めます。

プラス➕アルファ 半角かどうかでセルに求める値を変えるには、「=IF(ASC(B3)=B3,"","会社名のカナを半角に修正要"」と数式を作成します。

⬇ サンプルファイル ▶ 491.xlsx

Chapter 12 ▶条件分岐テク

2016 | 2013 | 2010 | 2007

492 日付が奇数日か偶数日かで求める値を変えたい

使用関数 IF、ISEVEN、DAY関数

数式 =IF(ISEVEN(DAY(C3)),"送付","")

ISEVEN／ISODD関数をIF関数の引数の[論理式]に使えば、奇数か偶数かで処理を変えられますが日付はシリアル値で判断されます。奇数日か偶数日で処理を変えるには、日を取り出してISEVEN／ISODD関数に使います。

❶ 注意書きを入れるセルを選択し、「=IF(ISEVEN(DAY(C3)),"送付","")」と入力する。
❷ 数式を必要なだけ複写する。
❸ 生年月日が偶数日の会員に「送付」、それ以外は空白が求められる。

数式解説 IF関数は条件を満たすか満たさないかで処理を分岐する関数（Tips 476で紹介）、ISEVEN関数は数値が偶数かどうかを調べる関数、DAY関数は日付から日を取り出す関数です（第6章 Tips 269で紹介）。
「ISEVEN(DAY(C3))」の数式は、C3セルの生年月日の日が偶数の場合は「TRUE」、奇数の場合は「FALSE」を求めます。IF関数は引数の[論理式]に指定した条件式の結果が「TRUE」の場合は引数の[真の場合]、「FALSE」の場合は引数の[偽の場合]に指定した値を返します。つまり、「=IF(ISEVEN(DAY(C3)),"送付","")」の数式は、C3セルの生年月日の日が偶数の場合は「送付」、違う場合は空白を求めます。

プラスアルファ 日付が奇数日かどうかで求める値を変えるには「=IF(ISODD(DAY(C3)),"送付","")」と数式を作成します。

📂 サンプルファイル ▶ 492.xlsx

▶条件分岐テク

| 2016 | 2013 | 2010 | 2007 |

493 件数によって求める値を変えたい

使用関数 IF、COUNTA関数

数式 =IF(COUNTA(B3:F3)=5,"○","")

入力した値のセルの個数によって処理を変えるには、IF関数の引数の[論理式]にCOUNT／COUNTA関数を使って条件式を作成します。

① 「○」を付けるセルを選択し、「=IF(COUNTA(B3:F3)=5,"○","")」と入力する。

② 数式を必要なだけ複写する。

③ 「出勤」の文字が5個ある氏名に「○」、それ以外は空白が求められる。

数式解説
IF関数は条件を満たすか満たさないかで処理を分岐する関数（Tips 476で紹介）、COUNTA関数は空白以外のセルの個数を数える関数です（第2章 Tips 040で紹介）。
「=IF(COUNTA(B3:F3)=5,"○","")」の数式は、B3セル～F3セルの「出勤」が5個の場合は「○」、違う場合は空白を求めます。

⬇ サンプルファイル ▶ 493.xlsx

494 エラーの場合だけ注意書きや印を入れたい

▶条件分岐テク　　2016 | 2013 | 2010 | 2007

使用関数 IFERROR、TEXT関数

数式 =IFERROR(TEXT(B3,";;;"),"※顧客登録無し")

IFERROR関数はエラーの場合に注意書きや印ができますが（第11章 Tips 393参照）、さらにエラー以外を空白で返すには条件式が必要です。しかし、引数の[値]にTEXT関数を使えば条件式なしで空白を返すことができます。

❶ 注意書きを求めるセルを選択し、「=IFERROR(TEXT(B3,";;;"),"※顧客登録無し")」と入力する。

❷ 連絡先がエラー値でない場合は、空白で求められる。

❸ 連絡先がエラー値の場合は、注意書きが求められる。

数式解説 IFERROR関数はエラーの場合に指定の値を返す関数、TEXT関数は数値や日付/時刻に指定の表示形式を付けて文字列変換する関数です（第8章 Tips 328で紹介）。
「=IFERROR(TEXT(B3,";;;"),"※顧客登録無し")」の数式は、B3セルの連絡先が空白の場合は空白、エラー値の場合は「※顧客登録無し」を求めます。

💾 サンプルファイル ▶ 494.xlsx

▶条件分岐テク　　　　　　　　　　　　　　　　　　　　2016 | 2013 | 2010 | 2007

495 重複している値に注意書きや印を入れたい

使用関数 IF、COUNTIF関数

数 式 =IF(COUNTIF($B$3:B3,B3)>=2,"登録済","")

重複している値を入力したらわかるように、注意書きや印が入れられるようにしておくと便利です。付けるには、IF関数の引数の[論理式]にCOUNTIF関数を使って、同じ値が2個以上ある値の条件式を作成します。

❶注意書きを入れるセルを選択し、「=IF(COUNTIF($B$3:B3,B3)>=2,"登録済","")」と入力する。

❷数式を必要なだけ複写する。

❸同じ氏名が2個以上ある会員、つまり重複した会員に「登録済」と求められる。

数式解説 IF関数は条件を満たすか満たさないかで処理を分岐する関数（Tips 476で紹介）、COUNTIF関数は条件を満たすセルの数を数える関数です（第3章Tips 107で紹介）。
「=IF(COUNTIF($B$3:B3,B3)>=2,"登録済","")」の数式は、次のセルにコピーすると、「=IF(COUNTIF($B$3:B4,B4)>=2,"登録済","")」となり、先頭のB3セルからのセル範囲が拡張され、同じ氏名が1つなら「1」、2つあるなら「2」とカウントされた数を求めます。つまり、重複した名前は2以上の値が求められるので、重複していると「登録済」、重複していないと空白が求められます。

📥 サンプルファイル ▶ 495.xlsx

496 複数条件で重複している値に注意書きや印を入れたい

使用関数 IF、COUNTIFS関数

数式 =IF(COUNTIFS($B$3:B3,B3,$C$3:C3,C3)>=2,"予約の重複","")

IF関数の条件式にCOUNTIFS関数を使うと、複数条件で重複している値に注意書きや印が入れられます。複数の条件をすべて満たす値が2個以上ある場合という条件式を作成して処理を分ける数式を作成します。

① コメントを求めるセルを選択し、「=IF(COUNTIFS($B$3:B3,B3,$C$3:C3,C3)>=2,"予約の重複","")」と入力する。

② 数式を必要なだけ複写する。

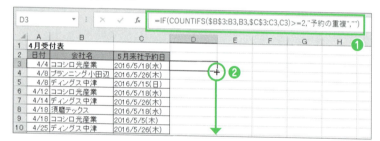

③ 同じ会社名と来社予約日のセル、つまり2条件で重複した予約に「予約の重複」と求められる。

数式解説 IF関数は条件を満たすか満たさないかで処理を分岐する関数(Tips 476で紹介)、COUNTIFS関数は複数の条件を満たすセルの数を数える関数です(第3章 Tips 129で紹介)。

「=IF(COUNTIFS($B$3:B3,B3,$C$3:C3,C3)>=2,"予約の重複","")」の数式は、次のセルにコピーすると、「=IF(COUNTIFS($B$3:B4,B4,$C$3:C4,C4)>=2,"予約の重複","")」となり、先頭のB3セル、先頭のC3からのセル範囲が拡張され、同じ会社名と来社予約日が1個なら「1」、2個なら「2」とカウントされた数を求めます。つまり、会社名と来社予約日の2条件での重複には2以上の値が求められるので、会社名と来社予約日の2条件で重複していると「予約の重複」、重複していないと空白が求められます。

サンプルファイル ▶ 496.xlsx

▶ 条件分岐テク　　　　　　　　　　　　　　　　2016 | 2013 | 2010 | 2007

497 重複している値だけカウントを入力したい

使用関数 IF、COUNTIF関数

数　式　=IF(COUNTIF($C$3:$C$8,C3)>=2,COUNTIF($C$3:C3,C3)&"件目","")

重複している値にはカウントを付けられるようにしておけば、どの値と重複していて、いくつ目の同じ値なのかを表を見ただけで確認できます。大きな表で確認しづらい場合にはカウントしておくと便利です。

---

❶コメントを求めるセルを選択し、「=IF(COUNTIF($C$3:$C$8,C3)>=2,COUNTIF($C$3:C3,C3)&"件目","")」と入力する。

❷数式を必要なだけ複写する。

❸同じ日の予約が2件以上になると、「1件目」「2件目」と件数がカウントされる。

数式解説　IF関数は条件を満たすか満たさないかで処理を分岐する関数（Tips 476 で紹介）、COUNTIF 関数は条件を満たすセルの数を数える関数です（第 3 章 Tips 107 で紹介）。
「=IF(COUNTIF($C$3:$C$8,C3)>=2,COUNTIF($C$3:C3,C3)&"件目","")」の数式は、C3 セル～C8 セルの来社予約日が 2 件以上の場合は、1 件目からカウントして○件目と求め、2 件未満、つまり、1 件しかない重複していない来社予約日は空白を求めます。

📥 サンプルファイル ▶ 497.xlsx

498 重複している値は2つ目からカウントを入力したい

▶条件分岐テク　　2016 | 2013 | 2010 | 2007

使用関数 IF、COUNTIF 関数

数式 =IF(COUNTIF($C$3:C3,C3)=1,"",COUNTIF($C$3:C3,C3)&"件目")

重複している値にカウントを付けるには COUNTIF 関数でできますが (Tips 497 で紹介)、2つ目から付けるには、1つ目には空白が求められるように、IF 関数で条件式を作成します。

❶ コメントを求めるセルを選択し、「=IF(COUNTIF($C$3:C3,C3)=1,"",COUNTIF($C$3:C3,C3)&"件目")」と入力する。
❷ 数式を必要なだけ複写する。

❸ 同じ日の予約が2件以上になると、「2件目」「3件目」と2件目から件数がカウントされる。

数式解説 IF 関数は条件を満たすか満たさないかで処理を分岐する関数 (Tips 476 で紹介)、COUNTIF 関数は条件を満たすセルの数を数える関数です (第3章 Tips 107 で紹介)。
「=IF(COUNTIF($C$3:C3,C3)=1,"",COUNTIF($C$3:C3,C3)&"件目")」の数式は、C3セル〜C8セルの来社予約日が1件の場合、つまり重複していない来社予約日は空白、2件以上、つまり重複している来社予約日は2件目からカウントして〇件目と求めます。

サンプルファイル ▶ 498.xlsx

▶条件分岐テク

2016 | 2013 | 2010 | 2007

499 項目別の最大値に注意書きや印を入れたい

使用関数 IF、AGGREGATE 関数

数 式 =IF(AGGREGATE(14,,($B$3:$B$23=B3)＊$D$3:$D$23,1)=D3,"◎","")

最高の値には注意書きや印を入れておきたい場合、項目別に付けるには、IF関数の引数の [論理式] に AGGREGATE 関数を使って条件式を作成します。

---

❶「◎」を付けるセルを選択し、「=IF(AGGREGATE(14,,($B$3:$B$23=B3)＊$D$3:$D$23,1)=D3,"◎","")」と入力する。

❷数式を必要なだけ複写する。

❸会場ごとの最高集客数の開催日に「◎」が付けられる。

	A	B	D	E
1	2016年夏祭りイベント			
2	開催日	会場	集客数	最高集客日
3	7/20	赤銀プラザ	749	
4	7/21	赤銀プラザ	1,003	◎
5	7/22	赤銀プラザ	778	
6	7/23	赤銀プラザ	513	
7	7/24	赤銀プラザ	772	
8	7/25	甘谷ホール	730	
9	7/26	甘谷ホール	670	
10	7/27	甘谷ホール	744	
11	7/28	甘谷ホール	776	
12	7/29	甘谷ホール	805	
13	7/30	甘谷ホール	526	
14	7/31	甘谷ホール	866	◎
15	8/1	港山会館	857	◎
16	8/2	港山会館	813	
17	8/3	港山会館	717	
18	8/4	港山会館	713	

数式解説 IF 関数は条件を満たすか満たさないかで処理を分岐する関数（Tips 476 で紹介）、AGGREGATE 関数（Excel 2013／2010 のみ）は集計方法と集計を無視する内容を指定してその集計値を求める関数です（第 2 章 Tips 068 で紹介）。
「AGGREGATE(14,,($B$3:$B$23=B3)＊$D$3:$D$23,1)」の数式は、B3 セル～B23 セルの会場名が B3 セルの会場名である場合は、D3 セル～D23 セルの集客数の最高集客数を求めます。つまり、「=IF(AGGREGATE(14,,($B$3:$B$23=B3)＊$D$3:$D$23,1)=D3,"◎","")」の数式は、集客数が「赤銀プラザ」の最高集客数である場合は「◎」、違う場合は空白を求めます。数式をコピーすると、それぞれの会場名と集客数が指定されるので、結果、会場別の最高集客数に「◎」が付けられます。

サンプルファイル ▶ 499.xlsx

500 行削除／行挿入しても常に○行おきに印を付けたい

使用関数 IF、MOD、ROW関数

数式 =IF(MOD(ROW()-2,3),"","●")

2行おき、3行おきに印を付けるにはオートフィルでできますが、途中の行を削除／挿入するとずれてしまいます。ずれないようにするには、IF関数の引数の[論理式]にMOD関数とROW関数を使って条件式を作成します。

❶ 2行おきに「●」を付けたが、休日を行削除したら「●」の位置がずれてしまった。

❷「●」を付けるセルを選択し、「=IF(MOD(ROW()-2,3),"","●")」と入力する。

❸ 数式を必要なだけ複写する。

❹ 休日を行削除しても「●」が2行おきに付けられる。

数式解説 IF関数は条件を満たすか満たさないかで処理を分岐する関数（Tips 476で紹介）、MOD関数は数値を除算したときの余りを求める関数、ROW関数はセルの行番号を求める関数です。

IF関数は引数の[論理式]に指定した条件式の結果が「TRUE」の場合は引数の[真の場合]、「FALSE」の場合は引数の[偽の場合]に指定した値を返します。つまり、引数の[論理式]に指定した条件式の結果が「0」なら[偽の場合]、「0」以外なら[真の場合]に指定した値を返します。「MOD(ROW()-2,3)」の数式は、1行目と2行目は「0」、3行目は「1」を求めるので、「=IF(MOD(ROW()-2,3),"","●")」の数式を作成して数式をコピーすると、2行おきに「●」が付けられます。途中の行を削除／挿入しても行番号で計算しているため、常に2行おきに付けられます。

▶ 別表との条件分岐テク　　　　　　　　　　　　　　2016 | 2013 | 2010 | 2007

501 値並びが同じ2つの表を比較して変更があるかどうか注意書きを入れたい

使用関数 IF、SUMPRODUCT 関数

数　式　=IF(SUMPRODUCT((USB保存データ!A3:C3=A3:C3)*1)=3,"","訂正")

並びが同じ複数行列の表でそれぞれの列ごとの値を比較し、変更があるかどうかの注意書きを入れるには、IF関数の引数の[論理式]にSUMPRODUCT関数を使い条件式を作成します。

---

❶「USB保存データ」シートの表と違う名前の情報に「訂正」と付けたい。

❷「訂正」と付けるセルを選択し、「=IF(SUMPRODUCT((USB保存データ!A3:C3=A3:C3)*1)=3,"","訂正")」と入力する。

❸数式を必要なだけ複写する。

❹「USB保存データ」シートの表と違う名前の情報に「訂正」と付けられる。

数式解説　IF関数は条件を満たすか満たさないかで処理を分岐する関数(Tips 476で紹介)、SUMPRODUCT関数は要素の積を合計する関数です。

SUMPRODUCT関数の引数に条件式（(()）で囲んで指定します）を指定すると、数式内では条件式を満たす場合は「1」、満たさない場合は「0」で計算されます。条件式が1つで、値を合計せずにセルの数を数えるだけの場合は、「*1」として「1」と「0」の数値に変換した数式を作成する必要があります。
「=IF(SUMPRODUCT((USB保存データ!A3:C3=A3:C3)*1)=3,"","訂正")」の数式は、「USB保存データ」シートのA3セル～C3セルの名前がA3セル～C3セルの名前とそれぞれ同じである個数が3個の場合、つまり、それぞれの情報がすべて同じである場合は空白、1個でも違う場合は「訂正」と求められます。

プラスアルファ　配列数式を使う場合は、SUMPRODUCT関数ではなくAND関数を使います。このサンプルでの数式は「{=IF(AND(USB保存データ!A3:C3=A3:C3),"","訂正")}」となります。

📥 サンプルファイル ▶ 501.xlsx

502 並びが違う2つの表を比較して変更があるかどうか注意書きを入れたい

使用関数 IF、COUNTIF、VLOOKUP関数

数式 =IF(COUNTIF(USB保存データ!$A$3:$A$7,A3),IF((VLOOKUP(A3,USB保存データ!$A$3:$C$7,2,0)=B3)*(VLOOKUP(A3,USB保存データ!$A$3:$C$7,3,0)=C3),"","訂正"),"新規")

並びが違う複数行列の表でそれぞれの列ごとの値を比較し、変更があるかどうかの注意書きを入れるには、IF関数の引数の[論理式]にVLOOKUP関数を使い条件式を作成します。

❶「現在の顧客管理」シートの表に「USB保存データ」シートの表と違う名前の情報に「訂正」、追加した名前の情報に「新規」と付けたい。

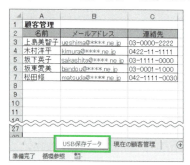

❷注意書きを入れるセルを選択し、「=IF(COUNTIF(USB保存データ!$A$3:$A$7,A3),IF((VLOOKUP(A3,USB保存データ!$A$3:$C$7,2,0)=B3)*(VLOOKUP(A3,USB保存データ!$A$3:$C$7,3,0)=C3),"","訂正"),"新規")」と入力する。

❸数式を必要なだけ複写する。

❹「USB保存データ」シートの表と違う名前の情報に「訂正」、追加した名前の情報に「新規」と付けられる。

	A	B	C	D	E
1	顧客管理				
2	名前	メールアドレス	連絡先		
3	秋村佳美	yoshimi@****.ne.jp	03-2222-0000	新規	
4	上島美智子	ueshima@****.ne.jp	03-0000-5555	訂正	
5	木村洋平	kimura@****.ne.jp	0422-11-1111		
6	坂下英子	hideko@****.ne.jp	03-1111-0000	訂正	
7	中原陽二	youji@****.ne.jp	03-5555-0000	新規	
8	藤山亜樹	aki@****.ne.jp	03-9999-0000	新規	
9	松田修	matsuda@****.ne.jp	042-1111-0030		

数式解説 IF関数は条件を満たすか満たさないかで処理を分岐する関数（Tips 476で紹介）、COUNTIF関数は条件を満たすセルの数を数える関数（第3章Tips 107で紹介）、VLOOKUP関数は複数行列の表から列を指定して検索値に該当する値を抽出する関数です（第11章Tips 392で紹介）。
「COUNTIF(USB保存データ!$A$3:$A$7,A3)」の数式は、A3セルの名前が「USB保存データ」シートのA3セル～A7セルの名前に1個でもある場合の条件式を作成し、「(VLOOKUP(A3,USB保存データ!$A$3:$C$7,2,0)=B3)*(VLOOKUP(A3,USB保存データ!$A$3:$C$7,3,0)=C3)」の数式は、「USB保存データ」シートのA3セル～C7セルの範囲からA3セルの名前を検索し、2列目のメールアドレスを抽出して、B3セルのメールアドレスと同じであり、3列目の連絡先を抽出して、C3セルの連絡先と同じである場合の条件式を作成します。つまり、「=IF(COUNTIF(USB保存データ!$A$3:$A$7,A3),IF((VLOOKUP(A3,USB保存データ!$A$3:$C$7,2,0)=B3)*(VLOOKUP(A3,USB保存データ!$A$3:$C$7,3,0)=C3),""," 訂正 ")," 新規 ")」の数式は、「USB保存データ」シートに同じ名前がある場合は、メールアドレスと連絡先が同じなら空白、どれかが違うなら「訂正」を求め、同じ名前がない場合は「新規」と求めます。

503 並びが違う2つの表を比較して変更された数を注意書きで入れたい

使用関数 IF、COUNTIF、TEXT、SUMPRODUCT関数

数式
=IF(COUNTIF(USB保存データ!$A$3:$A$7,A3),TEXT(3-SUMPRODUCT((USB保存データ!$A$3:$C$7=A3:C3)*1),"訂正0個;;"),"")

並びが違う複数行列の表でそれぞれの列ごとの値を比較し、変更された数を注意書きで入れるには、SUMPRODUCT関数で変更された数を数えてTEXT関数で注意書きを作成し、IF関数で処理を分けます。

❶「現在の顧客管理」シートの表に「USB保存データ」シートの表と違う情報が何ヶ所あるか注意書きで入れたい。

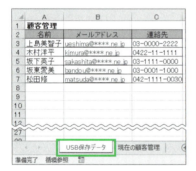
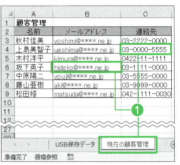

❷注意書きを入れるセルを選択し、「=IF(COUNTIF(USB保存データ!$A$3:$A$7,A3),TEXT(3-SUMPRODUCT((USB保存データ!$A$3:$C$7=A3:C3)*1),"訂正0個;;"),"")」と入力する。

❸数式を必要なだけ複写する。

❹「USB保存データ」シートの表と違う名前の情報に訂正が何ヶ所あるか、コメントが付けられる。

	A	B	C	D	E
1	顧客管理				
2	名前	メールアドレス	連絡先		
3	秋村佳美	yoshimi@****.ne.jp	03-2222-0000		
4	上島美智子	ueshima@****.ne.jp	03-0000-5555	訂正1個	
5	木村洋平	kimura@****.ne.jp	0422-11-1111		
6	坂下英子	hideko@****.ne.jp	03-1111-0000	訂正1個	
7	中原陽二	youji@****.ne.jp	03-5555-0000		
8	藤山亜樹	aki@****.ne.jp	03-9999-0000		
9	松田修	matsuda@****.ne.jp	042-1111-0030		

数式解説 IF関数は条件を満たすか満たさないかで処理を分岐する関数(Tips 476で紹介)、COUNTIF関数は条件を満たすセルの数を数える関数(第3章 Tips 107で紹介)、TEXT関数は数値や日付／時刻に指定の表示形式を付けて文字列変換する関数(第8章 Tips 328で紹介)、SUMPRODUCT関数は要素の積を合計する関数です。

SUMPRODUCT関数の引数に条件式（(()で囲んで指定します）を指定すると、数式内では条件式を満たす場合は「1」、満たさない場合は「0」で計算されます。条件式が1つで、値を合計せずにセルの数を数えるだけの場合は、「＊1」として「1」と「0」の数値に変換した数式を作成する必要があります。

「COUNTIF(USB保存データ!$A$3:$A$7,A3)」の数式は、A3セルの名前が「USB保存データ」シートのA3セル～A7セルの名前に1個でもある場合の条件式を作成し、「3-SUMPRODUCT((USB保存データ!$A$3:$C$7=A3:C3)＊1)」の数式は、「USB保存データ」シートのA3セル～C7セルの名簿がA3セル～C3セルそれぞれと同じである場合の個数が求められます。つまり、すべて同じなら「3-3＊1=0」、1個違うなら「3-2＊1=1」、2個違うなら「3-1＊1=2」が求められ、この数は「TEXT(3-SUMPRODUCT((USB保存データ!$A$3:$C$7=A3:C3)＊1),"訂正0個;;")」とすることで、「訂正1個」のように求められます。つまり、「=IF(COUNTIF(USB保存データ!$A$3:$A$7,A3),TEXT(3-SUMPRODUCT((USB保存データ!$A$3:$C$7=A3:C3)＊1),"訂正0個;;"),"")」の数式は、「USB保存データ」シートに同じ名前がある場合は「訂正○個」と求め、同じ名前がない場合は空白を求めます。

▶別表との条件分岐テク　2016 | 2013 | 2010 | 2007

504　別表の値の部分一致が複数条件のときどれかを満たすかどうかで処理を分けたい

使用関数 IF、OR、INDEX、ISNUMBER、FIND関数

数　式 =IF(OR(INDEX(ISNUMBER(FIND($H$3:$H$7,D3)),0)),"★","")

別表の一部の複数の値のどれかを含むかどうかで処理を変えるには、Tips 489 の数式で可能ですが、数式で別表の一部の値をセル範囲で指定するには、IF関数の条件式を OR、INDEX、ISNUMBER、FIND 関数で作成します。

❶「★」を付けるセルを選択し、「=IF(OR(INDEX(ISNUMBER(FIND($H$3:$H$7,D3)),0)),"★","")」と入力する。

❷数式を必要なだけ複写する。

❸別表の都道府県の得意先に「★」が付けられる。

数式解説 IF 関数は条件を満たすか満たさないかで処理を分岐する関数(Tips 476 で紹介)、OR 関数はいずれかの条件を満たしているかどうかを調べる関数(Tips 481 で紹介)、INDEX 関数は指定の行列番号が交差するセル参照を求める関数(第 11 章 Tips 403 で紹介)、ISNUMBER 関数はセルの値が数値かどうかを調べる関数です(Tips 490 で紹介)。 FIND 関数は文字列を左端から数えて何番目にあるかを求める関数です。
「OR(INDEX(ISNUMBER(FIND($H$3:$H$7,D3)),0))」の数式は、D3 セルの住所が H3 セル〜H7 セルの得意先都道府県内の左端からの位置を「1」と求めるため、「{TRUE;FALSE;FALSE;FALSE;FALSE;}」の配列を返します。位置が求められない、つまり、住所の怒涛府県が見つからない場合は「{FALSE;FALSE;FALSE;FALSE;FALSE}」の配列を返します。IF 関数は引数の[論理式]に指定した条件式の結果が「TRUE」の場合は引数の[真の場合]、「FALSE」の場合は引数の[偽の場合]に指定した値を返すため、「=IF(OR(INDEX(ISNUMBER(FIND($H$3:$H$7,D3)),0)),"★","")」の数式は、H3 セル〜H7 セルの得意先都道府県にある住所には「★」、ない住所には空白を求めます。

▶ 別表との条件分岐テク

505 別表の値と重複している値に注意書きや印を入れたい

使用関数 IF、COUNTIF関数

数 式 =IF(COUNTIF(会員!$B$3:$B$14,B3),"一般会員","")

IF関数の条件式にCOUNTIF関数を使うと重複した値にコメントや印が付けられますが、COUNTIF関数の引数の[範囲]に別表のセル範囲を指定すると、別表と重複した値に注意書きや印が入れられます。

❶注意書きを入れるセルを選択し、「=IF(COUNTIF(会員!$B$3:$B$14,B3),"一般会員","")」と入力する。

❷数式を必要なだけ複写する。

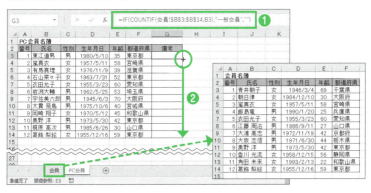

❸「会員」シートの会員名簿にもあるPC会員には「一般会員」と求められる。

数式解説 IF関数は条件を満たすか満たさないかで処理を分岐する関数（Tips 476で紹介）、COUNTIF関数は条件を満たすセルの数を数える関数です（第3章 Tips 107で紹介）。「=IF(COUNTIF(会員!$B$3:$B$14,B3),"一般会員","")」の数式は、B3セルの氏名が「会員」シートのB3セル～B14セルの氏名にある場合は「一般会員」、ない場合は空白が求められます。

サンプルファイル ▶ 505.xlsx

506 別ブックの値と重複している値に注意書きや印を入れたい

▶別表との条件分岐テク　　2016 | 2013 | 2010 | 2007

使用関数 IF、ISNA、MATCH関数

数　式 =IF(ISNA(MATCH(B3,[会員名簿.xlsx]会員!$B$3:$B$14,0)),"","一般会員")

別ブックの値をCOUNTIF関数で使いブックを閉じるとエラー値になります。別ブックの重複している値に注意書きや印を入れるには、IF関数の引数の[論理式]にMATCH関数を使って条件式を作成します。

❶「会員名簿」ブックと「PC会員名簿」ブックを開き、ウィンドウの左右に並べて配置する。

❷注意書きを入れるセルを選択し、「=IF(ISNA(MATCH(B3,[会員名簿.xlsx]会員!$B$3:$B$14,0)),"","一般会員")」と入力する。

❸数式を必要なだけ複写する。

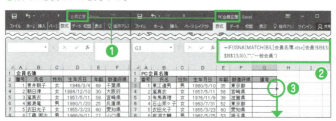

❹「会員名簿」ブックを閉じていても、「会員名簿」ブックの名簿にもある同じ氏名、つまり重複した会員に「一般会員」と求められる。どちらかのブックに名簿を追加しても重複していると「一般会員」と求められる。

数式解説 IF関数は条件を満たすか満たさないかで処理を分岐する関数です（Tips 476で紹介）。ISNA関数は数式の結果が「#N/A」のエラー値の場合は指定した値を返し、それ以外の場合は数式の結果を返す関数（Tips 487で紹介）、MATCH関数は範囲内にある検査値の相対的な位置を求める関数です（第11章 Tips 445で紹介）。
「ISNA(MATCH(B3,[会員名簿.xlsx]会員!$B$3:$B$14,0))」の数式は、B3セルの氏名が「会員名簿」ブックの「会員」シートのB3セル～B14セルの氏名の中で何番目にあるかを求め、ない場合のエラー値を「TRUE」、ある場合の番目を「FALSE」で求めます。IF関数は引数の[論理式]に指定した条件式の結果が「TRUE」の場合は引数の[真の場合]、「FALSE」の場合は引数の[偽の場合]に指定した値を返します。つまり、「=IF(ISNA(MATCH(B3,[会員名簿.xlsx]会員!$B$3:$B$14,0)),"","一般会員")」の数式は、B3セルの氏名が「会員名簿」ブックの「会員」シートの表になければ空白、あれば「一般会員」のコメントを求めます。

▼サンプルファイル ▶ PC会員名簿.xlsx、会員名簿.xlsx

▶別表との条件分岐テク　　　　　　　　　　　　　　2016 | 2013 | 2010 | 2007

507 複数ブックの値と重複している値に注意書きや印を入れたい

使用関数 IF、SUMPRODUCT 関数

数　式 =IF((SUMPRODUCT((([PC会員名簿.xlsx]PC会員!$B$3:$B$14=B3)+([スマホ会員名簿.xlsx]スマホ会員!$B$3:$B$14=B3))=0)+(B3=""),"","会員登録有り")

複数ブックの重複値にコメントを付けるには、それぞれのブックで IF 関数の引数の[論理式]に SUMPRODUCT 関数を使い条件式を作成し、ほかのブックどれかの値と同じ値はコメントを付けるように処理分けします。

---

❶「会員名簿」ブック、「PC会員名簿」ブック、「スマホ会員名簿」を開き、ウィンドウに並べて配置する。

❷「会員名簿」ブックのコメントを求めるセルを選択し、「=IF((SUMPRODUCT((([PC会員名簿.xlsx]PC会員!$B$3:$B$14=B3)+([スマホ会員名簿.xlsx]スマホ会員!$B$3:$B$14=B3))=0)+(B3=""),"","会員登録有り")」と入力する。

❸数式を必要なだけ複写する。

❹「PC会員名簿」ブックのコメントを求めるセルを選択し、「=IF((SUMPRODUCT((([会員名簿.xlsx]会員!$B$3:$B$14=B3)+([スマホ会員名簿.xlsx]スマホ会員!$B$3:$B$14=B3))=0)+(B3=""),"","会員登録有り")」と入力する。

❺数式を必要なだけ複写する。

❻「スマホ会員名簿」ブックのコメントを求めるセルを選択し、「=IF((SUMPRODUCT((([会員名簿.xlsx]会員!$B$3:$B$14=B3)+([PC会員名簿.xlsx]PC会員!$B$3:$B$14=B3))=0)+(B3=""),"","会員登録有り")」と入力する。

❼数式を必要なだけ複写する。

サンプルファイル ▶ PC会員名簿.xlsx、スマホ会員名簿.xlsx、会員名簿.xlsx

Chapter 12 条件で処理を分ける！ 分岐ワザ

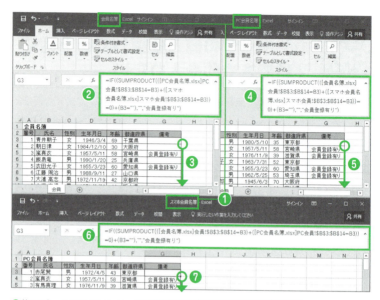

❽ 他のブックを閉じていても、それぞれのブックには、他のどれかのブックにある同じ氏名、つまり重複した会員に「会員登録有り」と求められる。どれかのブックに名簿を追加しても重複していると「会員登録有り」と求められる。

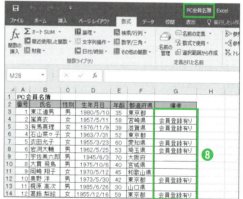

数式解説 IF関数は条件を満たすか満たさないかで処理を分岐する関数（Tips 476で紹介）、SUMPRODUCT関数は要素の積を合計する関数です。
SUMPRODUCT関数の引数に条件式（(()で囲んで指定します）を指定すると、数式内では条件式を満たす場合は「1」、満たさない場合は「0」で計算されます。
「=IF((SUMPRODUCT(([PC会員名簿.xlsx]PC会員!$B$3:$B$14=B3)+([スマホ会員名簿.xlsx]スマホ会員!$B$3:$B$14=B3))=0)+(B3=""),"","会員登録有り")」の数式は、「PC会員名簿」ブックの「PC会員」シートの氏名または「スマホ会員名簿」ブックの「スマホ会員」シートの氏名がB3セルである場合の個数が「0」、またはB3セルの氏名が空白の場合、つまり、2つのブックの表にB3セルの氏名がない場合は空白、1個でもある場合は「会員登録有り」とコメントが求められます。

▶ 別表との条件分岐テク

2016 | 2013 | 2010 | 2007

508 各シートの同じ位置にある表の入力内容を条件に印を付けたい

使用関数 IF、COUNTA関数

数式 =IF(COUNTA(谷村:佐原!B3)=3,"×","○")

複数シートに表を作成し、それぞれの表に入力した数を条件に、別表に印が付けられるようにするには、IF関数の引数の[論理式]にCOUNTA関数を使い条件式を作成します。

❶ それぞれのシートの表の予約日時には「○」が付けられている。

❷ 予約の「○」「×」を求めるセルを選択し、「=IF(COUNTA(谷村:佐原!B3)=3,"×","○")」と入力する。

❸ 数式を必要なだけ複写する。

❹ 3つのシートの同じ日時に「○」の数が3個なら、つまりすべて予約されていたら「×」、3個未満、つまり、1つのシートの表でも空きがあれば「○」と求められる。

数式解説 IF関数は条件を満たすか満たさないかで処理を分岐する関数(Tips 476で紹介)、COUNTA関数は空白以外のセルの個数を数える関数です(第2章 Tips 040で紹介)。「=IF(COUNTA(谷村:佐原!B3)=3,"×","○")」の数式は、「谷村」シート~「佐原」シートのB3セルの「○」の数が3個の場合は「×」、違う場合は「○」を求めます。結果、「谷村」シート~「佐原」シートのB3セルにすべて「○」が入力されていたら「×」、1個でも入力されていなければ「○」が求められます。

プラスアルファ 複数シートの同じ位置にある表で、どれか1つでも入力したら印が付けられるようにするには、「=IF(COUNTA(谷村:佐原!B3)=1,"×","○")」として条件の数を変更することで可能です。

📥 サンプルファイル ▶ 508.xlsx

▶ 別表との条件分岐テク　　　　　　　　　　　　　2016 | 2013 | 2010 | 2007

509 クロス表で別表の2列の値と一致する交差セルに印を付けたい

使用関数 IF、COUNTIFS関数

数式 =IF(COUNTIFS($A$3:$A$11,$F3,$B$3:$B$11,G$2),"○","×")

IF関数の引数の[論理式]にCOUNTIFS関数を使うと、別表の2列の値が、クロス表の行列見出しにある場合、一致する行列見出しが交差するセルに印を付けることができます。

---

❶ クロス表の左上のセルを選択し、「=IF(COUNTIFS($A$3:$A$11,$F3,$B$3:$B$11,G$2),"○","×")」と入力する。

❷ 数式を必要なだけ複写する。

❸ スケジュールの表の鑑定士と曜日の行列見出しがあるクロス表の交差するセルには「○」、どちらかがない交差するセルには「×」が付けられる。

数式解説　IF関数は条件を満たすか満たさないかで処理を分岐する関数（Tips 476で紹介）、COUNTIFS関数は複数の条件を満たすセルの数を数える関数です（第3章Tips 129で紹介）。
「=IF(COUNTIFS($A$3:$A$11,$F3,$B$3:$B$11,G$2),"○","×")」の数式は、A3セル～A11セルの鑑定士がF3セルの鑑定士であり、B3セル～B11セルの曜日がG2セルの曜日である場合の個数が1個でもある場合は「○」、1個もない場合は「×」を求めます。

Chapter
13

指定条件で色を着ける！
書式変更ワザ

Chapter 13 ▶条件で書式を変える基礎テク　2016 | 2013 | 2010 | 2007

指定条件で色を着ける！書式変更ワザ

510 条件を満たす値がある行すべてに色を着けたい

使用関数 なし

数式 =$F3="東京都"

条件付き書式を使うと条件を満たす値に色を着けられますが、行全体には着けられません。行全体に着けるには、条件のセル番地の列番号の前に「$」を付けた条件式を作成して条件付き書式のルールに指定します。

---

❶色を着けるセル範囲を選択し、[ホーム]タブの[スタイル]グループの[条件付き書式]ボタン→[新しいルール]を選択する。

❷表示された[新しい書式ルール]ダイアログボックスで、ルールの種類から「数式を使用して、書式設定するセルを決定」を選択する。

❸ルールの内容に「=$F3="東京都"」と入力する。

❹[書式]ボタンをクリックして、表示された[セルの書式設定]ダイアログボックスの[フォント]タブで付ける書式を指定する。

❺[OK]ボタンをクリックする。

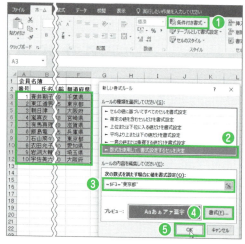

❻都道府県が「東京都」の会員の行に色が着けられる。

数式解説 「=$F3="東京都"」の数式は、F列の都道府県が「東京都」の条件を満たす場合は「TRUE」、満たさない場合は「FALSE」をそれぞれに求めます。条件付き書式はルールが「TRUE」の場合に書式を付けるため、「東京都」の行だけに色が着けられます。

サンプルファイル ▶ 510.xlsx

条件で書式を変える基礎テク

2016 | 2013 | 2010 | 2007

511 別の列の条件を満たす項目に色を着けたい

使用関数 AVERAGE関数

数式 =$D3>=AVERAGE($D$3:$D$12)

条件付き書式では別の列の値を条件に書式を付けられません。条件を満たす値の項目に色を着けるには、項目だけを選択して条件付き書式を設定し、数式でルールを付けるセルの列番号の前に「$」を付けます。

① 色を着けるセル範囲を選択し、[ホーム]タブの[スタイル]グループの[条件付き書式]ボタン→[新しいルール]を選択する。

② 表示された[新しい書式ルール]ダイアログボックスで、ルールの種類から「数式を使用して、書式設定するセルを決定」を選択する。

③ ルールの内容に「=$D3>=AVERAGE($D$3:$D$12)」と入力する。

④ [書式]ボタンをクリックして、表示された[セルの書式設定]ダイアログボックスの[フォント]タブで付ける書式を指定する。

⑤ [OK]ボタンをクリックする。

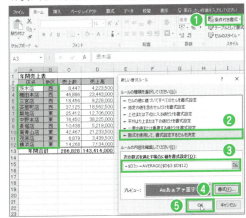

⑥ 全店舗の売上高の平均を満たす店名と地区に色が着けられる。

数式解説 AVERAGE関数は数値の平均を求める関数です(第2章 Tips 035で紹介)。
「=$D3>=AVERAGE($D$3:$D$12)」の数式は、D3セルの売上高がD3セル〜D12セルの売上高の平均以上であるルールを設定します。列番号の前に「$」記号を付けているため、次の行には「=$D4>=AVERAGE($D$3:$D$12)」のルールが設定され、D列の売上高の平均を満たすルールが設定されます。この場合、店名と地区だけを選択して条件付き書式を設定しているため、売上高の平均を満たす店名と地区に色が着けられます。

サンプルファイル▶511.xlsx

512 指定の文字と部分一致する値がある行すべてに色を着けたい

使用関数 FIND関数

数式 =FIND("栃木県",$C3)

条件付き書式のルールで「特定の文字列」「次の値を含む」とすると特定の一部の文字があるセルに色が着けられますが、行全体には着けられません。着けるには、数式にFIND関数を使ってルールを設定します。

❶色を着けるセル範囲を選択し、[ホーム]タブの[スタイル]グループの[条件付き書式]ボタン→[新しいルール]を選択する。

❷表示された[新しい書式ルール]ダイアログボックスで、ルールの種類から「数式を使用して、書式設定するセルを決定」を選択する。

❸ルールの内容に「=FIND("栃木県",$C3)」と入力する。

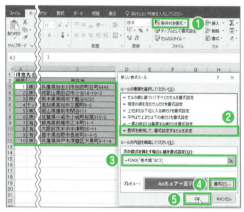

❹[書式]ボタンをクリックして、表示された[セルの書式設定]ダイアログボックスの[フォント]タブで付ける書式を指定する。

❺[OK]ボタンをクリックする。

❻所在地が栃木県の得意先の行に色が着けられる。

数式解説 FIND関数は文字列を左端から数えて何番目にあるかを求める関数です。
「=FIND("栃木県",$C3)」の数式は、「栃木県」が所在地の左端から最初に現れる位置を求めます。見つかった場合は位置が求められるため、栃木県を含む住所の行だけに色が着けられます。

サンプルファイル ▶ 512.xlsx

▶ 条件で書式を変える基礎テク　　　　　2016│2013│2010│2007

513　AND条件で色を着けたい

使用関数　AND関数

数　式　=AND($C3="女",$E3>=50)

条件付き書式では複数のルールを指定して書式が付けられますが、ルールはOR条件で設定されます。AND条件で書式を付けるには、条件付き書式の数式にAND関数を使ってルールを設定します。

❶色を着けるセル範囲を選択し、[ホーム]タブの[スタイル]グループの[条件付き書式]ボタン→[新しいルール]を選択する。

❷表示された[新しい書式ルール]ダイアログボックスで、ルールの種類から「数式を使用して、書式設定するセルを決定」を選択する。

❸ルールの内容に「=AND($C3="女",$E3>=50)」と入力する。

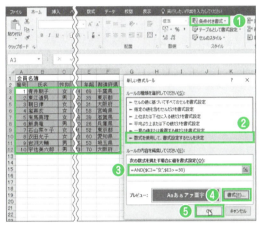

❹[書式]ボタンをクリックして、表示された[セルの書式設定]ダイアログボックスの[フォント]タブで付ける書式を指定する。

❺[OK]ボタンをクリックする。

❻50才以上の女性会員の行に色が着けられる。

数式解説　AND関数はすべての条件を満たされているかどうかを調べる関数です(第11章 Tips 480で紹介)。
「=AND($C3="女",$E3>=50)」の数式は、性別が「女」であり、年齢が「50」以上であるルールを満たす場合は「TRUE」、満たさない場合は「FALSE」をそれぞれに求めます。条件付き書式はルールが「TRUE」の場合に書式を付けるため、性別が「女」であり、年齢が「50」以上の行に色が着けられます。

📥 サンプルファイル▶ 513.xlsx

514 同じ項目が複数行続く表で項目ごとに行数が違っても交互に色を着けたい

使用関数 MOD関数

数式 =MOD((A3<>A4)+E3,2)、=$E3

表の項目ごとに交互に色を着ける場合、項目の行数が同じならオートフィルでできますが、違う行数だとできません。違う行数の場合はMOD関数の数式を別列に作成してその値を条件に条件付き書式を使います。

❶ 1行目に「0」と入力する。

❷ 2行目のセルを選択し、「=MOD((A3<>A4)+E3,2)」と入力する。

❸ 数式を必要なだけ複写する。

❹ 色を着けるセル範囲を選択し、[ホーム]タブの[スタイル]グループの[条件付き書式]ボタン→[新しいルール]を選択する。

❺ 表示された[新しい書式ルール]ダイアログボックスで、ルールの種類から「数式を使用して、書式設定するセルを決定」を選択する。

❻ ルールの内容に「=$E3」と入力する。

❼ [書式]ボタンをクリックして、表示された[セルの書式設定]ダイアログボックスの[フォント]タブで付ける書式を指定する。

❽ [OK]ボタンをクリックする。

❾ 会場ごとに交互に色が着けられる。

	A	B	D	E
1	2016年夏祭りイベント			
2	会場	開催日	集客数	
3	赤銀プラザ	7/20	749	0
4	赤銀プラザ	7/21	1,003	0
5	赤銀プラザ	7/22	778	0
6	赤銀プラザ	7/23	513	0
7	赤銀プラザ	7/24	772	0
8	甘谷ホール	7/25	730	1
9	甘谷ホール	7/26	670	1
10	甘谷ホール	7/27	744	1
11	甘谷ホール	7/28	776	1
12	甘谷ホール	7/29	805	1
13	甘谷ホール	7/30	526	1
14	甘谷ホール	7/31	866	1
15	港山会館	8/1	857	0
16	港山会館	8/2	813	0
17	港山会館	8/3	717	0
18	港山会館	8/4	713	0
19	杉金ホール	8/5	315	1
20	杉金ホール	8/6	1,079	1
21	杉金ホール	8/7	1,057	1
22	杉金ホール	8/8	618	1
23	杉金ホール	8/9	649	1

数式解説 MOD関数は数値を除算したときの余りを求める関数です。
「=MOD((A3<>A4)+E3,2)」の数式は、1行下の会場名と違う場合は「FALSE(0)+0」を2で除算した余りを、1行下の会場名と同じ場合は「TRUE(1)+0」を2で除算した余りを求めます。数式をコピーすると、会場名ごとに「0」と「1」が交互に求められます。この値を使い「=$E3」の数式を条件付き書式のルールとして設定すると、条件付き書式はルールが「TRUE」の場合に書式を付けるため、「TRUE」である「1」の会場名だけに色が着けられます。結果、会場ごとに交互に色が着けられます。

プラスアルファ 1つ目の項目から色を着けるには、手順❶で「1」と入力します。

515 並べ替え／行削除／行挿入が実行されても○行おきに色を着けたい

使用関数 MOD、ROW関数

数式 =MOD(ROW()-2,3)=0

2行おきなどに色を着けるにはオートフィルでできますが、並べ替え、途中の行を削除／挿入を行うと崩れてしまいます。崩れないようにするには、条件付き書式の数式にROW関数を使ってルールを設定します。

❶色を着けるセル範囲を選択し、[ホーム]タブの[スタイル]グループの[条件付き書式]ボタン→[新しいルール]を選択する。

❷表示された[新しい書式ルール]ダイアログボックスで、ルールの種類から「数式を使用して、書式設定するセルを決定」を選択する。

❸ルールの内容に「=MOD(ROW()-2,3)=0」と入力する。

❹[書式]ボタンをクリックして、表示された[セルの書式設定]ダイアログボックスの[フォント]タブで付ける書式を指定する。

❺[OK]ボタンをクリックする。

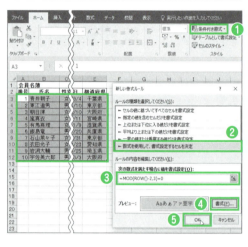

❻会員退会のため行ごと削除しても、2行おきに色が着けられる。

数式解説 MOD関数は数値を除算したときの余りを求める関数、ROW関数はセルの行番号を求める関数です。
「=MOD(ROW()-2,3)=0」の数式は、行番号「1」からの番号を「3」で除算した余りが「0」のルールを満たす行に「TRUE」を求めます。結果、3行目ごとに「TRUE」が求められます。条件付き書式はルールが「TRUE」の場合に書式を付けるため、2行おきに色が着けられます。行番号で数式を作成しているため、途中の行を削除／挿入したり、並べ替えたりしても常に2行おきに色が着けられます。

サンプルファイル ▶ 515.xlsx

▶ ○行おきに色を着ける 2016 2013 2010 2007

516 さまざまな行数の結合セルに対応して○行おきに色を着けたい

使用関数 MOD、COUNTA関数

数式 =MOD(COUNTA($A$3:$A3),2)

○行おきに色を着ける場合、結合セルでも行数がすべて同じならオートフィルでできますが、違う行数だとできません。違う行数の場合は条件付き書式の数式にMOD関数、COUNTA関数を使ってルールを設定します。

---

❶色を着けるセル範囲を選択し、[ホーム]タブの[スタイル]グループの[条件付き書式]ボタン→[新しいルール]を選択する。

❷表示された[新しい書式ルール]ダイアログボックスで、ルールの種類から「数式を使用して、書式設定するセルを決定」を選択する。

❸ルールの内容に「=MOD(COUNTA($A$3:$A3),2)」と入力する。

❹[書式]ボタンをクリックして、表示された[セルの書式設定]ダイアログボックスの[フォント]タブで付ける書式を指定する。

❺[OK]ボタンをクリックする。

❻会場ごとに交互に色が着けられる。

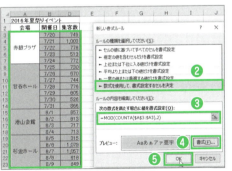

数式解説 MOD関数は数値を除算したときの余りを求める関数、COUNTA関数は空白以外のセルの個数を求める関数です(第2章 Tips 040で紹介)。
「=MOD(COUNTA($A$3:A3),2)」の数式をコピーすると、次の行には「=MOD(COUNTA($A$3:A4),2)」の数式が設定されます。つまり、文字の数だけ「2」で除算した余りが求められるので、余りは「0」と「1」となり、「1」のルールを満たす行に「TRUE」が求められます。条件付き書式は「TRUE」の場合に書式を付けます。つまり、複数行結合していても結合セル内の文字は1つなので、さまざまな行数の結合セルでも交互に色が着けられます。

サンプルファイル ▶ 516.xlsx

▶ ○行おきに色を着ける　　　　　　　　　　　　　　　2016 | 2013 | 2010 | 2007

517 フィルターや行の非表示が実行されても○行おきに色を着けたい

使用関数 MOD、SUBTOTAL 関数

数 式 =MOD(SUBTOTAL(103,$A$3:$A3),3)=0

テーブルに変換すると 1 行おきに色が着けられ、フィルターや行の非表示に対応できますが、2 行おきや 3 行おきには着けられません。どんな間隔の行でも対応するには条件付き書式の数式に MOD、SUBTOTAL 関数を使います。

---

❶色を着けるセル範囲を選択し、[ホーム]タブの[スタイル]グループの[条件付き書式]ボタン→[新しいルール]を選択する。

❷表示された[新しい書式ルール]ダイアログボックスで、ルールの種類から「数式を使用して、書式設定するセルを決定」を選択する。

❸ルールの内容に「=MOD(SUBTOTAL(103,$A$3:$A3),3)=0」と入力する。

❹[書式]ボタンをクリックして、表示された[セルの書式設定]ダイアログボックスの[フォント]タブで付ける書式を指定する。

❺[OK]ボタンをクリックする。

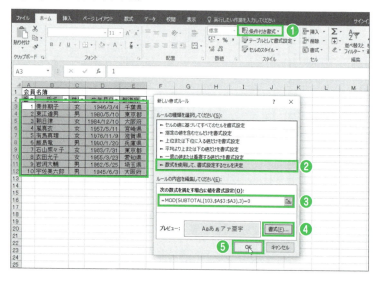

❻性別のフィルターで「女」を抽出しても、2行おきに色が着けられる。

❼関東の名簿を非表示にしても、2行おきに色が着けられる。

数式解説 MOD関数は数値を除算したときの余りを求める関数、SUBTOTAL関数は指定の集計方法でその集計値を求める関数です（第2章 Tips 061で紹介）。

引数の[集計方法]には11種類の集計方法を数値で指定します。「1」～「11」の数値を指定するとフィルターで非表示になったセルを除外、「101」～「111」までの数値を指定するとフィルターと行の非表示で非表示になったセルを除外して計算が行えます（[集計方法]で指定できる集計方法の数値は第2章 Tips 061 プラスアルファ参照）。

「=MOD(SUBTOTAL(103,$A$3:$A3),3)=0」の数式をコピーすると、次の行には「=MOD(SUBTOTAL(103,$A$3:$A4),3)=0」の数式が設定され、非表示行を除くA3セルからの空白以外のセルの個数を「3」で除算した余りが「0」のルールを満たす行に「TRUE」が求められます。条件付き書式は「TRUE」の場合に書式を付けるため、フィルターや行の非表示操作での非表示行を除いた2行おきにある「TRUE」、つまり、2行おきに色が着けられます。

518 最大値がある行すべてに色を着けたい

使用関数 MAX関数

数　式 =$C3=MAX($C$3:$C$7)

条件付き書式を使うと最大値に色を着けられますが、行全体に着けたり、最大値の項目だけに着けたりできません。可能にするには、条件付き書式の数式にMAX関数を使ってルールを設定します。

❶色を着けるセル範囲を選択し、[ホーム]タブの[スタイル]グループの[条件付き書式]ボタン→[新しいルール]を選択する。

❷表示された[新しい書式ルール]ダイアログボックスで、ルールの種類から「数式を使用して、書式設定するセルを決定」を選択する。

❸ルールの内容に「=$C3=MAX($C$3:$C$7)」と入力する。

❹[書式]ボタンをクリックして、表示された[セルの書式設定]ダイアログボックスの[フォント]タブで付ける書式を指定する。

❺[OK]ボタンをクリックする。

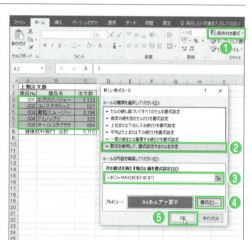

❻最高注文数の商品の行に色が着けられる。

数式解説 MAX関数は数値の最大値を求める関数です（第2章 Tips 035で紹介）。
「=$C3=MAX($C$3:$C$7)」の数式は、C列の注文数がC3セル～C7セルの注文数の最大値であるルールを満たす場合は「TRUE」、満たさない場合は「FALSE」をそれぞれに求めます。条件付き書式はルールが「TRUE」の場合に書式を付けるため、最大値の行に色が着けられます。

サンプルファイル ▶ 518.xlsx

▶数値の大きさで書式を変える　　　2016 | 2013 | 2010 | 2007

519 最小値がある行すべてに色を着けたい

使用関数 MIN関数

数 式 =$C3=MIN($C$3:$C$7)

条件付き書式を使うと最小値に色を着けられますが、行全体に着けたり、最小値の項目だけに着けたりできません。可能にするには、条件付き書式の数式にMIN関数を使ってルールを設定します。

---

❶色を着けるセル範囲を選択し、[ホーム]タブの[スタイル]グループの[条件付き書式]ボタン→[新しいルール]を選択する。

❷表示された[新しい書式ルール]ダイアログボックスで、ルールの種類から「数式を使用して、書式設定するセルを決定」を選択する。

❸ルールの内容に「=$C3=MIN($C$3:$C$7)」と入力する。

❹[書式]ボタンをクリックして、表示された[セルの書式設定]ダイアログボックスの[フォント]タブで付ける書式を指定する。

❺[OK]ボタンをクリックする。

❻最低注文数の商品の行に色が着けられる。

数式解説 MIN関数は数値の最小値を求める関数です（第2章 Tips 035で紹介）。
「=$C3=MIN($C$3:$C$7)」の数式は、C列の注文数がC3セル～C7セルの注文数の最小値のであるルールを満たす場合は「TRUE」、満たさない場合は「FALSE」をそれぞれに求めます。条件付き書式はルールが「TRUE」の場合に書式を付けるため、最小値の行に色が着けられます。

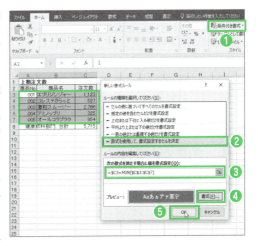

📥 サンプルファイル ▶ 519.xlsx

520 フィルターや行の非表示が実行されても最大値に色を着けたい

使用関数 SUBTOTAL関数

数式 =D3=SUBTOTAL(104,$D$3:$D$12)

条件付き書式を使うと最大値に色を着けられますが、オートフィルターや行の非表示には対応できません。対応するには、条件付き書式の数式にSUBTOTAL関数を使ってルールを設定します。

---

❶色を着けるセル範囲を選択し、[ホーム]タブの[スタイル]グループの[条件付き書式]ボタン→[新しいルール]を選択する。

❷表示された[新しい書式ルール]ダイアログボックスで、ルールの種類から「数式を使用して、書式設定するセルを決定」を選択する。

❸ルールの内容に「=D3=SUBTOTAL(104,$D$3:$D$12)」と入力する。

❹[書式]ボタンをクリックして、表示された[セルの書式設定]ダイアログボックスの[フォント]タブで付ける書式を指定する。

❺[OK]ボタンをクリックする。

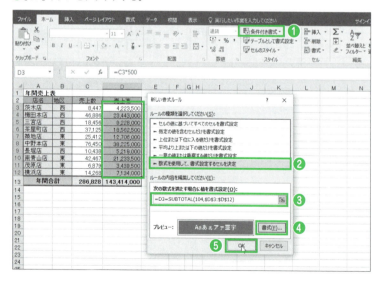

サンプルファイル ▶ 520.xlsx

❻地区のフィルターで「西」を抽出すると、「西」の店名の最高売上高に色が着けられる。

❼本店の行を非表示にすると、本店を除く店名の最高売上高に色が着けられる。

> **数式解説** SUBTOTAL 関数は指定の集計方法でその集計値を求める関数です（第 2 章 Tips 061 で紹介）。
>
> 引数の [集計方法] には 11 種類の集計方法を数値で指定します。「1」〜「11」の数値を指定するとフィルターで非表示になったセルを除外、「101」〜「111」までの数値を指定するとフィルターと行の非表示で非表示になったセルを除外して計算が行えます（[集計方法] で指定できる集計方法の数値は第 2 章 Tips 061 プラスアルファ参照）。
>
> 「=D3=SUBTOTAL(104,$D$3:$D$12)」の数式は、D3 セルの売上高が非表示行を除く D3 セル〜D12 セルの売上高の最高値であるルールを満たす場合は「TRUE」、満たさない場合は「FALSE」をそれぞれに求めます。条件付き書式はルールが「TRUE」の場合に書式を付けるため、フィルターや行の非表示操作での非表示行を除く最大値の行に色が着けられます。

521 フィルターや行の非表示が実行されても最小値に色を着けたい

使用関数 SUBTOTAL関数

数 式 =D3=SUBTOTAL(105,$D$3:$D$12)

条件付き書式を使うと最小値に色を着けられますが、オートフィルターや行の非表示には対応できません。対応するには、条件付き書式の数式にSUBTOTAL関数を使ってルールを設定します。

❶色を着けるセル範囲を選択し、[ホーム]タブの[スタイル]グループの[条件付き書式]ボタン→[新しいルール]を選択する。

❷表示された[新しい書式ルール]ダイアログボックスで、ルールの種類から「数式を使用して、書式設定するセルを決定」を選択する。

❸ルールの内容に「=D3=SUBTOTAL(105,$D$3:$D$12)」と入力する。

❹[書式]ボタンをクリックして、表示された[セルの書式設定]ダイアログボックスの[フォント]タブで付ける書式を指定する。

❺[OK]ボタンをクリックする。

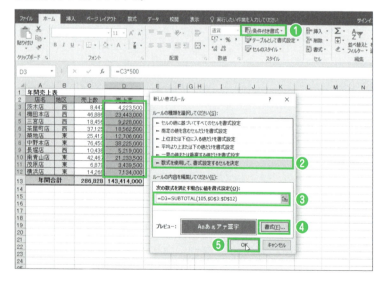

サンプルファイル ▶ 521.xlsx

❻地区のフィルターで「西」を抽出すると、「西」の店名の最低売上高に色が着けられる。

❼本店の行を非表示にすると、本店を除く店名の最低売上高に色が着けられる。

数式解説 SUBTOTAL 関数は指定の集計方法でその集計値を求める関数です（第 2 章 Tips 061 で紹介）。

引数の[集計方法]には 11 種類の集計方法を数値で指定します。「1」～「11」の数値を指定するとフィルターで非表示になったセルを除外、「101」～「111」までの数値を指定するとフィルターと行の非表示で非表示になったセルを除外して計算が行えます（[集計方法]で指定できる集計方法の数値は第 2 章 Tips 061 プラスアルファ参照）。

「=D3=SUBTOTAL(105,$D$3:$D$12)」の数式は、D3 セルの売上高が非表示行を除く D3 セル～D12 セルの売上高の最小値であるルールを満たす場合は「TRUE」、満たさない場合は「FALSE」をそれぞれに求めます。条件付き書式はルールが「TRUE」の場合に書式を付けるため、フィルターや行の非表示操作での非表示行を除く最小値の行に色が着けられます。

522 上位から指定の順位までの値がある行すべてに色を着けたい

使用関数 LARGE関数

数式 =$C3>=LARGE($C$3:$C$7,2)

条件付き書式を使うと上位からの順位を指定して色を着けられますが、行全体や、値の項目だけに着けたりできません。可能にするには、条件付き書式の数式にLARGE関数を使ってルールを設定します。

① 色を着けるセル範囲を選択し、[ホーム]タブの[スタイル]グループの[条件付き書式]ボタン→[新しいルール]を選択する。

② 表示された[新しい書式ルール]ダイアログボックスで、ルールの種類から「数式を使用して、書式設定するセルを決定」を選択する。

③ ルールの内容に「=$C3>=LARGE($C$3:$C$7,2)」と入力する。

④ [書式]ボタンをクリックして、表示された[セルの書式設定]ダイアログボックスの[フォント]タブで付ける書式を指定する。

⑤ [OK]ボタンをクリックする。

⑥ 注文数が上位2位以上の商品の行に色が着けられる。

数式解説 LARGE関数は大きいほうから指定の順位にある値を求める関数です（第2章 Tips 043で紹介）。
「=$C3>=LARGE($C$3:$C$7,2)」の数式は、C列の注文数がC3セル～C7セルの注文数の上位2位以上であるルールを満たす場合は「TRUE」、満たさない場合は「FALSE」をそれぞれ求めます。条件付き書式はルールが「TRUE」の場合に書式を付けるため、上位から2位以上の行に色が着けられます。

▶ 数値の大きさで書式を変える   2016 | 2013 | 2010 | 2007

523 下位から指定の順位までの値がある行すべてに色を着けたい

使用関数 SMALL関数

数　式 =$C3<=SMALL($C$3:$C$7,2)

条件付き書式を使うと下位からの順位を指定して色を着けられますが、行全体や、値の項目だけに着けたりできません。可能にするには、条件付き書式の数式にSMALL関数を使ってルールを設定します。

---

❶色を着けるセル範囲を選択し、[ホーム]タブの[スタイル]グループの[条件付き書式]ボタン→[新しいルール]を選択する。

❷表示された[新しい書式ルール]ダイアログボックスで、ルールの種類から「数式を使用して、書式設定するセルを決定」を選択する。

❸ルールの内容に「=$C3<=SMALL($C$3:$C$7,2)」と入力する。

❹[書式]ボタンをクリックして、表示された[セルの書式設定]ダイアログボックスの[フォント]タブで付ける書式を指定する。

❺[OK]ボタンをクリックする。

❻注文数が下位2位以下の商品の行に色が着けられる。

数式解説 SMALL関数は小さいほうから指定の順位にある値を求める関数です（第2章 Tips 044で紹介）。

「=$C3<=SMALL($C$3:$C$7,2)」の数式は、C列の注文数がC3セル～C7セルの注文数の下位2位以下であるルールを満たす場合は「TRUE」、満たさない場合は「FALSE」をそれぞれの行に求めます。条件付き書式はルールが「TRUE」の場合に書式を付けるため、下位から2位以下の行に色が着けられます。

📥 サンプルファイル ▶ 523.xlsx

524 フィルターや行の非表示が実行されても上位からの順位に色を着けたい

使用関数 AGGREGATE 関数

数　式 =D3>=AGGREGATE(14,5,$D$3:$D$12,2)

条件付き書式を使うと上位からの順位を指定して色を着けられますが、オートフィルターや行の非表示には対応できません。対応するには、条件付き書式の数式に AGGREGATE 関数を使ってルールを設定します。

① 色を着けるセル範囲を選択し、[ホーム]タブの[スタイル]グループの[条件付き書式]ボタン→[新しいルール]を選択する。

② 表示された[新しい書式ルール]ダイアログボックスで、ルールの種類から「数式を使用して、書式設定するセルを決定」を選択する。

③ ルールの内容に「=D3>=AGGREGATE(14,5,$D$3:$D$12,2)」と入力する。

④ [書式]ボタンをクリックして、表示された[セルの書式設定]ダイアログボックスの[フォント]タブで付ける書式を指定する。

⑤ [OK]ボタンをクリックする。

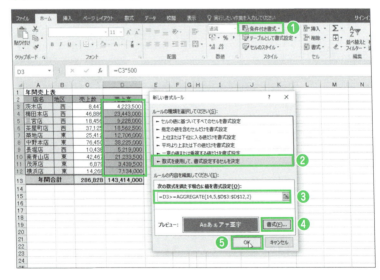

サンプルファイル ▶ 524.xlsx

❻地区のフィルターで「西」を抽出すると、「西」の店名の上位2位以上の売上高に色が着けられる。

❼本店の行を非表示にすると、本店を除く店名の上位2位以上の売上高に色が着けられる。

> **数式解説** AGGREGATE関数は集計方法と集計を無視する内容を指定してその集計値を求める関数です(第2章 Tips 068で紹介)。
>
> 非表示の行を除いて大きいほうから指定の順位にある売上高を求めるには引数の[集計方法]に「14」、[オプション]に「5」を指定します。「=D3>=AGGREGATE(14,5,$D$3:$D$12,2)」の数式は、D列の売上高が、フィルターや行の非表示で非表示になった行を除くD3セル〜D12セルの売上高の上位2位以上であるルールを満たす場合は「TRUE」、満たさない場合は「FALSE」をそれぞれに求めます。条件付き書式はルールが「TRUE」の場合に書式を付けるため、フィルターや行の非表示操作で非表示になった行を除いて上位から2位以上の売上高の行に色が着けられます。

> **プラスアルファ** AGGREGATE関数の引数の[集計方法]には集計方法を「1」〜「19」の数値、[オプション]には無視する内容を「0」〜「7」の数値で指定できます(第2章 Tips 068 プラスアルファ参照)。

Chapter 13 指定条件で色を着ける! 書式変更ワザ

▶ 数値の大きさで書式を変える 2016 | 2013 | 2010 | 2007

525 フィルターや行の非表示が実行されても下位からの順位に色を着けたい

使用関数 AGGREGATE関数

数 式 =D3<=AGGREGATE(15,5,$D$3:$D$12,2)

条件付き書式を使うと下位からの順位を指定して色を着けられますが、オートフィルターや行の非表示には対応できません。対応するには、条件付き書式の数式にAGGREGATE関数を使ってルールを設定します。

❶色を着けるセル範囲を選択し、[ホーム]タブの[スタイル]グループの[条件付き書式]ボタン→[新しいルール]を選択する。

❷表示された[新しい書式ルール]ダイアログボックスで、ルールの種類から「数式を使用して、書式設定するセルを決定」を選択する。

❸ルールの内容に「=D3<=AGGREGATE(15,5,$D$3:$D$12,2)」と入力する。

❹[書式]ボタンをクリックして、表示された[セルの書式設定]ダイアログボックスの[フォント]タブで付ける書式を指定する。

❺[OK]ボタンをクリックする。

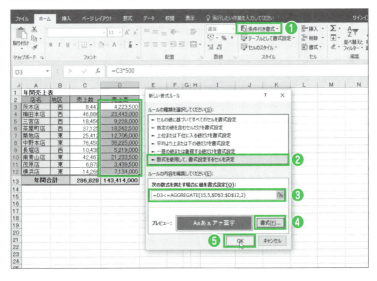

▶ サンプルファイル ▶ 525.xlsx

❻ 地区のフィルターで「西」を抽出すると、「西」の店名の下位2位以下の売上高に色が着けられる。

❼ 本店の行を非表示にすると、本店を除く店名の下位2位以下の売上高に色が着けられる。

数式解説 AGGREGATE関数は集計方法と集計を無視する内容を指定してその集計値を求める関数です (第2章 Tips 068 で紹介)。

非表示の行を除いて小さいほうから指定の順位にある売上高を求めるには引数の[集計方法]に「15」、[オプション]に「5」を指定します。「=D3<=AGGREGATE(15,5,$D$3:$D$12,2)」の数式は、D列の売上高が、フィルターや行の非表示で非表示になった行を除く D3 セル〜D12 セルの売上高の下位2位以下であるルールを満たす場合は「TRUE」、満たさない場合は「FALSE」をそれぞれ求めます。条件付き書式はルールが「TRUE」の場合に書式を付けるため、フィルターや行の非表示操作で非表示になった行を除いて下位から2位以下の売上高の行に色が着けられます。

プラスアルファ AGGREGATE関数の引数の[集計方法]には集計方法を「1」〜「19」の数値、[オプション]には無視する内容を「0」〜「7」の数値で指定できます (第2章 Tips 068 プラスアルファ参照)。

526 数式で日付や時刻を条件に指定して行に色を着けたい

使用関数 なし

数 式 =$D3>="20:00"*1

条件を満たす値の行全体に色を着けるには、条件付き書式で条件のセルの列番号の前に「$」を付けるとできますが(Tips 512 で紹介)、日付や時刻を数式で直接指定するときは、シリアル値に変換して指定する必要があります。

❶ 色を着けるセル範囲を選択し、[ホーム]タブの[スタイル]グループの[条件付き書式]ボタン→[新しいルール]を選択する。

❷ 表示された[新しい書式ルール]ダイアログボックスで、ルールの種類から「数式を使用して、書式設定するセルを決定」を選択する。

❸ ルールの内容に「=$D3>="20:00"*1」と入力する。

❹ [書式]ボタンをクリックして、表示された[セルの書式設定]ダイアログボックスの[フォント]タブで付ける書式を指定する。

❺ [OK]ボタンをクリックする。

❻ 終了時刻が20時以降の鑑定士の行に色が着けられる。

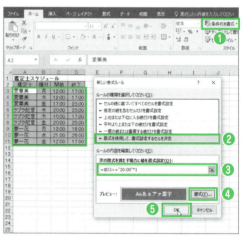

数式解説 「=$D3>="20:00"*1」の数式は、D列の終了時刻が 20:00 以降であるルールを満たす場合は「TRUE」、満たさない場合は「FALSE」をそれぞれの行に求めます。条件付き書式はルールが「TRUE」の場合に書式を付けるため、終了時刻が 20:00 以降の行に色が着けられます。

サンプルファイル ▶ 526.xlsx

▶ 日付の書式を変える　　　　　　　　　　　　　　　　　2016 | 2013 | 2010 | 2007

527 現在の日付がある行すべてに色を着けたい

使用関数 TODAY関数

数　式　=$A3=TODAY()

条件付き書式を使うと指定日や現在の日に色を着けられますが、該当するセルにしか着けられません。行すべてに色を着けるには、日付セルの列番号の前に「$」記号を付け、現在の日付なら TODAY 関数を使った数式を条件付き書式に使います。

---

❶色を着けるセル範囲を選択し、[ホーム]タブの[スタイル]グループの[条件付き書式]ボタン→[新しいルール]を選択する。

❷表示された[新しい書式ルール]ダイアログボックスで、ルールの種類から「数式を使用して、書式設定するセルを決定」を選択する。

❸ルールの内容に「=$A3=TODAY()」と入力する。

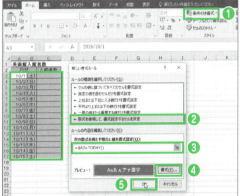

❹[書式]ボタンをクリックして、表示された[セルの書式設定]ダイアログボックスの[フォント]タブで付ける書式を指定する。

❺[OK]ボタンをクリックする。

❻現在の日付の行に色が着けられる。別の日にファイルを開くと、その日の行に色が着けられる。

数式解説 TODAY 関数は現在の日付を求める関数です。現在の日付はパソコンの内蔵時計をもとに表示されます。
「=$A3=TODAY()」の数式は、A列の日付が現在の日付であるルールを満たす場合は「TRUE」、満たさない場合は「FALSE」をそれぞれ求めます。条件付き書式はルールが「TRUE」の場合に書式を付けるため、現在の日付の行に色が着けられます。

📥 サンプルファイル ▶ 527.xlsx

Chapter 13 ▶ 日付の書式を変える　　2016 | 2013 | 2010 | 2007

528 指定の期間や時間帯に色を着けたい

使用関数 AND関数

数　式　=AND(F$3>=$B4,F$3<=$C4)

開始と終了の、日付をもとに○日〜○日や、時刻をもとに○時〜○時の帯に色を着けるには、条件付き書式の数式に AND 関数を使ってルールを設定します。

❶ 色を着けるセル範囲を選択し、[ホーム]タブの[スタイル]グループの[条件付き書式]ボタン→[新しいルール]を選択する。

❷ 表示された[新しい書式ルール]ダイアログボックスで、ルールの種類から「数式を使用して、書式設定するセルを決定」を選択する。

❸ ルールの内容に「=AND(F$3>=$B4,F$3<=$C4)」と入力する。

❹ [書式]ボタンをクリックして、表示された[セルの書式設定]ダイアログボックスの[フォント]タブで付ける書式を指定する。

❺ [OK]ボタンをクリックする。

❻ 別表の開始時刻と終了時刻をもとにその時間帯に色が着けられる。

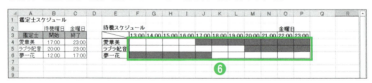

数式解説　AND関数はすべての条件を満たしているかどうかを調べる関数(第11章 Tips 480 で紹介)。

「=AND(F$3>=$B4,F$3<=$C4)」の数式は、色を着ける表のF3セルの時刻がB4セルの開始時刻以上であり、C4セルの終了時刻以下であるルールを満たす場合は「TRUE」、満たさない場合は「FALSE」をそれぞれに求めます。条件付き書式はルールが「TRUE」の場合に書式を付けるため、開始時刻から終了時刻までの時間帯に色が着けられます。

▶ 日付の書式を変える　　　2016 | 2013 | 2010 | 2007

529 指定の週に色を着けたい

使用関数 WEEKNUM関数

数　式 =WEEKNUM($A3,2)-39=3

条件付き書式では、指定の日付の週に色が着けられません。その月の2週目、3週目に着けるには、条件付き書式の数式にWEEKNUM関数を使ってルールを設定します。

---

❶色を着けるセル範囲を選択し、[ホーム]タブの[スタイル]グループの[条件付き書式]ボタン→[新しいルール]を選択する。

❷表示された[新しい書式ルール]ダイアログボックスで、ルールの種類から「数式を使用して、書式設定するセルを決定」を選択する。

❸ルールの内容に「=WEEKNUM($A3,2)-39=3」と入力する。

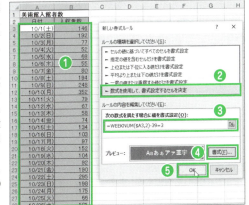

❹[書式]ボタンをクリックして、表示された[セルの書式設定]ダイアログボックスの[フォント]タブで付ける書式を指定する。

❺[OK]ボタンをクリックする。

❻3週目の行に色が着けられる。

数式解説 WEEKNUM関数は日付がその年の第何週目にあるかを求める関数です(引数の[週の基準]で指定できる数値は第6章 Tips 272で紹介)。
「=WEEKNUM($A3,2)-39=3」の数式は、A列の日付の週が「3」であるルールを満たす場合は「TRUE」、満たさない場合は「FALSE」をそれぞれに求めます。条件付き書式はルールが「TRUE」の場合に書式を付けるため、日付の3週目に色が着けられます。

📥 サンプルファイル ▶ 529.xlsx

530 特定の曜日に色を着けたい

使用関数 WEEKDAY関数

数 式 =WEEKDAY(A3)=1

日曜日だけに色を着けたいなど、指定の曜日に色を着けるには条件付き書式の数式に WEEKDAY 関数を使ってルールを設定します。特定の曜日を強調させたい、そんなときに覚えておくと便利です。

① 色を着けるセル範囲を選択し、[ホーム]タブの[スタイル]グループの[条件付き書式]ボタン→[新しいルール]を選択する。

② 表示された[新しい書式ルール]ダイアログボックスで、ルールの種類から「数式を使用して、書式設定するセルを決定」を選択する。

③ ルールの内容に「=WEEKDAY(A3)=1」と入力する。

④ [書式]ボタンをクリックして、表示された[セルの書式設定]ダイアログボックスの[フォント]タブで付ける書式を指定する。

⑤ [OK]ボタンをクリックする。

⑥ 日曜日に色が着けられる。

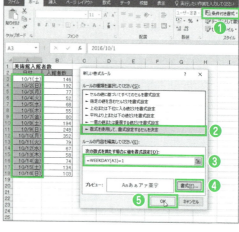

数式解説 WEEKDAY関数は日付から曜日を整数で取り出す関数です(第6章 Tips 270で紹介。引数の[種類]に指定する数値も数式解説で紹介)。
「=WEEKDAY(A3)=1」の数式は、A列の日付の曜日が「1」、つまり、日曜であるルールを満たす場合は「TRUE」、満たさない場合は「FALSE」をそれぞれに求めます。条件付き書式はルールが「TRUE」の場合に書式を付けるため、日曜日に色が着けられます。

▶ サンプルファイル ▶ 530.xlsx

▶ 日付の書式を変える　　　　　　　　　　　　　　2016 | 2013 | 2010 | 2007

531 特定の曜日と祝日に色を着けたい

使用関数 WEEKDAY、COUNTIF関数

数　式 =WEEKDAY(A3)=1、=COUNTIF($D$3:$E$5,A3)

指定の曜日だけではなく、祝日にも色を着けるには、条件付き書式の数式に2つのルールを設定します。1つ目のルールにWEEKDAY関数、2つ目にCOUNTIF関数を使ってルールを設定します。

❶色を着けるセル範囲を選択し、[ホーム]タブの[スタイル]グループの[条件付き書式]ボタン→[ルールの管理]を選択する。表示された[条件付き書式ルールの管理]ダイアログボックスで、[新規ルール]ボタンをクリックする。

❷表示された[新しい書式ルール]ダイアログボックスで、ルールの種類から「数式を使用して、書式設定するセルを決定」を選択する。

❸ルールの内容に「=WEEKDAY(A3)=1」と入力する。

❹[書式]ボタンをクリックして、表示された[セルの書式設定]ダイアログボックスの[フォント]タブで付ける書式を指定する。

❺[OK]ボタンをクリックする。

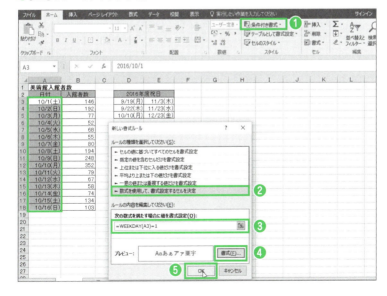

📁 サンプルファイル ▶ 531.xlsx

❻ [新規ルール] ボタンをクリック、表示された [新しい書式ルール] ダイアログボックスで、同様にルールの内容に「=COUNTIF($D$3:$E$5,A3)」と入力して、付ける書式を指定する。

❼ [OK] ボタンをクリックする。

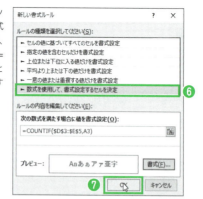

❽ 日曜と祝日に色が着けられる。

> **数式解説** WEEKDAY 関数は日付から曜日を整数で取り出す関数です (第 6 章 Tips 270 で紹介。引数の [種類] に指定する数値も数式解説で紹介)。COUNTIF 関数は条件を満たすセルの数を数える関数です (第 3 章 Tips 107 で紹介)。
> 「=WEEKDAY(A3)=1」の数式は、A 列の日付の曜日が「1」、つまり、日曜であるルールを満たす場合は「TRUE」、満たさない場合は「FALSE」をそれぞれに求めます。条件付き書式はルールが「TRUE」の場合に書式を付けるため、日曜日に色が着けられます。「=COUNTIF($D$3:$E$5,A3)」の数式は、A 列の日付の曜日が D3 セル〜E5 セルの祝日にある場合は「1」、ない場合は「0」を求めます。つまり、「TRUE」である「1」の祝日だけに色が着けられます。条件付き書式のそれぞれのルールは OR 条件が設定されるため、「日曜日または祝日」であるルールとなり、結果、日曜と祝日に色が着けられます。

日付の書式を変える

532 日付の土日祝に色を着けたい

使用関数 WORKDAY関数

数式 =WORKDAY(A3+1,-1,$D$3:$E$5)<>A3

土日祝に別の色を着けたいときは、条件付き書式の数式にWORKDAY関数を使ってルールを設定します。平日とは違う色を着けることで、表を見ただけで、平日と区別してデータを把握することができます。

❶色を着けるセル範囲を選択し、[ホーム]タブの[スタイル]グループの[条件付き書式]ボタン→[新しいルール]を選択する。

❷表示された[新しい書式ルール]ダイアログボックスで、ルールの種類から「数式を使用して、書式設定するセルを決定」を選択する。

❸ルールの内容に「=WORKDAY(A3+1,-1,$D$3:$E$5)<>A3」と入力する。

❹[書式]ボタンをクリックして、表示された[セルの書式設定]ダイアログボックスの[フォント]タブで付ける書式を指定する。

❺[OK]ボタンをクリックする。

❻土日祝に色が着けられる。

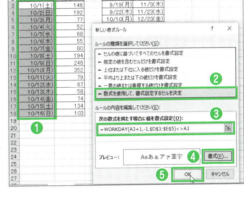

数式解説 WORKDAY関数は開始日から指定の日数後(前)の日付を土日祝を除いて求める関数です(第6章 Tips 282で紹介)。「=WORKDAY($A$3+1,-1,$D$3:$E$5)<>$A$3」の数式は、A列の日付の曜日が平日以外、つまり、土日祝であるルールを満たす場合は「TRUE」、満たさない場合は「FALSE」をそれぞれの場合に求めます。条件付き書式はルールが「TRUE」の場合に書式を付けるため、土日祝に色が着けられます。

サンプルファイル ▶ 532.xlsx

533 指定の誕生日の会員に色を着けたい

使用関数 MONTH、DAY関数

数 式 =MONTH($C3)&DAY($C3)=MONTH($G$4)&DAY($G$4)

指定の誕生日の名前に色を着けるには、条件付き書式の数式に MONTH 関数と DAY 関数を使ってルールを設定します。セルに誕生日を入力するだけで、大量の名簿でも、該当する誕生日の会員が色で確認できます。

❶ 色を着けるセル範囲を選択し、[ホーム]タブの[スタイル]グループの[条件付き書式]ボタン→[新しいルール]を選択する。

❷ 表示された[新しい書式ルール]ダイアログボックスで、ルールの種類から「数式を使用して、書式設定するセルを決定」を選択する。

❸ ルールの内容に「=MONTH ($C3)&DAY($C3)=MONTH($G$4)&DAY($G$4)」と入力する。

❹ [書式]ボタンをクリックして、表示された[セルの書式設定]ダイアログボックスの[フォント]タブで付ける書式を指定する。

❺ [OK]ボタンをクリックする。

❻ 5/25が誕生日の会員の行に色が着けられる。

数式解説 MONTH 関数は日付から月、DAY 関数は日付から日を取り出す関数です(第6章 Tips 268、269 で紹介)。
「=MONTH($C3)&DAY($C3)=MONTH($G$4)&DAY($G$4)」の数式は、C列の生年月日の月日が G4 セルの誕生日の月日であるルールを満たす場合は「TRUE」、満たさない場合は「FALSE」をそれぞれに求めます。条件付き書式はルールが「TRUE」の場合に書式を付けるため、指定の誕生日に色が着けられます。

▶重複の書式を変える　　　　　　　　　　　　　　　　　2016 2013 2010 2007

534 重複の値がある行すべてに色を着けたい

使用関数 COUNTIF関数

数　式 =COUNTIF($B$3:B3,$B3)>=2

重複の値のセルには条件付き書式を使うと色が着けられます。しかし、重複した値の行すべてに色は着けられません。着けるには、条件付き書式の数式にCOUNTIF関数を使ってルールを設定します。

---

❶色を着けるセル範囲を選択し、[ホーム]タブの[スタイル]グループの[条件付き書式]ボタン→[新しいルール]を選択する。

❷表示された[新しい書式ルール]ダイアログボックスで、ルールの種類から「数式を使用して、書式設定するセルを決定」を選択する。

❸ルールの内容に「=COUNTIF($B$3:B3,$B3)>=2」と入力する。

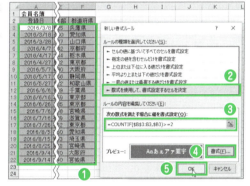

❹[書式]ボタンをクリックして、表示された[セルの書式設定]ダイアログボックスの[フォント]タブで付ける書式を指定する。

❺[OK]ボタンをクリックする。

❻重複している会員の行に色が着けられる。

> **数式解説** COUNIF関数は条件を満たすセルの数を数える関数です（第3章 Tips 107 で紹介）。
> 「=COUNTIF($B$3:B3,$B3)>=2」の数式は、次の行には「=COUNTIF($B$3:B4,$B4)>=2」の数式が設定され、先頭のB3セルからのセル範囲が拡張されて、B列の同じ氏名が2個以上あるなら「TRUE」、1個なら「FALSE」とそれぞれに求められます。つまり、重複した会員には「TRUE」が求められます。条件付き書式はルールが「TRUE」の場合に書式を付けるため、重複の会員の行に色が着けられます。

📥 サンプルファイル ▶ 534.xlsx

Chapter 13 ▶重複の書式を変える　2016 | 2013 | 2010 | 2007

535 別表や別シートと重複している値に色を着けたい

使用関数 COUNTIF 関数

数　式　=COUNTIF(会員!$B$3:$B$14,$B3)

条件付き書式を使うと重複の値に色を着けられますが、別表／シートの重複には着けられません。別表／シートと重複している値に色を着けるには、条件付き書式の数式に COUNTIF 関数ってルールを設定します。

❶ 色を着けるセル範囲を選択し、[ホーム]タブの[スタイル]グループの[条件付き書式]ボタン→[新しいルール]を選択する。

❷ 表示された[新しい書式ルール]ダイアログボックスで、ルールの種類から「数式を使用して、書式設定するセルを決定」を選択する。

❸ ルールの内容に「=COUNTIF(会員!$B$3:$B$14,$B3)」と入力する。

❹ [書式]ボタンをクリックして、表示された[セルの書式設定]ダイアログボックスの[フォント]タブで付ける書式を指定する。

❺ [OK]ボタンをクリックする。

❻ 「会員」シートと重複しているPC会員の行に色が着けられる。

数式解説　COUNTIF 関数は条件を満たすセルの数を数える関数です（第3章 Tips 107 で紹介）。
「=COUNTIF(会員!$B$3:$B$14,$B3)」の数式は、「会員」シートのB3セル～B14セルの氏名にB列の氏名が1個でもあるなら「TRUE」、1個もないなら「FALSE」とそれぞれに求められます。つまり、「会員」シートの氏名と重複した会員には「TRUE」が求められます。条件付き書式はルールが「TRUE」の場合に書式を付けるため、「会員」シートの会員と重複した会員の行に色が着けられます。

▼サンプルファイル ▶ 535.xlsx

▶ 重複の書式を変える

536 別シートと重複している値に色を着けたい（Excel 2007の場合）

使用関数 COUNTIF関数

数式 =COUNTIF(会員氏名,$B3)

Excel 2007 では、条件付き書式の数式に別シートの値が指定できません。別シートの値はそのセル範囲に名前を付けます。重複に色を着けるには、COUNTIF関数で付けた名前を使い数式を作成します。

❶ 色を着ける名前のセル範囲を選択し、名前ボックスに「会員氏名」と入力して名前を付けておく。

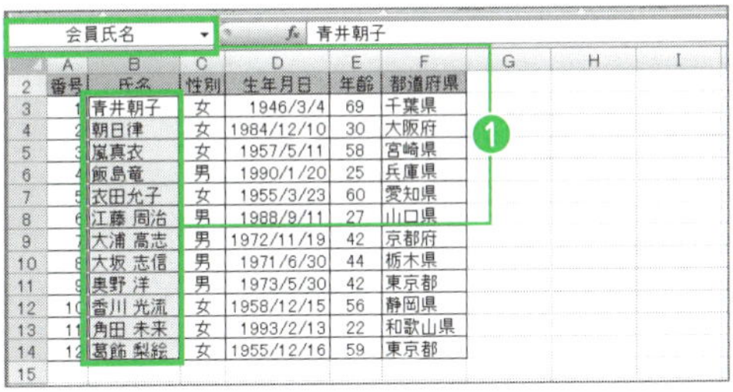

❷ 色を着けるセル範囲を選択し、[ホーム]タブの[スタイル]グループの[条件付き書式]ボタン→[新しいルール]を選択する。

❸ 表示された[新しい書式ルール]ダイアログボックスで、ルールの種類から「数式を使用して、書式設定するセルを決定」を選択する。

❹ ルールの内容に「=COUNTIF(会員氏名,$B3)」と入力する。

❺ [書式]ボタンをクリックして、表示された[セルの書式設定]ダイアログボックスの[フォント]タブで付ける書式を指定する。

❻ [OK]ボタンをクリックする。

サンプルファイル ▶ 536.xlsx

Chapter 13 指定条件で色を着ける！ 書式変更ワザ

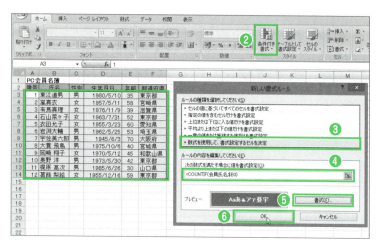

❼「会員」シートと重複しているPC会員の行に色が着けられる。

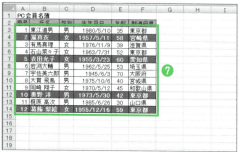

数式解説 COUNTIF 関数は条件を満たすセルの数を数える関数です（第 3 章 Tips 107 で紹介）。

「=COUNTIF(会員氏名 ,$B3)」の数式は、「会員」シートの「会員氏名」の名前を付けた B3 セル〜 B14 セルの氏名に B 列の氏名が 1 個でもあるなら「TRUE」、1 個もないなら「FALSE」とそれぞれに求められます。つまり、「会員」シートの氏名と重複した会員には「TRUE」が求められます。条件付き書式はルールが「TRUE」の場合に書式を付けるため、「会員」シートの会員と重複した会員の行に色が着けられます。

▶ 重複の書式を変える　　　　　　　　　　　　　　　　2016 | 2013 | 2010 | 2007

537 複数のシートで重複している値に色を着けたい

使用関数 COUNTIF関数

数　式　=COUNTIF(PC会員!$B$3:$B$14,$B3)、
　　　　　=COUNTIF(スマホ会員!$B$3:$B$7,$B3)

複数のシートで重複している値に色を着けるには、Tips 535 のように条件付き書式の数式に COUNTIF 関数を使い、シートの数だけルールを設定します。他2枚のシートとの重複なら2つのルールを設定します。

---

❶色を着けるセル範囲を選択し、[ホーム]タブの[スタイル]グループの[条件付き書式]ボタン→[ルールの管理]を選択する。表示された[条件付き書式ルールの管理]ダイアログボックスで、[新規ルール]ボタンをクリックする。

❷表示された[新しい書式ルール]ダイアログボックスで、ルールの種類から「数式を使用して、書式設定するセルを決定」を選択する。

❸ルールの内容に「=COUNTIF(PC会員!$B$3:$B$14,$B3)」と入力する。

❹[書式]ボタンをクリックして、表示された[セルの書式設定]ダイアログボックスの[フォント]タブで付ける書式を指定する。

❺[OK]ボタンをクリックする。

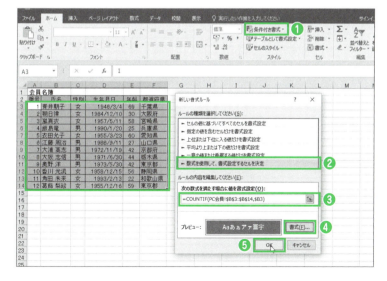

💾 サンプルファイル ▶ 537.xlsx

Chapter 13 指定条件で色を着ける！書式変更ワザ

❻ [新規ルール] ボタンをクリック、表示された [新しい書式ルール] ダイアログボックスで、同様にルールの内容に「=COUNTIF(スマホ会員!$B$3:$B$7,$B3)」と入力して、付ける書式を指定する。

❼ [OK] ボタンをクリックする。

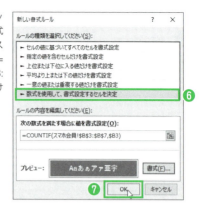

❽ 「PC会員」シート、「スマホ会員」シートと重複している会員の行に色が着けられる。

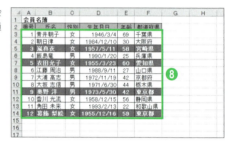

数式解説 COUNTIF関数は条件を満たすセルの数を数える関数です（第3章 Tips 107 で紹介）。

「=COUNTIF(PC会員!$B$3:$B$14,$B3)」の数式は、「PC会員」シートのB3セル～B14セルの氏名にB列の氏名が1個でもあるなら「TRUE」、1個もないなら「FALSE」とそれぞれに求められます。「=COUNTIF(スマホ会員!$B$3:$B$7,$B3)」の数式は、「スマホ会員」シートのB3セル～B7セルの氏名にB列の氏名が1個でもあるなら「TRUE」、1個もないなら「FALSE」とそれぞれに求められます。条件付き書式のそれぞれのルールはOR条件が設定されるため、「「PC会員」シートの氏名または「スマホ会員」シートの氏名」であるルールとなり、結果、「PC会員」シート、「スマホ会員」シートと重複している会員の行に色が着けられます。

▶重複の書式を変える 2016 2013 2010 2007

538 複数条件で重複する値または重複がある行すべてに色を着けたい

使用関数 COUNTIFS関数

数 式 =COUNTIFS($B$3:B3,$B3,$C$3:C3,$C3)>=2

複数条件での重複の値や、重複の行に色を着けるには、条件付き書式だけではできません。条件付き書式の数式にCOUNTIFS関数を使ってルールを設定します。

❶ 色を着けるセル範囲を選択し、[ホーム]タブの[スタイル]グループの[条件付き書式]ボタン→[新しいルール]を選択する。

❷ 表示された[新しい書式ルール]ダイアログボックスで、ルールの種類から「数式を使用して、書式設定するセルを決定」を選択する。

❸ ルールの内容に「=COUNTIFS ($B$3:B3,$B3,$C$3:C3, $C3)>=2」と入力する。

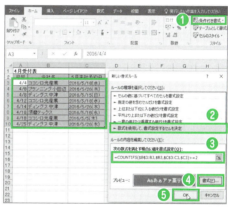

❹ [書式]ボタンをクリックして、表示された[セルの書式設定]ダイアログボックスの[フォント]タブで付ける書式を指定する。

❺ [OK]ボタンをクリックする。

❻ 同じ会社名の予約日が重複している受付の行に色が着けられる。

数式解説 COUNTIFS関数は複数の条件を満たすセルの数を数える関数です(第3章Tips 129で紹介)。「=COUNTIFS($B$3:B3,$B3,$C$3:C3,$C3)>=2」の数式は、次の行には「=COUNTIFS($B$3:B4,$B4,$C$3:C4, $C4)>=2」の数式が設定され、先頭のB3セル、C3セルからのセル範囲が拡張されて、B列の同じ会社名の来社予約日が2件以上あるなら「TRUE」、1件なら「FALSE」とそれぞれに求められます。つまり、会社名と来社予約日の2条件で重複した受付の行には「TRUE」が求められます。条件付き書式はルールが「TRUE」の場合に書式を付けるため、同じ会社名の予約日が重複している受付の行に色が着けられます。

📥 サンプルファイル ▶ 538.xlsx

539 関数式を条件に指定して自動で取り消し線を引きたい

使用関数 TODAY関数

数式 =C3<TODAY()

指定の値を条件に取り消し線を引くには、条件付き書式の書式に取り消し線を指定します。現在の日付をもとに取り消し線を引くなら、TODAY関数を使った数式でルールを設定します。

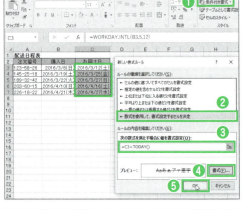

❶ 取り消し線を付けるセル範囲を選択し、[ホーム]タブの[スタイル]グループの[条件付き書式]ボタン→[新しいルール]を選択する。

❷ 表示された[新しい書式ルール]ダイアログボックスで、ルールの種類から「数式を使用して、書式設定するセルを決定」を選択する。

❸ ルールの内容に「=C3<TODAY()」と入力する。

❹ [書式]ボタンをクリックして、表示された[セルの書式設定]ダイアログボックスの[フォント]タブで付ける書式を指定する。

❺ [OK]ボタンをクリックする。

❻ 現在の日付を過ぎたお届け日に取り消し線が引かれる。

数式解説 TODAY関数は現在の日付を求める関数です(第6章 Tips 266で紹介)。現在の日付はパソコンの内蔵時計をもとに表示されます。
「=C3<TODAY()」の数式は、C列のお届け日が現在の日付より前であるルールを満たす場合は「TRUE」、満たさない場合は「FALSE」をそれぞれに求めます。条件付き書式はルールが「TRUE」の場合に書式を付けるため、現在の日付を過ぎたお届け日に取り消し線が付けられます。

▶ 条件で書式を変えるプラステク　　　　　　　　2016 | 2013 | 2010 | 2007

540 同じ行内すべてのセルに入力したら自動で罫線が引かれるようにしたい

使用関数 AND関数

数　式　=AND($A3:$D3<>"")

データの追加を行うたび、罫線を引くのは面倒です。テーブルに変換すると自動で引かれますが、すべての列を入力した場合だけ罫線を引くには、条件付き書式の数式にAND関数を使ってルールを設定します。

---

❶ 罫線を付けるセル範囲を選択し、[ホーム]タブの[スタイル]グループの[条件付き書式]ボタン→[新しいルール]を選択する。

❷ 表示された[新しい書式ルール]ダイアログボックスで、ルールの種類から「数式を使用して、書式設定するセルを決定」を選択する。

❸ ルールの内容に「=AND($A3:$D3<>"")」と入力する。

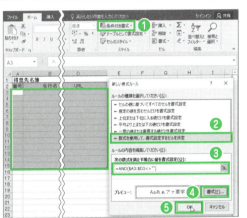

❹ [書式]ボタンをクリックして、表示された[セルの書式設定]ダイアログボックスの[フォント]タブで付ける書式を指定する。

❺ [OK]ボタンをクリックする。

❻ すべてのセルに入力すると自動で罫線が引かれる。

数式解説　AND関数はすべての条件を満たしているかどうかを調べる関数です(第11章 Tips 480で紹介)。

「=AND($A3:$D3<>"")」の数式は、A3セル~D3セルの値が空白以外であるルールを満たす場合は「TRUE」、満たさない場合は「FALSE」をそれぞれに求めます。条件付き書式はルールが「TRUE」の場合に書式を付けるため、同じ行内のすべてのセルが空白以外、つまり、すべて入力された場合だけに罫線が引かれます。

📥 サンプルファイル ▶ 540.xlsx

541 クロス表の行見出しが別表の2列の値と一致したら交差するセルに色を着けたい

使用関数 COUNTIFS関数

数 式 =COUNTIFS($A$3:$A$11,$F3,$B$3:$B$11,G$2)

別表の2列の値がクロス表の行列見出しと一致した場合、その交差するセルに色が着けられるようにするには、条件付き書式の数式にCOUNTIFS関数を使ってルールを設定します。

❶色を着けるセル範囲を選択し、[ホーム]タブの[スタイル]グループの[条件付き書式]ボタン→[新しいルール]を選択する。

❷表示された[新しい書式ルール]ダイアログボックスで、ルールの種類から「数式を使用して、書式設定するセルを決定」を選択する。

❸ルールの内容に「=COUNTIFS($A$3:$A$11,$F3,$B$3:$B$11,G$2)」と入力する。

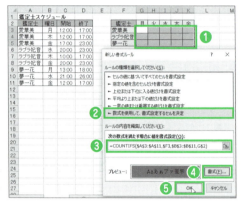

❹[書式]ボタンをクリックして、表示された[セルの書式設定]ダイアログボックスの[フォント]タブで付ける書式を指定する。

❺[OK]ボタンをクリックする。

❻別表の鑑定士名と曜日が交差するセルに色が着けられる。

数式解説 COUNTIFS関数は複数の条件を満たすセルの数を数える関数です(第3章 Tips 129 で紹介)。

「=COUNTIFS($A$3:$A$11,$F3,$B$3:$B$11,G$2)」の数式は、A3セル〜A11セルの鑑定士名がクロス表のF3セルの鑑定士名であり、B3セル〜B11セルの曜日がクロス表のG2セルの曜日であるルールを満たす場合、つまり、その交差するセルには「TRUE」、満たさない場合は「FALSE」をそれぞれに求めます。条件付き書式はルールが「TRUE」の場合に書式を付けるため、表の鑑定士名と曜日がクロス表の行列見出しと一致するセルに色が着けられます。

サンプルファイル ▶ 541.xlsx

▶ 条件で書式を変えるプラステク　　　　　　　　　　　　2016 | 2013 | 2010 | 2007

542 セルを選択したらその行全体に色を着けたい

使用関数 ROW、CELL関数

数式 =ROW(A3)=CELL("row")

セルの選択で行全体に色を着けられるようにしておくと、複数行列でも間違って違う行に入力してしまうミスを防げます。色を着けるには、条件付き書式の数式にROW関数とCELL関数を使ってルールを設定します。

❶色を着けるセル範囲を選択し、[ホーム]タブの[スタイル]グループの[条件付き書式]ボタン→[新しいルール]を選択する。

❷表示された[新しい書式ルール]ダイアログボックスで、ルールの種類から「数式を使用して、書式設定するセルを決定」を選択する。

❸ルールの内容に「=ROW(A3)=CELL("row")」と入力する。

❹[書式]ボタンをクリックして、表示された[セルの書式設定]ダイアログボックスの[フォント]タブで付ける書式を指定する。

❺[OK]ボタンをクリックする。

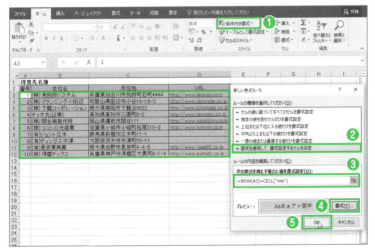

📥 サンプルファイル ▶ 542.xlsx

❻知りたい得意先のセルを選択し、F9 キーを押すとその行に色が着けられる。

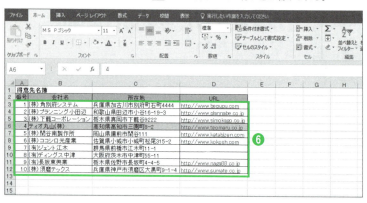

> **数式解説** ROW 関数はセルの行番号を求める関数、CELL 関数はセルの情報を得る関数です。
> 「=ROW(A3)=CELL("row")」の数式は、ROW 関数で取得した行番号と CELL 関数で返された行番号が同じである場合に「TRUE」、違う場合に「FALSE」を求めます。
> 条件付き書式はルールが「TRUE」の場合に書式を付けるため、選択した行に色が着けられます。

 F9 キーを押さずに、選択しただけでは色は着けられません。

▶ 条件で書式を変えるプラステク　　　　　　　　　　　　　　　　2016 | 2013 | 2010 | 2007

543 セルを選択したらその列全体に色を着けたい

使用関数　COLUMN、CELL関数

数　式　=COLUMN(A3)=CELL("col")

セルの選択で列全体に色を着けられるようにしておくと、複数行列でも間違って違う列に入力してしまうミスを防げます。色を着けるには、条件付き書式の数式にCOLUMN関数とCELL関数を使ってルールを設定します。

---

❶色を着けるセル範囲を選択し、[ホーム]タブの[スタイル]グループの[条件付き書式]ボタン→[新しいルール]を選択する。

❷表示された[新しい書式ルール]ダイアログボックスで、ルールの種類から「数式を使用して、書式設定するセルを決定」を選択する。

❸ルールの内容に「=COLUMN(A3)=CELL("col")」と入力する。

❹[書式]ボタンをクリックして、表示された[セルの書式設定]ダイアログボックスの[フォント]タブで付ける書式を指定する。

❺[OK]ボタンをクリックする。

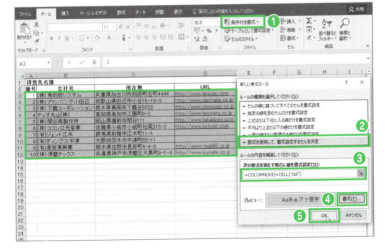

💾 サンプルファイル ▶ 543.xlsx

❻ 知りたい所在地のセルを選択し、F9 キーを押すとその列に色が着けられる。

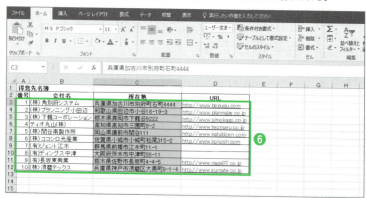

> **数式解説** COLUMN 関数はセルの行番号を求める関数、CELL 関数はセルの情報を得る関数です。
> 「=COLUMN(A3)=CELL("col")」の数式は、COLUMN 関数で取得した列番号と CELL 関数で返された列番号が同じである場合に「TRUE」、違う場合に「FALSE」を求めます。条件付き書式はルールが「TRUE」の場合に書式を付けるため、選択した列に色が着けられます。

> **プラスアルファ** F9 キーを押さずに、選択しただけでは色は着けられません。

Chapter 14

ルールを作って入力ミスを防ぐ！
入力規制／リストワザ

▶ 日付／時刻／数値の規制ワザ　　　　　　　　　　　　　　2016 | 2013 | 2010 | 2007

544 土日は入力できないように規制したい

使用関数 WEEKDAY関数

数 式 =WEEKDAY(A3,2)<6

日付入力で土日だけを省きたいとき、連続日付ならオートフィルでもできますが、そうでない場合は曜日を考えながらの入力が必要です。入力規則の数式にWEEKDAY関数を使えば、土日が入力できないように規制できます。

---

❶ 日付を入力するセルを範囲選択し、[データ]タブの[データツール]グループの[データの入力規則]ボタンをクリックする。

❷ 表示された[データの入力規則]ダイアログボックスの[設定]タブで[入力値の種類]に「ユーザー設定」を選択する。

❸ 「数式」に「=WEEKDAY(A3,2)<6」と入力する。

❹ [エラーメッセージ]タブでエラー値を入力したときのメッセージを入力する。

❺ [OK]ボタンをクリックする。

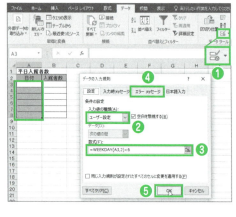

❻ 土日を入力して Enter キーを押すと、メッセージが表示されて確定できなくなる。

数式解説 WEEKDAY関数は日付から曜日を整数で取り出す関数です（第6章 Tips 270 で紹介。引数の[種類]に指定する数値も数式解説で紹介）。
「=WEEKDAY(A3,2)<6」の数式は、A3セルの「10/1」の曜日の整数が「6」未満、つまり、月曜～金曜である条件を満たす場合は「TRUE」、満たさない場合は「FALSE」を求めます。「10/1」の曜日の整数は「6」なので「FALSE」が返されます。入力規則に数式を設定すると、数式結果が「TRUE」の場合だけ入力できるように規制が行われるので、結果、土日を入力すると、メッセージが表示されて確定できなくなります。

サンプルファイル ▶ 544.xlsx

▶ 日付／時刻／数値の規制ワザ　　　　　　　　　　　2016 | 2013 | 2010 | 2007

545 土日祝は入力できないように規制したい

使用関数 WORKDAY関数

数　式 =WORKDAY(A3+1,-1,$D$3:$E$5)=A3

日付入力で、土日祝だけを省きたいとき、土日祝の日付を考えながら入力すると間違いも生じます。入力規則の数式にWORKDAY関数を使えば、土日祝が入力できないように規制できます。

❶日付を入力するセルを範囲選択し、[データ]タブの[データツール]グループの[データの入力規則]ボタンをクリックする。

❷表示された[データの入力規則]ダイアログボックスの[設定]タブで[入力値の種類]に「ユーザー設定」を選択する。

❸「数式」に「=WORKDAY(A3+1,-1,$D$3:$E$5)=A3」と入力する。

❹[エラーメッセージ]タブでエラー値を入力したときのメッセージを入力する。

❺[OK]ボタンをクリックする。

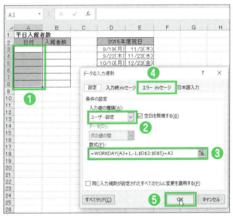

❻土日祝を入力して[Enter]キーを押すと、メッセージが表示されて確定できなくなる。

数式解説 WORKDAY関数は開始日から指定の日数後(前)の日付を土日祝を除いて求める関数です(第6章 Tips 282で紹介)。

「=WORKDAY(A3+1,-1,$D$3:$E$5)=A3」の数式は、A3セルの日付の曜日が土日祝を除く平日である条件を満たす場合は「TRUE」、満たさない場合は「FALSE」を求めます。入力規則に数式を設定すると、数式結果が「TRUE」の場合だけ入力できるように規制が行われるので、結果、土日祝を入力すると、メッセージが表示されて確定できなくなります。

プラスアルファ WORKDAY関数の引数の[祭日]を指定せずに数式を作成すると、Tips 544と同じように土日が入力できないように規制できます。

サンプルファイル ▶ 545.xlsx

546 指定の曜日は入力できないように規制したい

▶日付／時刻／数値の規制ワザ

使用関数 WORKDAY.INTL 関数

数 式 =WORKDAY.INTL(A3+1,-1,15)=A3

日付入力で、木曜日だけなど指定の曜日を省きたいとき、オートフィルではできません。入力規則の数式に WORKDAY.INTL 関数を使えば、指定の曜日しか入力できないように規制できます。

❶ 日付を入力するセルを範囲選択し、[データ]タブの[データツール]グループの[データの入力規則]ボタンをクリックする。

❷ 表示された[データの入力規則]ダイアログボックスの[設定]タブで[入力値の種類]に「ユーザー設定」を選択する。

❸「数式」に「=WORKDAY.INTL(A3+1,-1,15)=A3」と入力する。

❹[エラーメッセージ]タブでエラー値を入力したときのメッセージを入力する。

❺[OK]ボタンをクリックする。

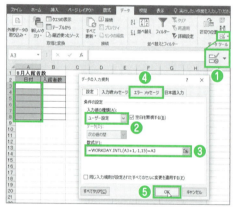

❻ 木曜日を入力して Enter キーを押すと、メッセージが表示されて確定できなくなる。

数式解説 WORKDAY.INTL 関数は開始日から指定の日数後(前)の日付を指定した曜日と祝日を除いて求める関数です(第6章 Tips 283 で紹介。引数の[週末]に指定する数値も数式解説で紹介)。
「=WORKDAY.INTL(A3+1,-1,15)=A3」の数式は、A3セルの日付の曜日が木曜日を除く日付である条件を満たす場合は「TRUE」、満たさない場合は「FALSE」を求めます。入力規則に数式を設定すると、数式結果が「TRUE」の場合だけ入力できるように規制が行われるので、結果、木曜日の日付を入力すると、メッセージが表示されて確定できなくなります。

サンプルファイル ▶ 546.xlsx

▶日付／時刻／数値の規制ワザ　　　2016 | 2013 | 2010 | 2007

547 毎月○日しか入力できないように規制したい

使用関数 DAY関数

数 式 =DAY(A3)=25

10日だけ、25日だけなどしか入力したくない場合は、入力規則の数式にDAY関数を使います。指定した日しか入力できないように規制できます。

1. 日付を入力するセルを範囲選択し、[データ]タブの[データツール]グループの[データの入力規則]ボタンをクリックする。

2. 表示された[データの入力規則]ダイアログボックスの[設定]タブで[入力値の種類]に「ユーザー設定」を選択する。

3. 「数式」に「=DAY(A3)=25」と入力する。

4. [エラーメッセージ]タブでエラー値を入力したときのメッセージを入力する。

5. [OK]ボタンをクリックする。

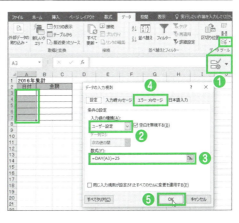

6. 「1/20」と入力して Enter キーを押すと、メッセージが表示されて確定できなくなる。

数式解説 DAY関数は日付から日を取り出す関数です（第6章 Tips 269 で紹介）。「=DAY(A3)=25」の数式は、A3セルの日付の日が「25」である条件を満たす場合は「TRUE」、満たさない場合は「FALSE」を求めます。入力規則に数式を設定すると、数式結果が「TRUE」の場合だけ入力できるように規制が行われるので、結果、25日以外の日付を入力すると、メッセージが表示されて確定できなくなります。

📥 サンプルファイル ▶ 547.xlsx

548 ○日単位でしか入力できないように規制したい

▶ 日付／時刻／数値の規制ワザ　　　2016 | 2013 | 2010 | 2007

使用関数　MOD、DAY関数

数　式　=MOD(DAY(A4),$C$2)=0

表には5日おきの日付しか入力したくないため、5日単位しか入力したくない場合は、入力規則の数式にMOD関数、DAY関数を使います。指定した日単位しか入力できないように規制できます。

❶ 日付を入力するセルを範囲選択し、[データ]タブの[データツール]グループの[データの入力規則]ボタンをクリックする。

❷ 表示された[データの入力規則]ダイアログボックスの[設定]タブで[入力値の種類]に「ユーザー設定」を選択する。

❸ 「数式」に「=MOD(DAY(A4),$C$2)=0」と入力する。

❹ [エラーメッセージ]タブでエラー値を入力したときのメッセージを入力する。

❺ [OK]ボタンをクリックする。

❻ 「6/8」と入力して Enter キーを押すと、メッセージが表示されて確定できなくなる。

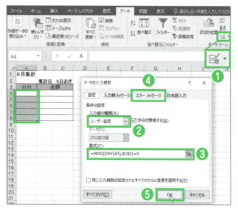

数式解説　MOD関数は数値を除算したときの余りを求める関数です。DAY関数は日付から日を取り出す関数です（第6章 Tips 269で紹介）。

「=MOD(DAY(A4),$C$2)=0」の数式は、A4セルの日付の日を「5」で除算した余りが「0」である条件、つまり、日付の日が5で割り切れる5日単位の条件を満たす場合は「TRUE」、満たさない場合は「FALSE」を求めます。

入力規則に数式を設定すると、数式結果が「TRUE」の場合だけ入力できるように規制が行われるので、結果、5日単位でない日付を入力すると、メッセージが表示されて確定できなくなります。

▶ 日付／時刻／数値の規制ワザ　　　　　　　　　　　　2016 | 2013 | 2010 | 2007

549 7:30を7.5のようにしか入力できないように規制したい

使用関数 MOD関数

数 式 =MOD(C3,0.25)=0

時刻の入力を、7:30を7.5のように入力したい場合、入力規則の数式にMOD関数を使えば、十進数しか入力できないように規制できます。うっかり時刻を入力してしまわないように規制できます。

❶ 時刻を入力するセルを範囲選択し、[データ]タブの[データツール]グループの[データの入力規則]ボタンをクリックする。

❷ 表示された[データの入力規則]ダイアログボックスの[設定]タブで[入力値の種類]に「ユーザー設定」を選択する。

❸「数式」に「=MOD(C3,0.25)=0」と入力する。

❹[エラーメッセージ]タブでエラー値を入力したときのメッセージを入力する。

❺[OK]ボタンをクリックする。

❻「17.55」と入力してEnterキーを押すと、メッセージが表示されて確定できなくなる。

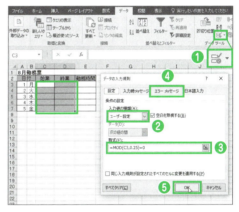

数式解説 MOD関数は数値を除算したときの余りを求める関数です。
「=MOD(C3,0.25)=0」の数式は、C3セルの時刻を「0.25」で除算した余りが「0」である条件、つまり、時刻が0.25で割り切れる十進数の条件を満たす場合は「TRUE」、満たさない場合は「FALSE」を求めます。
入力規則に数式を設定すると、数式結果が「TRUE」の場合だけ入力できるように規制が行われるので、結果、0.25で割り切れない十進数でない日付を入力すると、メッセージが表示されて確定できなくなります。

📥 サンプルファイル ▶ 549.xlsx

▶日付／時刻／数値の規制ワザ 2016 2013 2010 2007

550 ○分単位での切り上げしか入力できないように規制したい

使用関数 CEILING.MATH／CEILING関数

数　式 =C3=CEILING.MATH(C3,"0:15")／=C3=CEILING(C3,"0:15")

15分単位など指定の単位での時刻を切り上げでしか入力したくない場合は、入力規則の数式にCEILING.MATH関数を使います。指定した分単位で切り上げた時刻しか入力できないように規制できます。

❶始業時刻を入力するセルを範囲選択し、[データ]タブの[データツール]グループの[データの入力規則]ボタンをクリックする。

❷表示された[データの入力規則]ダイアログボックスの[設定]タブで[入力値の種類]に「ユーザー設定」を選択する。

❸「数式」に「=C3=CEILING.MATH(C3,"0:15")」と入力する。Excel 2010／2007では「=C3=CEILING(C3,"0:15")」と入力する。

❹[エラーメッセージ]タブでエラー値を入力したときのメッセージを入力する。

❺[OK]ボタンをクリックする。

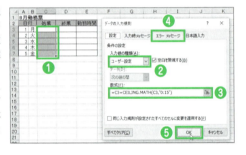

❻「9:20」と入力して Enter キーを押すと、メッセージが表示されて確定できなくなる。

数式解説 CEILING.MATH／CEILING関数は数値を基準値の倍数にするために切り上げる関数です（第8章 Tips 323で紹介）。
「=C3=CEILING.MATH(C3,"0:15")」の数式は、C3セルの時刻が15分単位で切り上げた時刻である条件を満たす場合は「TRUE」、満たさない場合は「FALSE」を求めます。入力規則に数式を設定すると、数式結果が「TRUE」の場合だけ入力できるように規制が行われるので、結果、15分単位で切り上げた時刻以外を入力すると、メッセージが表示されて確定できなくなります。

プラスアルファ Excel 2010／2007ではCEILING関数を使います。Excel 2016／2013にもありますが、「互換性」関数に分類されます。

▶日付／時刻／数値の規制ワザ　　　　　　　　　　　　2016 | 2013 | 2010 | 2007

551 ○分単位での切り捨てしか入力できないように規制したい

使用関数 FLOOR.MATH／FLOOR関数

数 式 =D3=FLOOR.MATH(D3,"0:15") ／=D3=FLOOR(D3,"0:15")

15分単位など指定の単位での時刻を切り捨てでしか入力したくない場合は、入力規則の数式にFLOOR.MATH関数を使います。指定した分単位で切り捨てた時刻しか入力できないように規制できます。

---

❶終業時刻を入力するセルを範囲選択し、[データ]タブの[データツール]グループの[データの入力規則]ボタンをクリックする。

❷表示された[データの入力規則]ダイアログボックスの[設定]タブで[入力値の種類]に「ユーザー設定」を選択する。

❸「数式」に「=D3=FLOOR.MATH(D3,"0:15")」と入力する。Excel 2010／2007では「=D3=FLOOR(D3,"0:15")」と入力する。

❹[エラーメッセージ]タブでエラー値を入力したときのメッセージを入力する。

❺[OK]ボタンをクリックする。

❻「18:10」と入力してEnterキーを押すと、メッセージが表示されて確定できなくなる。

数式解説 FLOOR.MATH／FLOOR関数は数値を基準値の倍数にするために切り捨てる関数です（第8章 Tips 324で紹介）。
「=C3=FLOOR.MATH(D3,"0:15")」の数式は、D3セルの時刻が15分単位で切り捨てた時刻である条件を満たす場合は「TRUE」、満たさない場合は「FALSE」を求めます。入力規則に数式を設定すると、数式結果が「TRUE」の場合だけ入力できるように規制が行われるので、結果、15分単位で切り捨てた時刻以外を入力すると、メッセージが表示されて確定できなくなります。

プラスアルファ Excel 2010／2007ではFLOOR関数を使います。Excel 2016／2013にもありますが、「互換性」関数に分類されます。

📥サンプルファイル ▶ 551.xlsx

▶ 日付／時刻／数値の規制ワザ　　　　　　　　　2016 | 2013 | 2010 | 2007

552 「900」の入力で「9:00」と表示するとき「:」や時刻と違う数値を入力不可にしたい

使用関数 AND、RIGHT 関数

数 式 =AND(RIGHT(C3,2)*1<60,C3>=1)

表示形式を「0!:00」にして時刻を数値入力する場合、うっかり時刻や時刻とは違う数値で入力してしまいがちです。入力規則の数式に AND、RIGHT 関数を使うと時刻を表す数値でしか入力できないように規制できます。

❶時刻を入力するセルを範囲選択し、[データ]タブの[データツール]グループの[データの入力規則]ボタンをクリックする。

❷表示された[データの入力規則]ダイアログボックスの[設定]タブで[入力値の種類]に「ユーザー設定」を選択する。

❸「数式」に「=AND(RIGHT(C3,2)*1<60,C3>=1)」と入力する。

❹[エラーメッセージ]タブでエラー値を入力したときのメッセージを入力する。

❺[OK]ボタンをクリックする。

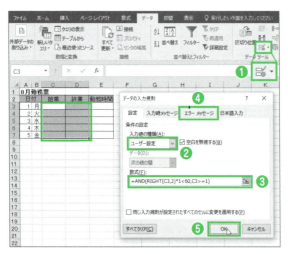

サンプルファイル ▶ 552.xlsx

❻「9:00」と入力して Enter キーを押すと、メッセージが表示されて確定できなくなる。

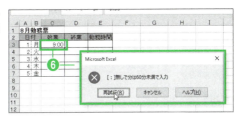

❼「1760」と入力して Enter キーを押すと、メッセージが表示されて確定できなくなる。

数式解説 AND 関数はすべての条件を満たされているかどうかを調べる関数（第 11 章 Tips 480 で紹介）、RIGHT 関数は文字列の右端から指定の文字数分取り出す関数を求める関数です（第 10 章 Tips 370 で紹介）。
「=AND(RIGHT(C3,2)*1<60,C3>=1)」の数式は、C3 セルの時刻が、右端から 2 文字取り出した数値が「60」未満であり、1 以上のシリアル値（時刻は 1 未満のシリアル値のため）である条件を満たす場合は「TRUE」、満たさない場合は「FALSE」を求めます。
入力規則に数式を設定すると、数式結果が「TRUE」の場合だけ入力できるように規制が行われるので、結果、時刻や、時刻を 60 分以上の数値で入力すると、メッセージが表示されて確定できなくなります。

プラスアルファ ここで紹介している数式は、時刻を数値で入力する際に 60 分は「60」ではなく 1 時間の「100」で入力する場合の数式です。

553 金額が税込でしか入力できないように規制したい

使用関数 INT関数

数式 =B3=INT(B3/1.08)*1.08

金額は税込で入力が必要なのに、税なしで入力してしまうミスを防ぐには、入力規則の数式にINT関数を使います。金額が税込金額しか入力できないように規制できます。

❶振込金額を入力するセルを範囲選択し、[データ]タブの[データツール]グループの[データの入力規則]ボタンをクリックする。

❷表示された[データの入力規則]ダイアログボックスの[設定]タブで[入力値の種類]に「ユーザー設定」を選択する。

❸「数式」に「=B3=INT(B3/1.08)*1.08」と入力する。

❹[エラーメッセージ]タブでエラー値を入力したときのメッセージを入力する。

❺[OK]ボタンをクリックする。

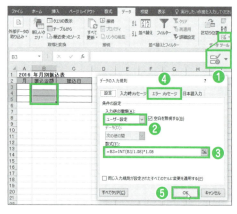

❻税込なしの「18500」を入力してEnterキーを押すと、メッセージが表示されて確定できなくなる。

数式解説 INT関数は数値の小数点以下を切り捨てる関数です。
「=B3=INT(B3/1.08)*1.08」の数式は、B3セルの金額が1.08を乗算した整数の税込金額である条件を満たす場合は「TRUE」、満たさない場合は「FALSE」を求めます。
入力規則に数式を設定すると、数式結果が「TRUE」の場合だけ入力できるように規制が行われるので、結果、税込金額でない金額を入力すると、メッセージが表示されて確定できなくなります。

サンプルファイル ▶ 553.xlsx

▶ 日付／時刻／数値の規制ワザ 2016 | 2013 | 2010 | 2007

554 小数点以下第〇位までしか入力できないように規制したい

使用関数 INT関数

数　式　=B3*10=INT(B3*10)

数値入力で、小数点以下第1位までしか入力できないようにするには、入力規則の数式にINT関数を使います。指定した小数点以下の桁数までしか入力できないように規制できます。

❶体重を入力するセルを範囲選択し、[データ]タブの[データツール]グループの[データの入力規則]ボタンをクリックする。

❷表示された[データの入力規則]ダイアログボックスの[設定]タブで[入力値の種類]に「ユーザー設定」を選択する。

❸「数 式」に「=B3*10=INT(B3*10)」と入力する。

❹[エラーメッセージ]タブでエラー値を入力したときのメッセージを入力する。

❺[OK]ボタンをクリックする。

❻「68.85」と入力して Enter キーを押すと、メッセージが表示されて確定できなくなる。

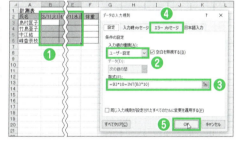

数式解説 INT関数は数値の小数点以下を切り捨てる関数です。
「=B3*10=INT(B3*10)」の数式は、B3セルの体重に「10」を乗算した体重が、B3セルの体重に「10」を乗算した体重の整数である条件を満たす場合は「TRUE」、満たさない場合は「FALSE」を求めます。小数点以下第2位だと整数と「10」を乗算しても同じにならないため、「FALSE」が求められます。入力規則に数式を設定すると、数式結果が「TRUE」の場合だけ入力できるように規制が行われるので、結果、小数点以下第1位より下の位で体重を入力すると、メッセージが表示されて確定できなくなります。

プラスアルファ 小数点以下第2位までしか入力できないように規制するには、入力規則の「数式」に「=B3*100=INT(B3*100)」と入力します。規制する桁数によって乗算する数値の桁数を調整して数式を作成します。

▶ サンプルファイル ▶ 554.xlsx

555 ○個単位でしか入力できないように規制したい

▶日付／時刻／数値の規制ワザ　　2016 | 2013 | 2010 | 2007

使用関数 MOD関数

数 式 =MOD(C3,10)=0

10個単位、50個単位などしか入力したくない場合は、入力規則の数式にMOD関数を使います。指定した個数の単位しか入力できないように規制できます。

❶ 発注数を入力するセルを範囲選択し、[データ]タブの[データツール]グループの[データの入力規則]ボタンをクリックする。

❷ 表示された[データの入力規則]ダイアログボックスの[設定]タブで[入力値の種類]に「ユーザー設定」を選択する。

❸「数式」に「=MOD(C3,10)=0」と入力する。

❹ [エラーメッセージ]タブでエラー値を入力したときのメッセージを入力する。

❺ [OK]ボタンをクリックする。

❻「95」と入力して Enter キーを押すと、メッセージが表示されて確定できなくなる。

数式解説 MOD関数は数値を除算したときの余りを求める関数です。
「=MOD(C3,10)=0」の数式は、C3セルの発注数を「10」で除算した余りが0である条件、つまり、発注数が10で割り切れる10個単位の条件を満たす場合は「TRUE」、満たさない場合は「FALSE」を求めます。
入力規則に数式を設定すると、数式結果が「TRUE」の場合だけ入力できるように規制が行われるので、結果、発注数を10個単位以外で入力すると、メッセージが表示されて確定できなくなります。

サンプルファイル ▶ 555.xlsx

▶ 重複規制ワザ

2016 | 2013 | 2010 | 2007

556 値が重複していたら入力できないように規制したい

使用関数 COUNTIF関数

数式 =COUNTIF($B$3:$B$13,B3)=1

同じ値を入力するとメッセージが表示されて確定できなくなるようにするには、入力規則の数式にCOUNTIF関数を使います。

❶ 氏名を入力するセルを範囲選択し、[データ]タブの[データツール]グループの[データの入力規則]ボタンをクリックする。

❷ 表示された[データの入力規則]ダイアログボックスの[設定]タブで[入力値の種類]に「ユーザー設定」を選択する。

❸「数式」に「=COUNTIF($B$3:$B$13,B3)=1」と入力する。

❹ [エラーメッセージ]タブでエラー値を入力したときのメッセージを入力する。

❺ [OK]ボタンをクリックする。

❻ 入力済みの氏名を入力して Enter キーを押すと、メッセージが表示されて確定できなくなる。

数式解説 COUNTIF関数は条件を満たすセルの数を数える関数です(第3章 Tips 107で紹介)。「=COUNTIF($B$3:$B$13,B3)=1」の数式は、B3セルの氏名がB3セル〜B13セルの氏名の中に1個ある条件を満たす場合、つまり、氏名が1個だけの場合は「TRUE」、満たさない場合は「FALSE」を求めます。入力規則に数式を設定すると、数式結果が「TRUE」の場合だけ入力できるように規制が行われるので、結果、重複した氏名を入力すると、メッセージが表示されて確定できなくなります。

📥 サンプルファイル ▶ 556.xlsx

▶ 重複規制ワザ　　　2016 | 2013 | 2010 | 2007

557 別表や別シートで重複する値は入力できないように規制したい

使用関数 COUNTIF 関数

数 式 =COUNTIF(会員!$B$3:$B$14,B3)=0

別表や別シートにある値と重複した値を入力できないように規制するには、入力規則の数式に COUNTIF 関数を使います。別表や別シートにある値と同じ値を入力するとメッセージが表示されて確定できなくなります。

❶「PC会員」シートの氏名を入力するセルを範囲選択し、[データ]タブの[データツール]グループの[データの入力規則]ボタンをクリックする。

❷表示された[データの入力規則]ダイアログボックスの[設定]タブで[入力値の種類]に「ユーザー設定」を選択する。

❸「数式」に「=COUNTIF(会員!$B$3:$B$14,B3)=0」と入力する。

❹[エラーメッセージ]タブでエラー値を入力したときのメッセージを入力する。

❺[OK]ボタンをクリックする。

❻「会員」シートに入力済みの氏名を入力して Enter キーを押すと、メッセージが表示されて確定できなくなる。

数式解説 COUNTIF 関数は条件を満たすセルの数を数える関数です(第3章 Tips 107 で紹介)。「=COUNTIF(会員!$B$3:$B$14,B3)=0」の数式は、B3 セルの氏名が「会員」シートの B3 セル～B14 セルの氏名の中に 0 個の条件を満たす場合、つまり、氏名が「会員」シートの氏名に 1 個もない場合は「TRUE」、満たさない場合は「FALSE」を求めます。入力規則に数式を設定すると、数式結果が「TRUE」の場合だけ入力できるように規制が行われるので、結果、「会員」シートの氏名と重複した氏名を入力すると、メッセージが表示されて確定できなくなります。

サンプルファイル ▶ 557.xlsx

▶重複規制ワザ

558 別シートで重複する値は入力できないように規制したい（Excel 2007の場合）

使用関数 COUNTIF関数

数式 =COUNTIF(会員氏名,B3)=0

Excel 2007で別表や別シートの値を入力規則に指定できません。別表や別シートの値と重複した値を入力できないように規制するには、重複を調べるセル範囲に名前を付けておき、入力規則の数式にCOUNTIF関数を使います。

---

❶「会員」シートの氏名に名前を付けておく。ここでは「会員氏名」と付ける。

❷「PC会員」シートの氏名を入力するセルを範囲選択し、[データ]タブの[データツール]グループの[データの入力規則]ボタンをクリックする。

❸表示された[データの入力規則]ダイアログボックスの[設定]タブで[入力値の種類]に「ユーザー設定」を選択する。

❹「数式」に「=COUNTIF(会員氏名,B3)=0」と入力する。

❺[エラーメッセージ]タブでエラー値を入力したときのメッセージを入力する。

❻[OK]ボタンをクリックする。

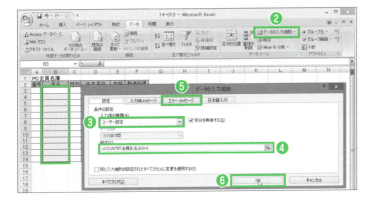

■サンプルファイル ▶ 558.xlsx

⑦「会員」シートに入力済みの氏名を入力して Enter キーを押すと、メッセージが表示されて確定できなくなる。

> **数式解説** COUNTIF 関数は条件を満たすセルの数を数える関数です（第3章 Tips 107 で紹介）。
>
> 「=COUNTIF(会員氏名,B3)=0」の数式は、B3 セルの氏名が「会員」シートの「会員氏名」の名前が付いたセル範囲の中に 0 個の条件を満たす場合、つまり、氏名が「会員」シートの氏名に 1 個もない場合は「TRUE」、満たさない場合は「FALSE」を求めます。入力規則に数式を設定すると、数式結果が「TRUE」の場合だけ入力できるように規制が行われるので、結果、「会員」シートの氏名と重複した氏名を入力すると、メッセージが表示されて確定できなくなります。

▶ 重複規制ワザ

2016 | 2013 | 2010 | 2007

559 複数のシートで重複する値は入力できないように規制したい

使用関数 COUNTIF関数

数式 =COUNTIF(PC会員!$B$3:$B$14,$B3)+COUNTIF(スマホ会員!$B$3:$B$7,$B3)=0

複数の別表や別シートにある値と重複した値を入力できないように規制するには、それぞれのシートの入力規則に、COUNTIF関数を他のシートの数だけ使った数式を設定します。

❶「会員」シートの氏名を入力するセルを範囲選択し、[データ]タブの[データツール]グループの[データの入力規則]ボタンをクリックする。

❷表示された[データの入力規則]ダイアログボックスの[設定]タブで[入力値の種類]に「ユーザー設定」を選択する。

❸「数式」に「=COUNTIF(PC会員!$B$3:$B$14,$B3)+COUNTIF(スマホ会員!$B$3:$B$7,$B3)=0」と入力する。

❹[エラーメッセージ]タブでエラー値を入力したときのメッセージを入力する。

❺[OK]ボタンをクリックする。

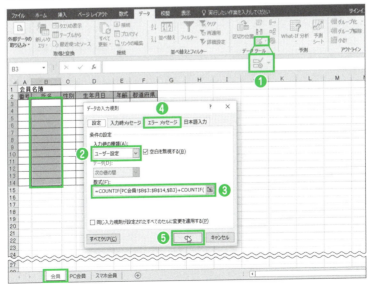

📥 サンプルファイル ▶ 559.xlsx

❻「PC会員」シートの氏名を入力するセルを範囲選択し、同様に[データの入力規則]ダイアログボックスの[設定]タブを開き、「数式」に「=COUNTIF(会員!$B$3:$B$14,$B3)+COUNTIF(スマホ会員!$B$3:$B$7,$B3)=0」と入力する。

❼[エラーメッセージ]タブでエラー値を入力したときのメッセージを入力して、[OK]ボタンをクリックする。

❽「スマホ会員」シートを開き、同様に[データの入力規則]ダイアログボックスの[設定]タブを開き、「数式」に「=COUNTIF(会員!$B$3:$B$14,$B3)+COUNTIF(PC会員!$B$3:$B$14,$B3)」と入力、[エラーメッセージ]タブでエラー値を入力したときのメッセージを入力して、[OK]ボタンをクリックする。

❾いずれかのシートに入力済みの氏名を入力して Enter キーを押すと、メッセージが表示されて確定できなくなる。

> **数式解説**
>
> COUNTIF関数は条件を満たすセルの数を数える関数です(第3章 Tips 107で紹介)。
>
> 「=COUNTIF(PC会員!$B$3:$B$14,$B3)+COUNTIF(スマホ会員!$B$3:$B$7,$B3)=0」の数式は、B3セルの氏名が「PC会員」シートのB3セル~B14セルの氏名または「スマホ」シートのB3セル~B7セルの氏名の中に0個の条件を満たす場合、つまり、氏名が「PC会員」シート、「スマホ会員」シートの氏名に1個もない場合は「TRUE」、満たさない場合は「FALSE」を求めます。入力規則に数式を設定すると、数式結果が「TRUE」の場合だけ入力できるように規制が行われるので、結果、「PC会員」シート、「スマホ会員」シートの氏名と重複した氏名を入力すると、メッセージが表示されて確定できなくなります。それぞれのシートの数式も同様の解説となります。

▶ 重複規制ワザ　　　2016 | 2013 | 2010 | 2007

560 値が複数条件で重複していたら入力できないように規制したい

使用関数 COUNTIFS関数

数 式　=COUNTIFS($B$3:B3,$B3,$C$3:C3,$C3)=1

複数条件で重複した値を入力できないように規制するには、入力規則の数式にCOUNTIFS関数を使います。複数条件で同じ値を入力すると、メッセージが表示されて確定できなくなります。

---

❶ 来社予約日を入力するセルを範囲選択し、[データ] タブの [データツール] グループの [データの入力規則] ボタンをクリックする。

❷ 表示された [データの入力規則] ダイアログボックスの [設定] タブで [入力値の種類] に「ユーザー設定」を選択する。

❸「数式」に「=COUNTIFS($B$3:B3,$B3,$C$3:C3,$C3)=1」と入力する。

❹ [エラーメッセージ] タブでエラー値を入力したときのメッセージを入力する。

❺ [OK] ボタンをクリックする。

❻ 同じ会社名の同じ来社予約日を入力して Enter キーを押すと、メッセージが表示されて確定できなくなる。

数式解説　COUNTIFS関数は複数の条件を満たすセルの数を数える関数です（第3章 Tips 129で紹介）。

「=COUNTIFS($B$3:B3,$B3,$C$3:C3,$C3)=1」の数式は、次の行には「=COUNTIFS($B$3:B4,$B4,$C$3:C4,$C4)=1」の数式が設定され、先頭のB3セル、C3セルからのセル範囲が拡張されて、B列の同じ会社名の来社予約日が1件である条件を満たす場合、つまり、同じ会社名の同じ来社予約日が1件の場合は「TRUE」、満たさない場合は「FALSE」を求めます。入力規則に数式を設定すると、数式結果が「TRUE」の場合だけ入力できるように規制が行われるので、結果、会社名と来社予約日の2条件で重複した来社予約日を入力すると、メッセージが表示されて確定できなくなります。

📥 サンプルファイル ▶ 560.xlsx

561 スペースが入力できないように規制したい

使用関数 AND、ISERROR、FIND関数

数 式 =AND(ISERROR(FIND(" ",B3)),ISERROR(FIND("　",B3)))

スペース不要な文字でも、うっかり、入力時にスペースを入れてしまう場合があります。入力規則の数式に AND、ISERROR、FIND 関数を使えば、スペースが入力できないように規制できます。

❶氏名を入力するセルを範囲選択し、[データ]タブの[データツール]グループの[データの入力規則]ボタンをクリックする。

❷表示された[データの入力規則]ダイアログボックスの[設定]タブで[入力値の種類]に「ユーザー設定」を選択する。

❸「数式」に「=AND(ISERROR(FIND(" ",B3)),ISERROR(FIND("　",B3)))」と入力する。

❹[エラーメッセージ]タブでエラー値を入力したときのメッセージを入力する。

❺[OK]ボタンをクリックする。

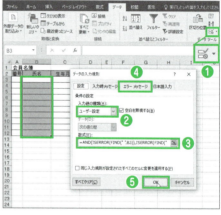

❻氏名にスペースを入力して Enter キーを押すと、メッセージが表示されて確定できなくなる。

数式解説 AND 関数はすべての条件を満たされているかどうかを調べる関数(第 11 章 Tips 480 で紹介)、ISERROR 関数はセルの値がエラー値の場合に「TRUE」、エラー値でない場合に「FALSE」を返す関数、FIND 関数は文字列を左端から数えて何番目にあるかを求める関数です。
「=AND(ISERROR(FIND(" ",B3)),ISERROR(FIND("　",B3)))」の数式は、B3 セルの氏名に半角スペースや全角スペースが含まれていない条件を満たす場合は「TRUE」、満たさない場合は「FALSE」を求めます。入力規則に数式を設定すると、数式結果が「TRUE」の場合だけ入力できるように規制が行われるので、結果、半角スペースや全角スペースを入力すると、メッセージが表示されて確定できなくなります。

サンプルファイル ▶ 561.xlsx

▶ その他規制ワザ

562 入力禁止のリストを作り、リスト項目は入力できないように規制したい

使用関数 OR、INDEX、ISNUMBER、FIND関数

数　式 =OR(INDEX(ISNUMBER(FIND($E$3:$E$6,B3)),0))=FALSE

入力したくない文字が複数ある場合、入力禁止のリストを作成しておけば、入力規則で規制できます。OR、INDEX、ISNUMBER、FIND関数を使った数式を入力規則の数式に使います。

❶ 入力禁止リストを作成する。

❷ 会社名を入力するセルを範囲選択し、[データ]タブの[データツール]グループの[データの入力規則]ボタンをクリックする。

❸ 表示された[データの入力規則]ダイアログボックスの[設定]タブで[入力値の種類]に「ユーザー設定」を選択する。

❹「数式」に「=OR(INDEX(ISNUMBER(FIND($E$3:$E$6,B3)),0))=FALSE」と入力する。

❺ [エラーメッセージ]タブでエラー値を入力したときのメッセージを入力する。

❻ [OK]ボタンをクリックする。

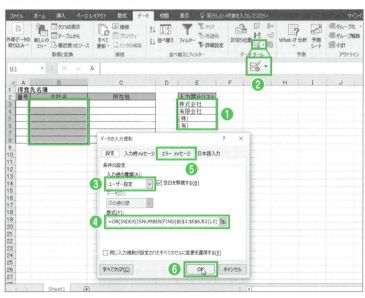

💾 サンプルファイル ▶ 562.xlsx

❼ 入力禁止リストにある「(株)」を付けた会社名を入力して Enter キーを押すと、メッセージが表示されて確定できなくなる。

❽ 入力禁止リストにある「株式会社」を付けた会社名を入力して Enter キーを押すと、メッセージが表示されて確定できなくなる。

> **数式解説** OR関数はいずれかの条件を満たしているかどうかを調べる関数、ISNUMBER関数はセルの値が数値かどうかを調べる関数（それぞれ第12章 Tips 481、490で紹介）、INDEX関数は指定の行列番号が交差するセル参照を求める関数（第11章 Tips 403で紹介）、FIND関数は文字列を左端から数えて何番目にあるかを求める関数です。
> 「ISNUMBER(FIND($E$3:$E$6,B3),0)」の数式は、B3セルの会社名がE3セル～E6セルの左端から数えて何番目にあるかを求め、番目の数値があると「TRUE」、ないと「FALSE」が求められます。これらの値を使い、「=OR(INDEX(ISNUMBER(FIND($E$3:$E$6,B3)),0))=FALSE」の数式を入力規則に使うと、E3セル～E6セルに入力した法人格を含むという条件を満たす場合は「TRUE」、満たさない場合は「FALSE」が求められます。入力規則に数式を設定すると、数式結果が「TRUE」の場合だけ入力できるように規制が行われるので、結果、入力禁止リストにある法人格を付けた会社名を入力すると、メッセージが表示されて確定できなくなります。

▶ その他規制ワザ　　　　　　　　　　　　　　　　　　　2016 | 2013 | 2010 | 2007

563 セル内で改行したら入力できないように規制したい

使用関数 ISERROR、FIND、CHAR関数

数　式 =ISERROR(FIND(CHAR(10),B3))

セル内の文字の区切りは改行でしないように規制するには、入力規則の数式にISERROR、FIND、CHAR関数を使います。改行したらメッセージが表示され確定できなくなります。

❶参加者を入力するセルを範囲選択し、[データ] タブの [データツール] グループの [データの入力規則] ボタンをクリックする。

❷表示された [データの入力規則] ダイアログボックスの [設定] タブで [入力値の種類] に「ユーザー設定」を選択する。

❸「数式」に「=ISERROR(FIND(CHAR(10),B3))」と入力する。

❹[エラーメッセージ] タブでエラー値を入力したときのメッセージを入力する。

❺[OK] ボタンをクリックする。

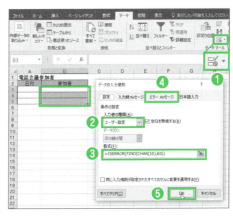

❻参加者を改行して入力してEnterキーを押すと、メッセージが表示されて確定できなくなる。

数式解説　ISERROR関数はセルの値がエラー値の場合に「TRUE」、エラー値でない場合に「FALSE」を返す関数、FIND関数は文字列を左端から数えて何番目にあるかを求める関数、CHAR関数は文字コードに対応する文字を返す関数です。
「=ISERROR(FIND(CHAR(10),B3))」の数式は、B3セルの参加者に改行文字が含まれていない条件を満たす場合は「TRUE」、満たさない場合は「FALSE」を求めます。
入力規則に数式を設定すると、数式結果が「TRUE」の場合だけ入力できるように規制が行われるので、結果、改行して入力すると、メッセージが表示されて確定できなくなります。

サンプルファイル ▶ 563.xlsx

564 半角は入力できないように規制したい

使用関数 JIS関数

数 式 =C3=JIS(C3)

英数字を全角でしか入力できないように規制するには、入力規則の数式に JIS 関数を使います。半角で英数字が入力できないように規制できます。

❶ 所在地を入力するセルを範囲選択し、[データ] タブの [データツール] グループの [データの入力規則] ボタンをクリックする。

❷ 表示された [データの入力規則] ダイアログボックスの [設定] タブで [入力値の種類] に「ユーザー設定」を選択する。

❸「数式」に「=C3=JIS(C3)」と入力する。

❹ [エラーメッセージ] タブでエラー値を入力したときのメッセージを入力する。

❺ [OK] ボタンをクリックする。

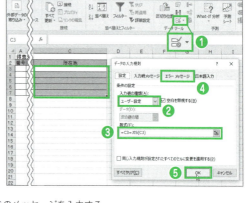

❻ 所在地の番地を半角で入力して Enter キーを押すと、メッセージが表示されて確定できなくなる。

数式解説 JIS 関数は半角英数カナ文字を全角英数カナ文字に変換する関数です。
「=C3=JIS(C3)」の数式は、C3 セルの所在地が全角である条件を満たす場合は「TRUE」、満たさない場合は「FALSE」を求めます。
入力規則に数式を設定すると、数式結果が「TRUE」の場合だけ入力できるように規制が行われるので、結果、番地を半角で入力すると、メッセージが表示されて確定できなくなります。

サンプルファイル ▶ 564.xlsx

▶ その他規制ワザ

565 全角は入力できないように規制したい

使用関数 ASC関数

数 式 =C3=ASC(C3)

英数字を半角でしか入力しできないように規制するには、入力規則の数式にASC関数を使います。全角で英数字が入力できないように規制できます。

❶ 所在地を入力するセルを範囲選択し、[データ]タブの[データツール]グループの[データの入力規則]ボタンをクリックする。

❷ 表示された[データの入力規則]ダイアログボックスの[設定]タブで[入力値の種類]に「ユーザー設定」を選択する。

❸「数式」に「=C3=ASC(C3)」と入力する。

❹ [エラーメッセージ]タブでエラー値を入力したときのメッセージを入力する。

❺ [OK]ボタンをクリックする。

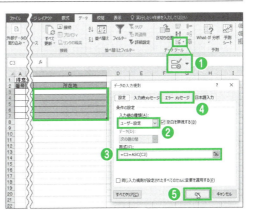

❻ 所在地の番地を全角で入力して Enter キーを押すと、メッセージが表示されて確定できなくなる。

数式解説 ASC関数は全角英数カナ文字を半角英数カナ文字に変換する関数です。「=C3=ASC(C3)」の数式は、C3セルの所在地が半角である条件を満たす場合は「TRUE」、満たさない場合は「FALSE」を求めます。入力規則に数式を設定すると、数式結果が「TRUE」の場合だけ入力できるように規制が行われるので、結果、番地を全角で入力すると、メッセージが表示されて確定できなくなります。

📁 サンプルファイル ▶ 565.xlsx

▶ リストワザ

566 リストから選んだ項目で値が入れ替わるリストを作成したい

使用関数 INDIRECT関数

数　式 =INDIRECT(C3)

リストから商品名を選ぶとその商品名の単価だけのリストから選べるようにするには、あらかじめ商品名で単価に名前を付けておき、その名前のセル番地をINDIRECT関数で間接的に参照してリストの値として指定します。

---

❶商品名は [データの入力規則] ダイアログボックスのリストの「元の値」に商品名を入力したセル範囲を指定してリスト化しておく。

❷リストにするセルを範囲選択し、「数式」タブの [定義された名前] グループの [選択範囲から作成] ボタンをクリックする。

❸表示された [選択範囲から作成] ダイアログボックスで「左端列」にチェックを入れる。

❹ [OK] ボタンをクリックする。

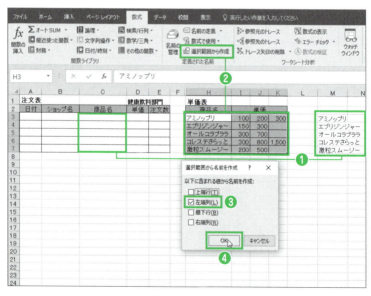

❺ リストにするセルを範囲選択し、[データ] タブの [データツール] グループの [データの入力規則] ボタンをクリックする。

❻ 表示された [データの入力規則] ダイアログボックスの [設定] タブで [入力値の種類] に「リスト」を選択する。

❼ 「元の値」に「=INDIRECT(C3)」と入力する。

❽ [OK] ボタンをクリックする。

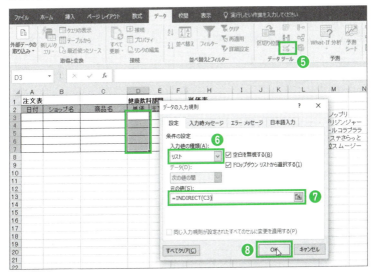

❾ 商品名のリストから「激粒スムージー」を選択すると、「激粒スムージー」の単価のリストから選択できるようになる。

❿ 商品名のリストから「コレステさらっと」を選択すると、「コレステさらっと」の単価のリストから選択できるようになる。

> **数式解説** INDIRECT 関数はセル参照を表す文字列が示す先を間接的に参照する関数です。「=INDIRECT(C3)」の数式は、C3 セルの「激粒スムージー」の名前を付けたセル範囲が参照されます。「激粒スムージー」の名前を付けたセル範囲には「激粒スムージー」の単価が入力されているため、「激粒スムージー」の単価だけがリスト化されます。

▶ リストワザ

2016 | 2013 | 2010 | 2007

567 各項目が複数の値を行方向に持つ場合に値が入れ替わるリストを作成したい

使用関数 INDIRECT関数

数 式 =INDIRECT(C3)

値の変更でリストを入れ替えるには、Tips 566の方法でできますがこの場合、同じ項目で複数行ある値を、項目の変更でリストを入れ替えるには名前の参照範囲を変更します。

---

❶商品名をリスト入力できるようにしておく。

❷リストにするセルを範囲選択し、「数式」タブの[定義された名前]グループの[選択範囲から作成]ボタンをクリックする。表示された[選択範囲から作成]ダイアログボックスで「左端列」チェックを入れて[OK]ボタンをクリックする。

❸[名前の管理]ボタンをクリックする。

❹表示された[名前の管理]ダイアログボックスで、それぞれに付けた名前を選択し、「参照範囲」をそれぞれに対応する値の正しいセル範囲にドラッグして変更する。

❺[閉じる]ボタンをクリックする。

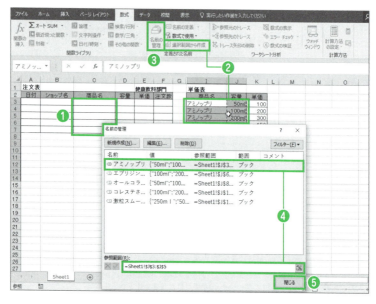

サンプルファイル ▶ 567.xlsx

❻ リストにするセルを範囲選択し、[データ]タブの[データツール]グループの[データの入力規則]ボタンをクリックする。

❼ 表示された[データの入力規則]ダイアログボックスの[設定]タブで[入力値の種類]に「リスト」を選択する。

❽ 「元の値」に「=INDIRECT(C3)」と入力する。

❾ [OK]ボタンをクリックする。

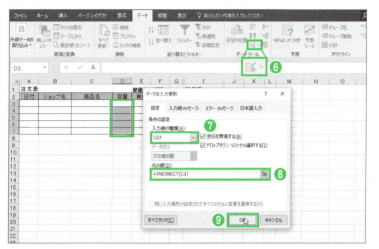

❿ 商品名のリストから「激粒スムージー」を選択すると、「激粒スムージー」の容量のリストから選択できるようになる。

> **数式解説** INDIRECT関数はセル参照を表す文字列が示す先を間接的に参照する関数です。「=INDIRECT(C3)」の数式は、C3セルの商品名を間接的に参照します。つまり、C3セルの値が「激粒スムージー」なら、「激粒スムージー」の名前を付けたセル範囲が参照されます。「激粒スムージー」の名前を付けたセル範囲には、「激粒スムージー」の容量が入力されているため、結果、商品名のリストから「激粒スムージー」を選択すると、その容量だけがリスト化されます。

> **プラスアルファ** 手順❷と❹でメッセージが表示されますが、すべて[OK]ボタンをクリックして名前を作成しておきます。

568 リストから選んだ項目で値が入れ替わるリストを2段階にしたい

使用関数 INDIRECT関数

数 式 =H3&I3、=INDIRECT(C3&D3)

1つ目のリストから選び、選んだ内容のリストから選ぶといった2段階で変わるリストを作成するには、入力規則のリストにする元の値に INDIRECT 関数の数式を指定します。

❶ Tips 567のようにリストを作成する。
❷ リストにする値の左に列を挿入し、「=H3&I3」と入力し、必要なだけドラッグする。
❸ リストにするセルを範囲選択し、「数式」タブの[定義された名前]グループの[選択範囲から作成]ボタンをクリックする。
❹ 表示された[選択範囲から作成]ダイアログボックスで「左端列」チェックを入れる。
❺ [OK]ボタンをクリックする。

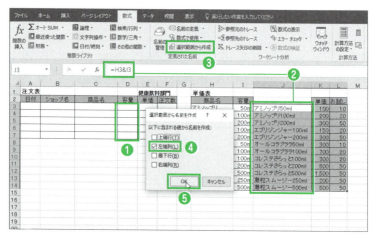

❻リスト入力できるようにするセルを範囲選択し、［データ］タブの［データツール］グループの［データの入力規則］ボタンをクリックする。

❼表示された［データの入力規則］ダイアログボックスの［設定］タブで［入力値の種類］に「リスト」を選択する。

❽「元の値」に「=INDIRECT(C3&D3)」と入力する。

❾［OK］ボタンをクリックする。

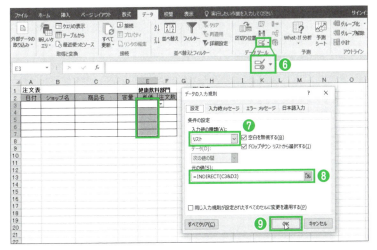

❿商品名のリストから「激粒スムージー」、容量のリストから「250ml」を選択すると、「激粒スムージー」「250ml」の単価のリストから選択できるようになる。

数式解説 INDIRECT関数はセル参照を表す文字列が示す先を間接的に参照する関数です。
「=H3&I3」の数式は、「激粒スムージー250ml」の値を作成します。
「=INDIRECT(C3&D3)」の数式は、「激粒スムージー250ml」を間接的に参照します。つまり、「激粒スムージー250ml」の名前を付けたセル範囲が参照されます。「激粒スムージー250ml」の名前を付けたセル範囲には、「激粒スムージー250ml」の単価とお試し単価が入力されているため、結果、商品名のリストから「激粒スムージー」、容量のリストから「250ml」を選択すると、その単価とお試し単価だけがリスト化されます。

▶ リストワザ

569 複数の結合セルの値を手早くリスト化したい

使用関数 IF、ROW、COUNT、INDEX、SMALL関数

数式 =IF(I3<>"",ROW(A1),"")、
=IF(COUNT($L$3:$L$14)<ROW(A1),"",INDEX($I$3:$I$14,SMALL($L$3:$L$14,ROW(A1))))

結合セルの値をリスト化するには、名前の参照範囲の変更でできますが（Tips 567参照）、リストの数だけ必要です。多い結合セルの値を手早くリスト化するには、入力規則のリストにする元の値にINDIRECT関数の数式を使います。

❶L列に「=IF(I3<>"",ROW(A1),"")」と入力する。

❷数式を必要なだけ複写する。

❸M列に「=IF(COUNT($L$3:$L$14)<ROW(A1),"",INDEX($I$3:$I$14,SMALL($L$3:$L$14,ROW(A1))))」と入力する。

❹数式を必要なだけ複写する。

❺リスト入力できるようにするセルを範囲選択し、[データ]タブの[データツール]グループの[データの入力規則]ボタンをクリックする。

❻表示された[データの入力規則]ダイアログボックスの[設定]タブで[入力値の種類]に「リスト」を選択する。

❼「元の値」にM列に作成したセル範囲を指定する。

❽[OK]ボタンをクリックする。

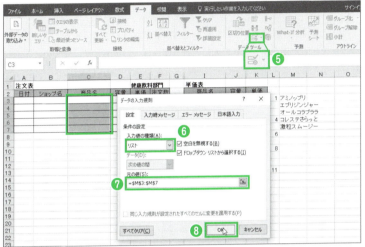

❾結合した項目の商品名のリストから選択できるようになる。

数式解説

IF関数は条件を満たすか満たさないかで処理を分岐する関数（第12章 Tips 476で紹介）、COUNT関数は数値の個数を求める関数です（第2章 Tips 035で紹介）。ROW関数はセルの行番号を求める関数です。INDEX関数は指定の行列番号が交差するセル参照を求める関数（第11章 Tips 403で紹介）、SMALL関数は小さいほうから指定の順位にある値を求める関数です（第2章 Tips 044で紹介）。

「=IF(I3<>"",ROW(A1),"")」の数式は、I3セルの商品名が空白以外である場合は単価表の番目を表示し、そうでない場合は空白を表示します。つまり、商品名がある行だけに表内の番目を表示します。

「=IF(COUNT($L$3:$L$14)<ROW(A1),"",INDEX($I$3:$I$14,SMALL($L$3:$L$14,ROW(A1))))」の数式は、1つ目の数式で作成した番目が小さいほうから、I3セル～I14セルの単価表の同じ行にある商品名を抽出します。この抽出した商品名をリストの「元の値」に指定することで、結合した商品名をもとにリスト化されます。

570 リストは2列表示にして選ぶと1列目だけが表示されるリストを作成したい

使用関数 CHAR、YEN関数

数式 `==G3&CHAR(10)&" "&YEN(H3)`

2列のリストから選ぶと1列目だけがセルに表示されるようにするには、あらかじめリストにする文字と文字の間に改行文字を挿入しておけば、セルの文字の制御や行幅の調整で可能です。改行文字はCHAR関数で挿入します。

❶I列に「=G3&CHAR(10)&" "&YEN(H3)」と入力する。

❷数式を必要なだけ複写する。

❸リストにするセルを範囲選択し、[データ]タブの[データツール]グループの[データの入力規則]ボタンをクリックする。

❹表示された[データの入力規則]ダイアログボックスの[設定]タブで[入力値の種類]に「リスト」を選択する。

❺「元の値」に手順❶で作成した数式のセル範囲を選択する。

❻[OK]ボタンをクリックする。

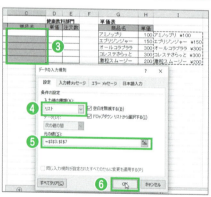

❼[ホーム]タブの[配置]グループの[上揃え]ボタンをクリックする。

❽[折り返して全体を表示する]ボタンをクリックする。作成したリストの行を行単位で選択して2行分広げて1行幅に戻す操作を行っておく。

❾リストが商品名と単価で表示され、選択すると商品名だけがセルに表示される。

数式解説 CHAR関数は文字コードに対応する文字を返す関数、YEN関数は数値に[¥]記号と桁区切り記号を付ける関数です。
「=G3&CHAR(10)&" "&YEN(H3)」の数式は、商品名と単価の間に改行文字と全角の空白を挿入して作成します。

サンプルファイル ▶ 570.xlsx

▶ リストワザ

571 空白を表示させずに追加対応できるリストを作成したい

使用関数 OFFSET、COUNTA関数

数式 =OFFSET($B$3,,,COUNTA($B$3:$B$10))

値をリスト化する場合、入力規則で追加する値を考えて多めに指定するとリストに空白ができます。空白なしで追加対応のリストにするには、入力規則のリストにする元の値に OFFSET、COUNTA 関数の数式を使います。

❶リスト入力できるようにするセルを範囲選択し、[データ]タブの[データツール]グループの[データの入力規則]ボタンをクリックする。

❷表示された[データの入力規則]ダイアログボックスの[設定]タブで[入力値の種類]に「リスト」を選択する。

❸「元の値」に「=OFFSET($B$3,,,COUNTA($B$3:$B$10))」と入力する。

❹[OK]ボタンをクリックする。

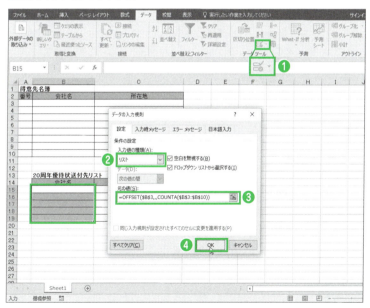

📥 サンプルファイル ▶ 571.xlsx

❺ 空白なしで会社名のリストから選択できるようになる。

❻ 名簿に会社名を追加すると、リストにも自動で追加される。

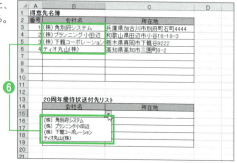

数式解説 OFFSET関数は基準の「行数」と「列数」だけ移動した位置にある「高さ」と「幅」のセル範囲を参照する関数です。COUNTA関数は空白以外のセルの個数を求める関数です（第2章 Tips 040で紹介）。
「=OFFSET($B$3,,,COUNTA($B$3:$B$10))」の数式は、B3セルから、B3セル～B10セルの空白以外のセルの個数、つまり、値が入力されたセルまでの範囲を返します。この数式を「元の値」に指定することで、常に会社名の1行目から値が入力されたセル番地までの会社名がリスト化されます。

プラスアルファ ここでご紹介した数式は、数式で空白にしていると、空白と認識されずに正しくリスト化されません。数式の空白を含む場合は、Tips 572の手順❼のようにCOUNTA関数の代わりにMATCH関数を使った数式を「元の値」に指定します。

▶ リストワザ

2016 | 2013 | 2010 | 2007

572 重複を除く値を追加対応できるようにリスト化したい

使用関数 IF、COUNTIF、ROW、COUNT、INDEX、SMALL、OFFSET、MATCH関数

数 式
=IF(COUNTIF($B$3:B3,B3)=1,ROW(A1),"")、
=IF(COUNT($D$3:$D$8)<ROW(A1),"",INDEX($B$3:$B$8,SMALL($D$3:$D$8,ROW(A1))))、
=OFFSET($E$3,,,MATCH("*",$E$3:$E$8,-1))

重複を除く値をリスト化するには[重複の削除]ボタンでできますが、追加するたび実行が必要です。追加に対応するには、関数で重複を除く値を抽出して、その値を入力規則のリストにする元の値に指定します。

❶D列に「=IF(COUNTIF($B$3:B3,B3)=1,ROW(A1),"")」と入力する。

❷数式を必要なだけ複写する。

❸E列に「=IF(COUNT($D$3:$D$8)<ROW(A1),"",INDEX($B$3:$B$8,SMALL($D$3:$D$8,ROW(A1))))」と入力する。

❹数式を必要なだけ複写する。

⬇ サンプルファイル ▶ 572.xlsx

721

Chapter 14 ルールを作って入力ミスを防ぐ！ 入力規制／リストワザ

❺ リスト入力できるようにするセルを範囲選択し、[データ]タブの[データツール]グループの[データの入力規則]ボタンをクリックする。

❻ 表示された[データの入力規則]ダイアログボックスの[設定]タブで[入力値の種類]に「リスト」を選択する。

❼「元の値」に「=OFFSET($E$3,,,MATCH("*",$E$3:$E$8,-1))」と入力する。

❽ [OK]ボタンをクリックする。

❾ 重複を除く会社名のリストから選択できるようになる。

数式解説 IF関数は条件を満たすか満たさないかで処理を分岐する関数（第12章 Tips 476で紹介）、COUNTIF関数は条件を満たすセルの数を数える関数です（第3章 Tips 107で紹介）。COUNT関数は数値の個数を求める関数です（第2章 Tips 035で紹介）。ROW関数はセルの行番号を求める関数、INDEX関数は指定の行列番号が交差するセル参照を求める関数、MATCH関数は範囲内にある検査値の相対的な位置を求める関数です（第11章 Tips 403、445で紹介）。SMALL関数は小さいほうから指定の順位にある値を求める関数です（第2章 Tips 044で紹介）。OFFSET関数は基準の「行数」と「列数」だけ移動した位置にある「高さ」と「幅」のセル範囲を参照する関数です。

「=IF(COUNTIF($B$3:B3,B3)=1,ROW(A1),"")」の数式は、同じ会社名が1個の場合は表内の番目を表示し、そうでない場合は空白を表示します。

「=IF(COUNT($D$3:$D$8)<ROW(A1),"",INDEX($B$3:$B$8,SMALL($D$3:$D$8,ROW(A1))))」の数式は、1つ目の数式で作成した番目が小さいほうから、B3セル～B8セルの会社名を抽出します。結果、1個しかない会社名、つまり、重複を除く会社名が抽出されます。

「=OFFSET($E$3,,,MATCH("*",$E$3:$E$8,-1))」の数式は、E3セルから、E3セル～E8セルにあるあらゆる値の番目、つまり、抽出した重複を除く会社名が入力されたセルまでの範囲を返します。この数式を「元の値」に指定することで、重複を除く会社名がリスト化されます。

▶リストワザ

2016 | 2013 | 2010

573 指定の曜日を除く○年○月の日付リストを作成したい

使用関数 IF、MONTH、WORKDAY.INTL、DATE、ROW、DATE、OFFSET、,MATCH関数

数 式
=IF(MONTH(WORKDAY.INTL(DATE($A$1,$B$1,1)-1,ROW(A1),15))=$B$1,
WORKDAY.INTL(DATE($A$1,$B$1,1)-1,ROW(A1),15),"")、
=OFFSET($E$3,,,MATCH(10^10,$E$3:$E$30))

年月を指定するとその年月の指定曜日を除いた日付のリストを作成するには、まず、関数で指定曜日を除く日付を作成します。作成した日付を入力規則でリスト化する「元の値」に指定します。

❶E列に「=IF(MONTH(WORKDAY.INTL(DATE($A$1,$B$1,1)-1,ROW(A1),15))=$B$1, WORKDAY.INTL(DATE($A$1,$B$1,1)-1,ROW(A1),15),"")」と入力する。

❷数式を必要なだけ複写する。

❸リスト入力できるようにするセルを範囲選択し、[データ] タブの [データツール] グループの [データの入力規則] ボタンをクリックする。

❹表示された [データの入力規則] ダイアログボックスの [設定] タブで [入力値の種類] に「リスト」を選択する。

❺「元の値」に「=OFFSET($E$3,,,MATCH(10^10,$E$3:$E$30))」と入力する。

❻[OK] ボタンをクリックする。

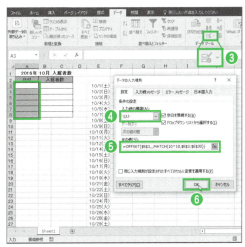

💾 サンプルファイル ▶ 573.xlsx

723

❼ 2016年10月の木曜日を除く日付のリストから選択できるようになる。

❽ 年や月を変更すると、その年月の木曜日を除く日付のリストから選択できるようになる。

数式解説 IF関数は条件を満たすか満たさないかで処理を分岐する関数（第12章 Tips 476で紹介）、MONTH関数は日付から月を取り出す関数、DATE関数は年、月、日を表す数値を日付にする関数です。WORKDAY.INTL関数は開始日から指定の日数後（前）の日付を指定した曜日と祝日を除いて求める関数です（第6章 Tips 268、346、283で紹介）。ROW関数はセルの行番号を求める関数です。OFFSET関数は基準の「行数」と「列数」だけ移動した位置にある「高さ」と「幅」のセル範囲を参照する関数です。MATCH関数は範囲内にある検査値の相対的な位置を求める関数です（第11章 Tips 445で紹介）。

「=IF(MONTH(WORKDAY.INTL(DATE($A$1,$B$1,1)-1,ROW(A1),15))=$B$1,WORKDAY.INTL(DATE($A$1,$B$1,1)-1,ROW(A1),15),"")」の数式は、2016年10月の木曜日を除く日付を作成します。

「=OFFSET($E$3,,,MATCH(10^10,$E$3:$E$30))」の数式は、E3セルから、E3セル〜E30セルにあるあらゆる数値の番目、つまり、抽出した木曜日を除く日付が入力されたセルまでの範囲を返します。この数式を「元の値」に指定することで、常に指定の年月で木曜日を除く日付がリスト化されます。

▶ リストワザ

574 土日祝を除く○年○月の日付リストを作成したい

使用関数 IF、MONTH、WORKDAY、DATE、ROW、OFFSET、MATCH関数

数 式 =IF(MONTH(WORKDAY(DATE($B$2,$C$2,1)-1,ROW(A1),$A$13:$B$15))=$C$2,WORKDAY(DATE($B$2,$C$2,1)-1,ROW(A1),$A$13:$B$15),"")、
=OFFSET($E$3,,,MATCH(10^10,$E$3:$E$25))

年月を指定するとその年月の土日祝を除いた日付のリストを作成するには、まず、関数で土日祝を除く日付を作成します。作成した日付を入力規則でリスト化する「元の値」に指定します。

---

❶ E列に「=IF(MONTH(WORKDAY(DATE($B$2,$C$2,1)-1,ROW(A1),$A$13:$B$15))=$C$2,WORKDAY(DATE($B$2,$C$2,1)-1,ROW(A1),$A$13:$B$15),"")」と入力する。
❷ 数式を必要なだけ複写する。

❸ リスト入力できるようにするセルを範囲選択し、[データ]タブの[データツール]グループの[データの入力規則]ボタンをクリックする。

❹ 表示された[データの入力規則]ダイアログボックスの[設定]タブで[入力値の種類]に「リスト」を選択する。

❺「元の値」に「=OFFSET($E$3,,,MATCH(10^10,$E$3:$E$25))」と入力する。

❻ [OK]ボタンをクリックする。

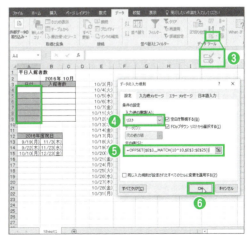

📥 サンプルファイル ▶ 574.xlsx

❼ 2016年10月の土日祝を除く日付のリストから選択できるようになる。

❽ 年や月を変更すると、その年月の土日祝を除く日付のリストから選択できるようになる。

数式解説 IF関数は条件を満たすか満たさないかで処理を分岐する関数（第12章 Tips 476で紹介）、MONTH関数は日付から月を取り出す関数、DATE関数は年、月、日を表す数値を日付にする関数です。WORKDAY関数は開始日から指定の日数後（前）の日付を土日祝を除いて求める関数です（第6章 Tips 268、346、282で紹介）。ROW関数はセルの行番号を求める関数、OFFSET関数は基準の「行数」と「列数」だけ移動した位置にある「高さ」と「幅」のセル範囲を参照する関数です。MATCH関数は範囲内にある検査値の相対的な位置を求める関数（第11章 Tips 445で紹介）。
「=IF(MONTH(WORKDAY(DATE($B$2,$C$2,1)-1,ROW(A1),$A$13:$B$15))=$C$2,WORKDAY(DATE($B$2,$C$2,1)-1,ROW(A1),$A$13:$B$15),"")」の数式は、2016年10月の土日祝を除く日付を作成します。
「=OFFSET($E$3,,,MATCH(10^10,$E$3:$E$25))」の数式は、E3セルから、E3セル～E.25セルにあるあらゆる数値の番目、つまり、抽出した土日祝を除く日付が入力されたセルまでの範囲を返します。この数式を「元の値」に指定することで、常に指定の年月で土日祝を除く日付がリスト化されます。

▶ リストワザ

2016 | 2013 | 2010 | 2007

575 先頭1文字の読みでリストを入れ替えたい

使用関数 PHONETIC、OFFSET、MATCH、COUNTIF関数

数 式 =PHONETIC(F3)、=OFFSET($F$2,MATCH(C3&"*",$G$3:$G$8,0),,COUNTIF($G$3:$G$8,C3&"*"))

値を手早く入力するにはリスト化すると便利です。しかし、件数が多いとリストから選ぶのも大変です。入力規則でリスト化する「元の値」に数式を使うと、フリガナの先頭1文字で該当するリストだけを表示できます。

---

❶ リストにする会社名のフリガナを「=PHONETIC(F3)」の数式で求めておき、昇順で並べ替えておく。

❷ リスト入力できるようにするセルを範囲選択し、[データ]タブの[データツール]グループの[データの入力規則]ボタンをクリックする。

❸ 表示された[データの入力規則]ダイアログボックスの[設定]タブで[入力値の種類]に「リスト」を選択する。

❹「元の値」に「=OFFSET($F$2,MATCH(C3&"*",$G$3:$G$8,0),,COUNTIF($G$3:$G$8,C3&"*"))」と入力する。

❺ [OK]ボタンをクリックする。

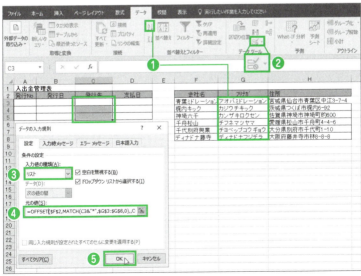

📥 サンプルファイル ▶ 575.xlsx

❻ 先頭1文字「カ」を入力すると、フリガナが「カ」から始まる会社名のリストから選択できるようになる。

❼ 先頭1文字「チ」を入力すると、フリガナが「チ」から始まる会社名のリストから選択できるようになる。

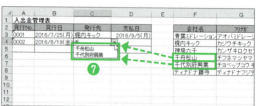

数式解説 PHONETIC関数は文字列のフリガナを取り出す関数（第10章 Tips 386で紹介）、OFFSET関数は基準の「行数」と「列数」だけ移動した位置にある「高さ」と「幅」のセル範囲を参照する関数です。MATCH関数は範囲内にある検査値の相対的な位置を求める関数です（第11章 Tips 445で紹介）、COUNTIF関数条件を満たすセルの数を数える関数です（第3章 Tips 107で紹介）。

「=PHONETIC(F3)」の数式は、F3セルの会社名のフリガナを取り出します。

「=OFFSET($F$2,MATCH(C3&"*",$G$3:$G$8,0),,COUNTIF($G$3:$G$8,C3&"*"))」の数式は、会社名の見出しの位置から発行先のC3セルに入力した1文字を含むフリガナの位置まで移動し、移動した位置からC3セルに入力した1文字を含むフリガナの件数分のセル範囲を返します。結果、発行先に入力した1文字を含む1つ目のフリガナから同じフリガナを含む最後のフリガナの位置までの会社名がすべて抽出されます。この数式をリストの「元の値」指定することで、会社名のフリガナの先頭1文字を入力して、[▼]をクリックすると、その1文字から始まる会社名がリスト化されます。

Chapter 15

覚えておくと超便利！
プラスワザ

576 入力した値に対応する文字の上に○が付くようにしたい

使用関数 IF関数

数式 =IF(C2=1,"○",""), =IF(C2=2,"○","")

条件を満たす文字の上に「○」を付けたい場合、何度も描くのは面倒です。文字の上に「○」の図をリンク貼り付けしておけば、条件の入力だけで「○」を付けることが可能です。ここでは区分の入力でそれぞれの性別の上に「○」を付けます。

❶ B1セルにNo.を入力したら、該当する性別区分と質問番号が抽出されるようにC2セル、A6セル～E6セルにVLOOKUP関数の数式を作成しておき、書式で非表示にしておく（作成方法は第11章Tips 392で紹介）。

❷ G8セルを選択し、「=IF(C2=1,"○","")」と入力する。

❸ H8セルを選択し、「=IF(C2=2,"○","")」と入力する。

❹ G8セルとH8セルをそれぞれにコピーして、[ホーム]タブの[クリップボード]グループの[貼り付け]ボタンの[▼]をクリックして[リンクされた図]を選択し、G8セルはA2セルの上に、H8セルはB2セルの上に貼り付けて、好みの大きさに変更する。

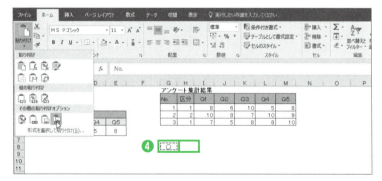

サンプルファイル ▶ 576.xlsx

❺No.に「1」と入力する。

❻性別区分「1」の男に「○」が付けられる。No.に「2」と入力すると、性別区分「2」の女に「○」が付けられる。

| 数式解説 | IF関数は条件を満たすか満たさないかで処理を分岐する関数です（第12章 Tips 476で紹介）。 |

「=IF(C2=1," ○ ","")」の数式は、C2セルが「1」の場合は「○」、違う場合は空白を求めます。
「=IF(C2=2," ○ ","")」の数式は、C2セルが「2」の場合は「○」、違う場合は空白を求めます。それぞれに「○」が求められると、男と女の文字の上に配置した図はリンクされているので、「○」が男または女の文字の上に付けられます。

> **プラスアルファ** 手順❹でセルの値を図としてコピーする場合、セルの枠線が表示されないように、サンプルでは、［表示］タブの［表示］グループの［目盛線］（Excel 2013／2010／2007では［枠線］）のチェックを外しています。

577 値によって記号を変えたい

使用関数 IF、RANK.EQ、UNICHAR関数

数式 =IF(RANK.EQ(D3,$D$3:$D$7,0)=1,UNICHAR(9819),IF(RANK.EQ(D3,$D$3:$D$7,0)=2,UNICHAR(9813),""))

セルの値によって記号を変えるには、IF関数でそれぞれの値の場合に指定の記号が表示されるように、UNICHAR関数やCHAR関数を引数に使って数式を作成します。Excel 2013から追加されたUNICHAR関数を使うとCHAR関数にはないさまざまな記号が利用できます。

❶ 記号を求めるセルを選択し、「=IF(RANK.EQ(D3,$D$3:$D$7,0)=1,UNICHAR(9819),IF(RANK.EQ(D3,$D$3:$D$7,0)=2,UNICHAR(9813),""))」と入力する。

❷ 数式を必要なだけ複写する。

❸ 注文数が1位と2位にそれぞれ違う記号が求められる。

数式解説 IF関数は条件を満たすか満たさないかで処理を分岐する関数(第12章 Tips 476で紹介)、RANK.EQ関数は数値の順序を求める関数(第4章 Tips 234で紹介)、UNICHAR関数は数値の文字コード(Unicode)に対応する文字を返します。
「=IF(RANK.EQ(D3,$D$3:$D$7,0)=1,UNICHAR(9819),IF(RANK.EQ(D3,$D$3:$D$7,0)=2,UNICHAR(9813),""))」の数式は、注文数の降順での順位が「1」の場合は文字コード「9819」の記号、注文数の降順での順位が「2」の場合は文字コード「9813」の記号、それ以外は空白を求めます。

プラスアルファ CHAR関数も指定した数値の文字コードに対応する文字を返しますが、その文字コードはASCIIコードまたはJISコードになります。

サンプルファイル ▶ 577.xlsx

▶ オブジェクトを動かすテク　　　2016 | 2013 | 2010 | 2007

578 値によって画像を変えたい

使用関数　INDEX関数

数　式　=INDEX(写真!$A$1:$A$12,Sheet1!$E$1)

「1」を指定すると1番目にある写真、「2」を指定すると2番目にある写真を抽出するなど値によって抽出する画像を変えるには、名前の[参照範囲]にINDEX関数を使って数式を作成し、その名前を抽出するセルの上に貼り付けた図にリンクさせることで可能です。

---

❶挿入する写真をあらかじめシートに挿入しておく。
❷[数式]タブの[定義された名前]グループの[名前の定義]ボタンをクリックする。
❸表示された[新しい名前]ダイアログボックスで、[名前]に「写真」と入力し、[範囲]に「ブック」を選択する。
❹[参照範囲]に「=INDEX(写真!$A$1:$A$12,Sheet1!$E$1)」と入力する。
❺[OK]ボタンをクリックする。

📥 サンプルファイル ▶ 578.xlsx

❻写真を挿入するセルを選択し、[ホーム]タブの[クリップボード]グループの[コピー]ボタンをクリックする。

❼[ホーム]タブの[クリップボード]グループの[貼り付け]ボタンから[リンクされた図]をクリックして図として貼り付ける。

❽貼り付けた図を選択し、数式バーに「=写真」と入力する。

❾E1セルが「3」なので3番目にある写真が挿入される。

❿E1セルを「4」にすると4番目にある写真が挿入される。

数式解説 INDEX関数は指定の行列番号が交差するセル参照を求める関数です（第11章 Tips 403で紹介）。

「=INDEX(写真!$A$1:$A$12,Sheet1!$E$1)」の数式は、A1セル～A12セルからE1セルに入力した数値の番目の行にあるセル参照を求めます。

この数式が参照する名前を抽出するセルの上に貼り付けた図にリンクさせることで、E1セルに入力した数値によって、その数値の番目にあるセルの上にある写真が図にリンクされて表示されます。結果、E1セルの数値によって写真を変えることができます。

▶ オブジェクトを動かすテク 2016 | 2013 | 2010 | 2007

579 自動でチェックを付けたい

使用関数 IF、MONTH関数

数 式 =IF(MONTH(C3)=$H$3,TRUE,FALSE)

表にチェックボックスを作成し、必要な項目にチェックを付けたくても、数が多いと面倒です。チェックのオンオフで表示される「TRUE」「FALSE」を条件にしてIF関数で処理を分岐させると、自動でチェックが付けられます。

---

❶ [開発] タブの [コントロール] グループの [コントロールの挿入] ボタンから [フォームコントロール] グループの [チェックボックス] を選択する。

❷ E列にチェックボックスを作成する。

❸ 作成したチェックボックスを右クリックし、[コントロールの書式設定] を選択する。表示された [コントロールの書式設定] ダイアログボックスの [コントロール] タブで [リンクするセル] にそれぞれの隣のセルを指定する。

❹ [OK] ボタンをクリックする。

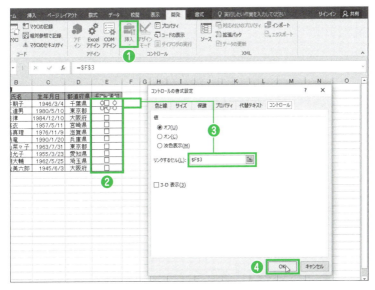

💾 サンプルファイル ▶ 579.xlsx

❺ F列に「=IF(MONTH(C3)=$H$3,TRUE,FALSE)」と入力する。

❻ 数式を必要なだけ複写する。

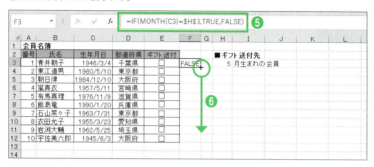

❼ H3セルに入力した月の会員に自動でチェックが付けられる。

	A	B	C	D	E	F	G	H	I	J	K	L
1	会員名簿											
2	番号	氏名	生年月日	都道府県	ギフト送付			■ギフト送付先				
3	1	青井朝子	1946/3/4	千葉県	☐			5	月生まれの会員			
4	2	東江道男	1980/5/10	東京都	☑							
5	3	朝日律	1984/12/10	大阪府	☐							
6	4	嵐衣衣	1957/5/11	宮崎県	☑							
7	5	有馬真理	1976/11/9	滋賀県	☐							
8	6	飯島竜	1990/1/20	兵庫県	☐							
9	7	石山菜々子	1963/7/31	東京都	☐							
10	8	衣田允子	1955/3/23	愛知県	☐							
11	9	岩渕大輔	1962/5/25	埼玉県	☑							
12	10	宇佐美六郎	1945/6/3	大阪府	☐							
13												
14												

数式解説 IF関数は条件を満たすか満たさないかで処理を分岐する関数（第12章 Tips 476 で紹介）、MONTH関数は日付から月を取り出す関数です（第6章 Tips 268 で紹介）。
「=IF(MONTH(C3)=$H$3,TRUE,FALSE)」の数式は、C3セルの生年月日の月とH3セルの数値が同じ場合は「TRUE」、違う場合は「FALSE」を求めます。手順❸でリンクするセルに入力した値が「TRUE」だとチェックボックスにチェックが付けられ、「FALSE」だとチェックボックスのチェックが外れるため、H3セルに月を入力すると、その月の会員にチェックが付けられます。

プラスアルファ ［開発］タブをリボンに追加するには、［ファイル］タブ→［オプション］→［リボンのユーザー設定］で、［メインタブ］で［開発］タブにチェックを入れて［OK］ボタンをクリックします。

▶ 集計のスピードテク　　　　　　　　　　　　　　2016 | 2013 | 2010 | 2007

580　あらゆる集計を手早く求めたい

使用関数　SUBTOTAL関数

数 式　=SUBTOTAL(9,$C$4:$C$8)

表に複数の集計方法で集計値を求める場合、それぞれに違う関数式が必要です。しかし、SUBTOTAL関数を使うと、11種類の集計方法で集計値が求められるため、手早くあらゆる集計方法で集計値が求められます。

❶C9セルを求めるセルを選択し、「=SUBTOTAL(9,$C$4:$C$8)」と入力する。

❷注文数の合計が求められる。

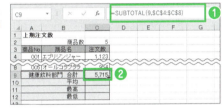

❸数式を必要なだけ複写する。

❹数式の引数の[集計方法]を「1」と変更すると、注文数の平均が求められる。

❺数式の引数の[集計方法]を「4」と変更すると、最高注文数が求められる。

❻数式の引数の[集計方法]を「5」と変更すると、最低注文数が求められる。

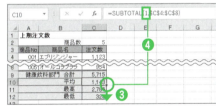

数式解説　SUBTOTAL関数は指定の集計方法でその集計値を求める関数です（第2章Tips 061で紹介）。

引数の[集計方法]には11種類の集計方法を数値で指定します（[集計方法]で指定できる集計方法の数値は第2章Tips 061プラスアルファ参照）。

「=SUBTOTAL(9,$C$4:$C$8)」の数式は、C4セル～C8セルの注文数を合計します。

引数の[集計方法]を、集計したい方法の数値に変更するだけで、その集計方法での集計値が求められます。

📥 サンプルファイル ▶ 580.xlsx

Chapter 15 ▶ 複数シートのスピードテク　　2016 | 2013

581 シートが何枚あるか手早く知りたい

使用関数 SHEETS関数

数 式 =SHEETS()-1

ブック内に複数のシートがあると、シートの数を知りたいときにシート見出しの数を数えなければなりません。SHEETS関数を使えば、ブック内のシート数が一発で求められます。

❶シート数を求めるセルを選択し、「=SHEETS()-1」と入力する。

❷ブック内の先頭シート以外のシート数が求められる。

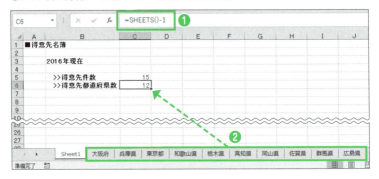

❸シート数が増えたり減ったりしても、自動的に枚数は変更される。

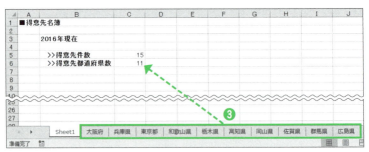

数式解説 SHEETS関数はシート数を求める関数です。
「=SHEETS()-1」の数式は、ブック内のシート数から1枚のシートを引いて求めます。結果、2枚目からのすべてのシート数が求められます。

サンプルファイル ▶ 581.xlsx

▶ 複数シートのスピードテク

582 指定のシートAからシートBの間に含まれるシート数を手早く知りたい

使用関数 SHEETS関数

数式 =SHEETS(大阪府:宮城県!A1)

指定のシート名からシート名に含まれるシート数は、SHEETS関数を使えば求められます。ブック内に複数のシートがあり、シート見出しが探しづらくても、手早く数えることができます。

① シート数を求めるセルを選択し、「=SHEETS(大阪府:宮城県!A1)」と入力する。
② ブック内の「大阪府」シート～「宮城県」シートのシート数が求められる。

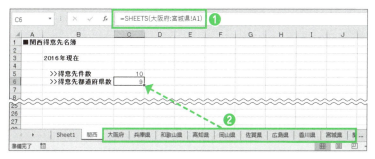

③ 「=SHEETS(東京都:群馬県!A1)」と入力すると、ブック内の「東京都」シート～「群馬県」シートのシート数が求められる。

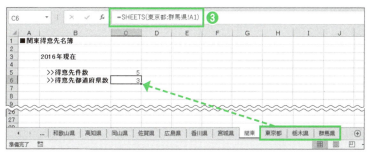

数式解説 SHEETS関数はシート数を求める関数です。
「=SHEETS(大阪府:宮城県!A1)」の数式は、ブック内の「大阪府」シート～「宮城県」シートまでのシート数を求めます。

▶ サンプルファイル ▶ 582.xlsx

583 セルに入力した名前のシートが何枚目にあるか手早く知りたい

使用関数 SHEET、INDIRECT関数

数 式 =SHEET(INDIRECT(C9&"!A1"))-1

ブック内に複数のシートがあると、左から何番目にあるのかは数えなければ把握できません。SHEET関数にINDIRECT関数も使えば、セルに入力したシート名で、そのシートが何番目にあるのかが手早く求められます。

❶シートの番目を求めるセルを選択し、「=SHEET(INDIRECT(C9&"!A1"))-1」と入力する。
❷ブック内の先頭シートを除く、「東京都」シートがある番目が求められる。

❸シート名を変更すると、そのシートがある番目が求められる。

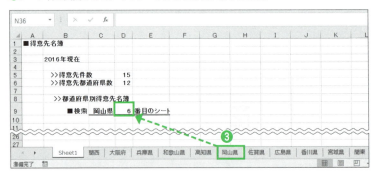

数式解説 SHEET関数はシート番号を求める関数、INDIRECT関数はセル参照を表す文字列が示す先を間接的に参照する関数です。
「=SHEET(INDIRECT(C9&"!A1"))-1」の数式は、C9セルに入力した「東京都」シートのA1セルの値を間接的に参照して、そのシート番号を現在のシートを除いて求めます。

▶ 連続日付のスピードテク　　　　　　　　　　2016 | 2013 | 2010 | 2007

584 年月の変更で日付・曜日が変わる万年カレンダーを作成したい（末日対応）

使用関数 DATE、IF、MONTH関数

数　式　=DATE(B2,C2,1)、=IF(A4="","",IF(MONTH(A4)<>MONTH(A4+1),"",A4+1))

年月の変更で変わる万年カレンダーは、年月をセル参照にして DATE 関数で日付を作成します。月ごとの末日にするには、2日目の日付以降は違う月の日付が表示されないように IF 関数で処理を分けます。

❶ 1日目の日付を求めるセルを選択し、「=DATE(B2,C2,1)」と入力する。

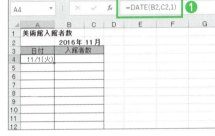

❷ 2日目の日付を求めるセルを選択し、「=IF(A4="","",IF(MONTH(A4)<>MONTH(A4+1),"",A4+1))」と入力する。

❸ 数式を必要なだけ複写する。

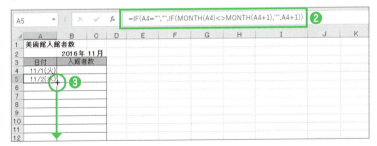

📥 サンプルファイル ▶ 584.xlsx

❹ 2016年11月のカレンダーが末日の30日で作成される。

❺ 2016年12月に変更すると、末日の31日でカレンダーが作成される。

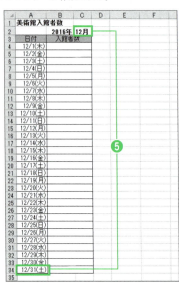

数式解説 DATE関数は年、月、日を表す数値を日付にする関数（第9章 Tips 346で紹介）、MONTH関数は日付から月を取り出す関数（第6章 Tips 268で紹介）、IF関数は条件を満たすか満たさないかで処理を分岐する関数です（第12章 Tips 476で紹介）。
「=DATE(B2,C2,1)」の数式は、B2セルの「2016」、C2セルの「11」、数値の「1」を結合して「2016/11/1」の日付を作成します。
「=IF(A4="","",IF(MONTH(A4)<>MONTH(A4+1),"",A4+1))」の数式は、A4セルが空白の場合は空白、違う場合は、A4セルの日付の月が次月と違う場合は空白、同じ場合は次の日の日付を求めます。結果、別の月になるとその月の末日を超える日付は空白になり、常に指定した年月の末日のカレンダーが作成されます。

▶連続日付のスピードテク　　　　　　　　　　　　　2016 | 2013 | 2010 | 2007

585 常に指定の日から始まる万年カレンダーを作成したい

使用関数 DATE、IF、DAY関数

数　式 =DATE(A1,B1-1,26)、=IF((DAY(0&A4)=25)+(A4=""),"",A4+1)

指定の日から始まる万年カレンダーは、オートフィルでもできますが、月によって日数が違うため、月が変わると余分な日も表示されます。IF関数で処理を分けて日付を作成することで余分な日は非表示にできます。

---

❶1日目の日付を求めるセルを選択し、「=DATE(A1,B1-1,26)」と入力する。

❷2日目の日付を求めるセルを選択し、「=IF((DAY(0&A4)=25)+(A4=""),"",A4+1)」と入力する。

❸数式を必要なだけ複写する。

❹締め日が25日のカレンダーが作成される。年月を変更するとその年月で締め日が25日のカレンダーが作成される。

数式解説 DATE関数は年、月、日を表す数値を日付にする関数（第9章 Tips 346で紹介）、DAY関数は日付から日を取り出す関数（第6章 Tips 269で紹介）、IF関数は条件を満たすか満たさないかで処理を分岐する関数です（第12章 Tips 476で紹介）。
「=DATE(A1,B1-1,26)」の数式は、A1セルの「2016」、B1セルの1つ前「5」、数値の「26」を結合して「2016/5/26」の日付を作成します。
「=IF((DAY(0&A4)=25)+(A4=""),"",A4+1)」の数式は、1つ上の日付の日が「25」の場合は空白、違う場合は次の日の日付を作成します。結果、指定の年月で締め日が25日のカレンダーが作成されます。

サンプルファイル ▶ 585.xlsx

▶連続日付のスピードテク　　　2016 | 2013 | 2010 | 2007

586 土日祝を除く万年カレンダーを作成したい

使用関数 WORKDAY、DATE、ROW関数

数式 =WORKDAY(DATE($B$2,$C$2,1)-1,ROW(A1),$A$13:$B$15)

土日祝を除く万年カレンダーを作成するには、土日祝を除きながら日付を入力しなければなりません。しかし、WORKDAY関数を使って日付を作成することで、オートフィルで手早く作成できます。

❶1日目の日付を求めるセルを選択し、「=WORKDAY(DATE($B$2,$C$2,1)-1,ROW(A1),$A$13:$B$15)」と入力する。

❷数式を必要なだけ複写する。

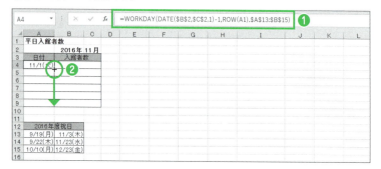

❸2016年10月の土日祝を除くカレンダーが作成される。

❹年月を変更すると、その年月の土日祝を除くカレンダーが作成される。

数式解説 WORKDAY関数は開始日から指定の日数後(前)の日付を土日祝を除いて求める関数(第6章Tips 282で紹介)、DATE関数は年、月、日を表す数値を日付にする関数(第9章Tips 346で紹介)、ROW関数はセルの行番号を求める関数です。
「=WORKDAY(DATE($B$2,$C$2,1)-1,ROW(A1),$A$13:$B$15)」の数式は、「2016/10/1」からA13セル～B15セルの祝日を除く日付の1日目を求めます。数式をコピーすると、引数の[日数]に「2」、「3」と指定されるため、2016年10月の土日祝を除く日付が作成されます。

サンプルファイル ▶ 586.xlsx

▶ 連続日付のスピードテク

587 指定曜日を除く万年カレンダーを作成したい

使用関数 WORKDAY.INTL、DATE、ROW関数

数式 =WORKDAY.INTL(DATE($B$2,$C$2,1)-1,ROW(A1),15)

特定の曜日を除く万年カレンダーを作成するには、指定の曜日を除きながら日付を入力しなければなりません。しかし、WORKDAY.INTL関数を使って日付を作成することで、オートフィルで手早く作成できます。

❶1日目の日付を求めるセルを選択し、「=WORKDAY.INTL(DATE($B$2,$C$2,1)-1, ROW(A1),15)」と入力する。

❷数式を必要なだけ複写する。

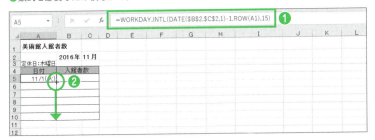

❸2016年11月の木曜日を除くカレンダーが作成される。

❹年月を変更すると、その年月の木曜日を除くカレンダーが作成される。

数式解説 WORKDAY.INTL関数は開始日から指定の日数後(前)の日付を指定した曜日と祝日を除いて求める関数(第6章 Tips 283で紹介。引数の[週末]に指定する数値も数式解説で紹介)、DATE関数は年、月、日を表す数値を日付にする関数(第9章 Tips 346で紹介)、ROW関数はセルの行番号を求める関数です。
「=WORKDAY.INTL(DATE($B$2,$C$2,1)-1,ROW(A1),15)」の数式は、「2016/11/1」から木曜日を除く日付の1日目を求めます。数式をコピーすると、引数の[日数]に「2」、「3」と指定されるため、2016年11月の木曜日を除く日付が作成されます。

⬇ サンプルファイル ▶ 587.xlsx

Chapter 15 ▶ 連続日付のスピードテク　　　2016 | 2013 | 2010 | 2007

588 複数の指定曜日を除く万年カレンダーを作成したい

使用関数 WORKDAY.INTL、DATE、ROW関数

数式 =WORKDAY.INTL(DATE($B$2,$C$2,1)-1,ROW(A1),"1001000")

WORKDAY.INTL関数を使うと、指定曜日を除くカレンダーが作成できます（Tips 587で紹介）。この場合、除く曜日は複数でも対応できるため、複数の指定曜日を除く万年カレンダーでも手早く作成できます。

❶1日目の日付を求めるセルを選択し、「=WORKDAY.INTL(DATE($B$2,$C$2,1)-1,ROW(A1),"1001000")」と入力する。

❷数式を必要なだけ複写する。

❸2016年11月の月曜日、木曜日を除くカレンダーが作成される。

❹年月を変更すると、その年月の月曜日、木曜日を除くカレンダーが作成される。

数式解説 DATE関数は年、月、日を表す数値を日付にする関数（第9章Tips 346で紹介）、ROW関数はセルの行番号を求める関数、WORKDAY.INTL関数は開始日から指定の日数後（前）の日付を指定した曜日と祝日を除いて求める関数です（第6章Tips 283で紹介。引数の[週末]に指定する数値も数式解説で紹介）。

引数の[週末]には、稼働日は「0」、非稼働日は「1」として月曜～日曜までを7桁の数値で表すことができます。

「=WORKDAY.INTL(DATE($B$2,$C$2,1)-1,ROW(A1),"1001000")」の数式は、「2016/11/1」から月曜日、木曜日を除く日付の1日目を求めます。数式をコピーすると、引数の[日数]に「2」、「3」と指定されるため、2016年11月の月曜日、木曜日を除く日付が作成されます。

サンプルファイル ▶ 588.xlsx

▶連続日付のスピードテク　　　　　　　　　　　　　　2016 | 2013 | 2010 | 2007

589 月曜始まりか日曜始まりが選べるボックス型カレンダーを作成したい

使用関数 DATE、WEEKDAY、IF、MONTH関数

数　式　=DATE($C$1,$E$1,1)-WEEKDAY(DATE($C$1,$E$1,1),IF($J$3="月曜",2,1))+1、=A3+1、=A3、=MONTH(A3)<>MONTH(DATE($C$1,$E$1,1))

ボックス型カレンダーを、日曜始まりと月曜始まりを変えられるように作成するには、WEEKDAY関数で求められる日付の曜日の整数の「1」を、月曜か日曜かで処理を分けて日付を作成します。

❶1日目の日付を求めるセルを選択し、「=DATE($C$1,$E$1,1)-WEEKDAY(DATE($C$1,$E$1,1),IF($J$3="月曜",2,1))+1」と入力する。

❷2日目の日付を求めるセルを選択し、「=A3+1」と入力する。

❸数式を必要なだけ複写する。

❹曜日を求めるセルを選択し、「=A3」と入力する。

❺数式を必要なだけ複写して、セルの表示形式を「aaa」に変更する。

💾 サンプルファイル ▶ 589.xlsx

❻ 作成したカレンダーの曜日以外を範囲選択し、[ホーム]タブの[スタイル]グループの[条件付き書式]ボタン→[新しいルール]を選択する。

❼ 表示された[新しい書式ルール]ダイアログボックスで、ルールの種類から「数式を使用して、書式設定するセルを決定」を選択する。

❽ ルールの内容に「=MONTH(A3)<>MONTH(DATE($C$1,$E$1,1))」と入力する。

❾ [書式]ボタンをクリックして、表示された[セルの書式設定]ダイアログボックスの[フォント]タブで非表示になる色の書式を指定する。

❿ [OK]ボタンをクリックすると日曜始まりのボックス型カレンダーが作成される。

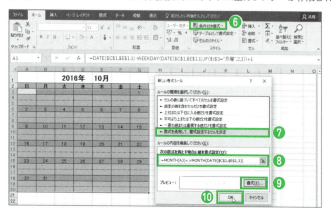

⓫ 開始曜日を「月曜」にすると、月曜始まりのボックス型カレンダーが作成される。

> **数式解説**
> DATE関数は年、月、日を表す数値を日付にする関数(第9章 Tips 346で紹介)、WEEKDAY関数は日付から曜日を整数で取り出す関数(第6章 Tips 270で紹介。引数の[種類]に指定する数値も数式解説で紹介)、IF関数は条件を満たすか満たさないかで処理を分岐する関数です(第12章 Tips 476で紹介)。
> 「=DATE($C$1,$E$1,1)–WEEKDAY(DATE($C$1,$E$1,1),IF($J$3="月曜",2,1))+1」の数式は、J3セルが「月曜」の場合は月曜～日曜を「1」～「7」、「日曜」の場合は日曜～土曜を「1」～「7」で曜日の整数を求めて、C1セルの年とE1セルの月の日付の1日目を求めます。「=A3+1」の数式をコピーすることで、1ヶ月の日付が作成できます。
> 「=A3」の数式は、作成した日付を参照して、曜日の表示形式を付けます。ただし、このままでは、前の月の日付がカレンダーの前後に表示されるため、条件付き書式の数式「=MONTH(A3)<>MONTH(DATE($C$1,$E$1,1))」で、違う月の日は非表示になるように書式を付けます。

▶連番のスピードテク

2016 | 2013 | 2010 | 2007

590 日付ごとの連番になるように「日付＋連番」を作成したい

使用関数 TEXT、COUNTIF 関数

数式 =TEXT(B3,"mmdd")&TEXT(COUNTIF($B$3:B3,B3),"00")

伝票番号を、同じ日付内の連番「日付＋連番」で作成するには、日付を見ながらの入力が必要です。TEXT関数とCOUNTIF関数を使って作成すると、オートフィルで手早く作成できます。

---

❶伝票No.を付けるセルを選択し、「=TEXT(B3,"mmdd")&TEXT(COUNTIF($B$3:B3,B3),"00")」と入力する。

❷数式を必要なだけ複写する。

	A	B	C	D	E	F
1	注文表				健康飲料部門	
2	伝票No.	日付	ショップ名	商品名	単価	注文数
3	110101	11/1	BeautyOK館	激粒スムージー	200	10
4		11/1	美碩マート	コレステさらっと	300	16
5		11/1	美碩マート	激粒スムージー	200	9
6		11/2	健やか壱番屋	エブリジンジャー	150	5
7		11/2	BeautyOK館	コレステさらっと	300	8
8		11/2	BeautyOK館	アミノップリ	100	15
9		11/2	BeautyOK館	オールコラブララ	300	12
10		11/3	美碩マート	激粒スムージー	200	7
11		11/3	美碩マート	コレステさらっと	300	18
12		11/3	健やか壱番屋	オールコラブララ	300	13

❸伝票No.が日付ごとの連番で付けられる。

	A	B	C	D	E	F
1	注文表				健康飲料部門	
2	伝票No.	日付	ショップ名	商品名	単価	注文数
3	110101	11/1	BeautyOK館	激粒スムージー	200	10
4	110102	11/1	美碩マート	コレステさらっと	300	16
5	110103	11/1	美碩マート	激粒スムージー	200	9
6	110201	11/2	健やか壱番屋	エブリジンジャー	150	5
7	110202	11/2	BeautyOK館	コレステさらっと	300	8
8	110203	11/2	BeautyOK館	アミノップリ	100	15
9	110204	11/2	BeautyOK館	オールコラブララ	300	12
10	110301	11/3	美碩マート	激粒スムージー	200	7
11	110302	11/3	美碩マート	コレステさらっと	300	18
12	110303	11/3	健やか壱番屋	オールコラブララ	300	13

数式解説 TEXT関数は数値や日付／時刻に指定の表示形式を付けて文字列変換する関数（第8章 Tips 328で紹介）、COUNTIF関数は条件を満たすセルの数を数える関数です（第3章 Tips 107で紹介）。
「=TEXT(B3,"mmdd")&TEXT(COUNTIF($B$3:B3,B3),"00")」の数式は、「110101」の値を作成します。数式をコピーすると、同じ日付はカウントされるため、それぞれの日付の連番で伝票No.が作成されます。

▼サンプルファイル▶590.xlsx

▶連番のスピードテク

591 1、1、2、2…のように同じ数だけ連番を作成したい

使用関数 INT、ROW関数

数　式 =INT(ROW(A2)/2)、=INT(ROW(A2)/2)*100

同じ数値を2個ずつなど、同じ数だけの連番はオートフィルではできません。しかし、INT関数にROW関数を使って1つ目の番号を作成すると、オートフィルで手早く作成できます。

❶ 会員No.を付けるセルを選択し、「=INT(ROW(A2)/2)」と入力する。

❷ 数式を必要なだけ複写する。

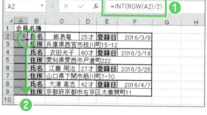

❸ 会員No.が2行ずつ連番で付けられる。

数式解説 INT関数は数値の小数点以下を切り捨てる関数、ROW関数はセルの行番号を求める関数です。
「=INT(ROW(A2)/2)」の数式は、「1」を求めます。数式をコピーすると、次の行には「=INT(ROW(A3)/2)」で整数の「1」、その次の行には「=INT(ROW(A4)/2)」で整数の「2」が求められます。結果、2個ずつ同じ値で連番が付けられます。

プラスアルファ 100番台の連番が必要なときは、「=INT(ROW(A2)/2)*100」のように数式に乗算して番号を調整して作成します。

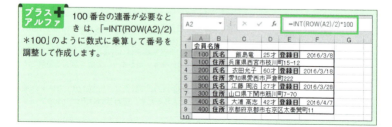

サンプルファイル ▶ 591.xlsx

▶ 連番のスピードテク　　　　　　　　　　　　　2016 | 2013 | 2010 | 2007

592 連続日付や連続時刻を同じ数だけ作成したい

使用関数 DATE、INT、ROW関数

数　式 =DATE(2016,8,INT(ROW(A2)/2))

同じ日付や時刻を2個ずつなど、同じ数だけの連続日付や連続時刻はオートフィルではできません。連続したい日や分をTips 591のように、INT関数にROW関数を使って作成すると、オートフィルで作成できます。

---

❶日付を求めるセルを選択し、「=DATE(2016,8,INT(ROW(A2)/2))」と入力する。
❷数式を必要なだけ複写する。

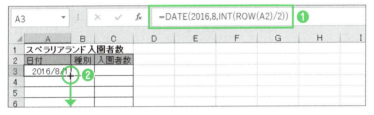

❸同じ日付が2つずつ求められる。

	A	B	C
1	スペラリアランド 入園者数		
2	日付	種別	入園者数
3	2016/8/1		
4	2016/8/1		
5	2016/8/2		
6	2016/8/2		
7	2016/8/3		
8	2016/8/3		
9	2016/8/4		
10	2016/8/4		
11			

数式解説 DATE関数は年、月、日を表す数値を日付にする関数（第9章 Tips 346で紹介）、INT関数は数値の小数点以下を切り捨てる関数、ROW関数はセルの行番号を求める関数です。
「=DATE(2016,8,INT(ROW(A2)/2))」の数式は、「2016/8/1」の日付を作成します。数式をコピーすると、次の行には「=DATE(2016,8,INT(ROW(A3)/2))」の数式になるので「2016/8/1」、その次の行には「=DATE(2016,8,INT(ROW(A4)/2))」の数式になるので「2016/8/2」が求められます。結果、2個ずつ同じ日付が連続で作成されます。

プラスアルファ 同じ数だけ連続で時刻を作成するには、分なら「=TIME(10,INT(ROW(A2)/2),0)」のようにTIME関数で数式を作成します。

⬇ サンプルファイル ▶ 592.xlsx

Chapter 15 ▶ 連番のスピードテク　　2016 2013 2010 2007

覚えておくと超便利！プラスワザ

593 項目ごとの連番を作成したい

使用関数 COUNTIF関数

数式 =COUNTIF($B$3:B3,B3)

日付ごとの連番など、項目ごとの連番はオートフィルではできません。しかし、COUNTIF関数で1つ目の番号を作成すると、オートフィルで手早く作成できます。

❶ 注文No.を付けるセルを選択し、「=COUNTIF($B$3:B3,B3)」と入力する。

❷ 数式を必要なだけ複写する。

	A	B	C	D	E	F
1	注文表				健康飲料部門	
2	No.	日付	ショップ名	商品名	単価	注文数
3	1	11/1	BeautyOK館	激粒スムージー	200	10
4		11/1	美極マート	コレステさらっと	300	16
5		11/1	美極マート	激粒スムージー	200	9
6		11/2	健やか壱番屋	エブリジンジャー	150	5
7		11/2	BeautyOK館	コレステさらっと	300	8
8		11/2	BeautyOK館	アミノッブリ	100	15
9		11/2	BeautyOK館	オールコラブララ	300	12
10		11/3	美極マート	激粒スムージー	200	7
11		11/3	美極マート	コレステさらっと	300	18
12		11/3	健やか壱番屋	オールコラブララ	300	13

❸ 注文No.が日付ごとの連番で付けられる。

	A	B	C	D	E	F
1	注文表				健康飲料部門	
2	No.	日付	ショップ名	商品名	単価	注文数
3	1	11/1	BeautyOK館	激粒スムージー	200	10
4	2	11/1	美極マート	コレステさらっと	300	16
5	3	11/1	美極マート	激粒スムージー	200	9
6	1	11/2	健やか壱番屋	エブリジンジャー	150	5
7	2	11/2	BeautyOK館	コレステさらっと	300	8
8	3	11/2	BeautyOK館	アミノッブリ	100	15
9	4	11/2	BeautyOK館	オールコラブララ	300	12
10	1	11/3	美極マート	激粒スムージー	200	7
11	2	11/3	美極マート	コレステさらっと	300	18
12	3	11/3	健やか壱番屋	オールコラブララ	300	13

数式解説 COUNTIF関数は条件を満たすセルの数を数える関数です（第3章 Tips 107で紹介）。「=COUNTIF($B$3:B3,B3)」の数式は、引数の[検索条件]で指定するセル番地を絶対参照と相対参照の組み合わせにしているため、次のセルに数式をコピーすると「=COUNTIF($B$3:B4,B4)」となり、同じ日付が1つなら「1」、2つなら「2」、3つなら「3」とカウントされた数が求められます。結果、注文No.が日付ごとの連番で付けられます。

▶ サンプルファイル ▶ 593.xlsx

▶ 連番のスピードテク　　　　　　　　　　　　2016 | 2013 | 2010 | 2007

594 項目ごとの連番＋枝番を作成したい

使用関数 IF、MATCH、ROW、SUM、INDEX、COUNTIF関数

数式 =IF(MATCH(C4,$C$3:C4,0)=ROW(A2),SUM(G3)+1,INDEX($G$3:G3,MATCH(C4,$C$3:C4,0)))、=COUNTIF($G$3:G3,G3)、=G3&"-"&H3

項目ごとに連番を作成し、同じ項目は枝番を付けた番号を作成するには、まず、同じ項目には同じ番号が付けられるように連番を作成してから、その連番をもとにCOUNTIF関数でカウントして枝番を作成します。

①G列の1つ目のセルに「1」と入力する。

②G列の2つ目のセルを選択し、「=IF(MATCH(C4,$C$3:C4,0)=ROW(A2),SUM(G3)+1,INDEX($G$3:G3,MATCH(C4,$C$3:C4,0)))」と入力する。

③数式を必要なだけ複写する。

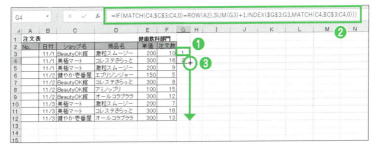

④H列のセルを選択し、「=COUNTIF($G$3:G3,G3)」と入力する。

⑤数式を必要なだけ複写する。

📥 サンプルファイル ▶ 594.xlsx

❻注文No.を付けるセルを選択し、「=G3&"-"&H3」と入力する。

❼数式を必要なだけ複写すると、注文Noがショップ名ごとに件数を付けた連番で作成できる。

	A	B	C	D	E	F	G	H	I
1	注文表					健康飲料部門			
2	No.	日付	ショップ名	商品名	単価	注文数			
3	1-1	11/1	BeautyOK館	激粒スムージー	200	10	1	1	
4	2-1	11/1	美極マート	コレステさらっと	300	16	2	1	
5	2-2	11/1	美極マート	激粒スムージー	200	9	2	2	
6	3-1	11/2	健やか壱番屋	エブリジンジャー	150	5	3	1	
7	1-2	11/2	BeautyOK館	コレステさらっと	300	8	1	2	
8	1-3	11/2	BeautyOK館	アミノプリ	100	15	1	3	
9	1-4	11/2	BeautyOK館	オールコラブララ	300	12	1	4	
10	2-3	11/3	美極マート	激粒スムージー	200	7	2	3	
11	2-4	11/3	美極マート	コレステさらっと	300	18	2	4	
12	3-2	11/3	健やか壱番屋	オールコラブララ	300	13	3	2	

数式解説 IF関数は条件を満たすか満たさないかで処理を分岐する関数（第12章 Tips 476で紹介）、INDEX関数は指定の行列番号が交差するセル参照を求める関数、MATCH関数は範囲内にある検査値の相対的な位置を求める関数です（第11章 Tips 403、445で紹介）。ROWはセルの行番号を求める関数、SUM関数は数値の合計を求める関数です（第2章 Tips 035で紹介）。COUNTIF関数は条件を満たすセルの数を数える関数です（第3章 Tips 107で紹介）。
「=IF(MATCH(C4,$C$3:C4,0)=ROW(A2),SUM(G3)+1,INDEX($G$3:G3,MATCH(C4,$C$3:C4,0)))」の数式は、違うショップ名の場合は1つ上の数値に1を足し、同じショップ名の場合は範囲内の位置を求めます。結果、同じショップ名は同じ番号で連番が付けられます。「=COUNTIF($G$3:G3,G3)」の数式は、求めたショップ名ごとの連番を同じ連番ならカウントして求めます。それぞれ作成した番号を結合して「=G3&"-"&H3」の数式を作成すると、注文Noが「ショップ名－1」「ショップ名－2」のようにショップ名ごとに件数を付けた連番で作成できます。

▶連番のスピードテク　　　　　　　　　　　　2016 | 2013 | 2010 | 2007

595 値がある行だけに連番を作成したい

使用関数 IF、MAX関数

数式 =IF(B4="","",MAX($A$3:A3)+1)

連番はオートフィルで作成できますが、隣の列に値がある行だけにはできません。しかし、IF関数にMAX関数を使って2つ目の番号を作成すると、オートフィルで手早く作成できます。

---

❶注文No.を付ける1つ目のセルに「1」と入力する。

❷注文No.を付けるセルを選択し、「=IF(B4="","",MAX($A$3:A3)+1)」と入力する。

❸数式を必要なだけ複写する。

❹日付がある行だけに注文No.が連番で付けられる。

数式解説 IF関数は条件を満たすか満たさないかで処理を分岐する関数（第12章 Tips 476で紹介）。MAX関数は数値の最大値を求める関数です（第2章 Tips 035で紹介）。「=IF(B4="","",MAX($A$3:A3)+1)」の数式は、B4セルが空白の場合は空白、違う場合はA3セルからの数値の最大値に1を足した数値を求めます。結果、日付がある行だけに注文No.が連番で付けられます。

サンプルファイル ▶ 595.xlsx

Chapter 15 覚えておくと超便利!プラスワザ

▶連番のスピードテク

2016 | 2013 | 2010 | 2007

596 途中の見出しを飛ばして一度に連番を作成したい

使用関数 IF、MAX関数

数　式　`=IF(A3="","",MAX($A$3:A3)+1)`

連番はオートフィルで作成できますが、途中に項目があると項目ごとに続きの連番作成が必要です。しかし、IF関数にMAX関数を使って2つ目の番号を作成すると、数式のコピー&貼り付けで手早く作成できます。

❶ No.を付ける1つ目のセルに「1」と入力する。

❷ 2つ目のセルを選択し、「=IF(A3="","",MAX($A$3:A3)+1)」と入力する。

❸ [ホーム]タブの[クリップボード]グループの[コピー]ボタンをクリックする。

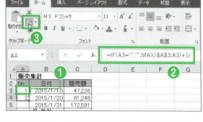

❹ 残りのNo.を付けるセルを Ctrl キーですべて選択し、[ホーム]タブの[クリップボード]グループの[貼り付け]ボタンをクリックする。

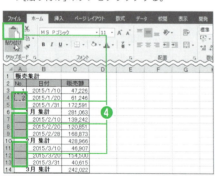

❺ 集計行を飛ばしてNo.が連番で付けられる。

数式解説　IF関数は条件を満たすか満たさないかで処理を分岐する関数(第12章 Tips 476で紹介)。MAX関数は数値の最大値を求める関数です(第2章 Tips 035で紹介)。「=IF(A3="","",MAX($A$3:A3)+1)」の数式は、A3セルが空白の場合は空白、違う場合はA3セルからの数値の最大値に1を足した数値を求めます。集計行を飛ばさなければならないので数式がコピーできないため、[貼り付け]ボタンで残りのセルに一度に数式を貼り付けることで、集計行を飛ばしてNo.が連番で付けられます。

サンプルファイル▶ 596.xlsx

▶ 連番のスピードテク　　　　　　　　　　　　　2016 | 2013 | 2010 | 2007

597 同じ値が複数行ある場合に1行目だけに連番を作成したい

使用関数 IF、COUNTIF、MAX関数

数 式 =IF(COUNTIF($B$3:B3,B3)>1,"",MAX($A$2:A2)+1)

同じ値が複数行ある場合に1行目だけに連番を作成するには、それぞれに連番の入力が必要です。IF関数にCOUNITF関数とMAX関数を使って1つ目の番号を作成すると、オートフィルで手早く作成できます。

---

❶ 注文No.を付けるセルを選択し、「=IF(COUNTIF($B$3:B3,B3)>1,"",MAX($A$2:A2)+1)」と入力する。

❷ 数式を必要なだけ複写する。

❸ 同じ日付は1行目だけに注文No.が連番で付けられる。

数式解説 IF関数は条件を満たすか満たさないかで処理を分岐する関数（第12章 Tips 476で紹介）。COUNTIF関数は条件を満たすセルの数を数える関数（第3章 Tips 107で紹介）、MAX関数は数値の最大値を求める関数です（第2章 Tips 035で紹介）。
「=IF(COUNTIF($B$3:B3,B3)>1,"",MAX($A$2:A2)+1)」の数式は、B3セルの日付が2個以上ある場合は空白、違う場合は注文No.に1を足した数値を求めます。結果、同じ日付は1個目の行だけに注文No.が連番で付けられます。

📥 サンプルファイル ▶ 597.xlsx

598 それぞれ行数が違う結合セルに連番を作成したい

使用関数 MAX関数

数式 =MAX($B$3:B5)+1

同じ行数の結合セルにはオートフィルで連番が作成できますが、行数が違う結合セルだとできません。行数が違う結合セルの場合は、MAX関数で作成した番号を一度に残りの結合セルに入力します。

---

❶ 商品No.の1つ目のセルに「100」と入力する。
❷ 残りの商品No.を求めるセルを範囲選択し、「=MAX($B$3:B5)+1」と入力して[Ctrl]+[Enter]キーで確定する。

❸ 結合された商品No.に連番が付けられる。

数式解説 MAX関数は数値の最大値を求める関数です。(第2章 Tips 035で紹介)。
「=MAX($B$3:B5)+1」の数式は、B3セル~B5セルの数値の最大値に1を足した数値を求めます。それぞれの結合している行数が違うため、オートフィルではなく、コピーしたいセルをすべて選択して[Ctrl]+[Enter]キーで確定することで、数式がコピーできます。

▶ 連番のスピードテク

2016 | 2013 | 2010 | 2007

599 並べ替え／行削除／行挿入が実行されても崩れない連番を作成したい

使用関数 ROW関数

数 式 =ROW()-2

連番を作成しても、並べ替えやデータの行削除を行うと振り直さなければなりません。行番号で連番を作成することで対処できます。さらに表をテーブルに変換すると、行挿入しても自動で連番が付けられます。

① 表を[挿入]タブから[テーブル]グループの[テーブル]ボタンでテーブルに変換する。

② 会員No.を求めるセルを選択し、「=ROW()-2」と入力する。

③ 数式を必要なだけ複写する。

④ 会員No.に連番が付けられる。氏名を五十音順に並べ替えても会員No.が連番で振り直される。

⑤ 名簿を追加するために行を挿入しても、自動で会員No.が付けられて残りの連番も振り直される。

数式解説　ROW関数はセルの行番号を求める関数です。
「=ROW()-2」の数式は、「1」を求めます。数式をコピーすると、それぞれの行番号の変更で「2」「3」「4」と連番が付けられます。氏名を並べ替えても、行単位で削除や挿入しても、会員No.は行番号で付けているため、連番で振り直されます。

📥 サンプルファイル ▶ 599.xlsx

Chapter 15 ▶連番のスピードテク

2016 | 2013 | 2010 | 2007

600 オートフィルターや行の非表示が実行されても崩れない連番を作成したい

使用関数 IF、SUBTOTAL 関数

数 式 =IF(B3="","",SUBTOTAL(103,$B$3:B3))

連番を作成していても、フィルターや行の非表示を行うと連番が崩れてしまいます。IF 関数に SUBTOTAL 関数を使って連番を作成すると、表示された行だけに連番が振り直されます。

---

❶会員No.を付けるセルを選択し、「=IF(B3="","",SUBTOTAL(103,$B$3:B3))」と入力する。

❷数式を必要なだけ複写する。

❸「性別」のフィルターボタンで「男」を抽出しても、表示されたデータだけに連番が付けられる。

❹非表示にしても、表示されたデータだけに連番が付けられる。

数式解説 IF 関数は条件を満たすか満たさないかで処理を分岐する関数(第12章 Tips 476 で紹介)、SUBTOTAL 関数は指定の集計方法でその集計値を求める関数です(第2章 Tips 061 で紹介)。引数の[集計方法]には 11 種類の集計方法を数値で指定します。「1」～「11」の数値を指定するとフィルターで非表示になったセルを除外、「101」～「111」までの数値を指定するとフィルターと行の非表示で非表示になったセルを除外して計算が行えます([集計方法]で指定できる集計方法の数値は第2章 Tips 061 プラスアルファ参照)。
「=IF(B3="","",SUBTOTAL(103,$B$3:B3))」の数式は、B3 セルの氏名が空白の場合は空白、違う場合はフィルターと行の非表示で非表示になったセルを除外して氏名のセルの数をカウントして求めます。結果、フィルターや行の非表示で非表示にしても、表示されたセルだけに連番が付けられます。

📥 サンプルファイル ▶ 600.xlsx

Index

A
ABS関数 139
AGGREGATE関数 103, 157, 623, 656
　引数の[オプション] 104
　引数の[集計方法] 104
AND関数 341, 604, 692
AND条件 175, 641
ASC関数 418, 709
ASCIIコード 732
AVERAGE関数 65, 302
AVERAGEIF関数 156
AVERAGEIFS関数 177

C
CEILING関数 403, 414, 690
CEILING.MATH関数 403, 414, 690
CELL関数 123, 553, 679
CHAR関数 438, 564, 601, 707, 732
CHOOSE関数 309, 355, 524
CODE関数 598
COLUMN関数 134, 460, 503
CONCATENATE関数 142, 432
COUNT関数 66, 282, 613
COUNTA関数 73, 237, 617, 645, 719
COUNTBLANK関数 74
COUNTIF関数 75, 155, 321, 335, 498, 609, 665, 749
COUNTIFS関数 ... 178, 310, 582, 612, 675, 703

D
DATE関数 330, 358, 441, 741
DATEDIF関数 325
DATESTRING関数 427
DATEVALUE関数 426
DAVERAGE関数 181
DAY関数 207, 345, 668, 687
DGET関数 510
DMAX関数 157, 163
DSUM関数 175

E
EDATE関数 211, 352, 367
EOMONTH関数 371
Excel 4.0マクロ関数 250, 487, 546
Excelマクロ有効ブック 250, 487, 547

F
FIND関数 282, 455, 463, 613, 640, 704
FIXED関数 141, 430
FLOOR関数 297, 403, 415, 691
FLOOR.MATH関数 297, 403, 415, 691
FORMULATEXT関数 486
FREQUENCY関数 263

G
GET.CELL関数 249, 487
GET.DOCUMENT関数 548
GET.WORKBOOK関数 546

H
HLOOKUP関数 490
HOUR関数 350, 387
HYPERLINK関数 493, 550

I
IF関数 110, 160, 311, 600, 730
IFERROR関数 248, 491, 618
INDEX関数 82, 237, 483, 501, 611, 705, 733
INDIRECT関数 294, 523, 710, 740
INT関数 133, 200, 411, 694, 750
ISERROR関数 704
ISEVEN関数 616
ISNA関数 611
ISNUMBER関数 570, 614, 705
ISODD関数 209, 616
ISTEXT関数 614

J
JIS関数 417, 615, 708
JISコード 732

L
LARGE関数 76, 160, 575, 654
LEFT関数 142, 453, 462
LEN関数 84, 424, 473
LENB関数 89, 473
LOOKUP関数 286, 495, 603
LOWER関数 436

M
MATCH関数 82, 499, 561, 611, 720
MAX関数 65, 158, 389, 472, 648, 755
MID関数 356, 459, 470
MIN関数 66, 257, 402, 574, 649
MINUTE関数 351
MOD関数 200, 356, 624, 642, 688
MODE関数 79
MODE.MULT関数 80
MODE.SNGL関数 79, 179
MONTH関数 173, 344, 537, 668
MROUND関数 404

N
NETWORKDAYS関数 333, 406
NETWORKDAYS.INTL関数 336

NOW関数	249, 342
NUMBERVALUE関数	439

O

OFFSET関数	128, 719
OR関数	605, 705
OR条件	175

P

PERCENTILE関数	83, 284
PERCENTILE.INC関数	83, 284
PERCENTRANK関数	308
PERCENTRANK.INC関数	308
PHONETIC関数	431, 482
PROPER関数	436

Q

QUOTIENT関数	201, 213

R

RAND関数	596
RANDBETWEEN関数	596
RANK関数	304
RANK.AVG関数	305
RANK.EQ関数	304
REPLACE関数	448
REPT関数	424, 449
RIGHT関数	142, 453, 466, 692
ROUND関数	138, 410
ROUNDDOWN関数	411
ROUNDUP関数	389, 412
ROW関数	133, 460, 504, 624, 644, 750

S

SECOND関数	351
SHEETS関数	738
SMALL関数	77, 162, 576, 655
SUBSTITUTE関数	85, 434, 445, 461
SUBTOTAL関数	95, 268, 646, 737
引数の［集計方法］	69
SUM関数	64
SUMIF関数	123, 154, 543
SUMIFS関数	176
SUMPRODUCT関数	126, 173, 393, 571, 625

T

TEXT関数	203, 328, 348, 396, 419, 428, 459, 749
TIME関数	391, 444, 751
TODAY関数	329, 342, 661
TRANSPOSE関数	81, 285
TRIM関数	416, 434
TRUNC関数	357

U

UNICHAR関数	732
UPPER関数	436

V

VLOOKUP関数	283, 306, 490, 626

W

WEEKDAY関数	215, 346, 664, 684, 747
引数の［種類］	347
WEEKNUM関数	218, 349, 541, 663
Wordの置換機能	422
WORKDAY関数	358, 360, 685, 744
WORKDAY.INTL関数	362, 686, 745

Y

YEAR関数	195, 343, 354, 535
YEN関数	430

あ

あいまいな条件	172
アルファベットのランク	598

う

ウィンドウの切り替え機能	148

え

英語表記	428
英字	436
英短縮元号	443
干支を求める	356
エラー値	62
演算子	26
演算子を付けて集計する	169, 170

お

オートカルク機能	59
オートフィルオプション	36
オートフィル機能	33

か

［開発］タブの追加	288, 736
加算	26
画像を付ける	733
カラーリファレンス	27
カレンダーの作成	
指定の日から始める	743
指定曜日を除く	745
土日祝を除く	744
年月によって変更する	741
複数の指定曜日を除く	746
ボックス型カレンダー	747
関数オートコンプリート機能	52, 56
関数の集計	
空白セルは数えない	73

空白セルを数える 74
指定の順位にある数値ー 76, 77, 78
集計方法のリスト 69
離れたセルや表の集計 70
文字だけのセルを数える 75
関数の編集
 自動入力 67, 68
 修正 55
 挿入 50
関数ボックス 57
関数ライブラリ 48

き

記号を付ける 732
奇数日 209, 210
偽の場合 602
行の色着け
 AND条件を満たす行 641
 値が重複している行 669
 下位から指定の順位まで 655
 行数の異なる同じ項目ごと 642
 現在の日付 661
 最小値の項目 649
 最大値の項目 648
 指定の文字を含む行 640
 上位から指定の順位まで 654
 条件を満たす行すべて 638
 高さの違うセルに 645
 データ変更で崩れない 644
 特定の期間や時間帯 662
 特定の週 663
 特定の日付や時刻 660, 668
 特定の曜日 664
 特定の曜日と祝日 665
 土日祝 667
 表示変更で崩れない 646, 650, 652, 656, 658
 複数シートの値と重複している行 673
 複数条件で重複している行 675
 別シートの値と重複している行 670, 671
 別の列の条件を満たす行 639

く

クイック分析ツール 67
クイック分析ツールが使えない 71
偶数日 209, 210
空白セル 74, 439
区切り位置指定ウィザード 140, 419
区切り位置指定ウィザードを使わない 461
クロス集計 185

け

形式を選択して貼り付け 28
罫線 677
桁数を揃える 419, 421, 422, 424
検索抽出
 値の一部を条件値にする 510
 期間別の表から 500
 クロス表から 501, 502, 514
 検索値を数式に入れ込む 496
 降順並びの表から 499
 昇順並びの表から 497, 498
 単価ごとに 515
 重複した値 577, 580
 重複を除く値 578, 581
 名前を検索値にする 492
 入力値を条件値にする 511
 離れた列から 505
 範囲外の別表の値 495
 左側の列から 509
 表の一部から 512
 表の複数行から 516, 518
 複数条件で 513, 520
 複数条件で重複した値 582, 583, 584
 別表で重複した値 586, 588
 別表にない値 590
 別表の値 490, 491
 〇列おきに（行）......................................508
 〇列おきに（列）......................................506
 連続列から 503, 504
検索抽出（シート）
 シート名を指定して 526
 複数のクロス表から 529, 530
 複数のシートから 527
 別シートで重複した値 586, 588
 別シートにない値 590
 別ブックのシートから 523, 524
 別ブックの表から 522
 リストの作成 551, 554
検索抽出（分割抽出）
 シートに 531
 四半期別シートに 539
 週別シートに 541
 月別シートに 537
 年別シートに 535
 別シートに 533
検索抽出（リンク付き）
 URL 493

結合セルに	545
シート名をタイトルに	553
データの追加でずれない	543
複数シートの値	544, 546, 548
保存先ファイル	550
メールアドレス	494
減算	26

こ

| 交差するセルの色着け | 678 |
| 互換性 | 304, 403, 404, 405 |

コピー
値だけをコピー	37
自動でコピー	35
数式だけをコピー	36
離れた複数のセルにコピー	34
連続したセルにコピー	33

さ

| 最近使用した関数 | 53 |

最小値
0より大きく設定する	256
下限を設定する	258
最小値を求める	66
小計を除いて求める	101
含む行に色を着ける	649
見出しの抽出	574

最大値
最大値を求める	65
小計を除いて求める	99
上限を設定する	257
含む行に色を着ける	648
見出しの抽出	573

最頻値
最頻値を求める	79
複数の最頻値（縦方向）	80
複数の最頻値（横方向）	81

| 最頻の文字列 | 82 |

さまざまな抽出
ABC評価の最高値	598
同じ項目の直近データ	594
行の左端の数値	570
行の左端の文字	569
行の右端の数値	568
行の右端の文字	567
更新でランダムに抽出	596
最小値の見出し	574
最大値の見出し	573
指定の値の位置	561, 562
指定の順位の見出し	575, 576
常に終値を抽出	595
等間隔にあるデータ	556, 558, 559
別表の行見出し	571
別表の列見出し	572

| 残業時間 | 399 |

し

| シート間のシート数を知る | 739 |
| シートの数を知る | 738 |

シートの操作
グループ化	149, 553
集計範囲を区切る	150
セル範囲の指定	152
複数シートの値を合計	152
別シートの数値と集計	149, 150

| シートの番目を求める | 740 |

時刻抽出
| 時だけを抽出 | 350 |
| 分だけを抽出 | 351 |

時刻入力
十進法でのみ	689
入力数値の規制	692
分単位で切り上げる	690
分単位で切り捨てる	691

時刻表示
1時間単位で求める	385
1分単位で求める	386
残業時間を除く	399
時分それぞれの合計を求める	398
時分で求める	384
時分を別々に取り出す	387

締め日	211, 352
ジャンプ機能	43, 92
集計範囲に名前を付ける	144
集計を手早く求める	737

住所抽出
市区町村の抽出	477
市区町村番地の抽出	476
番地の抽出	478, 479, 480
メールアドレスの抽出	494
郵便番号の抽出	481

| 十進法 | 689 |

順位付け
％で付ける	308
指定の値を基準にする	306
指定の文字で付ける	309
順位の平均で付ける	305

順位を付ける 304
　条件別に付ける 310, 312
　すべてに順位を付ける 307
　全シートで付ける 319, 321
　離れた範囲にある値に 315
　表示された値だけに 314
　複数の条件別に付ける 311, 313
　他の項目も参照させる 317, 318
小計機能 219
小計表示
　小計だけの合計 94
　小計と総計 91
　大量の小計 92
小計を除いた値
　合計 95
　最小値 101, 102
　最大値 99, 100
　指定順位の数値 103, 105
　全体の〇％の値 106
　平均 97, 98
条件分岐
　3つ以上の処理分け 602
　AND条件やOR条件を使う 607
　簡単な数式による処理分け 603
　条件を満たす 600, 601
　すべての条件を満たさない 605
　すべての条件を満たす 604
　どれかの条件を満たさない 604
　どれかの条件を満たす 605
　日付や時刻を条件にする 608
　複数列を対象にする 606
条件分岐の応用
　カンマ区切りの文字を含む 610, 611
　奇数日か偶数日かで分ける 616
　件数によって分ける 617
　指定の値に部分一致する 609
　数値かどうかで分ける 614
　全角か半角かで分ける 615
　複数の部分一致条件をもつ 612, 613
乗算 26
小数点表示 397
除算 26
序数付き 428
シリアル値 324, 608, 660
真の場合 602
深夜残業 400, 401
深夜時刻 395

す

数式の編集
　一部を修正 27
　改行 61
　検証 62
　登録 29
　離れたセルに一度で入力 32
　複数のセルに一度で入力 31
　別セルに表示する 486, 487
　列見出しで作成 30
数式バー 38
数式バーの展開 60
数値入力
　小数点以下桁数の規制 695
　スペース入力の規制 704
　税込金額 694
　全角入力の規制 709
　入力個数単位の設定 696
　半角入力の規制 708
スペースの数 84
スペースの削除
　セル内 451
　文字前後／文字間 416

せ

姓名をまとめる 484
西暦 426
絶対参照 39, 78, 165
セル参照 165
セル選択による色着け
　行全体 679
　列全体 681
セル内の改行禁止 707
セルの色着け 46
セルの結合
　値を数値に変換 439
　大文字にして結合 436
　改行しながら結合 438
　記号で結合 433, 434, 435
　記号の結合 431
　区切り文字の使用 437
　結合する列を固定 429
　時分秒の結合 444
　生年月日の結合 441, 442, 443
　表示形式のまま結合 430
　文字列の結合 432
セルのロック 44

全角文字
　全角文字だけ取り出す..................473
　全角文字に揃える........................417
　入力規制......................................709
　文字数の算出...............................89
全体の○%..83, 106
千単位..413
先頭文字を大文字に..............................436

そ
相対参照..165

ち
チェックボックスの作成.........................287
チェックを付ける..................................735
注意書きや印を入れる
　エラーの場合...............................618
　最大値の場合..............................623
　重複した場合...............................619, 621, 622
　表示変更でもずれない.................624
　複数条件で重複した場合.............620
注意書きや印を入れる（表）
　クロス表......................................636
　内容の重複.................................631
　並びが同じ表..............................625
　並びが違う表..............................626, 628
　複数シートの表...........................635
　複数条件の使用.........................630
　複数ブックとの重複....................633
　別ブックとの重複........................632
重複入力の規制
　同じシート内...............................697
　複数シート..................................701
　複数条件....................................703
　別表や別シート..........................698, 699
重複を除いてまとめる..........................592

て
データテーブル.....................................185
データベース関数................................163, 175, 181, 510
テーブルに変換......30, 145, 167, 236, 588, 646
テーブル名の変更................................236

と
都道府県の抽出..................................475
取り消し線..676

に
入力禁止のリスト...............................705

ね
ネスト...56
年代を求める......................................357

は
ハイパーリンク....................................493
配列数式.............................58, 260, 261, 275, 302
配列定数..496
端数処理
　切り上げる..................................412, 414
　切り捨てる..................................411, 415
　四捨五入する.............................410
　単位を揃える..............................413
半角文字
　入力規制....................................708
　半角文字だけ取り出す...............474
　半角文字に揃える......................418
　文字数の算出............................90

ひ
引数の集計方法.................................96, 104
日付抽出
　月を抽出....................................344
　年を抽出....................................343
　年月を抽出................................353
　年度を抽出................................354
　日を抽出....................................345
　曜日を数値で抽出.....................346
　曜日を抽出................................348
日付入力
　決まった日のみ..........................687
　指定の曜日入力の規制............686
　土日祝入力の規制....................685
　土日入力の規制........................684
　○日単位でのみ.........................688
日付表示
　英語表記に................................428
　西暦を和暦に.............................427
　和暦を西暦に.............................426
ピボットテーブル................................185
ヒントの入力......................................54

ふ
複合参照...40, 193
ブックの操作
　別ブックに値を記す..................301
　別ブックに合計する..................300
　別ブックに平均値を記す..........302
　別ブックの数値で集計..............148
フラッシュフィル機能.........................420, 473
フラッシュフィルで取り出せない........472
ふりがな...482

ふりがなの抽出
　社名から取り出す 485
　姓と名をまとめる 484
　ふりがなを取り出す 482, 483

ま

〇を付ける 730
万単位 413

み

見出しの作成
　値を行見出しに 563, 566
　値を列見出しに 564, 565

も

文字コード 492
文字集計
　区切り文字 88
　指定の文字 85
　全角文字 89
　半角文字 90
　複数セルの指定の文字 87
　複数セルの文字 86
　文字の数 84
文字だけのセル 75
文字の挿入
　指定の文字 452, 453
　スペース 454
　違う文字 455
　複数の指定の文字 456
文字列の抽出
　エラーを表示させない 464, 469
　基準の文字から 471
　基準の文字まで 463, 467, 468
　指定の位置から 470
　指定の文字数のみ 462, 466
　全角文字だけ 473
　手早く取り出す 465
　半角文字だけ 474
文字列の分割
　1桁ずつ 458
　1文字ずつ 460
　3桁ずつ 459
　データ変更でもずれない 461
文字を変える
　指定の文字数だけ 448
　指定の文字のみ 446
　数値を記号に 449
　スペースを改行に 450
　違う文字に 445
　複数の文字を 447

ら

乱数 596
ランダム 596

り

リスト作成
　1列目だけ表示される 718
　2段階のリスト 714
　値の変更で入れ替わる 710
　空白は表示させない 719
　結合セルの値のリスト化 716
　指定の曜日は除く 723
　重複した値は除く 721
　土日祝は除く 725
　入力禁止のリスト 705
　複数行の値の変更で入れ替わる 712
　文字の読みで入れ替わる 727
リンクを設定
　図形 42
　セル 41

る

累計 133, 243

れ

連続番号 136
連番の作成
　値がある行のみ 755
　同じ数だけ 750
　項目ごと 752
　項目ごとの枝番 753
　最初の行だけ 757
　高さの違うセルに 758
　データ変更で崩れない 759
　日付ごと 749
　表示変更で崩れない 760
　見出しを飛ばす 756
　連続数値を同じ数だけ 751

わ

ワースト 77, 105, 162
ワイルドカード 75, 171, 510, 609
和暦 331, 332, 426, 442

● **著者略歴**

不二桜（ふじさくら）

滋賀県長浜市出身。大阪府大阪市在住。Office本の執筆に携わる。

■ **お問い合わせに関しまして**

本書に関するご質問については、本書に記載されている内容に関するもののみとさせていただきます。本書の内容を超えるものや、本書の内容と関係のないご質問につきましては、一切お答えできませんので、あらかじめご了承ください。また、電話でのご質問は受け付けておりませんので、FAXか書面にて下記までお送りください。Webの書籍ページに質問フォームも用意しております。
本書に掲載されている内容に関して、各種の変更などのカスタマイズは必ずご自身で行ってください。弊社および著者は、カスタマイズに関する作業は一切代行いたしません。
お送りいただいたご質問には、できる限り迅速にお答えできるよう努力いたしておりますが、場合によってはお答えするまでに時間がかかることがあります。また、回答の期日をご指定なさっても、ご希望にお応えできるとは限りません。あらかじめご了承くださいますよう、お願いいたします。

＜宛先＞
〒 162-0846　東京都新宿区市谷左内町 21-13
株式会社技術評論社　書籍編集部
「[逆引き] Excel 関数 パワーテクニック 600」係
＜ FAX ＞ 03-3513-6183
＜技術評論社 Web ＞ http://gihyo.jp/

なお、ご質問の際に記載いただいた個人情報は、質問の返答以外の目的には使用いたしません。また、質問の返答後は速やかに削除させていただきます。

[逆引き] Excel 関数
パワーテクニック 600
[2016/2013/2010/2007 対応]

カバーデザイン	● 神永愛子（primary inc.,）
本文設計・組版	● BUCH+
編集	● BUCH+

2016 年 6 月 1 日　初版　第 1 刷発行

著　者　　不二　桜
発行者　　片岡　巌
発行所　　株式会社技術評論社
　　　　　東京都新宿区市谷左内町 21-13
　　　　　電話　03-3513-6150　販売促進部
　　　　　電話　03-3513-6166　書籍編集部
印刷／製本　共同印刷株式会社

定価はカバーに表示してあります。

本書の一部または全部を著作権法の定める範囲を越え、無断で複写、複製、転載、テープ化、ファイルに落とすことを禁じます。

©2016　不二桜

造本には細心の注意を払っておりますが、万一、乱丁（ページの乱れ）や落丁（ページの抜け）がございましたら、小社販売促進部までお送りください。送料小社負担にてお取り替えいたします。

ISBN978-4-7741-8125-7 C3055
Printed in Japan